Springer-Lehrbuch

Stefan Hildebrandt

Analysis 1

Zweite, korrigierte Auflage
Mit 76 Abbildungen

 Springer

Prof. Dr. Dr. h.c. mult. Stefan Hildebrandt
Universität Bonn
Mathematisches Institut
Beringstraße 1
53115 Bonn, Deutschland

Bibliografische Information der Deutschen Bibliothek

Die Deutsche Bibliothek verzeichnet diese Publikation in der Deutschen Nationalbibliografie; detaillierte bibliografische Daten sind im Internet über http://dnb.ddb.de abrufbar.

Mathematics Subject Classification (2000): 26-01 sowie 34-01, 42-01

ISBN-10 3-540-25368-8   Springer Berlin Heidelberg New York
ISBN-13 978-3-540-25368-6   Springer Berlin Heidelberg New York
ISBN 3-540-42838-0   1. Aufl.   Springer-Verlag Berlin Heidelberg New York

Springer ist ein Unternehmen von Springer Science+Business Media

springer.de

© Springer-Verlag Berlin Heidelberg 2002, 2006
Printed in Germany

Die Wiedergabe von Gebrauchsnamen, Handelsnamen, Warenbezeichnungen usw. in diesem Werk berechtigt auch ohne besondere Kennzeichnung nicht zu der Annahme, daß solche Namen im Sinne der Warenzeichen- und Markenschutz-Gesetzgebung als frei zu betrachten wären und daher von jedermann benutzt werden dürften.

Satz: Datenerstellung durch den Autor unter Verwendung eines Springer TEX-Makropakets
Herstellung: LE-TEX Jelonek, Schmidt & Vöckler GbR, Leipzig
Einbandgestaltung: *design & production* GmbH, Heidelberg

Gedruckt auf säurefreiem Papier   44/3142YL - 5 4 3 2 1 0

Vorwort zur zweiten Auflage

Neben einigen kleinen Änderungen habe ich hauptsächlich Korrekturen angebracht, die ich vornehmlich den Herren Bemelmans, Dierkes und Jakob verdanke.
Ferner sind einige historische Abbildungen hinzugekommen.

Bonn, Februar 2005   Stefan Hildebrandt

Vorwort

Das vorliegende Buch umfaßt den Stoff der Vorlesung Analysis I, wie sie gewöhnlich an deutschen Hochschulen gelehrt wird, und darüber hinaus einiges mehr,
das üblicherweise erst im zweiten oder dritten Semester gebracht wird. Dazu
gehören beispielsweise eine Einführung in die Theorie der gewöhnlichen Differentialgleichungen und der Fourierreihen sowie ein Ausblick auf die Theorie des
Hilbertraums. Insbesondere durchziehen die Differentialgleichungen dieses Lehrbuch wie ein roter Faden, und alle wesentlichen Begriffe und Resultate werden
frühzeitig an ihnen erprobt. Dies hat den Vorteil, daß der Leser beizeiten mit
den Hilfsmitteln vertraut wird, die in den angewandten Wissenschaften wie etwa
der Physik sogleich benutzt werden. Außerdem entspricht es auch der historischen Entwicklung: Es waren Probleme der Geometrie, Astronomie und Physik,
an denen die führenden Wissenschaftler der Neuzeit ihre Fähigkeiten erprobten
und die zur Entstehung der Analysis führten.

Um aber Differentialgleichungen angemessen zu erfassen und geometrisch sach-
gemäß deuten zu können, ist es erforderlich, von Anfang an den Begriff des
n-dimensionalen euklidischen Raumes zu benutzen. Zwar ist dies nicht die übliche Einteilung der Analysis (die eindimensionale Infinitesimalrechnung im ersten Semester, später die mehrdimensionale), man kann aber ohne weiteres im
vorliegenden Lehrbuch alles Höherdimensionale weglassen. Das Verbleibende ist
zusammenhängend und richtig geordnet und bietet eine vollständige Darstellung
des herkömmlichen Stoffs, so daß der an einer konventionellen Analysis I-Vor-
lesung Interessierte nichts entbehren wird.

Dieses Buch umfaßt mehr, als in einer vierstündigen Vorlesung gelehrt werden
kann. Ich habe daher in meinen Bonner Vorlesungen die Theorie der Reihen

VI

am Anfang knapp gehalten und erst im Kontext der Funktionentheorie ausführlicher besprochen. Es genügt zunächst, die Exponentialreihe gut zu verstehen. Dies gelingt ohne den etwas mühseligen Apparat der Potenzreihen, indem man die wesentlichen Eigenschaften der Exponentialfunktion aus ihrer Differentialgleichung erschließt, und diese läßt sich herleiten, ohne die Funktionalgleichung $E(x)E(y) = E(x+y)$ zur Verfügung zu haben. Ähnlich werden die Eigenschaften der trigonometrischen Funktionen aus ihren definierenden Differentialgleichungen gewonnen, indem man $e^{it} = \cos t + i \sin t$ als gleichförmige Bewegung der Geschwindigkeit Eins auf dem Einheitskreis deutet. Die Abschnitte 1.19–1.21 können also ohne weiteres übersprungen werden, und vieles aus 1.14, 1.17 und 1.12 gehört ohnehin in die Lineare Algebra und darf als bekannt vorausgesetzt werden, sofern diese Vorlesung in geeigneter Weise aufgebaut wird. Der so gewählte Zugang zur Analysis bietet den Vorteil, sehr schnell zu den Funktionen und ihren wesentlichen Eigenschaften zu gelangen, womit sich ohne weiteres der ganze Stoff der Kapitel 2 und 3 und einiges von Kapitel 4 in einem Semester darlegen läßt. Alles ist so ausführlich dargestellt, daß das Verbleibende gut in einem Proseminar oder im Selbststudium bewältigt werden kann.

Nicht jeder mag ein genaueres Studium der Reihen am Anfang entbehren, zumal dort der Grenzwertbegriff gründlich und gut an Hand vieler Beispiele eingeübt wird. Um die Analysis mit Reihen aufbauen zu können, sind die Abschnitte 1.19–1.21 eingefügt.

Ich habe der Versuchung widerstanden, den Begriff des metrischen Raumes an den Anfang zu stellen. Es schien mir besser, erst allmählich und an Hand vieler Beispiele die Nützlichkeit funktionalanalytischer Begriffsbildung darzulegen. Ich hoffe, daß so ein Lehrbuch entstanden ist, das sowohl als begleitender Text zu einer Vorlesung wie auch zum Selbststudium geeignet ist.

Allen Kollegen und Studenten, die sich an der kritischen Durchsicht des Textes und am Korrekturlesen beteiligt haben, danke ich sehr herzlich, insbesondere den Herren Daniel Habeck, Ruben Jakob, Michail Lewintan, Andreas Rätz, Bernd Schmidt und Daniel Wienholtz. Letzterer hat auch die Abbildungen gezeichnet. Frau Beate Leutloff und Frau Anke Thiedemann danke ich für die sorgfältige TEX-Erfassung meines Manuskriptes.

Bonn, Dezember 2001   Stefan Hildebrandt

ARCHIMEDIS
CIRCVLI DIMENSIO.

PROPOSITIO I.

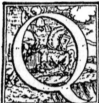

QVILIBET circulus æqualis eſt triangulo rectangulo: cuius quidem ſemidiameter uni laterum, quæ circa rectũ angulũ ſunt, ambitus uero baſi eius eſt æqualis.

Sit a b c d circulus, ut ponitur. Dico eum æqualem eſſe triangulo e. ſi enim fieri poteſt, ſit primum maior circulus: & ipſi inſcribatur quadratum a c: ſecenturq́; circunferentiæ bifariam: & ſint portiones iam minores exceſſu, quo circulus ipſum triangulum excedit. erit figura rectilinea adhuc triangulo maior. Sumatur centrum n; & perpendicularis n x. minor eſt igitur n x trianguli latere. eſt autem & ambitus rectilineæ figuræ reliquo latere minor; quoniam & minor eſt circuli ambitu. quare figura rectilinea minor eſt triangulo e: quod eſt abſurdum.

Sit deinde, ſi fieri poteſt, circulus minor triangulo e: & circumſcribatur quadratum: circũferentiiſq́; bifariam ſectis, per ea puncta contingentes lineæ ducãtur. erit angulus o a r rectus. & idcirco linea o r maior, quàm r m; quòd r m ipſi r a ſit æqualis. triangulum igitur r o p maius eſt, quàm dimidium figuræ o f a m. itaque ſumantur portiones, ipſi p f a ſimiles; quæ quidem minores ſint eo, quo triangulum e excedit circulum a b c d. erit figura circumſcripta adhuc triangulo e minor: quod item eſt abſurdum, cum ſit maior: nam ipſa quidem n a æqualis eſt trianguli catheto: ambitus uero maior eſt baſi eiuſdem. ex quibus ſequitur circulum triangulo e æqualem eſſe.

PROPOSITIO II.

Circulus ad quadratũ diametri eam proportionẽ habet, quam XI ad XIIII.

Sit circulus, cuius diameter a b: & circumſcribatur quadratũ c g: & ipſius c d dupla ſit d e: ſit autem e f, ſeptima eiuſdẽ c d. Quo-

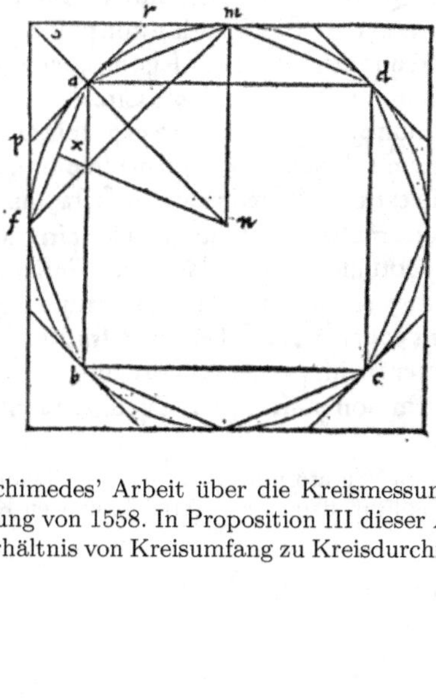

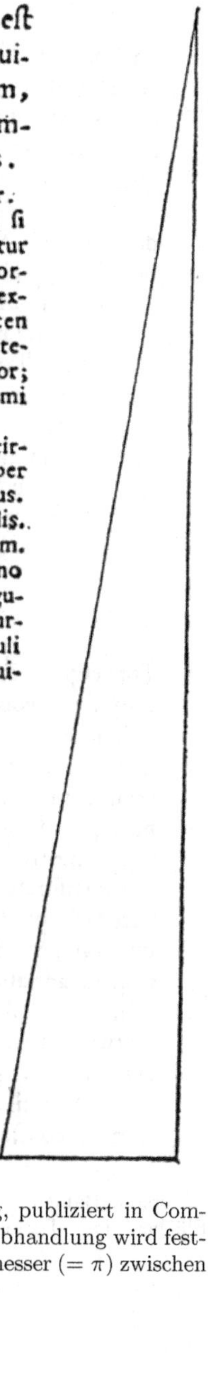

Erste Seite von Archimedes' Arbeit über die Kreismessung, publiziert in Commandinos Übersetzung von 1558. In Proposition III dieser Abhandlung wird festgestellt, daß das Verhältnis von Kreisumfang zu Kreisdurchmesser ($= \pi$) zwischen $3\frac{1}{7}$ und $3\frac{10}{71}$ liegt.

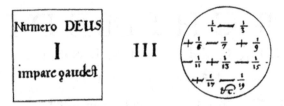

a nemine confideratas, ut fi fit X^x+X æqual. 30, & quæratur X, re-
perietur effe 3, quia 3^1+3 eft 27+3 five 30 : quales æquationes pro
circulo dabimus fuo loco. *Algebraica* expreffio fit per numeros, licet
irrationales, vulgares, feu per radices æquationum communium: quæ
quidem pro quadratura generali circuli fectorisque impoffibilis eft.
Supereft *Quadratura Arithmetica*, quæ faltem per feries fit, exhiben-
do valorem circuli exactum progreffione terminorum, inprimis ra-
tionalium, qualem hoc loco proponam.

Inveni igitur: vid. fig. 3.

Quadrato Diametri exiftente 1

circuli aream fore: $\frac{1}{1}-\frac{1}{3}+\frac{1}{5}-\frac{1}{7}+\frac{1}{9}-\frac{1}{11}+\frac{1}{13}-\frac{1}{15}+\frac{1}{17}-\frac{1}{19}$ &c.
nempe quadratum Diametri integrum demta (ne nimius
fiat valor) ejus tertia parte, addita rurfus (quia nimium
demfimus) quinta, demtaque iterum (quia nimium re-ad-
jecimus) feptima ; & ita porro.

Eritq; valor jufto major 1   errore tamen exiftente infra $\frac{1}{3}$

minor $\frac{1}{1}-\frac{1}{3}$ - - - - - - - - $\frac{1}{5}$

major $\frac{1}{1}-\frac{1}{3}+\frac{1}{5}$ - - - - - - - $\frac{1}{7}$

minor $\frac{1}{1}-\frac{1}{3}+\frac{1}{5}-\frac{1}{7}$ - - - - - - $\frac{1}{9}$

&c.   &c.

Tota ergo feries continet omnes appropinquationes fimul, five valo-
res jufto majores & jufto minores: prout enim longe continuata in-
telligitur, erit error minor fractione data, ac proinde & minor data
quavis quantitate. Quare tota feries exactum exprimit valorem. Et licet uno numero fumma ejus feriei exprimi non poffit, & feries in infinitum producatur; quoniam tamê una lege progreffionis conftat, tota fatis mente percipitur. Nam, fiquidem Circulus non eft quadrato
commenfurabilis, non poteft uno numero exprimi, fed in rationalibus
neceffario per feriem exhiberi debet; quemadmodum & Diagonalis
quadrati, & fectio extrema & media ratione facta, quam aliqui divi-
nam vocant, aliæque multæ quantitates, quæ funt irrationales. Et quidem fi Ludolphus potuiffet regulam dare, qua in infinitum continua-
rentur numeri 314159 &c, dediffet nobis quadraturam Arithmeticam
exactam in integris, quam nos exhibemus in fractis.

Ne quis autem in his parum verfatus putet, feriem ex infinitis
terminis conftantem non poffe æquari Circulo, qui eft quantitas fi-

Im ersten Band der Acta Eruditorum (1682) erschien Leibniz' Formel für den
Flächeninhalt des in das Einheitsquadrat einbeschriebenen Kreises:

$$\frac{\pi}{4} = 1 - \frac{1}{3} + \frac{1}{5} - \frac{1}{7} + \frac{1}{9} - \frac{1}{11} + \cdots .$$

ANALYSE
DES
INFINIMENT PETITS,
Pour l'intelligence des lignes courbes.

A PARIS,
DE L'IMPRIMERÍE ROYALE.

M. DC. XCVI.

Der Marquis de l'Hospital publizierte 1696 das erste Lehrbuch der Analysis; es beruht auf Manuskripten, die er von Johann Bernoulli erhielt.

ANALYSIS

Per Quantitatum

SERIES, FLUXIONES,

A C

DIFFERENTIAS:

C U M

Enumeratione Linearum

TERTII ORDINIS.

L O N D I N I:

Ex Officina Pearsoniana. *Anno* M.DCC.XI.

Im Jahre 1711 publizierte William Jones einige Abhandlungen Newtons über Infinitesimalrechnung, die seit langem als Manuskripte vorgelegen hatten. Einige Resultate waren bereits 1704 als Anhang zu Newtons „Opticks" gedruckt worden.

THE

ANALYST;

OR, A

DISCOURSE

Addreſſed to an

Infidel MATHEMATICIAN.

WHEREIN

It is examined whether the Object, Principles, and Inferences of the modern Analy-
ſis are more diſtinctly conceived, or more
evidently deduced, than Religious Myſteries
and Points of Faith.

By the AUTHOR of *The Minute Philoſopher.*

*Firſt caſt out the beam out of thine own Eye; and then
ſhalt thou ſee clearly to caſt out the mote out of thy bro-
ther's eye.* S. Matt. c. vii. v. 5.

LONDON:
Printed for J. TONSON in the *Strand.* 1734.

Spottschrift von Bischof Berkeley (1734) über die logische Basis von Newtons
„Analysis".

INTRODUCTIO

IN ANALYSIN

INFINITORUM.

AUCTORE

LEONHARDO EULERO,

Profeſſore Regio BEROLINENSI, *& Academiæ Imperialis Scientiarum* PETROPOLITANÆ *Socio.*

TOMUS PRIMUS.

LAUSANNÆ,

Apud MARCUM-MICHAELEM BOUSQUET & Socios.

MDCCXLVIII.

Eulers „Introductio in analysin infinitorum" (1748) ist das erste seiner drei einflußreichen Werke über die Analysis.

THÉORIE

DES FONCTIONS ANALYTIQUES,

CONTENANT

LES PRINCIPES DU CALCUL DIFFÉRENTIEL,

DÉGAGÉS DE TOUTE CONSIDÉRATION

D'INFINIMENT PETITS OU D'ÉVANOUISSANS,

DE LIMITES OU DE FLUXIONS,

ET RÉDUITS

A L'ANALYSE ALGÉBRIQUE

DES QUANTITÉS FINIES;

Par J. L. LAGRANGE, de l'Institut national.

A PARIS,

DE L'IMPRIMERIE DE LA RÉPUBLIQUE.

Prairial an V.

Aus Lagranges Vorlesungen an den französischen Eliteschulen hervorgegangen, enthält dieses 1797 erschienene Werk eine Darstellung der Analysis auf „algebraischer Basis".

COURS D'ANALYSE

DE

L'ÉCOLE ROYALE POLYTECHNIQUE;

Par M. Augustin-Louis CAUCHY,

Ingénieur des Ponts et Chaussées, Professeur d'Analyse à l'École polytechnique,
Membre de l'Académie des sciences, Chevalier de la Légion d'honneur.

I.re PARTIE. *Analyse Algébrique.*

DE L'IMPRIMERIE ROYALE.

Chez Debûre frères, Libraires du Roi et de la Bibliothèque du Roi,
rue Serpente, n.° 7.

1821.

Cauchys Lehrbücher der Analysis waren beispielgebend für alle späteren Darstellungen der Analysis.

Inhaltsverzeichnis

Kapitel 1

Die Grundlagen der Analysis

1 Was ist Analysis?

Schlägt man in Meyers Konversationslexikon von 1903 nach, so findet sich unter
dem Stichwort „Analysis" die folgende Erklärung:

> „*Analysis (griech.), ein Verfahren der Geometrie (geometrische A.), dessen Er-
> findung Platon zugeschrieben wird und das den Gegensatz zur Synthesis bildet.
> Während diese von dem Gegebenen und Bekannten ausgeht und daraus das Un-
> bekannte und Gesuchte zusammensetzt, nimmt die A. das Gesuchte als gegeben,
> zergliedert es und untersucht die Bedingungen, unter denen es bestehen kann,
> bis alle seine Beziehungen zu dem Bekannten ermittelt sind, worauf dann die
> Synthesis den umgekehrten Weg gehen kann.*"

Dies ist nun eine schöne Beschreibung der Analysis, doch hilft sie nicht viel
weiter, weil sie nur besagt, wie die Analysis operiert, jedoch nicht, worauf sie
angewandt wird. Für Platon war dies klar, er sah Analysis als eine Methode
der Geometrie. Ganz anders Meyers Lexikon: „*Unter Analysis versteht man ferner die ganze Mathematik mit Ausnahme der Geometrie.*" Diese Definition ist
freilich völlig unbrauchbar für den heutigen Mathematiker, denn er rechnet die
Algebra gewiß nicht zur Analysis, und andererseits gehören gegenwärtig umfangreiche Teile der Geometrie zur Analysis. (Umgekehrt könnte man auch sagen,
beträchtliche Teile der Analysis gehören zur Geometrie.) Damit bleibt also immer noch unklar, *womit* sich Analysis befaßt. Aber selbst die Beschreibung der
Analysis als Methode ist fragwürdig, wie denn auch das Lexikon klug bemerkt:
„*Alle Sätze, die eine neue Wahrheit aussprechen, sind also synthetisch. Da jedoch der Inhalt der meisten Begriffe kein ein für allemal feststehender, sondern*

ein fließender ist, so kann dasselbe Urteil für den einen ein analytisches, für den anderen ein synthetisches sein." Kurzum, was für den einen Analyse ist, faßt der andere als Synthese auf, und umgekehrt. In der Tat sind die Methoden der heutigen Analysis wie auch der Mathematik überhaupt bald analytisch, bald synthetisch, und meist legt man sich keine Rechenschaft darüber ab, ob man gerade analytisch oder synthetisch argumentiert.

Bei der Definition des Begriffes „Analysis" sind wir also noch nicht weitergekommen. Immerhin ist uns klar geworden, daß sich der Begriff im Laufe der Zeit geändert hat und daß wir ihn im historischen Zusammenhang betrachten sollten. Sehen wir uns also an, wo der Begriff „Analysis" in der mathematischen Neuzeit auftaucht. Beispielsweise hat der Schweizer Leonhard Euler, der berühmteste Mathematiker des 18. Jahrhunderts, 1748 ein Lehrbuch unter dem Titel *Introductio in analysin infinitorum* herausgegeben, was man frei mit „Einführung in die Analysis des Unendlichen" übersetzen könnte. Ein Blick auf das Inhaltsverzeichnis lehrt, daß es sich um einen Vorbereitungskurs für die Differential- und Integralrechnung handelt. Der Autor behandelt die Begriffe Funktion, Reihe, Kettenbruch und untersucht die wichtigsten elementaren Funktionen wie etwa die Polynome, rationale Funktionen, Sinus, Cosinus, Logarithmus, Exponentialfunktion. Die zweite Hälfte des Werkes ist der Beschreibung von Kurven und Flächen gewidmet. Das „Unendliche" taucht auf in Form unendlicher Reihen

$$a_1 + a_2 + a_3 + \ldots + a_n + \ldots$$

und unendlicher Kettenbrüche

$$[b_0, b_1, b_2, \ldots] \; = \; b_0 + \cfrac{1}{b_1 + \cfrac{1}{b_2 + \cfrac{1}{b_3 + \ldots}}} \quad .$$

Etwas später schrieb Euler ein Lehrbuch der Differentialrechnung (*Institutiones calculi differentialis*, St. Petersburg, 1755) und der Integralrechnung (*Institutionum calculi integralis*, St. Petersburg, 1768–1770). Diese Lehrbücher dienten als Vorbild für nachfolgende Autoren, und selbst die Zweiteilung der Infinitesimalrechnung wurde von späteren Autoren beibehalten. Erst Richard Courant hat in seinem noch heute lesenswerten Lehrbuch (*Vorlesungen über Differential- und Integralrechnung*, Berlin 1927, 1928, als Paperback erhältlich) die Differential- und Integralrechnung von Anfang an zusammen behandelt und so eine wunderbar klare Darstellung der Infinitesimalrechnung gewonnen.

Nach Eulers umfangreichen Traktaten erschien 1797 ein vergleichsweise schmales Buch, *Théorie des fonctions analytiques*, wo wiederum das Wort „analytisch" im Titel auftaucht. Dieses Lehrbuch ist aus Lagranges Vorlesungen an der Ecole normale und Ecole polytechnique hervorgegangen, jenen großen wissenschaftlichen Institutionen aus der französischen Revolutionszeit, die so Bedeutendes geleistet haben für die Entwicklung der Mathematik, Physik und der Ingenieurswissenschaften. Lagranges Buch trägt den Untertitel ... *contenant les principes du calcul différentiel, dégagés de tout consideration d'infiniment petits, d'évannuissans, de limites et de fluxions, et reduits à l'analyse algébrique des quantités finies.* Lagrange kündigt also an, er behandele die Hauptsätze der Differentialrechnung vermöge der algebraischen Analysis endlicher Größen, befreit von der Betrachtung unendlich kleiner Größen (die Leibniz eingeführt hatte), von verschwindenden Größen (wie Euler), von Grenzwerten und von Newtons Fluxionen (ein anderes Wort für „Geschwindigkeiten", mit denen sich irgendwelche Größen ändern). Im ersten Jahrhundert nach der Entdeckung der Differential- und Integralrechnung durch Newton (ab 1665) und Leibniz (ab 1672) war der „Calculus" in rasantem Tempo entwickelt worden, ohne daß die Grundlagen genügend gesichert gewesen wären, und nicht nur Lagrange hatte Bedenken, ob und inwieweit die gewonnenen Ergebnisse zweifelsfrei begründet waren. So hatte schon Bischof Berkeley 1734 eine kleine Schrift unter dem Titel *The Analyst or a discourse addressed to an infidel mathematician* publiziert. Der sehr barocke Titel des Büchleins lautet weiter: ... *wherein it is examined whether the object, principles, and inferences of the modern analysis are more distinctly conceived, or more evidently deduced, than religious mysteries and points of faith.* Der Bischof, übrigens ein renommierter Philosoph, hatte sich über einige seiner freidenkerischen Zeitgenossen geärgert, die sich ihrer exakten modernen Wissenschaft rühmten und glaubten, die Religion als Ammenmärchen verspotten zu dürfen. Diesen hielt Berkeley mit Spott vor, auf welche fragwürdige Argumente sich Newtons Fluxionenlehre stütze.

Berkeleys Schrift entnehmen wir jedenfalls, daß man schon in Newtons Zeit unter „Analysis" nichts anderes als Differential- und Integralrechnung sowie deren Anwendung auf die Geometrie und Physik verstand. Dabei ist es weitgehend bis heute geblieben.

Die mathematische Moderne in der Analysis beginnt mit dem Prager Religionsphilosophen und Mathematiker Bernard Bolzano (1781–1848) und dem französischen Mathematiker Augustin-Louis Cauchy (1789–1857), die unter anderem den Begriff der *Stetigkeit* in die Analysis einführten. Cauchy lieferte in seinen Vorlesungen an der Ecole polytechnique eine sorgfältige, streng deduktive Begründung der Analysis. Seine beiden aus diesen Vorlesungen hervorgegangenen Lehrbücher *Cours d'Analyse* (1821) und *Résumé des leçons donnés sur le calcul infinitesimal* (1823) waren beispielhaft und haben großen Einfluß gehabt. Übrigens haben viele französische Mathematiker nach Cauchys Vorbild Analysisvorlesungen gehalten und unter dem Titel *Cours d'Analyse* publiziert; besonders berühmt war der *Cours* von Camille Jordan (1838–1922).

Ihren Abschluß hat die Begründung der Analysis aber in Deutschland erfahren, und zwar durch die Arbeiten und Vorlesungen von Karl Weierstraß, Richard Dedekind und Georg Cantor. Weierstraß (1815–1897) hat in seinen Berliner Vorlesungen die Analysis mit einer geradezu sprichwörtlichen Strenge gelehrt, an der es auch heute nichts zu verbessern gibt. Viele der Weierstraßschen Definitionen und Resultate werden Sie in diesem Lehrbuch wiederfinden. Übrigens sind die Weierstraßschen Vorlesungen, zu denen sich Hörer aus ganz Deutschland und auch aus dem Ausland einfanden, nie veröffentlicht worden. Wenn es gerade keine einführende Vorlesung in die Analysis gab, schrieben die Studenten die Kolleghefte ihrer älteren Kommilitonen ab und arbeiteten sich durch diese Kopien.

Der Schlußstein beim Aufbau der Analysis, so wie er heute vorliegt, war die Theorie der reellen Zahlen und insbesondere die strenge Begründung der Irrationalzahlen durch Cantor (1845–1918, Professor in Halle, Begründer der Mengenlehre) und Dedekind (1831–1916, Professor in Braunschweig). Auf die Bedeutung ihrer Arbeit kommen wir im nächsten Abschnitt zu sprechen.

Fassen wir zusammen: Unter „Analysis" verstehen wir heute das Gebiet der Differential- und Integralrechnung samt Anwendungen, das dem Leser ja schon im Schulunterricht begegnet ist. Freilich muß der Stoff dort auf die einfachsten Fakten beschränkt bleiben. Hier wollen wir die Analysis, die neben Geometrie und Algebra das Hauptgebiet der Mathematik bildet, soweit entwickeln, daß der Leser den höheren Vorlesungen seines Faches folgen kann.

2   Die reellen Zahlen - historische Bemerkungen

Das Fundament der Analysis sind die reellen Zahlen. Der Begriff der reellen Zahl entwickelte sich in einem langwierigen historischen Prozeß, dessen Anfänge im grauen Nebel der Vorzeit verborgen liegen, und der erst am Ende des 19. Jahrhunderts seinen Abschluß fand. Am Anfang standen die *natürlichen Zahlen*

$$1 , 1+1 = 2 , 1+1+1 = 2+1 = 3 , \ldots ,$$

die, wie schon jedes Kind lernt, zu zweierlei Zwecken zu verwenden sind, nämlich einmal zum *Zählen* von Dingen wie etwa Äpfeln in einer Schüssel, oder aber um gegebene Dinge durch *Numerierung* zu *ordnen*, so bei den Seitenzahlen eines Buches. Im ersten Fall verwendet man die Zahlen als *Kardinalzahlen*, im zweiten als *Ordinalzahlen*. Die meisten Sprachen unterscheiden zwischen Kardinalzahlen wie *eins, zwei, drei*, ... und Ordinalzahlen wie *erster, zweiter, dritter*, ... Es ist eine alte Streitfrage, welchem Begriff der Vorrang gebührt, oder ob beide Begriffe als gleichwertig und voneinander unabhängig aufzufassen sind. Leopold Kronecker (1831–1916, Professor in Berlin) meinte, daß die natürlichen Zahlen vom lieben Gott gemacht seien, die übrige Mathematik aber Menschenwerk sei.

Die Menschen lernten, natürliche Zahlen n, m zu addieren und zu multiplizieren; die Summe $n + m$ und das Produkt $n \cdot m$ sind wieder Elemente der Menge $\mathbb{N} = \{1, 2, 3, \ldots\}$ der natürlichen Zahlen. Dahingegen kann man natürliche Zahlen nicht mehr beliebig voneinander subtrahieren, denn $n - m$ ist nur dann wieder eine natürliche Zahl, wenn n größer als m ist. Man kann beliebige natürliche Zahlen p, q auch nicht mehr beliebig dividieren; der Quotient p/q liegt nur dann in $\mathbb{N}$, wenn q ein Teiler von p ist. Dies bedeutet, daß man die algebraischen Gleichungen

$$(1) \qquad\qquad\qquad m + x = n$$

beziehungsweise

(2) $$q \cdot x = p$$

nicht immer durch ein $x \in \mathbb{N}$ auflösen kann. Um diesen Mangel zu beheben, wurden zum einen die Null 0 und die negativen Zahlen $-1, -2, -3, \ldots$ eingeführt und damit $\mathbb{N}$ zum Bereich $\mathbb{Z}$ der ganzen Zahlen erweitert,

$$\mathbb{Z} = \{\ldots, -2, -1, 0, 1, 2, \ldots\} \,.$$

In $\mathbb{Z}$ kann man Gleichungen der Form (1) mit beliebig vorgegebenen Größen $m, n \in \mathbb{Z}$ durch ein $x \in \mathbb{Z}$ auflösen. Um auch (2) uneingeschränkt für $p, q \in \mathbb{N}$ lösen zu können, wurde eine andere neue Art von Zahlen eingeführt, die *Brüche* p/q, auch *positive rationale Zahlen* oder *Verhältniszahlen* genannt. Übrigens wurden die Brüche noch vor der Null und den negativen Zahlen erfunden. Noch im Mittelalter galten die negativen Zahlen als „mystische Zahlen".

Allgemeiner kann man den Bereich aller Quotienten p/q von ganzen Zahlen p, q mit $q \neq 0$ betrachten. Dies ist die Menge $\mathbb{Q}$ der rationalen Zahlen,

$$\mathbb{Q} := \{p/q : p, q \in \mathbb{Z} \,, \ q \neq 0\} \,.$$

In dieser Menge lassen sich die Operationen der Addition und der Multiplikation unbeschränkt ausführen nach den wohlbekannten Rechenregeln. Weiterhin kann man lineare algebraische Gleichungen der Form

(3) $$ax + b = 0$$

für beliebig vorgegebene $a, b \in \mathbb{Q}$ mit $a \neq 0$ eindeutig durch ein $x \in \mathbb{Q}$ auflösen.

Das Bemerkenswerte hieran ist, daß die Gleichung (3) in dem ursprünglichen Zahlbereich $\mathbb{N}$ im allgemeinen keine Lösung besitzt und daß die Lösbarkeit von (3) durch Hinzufügen „idealer" (d.h. gedachter) neuer Elemente erzwungen wird. Vergleichbares, das der Erweiterung von $\mathbb{N}$ zu $\mathbb{Z}$ und dann zu $\mathbb{Q}$ entspricht, werden wir an vielen Stellen wiederfinden. Dies ist das Prinzip, mit dem Mephisto die stockende kaiserliche Wirtschaft wieder in Gang bringt: Weil es am Geld fehlt, wird Papiergeld gedruckt, und die Probleme lösen sich von selbst (Faust II, Vers 6037–6130).

Die Pythagoräer im alten Griechenland glaubten, daß man alle in der Natur und der Geometrie auftretenden Streckenverhältnisse mittels rationaler Zahlen ausdrücken könne. Ihr Weltbild war erschüttert, als entdeckt wurde, daß es *inkommensurable* Streckenpaare gibt, deren Maßzahlen in einem nichtrationalen Verhältnis stehen. Um zu verstehen, was damit gemeint ist, müssen wir die rationalen Zahlen p/q mit $p, q \in \mathbb{Z}$, $q \neq 0$, geometrisch deuten. Dazu wählen wir eine gerade Linie, die Zahlengerade $\mathcal{G}$, die wir durch Angabe einer „Richtung" $\rightarrow$ orientieren. Weiterhin fixieren wir auf $\mathcal{G}$ einen Punkt 0, den „Ursprung" von $\mathcal{G}$; ihm soll die Zahl 0 entsprechen. Weiterhin tragen wir auf $\mathcal{G}$ von 0 aus „nach

rechts", d.h. in der angegebenen Richtung, eine „Einheitsstrecke" (das Urmeter)
ab; ihr rechter Endpunkt möge der Zahl 1 entsprechen. Wiederholen wir den
Prozeß und tragen nach rechts wiederholt das Urmeter ab, so erhalten wir sukzessive die Zahlen $1, 2, 3, 4, \ldots$, während die Abtragung nach links von 0 aus die
Zahlen $-1, -2, -3, -4, \ldots$ liefert.

Entsprechend erhält der Endpunkt des q-ten Teils der Einheitsstrecke, $q \in \mathbb{N}$,
von 0 aus nach rechts abgetragen, die Zahl $1/q$ als Kennzeichen, und das p-fache
von $1/q$, $p \in \mathbb{N}$, nach rechts abgetragen, die Kennzahl p/q, etc.

Die rationalen Zahlen liegen also bei dieser Deutung auf der Geraden $\mathcal{G}$ auf-
gereiht wie „unendlich dünne" Perlen auf einer Schnur. Wählen wir nun eine
beliebige Strecke und tragen diese von 0 aus nach rechts ab. Wäre die Strecke
kommensurabel , d.h. stünde ihre Länge zur Länge des Urmeters in einem rationalen Verhältnis, so entspräche ihrem rechten Endpunkt eine rationale Zahl.
Wir wollen nun zeigen, daß dies nicht immer der Fall ist. Zu diesem Zwecke
betrachten wir die Diagonale in einem Quadrat der Seitenlänge 1.

Nach dem Satz von Pythagoras hat sie die Länge $\sqrt{2}$. Wäre nun $\sqrt{2}$ rational,
d.h. von der Form

$$(4) \qquad\qquad \sqrt{2} = p/q \quad \text{mit } p, q \in \mathbb{N} \, ,$$

so dürften wir zunächst p, q als teilerfremd annehmen. Quadrieren wir beide
Seiten der Gleichung und multiplizieren das Ergebnis mit q^2, so folgt

$$(5) \qquad\qquad p^2 = 2q^2 \, .$$

Also wäre p^2 und damit auch p durch 2 teilbar, d.h. $p = 2r$ mit $r \in \mathbb{N}$, und wir
erhielten aus (5) die Gleichung

$$2r^2 = q^2 \, .$$

Somit wäre auch q durch 2 teilbar, ebenso wie p, und folglich wären p und q nicht,
wie oben vorausgesetzt, teilerfremd, ein Widerspruch. Also ist $\sqrt{2}$ keine rationale
Zahl, d.h. kein Verhältnis (= Ratio) ganzer Zahlen. Man nennt daher $\sqrt{2}$ eine
Irrationalzahl. (Die soeben benutzte Schlußweise wird als *indirekter Beweis* oder
Beweis durch Widerspruch bezeichnet.)

Vermutlich ist die Existenz irrationaler Verhältnisse zuerst am Pentagramm,
dem regulären Fünfeck, entdeckt worden. Das Pentagramm war das Symbol der
Pythagoräer.

Aus Symmetriegründen sind die Seiten eines regulären Fünfecks $ABCDE$ gleich
lang und ebenso die Diagonalen. Bezeichnen a die Länge der Diagonalen und b
die Seitenlänge, so liefert eine elementargeometrische Betrachtung die Gleichung

$$(6) \qquad\qquad a/b = b/(a - b) \, ,$$

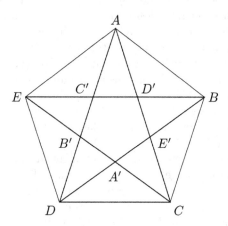

und hieraus ergibt sich $a/b = \frac{1}{2}(1 + \sqrt{5})$.

Die Teilung der Strecke a in die Strecken b und $a - b$ nach diesem Verhältnis nennt man den *goldenen Schnitt*. Die Zahl $\frac{1}{2}(1 + \sqrt{5})$ ist irrational, denn wäre a/b ein Bruch p/q zweier teilerfremder natürlicher Zahlen p und q mit $p > q$, so folgte aus (6) auch $a/b = q/(p - q)$, und daher wären p und q doch nicht teilerfremd gewesen.

Die Entdeckung der irrationalen Streckenverhältnisse zeigt, daß es auf einer Geraden Punkte gibt, denen keine rationalen Zahlen auf der „Zahlengeraden" entsprechen; die Zahlengerade hat Löcher. Es liegt nun nahe, diese Löcher mit einem neuen Mephistoprinzip zu stopfen: Man erklärt die Löcher zu einem neuen Typ von Zahlen, die jetzt *Irrationalzahlen* genannt werden, und legt danach fest, wie mit diesen Zahlen gerechnet werden soll. Rationale und irrationale Zahlen zusammengenommen bilden dann den Bereich der reellen Zahlen, $\mathbb{R}$, und wir haben die Inklusionskette $\mathbb{N} \subset \mathbb{Z} \subset \mathbb{Q} \subset \mathbb{R}$.

Die Theorie der irrationalen Streckenverhältnisse wurde von Theaitetos und Eudoxos, beide Mathematiker an Platons Akademie in Athen (4. Jahrhundert v.Chr.), entwickelt und ist in Euklids *Elementen* (5. und 10. Buch) dargestellt. Allerdings haben die griechischen Mathematiker nie mit irrationalen Zahlen, sondern nur mit irrationalen Streckenverhältnissen operiert.

Nach der Antike tauchte der Begriff des Irrationalen in Europa erst wieder im 16. Jahrhundert mit der Einführung der Dezimalbrüche auf (das „Komma" wurde erst 1660 eingeführt). Simon Stevin (1548–1628) benutzte unendliche Dezimalbrüche, um Irrationalzahlen zu erfassen.

Die Bedeutung der Theorie des Eudoxos wurde erst wieder in der Neuzeit erkannt. Der Bonner Mathematiker Rudolf Lipschitz (1832–1903) meinte noch, die reellen Zahlen seien bei Euklid durch die geometrische Analogie mit einer geraden Linie völlig ausreichend definiert worden, während für Dedekind und Cantor diese auf geometrischer Intuition beruhende Zahlendefinition unbefriedigend war. Sie lieferten - auf verschiedene Weise - Definitionen des Zahlbegriffs, die wir noch heute benutzen und die für die meisten Mathematiker nichts zu wünschen übrig lassen. Es sei aber nicht verschwiegen, daß Kronecker die Theorie des Irrationalen strikt ablehnte; für ihn gab es nur $\mathbb{Q}$ und nicht $\mathbb{R}$. Von den Arbeiten seines Berliner Kollegen Weierstraß sprach er späterhin nur als der „sogenannten Analysis des Herrn Weierstraß", und als ihm berichtet wurde, Lindemann habe die Transzendenz von π (der Maßzahl des Flächeninhalts einer Kreisscheibe vom Radius 1) bewiesen, soll er gesagt haben: „Das interessiert mich nicht, π existiert nicht." Nach Kronecker haben die sogenannten Intuitionisten zu Anfang dieses Jahrhunderts alle Beweise abgelehnt, bei denen unendlich viele Schlüsse verwendet werden, und sie haben einen Neuaufbau der Analysis versucht, der aber so umständlich und mühsam war, daß die meisten Mathematiker ihn ignorieren. So wollen wir es auch halten. Mehr noch, wir wollen auch darauf verzichten, das System der reellen Zahlen nach dem Vorbild des italienischen Mathematikers Giuseppe Peano (1858–1939) streng aus den natürlichen Zahlen aufzubauen. Dieser Aufbau ist sehr mühsam und braucht viel Zeit. Für den Anfänger ist er zudem meist unbefriedigend, weil bewiesen wird, was jedermann ohnehin zu wissen glaubt. Wir führen daher die reellen Zahlen im nächsten Abschnitt axiomatisch ein und überlassen es dem Leser, zu einem späteren Zeitpunkt zu studieren, wie man $\mathbb{R}$ aus $\mathbb{Q}$ konstruieren kann. Dies kann man Edmund Landaus *Vorlesungen über Analysis* entnehmen, die 1930 in Buchform erschienen sind. Die Göttinger Analysisvorlesungen von Landau sollen sich in jeweils wenigen Wochen auf $n \leq 6$ Hörer reduziert haben.

3   Die Axiome der reellen Zahlen

Was sind die reellen Zahlen? Die Antwort auf diese Frage überläßt der Mathematiker üblicherweise den Philosophen. Er fragt nicht: „Was sind Zahlen?", sondern: „Wie operiert man mit Zahlen?"

Ähnlich wie ein Schachspieler die Spielfiguren dadurch beschreibt, daß er festlegt, wie sie agieren dürfen, beschreibt der Mathematiker die reellen Zahlen durch Regeln, die festlegen, wie man mit den Zahlen operieren darf. Diese Regeln heißen *Axiome der reellen Zahlen*; wir wollen sie jetzt formulieren.

Axiome der reellen Zahlen. Es gibt eine Menge $\mathbb{R}$ von Elementen $a, b, c, \ldots$, reelle Zahlen genannt, die drei Gruppen von Axiomen (Grundgesetzen) erfüllen:

(I) Die algebraischen Axiome.
(II) Die Anordnungsaxiome.
(III) Das Vollständigkeitsaxiom.

Wir wollen jetzt die Axiome (I)–(III) im einzelnen beschreiben.

(I) **Die algebraischen Axiome.** *In $\mathbb{R}$ gibt es zwei Operationen,* Addition *und* Multiplikation *genannt, die jedem Paare a, b von Elementen aus $\mathbb{R}$ zwei weitere Elemente $a+b \in \mathbb{R}$ und $ab \in \mathbb{R}$ (oder $a \cdot b$) zuordnen, die* Summe *und* Produkt *von a, b heißen. Die Operationen der Addition und Multiplikation genügen folgenden Regeln.*

(I.1) $(a + b) + c = a + (b + c)$ *(Assoziativgesetz)*

(I.2) $a + b = b + a$ *(Kommutativgesetz)*

(I.3)   *Es gibt genau eine Zahl in $\mathbb{R}$, die* Null *genannt und mit 0 bezeichnet wird, so daß $a + 0 = a$ ist für jedes $a \in \mathbb{R}$.*

(I.4)   *Zu jedem $a \in \mathbb{R}$ gibt es genau ein $b \in \mathbb{R}$, so daß $a + b = 0$ ist. Wir bezeichnen b mit dem Symbol $-a$ und nennen diese Zahl das zu b* negative *Element.*

(I.5) $(ab)c = a(bc)$ *(Assoziativgesetz)*

(I.6) $ab = ba$ *(Kommutativgesetz)*

(I.7)   *Es gibt genau eine reelle Zahl, die* Eins *genannt und mit 1 bezeichnet wird, die von 0 verschieden ist und $a \cdot 1 = a$ für jedes $a \in \mathbb{R}$ erfüllt.*

(I.8)   *Zu jedem $a \in \mathbb{R}$ mit $a \neq 0$ gibt es ein eindeutig bestimmtes Element $b \in \mathbb{R}$ mit $b \neq 0$, so daß $ab = 1$ ist. Wir bezeichnen b mit a^{-1} oder $\frac{1}{a}$ oder $1/a$ und nennen a^{-1} das zu a* inverse *Element.*

(I.9) $a(b + c) = ab + ac$ *(Distributivgesetz)*

Nach dem Vorbild von Dedekind nennt man jede Menge $\mathbb{K}$ von Elementen $a, b, \ldots$, für die eine additive Verknüpfung $a + b$ und eine multiplikative Verknüpfung ab mit den Eigenschaften (I.1)–(I.9) definiert ist, einen *Körper*. Dementsprechend heißt $\mathbb{R}$ *Körper der reellen Zahlen.*

Bezeichnungen. Wir setzen

$$a - b := a + (-b) , \qquad \frac{a}{b} = a/b := ab^{-1} = b^{-1}a$$

und nennen $a - b$ die *Differenz* zwischen b und a, während a/b der *Quotient* von a und b genannt wird. Die Operationen $a, b \mapsto a - b$ bzw. a/b heißen *Subtraktion* bzw. *Division.*

Abgeleitete Regeln

(I.10) $-(-a) = a$, $(-a) + (-b) = -(a + b)$,

$\quad\;\;$ $(a^{-1})^{-1} = a$, $a^{-1}b^{-1} = (ab)^{-1}$ *für* $a, b \neq 0$,

$\quad\;\;$ $a \cdot 0 = 0$, $a(-b) = -(ab)$, $(-a)(-b) = ab$,

$\quad\;\;$ $a(b - c) = ab - ac$.

(I.11)   *Aus $ab = 0$ folgt, daß mindestens eine der beiden Zahlen a, b gleich Null sein muß.*

Beweis von (I.10). Wir zeigen beispielsweise $a \cdot 0 = 0$. In der Tat ist $a \cdot 0 = a \cdot (0 + 0) = a \cdot 0 + a \cdot 0$. Ziehen wir $(a \cdot 0)$ ab, so folgt $0 = a \cdot 0$. Aus $0 = a \cdot 0$ folgt $0 = a \cdot (b + (-b)) = ab + a(-b)$. Dies liefert $-(ab) = a \cdot (-b)$. Wir überlassen den Beweis der übrigen Regeln dem Leser als Übungsaufgabe.

$\square$

Beweis von (I.11). Aus $a \cdot b = 0$ folgt, wenn $a \neq 0$ ist, $b = 1 \cdot b = (a^{-1}a)b = a^{-1}(ab) = a^{-1} \cdot 0 = 0$.

$\square$

Wir überlassen dem Leser auch den Beweis der folgenden *Regeln des Bruchrechnens*:

(I.12) $\dfrac{a}{c} + \dfrac{b}{d} = \dfrac{ad + bc}{cd}$, $c, d \neq 0$,

$\dfrac{a}{c} \cdot \dfrac{b}{d} = \dfrac{ab}{cd}$, $c, d \neq 0$,

$\dfrac{a/c}{b/d} = \dfrac{ad}{bc}$, $b \neq 0, c \neq 0, d \neq 0$.

Wir bemerken, daß man die Eindeutigkeit der Null nicht zu fordern braucht. Gäbe es nämlich neben 0 noch ein weiteres neutrales Element der Addition, etwa $0'$, so folgte $0 = 0 + 0' = 0' + 0 = 0'$, also $0 = 0'$. Ebenso ist überflüssig, die Eindeutigkeit des negativen Elements $b = -a$ zu postulieren. Wäre nämlich b' ebenfalls negatives Element zu a, so folgte aus $a + b' = 0$ durch Addition von b die Gleichung $b + (a + b') = b + 0$, woraus sich $b' = 0 + b' = (a + b) + b' = (b + a) + b' = b + (a + b') = b + 0 = b$, also $b' = b$ ergibt. Ähnlich zeigt man, daß es nicht nötig ist, die Eindeutigkeit der Eins und des inversen Elementes a^{-1} zu verlangen.

(II) **Die Anordnungsaxiome.** *Für beliebige reelle Zahlen a, b steht fest, ob sie gleich ($a = b$) oder ungleich ($a \neq b$) sind. Zwischen verschiedenen (d.h. ungleichen) Zahlen $a, b \in \mathbb{R}$ besteht eine Anordnung, die mit dem Symbol „<" bezeichnet wird und besagt, daß genau eine der beiden Relationen $a < b, b < a$ gilt. Mit anderen Worten: Für beliebige $a, b \in \mathbb{R}$ gilt genau eine der drei Relationen*

$$a < b , \quad a = b , \quad b < a .$$

Die Anordnungsbeziehung genügt den folgenden Axiomen:

(II.1)   Aus $a < b$ und $b < c$ folgt $a < c$.

(II.2)   Aus $a < b$ folgt $a + c < b + c$ für alle $c \in \mathbb{R}$.

(II.3)   Aus $a < b$ und $c > 0$ folgt $ac < bc$.

Das erste Axiom besagt die *Transitivität* der Anordnung, das zweite die *Verträglichkeit mit der Addition*, das dritte bedeutet die *Verträglichkeit der Anordnung mit der Multiplikation*.

Die Relation $a < b$ lesen wir als „a ist kleiner als b". Hierfür benutzt man auch die äquivalente Schreibweise $b > a$, die gelesen wird als „b ist größer als a". Die Bezeichnung $a \le b$ besagt, daß entweder $a < b$ oder $a = b$ gilt („a ist kleiner als oder gleich b"), und $a \ge b$ steht für: $a > b$ oder $a = b$ („a ist größer gleich b").

Wir nennen $a \in \mathbb{R}$ *positiv* bzw. *negativ*, wenn $a > 0$ bzw. $a < 0$ gilt. Weiter heißt a *nichtnegativ*, wenn $a \ge 0$ ist, und *nichtpositiv* im Falle, daß $a \le 0$ ist.

Abgeleitete Regeln

(II.4) $a < b \Leftrightarrow b - a > 0$.

(II.5) $a < 0 \Leftrightarrow -a > 0$, $\quad a > 0 \Leftrightarrow -a < 0$.

(II.6) $a < b \Leftrightarrow -b < -a$.

(II.7) Aus $a < b$ und $c < d$ folgt $a + c < b + d$.

(II.8) $ab > 0 \Leftrightarrow a > 0, b > 0$ oder $a < 0, b < 0$,
$\quad\quad ab < 0 \Leftrightarrow a > 0, b < 0$ oder $a < 0, b > 0$.

(II.9) $a \ne 0 \Leftrightarrow a^2 > 0$; insbesondere $1 > 0$.

(II.10) Aus $a < b$ und $c < 0$ folgt $ac > bc$.

(II.11) $a > 0 \Leftrightarrow 1/a > 0$.

(II.12) Aus $a^2 < b^2$, $a \ge 0$ und $b > 0$ folgt $a < b$.

Beweis von (II.4–12). (i) Sei $a < b$. Dann folgt $0 = a + (-a) < b + (-a) = b - a$ wegen (II.2). Ist $0 < b - a$, so folgt $a < b + (-a) + a = b$, also $a < b$. (Hierbei haben wir ebenfalls (II.2) benutzt.) Damit ist (II.4) bewiesen.
(ii) Setzen wir in (II.4) jetzt $b = 0$, so folgt die erste Relation von (II.5). Aus dieser folgt die zweite, wenn wir a durch $-a$ ersetzen und $-(-a) = a$ beachten.
(iii) (II.6) folgt aus (II.4) vermöge

$$a < b \Leftrightarrow b - a > 0 \Leftrightarrow (-a) - (-b) > 0 \Leftrightarrow -b < -a\,.$$

(iv) Aus $a < b$ und $c < d$ folgt wegen (II.2)

$$a + c < b + c\,,\ b + c < b + d\,,$$

also nach (II.1) auch $a + c < b + d$. Dies liefert (II.7).
(v) Aus $a, b > 0$ folgt nach (II.3) die Beziehung $ab > 0 \cdot b = 0$. Ist aber $a, b < 0$, so folgt nach (II.5), daß $-a, -b > 0$, also $(-a)(-b) > 0$ ist, wie gerade bewiesen, und wegen $ab = (-a)(-b)$ ergibt sich $ab > 0$. Damit haben wir gezeigt: $a, b > 0$ oder $a, b < 0 \Rightarrow ab > 0$. Nun wollen wir die Umkehrung dieser Implikation zeigen.
Sei also $ab > 0$. Dann gilt $a \ne 0$ und $b \ne 0$. Wäre etwa $a > 0$ und $b < 0$, so folgte nach (II.5), daß $-b > 0$ ist. Wie eben gezeigt, ist dann $a \cdot (-b) > 0$, und

$-(ab) = a(-b)$ nach (I.10). Somit wäre $-(ab) > 0$, also $ab < 0$ nach (II.5). Dies ist ein Widerspruch zur Voraussetzung $ab > 0$. Also ist es nicht möglich, daß $a > 0$ und $b < 0$ gilt, und genauso widerlegt man die Annahme $a < 0$ und $b > 0$. Somit haben wir bewiesen: $ab > 0 \Rightarrow a, b > 0$ oder $a, b < 0$.

Die zweite Behauptung von (II.8) überlassen wir dem Leser.

(vi) $a \neq 0 \Leftrightarrow a > 0$ oder $a < 0 \Leftrightarrow a^2 > 0$ nach (II.8). Ferner ist $1 \neq 0$ und folglich $1 = 1 \cdot 1 = 1^2 > 0$. Also ist (II.9) richtig.

(vii) Aus $c < 0$ folgt $-c > 0$, und mit $a < b$ ergibt sich $-(ca) = (-c)a < (-c)b = -cb$, also $-ac < -bc$, und damit $bc < ac$. Somit gilt (II.10).

(viii) Aus $aa^{-1} = 1 > 0$ folgt nach (II.8), daß $a^{-1} > 0$ ist, wenn $a > 0$ gilt, und daß sich $a > 0$ aus $a^{-1} > 0$ ergibt.

(ix) Wäre die Behauptung $a < b$ falsch, so gälte $a \geq b > 0$, und folglich wäre $a^2 \geq ab$ und $ab \geq b^2$, somit $a^2 \geq b^2$, ein Widerspruch zur Annahme $a^2 < b^2$.

$\square$

Nun kommen wir zum Vollständigkeitsaxiom. Wir benutzen eine Formulierung, die im wesentlichen auf Dedekind zurückgeht.

(III) Das Vollständigkeitsaxiom. *Jede nichtleere, nach oben beschränkte Teilmenge M von $\mathbb{R}$ besitzt eine kleinste obere Schranke; diese wird* **Supremum von M** *genannt und mit* sup M *bezeichnet.*

Um diesem Axiom einen Sinn zu geben, müssen wir die darin auftretenden Begriffe festlegen, sofern sie sich nicht von selbst verstehen.

Eine *nichtleere Menge* ist eine Menge mit mindestens einem Element. Die leere Menge wird mit dem Symbol $\emptyset$ bezeichnet; dementsprechend soll die Aussage „$M \neq \emptyset$" bedeuten, daß M nichtleer sei.

Definition 1. *(i) Eine nichtleere Teilmenge M von $\mathbb{R}$ heißt* **nach oben beschränkt***, wenn es eine Zahl $k \in \mathbb{R}$ gibt, so daß gilt:*

$$a \leq k \quad \text{für jedes } a \in M \ .$$

Ein solches $k \in \mathbb{R}$ wird als eine **obere Schranke von M** *bezeichnet.*

(ii) Eine nichtleere Teilmenge M von $\mathbb{R}$ heißt **nach unten beschränkt***, wenn es ein $k \in \mathbb{R}$ gibt, so daß*

$$k \leq a \quad \text{für jedes } a \in M$$

gilt, und k wird eine **untere Schranke von M** *genannt.*

(iii) Eine nichtleere Teilmenge M von $\mathbb{R}$ heißt **beschränkt***, wenn es ein $k \geq 0$ gibt, so daß gilt:*

$$-k \leq a \leq k \quad \text{für jedes } a \in M \ .$$

Definition 2. *Eine Zahl* $k \in \mathbb{R}$ *heißt* kleinste obere (größte untere) Schranke *einer nichtleeren Teilmenge* M *von* $\mathbb{R}$*, wenn sie erstens eine obere (untere) Schranke von* M *ist, und wenn es zweitens keine kleinere obere (größere untere) Schranke von* M *gibt.*

Bemerkung. Wir haben

$$a \leq k \quad \Leftrightarrow \quad -k \leq -a \,.$$

Hieraus folgt: k ist genau dann eine obere Schranke von $M \neq \emptyset$, wenn $-k$ eine untere Schranke der Menge $M^- := \{-a : a \in M\}$ ist, und k ist genau dann die kleinste obere Schranke von M, wenn $-k$ die größte untere Schranke von M^- ist. Daher folgt aus dem Axiom (III) die folgende äquivalente Aussage:

(III$^-$) *Jede nichtleere, nach unten beschränkte Teilmenge* M *von* $\mathbb{R}$ *besitzt eine größte untere Schranke; diese wird* **Infimum von** M *genannt und mit* inf M *bezeichnet.*

Auf dem Vollständigkeitsaxiom bauen alle Grenzprozesse der Analysis auf. Insbesondere ist dieses Axiom die Grundlage der Differential- und Integralrechnung.

Die folgende *Bezeichnungsweise* ist bequem, weil sie einen umständlich zu formulierenden Sachverhalt in eine kurze Formel faßt.

Bezeichne M eine nichtleere Menge reeller Zahlen. Wir schreiben

$$\sup M < \infty \,,$$

falls M nach oben beschränkt ist; anderenfalls setzen wir

$$\sup M := \infty \,.$$

(Oft wird statt ∞ auch $+\infty$ geschrieben. Dies wird nötig, sobald wir mit komplexen Zahlen operieren.)

Falls M nach unten beschränkt ist, schreiben wir

$$\inf M > -\infty \,,$$

und wir setzen

$$\inf M := -\infty \,,$$

falls M nicht nach unten beschränkt ist. Die Symbole ∞ und $-\infty$ werden als *Unendlich* (oder *plus Unendlich*) und *minus Unendlich* bezeichnet.

In den folgenden Sätzen sei M stets eine nichtleere Menge reeller Zahlen.

Satz 1. *(i) Ist* $\sup M < \infty$*, so gibt es zu jedem* $\epsilon > 0$ *ein* $x \in M$*, so daß* $(\sup M) - \epsilon < x$ *ist. (ii) Ist* $\sup M = \infty$*, so gibt es zu jedem* $k > 0$ *ein* $x \in M$ *mit* $k < x$*.*

Beweis. Sei $a := \sup M$. (i) Sei $a < \infty$. Wäre die Behauptung von (i) falsch, so gäbe es ein $\epsilon > 0$, so daß $x \leq a - \epsilon$ für alle $x \in M$ gälte. Also wäre $a - \epsilon$ obere Schranke von M, und wir hätten $a - \epsilon < a$. Dies ist nicht möglich, weil a kleinste obere Schranke von M ist.

(ii) Ist $a = \infty$, so gibt es keine obere Schranke von M. Also kann man zu jedem $k > 0$ ein $x \in M$ mit $k < x$ finden.

$\square$

Satz 2. *(i) Ist* $\inf M > -\infty$, *so gibt es zu jedem* $\epsilon > 0$ *ein* $x \in M$, *so daß* $x < (\inf M) + \epsilon$ *ist.*

(ii) Falls $\inf M = -\infty$ *ist, gibt es zu jedem* $k > 0$ *ein* $x \in M$ *mit* $x < -k$.

Satz 2 wird ähnlich wie Satz 1 bewiesen.

Definition 3. *Ein Element* m *einer nichtleeren Menge* M *reeller Zahlen heißt* **größtes Element** *oder* **Maximum von** M *(Symbol:* $\max M$), *wenn* $x \leq m$ *für alle* $x \in M$ *gilt. Entsprechend heißt* $m \in M$ **kleinstes Element** *oder* **Minimum von** M *(Symbol:* $\min M$), *wenn* $m \leq x$ *für alle* $x \in M$ *ist.*

Eine beschränkte Menge braucht weder ein Maximum noch ein Minimum zu besitzen, wie man am Beispiel $M := \{x \in \mathbb{R} : 0 < x < 1\}$ sieht. Ist jedoch $\sup M$ in M enthalten, so gilt

$$\sup M = \max M .$$

Aufgaben.

1. Man beweise die Identität $(1 - x)(1 + x + x^2) = 1 - x^3$ für $x \in \mathbb{R}$.
2. Gilt $a < x < b$, so gibt es eine und nur eine Zahl λ mit $0 < \lambda < 1$ und $x = (1 - \lambda)a + \lambda b$. Beweis?
3. Man zeige: Aus $b > 0$, $d > 0$ und $a/b < c/d$ folgt

$$\frac{a}{b} < \frac{a + c}{b + d} < \frac{c}{d} .$$

4. Man beweise, daß für beliebige nichtnegative a, b gilt:

$$ab \leq \left(\frac{a + b}{2}\right)^2 .$$

5. Man zeige für beliebige nichtnegative x, z mit $x + z < 1$ die Ungleichung

$$(1 + x)(1 + z) \leq \frac{1}{1 - (x + z)} .$$

6. Für beliebige $a, b, c, \in \mathbb{R}$ und $c \neq 0$ beweise man die Formel

$$2ab \leq a^2 c^{-2} + b^2 c^2 .$$

7. Für $a > 0$, $b > 0$ zeige man: $2 \leq a/b + b/a$.
8. Man beweise: Sind M und M' zwei nichtleere Mengen reeller Zahlen und gilt $x \leq x'$ für beliebige $x \in M$ und beliebige $x' \in M'$, so folgt $\sup M \leq \inf M'$.

9. Sei M eine nichtleere, nach oben beschränkte Teilmenge von $\mathbb{R}$. Man zeige, daß M genau dann ein größtes Element besitzt, wenn sup M in M liegt. Ist dies der Fall, so gilt max $M =$ sup M.

10. Man zeige, daß die Menge $M := \{x \in \mathbb{R} : 0 \leq x < 1\}$ kein Maximum besitzt und daß sup $M = 1$ gilt.

11. Ist M eine nichtleere Menge reeller Zahlen mit inf $M > 0$, so ist $M' := \{1/m : m \in M\}$ nach oben beschränkt, und es gilt sup $M' = 1/\inf M$.

4 $\mathbb{N}, \mathbb{Z}, \mathbb{Q}$. Vollständige Induktion. Satz von Archimedes. Die Anzahlfunktion.

Was sind die natürlichen Zahlen $n = 1, 2, 3, \ldots$ in der Menge $\mathbb{R}$ der reellen Zahlen, die wir axiomatisch vorgegeben haben? Wir bilden sukzessive die Zahlen

$$1 \;, \;\; 2 = 1 + 1 \;, \;\; 3 = 2 + 1 = 1 + 1 + 1 \;, \text{usw.} \;,$$

aber das „und so weiter" ist etwas vage und schwer zu fassen. Darum wollen wir die Menge der natürlichen Zahlen, $\mathbb{N}$, auf die folgende, etwas merkwürdig anmutende Art und Weise einführen.

Definition 1. *Eine Teilmenge M von $\mathbb{R}$ heißt* **induktiv***, wenn gilt:*

(i) $1 \in M$.

(ii) *Mit $x \in M$ gilt auch $x + 1 \in M$.*

Beispielsweise ist $\mathbb{R}$ induktiv, und man sieht leicht, daß der Durchschnitt induktiver Mengen wiederum induktiv ist.

Definition 2. *Die* **Menge $\mathbb{N}$ der natürlichen Zahlen** *definieren wir als den Durchschnitt aller induktiven Teilmengen M von $\mathbb{R}$.*

Die so definierte Menge $\mathbb{N}$ ist nach obiger Bemerkung induktiv, und somit ist sie die *kleinste induktive Menge*. Genauer gesagt haben wir:

Satz 1. (Induktionsprinzip) *Ist M induktiv und $M \subset \mathbb{N}$, so gilt $M = \mathbb{N}$.*

Beweis. Nach Voraussetzung gilt $M \subset \mathbb{N}$, und aus der Definition von $\mathbb{N}$ folgt $\mathbb{N} \subset M$. Also haben wir $M = \mathbb{N}$.

$\square$

Aus dem Induktionsprinzip ergibt sich ein wichtiges Beweisprinzip, nämlich der **Beweis durch vollständige Induktion**. Mit seiner Hilfe läßt sich feststellen, daß eine ganze Folge von Aussagen $B_1, B_2, \ldots, B_n, \ldots$ richtig ist. Für „Aussage" benutzen wir gleichbedeutend auch „Behauptung".

Satz 2. *Sei für jedes $n \in \mathbb{N}$ eine Aussage B_n gegeben derart, daß folgendes gilt:*

(i) B_1 ist richtig.

(ii) Aus der Annahme, daß B_n für ein irgendwie gewähltes $n \in \mathbb{N}$ gilt, folgt stets die Richtigkeit von B_{n+1}.

Dann gilt B_n für jedes $n \in \mathbb{N}$.

Beweis. Wir betrachten die Teilmenge M von $\mathbb{N}$, die durch

$$M := \{ n \in \mathbb{N} : B_n \text{ ist richtig} \}$$

definiert ist. Wegen (i) und (ii) ist M induktiv, und per definitionem ist $M \subset \mathbb{N}$. Nach Satz 1 folgt dann $M = \mathbb{N}$, d.h. die Behauptung B_n ist für alle $n \in \mathbb{N}$ richtig.
$\square$

Ein *Induktionsbeweis* besteht also aus zwei Teilen, dem *Induktionsanfang* (IA) und dem *Induktionsschluß* (IS), auch *Schluß von n auf $n+1$* genannt.

Der *Induktionsanfang* ist der Schritt (i): Man zeige, daß die Behauptung B_n jedenfalls für $n = 1$ richtig ist. Wenn dies gelungen ist, schließt sich Schritt (ii) an, der *Induktionsschluß*: Man denkt sich die Behauptung B_n etwa für den Wert k von n bewiesen. Dies ist die sogenannte *Induktionsannahme*; sie lautet also:

$$B_n \text{ ist richtig für } n = k.$$

Nun folgt die *Induktionsbehauptung* (IB):

$$B_n \text{ ist auch richtig für } n = k+1$$

Wenn sich zeigen läßt, daß aufgrund der Induktionsannahme die Induktionsbehauptung bewiesen werden kann, so ist der Induktionsschluß (IS) erfolgreich durchgeführt, und zusammen mit dem Induktionsanfang (IA) ergibt sich, daß B_n für alle $n \in \mathbb{N}$ richtig ist.

Dieses außerordentlich wirkungsvolle und nützliche Beweisprinzip scheint erstmals von Blaise Pascal (1623–1662) klar formuliert worden zu sein. Es erinnert an eine Reihe von Dominosteinen, die auf ihrer Schmalseite stehen und hintereinander aufgestellt sind. Nehmen wir an, daß der Stein mit der Nummer n, wenn er nach hinten kippt, den Stein mit der Nummer $n + 1$ trifft und nach hinten kippen läßt. Dann braucht man nur den ersten Stein anzustoßen, um zu erreichen, daß alle Steine fallen. Das mathematische Dominoprinzip unterscheidet sich vom physischen dadurch, daß es weder Raum noch Zeit braucht, um zu funktionieren: Sind (IA) und (IS) verifiziert, so sind alle Steine sogleich gefallen.

Betrachten wir ein Beispiel: Wir behaupten, daß die Summe der zwischen 1 und n gelegenen natürlichen Zahlen gleich $\frac{1}{2}n(n + 1)$ ist. Wir haben also für jedes $n \in \mathbb{N}$ die Behauptung

$$B_n \; : \; 1 + 2 + 3 + \ldots + n \; = \; \frac{1}{2}\,n(n + 1).$$

Induktionsanfang: B_1 ist jedenfalls richtig, denn $1 = \frac{1}{2} \cdot 1 \cdot 2$.

Induktionsschluß: Wir nehmen an, daß B_n für $n = k$ stimmt; es gelte also

$$1 + \ldots + k \;=\; \frac{1}{2}\, k(k+1) \,.$$

Dann folgt

$$1 + \ldots + k + (k+1) = \frac{1}{2}\, k(k+1) + (k+1) = \frac{1}{2}\,(k+1)(k+2) \,.$$

Somit ist B_n für $n = k+1$ richtig.

Das Induktionsprinzip liefert nun, daß B_n für jedes $n \in \mathbb{N}$ richtig ist.

Nun wollen wir das Induktionsprinzip wiederholt anwenden, um einige Eigenschaften der natürlichen Zahlen zu beweisen, die zwar wohlvertraut sind, bei unserem Vorgehen aber verifiziert werden müssen.

Satz 3. *Es gilt:*

   (i) $n \geq 1$ *für jedes* $n \in \mathbb{N}$.

  (ii) $n + m \in \mathbb{N}$ *für alle* $n, m \in \mathbb{N}$.

 (iii) $nm \in \mathbb{N}$ *für alle* $n, m \in \mathbb{N}$.

 (iv) *Für* $n \in \mathbb{N}$ *gilt entweder* $n = 1$ *oder* $n - 1 \in \mathbb{N}$.

  (v) $n - m \in \mathbb{N}$ *für alle* $n, m \in \mathbb{N}$ *mit* $n > m$.

Beweis (durch Induktion). 1.) (IA): $n \geq 1$ gilt jedenfalls für $n = 1$.
(IS): Sei die Behauptung $n \geq 1$ richtig für $n = k$, also $k \geq 1$. Wegen $k + 1 > k$ folgt dann $k + 1 \geq 1$. Damit folgt (i).
2.) Wir fixieren ein beliebiges $m \in \mathbb{N}$ und betrachten für $n \in \mathbb{N}$ die Behauptung

$$(*) \qquad\qquad\qquad n + m \in \mathbb{N}$$

(IA): Jedenfalls gilt $(*)$ für $n = 1$.
(IS): Nehmen wir an, daß $(*)$ für $n = k$ gilt. Dann ist $k + m \in \mathbb{N}$, und folglich auch $(k + m) + 1 \in \mathbb{N}$, und wegen $(k + m) + 1 = (k + 1) + m$ folgt, daß $(*)$ auch für $n = k + 1$ gilt. Also ist $(*)$ für alle $n \in \mathbb{N}$ richtig. Damit ist (ii) bewiesen.
3.) Fixiere ein $m \in \mathbb{N}$ und betrachte für $n \in \mathbb{N}$ die Behauptung

$$(**) \qquad\qquad\qquad nm \in \mathbb{N} \,.$$

(IA): Wegen $1 \cdot m = m$ ist $(**)$ richtig für $n = 1$.
(IS): Sei $(**)$ richtig für $n = k$, d.h. es sei $km \in \mathbb{N}$. Wegen

$$(k+1)m = km + m$$

und (ii) folgt dann $(k+1)m \in \mathbb{N}$, d.h. $(**)$ gilt für $n = k + 1$ und damit für alle $n \in \mathbb{N}$, womit (iii) bewiesen ist.

4.) (IA): Die Behauptung „$n = 1$ oder $n - 1 \in \mathbb{N}$" gilt jedenfalls für $n = 1$.
(IS): Nun wollen wir annehmen, daß sie für $n = k$ gilt, also entweder (a) $k = 1$
oder (b) $k - 1 \in \mathbb{N}$ ist. Für $n = k + 1$ gilt dann $(k + 1) - 1 = k = 1$ im Falle (a),
und $(k + 1) - 1 = (k - 1) + 1 \in \mathbb{N}$ im Falle (b). Dies liefert (iv).
5.) Wir betrachten die Behauptung

$$(+) \qquad\qquad n - m \in \mathbb{N} \quad \text{für jedes } m \in \mathbb{N} \text{ mit } m < n \,.$$

(IA): Für $n = 1$ ist die Behauptung (+) wegen (i) leer, also richtig, da nichts zu
beweisen ist.
(IS): Die Behauptung (+) sei richtig für $n = k$, d.h. es gelte die Induktionsvor-
aussetzung (IV) $k - m \in \mathbb{N}$ für jedes $m \in \mathbb{N}$ mit $m < k$.
Zu zeigen ist die Induktionsbehauptung (IB): $k + 1 - m \in \mathbb{N}$ für jedes $m \in \mathbb{N}$
mit $m < k + 1$.
Wäre $m = 1$, so folgte $m - 1 = 0$, also $(k + 1) - m = k \in \mathbb{N}$, d.h. (IB) ist
trivialerweise richtig. Wäre hingegen $m > 1$, so folgte aus (iv), daß $m - 1 \in \mathbb{N}$
ist, und wegen $m < k + 1$ wäre $m - 1 < k$. Somit folgt aus (IV), wenn wir m
durch $m - 1$ ersetzen, daß $k - (m - 1) \in \mathbb{N}$ ist, und wegen

$$k - (m - 1) = (k + 1) - m$$

ergibt sich $(k + 1) - m \in \mathbb{N}$ für alle $m \in \mathbb{N}$ mit $m < k + 1$. Also ist (IB) bewiesen
und damit (v) richtig.

$\square$

Aus Satz 1 ergibt sich sogleich ein weiteres Resultat; eine solche unmittelbare
Folgerung wird oft als „Korollar" bezeichnet.

Korollar 1. *Es gibt kein $n \in \mathbb{N}$ mit $0 < n < 1$. Ferner: Ist $m \in \mathbb{N}$, so gibt es
kein $n \in \mathbb{N}$ mit $m < n < m + 1$ oder mit $m - 1 < n < m$.*

Wir setzen

$$(1) \qquad\qquad \mathbb{N}_0 := \{0\} \cup \mathbb{N} \,, \quad \mathbb{N}^- := \{-n : n \in \mathbb{N}\} \,,$$

$$(2) \qquad\qquad \mathbb{Z} := \mathbb{N}^- \cup \{0\} \cup \mathbb{N} \,.$$

Wir nennen $\mathbb{Z}$ *die* **Menge der ganzen Zahlen**.

Satz 4. *Mit $a, b \in \mathbb{Z}$ folgt $a + b \in \mathbb{Z}$ und $a \cdot b \in \mathbb{Z}$.*

Der Beweis ergibt sich aus Satz 3 und den Aussagen:

$$-(-a) = a$$

sowie

$$a > 0 \;\Leftrightarrow\; -a < 0 \,.$$

Wir überlassen die Details dem Leser.

Wir haben also $\mathbb{N}$ und $\mathbb{Z}$ in unserer axiomatisch definierten Menge wiedergefunden, und die Menge $\mathbb{Q}$ der **rationalen Zahlen** ergibt sich als

$$\mathbb{Q} := \{p/q : \ p, q \in \mathbb{Z} \, , \ q \neq 0\} \, .$$

Die Elemente von $\mathbb{R} \backslash \mathbb{Q}$ sind die **irrationalen Zahlen**.

Wir wollen jetzt die Stärke des Axioms (III) an einem ersten Beispiel kennenlernen.

Satz 5. (Satz von Archimedes) *Zu jedem $a \in \mathbb{R}$ gibt es ein $n \in \mathbb{N}$, so daß $a < n$ gilt.*

Beweis. Anderenfalls gäbe es ein $a \in \mathbb{R}$ mit

$$n \leq a \quad \text{für alle } n \in \mathbb{N} \, .$$

Folglich wäre die nichtleere Menge $\mathbb{N}$ nach oben beschränkt und besäße nach Axiom (III) eine kleinste obere Schranke b, nämlich $b := \sup \mathbb{N}$. Wegen $b < b + 1$ ist $b - 1 < b$, und somit ist $b - 1$ keine obere Schranke von $\mathbb{N}$. Also gibt es eine natürliche Zahl n, so daß $b - 1 < n$ ist. Hieraus folgt $b < n + 1 \in \mathbb{N}$, Widerspruch, denn b ist eine obere Schranke von $\mathbb{N}$. Also ist die Behauptung doch richtig. $\square$

Wegen der in Satz 5 beschriebenen Eigenschaft der reellen Zahlen nennt man $\mathbb{R}$ auch einen *archimedisch angeordneten Körper*.

Korollar 2. *Zu jedem $a \in \mathbb{R}$ gibt es ein $n \in \mathbb{N}$, so daß $\ -n < a$ gilt.*

Beweis. Wenden wir Satz 5 auf $-a$ an, so finden wir ein $n \in \mathbb{N}$ mit $-a < n$. Hieraus folgt $-n < a$. $\square$

Satz 6. *Jede nichtleere Menge natürlicher Zahlen hat ein kleinstes Element.*

Beweis. Sei $M \subset \mathbb{N}$ und $M \neq \emptyset$. Wegen $\inf \mathbb{N} = 1$ ist $a := \inf M > -\infty$. Zu zeigen ist $a \in M$. Wäre aber $a \notin M$, so gälte $a < m$ für alle $m \in M$. Nach Satz 2 von 1.3 gibt es zu jedem $\epsilon > 0$ ein $m \in M$ mit $a + \epsilon > m$. Wenn wir also zunächst $\epsilon = 1$ wählen, finden wir ein $m \in M$ mit $a < m < a + 1$. Dann wählen wir $\epsilon := m - a$ und bestimmen ein $m' \in M$ mit $a < m' < a + \epsilon = m$. Es ergibt sich $a < m' < m < a + 1$ und somit $0 < m - m' < 1$. Dies widerspricht Korollar 1, denn nach Satz 3 ist $m - m'$ eine natürliche Zahl. $\square$

Aus Satz 5 und Korollar 2 folgt, daß man zu jedem $x \in \mathbb{R}$ zwei natürliche Zahlen m und n mit $-m < x < n$ finden kann. Hieraus ergibt sich wegen Satz 6:

Satz 7. *Zu jedem* $x \in \mathbb{R}$ *existieren die Zahlen*

$$\lfloor x \rfloor = \text{floor}\, x := \quad \textit{größte ganze Zahl kleiner oder gleich } x\,,$$
$$\lceil x \rceil = \text{ceil}\, x := \quad \textit{kleinste ganze Zahl größer oder gleich } x\,.$$

Statt des Symbols $\lfloor x \rfloor$ wird herkömmlich die *Gaußklammer* $[x]$ benutzt. Das Symbol ceil steht für *ceiling*.

Zu jeder Zahl $x \in \mathbb{R} \setminus \mathbb{Z}$ gibt es also ein $g = \lfloor x \rfloor \in \mathbb{Z}$, so daß $g < x < g + 1$.

Von hier aus kann man nach wohlbekannten Überlegungen zur Approximation von reellen Zahlen durch Dezimalbrüche gelangen. (Wir führen dies in Abschnitt 1.8 am Beispiel der *dyadischen Brüche* näher aus.) Damit ist das übliche Bild, das wir uns von $\mathbb{N}, \mathbb{Z}, \mathbb{Q}$ und $\mathbb{R}$ machen, mehr oder weniger komplett.

Nun wollen wir noch die Begriffe *endliche Menge*, *Anzahl der Elemente* (oder *Kardinalzahl einer Menge*) und *unendliche Menge* definieren.

Definition 3. *(i) Eine Menge M heißt* **endlich**, *wenn sie entweder leer oder einer der Mengen $A_n := \{k \in \mathbb{N} : k \leq n\}$ äquivalent ist (Symbol: $M \sim A_n$). Dies soll bedeuten: Es gibt eine Zuordnung („Abbildung") $f : A_n \to M$, die jedem $k \in A_n$ ein Element $f(k) \in M$ zuordnet derart, daß jedes Element von M genau einem Element von A_n zugeordnet ist.*

(ii) Wenn M endlich und $M \sim A_n$ ist, so heißt n die **Anzahl** *(der Elemente) von M, Symbol:* $\# M = n$. *Wir setzen $A_0 := \emptyset$ und* $\# \emptyset := 0$.

(iii) Eine Menge heißt **unendlich**, *wenn sie nicht endlich ist.*

Bemerkung 1. Durch Induktion kann man zeigen:

$$A_n \sim A_m \quad \Leftrightarrow \quad n = m\,, \quad \text{und} \quad A_n \not\sim A_0 \text{ für } n \in \mathbb{N}\,.$$

Daraus folgt, daß die Anzahl $\# M$ einer endlichen Menge eindeutig definiert ist. Eine Zuordnung (oder: Abbildung) wie in obiger Definition heißt *Abzählung von M* oder *Anordnung von M*.

Durch Induktion zeigt man:

Satz 8. *Die Anzahl der möglichen Anordnungen $f : A_n \to M$ einer Menge M von n Elementen ist* $n! = 1 \cdot 2 \cdot 3 \cdot \ldots \cdot n$, *falls $n \geq 1$ ist.*

Man bezeichnet die Zahl $n!$ als *n-Fakultät*. Sie ist induktiv definiert durch

$$0! := 1\,,\ 1! := 1\,,\ \ldots\,,\ n! := n \cdot (n-1)!\,.$$

Nachdem die natürlichen Zahlen definiert sind, können wir die Begriffe *endliche Summe*, *endliches Produkt* und *n-te Potenz* einführen.

Denken wir uns n reelle Zahlen $a_1, \dots, a_n$ gegeben. Dann definieren wir die *Summe* s_n und das *Produkt* p_n dieser Zahlen induktiv durch

$$s_1 := a_1 , \ s_n := s_{n-1} + a_n \ \text{für } n \geq 2 ,$$

und

$$p_1 := a_1 , \ p_n := p_{n-1} \cdot a_n \ \text{für } n \geq 2 .$$

Üblicherweise schreibt man für s_n und p_n auch

$$s_n = a_1 + a_2 + \dots + a_n \ \text{und} \ p_n = a_1 a_2 \dots a_n ,$$

oder unter Verwendung des *Summenzeichens* $\sum$ und des *Produktzeichens* $\prod$:

$$s_n = \sum_{\nu=1}^{n} a_\nu , \quad p_n = \prod_{\nu=1}^{n} a_\nu .$$

Mittels der Kommutativgesetze zeigt man vermöge Induktion, daß man die Summanden (bzw. Faktoren) a_ν in der Summe s_n (bzw. im Produkt p_n) beliebig vertauschen („permutieren") darf, und ähnlich folgt aus den Assoziativgesetzen, daß man beliebig Klammern setzen darf, z.B.

$$a_1 + \dots + a_n = (a_1 + \dots + a_p) + (a_{p+1} + \dots + a_n) , \ 1 \leq p < n .$$

Man kann die Indizes ν der Summanden bzw. Faktoren a_ν statt mit $\nu = 1$ auch mit einem anderen ganzzahligen Wert beginnen lassen, z.B. mit $\nu = 0$ oder mit $\nu = n_0 \in \mathbb{N}$. Dann schreibt man z.B.

$$\sum_{\nu=0}^{n} a_\nu = a_0 + a_1 + \dots + a_n , \quad \sum_{\nu=n_0}^{n} a_\nu = a_{n_0} + a_{n_0+1} + \dots + a_n .$$

Verabredung: Wir setzen

$$\sum_{\nu=n}^{m} a_\nu := 0 \ \text{für } m < n , \quad \prod_{\nu=n}^{m} a_\nu := 1 \ \text{für } m < n .$$

Weiterhin definieren wir die n-te Potenz a^n einer reellen Zahl a für $n \in \mathbb{N}$ durch

$$a^0 := 1 , \quad a^n := a \cdot a^{n-1} = \underbrace{a \cdot a \cdot \dots \cdot a}_{n- \text{mal}} .$$

Für $a \neq 0$ setzen wir

$$a^{-n} := (a^{-1})^n , \ n \in \mathbb{N} .$$

Durch Induktion beweist man die Relationen

$$a^{n+m} = a^n a^m , \ (a^n)^m = a^{nm} , \ n, m \in \mathbb{Z} , a \neq 0 .$$

Die Kunst der Analysis besteht unter anderem darin, daß man kompliziert aufgebaute Ausdrücke nicht präzise ausrechnet, sondern nur für den jeweils ins Auge gefaßten Zweck hinreichend genau nach oben oder nach unten *abschätzt*. Hierfür bedient man sich gewisser nützlicher *Ungleichungen*, von denen sich jeder Mathematiker einen gewissen Vorrat als unentbehrliches Werkzeug zulegt. Ein erstes Beispiel hierfür ist die nach dem Baseler Mathematiker Jacob Bernoulli benannte Ungleichung aus dem Jahre 1689.

$\boxed{1}$ **Bernoullische Ungleichung.** Für $n \in \mathbb{N}$ und $a > -1$ gilt

$$(3) \qquad\qquad\qquad (1 + a)^n \geq 1 + na .$$

Beweis. (3) ist jedenfalls für $n = 1$ richtig.
Nehmen wir nunmehr an, daß sie auch für $n = k$ gelte:

$$(1 + a)^k \geq 1 + ka .$$

Dann folgt wegen $1 + a > 0$ und $ka^2 \geq 0$, daß

$$(1 + a)^{k+1} = (1 + a)(1 + a)^k \geq (1 + a)(1 + ka) = 1 + ka + a + ka^2$$
$$\geq 1 + (k + 1)a .$$

$\square$

$\boxed{2}$ *Verschärfung der Bernoullischen Ungleichung.* Für $n \in \mathbb{N}$ mit $n \geq 2$ und für $a > -1$, $a \neq 0$, gilt

$$(4) \qquad\qquad\qquad (1 + a)^n > 1 + na .$$

Zum Beweis bedienen wir uns der folgenden **Variante des Induktionsprinzips**:

Sei für jedes $n \in \mathbb{N}_0$ mit $n \geq n_1$ eine Aussage B_n gegeben derart, daß gilt:

(i) *B_{n_1} ist richtig.*
(ii) *Aus der Annahme, daß B_n für ein irgendwie gewähltes $n \in \mathbb{N}_0$ mit $n \geq n_1$ gilt, folgt stets die Richtigkeit von B_{n+1}.*

Dann gilt B_n für alle $n \in \mathbb{N}_0$ mit $n \geq n_1$.

Diese Variante des Induktionsprinzips folgt leicht aus Satz 2, wenn wir diesen auf die Aussagen $B_n^* := B_{n-1+n_1}$, $n \in \mathbb{N}$, anwenden. Sie ist ja nichts anderes als das *Dominoprinzip*, bei dem als erster nicht der Stein mit der Nummer 1, sondern der mit der Nummer n_1, angestoßen wird.

Beweis von (4). Die Behauptung ist jedenfalls für $n = 2$ richtig, denn

$$(1 + a)^2 = 1 + 2a + a^2 > 1 + 2a \quad \text{für} \quad a \neq 0 .$$

Es gelte also (4) für $n = k \geq 2$, d.h. es sei

$$(1 + a)^k > 1 + ka \quad \text{für} \quad a > -1 \,, \, a \neq 0 \,.$$

Dann folgt

$$(1 + a)^{k+1} = (1 + a)(1 + a)^k > (1 + a)(1 + ka) = 1 + (k + 1)a + ka^2$$
$$> 1 + (k + 1)a \,.$$

□

Aufgaben.

1. Mittels Induktion ist zu zeigen:
   - (i) $\quad 1 + 3 + 5 + \cdots + (2n - 1) \qquad = \quad n^2,$
   - (ii) $\quad 1^2 + 2^2 + 3^2 + \cdots + n^2 \qquad = \quad \frac{n}{6}(n + 1)(2n + 1),$
   - (iii) $\quad 1^2 + 3^2 + 5^2 + \cdots + (2n - 1)^2 \quad = \quad \frac{n}{3}(4n^2 - 1),$

2. Man beweise für $n \in \mathbb{N}$ und $q, a, b \in \mathbb{R}$ die folgenden Formeln:

$$1 - q^{n+1} = (1 - q)(1 + q + q^2 + \ldots + q^n) \,;$$
$$a^{n+1} - b^{n+1} = (a - b)(a^n + a^{n-1}b + a^{n-2}b^2 + \ldots + b^n) \,.$$

3. Für $n \in \mathbb{N}$ mit $n \geq 2$ gilt $2 < (1 + \frac{1}{n})^n < 3$. Beweis?

4. Für welche $n_0 \in \mathbb{N}$ gilt

$$\left(\frac{n}{3}\right)^n < n! < \left(\frac{n}{2}\right)^n \quad \text{für alle} \quad n \in \mathbb{N} \text{ mit } n \geq n_0 \,?$$

5. Man beweise für positive $a_1, \ldots, a_n \in \mathbb{R}$ die Ungleichung

$$\left(\sum_{\nu=1}^n a_\nu\right) \left(\sum_{\nu=1}^n 1/a_\nu\right) \geq n^2 \,.$$

6. Auf n Orchester sollen ν Musiker so verteilt werden, daß im i-ten Orchester genau ν_i Musiker sitzen, also $\nu_1 + \cdots + \nu_n = \nu$. Man zeige, daß es genau

$$\frac{\nu!}{\nu_1! \nu_2! \ldots \nu_n!}$$

   verschiedene Verteilungen gibt.

7. Jede nach oben (unten) beschränkte Menge ganzer Zahlen besitzt ein größtes (kleinstes) Element. Beweis?

8. Man zeige: Ist r rational und x irrational, so ist $r + x$ irrational; weiterhin ist auch rx irrational, sofern $r \neq 0$ ist.

9. Sind a, b, c, d rational, $ad - bc \neq 0$, und ist x irrational sowie $cx + d \neq 0$, so ist

$$z := \frac{ax + b}{cx + d}$$

   irrational. Beweis?

10. Durch Induktion beweise man die *Schwarzsche Ungleichung*: Für beliebige reelle Zahlen $a_1, \ldots, a_n, b_1, \ldots, b_n$ gilt $(a_1 b_1 + \cdots + a_n b_n)^2 \leq (a_1^2 + \cdots + a_n^2)(b_1^2 + \cdots + b_n^2)$.

5 Wurzeln. Algebraische Gleichungen

Wir hatten gesehen, daß die quadratische Gleichung

$$(1) \qquad\qquad\qquad x^2 - c = 0$$

bei beliebig vorgegebenem positiven $c \in \mathbb{Q}$ im allgemeinen nicht durch ein $x \in \mathbb{Q}$ gelöst werden kann, denn $\sqrt{2}$ und allgemeiner $\sqrt{p}$ ist irrational für jede Primzahl $p \in \mathbb{N}$. Nun zeigen wir, daß Gleichung (1) für jeden nichtnegativen reellen Wert von c in $\mathbb{R}$ lösbar ist. An dieser Stelle benutzen wir ganz wesentlich das Vollständigkeitsaxiom, denn aus den Körper- und Anordnungsaxiomen allein läßt sich die Existenz der *Quadratwurzel von* c nicht erschließen.

Satz 1. *Für jedes* $c \in \mathbb{R}$ *mit* $c \geq 0$ *gibt es genau ein* $x \in \mathbb{R}$ *mit* $x \geq 0$, *so daß* $x^2 = c$ *ist.*

Beweis. (i) *Eindeutigkeit von* x. Gäbe es Zahlen $x_1 \geq 0$, $x_2 \geq 0$ mit $x_1^2 = c$ und $x_2^2 = c$, so folgte

$$0 = x_1^2 - x_2^2 = (x_1 - x_2)(x_1 + x_2) \, .$$

Dann muß mindestens einer der Faktoren $x_1 - x_2$ und $x_1 + x_2$ verschwinden. Wäre $x_1 - x_2 = 0$, so folgte $x_1 = x_2$. Wäre aber $x_1 + x_2 = 0$, so folgte notwendig $x_1 = x_2 = 0$ wegen $x_1 \geq 0$ und $x_2 \geq 0$. In jedem Fall ist $x_1 = x_2$, wie behauptet.
(ii) *Existenz von* x. Wir betrachten die Menge

$$M := \{z \in \mathbb{R} : z \geq 0 \text{ und } z^2 \leq c\} \, .$$

Wegen $0 \in M$ ist M nichtleer, und wegen $(1+c)^2 \geq 1+c$ folgt $z^2 \leq (1+c)^2$ für jedes $z \in M$, und daher auch $z \leq 1+c$. Also ist M nach oben beschränkt. Wir setzen $x := \sup M < \infty$ und behaupten, daß $x^2 = c$ ist. Wäre nämlich $x^2 < c$, so folgte $(x+\epsilon)^2 \leq c$, wenn wir für $\epsilon > 0$ die Zahl

$$\epsilon := \min \left\{ 1 \, , \, \frac{c - x^2}{2x + 1} \right\} \, ,$$

wählen, denn wegen $\epsilon^2 \leq \epsilon$ und $x \geq 0$ bekämen wir

$$(x + \epsilon)^2 = x^2 + 2x\epsilon + \epsilon^2 \leq x^2 + 2x\epsilon + \epsilon = x^2 + \epsilon(2x + 1) \leq c \, .$$

Somit gälte $x + \epsilon \in M$, also $x + \epsilon \leq x$ und folglich $\epsilon \leq 0$, Widerspruch zu $\epsilon > 0$. Andererseits kann auch nicht $x^2 > c$ gelten, denn sonst wäre erstens $x > 0$, und zweitens ergäbe sich für

$$\epsilon := \min \left\{ \frac{x^2 - c}{2x} \, , \, \frac{x}{2} \right\} > 0 \, ,$$

daß $x - \epsilon \geq x - x/2 = x/2 > 0$ sowie $2\epsilon x \leq x^2 - c$ gälte, woraus zunächst

$$-2\epsilon x \geq c - x^2$$

und dann

$$(x - \epsilon)^2 = x^2 - 2\epsilon x + \epsilon^2 > x^2 - 2\epsilon x \geq x^2 + c - x^2 = c$$

folgte. Wegen $z^2 \leq c$ für alle $z \in M$ bekämen wir dann $z^2 < (x - \epsilon)^2$ und somit

(2) $$z < x - \epsilon \text{ für alle } z \in M ,$$

denn wir haben $z \geq 0$ und $x - \epsilon > 0$. Also wäre $x - \epsilon$ eine obere Schranke von M mit $x - \epsilon < x$, und somit könnte x nicht die kleinste obere Schranke von M sein, Widerspruch. Daher ist in der Tat $x^2 = c$.

$\square$

Allgemeiner gilt:

Satz 2. *Für $n \in \mathbb{N}$ und für jedes $c \in \mathbb{R}$ mit $c \geq 0$ gibt es genau ein $x \in \mathbb{R}$ mit $x \geq 0$, so daß $x^n = c$ ist.*

Beweis. Die Eindeutigkeit von x ergibt sich aus der Formel

$$x_1^n - x_2^n = (x_1 - x_2)(x_1^{n-1} + x_1^{n-2}x_2 + x_1^{n-3}x_2^2 + \cdots + x_2^{n-1})$$

ähnlich wie in Teil (i) des Beweises von Satz 1, und eine geeignete Verallgemeinerung von Teil (ii) jenes Beweises liefert die Existenz von x. Wir überlassen es dem Leser als Übungsaufgabe, dies im einzelnen auszuführen.

$\square$

Bemerkung 1. Der soeben betrachtete Beweis von Satz 1 ist ganz und gar *nichtkonstruktiv*, weil er uns nur die *Existenz* einer Lösung $x \geq 0$ der Gleichung $x^2 - c = 0$ (mit $c \geq 0$) liefert, aber keine Aussage macht, wie man diese Lösung findet und „wie sie aussieht". Insofern ist Satz 1 ein für die Analysis typischer *Existenzsatz*, und es ist überhaupt ein Merkmal der Analysis, daß sie bedenkenlos mit Objekten operiert, von denen sie nichts weiß als deren Existenz und einige Eigenschaften. Will man Genaueres erfahren, so müssen konstruktive Existenzbeweise erdacht werden. Wir werden später sehen, wie dies im Falle der Gleichung $x^2 - c = 0$ gelingt.

Bemerkung 2. Wir bezeichnen die Lösung $x \geq 0$ von $x^2 = c$ mit $c \geq 0$ als **die** *Quadratwurzel von c* (oder „aus c") und schreiben $x = \sqrt{c}$. Diese Zahl x ist aber nicht die einzige Lösung von $x^2 = c$, denn mit x ist auch $-x$ Lösung der Gleichung: $(-x)^2 = x^2 = c$. Man bezeichnet daher auch $-x$ als **eine** Quadratwurzel von c.

Bemerkung 3. Allgemeiner wird jede Lösung x einer algebraischen Gleichung, d.h. einer Gleichung der Form

$$a_n x^n + a_{n-1} x^{n-1} + \cdots + a_1 x + a_0 = 0 ,$$

als **eine** *Wurzel* dieser Gleichung bezeichnet. Die Gleichung hat den *Grad n*, wenn $a_n \neq 0$ ist. Sie braucht überhaupt keine reelle Wurzel zu haben, wie beispielsweise die Gleichung

(3) $$x^2 + 1 = 0$$

lehrt.

Führen wir aber die *imaginäre Einheit* i künstlich als eine Wurzel von (3) ein, d.h.

$$i^2 = -1 \quad \text{oder} \quad i = \sqrt{-1}\,,$$

und bilden (vgl. Abschnitt 1.17) den Körper $\mathbb{C}$ der komplexen Zahlen

$$z = x + iy\,, \quad x, y \in \mathbb{R}\,,$$

so ergibt sich, daß jede algebraische Gleichung n-ten Grades mit $n \geq 1$,

$$(4) \qquad\qquad a_n z^n + a_{n-1} z^{n-1} + \cdots + a_1 z + a_0 = 0\,,$$

mit $a_0, a_1, \ldots, a_n \in \mathbb{C}$, $a_n \neq 0$, genau n Wurzeln $z_1, z_2, \ldots, z_n$ besitzt, wenn man jede Wurzel so oft aufzählt, wie es ihrer Vielfachheit entspricht, und das *Polynom*

$$(5) \qquad\qquad p(z) := \sum_{\nu=0}^{n} a_\nu z^\nu$$

auf der linken Seite von (4) hat dann die Produktdarstellung

$$(6) \qquad\qquad p(z) = a_n(z - z_1)(z - z_2)\ldots(z - z_n)\,.$$

Dieses Resultat ist der sog. *Fundamentalsatz der Algebra*, den wir in Kapitel 2 beweisen werden. Er besagt, daß der Körper $\mathbb{C}$ *algebraisch abgeschlossen* ist, was bedeutet, daß man zu $\mathbb{C}$ keine „weitere Wurzeln" hinzufügen muß, um sämtliche Wurzeln von algebraischen Gleichungen in $\mathbb{C}$ gewinnen zu können. Es reicht also die einmalige „Adjunktion" einer Wurzel $z = i$ von $z^2 + 1 = 0$ zu $\mathbb{R}$, um nicht nur alle quadratischen Gleichungen

$$(7) \qquad\qquad az^2 + bz + c = 0\,, \quad a \neq 0\,,$$

mit $a, b, c \in \mathbb{R}$ oder $\mathbb{C}$, sondern sogar alle algebraischen Gleichungen n-ten Grades lösen zu können. Wiederum ist also der Zahlbereich um neue „ideale Elemente" erweitert worden, und wir haben jetzt die Inklusionenkette $\mathbb{N} \subset \mathbb{Z} \subset \mathbb{Q} \subset \mathbb{R} \subset \mathbb{C}$.

Bemerkung 4. Kehren wir nunmehr zur Gleichung

$$(8) \qquad\qquad x^n - c = 0$$

mit $c \geq 0$ zurück. Man nennt die nach Satz 2 existierende und eindeutig bestimmte Lösung $x \in \mathbb{R}$ von (8) mit $x \geq 0$ **die** n-*te Wurzel* von c und schreibt

$$(9) \qquad\qquad x =: \sqrt[n]{c} = c^{1/n}\,.$$

Wir beachten aber, daß (8) im allgemeinen n Wurzeln hat: die „Wurzelfunktion" ist *vieldeutig*, aber mit unserer „Normierung" von $x = c^{1/n}$, nämlich $x \in \mathbb{R}$ und $x \geq 0$, haben wir einen eindeutig bestimmten „Zweig" der Wurzelfunktion ausgewählt.

Bemerkung 5. Für $a \geq 0, b \geq 0$ folgt $\sqrt{ab} = \sqrt{a} \cdot \sqrt{b}$, denn wegen $\sqrt{a} \geq 0$, $\sqrt{b} \geq 0$ ist $\sqrt{a} \cdot \sqrt{b} \geq 0$, und ferner ist

$$(\sqrt{a}\sqrt{b})^2 = \sqrt{a}\sqrt{b}\sqrt{a}\sqrt{b} = (\sqrt{a})^2(\sqrt{b})^2 = ab\,.$$

Da $\sqrt{ab}$ in $\mathbb{R} \cap \{x \geq 0\}$ eindeutig bestimmt ist, ergibt sich in der Tat $\sqrt{ab} = \sqrt{a}\sqrt{b}$.

Bemerkung 6. Aus $a > b \geq 0$ folgt $\sqrt{a} > \sqrt{b}$, denn nach Formel (II.12) aus 1.3 liefern die Ungleichungen $\sqrt{a} > 0$, $\sqrt{b} \geq 0$ und $(\sqrt{a})^2 = a > b = (\sqrt{b})^2$ die Beziehung $\sqrt{a} > \sqrt{b}$.

Bemerkung 7. Allgemeiner setzt man für $x \geq 0$ und $p, q \in \mathbb{N}$:

$$(10) \qquad x^{p/q} := (x^{1/q})^p = (x^p)^{1/q} \,,$$

und für $x > 0$ definieren wir

$$(11) \qquad x^{-p/q} := (x^{-1})^{p/q} \,.$$

Außerdem setzen wir $x^0 := 1$. Dann erhält man (mit Induktion) die folgenden **Rechenregeln**:

$$(12) \qquad x^{r+s} = x^r x^s \,, \quad x^{rs} = (x^r)^s \,, \quad x^r y^r = (xy)^r$$

für $r, s \in \mathbb{Q}$ und $x \geq 0$, $y \geq 0$.

Wir wollen es bei dieser etwas stiefmütterlichen Betrachtung von x^r für $r \in \mathbb{Q}$ belassen, weil wir später die *allgemeine Potenz* x^a für $x \geq 0$ und $a \in \mathbb{R}$ mit Hilfe von Exponentialfunktion und Logarithmus sehr elegant behandeln können.

Zum Abschluß erinnern wir an einige *Ergebnisse über quadratische Gleichungen*

$$(13) \qquad ax^2 + bx + c = 0$$

mit reellen Koeffizienten a, b, c, wobei $a \neq 0$. Wenn wir (13) mit $4a$ multiplizieren und zum Resultat $b^2 - 4ac$ addieren, so ergibt sich wegen

$$4a^2 x^2 + 4abx + b^2 = (2ax + b)^2$$

die zu (13) äquivalente Gleichung

$$(14) \qquad (2ax + b)^2 = D \quad \text{mit} \quad D := b^2 - 4ac \,.$$

Man nennt D die *Diskriminante* der Gleichung (13). Aus (14) liest man ab: Ist $D > 0$, so besitzt (13) die zwei verschiedenen reellen Wurzeln

$$x_1 = \frac{1}{2a}(-b + \sqrt{D}) \,, \qquad x_2 = \frac{1}{2a}(-b - \sqrt{D}) \,.$$

Für $D = 0$ hat (13) die reelle Doppelwurzel $x_1 = x_2 = -\frac{b}{2a}$.

Ist $D < 0$, so besitzt (13) überhaupt keine reelle Wurzel, sondern zwei komplexe Wurzeln

$$x_1 = \frac{1}{2a}(-b + i\sqrt{-D}) \,, \quad x_2 = \frac{1}{2a}(-b - i\sqrt{-D}) \,.$$

Die Funktion $y = p(x)$, $x \in \mathbb{R}$, mit $p(x) := ax^2 + bx + c$ beschreibt in der x, y-Ebene eine Parabel, die sich für $a > 0$ nach oben öffnet. Für $D = 0$ bzw. $D > 0$ schneidet diese Parabel die x-Achse in einem bzw. in zwei Punkten, während sie für $D < 0$ über der x-Achse liegt. Für $a > 0$ gilt also:

Die Ungleichung

$$(15) \qquad p(x) \geq 0 \quad \textit{für alle } x \in \mathbb{R}$$

ist genau dann erfüllt, wenn $D \leq 0$ ist.

Diese Aussage ergibt sich – ohne geometrische Hilfe – auch aus der folgenden Überlegung: Die Funktion

(16) $$q(x) := 4a p(x) = (2ax + b)^2 - D$$

erfüllt offenbar

$$q(x) \geq -D \quad \text{und} \quad q(x_0) = -D \quad \text{für} \quad x_0 = -\frac{b}{2a} \; .$$

Hieraus folgt

(17) $$\min \{p(x) : \; x \in \mathbb{R}\} = -\frac{D}{4a} \; .$$

Somit erhalten wir

$$p(x) \geq 0 \;\; \text{für alle} \;\; x \in \mathbb{R} \quad \Leftrightarrow \quad -D \geq 0 \;\; \Leftrightarrow \;\; b^2 \leq 4ac$$

und

$$p(x) > 0 \;\; \text{für alle} \;\; x \in \mathbb{R} \quad \Leftrightarrow \quad -D > 0 \;\; \Leftrightarrow \;\; b^2 < 4ac.$$

Ersetzen wir noch b durch $2b$, so ergibt sich

Satz 3. *Für $a, b, c \in \mathbb{R}$ mit $a > 0$ gilt*

$$ax^2 + 2bx + c \geq 0 \;\; (bzw. \; > 0) \; \text{für alle} \; x \in \mathbb{R}$$

genau dann, wenn $b^2 \leq ac$ (bzw. $b^2 < ac$) gilt.

Aufgaben.

1. Wenn x_1 und x_2 die (reellen oder komplexen) Wurzeln der Gleichung $ax^2 + bx + c = 0$ mit $a, b, c \in \mathbb{R}$ und $a \neq 0$ bezeichnen, so gilt $ax^2 + bx + c = a(x - x_1)(x - x_2)$ für alle $x \in \mathbb{R}$ sowie $x_1 + x_2 = -b/a$, $x_1 x_2 = c/a$. Beweis?
2. Man zeige für beliebige positive $a, b \in \mathbb{R}$ die Ungleichungen

$$\frac{2ab}{a + b} \leq \sqrt{ab} \leq \frac{a + b}{2} \; .$$

Wann gilt die Gleichheit?
3. Für $k, n \in \mathbb{N}$ ist zu zeigen, daß $\sqrt[k]{n}$ irrational ist, wenn es kein $m \in \mathbb{N}$ mit $n = m^k$ gibt.
4. Sind $m, n \in \mathbb{N}$ und ist $\sqrt{m}$ irrational, so ist auch $\sqrt{m} + \sqrt{n}$ irrational. Beweis?
5. Sind die Zahlen $\sqrt{2} + \sqrt[3]{2}$ und $\sqrt{3} + \sqrt[3]{2}$ irrational?
6. Man zeige, das Diagonallänge a und Seitenlänge b im regulären Fünfeck der Beziehung $a/b = b/(a - b)$ genügen und daß hieraus $a/b = \frac{1}{2}(1 + \sqrt{5})$ folgt.
7. Warum ist $\frac{1}{2}(1 + \sqrt{5})$ irrational?
8. Für $n \in \mathbb{N}$ und nichtnegative $a_1, \ldots, a_n \in \mathbb{R}$ gilt $(a_1 a_2 \ldots a_n)^{1/n} \leq \frac{1}{n}(a_1 + a_2 + \cdots + a_n)$, d.h. das „geometrische Mittel" ist nicht größer als das „arithmetische Mittel". (Hinweis: Es genügt, durch Induktion zu zeigen: Ist $a_1 + \cdots + a_n = n \geq 2$, $a_1 > 0, \ldots, a_n > 0$ und $a_k \neq 1$ für ein k, so folgt $a_1 \ldots a_n < 1$. Nun beachte man: Ist $a_n = 1 - \epsilon$, $a_{n+1} = 1 + \delta$, $\epsilon > 0$, $\delta > 0$, sowie $a_1 + \cdots + a_{n+1} = n + 1$, so folgt für $b_n := a_n + a_{n+1} - 1$, daß $a_1 + \cdots + a_{n-1} + b_n = n$ und $a_n a_{n+1} < b_n$ ist.)
9. Die Zahlen $a_1, a_2, \ldots, a_n, \ldots$ seien induktiv definiert durch $a_1 := 1$, $a_2 := 1$, $a_{n+2} := a_n + a_{n+1}$ für $n \geq 1$, und sei $x_1 := \frac{1}{2}(1 + \sqrt{5})$, $x_2 := \frac{1}{2}(1 - \sqrt{5})$. Zu beweisen ist: $a_n = (x_1^n - x_2^n)/\sqrt{5}$.
10. Man zeige, daß zwischen zwei beliebigen rationalen Zahlen stets eine Irrationalzahl liegt.

6 Binomischer Satz. Binomialkoeffizienten

Für $\alpha \in \mathbb{R}$ und $k \in \mathbb{N}_0$ führen wir zunächst die als *Binomialkoeffizienten* bezeichneten Zahlen $\binom{\alpha}{k}$ ein (man lese: „α über k") als die Ausdrücke

$$\binom{\alpha}{0} := 1 \,, \quad \binom{\alpha}{k} := \frac{\alpha(\alpha-1)\ldots(\alpha-k+1)}{1 \cdot 2 \cdot \ldots \cdot k} \,.$$

Diese Zahlen treten nicht nur im *binomischen Lehrsatz*, sondern auch bei vielen Problemen der Kombinatorik auf.

Mit den *fallenden Potenzen*

$$\alpha^{\underline{k}} := \alpha(\alpha-1)\ldots(\alpha-k+1) \,, \quad \alpha^{\underline{0}} := 1$$

können wir die Binomialkoeffizienten als

$$\binom{\alpha}{k} = \frac{\alpha^{\underline{k}}}{k!}$$

schreiben. Für $n, k \in \mathbb{N}_0$ und $0 \le k \le n$ ist

$$\binom{n}{0} = 1 \,, \quad \binom{n}{k} = \frac{n^{\underline{k}}}{k!} = \frac{n!}{k!(n-k)!} = \binom{n}{n-k} \,.$$

Für die Binomialkoeffizienten gilt das folgende nützliche *Additionstheorem*.

Satz 1. *Für beliebige $\alpha \in \mathbb{R}$ und $k \in \mathbb{N}_0$ haben wir*

(1) $$\binom{\alpha}{k} + \binom{\alpha}{k+1} = \binom{\alpha+1}{k+1} \,.$$

Beweis. Wir haben

$$\binom{\alpha}{k} + \binom{\alpha}{k+1} = \frac{\alpha^{\underline{k}}}{k!} \cdot \frac{k+1}{k+1} + \frac{\alpha^{\underline{k+1}}}{(k+1)!}$$

$$= \frac{\alpha^{\underline{k}}}{(k+1)!}[(k+1) + (\alpha-k)] = \frac{\alpha^{\underline{k}}}{(k+1)!}(\alpha+1)$$

$$= \frac{(\alpha+1)^{\underline{k+1}}}{(k+1)!} = \binom{\alpha+1}{k+1} \,.$$

$\square$

Für $\binom{n}{k}$ mit $n, k \in \mathbb{N}_0$ und $k \le n$ macht man sich die Formel (1) sehr gut mit dem sogenannten *Pascalschen Dreieck* klar, wobei die Zeilen des Dreiecks von oben her mit $n = 0, 1, 2, 3, \ldots$ numeriert sind, während die Zahlen $\binom{n}{k}$ in der n-ten Zeile von links her mit $k = 0, 1, 2, \ldots, n$ numeriert sind.

$$
\begin{array}{ccccccccccccc}
 & & & & & & 1 & & & & & & \\
 & & & & & 1 & & 1 & & & & & \\
 & & & & 1 & & 2 & & 1 & & & & \\
 & & & 1 & & 3 & & 3 & & 1 & & & \\
 & & 1 & & 4 & & 6 & & 4 & & 1 & & \\
 & 1 & & 5 & & 10 & & 10 & & 5 & & 1 & \\
1 & & 6 & & 15 & & 20 & & 15 & & 6 & & 1
\end{array}
$$

. . . .

Dieses „Dreieck" tritt in den Untersuchungen von Blaise Pascal (1623–1662) und etwas später bei Leibniz auf, war aber schon viel früher bekannt, so etwa chinesischen Mathematikern um 1300.

Nun beweisen wir den sogenannten **Binomischen Lehrsatz**, der die Formel

$$(a + b)^2 = a^2 + 2ab + b^2$$

verallgemeinert.

Satz 2. *Für beliebige $a, b \in \mathbb{R}$ und jedes $n \in \mathbb{N}$ gilt*

$$(a + b)^n = \binom{n}{0} a^n + \binom{n}{1} a^{n-1} b + \binom{n}{2} a^{n-2} b^2 + \cdots + \binom{n}{n} b^n$$

$$(2) \qquad = \sum_{\nu=0}^{n} \binom{n}{\nu} a^{n-\nu}\, b^\nu \,.$$

Beweis (durch Induktion).
  (i) Die Behauptung gilt jedenfalls für $n = 1$.
 (ii) Nehmen wir jetzt an, daß (2) für $n = k$ gilt, d.h. es sei

$$(a + b)^k = \sum_{\nu=0}^{k} \binom{k}{\nu} a^{k-\nu}\, b^\nu \,.$$

Hieraus erhalten wir

$$(a + b)^{k+1} = (a + b)^k (a + b)$$

$$= \sum_{\nu=0}^{k} \binom{k}{\nu} a^{k-\nu}\, b^\nu\, (a + b)$$

$$= \sum_{\nu=0}^{k} \binom{k}{\nu} a^{k+1-\nu}\, b^\nu + \sum_{\nu=0}^{k} \binom{k}{\nu} a^{k-\nu}\, b^{\nu+1} \,.$$

Ferner folgt, wenn wir zunächst ν in μ umbenennen und dann die Indextransformation $\nu \mapsto \mu = \nu - 1$ (d.h. $\nu = \mu + 1$) durchführen:

$$\sum_{\nu=0}^{k} \binom{k}{\nu} a^{k-\nu}\, b^{\nu+1} = \sum_{\mu=0}^{k} \binom{k}{\mu} a^{k-\mu}\, b^{\mu+1} = \sum_{\nu=1}^{k+1} \binom{k}{\nu-1} a^{k+1-\nu}\, b^\nu \,.$$

Hieraus ergibt sich

$$(a+b)^{k+1} = \binom{k}{0} a^{k+1} + \sum_{\nu=1}^{k} \left[\binom{k}{\nu} + \binom{k}{\nu-1} \right] a^{k+1-\nu} \, b^\nu + \binom{k}{k} b^{k+1} \, .$$

Wegen

$$\binom{k}{0} = 1 = \binom{k+1}{0} \, , \quad \binom{k}{k} = 1 = \binom{k+1}{k+1} \, , \quad \binom{k}{\nu} + \binom{k}{\nu-1} = \binom{k+1}{\nu}$$

folgt die gewünschte Behauptung:

$$(a+b)^{k+1} = \sum_{\nu=0}^{k+1} \binom{k+1}{\nu} a^{k+1-\nu} \, b^\nu \, .$$

$\square$

Bemerkung 1. Beim Beweis haben wir nur benutzt, daß a und b Elemente eines Körpers $\mathbb{K}$ sind. Die Behauptung (2) gilt also für beliebige $a, b \in \mathbb{K}$, insbesondere also für beliebige $a, b \in \mathbb{C}$. Den Körper $\mathbb{C}$ der *komplexen Zahlen* werden wir in Kürze einführen.

Es ist auch instruktiv, den Beweis von Satz 2 ohne Summenzeichen zu wiederholen.

Aufgaben.

1. Man beweise $\sum_{\nu=0}^{n} \binom{\alpha+\nu}{\nu} = \binom{\alpha+1+n}{n}$, $\alpha \in \mathbb{R}$, und deute diese Formel für $\alpha \in \mathbb{N}$ am Pascalschen Dreieck.

2. Zu zeigen sind die Formeln

$$\binom{n}{0} + \binom{n}{1} + \ldots + \binom{n}{n} = 2^n \, , \quad \binom{n}{0} - \binom{n}{1} + \ldots + (-1)^n \binom{n}{n} = 0 \, .$$

3. Man beweise, daß eine endliche Menge M mit $\# M = n \in \mathbb{N}$ genau 2^n Teilmengen besitzt (die leere Menge wird mitgezählt).

4. Es ist zu zeigen, daß für $x \geq 0$ und $n \in \mathbb{N}$ mit $n \geq 2$ die Ungleichung $(1+x)^n > 4^{-1} n^2 x^2$ gilt.

5. Man beweise: $n^{1/n} \leq 1 + 2/\sqrt{n}$ für $n \in \mathbb{N}$.

6. Durch Induktion ist die „Polynomialformel"

$$(x_1 + x_2 + \ldots + x_\ell)^n = \sum_{|\alpha|=n} \binom{n}{\alpha} x^\alpha$$

zu beweisen. Hierbei ist die Summe über alle „Multiindizes" $\alpha = (\alpha_1, \alpha_2, \ldots, \alpha_\ell)$ mit $0 \leq \alpha_j \leq n$, $\alpha_j \in \mathbb{N}_0$, zu erstrecken, und es ist $|\alpha| := \alpha_1 + \alpha_2 + \ldots + \alpha_\ell$, $\binom{n}{\alpha} := \frac{n!}{\alpha_1! \alpha_2! \ldots \alpha_\ell!}$, $x^\alpha := x_1^{\alpha_1} x_2^{\alpha_2} \ldots x_\ell^{\alpha_\ell}$ gesetzt.

7. Jeder Funktion $f : \mathbb{R} \to \mathbb{R}$ ordne man eine „Differenzfunktion" $\Delta f : \mathbb{R} \to \mathbb{R}$ zu durch

$$\Delta f(x) := f(x+1) - f(x) \, .$$

Ist $g = \Delta f$, so setze man $\mathcal{S}_a^b g := f(b) - f(a)$. Man beweise:

(i) Für $a, b \in \mathbb{Z}$ mit $a \le b$ gilt $\mathcal{S}_a^b g = \sum_{k=a}^{b-1} g(k)$.

(ii) $\Delta x^{\underline{m}} = m x^{\underline{m-1}}$.

(iii) $k^3 = k^{\underline{3}} + 3k^{\underline{2}} + k$.

(iv) $\sum_{k=0}^{n-1} k^{\underline{m}} = \frac{1}{m+1} n^{\underline{m+1}}$ für $m, n \in \mathbb{N}$.

(v) Man berechne $\sigma_3(n) := 1^3 + 2^3 + \ldots + n^3$ (mittels (iii) und (iv)).

8. Man beweise:

$$\binom{n}{1} + 2\binom{n}{2} + 3\binom{n}{3} + \ldots + n\binom{n}{n} = n2^{n-1} \, ,$$

$$1 \cdot 2\binom{n}{2} + 2 \cdot 3\binom{n}{3} + \ldots + (n-1)n\binom{n}{n} = n(n-1)2^{n-2} \, ,$$

$$1 + \frac{1}{2}\binom{n}{1} + \frac{1}{3}\binom{n}{2} + \ldots + \frac{1}{n+1}\binom{n}{n} = \frac{1}{n+1}(2^{n+1} - 1) \, .$$

7 Absolutbetrag. Nullfolgen. Intervallschachtelungen

Die reellen Zahlen nennen wir auch *Punkte auf der Zahlengeraden* oder einfach *Punkte in* $\mathbb{R}$.

Wir definieren den **Absolutbetrag** (oder einfach: **Betrag**) $|a|$ einer reellen Zahl a als

$$|a| := \begin{cases} a & \text{für} & a > 0 \\ 0 & \text{für} & a = 0 \\ -a & \text{für} & a < 0 \, . \end{cases}$$

Dieses Symbol wurde 1859 von Karl Weierstraß eingeführt.

Offenbar gilt

$$|a|^2 = a^2 \quad \text{und} \quad |a| = |-a| \, .$$

Satz 1. *Der Absolutbetrag hat folgende Eigenschaften:*

(1) $\qquad\qquad\qquad |a| \ge 0 \, ; \quad |a| = 0 \Leftrightarrow a = 0 \, ;$

(2) $\qquad\qquad\qquad |\lambda a| = |\lambda||a| \quad$ *für alle* $\lambda, a \in \mathbb{R} \, ;$

(3) $\qquad\qquad\qquad |a + b| \le |a| + |b| \quad$ *für alle* $a, b \in \mathbb{R} \, .$

Die Ungleichung (3) heißt **Dreiecksungleichung**.

Beweis. (1) folgt sofort aus der Definition des Betrages, und (2) ergibt sich aus

$$|\lambda a|^2 = (\lambda a)^2 = \lambda^2 a^2 = |\lambda|^2 |a|^2 \, .$$

Ferner ist $ab \le |ab|$ und daher

$$|a + b|^2 = (a + b)^2 = a^2 + 2ab + b^2 \le |a|^2 + 2|a||b| + |b|^2 = (|a| + |b|)^2 \, .$$

Dies liefert $|a + b| \le |a| + |b|$.

$\qquad\qquad\qquad\qquad\qquad\qquad\qquad\qquad\qquad\qquad\qquad\qquad\qquad\qquad$ □

Man nennt (3) auch die „Dreiecksungleichung"; der Grund hierfür wird erst bei der entsprechenden Ungleichung in $\mathbb{R}^2$ klar.

Wir bemerken noch, daß aus (2) wegen $|1| = 1$ die Gleichung

(4) $$|1/a| = 1/|a|$$

folgt, wenn wir $\lambda = 1/a$ setzen.

Definition 1. *Man nennt* $|a - b|$ *den* **Abstand** *zweier Punkte* $a, b \in \mathbb{R}$ *auf der Zahlengeraden.*

Satz 2. *Der Abstand* $|a - b|$ *zweier reeller Zahlen* a, b *hat die folgenden drei Eigenschaften:*

(i) $|a - b| \geq 0$; $|a - b| = 0 \Leftrightarrow a = b$; *(Positivität)*

(ii) $|a - b| = |b - a|$; *(Symmetrie)*

(iii) $|a - b| \leq |a - c| + |b - c|$ *für jedes* $c \in \mathbb{R}$. *(Dreiecksungleichung)*

Beweis. Aus (1), (2) folgt sofort (i), (ii). Ferner folgt aus (3)

$$|a - b| = |(a - c) + (c - b)| \leq |a - c| + |c - b| .$$

$\square$

Satz 3. *Für beliebige* $a, b \in \mathbb{R}$ *gilt*

(5) $$\big||a| - |b|\big| \leq |a - b| .$$

Beweis. Aus

$$|a| = |(a - b) + b| \leq |a - b| + |b|$$

folgt

$$|a| - |b| \leq |a - b| .$$

Vertauscht man a und b, so ergibt sich auch

$$|b| - |a| \leq |a - b| .$$

Diese beiden Ungleichungen liefern (5).

$\square$

Aus (5) ergeben sich für beliebige $a, b \in \mathbb{R}$ die beiden **wichtigen, immer wieder benutzten Ungleichungen**

$$|a - b| \geq |a| - |b| \quad \text{und} \quad |a + b| \geq |a| - |b| .$$

Durch Induktion leitet man aus (3) die Verallgemeinerung

$$(6) \qquad \left| \sum_{j=1}^{n} a_j \right| \leq \sum_{j=1}^{n} |a_j| \quad \text{für beliebige } a_1, \ldots, a_n \in \mathbb{R}$$

her.

Weiterhin führt man für $a < b$ die folgenden **Intervalle** ein:

$$[a, b] := \{x \in \mathbb{R} : \quad a \leq x \leq b\} ,$$
$$(a, b) := \{x \in \mathbb{R} : \quad a < x < b\} ,$$
$$[a, b) := \{x \in \mathbb{R} : \quad a \leq x < b\} ,$$
$$(a, b] := \{x \in \mathbb{R} : \quad a < x \leq b\} ,$$

die wir sämtlich mit I bezeichnen wollen. Die Länge $|I|$ jedes dieser Intervalle mit den *Endpunkten* (oder *Randpunkten*) a, b wird als

$$|I| := b - a$$

definiert. Bei $[a, b]$ gehören die Randpunkte a, b zu I; man nennt das Intervall *abgeschlossen*. Bei (a, b) gehören die Randpunkte nicht zu I; man nennt dieses Intervall *offen*. Die beiden anderen Intervalle $[a, b)$ und $(a, b]$ heißen *halboffen*.

Der Punkt $x_0 = \dfrac{a + b}{2}$ heißt *Mittelpunkt* von I. Mit seiner Hilfe können wir schreiben:

$$[a, b] = [x_0 - \epsilon , \; x_0 + \epsilon] , \quad (a, b) = (x_0 - \epsilon , \; x_0 + \epsilon) ,$$

wenn wir $\epsilon := \frac{1}{2}(b - a) = \frac{1}{2}|I|$ setzen.

Man nennt das offene Intervall

$$B_\epsilon(x_0) := \{x \in \mathbb{R} : |x - x_0| < \epsilon\} = (x_0 - \epsilon, x_0 + \epsilon)$$

mit $\epsilon > 0$ eine **ϵ-Umgebung** von x_0 *in* $\mathbb{R}$.

Bezeichne M irgendeine nichtleere Menge von Elementen $a, b, c, \ldots$. Unter einer **Folge** $\{a_n\}$ in M versteht man eine Abbildung $\mathbb{N} \to M$, die jedem $n \in \mathbb{N}$ ein Element a_n zuordnet; man nennt a_n das *n-te Glied* der Folge $\{a_n\}$. Statt $\{a_n\}$ schreibt man häufig auch $a_1, a_2, a_3, \ldots$. Gelegentlich läßt man die Folge auch mit a_0 beginnen, wobei man sie als Abbildung $\mathbb{N}_0 \to M$ auffaßt: $a_0, a_1, a_2, \ldots$. Unter einer *reellen Zahlenfolge* $\{a_n\}$ verstehen wir eine Abbildung $\mathbb{N} \to \mathbb{R}$ bzw. $\mathbb{N}_0 \to \mathbb{R}$.

$\boxed{1}$ Ist $a_n := a$ für alle $n \in \mathbb{N}$, so erhalten wir die konstante Folge $a, a, a, \ldots$.

$\boxed{2}$ Für $a_n := (-1)^{n+1}$, $n \in \mathbb{N}$, entsteht die Folge $1, -1, 1, -1, \ldots$.

$\boxed{3}$ Die Vorschrift $a_n := 1/n$ für $n \in \mathbb{N}$ liefert die Folge $1, 1/2, 1/3, 1/4, \ldots$

$\boxed{4}$ Für $a_n := a^n$, $n \in \mathbb{N}$ entsteht die Folge der Potenzen $a, a^2, a^3, \ldots$.

$\boxed{5}$ Eine Folge $\{a_n\}$ kann auch „rekursiv" definiert sein wie etwa die Folge der *Fibonaccizahlen* $0, 1, 1, 2, 3, 5, 8, 13, 21, 34, 55, \ldots$. Hier ist $a_1 := 0$, $a_2 := 1$, und für $n \geq 3$ ist a_n durch die *Rekursionsvorschrift* $a_n := a_{n-1} + a_{n-2}$ gegeben.

Definition 2. *Eine reelle Zahlenfolge $\{a_n\}$ heißt* **Nullfolge** *(Symbol: $a_n \to 0$ für $n \to \infty$, oder kürzer $a_n \to 0$), wenn es zu jedem $\epsilon > 0$ einen Index $N \in \mathbb{N}$ gibt, so daß für alle $n \in \mathbb{N}$ mit $n > N$ die Ungleichung $|a_n| < \epsilon$ gilt.*

Wenn $a_n \to 0$ gilt, sagen wir auch, a_n strebe (konvergiere) gegen Null.

Betrachten wir ein erstes Beispiel einer Nullfolge, aus dem viele andere abgeleitet werden.

$\boxed{6}$ *Die reelle Zahlenfolge $\{1/n\}$ ist eine Nullfolge*, denn nach dem Satz von Archimedes (vgl. 1.4, Satz 5) gibt es zu jedem $\epsilon > 0$ ein $N \in \mathbb{N}$, so daß $1/\epsilon < N$ ist. Hieraus folgt $1/N < \epsilon$ und somit $0 < 1/n < \epsilon$ für $n > N$, denn dann ist $1/n < 1/N$.

Definition 3. *Eine Zahlenfolge $\{a_n\}$ heißt* **beschränkt***, wenn es ein $k > 0$ gibt, so daß $|a_n| \leq k$ für alle $n \in \mathbb{N}$ ist.*

Satz 4. *(i) $a_n \to 0 \;\Leftrightarrow\; |a_n| \to 0$.*

(ii) Es gebe $k > 0$, so daß $|a_n| \leq k|b_n|$ für alle $n \geq n_0$ gilt. Aus $b_n \to 0$ folgt dann $a_n \to 0$. Insbesondere gilt $b_n c_n \to 0$, wenn $b_n \to 0$ und $\{c_n\}$ beschränkt ist.

(iii) Aus $a_n \to 0$ und $b_n \to 0$ folgt $a_n + b_n \to 0$.

(iv) Jede Nullfolge ist beschränkt.

Beweis. (i) folgt sofort aus Definition 2.

(ii) Wegen $b_n \to 0$ gibt es für jedes $\epsilon > 0$ ein $N \in \mathbb{N}$, so daß $|b_n| < \epsilon/k$ für alle $n > N$ ist. Hieraus folgt

$$|a_n| \leq k|b_n| < k \cdot \frac{\epsilon}{k} = \epsilon \ \text{ für } n > N\,,$$

also $a_n \to 0$.

(iii) Zu $\epsilon > 0$ gibt es $N_1, N_2 \in \mathbb{N}$, so daß

$$|a_n| < \epsilon/2 \ \text{für} \ n > N_1 \ , \ |b_n| < \epsilon/2 \ \text{für} \ n > N_2 \ ,$$

und daher

$$|a_n + b_n| \le |a_n| + |b_n| < \epsilon/2 + \epsilon/2 = \epsilon$$

für $n > N := \max \{N_1, N_2\}$, womit $a_n + b_n \to 0$ gezeigt ist.

(iv) Es gibt einen Index $N_1 \in \mathbb{N}$, so daß $|a_n| < 1$ für $n > N_1$. Setzen wir $k := \max \{|a_1|, \ldots, |a_{N_1}|, 1\}$, so folgt $|a_n| \le k$ für alle $n \in \mathbb{N}$.

$\square$

Eine unmittelbare Folgerung aus Satz 4 ist

Korollar 1. *Jede „Linearkombination"* $\{\lambda a_n + \mu b_n\}$ *zweier Nullfolgen* $\{a_n\}, \{b_n\}$ *mit beliebigen Koeffizienten* $\lambda, \mu \in \mathbb{R}$ *ist eine Nullfolge.*

$\boxed{7}$ Für jedes $p \in \mathbb{N}$ ist $\{1/n^p\}$ Nullfolge, denn $0 < \frac{1}{n^p} \le \frac{1}{n} \to 0$.

$\boxed{8}$ Ist $k > 0$, $0 < q < 1$ und $c_n := q^n \cdot k$ für $n \in \mathbb{N}$, so gilt $c_n \to 0$, denn wegen $0 < q < 1$ ist $1/q > 1$, also $1/q = 1 + a$ mit $a > 0$, somit $1/q^n = (1 + a)^n \ge 1 + na > na$ (Bernoulli), und daher $0 < c_n = q^n k < \frac{k}{a} \cdot \frac{1}{n} \to 0$ nach $\boxed{6}$ und Satz 4, (ii).

Definition 4. *Unter einer* **Intervallschachtelung** *verstehen wir eine Folge* $\{I_n\}$ *von abgeschlossenen Intervallen* $I_n = [a_n, b_n]$, $a_n < b_n$, *mit den Eigenschaften* $I_1 \supset I_2 \supset I_3 \supset \ldots$ *und* $|I_n| \to 0$.

Aus Axiom (III) erhalten wir das folgende, außerordentlich wichtige Resultat:

Satz 5. *Eine Intervallschachtelung erfaßt genau einen Punkt, d.h. es gibt einen und nur einen Punkt, der in allen Intervallen der Schachtelung enthalten ist.*

Beweis. Sei $I_n = [a_n, b_n]$, $n \in \mathbb{N}$, eine Intervallschachtelung. Dann gilt $I_1 \supset I_2 \supset I_3 \supset \ldots$, d.h.

(7) $\qquad a_1 \le a_2 \le a_3 \le \cdots \le a_n \le \cdots \le b_m \le \cdots \le b_3 \le b_2 \le b_1$.

Sei $A := \{a_1, a_2, \ldots\}$ die Menge der linken Randpunkte und $B := \{b_1, b_2, \ldots\}$ die Menge der rechten Randpunkte. Die Mengen A und B sind nichtleer und beschränkt. Setze $a := \sup A$ und $b := \inf B$. Dann folgt aus (7), daß sowohl

(8) $\qquad\qquad a_n \le a \le b_m \quad \text{für alle} \ n, m \in \mathbb{N}$

als auch

(9) $\qquad\qquad a_n \le b \le b_m \quad \text{für alle} \ n, m \in \mathbb{N}$

gilt, weil alle b_m obere Schranken von A und alle a_n untere Schranken von B sind. Wegen (8) ist a untere Schranke von B, also

(10) $$a \leq b ,$$

und aus (8)–(10) ergibt sich

$$a_n \leq a \leq b \leq b_n \quad \text{für alle } n \in \mathbb{N} ,$$

und wegen

$$0 \leq b - a \leq b_n - a_n = |I_n| \to 0$$

folgt $b - a = 0$, d.h.

$$a = b \in I_n \quad \text{für jedes } n \in \mathbb{N} .$$

Ist nun c irgendeine reelle Zahl mit $c \in I_n$ für alle $n \in \mathbb{N}$, so folgt wegen $a = \sup A$ und $b = \inf B$, daß $a \leq c \leq b$ ist und daher $a = b = c$ gilt. Folglich erfaßt $\{I_n\}$ genau einen Punkt aus $\mathbb{R}$.

$\square$

Die geometrische Interpretation von Satz 5 ist, daß die Zahlengerade keine Löcher hat, also „vollständig" im Sinne der geometrischen Intuition ist. Dies rechtfertigt die Bezeichnung von Axiom (III) als „Vollständigkeitsaxiom".

Bemerkung 1. Der Satz 5 erlaubt es uns, ein konstruktives Verfahren zur Bestimmung von $\sqrt{c}$ für eine vorgegebene reelle Zahl $c > 0$ zu erdenken. Zunächst ermitteln wir durch „Ausprobieren" die größte Zahl $g \in \mathbb{N}_0$, so daß $g^2 \leq c$ ist; nach dem Satz von Archimedes gibt es eine solche Zahl. Dann halbieren wir das Intervall $I_1 := [a_1, b_1]$ mit den Randpunkten $a_1 := g$, $b_1 := g + 1$ und bilden $x_1 := \frac{1}{2}(a_1 + b_1)$. Gilt $x_1^2 \leq c$, so setzen wir $a_2 := x_1$, $b_2 := b_1$; anderenfalls wird $a_2 := a_1$, $b_2 := x_1$ gewählt. Nun halbieren wir $I_2 := [a_2, b_2]$ durch den Punkt $x_2 := \frac{1}{2}(a_2 + b_2)$ und vergleichen x_2^2 mit c. Ist $x_2^2 \leq c$, so setzen wir $a_3 := x_2$, $b_3 := b_2$, anderenfalls $a_3 := a_2$ und $b_3 := x_2$. Auf diese Weise entsteht eine Intervallschachtelung $\{I_n\}$ mit $x_n \in I_n = [a_n, b_n]$ und $c \in [a_n^2, b_n^2]$. Nach Satz 5 gibt es genau einen Punkt $x \geq 0$, der in allen Intervallen I_n liegt, und somit gilt auch $a_n^2 \leq x^2 \leq b_n^2$, d.h. $x^2 \in [a_n^2, b_n^2]$. Wegen

$$0 < b_n^2 - a_n^2 = (b_n + a_n)(b_n - a_n) \leq 2b_1 |I_n| \to 0$$

ist auch $\{[a_n^2, b_n^2]\}$ eine Intervallschachtelung, und sie erfaßt sowohl x^2 als auch c. Also gilt $x^2 = c$.

Freilich ist dieses Verfahren nicht sehr schnell und verlangt einen großen Rechenaufwand; zur numerischen Approximation von $\sqrt{c}$ ist es wenig geeignet. Wir werden deshalb in Kürze noch ein zweites Verfahren angeben, das bereits mit wenigen Rechenschritten gute Näherungswerte für $\sqrt{c}$ liefert.

Aufgaben.

1. Für beliebige $a, b \in \mathbb{R}$ ist zu zeigen:

$$\max\{a, b\} = \frac{1}{2}(a + b + |a - b|) , \quad \min\{a, b\} = \frac{1}{2}(a + b - |a - b|) .$$

2. Man beweise: $|a + b| + |a - b| \geq |a| + |b|$.

3. Für $a, b \in \mathbb{R}$ gilt (Beweis?):

$$\frac{1 + |a|}{1 + |b|} \leq 1 + |a - b| \;, \quad \frac{|a + b|}{1 + |a + b|} \leq \frac{|a|}{1 + |a|} + \frac{|b|}{1 + |b|} \;.$$

4. Für $a, b, c \in \mathbb{R}$ beweise man:

$$|a + b| + |a + c| + |b + c| \leq |a| + |b| + |c| + |a + b + c| \;.$$

5. Man beschreibe die Menge der Zahlen $x \in \mathbb{R}$ mit: (i) $|x-1|+|x+1| < 4$, (ii) $|x-1||x+1| < 4$, (iii) $|x + x^{-1}| \geq 6$, (iv) $x \leq |1 - x|$, (v) $x^2 - 3x + 2 < 0$.

6. Eine Linearkombination $\{\lambda a_n + \mu b_n\}$ zweier Nullfolgen $\{a_n\}$, $\{b_n\}$ ist eine Nullfolge. Beweis?

7. Man zeige, daß die Folgen $\{\sqrt{n}/(n + 1)\}$, $\{2^n/n!\}$, $\{n2^{-n}\}$, $\{\sqrt{n + 1} - \sqrt{n}\}$, $\{n^{1/n} - 1\}$ Nullfolgen sind.

8. Man zeige, daß mit $\{a_n\}$ auch die Folge $\{c_n\}$ der Mittelwerte $c_n := (1/n) \cdot (a_1 + a_2 + \cdots + a_n)$ eine Nullfolge ist.

9. Warum ist die Folge der Zahlen $\frac{2}{n+3}(1 + 2 + \cdots + n + 1) - n$ (mit $n \in \mathbb{N}$) eine Nullfolge?

10. Mit Hilfe des „Halbierungsverfahrens" von Bemerkung 1 beweise man die Existenz der k-ten Wurzel von c, wobei $k \in \mathbb{N}$ und $c \geq 0$.

11. *Eine Folge $\{b_n\}$ heißt* **Umordnung** *der Zahlenfolge $\{a_n\}$, wenn $b_n = a_{\sigma(n)}$ gilt für eine Abbildung σ, die jedem $n \in \mathbb{N}$ eine natürliche Zahl $\sigma(n)$ zuordnet derart, daß $\sigma(n) \neq \sigma(m)$ für $n \neq m$ gilt und daß jedes $k \in \mathbb{N}$ als Bild $\sigma(n)$ eines $n \in \mathbb{N}$ erscheint. (Man nennt σ eine Bijektion von $\mathbb{N}$ auf $\mathbb{N}$, vgl. 1.13.) Ist die Umordnung einer Nullfolge wieder eine Nullfolge?*

8 Dualdarstellung reeller Zahlen. Satz von Bolzano-Weierstraß

Mittels Induktion und „Division mit Rest" kann man leicht beweisen, daß sich jede positive ganze Zahl g eindeutig in der Form

$$(1) \qquad g = Z_p \cdot 2^p + Z_{p-1} \cdot 2^{p-1} + \cdots + Z_1 \cdot 2 + Z_0 \cdot 2^0$$

mit $Z_0, Z_1, \ldots, Z_{p-1} = 0$ oder 1 , $p \in \mathbb{N}_0$, $Z_p = 1$ schreiben läßt. Wir sagen dann, g habe die Dualdarstellung

$$Z_p Z_{p-1} \ldots Z_1 Z_0$$

mit den Ziffern $Z_0, Z_1, \ldots, Z_p$. Ferner ist $g = 0$ offenbar gleich $0 \cdot 2^0$, hat also die Darstellung Z_0 mit $Z_0 = 0$.

Zur Bequemlichkeit des Lesers wollen wir einen einfachen Beweis der Behauptung (1) für $g \in \mathbb{N}$ andeuten.

Die *Existenz* wird mittels Induktion gezeigt, indem man zuerst vermerkt, daß $g = 1$ als $g = 1 \cdot 2^0$ geschrieben werden kann. Gilt die gewünschte Darstellung für $g = n$, also

$$n = Z_p \cdot 2^p + \cdots + Z_1 \cdot 2^1 + Z_0 \cdot 2^0$$

mit $Z_j \in \{0, 1\}$, $Z_p = 1$, so folgt für $g = n + 1$, daß entweder

$$n + 1 = 2^{p+1}$$

oder

$$n + 1 = \sum_{j=0}^{p} Z_j^* \cdot 2^j \quad \text{mit} \quad Z_p^* = 1, \; Z_j^* \in \{0, 1\}$$

ist, d.h. die gewünschte Darstellung gilt für $g = n + 1$ und somit für alle $g \in \mathbb{N}$.

Die *Eindeutigkeit* der gewünschten Dualdarstellung von g sieht man so: Angenommen, es wäre

$$g = \sum_{j=0}^{p} Z_j \cdot 2^j = \sum_{j=0}^{q} Z_j^* \cdot 2^j$$

mit $Z_p = Z_q^* = 1$, $Z_j, Z_j^* \in \{0, 1\}$. Die Beziehung $p < q$ ist unmöglich, denn sonst folgte $g \leq 1 + 2 + \cdots + 2^p = 2^{p+1} - 1 < 2^{p+1} \leq 2^q \leq g$, Widerspruch. Entsprechend folgt, daß $q < p$ unmöglich ist. Also gilt $p = q$, und es folgt $Z_p = Z_q^* = 1$. Wenden wir nun diese Schlußweise auf $g - Z_p \cdot 2^q = \sum_{j=0}^{p-1} Z_j \cdot 2^j = \sum_{j=0}^{p-1} Z_j^* \cdot 2^j$ an, so können wir analog fortfahren und erhalten schließlich nach endlich vielen (und höchstens $p + 1$) Schritten, daß $Z_p = Z_p^*, \ldots, Z_1 = Z_1^*$, $Z_0 = Z_0^*$ ist.

Sei nun $x \in \mathbb{R}$ und $x \geq 0$. Wir setzen $g := \lfloor x \rfloor$ und $\xi := x - g$. Dann ist $\xi \in [0, 1) =: I_0$. Halbieren wir I_0, so muß ξ in genau einem der beiden Intervalle $[0, 1/2)$ und $[1/2, 1)$ liegen; dieses Intervall heiße $I_1 = [\frac{z_1}{2}, \frac{z_1+1}{2})$.

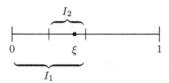

Halbieren wir dann I_1, so muß ξ in einem der beiden Intervalle

$$\left[\frac{z_1}{2} + \frac{\nu}{2^2}, \; \frac{z_1}{2} + \frac{\nu + 1}{2^2} \right), \quad \nu = 0 \text{ oder } 1,$$

liegen; dieses Intervall werde mit

$$I_2 = \left[\frac{z_1}{2} + \frac{z_2}{2^2}, \; \frac{z_1}{2} + \frac{z_2 + 1}{2^2} \right)$$

bezeichnet. So fahren wir fort und erhalten eine Folge $I_0, I_1, I_2, \ldots, I_n, \ldots$ von Intervallen

$$I_n = [a_n, a_n + \frac{1}{2^n}), \quad a_n = \sum_{\nu=1}^{n} \frac{z_\nu}{2^\nu}, \quad z_\nu \in \{0, 1\},$$

mit $\xi \in I_{n+1} \subset I_n$ für alle $n \in \mathbb{N}_0$ und $|I_n| = 2^{-n} \to 0$. Damit ist ξ der eindeutig bestimmte Punkt, der von der Intervallschachtelung $\{I_n\}$ mit $I_n := [a_n, a_n + 2^{-n})$ erfaßt wird. Deshalb ordnet man $\xi \in [0, 1)$ die Dualdarstellung

(2) $\qquad\qquad\qquad\qquad 0, z_1 z_2 z_3 \ldots z_n \ldots$

und $x \geq 0$ die Dualdarstellung

(3) $\qquad\qquad\qquad\qquad Z_p Z_{p-1} \ldots Z_1 Z_0, z_1 z_2 \ldots z_n \ldots$

mit Z_j, $z_\nu \in \{0, 1\}$ zu. Hierbei ist ausgeschlossen, daß ab einer gewissen Stelle $n \in \mathbb{N}$ nach dem Komma alle Ziffern gleich 1 sind, denn dann wäre ξ einer der „Halbierungspunkte"; diese werden aber dem rechts angrenzenden Halbierungsintervall zugeschlagen. Um in (2) bzw. (3) doch alle Dualdarstellungen zuzulassen, vereinbaren wir, daß

(4) $\qquad\qquad\qquad\qquad 0, z_1 z_2 \ldots z_{n-2} 0111 \ldots$

dieselbe Zahl aus $(0, 1]$ darstelle wie

(5) $\qquad\qquad\qquad\qquad 0, z_1 z_2 \ldots z_{n-2} 1000 \ldots,$

und Entsprechendes gelte in (3). Dann folgt:

Satz 1. *(i) Jede nichtnegative reelle Zahl x kann geschrieben werden als $x = g + \xi$ mit $g = \lfloor x \rfloor \in \mathbb{N}_0$, $\xi \in [0,1)$, wobei*

$$g = \sum_{j=0}^{p} Z_j \cdot 2^j, \quad Z_j \in \{0,1\}, \quad p \in \mathbb{N}_0,$$

und $Z_p = 1$, falls $g \geq 1$ ist. Die Ziffern $Z_0, Z_1, \ldots, Z_p$ sind eindeutig durch x bestimmt. Ferner gibt es eine eindeutig bestimmte Folge $\{I_n\}$ von Intervallen der Form

$$I_n = [a_n, a_n + 2^{-n}), \quad a_n = \sum_{\nu=1}^{n} z_\nu \cdot 2^{-\nu}, \quad z_\nu \in \{0,1\},$$

so daß gilt:

$$\xi \in I_n \quad \text{für jedes } n \in \mathbb{N}.$$

(ii) Umgekehrt wird durch jede Intervallschachtelung $\{\overline{I}_n\}$ mit

$$\overline{I}_n = [a_n, a_n + 2^{-n}], \quad a_n = \sum_{\nu=1}^{n} z_\nu \cdot 2^{-\nu}, \quad z_\nu \in \{0,1\}$$

genau eine Zahl $\xi \in [0,1]$ erfaßt. Wenn $\xi \in [0,1]$ einer der Halbierungspunkte ist, wird ξ von genau zwei solchen Schachtelungen erfaßt, ansonsten von genau einer Schachtelung. Wir sagen, daß ξ die Dualdarstellung

$$\xi = 0, z_1 z_2 z_3 \ldots$$

hat. Diese Darstellung ist eindeutig bestimmt, wenn ξ keiner der Halbierungspunkte ist, während ein Halbierungspunkt ξ genau zwei Darstellungen besitzt, nämlich

$$\xi = 0, z_1 z_2 \ldots z_{n-1}\, 1\, 0\, 0\, 0\, \ldots \quad \text{und} \quad \xi = 0, z_1 z_2 \ldots z_{n-1}\, 0\, 1\, 1\, 1\, \ldots.$$

Bemerkungen. 1. Im angelsächsischen Bereich (und dementsprechend in Computern) ist das „Komma" durch den „Punkt" ersetzt.

2. Für $x \leq 0$ ist $-x \geq 0$, und somit läßt sich $-x$ in der Form (3) darstellen. Für x benutzt man dann die Darstellung

$$(6) \qquad\qquad x = -Z_p \ldots Z_1 Z_0, z_1 z_2 \ldots z_n \ldots .$$

3. Wählt man statt der Grundzahl „Zwei" die Grundzahl „Zehn", so führt ein analoger „Zehntelungsprozeß" zur üblichen *Dezimaldarstellung* reeller Zahlen. Ganz entsprechend kann man irgendeine Grundzahl $p \in \mathbb{N}$, $p > 1$, nehmen

und erhält dann die p-adische Darstellung. Die Babylonier haben mit dem *Sexagesimalsystem* operiert, das auf der Grundzahl „Sechzig" beruht, während die Mayas die Grundzahl 20 benutzten.

4. Statt *Dualdarstellung* spricht man auch von *binärer* oder *dyadischer Darstellung*. Die rationalen Zahlen a_n in Satz 1 heißen (*echte*) *dyadische Brüche*.

5. Das Ergebnis von Satz 1 läßt sich auch so formulieren: *Zu jeder nichtnegativen Zahl $x \in \mathbb{R}$ und jedem $n \in \mathbb{N}$ gibt es eine rationale Zahl r der Form*

$$(7) \qquad r = g + \sum_{\nu=1}^{n} z_\nu 2^{-\nu} , \quad g \in \mathbb{N}_0 , \quad z_\nu \in \{0,1\} ,$$

so daß

$$(8) \qquad 0 \le x - r < 2^{-n}$$

ist.

Da $\{2^{-n}\}$ eine Nullfolge ist, bedeutet dies:

Satz 2. *Sei $x \in \mathbb{R}$. Dann gibt es zu jedem $\epsilon > 0$ ein $r \in \mathbb{Q}$ mit $|x - r| < \epsilon$. In anderen Worten: Jede reelle Zahl kann beliebig genau durch eine rationale Zahl approximiert werden.*

Definition 1. *Seien M und S zwei Teilmengen von $\mathbb{R}$ mit $S \subset M$. Dann heißt S **dicht** in M, wenn in jeder ϵ-Umgebung eines beliebigen Punktes $x \in M$ mindestens ein Punkt $s \in S$ liegt, d.h. wenn jeder Punkt $x \in M$ beliebig genau durch Punkte $s \in S$ approximiert werden kann.*

Dann läßt sich Satz 2 so umformulieren: *Die Menge $\mathbb{Q}$ liegt dicht in $\mathbb{R}$.*

Definition 2. *Eine Zahl $a \in \mathbb{R}$ heißt* **Häufungspunkt einer reellen Zahlenfolge** *$\{x_n\}$, wenn es zu jedem $\epsilon > 0$ unendlich viele Glieder x_n der Folge gibt mit $|a - x_n| < \epsilon$.*

Dies läßt sich auch so formulieren:

Eine Zahl $a \in \mathbb{R}$ heißt Häufungspunkt (oder Häufungswert) einer reellen Zahlenfolge $\{x_n\}$, wenn in jeder ϵ-Umgebung von a unendlich viele Folgenglieder x_n liegen.

$\boxed{1}$ Die Folge $1, -1, 1, -1, \ldots$ hat die beiden Häufungspunkte 1 und -1.

$\boxed{2}$ Die Folge $\{\frac{n+1}{n}\}$ hat den Häufungspunkt 1, denn $\frac{n+1}{n} = 1 + \frac{1}{n}$ und $1/n \to 0$.

$\boxed{3}$ Die Folge $\{\sqrt{n}\}$ besitzt keinen Häufungspunkt.

$\boxed{4}$ *Man kann die rationalen Zahlen abzählen, indem man sie zu einer Folge $\{r_n\}$
anordnet.* Damit ist gemeint:

*Es gibt eine Abbildung $\mathbb{N} \to \mathbb{Q}$, die jedem n aus $\mathbb{N}$ ein Element $r_n \in \mathbb{Q}$ zuordnet,
derart, daß jedes $r \in \mathbb{Q}$ das Bild genau einer natürlichen Zahl unter dieser Abbil-
dung ist. (Man sagt, $\mathbb{N}$ sei* bijektiv *oder* umkehrbar eindeutig *auf $\mathbb{Q}$ abgebildet.)*

Zum Beweis ordnet man die Zahlen $r = p/q$ mit $p, q \in \mathbb{N}$ in ein quadratisch
unendliches Schema, aus dem man die ungekürzten Brüche herausstreicht, um
„Mehrfachaufzählung" zu vermeiden.

$$
\begin{array}{cccccc}
1/1 & \to & 1/2 & \quad 1/3 & \to & 1/4 \quad\quad 1/5 \to 1/6 \;\cdots \\
& \swarrow & & \nearrow & & \swarrow \quad\quad \nearrow \quad\quad \swarrow \\
2/1 & & \cancel{2/2} & \quad 2/3 & & \cancel{2/4} \quad\quad 2/5 \quad\quad \cdots \\
\downarrow & \nearrow & & \swarrow & & \nearrow \quad\quad \swarrow \\
3/1 & & 3/2 & \quad \cancel{3/3} & & 3/4 \quad\quad \cdots \\
& \swarrow & & \nearrow & & \swarrow \\
4/1 & & \cancel{4/2} & \quad 4/3 & & \cancel{4/4} \quad\quad \cdots \\
\downarrow & \nearrow & & \swarrow \\
5/1 & & 5/2 & \quad 5/3 & & 5/4 \quad\quad \cdots \\
& \swarrow
\end{array}
$$

$$\vdots \quad\quad \vdots \quad\quad \vdots \quad\quad \vdots$$

Dieses Schema kann man auf dem durch die „Pfeile" angegebenen Wege durch-
wandern und dadurch die Abzählung $\{r_n\}$ von $\{r \in \mathbb{Q} : r > 0\}$ herstellen. Dann
entsteht eine Abzählung $\{x_n\}$ von $\mathbb{Q}$ durch die Anordnung

$$0, r_1, -r_1, r_2, -r_2, \ldots, r_n, -r_n, \ldots .$$

Wegen Satz 2 ist also jede reelle Zahl a ein Häufungspunkt von $\{x_n\}$.

Mit der nunmehr sattsam bekannten Halbierungsmethode leiten wir einen außerordentlich wichtigen *Existenzsatz* her, auf den sich viele Ergebnisse der Analysis
stützen. Er ist gleichsam eine praktikable Fassung des *Vollständigkeitsaxioms.*

Satz 3. (Satz von Bolzano-Weierstraß). *Jede beschränkte reelle Zahlenfolge
besitzt mindestens einen Häufungspunkt.*

Beweis. Ist $\{x_j\}$ eine beschränkte Zahlenfolge, so gibt es ein $k > 0$ derart, daß

$$x_j \in [-k, k] \quad \text{für alle } j \in \mathbb{N} .$$

Halbieren wir $[-k, k]$, so muß eine der beiden Hälften $[-k, 0]$ und $[0, k]$ unendlich viele Folgenglieder enthalten; diese Hälfte heiße I_1. Als nächstes halbieren

wir I_1. Wiederum muß eine der beiden Hälften unendlich viele x_j enthalten; ein solches abgeschlossenes Intervall werde gewählt und heiße I_2. Durch fortgesetzte Halbierung entsteht so eine Intervallschachtelung $\{I_n\}$ mit der Eigenschaft, daß in jedem Intervall I_n unendlich viele Folgenglieder x_j liegen. Die Intervallschachtelung $\{I_n\}$ erfaßt genau einen Punkt a, und dieser Punkt ist offensichtlich Häufungspunkt von $\{x_j\}$.

$\square$

Aufgaben.

1. Gibt es eine beschränkte Zahlenfolge, die k vorgeschriebene Werte $x_1, x_2, \ldots, x_k \in \mathbb{R}$ und nur diese als Häufungspunkte hat?
2. Die Irrationalzahlen liegen dicht in $\mathbb{R}$. Beweis?
3. Sei H die Menge der Häufungspunkte einer beschränkten Zahlenfolge. Man beweise, daß $\sup H$ und $\inf H$ in H liegen.
4. Man leite analog zu Satz 1 die „Dezimalbruchentwicklung" nichtnegativer reeller Zahlen her.
5. Man beweise, daß ein unendlicher *Dezimalbruch* $0, z_1 z_2 z_3 \ldots$ genau dann periodisch ist (d.h. $z_{k+p} = z_k$ für $k \geq k_0$ und ein $p \in \mathbb{N}$), wenn er eine rationale Zahl darstellt.
6. Man schreibe 5, 9, 11 als Dualzahl und $1/3$, $1/4$, $1/5$ als Dualbruch.

9 Konvergente Zahlenfolgen und ihre Grenzwerte

Der Begriff des Grenzwertes ist das Fundament aller wesentlichen Betrachtungen der Analysis und liefert insbesondere den sicheren Grund für die Differential- und Integralrechnung. Wir wollen diesen Begriff zunächst für Folgen reeller Zahlen untersuchen.

Definition 1. *Eine Folge $\{x_n\}$ reeller Zahlen heißt* **konvergent**, *wenn es eine Zahl $x_0 \in \mathbb{R}$ gibt, für die $\{|x_n - x_0|\}$ eine Nullfolge ist, d.h.*

$$(1) \qquad |x_n - x_0| \;\to\; 0$$

gilt. Man nennt dann x_0 den **Grenzwert** *oder* **Limes** *der Folge $\{x_n\}$ und schreibt*

$$(2) \qquad x_n \;\to\; x_0 \quad \textit{für } n \to \infty \quad (\textit{oder auch} : x_n \to x_0)$$

oder

$$(3) \qquad \lim_{n \to \infty} x_n \;=\; x_0 \,.$$

Eine nicht konvergente Zahlenfolge heißt **divergent**.

Es ist sinnvoll, von *dem* Grenzwert und nicht von *einem* Grenzwert einer konvergenten Folge $\{x_n\}$ zu sprechen, denn es gilt

Proposition 1. *Der Grenzwert einer konvergenten Folge* $\{x_n\}$ *ist eindeutig bestimmt.*

Beweis. Aus $x_n \to x_0$ und $x_n \to x_0'$ folgt

$$|x_0 - x_0'| \leq |x_0 - x_n + x_n - x_0'| \leq |x_0 - x_n| + |x_n - x_0'| \to 0 \,.$$

Also gibt es zu jedem $\epsilon > 0$ ein $N(\epsilon) \in \mathbb{N}$, so daß

$$0 \leq |x_0 - x_0'| \leq |x_0 - x_n| + |x_n - x_0'| < \epsilon \quad \text{für alle } n > N(\epsilon)$$

ist, was nur für $|x_0 - x_0'| = 0$ möglich ist, und dies liefert $x_0 = x_0'$.

$\square$

Die Bezeichnung „konvergent" scheint auf J. Gregory (1667) und „divergent" auf Johann Bernoulli (1713) zurückzugehen. Für $x_n \to x_0$ sagen wir auch, die Folge $\{x_n\}$ *konvergiere* (oder *strebe*) gegen x_0.

Eine Nullfolge ist konvergent und hat den Grenzwert Null. Die früher benutzte Bezeichnung $x_n \to 0$ für eine Nullfolge $\{x_n\}$ ist also mit der oben in (2) gewählten Bezeichnung verträglich.

Wenn wir auf die Definition einer Nullfolge zurückgehen, sehen wir, daß sich die Konvergenzbeziehung $x_n \to x_0$ in äquivalenter Weise auch so formulieren läßt:

Definition 2. *Eine Zahlenfolge* $\{x_n\}$ *konvergiert gegen den Grenzwert* $x_0 \in \mathbb{R}$, *wenn es zu jedem* $\epsilon > 0$ *ein* $N = N(\epsilon) \in \mathbb{N}$ *gibt, so daß für alle* $n \in \mathbb{N}$ *mit* $n > N$ *die Abschätzung* $|x_n - x_0| < \epsilon$ *erfüllt ist.*

Definition 1 besagt, daß eine Folge $\{x_n\}$ genau dann gegen x_0 konvergiert, wenn die Abstände $|x_n - x_0|$ gegen Null streben, oder mit anderen Worten, wenn die Folgenglieder x_n den Wert x_0 „beliebig genau" approximieren. Freilich ersetzt keine noch so geschickt gewählte umgangssprachliche Beschreibung des Sachverhalts die präzise mathematische Definition 2, so gestelzt diese zunächst auch erscheinen mag.

Definition 2 charakterisiert Konvergenz auf die folgende Art: *Der Punkt* $x_0 \in \mathbb{R}$ *ist genau dann Grenzwert der Folge* $\{x_n\}$, *wenn in jeder „ϵ-Umgebung"* $U_\epsilon(x_0) :=$ $(x_0 - \epsilon,\ x_0 + \epsilon)$ *von* x_0 *(mit* $\epsilon > 0$) *mit Ausnahme von höchstens endlich vielen* x_n *sämtliche Glieder der betreffenden Folge enthalten sind.*

Es hängt vom jeweils betrachteten Problem ab, mit welcher der beiden Definitionen von Konvergenz man lieber hantieren möchte. Bei langwierigen Abschätzungen behält man oft besser die Übersicht mit Definition 2, während Definition 1 beispielsweise dann von Vorteil ist, wenn man eine gegebene Folge $\{x_n\}$ mit Hilfe einer bekannten Nullfolge $\{a_n\}$ und einer beschränkten Folge $\{b_n\}$ in der Form

$$(4) \qquad\qquad |x_n - x_0| \leq |a_n| \cdot |b_n|$$

abschätzen kann und dann (vgl. 1.7, Satz 4, (ii)) den Satz

Nullfolge mal beschränkter Folge ist Nullfolge

anwendet. Hierbei genügt es, wenn (4) ab einem Index $n_0 \in \mathbb{N}$ erfüllt ist.

Betrachten wir einige *Beispiele*.

$\boxed{1}$ $x_n := \frac{n}{n+1}$. Mit $\{\frac{1}{n}\}$ ist auch $\{\frac{1}{n+1}\}$ Nullfolge, und wegen

$$\left| \frac{n}{n+1} - 1 \right| = \frac{1}{n+1}$$

ergibt sich $\lim_{n \to \infty} \frac{n}{n+1} = 1$.

$\boxed{2}$ $x_n := \frac{1}{\sqrt{n}} \to 0$, denn wegen $\frac{1}{n} \to 0$ gibt es zu beliebig vorgegebenem $\epsilon > 0$ ein $N \in \mathbb{N}$, so daß $\frac{1}{n} < \epsilon$ für alle $n > N$ gilt. Für $n > (N+1)^2$ folgt $\sqrt{n} > N+1$ und damit $0 < \frac{1}{\sqrt{n}} < \frac{1}{N+1} < \epsilon$.

$\boxed{3}$ $x_n := a^n$ für eine feste Zahl $a \in (0,1)$. Wegen $a^{-1} > 1$ gilt $h := a^{-1} - 1 > 0$ und $a = (1+h)^{-1}$. Die Bernoullische Ungleichung liefert

$$(1+h)^n \geq 1 + nh \quad \text{für } n \in \mathbb{N},$$

und folglich gilt

$$|x_n - 0| = |x_n| = (1+h)^{-n} \leq \frac{1}{1+nh} < \frac{1}{nh} = \frac{1}{h} \cdot \frac{1}{n} \to 0.$$

Hieraus erhalten wir

(5) $$\lim_{n \to \infty} a^n = 0 \quad \text{für jedes } a \in \mathbb{R} \text{ mit } 0 \leq a < 1,$$

wenn wir noch beachten, daß $0^n = 0$ ist.

$\boxed{4}$ $x_n := a^{1/n} = \sqrt[n]{a}$ für eine feste Zahl $a > 0$. Wir behaupten, daß

(6) $$\lim_{n \to \infty} \sqrt[n]{a} = 1 \quad \text{für alle } a > 0$$

gilt. Für $a = 1$ ist die Behauptung evident. Betrachten wir daher zunächst den Fall $a > 1$. Dann ist auch $\sqrt[n]{a} > 1$ und somit $h_n := \sqrt[n]{a} - 1 > 0$. Nach Bernoulli folgt

$$1 + nh_n \leq (1 + h_n)^n = a$$

und somit

$$|\sqrt[n]{a} - 1| = \sqrt[n]{a} - 1 = h_n \leq (a-1) \cdot \frac{1}{n} \to 0.$$

Für $0 < a < 1$ erfüllt $b := a^{-1}$ die Ungleichung $b > 1$; somit gilt $b^{1/n} - 1 \to 0$. Insbesondere gibt es also für $\epsilon = 1/2$ ein $N \in \mathbb{N}$, so daß für $n > N$ die Ungleichung

$$-1/2 \;\leq\; b^{1/n} - 1 \;\leq\; 1/2$$

und somit $1/2 \leq b^{1/n}$, also $b^{-1/n} \leq 2$ gilt. Hieraus erhalten wir für $n > N$:

$$|1 - \sqrt[n]{a}| \;=\; 1 - \sqrt[n]{a} \;=\; 1 - \frac{1}{\sqrt[n]{b}} \;=\; \frac{\sqrt[n]{b} - 1}{\sqrt[n]{b}} \;\leq\; 2(b^{1/n} - 1) \;\to\; 0\,.$$

Um etwas kompliziertere Beispiele behandeln zu können, ist es dienlich, einige Eigenschaften konvergenter Folgen zu formulieren, die häufig benutzt werden.

Proposition 2. *Konvergente Zahlenfolgen sind beschränkt.*

Beweis. Aus $x_n \to x_0$ folgt $|x_n - x_0| \to 0$. Nach 1.7, Satz 4 gibt es also eine Zahl $k > 0$, so daß $|x_n - x_0| \leq k$ für alle $n \in \mathbb{N}$ gilt. Hieraus folgt

$$|x_n| \;=\; |(x_n - x_0) + x_0| \;\leq\; |x_n - x_0| + |x_0| \;\leq\; k + |x_0| \;=:\; k'$$

für alle $n \in \mathbb{N}$. Also ist die Folge $\{x_n\}$ beschränkt.

$\square$

Proposition 3. *Für konvergente Zahlenfolgen* $\{x_n\}, \{y_n\}$ *mit* $x_n \to x_0$, $y_n \to y_0$ *gilt:*

(i) $x_n + y_n \;\to\; x_0 + y_0$;

(ii) $x_n y_n \;\to\; x_0 y_0$;

(iii) $\lambda x_n + \mu y_n \;\to\; \lambda x_0 + \mu y_0$ *für beliebige* $\lambda, \mu \in \mathbb{R}$;

(iv) $x_n / y_n \;\to\; x_0 / y_0$, *falls* $y_0, y_n \neq 0$;

(v) $|x_n| \to |x_0|$;

(vi) Aus $x_n \leq y_n$ *folgt* $x_0 \leq y_0$.

Beweis. (i) folgt aus

$$\begin{aligned} |(x_n + y_n) - (x_0 + y_0)| \;&=\; |(x_n - x_0) + (y_n - y_0)| \\ &\leq\; |x_n - x_0| + |y_n - y_0| \;\to\; 0\,, \end{aligned}$$

denn die Summe zweier Nullfolgen ist eine Nullfolge, und gleichermaßen ergibt sich (ii) aus den Abschätzungen

$$\begin{aligned} |x_n y_n - x_0 y_0| \;&=\; |x_n y_n - x_0 y_n + x_0 y_n - x_0 y_0| \\ &\leq\; |x_n y_n - x_0 y_n| + |x_0 y_n - x_0 y_0| \\ &=\; |x_n - x_0||y_n| + |x_0||y_n - y_0|\,, \end{aligned}$$

denn die konvergente Folge $\{y_n\}$ ist beschränkt, und somit gilt

$$|x_n - x_0||y_n| + |x_0||y_n - y_0| \to 0 \,.$$

Behauptung (iii) folgt unmittelbar aus (i) und (ii). Um (iv) zu zeigen, genügt es wegen (ii) und

$$\frac{x_n}{y_n} = x_n \cdot \frac{1}{y_n} \,,$$

daß wir

$$\frac{1}{y_n} \to \frac{1}{y_0}$$

beweisen. Wegen

$$\left| \frac{1}{y_n} - \frac{1}{y_0} \right| = \left| \frac{y_n - y_0}{y_n y_0} \right| = \frac{1}{|y_n|} \cdot \frac{1}{|y_0|} \cdot |y_n - y_0|$$

reicht es zu zeigen, daß die Folge $\{|y_n|^{-1}\}$ beschränkt ist. Zu diesem Zweck wählen wir $\epsilon := (1/2)|y_0| > 0$. Wegen $y_n \to y_0$ existiert ein $N \in \mathbb{N}$, so daß

$$|y_n - y_0| < \epsilon \quad \text{für alle} \quad n > N$$

gilt, woraus sich

$$|y_n| = |y_0 + y_n - y_0| \geq |y_0| - |y_n - y_0| \geq 2\epsilon - \epsilon = \epsilon \quad \text{für } n > N$$

ergibt. Mit $k := \max\{\epsilon^{-1}, |y_1|^{-1}, \dots, |y_N|^{-1}\}$ folgt

$$|y_n|^{-1} \leq k \quad \text{für alle } n \in \mathbb{N} \,,$$

womit (iv) bewiesen ist. Weiterhin erhalten wir (v) aus

$$||x_n| - |x|| \leq |x_n - x| \to 0 \,.$$

Um (vi) zu beweisen, betrachten wir die Nullfolge $\{\eta_n\}$ mit den Gliedern

$$\eta_n := (y_n - y_0) + (x_0 - x_n) \,.$$

Zu beliebig vorgegebenem $\epsilon > 0$ gibt es also ein $N \in \mathbb{N}$, so daß $|\eta_n| < \epsilon$ für $n > N$ ist. Wegen $x_n \leq y_n$ gilt $0 \leq y_n - x_n$ und daher

$$x_0 - y_0 \leq (x_0 - y_0) + (y_n - x_n) = \eta_n \leq |\eta_n| < \epsilon \quad \text{für } n > N \,.$$

Hieraus folgt $x_0 - y_0 < \epsilon$ für jedes $\epsilon > 0$, und dies liefert $x_0 - y_0 \leq 0$.

$\square$

Eine nützliche Variante von (vi) ist

Proposition 4. *Aus $x_n \to a$, $y_n \to a$ und $x_n \leq a_n \leq y_n$ folgt $a_n \to a$.*

Beweis. Zu vorgegebenem $\epsilon > 0$ gibt es $N_1, N_2 \in \mathbb{N}$, so daß $-\epsilon < x_n - a < \epsilon$ für $n > N_1$ und $-\epsilon < y_n - a < \epsilon$ für $n > N_2$ gilt. Setzen wir $N := \max\{N_1, N_2\}$, so folgt für $n > N$, daß

$$-\epsilon < x_n - a \ \leq \ a_n - a \ \leq \ y_n - a < \epsilon$$

ist, und dies liefert $a_n \to a$.

$\square$

$\boxed{5}$ Es gilt

$$x_n := \frac{1 + 2 + \ldots + n}{n^2} \to \frac{1}{2}, \quad \text{denn } 1 + 2 + \ldots + n = \binom{n+1}{2}, \quad \text{also}$$

$$x_n = \frac{1}{n^2} \cdot \frac{n(n+1)}{2} = \frac{n^2 + n}{2n^2} = \frac{1}{2} + \frac{1}{2} \cdot \frac{1}{n} \to \frac{1}{2} \text{ nach Proposition 3, (iii) .}$$

$\boxed{6}$ Es gilt

$$x_n := \frac{2n^2 + 1}{3n^2 + n + 1} \to \frac{2}{3}, \quad \text{denn } \frac{2n^2 + 1}{3n^2 + n + 1} = \frac{2 + n^{-2}}{3 + n^{-1} + n^{-2}},$$

und wegen $n^{-1} \to 0$, $n^{-2} \to 0$ folgt $2 + n^{-2} \to 2$, $3 + n^{-1} + n^{-2} \to 3$, woraus sich wegen Proposition 3, (iv) die Behauptung $x_n \to 2/3$ ergibt.

$\boxed{7}$ $x_n := \sqrt{n+1} - \sqrt{n} \to 0$, denn wegen $(a - b)(a + b) = a^2 - b^2$ folgt mit $a = \sqrt{n+1}$, $b = \sqrt{n}$, daß

$$|x_n| = x_n = \frac{1}{\sqrt{n+1} + \sqrt{n}} < \frac{1}{\sqrt{n}} \to 0 .$$

$\boxed{8}$ $x_n := \sqrt[n]{n} \to 1$. Zum Beweis verwenden wir die binomische Formel

$$(1 + x)^n = 1 + \binom{n}{1} x + \binom{n}{2} x^2 + \ldots + x^n \geq \binom{n}{2} x^2 \quad \text{für} \quad x \geq 0 .$$

Für $n \geq 2$ folgt $n - 1 \geq n/2$ und damit $x^2 \leq 4n^{-2}(1 + x)^n$. Mit $x := x_n - 1$ und $n \geq 2$ erhalten wir $(x_n - 1)^2 \leq 4n^{-2} x_n^n = 4n^{-1}$ und daher

$$|x_n - 1| \leq \frac{2}{\sqrt{n}} \to 0 .$$

Unter den divergenten Zahlenfolgen wollen wir die *bestimmt divergenten* auszeichnen.

Definition 3. *Wir sagen, eine Zahlenfolge $\{x_n\}$ strebe gegen ∞ (oder $+\infty$), wenn es zu jedem $k > 0$ ein $N \in \mathbb{N}$ gibt, so daß*

$$k < x_n \quad \text{für alle} \quad n > N$$

gilt, und wir bezeichnen diesen Sachverhalt mit

(7)
$$x_n \to \infty$$

oder auch mit

(8)
$$\lim_{n \to \infty} x_n = \infty .$$

Ferner sagen wir, die Zahlenfolge $\{x_n\}$ strebe gegen $-\infty$, wenn $-x_n$ gegen ∞ strebt, und wir schreiben hierfür

(9)
$$x_n \to -\infty \quad \text{oder} \quad \lim_{n \to \infty} x_n = -\infty .$$

*Wenn entweder $x_n \to \infty$ oder $x_n \to -\infty$ gilt, nennen wir die Folge $\{x_n\}$ **bestimmt divergent**, und die Symbole ∞ bzw. $-\infty$ werden gelegentlich als uneigentliche Grenzwerte von $\{x_n\}$ bezeichnet. Oft sagt man auch, $\{x_n\}$ divergiere gegen ∞ (= „plus Unendlich") bzw. gegen $-\infty$ (= „minus Unendlich").*

Das Symbol ∞ wurde von John Wallis (1656) eingeführt.

$\boxed{9}$ Die Folge $\{x_n\}$ mit $x_n := n$ strebt gegen Unendlich (Satz von Archimedes).

Proposition 5. *(i) Aus $x_n \to \infty$ oder $x_n \to -\infty$ folgt $\dfrac{1}{x_n} \to 0$.*

(ii) Ist umgekehrt $\{x_n\}$ eine Nullfolge mit $x_n > 0$ (bzw. < 0) für alle $n \in \mathbb{N}$, so folgt $\dfrac{1}{x_n} \to \infty$ (bzw. $-\infty$).

Beweis. (i) Gilt $x_n \to \infty$, so existiert zu beliebig vorgegebenem $\epsilon > 0$ ein $N \in \mathbb{N}$, so daß $1/\epsilon < x_n$ für alle $n > N$ ist, woraus $0 < 1/x_n < \epsilon$ für $n > N$ und somit $1/x_n \to 0$ folgt. Gilt $x_n \to -\infty$, so haben wir $-x_n \to \infty$ und damit

$$-\frac{1}{x_n} = \frac{1}{(-x_n)} \to 0 ,$$

und es folgt $1/x_n \to 0$.
(ii) Ist $0 < x_n \to 0$ erfüllt, so gibt es zu jedem $k > 0$ ein $N \in \mathbb{N}$ derart, daß $0 < x_n < k^{-1}$ für alle $n > N$ ist, und dies liefert $k < 1/x_n$ für $n > N$, d.h. $1/x_n \to \infty$. Entsprechend wird der Fall $x_n < 0$ behandelt. $\qquad \square$

$\boxed{10}$ $2^n/n \to \infty$ wegen $2^n/n = n^{-1}(1+1)^n > n^{-1} \binom{n}{2} = \frac{n-1}{2}$ und $\frac{2}{n-1} \leq \frac{4}{n}$ für $n \geq 2$ sowie $\frac{4}{n} \to 0$.

$\boxed{11}$ Für $0 < q < 1$ gilt $nq^n \to 0$. Wegen $1/q > 1$ können wir nämlich $1/q = 1+x$ mit $x > 0$ schreiben, und wie in Beispiel $\boxed{8}$ folgt $q^{-n} = (1+x)^n \geq (1/2)n(n-1)x^2$ und daher $(1/n)q^{-n} \geq (1/2)(n-1)x^2 \to \infty$, also auch $(1/n)q^{-n} \to \infty$. Hieraus ergibt sich $nq^n \to 0$.

Bislang haben wir einige Methoden kennengelernt, wie man die Grenzwerte konvergenter Folgen berechnen kann, die sich in vergleichsweise einfacher Art aus Folgen zusammensetzen, für die sich der Grenzwert leicht bestimmen läßt. Wir kennen aber noch keine Kriterien, mit deren Hilfe wir bei einer beliebig vorgegebenen Folge entscheiden können, ob sie einen Grenzwert besitzt, ohne daß wir diesen Grenzwert wirklich anzugeben brauchen. Solche *Konvergenzkriterien* werden wir in den nächsten beiden Abschnitten formulieren.

Aufgaben.

1. Man berechne
$$\lim_{n \to \infty} \frac{2n+1}{n^2+n+1} \quad , \quad \lim_{n \to \infty} \frac{\sqrt{n}-1}{\sqrt{n}+1} \quad , \quad \lim_{n \to \infty} \frac{1^2+2^2+\cdots+n^2}{n^3} \ .$$

2. Wenn $a_n \to a$ und $c_n := \frac{1}{n}(a_1 + \cdots + a_n)$, so gilt $c_n \to a$. Beweis?

3. Für $0 < b \leq a$ ist zu zeigen: $\lim_{n \to \infty} \sqrt[n]{a^n + b^n} = a$.

4. Man zeige, daß die durch $a_1 := a > 1$, $a_{n+1} := 2 - 1/a_n$ definierte Folge konvergiert, und berechne ihren Grenzwert.

5. Man beweise: Aus $a_n > 0$ und $\lim_{n \to \infty} a_{n+1}/a_n = L$ folgt $\lim_{n \to \infty} a_n^{1/n} = L$.

6. Mittels Aufgabe 5 ist $n^{1/n} \to 1$ zu zeigen.

7. Bezeichne $a(n)$ die Anzahl der Primfaktoren von n. Man beweise: $\lim_{n \to \infty} a(n)/n = 0$.

8. Man zeige durch Induktion nach ν: $\lim_{n \to \infty} \frac{1}{n^{\nu+1}} \cdot \sum_{k=1}^{n} k^\nu = \frac{1}{\nu+1}$ für $\nu \in \mathbb{N}$.
   ($n^{\nu+1} = \sum_{k=1}^{n} [k^{\nu+1} - (k-1)^{\nu+1}]$.)

9. Man bestimme $\lim_{n \to \infty} \left(\frac{1}{1 \cdot 2} + \frac{1}{2 \cdot 3} + \cdots + \frac{1}{n(n+1)} \right)$.

10   Satz von der monotonen Folge

In diesem Abschnitt stellen wir ein sehr wichtiges *hinreichendes Konvergenzkriterium* auf. Es bedient sich des Begriffs der *monotonen Zahlenfolge*, den wir als erstes anführen wollen.

Definition 1. *Eine reelle Zahlenfolge* $\{a_n\}$ *heißt* **monoton wachsend** *(bzw.* streng monoton wachsend*), wenn*

(1) $a_n \leq a_{n+1}$ *(bzw.* $a_n < a_{n+1}$*)*   *für alle* $n \in \mathbb{N}$

gilt, und sie heißt **monoton fallend** *(bzw.* streng monoton fallend*), wenn*

(2) $a_n \geq a_{n+1}$ *(bzw.* $a_n > a_{n+1}$*)*   *für alle* $n \in \mathbb{N}$

erfüllt ist.

Wir nennen $\{a_n\}$ *monoton (bzw.* streng monoton*), wenn entweder (1) oder (2) gilt.*

Definition 2. *Wir nennen* $c \in \mathbb{R}$ *eine* **obere Schranke** *der reellen Zahlenfolge* $\{a_n\}$, *wenn*

$$a_n \leq c \qquad \text{für alle } n \in \mathbb{N}$$

gilt, und c *heiße* **untere Schranke** *von* $\{a_n\}$, *wenn*

$$c \leq a_n \qquad \text{für alle } \quad n \in \mathbb{N}$$

erfüllt ist. Eine Folge $\{a_n\}$ *heißt nach oben (unten) beschränkt, wenn sie eine obere (untere) Schranke besitzt.*

Lemma 1. *Jede monoton wachsende, nach oben beschränkte Zahlenfolge* $\{a_n\}$ *besitzt eine kleinste obere Schranke.*

Beweis. Die Menge S der oberen Schranken c von $\{a_n\}$ ist nichtleer und nach unten beschränkt. Daher ist $a := \inf S$ eine reelle Zahl. Wäre a nicht ebenfalls obere Schranke von $\{a_n\}$, so gäbe es ein Folgenglied a_n mit $a < a_n$. Nach Definition von a gibt es zu $\epsilon := a_n - a > 0$ ein $c \in S$ mit $c < a + \epsilon < a_n$, Widerspruch, denn c ist obere Schranke. Also ist a obere Schranke von $\{a_n\}$ und damit kleinste obere Schranke.

$\square$

Satz 1. (Monotone Konvergenz). *Eine monoton wachsende Zahlenfolge ist genau dann konvergent, wenn sie nach oben beschränkt ist.*

Beweis. Sei $\{a_n\}$ eine monoton wachsende Zahlenfolge in $\mathbb{R}$.
(i) Wenn $\{a_n\}$ nach oben beschränkt ist, so bezeichne a die kleinste obere Schranke von $\{a_n\}$. Zu beliebig vorgegebenem $\epsilon > 0$ existiert ein Folgenglied a_N mit $a - \epsilon < a_N$, denn anderenfalls wäre $a - \epsilon$ obere Schranke von $\{a_n\}$, was unmöglich ist, da a die kleinste obere Schranke von $\{a_n\}$ bezeichnet. Da die Folge monoton wächst, gilt

$$a - \epsilon < a_n \leq a \quad \text{für alle } \quad n > N \,,$$

und dies liefert $a_n \to a$.
(ii) Nach 1.9, Proposition 2 ist eine konvergente Folge notwendig beschränkt, wie behauptet. Im vorliegenden Fall können wir auch so argumentieren:
Wenn $\{a_n\}$ nicht nach oben beschränkt ist, gibt es zu jedem $k > 0$ ein $N \in \mathbb{N}$, so daß $k < a_N$ ist. Hieraus folgt $k < a_n$ für alle $n > N$, und dies bedeutet: $a_n \to \infty$.

$\square$

Damit können wir Satz 1 auch so formulieren:

Korollar 1. *Bezeichnet* $\{a_n\}$ *eine monoton wachsende Zahlenfolge, so ist diese entweder beschränkt und konvergiert gegen ihre kleinste obere Schranke* a*, oder sie ist unbeschränkt und es gilt* $a_n \to \infty$*. (Symbol:* $a_n \nearrow a$ *bzw.* $a_n \nearrow \infty$*).*

Analog zu Satz 1 ergibt sich

Satz 2. *Eine monoton fallende Zahlenfolge ist genau dann konvergent, wenn sie nach unten beschränkt ist. Ist sie nach unten beschränkt, so konvergiert sie gegen ihre kleinste untere Schranke (Symbol:* $a_n \searrow a$*), andernfalls divergiert sie gegen* $-\infty$ *(Symbol:* $a_n \searrow -\infty$*).*

$\boxed{1}$ Wir wollen jetzt ein rasch konvergierendes Verfahren zur Bestimmung von $\sqrt{c}$ für $c > 0$ angeben, also für die Lösung der quadratischen Gleichung

$$x^2 = c \,,$$

die wir für $x \neq 0$ in die Gestalt

$$x = \frac{c}{x}$$

bringen können, und diese läßt sich schreiben als

$$(3) \qquad\qquad x = \frac{1}{2}\left(x + \frac{c}{x}\right) .$$

Wir versuchen, die Gleichung (3) *iterativ* zu lösen, indem wir von einem beliebig gewählten Ausgangswert $x_0 > 0$ ausgehen und

$$(4) \qquad\qquad x_n := \frac{1}{2}\left(x_{n-1} + \frac{c}{x_{n-1}}\right) \qquad \text{für } n \in \mathbb{N}$$

setzen. Mit

$$(5) \qquad\qquad a_n := \frac{c}{x_n} \qquad \text{für } n = 0, 1, 2, \ldots$$

folgt dann

$$(6) \qquad\qquad x_n = \frac{1}{2}\left(x_{n-1} + a_{n-1}\right) , \qquad n \in \mathbb{N} \,.$$

Offenbar sind alle x_n und a_n positiv, und es gilt

$$x_n^2 = \left(\frac{x_{n-1} + a_{n-1}}{2}\right)^2 \geq x_{n-1} a_{n-1} \,,$$

folglich

$$(7) \qquad x_n \geq \frac{x_{n-1} a_{n-1}}{x_n} = \frac{x_{n-1}}{x_n}\frac{c}{x_{n-1}} = \frac{c}{x_n} = a_n \quad \text{für } n \in \mathbb{N} \,.$$

Wegen (6) erhalten wir

(8) $$a_n \leq x_{n+1} \leq x_n \qquad \text{für } n \in \mathbb{N},$$

woraus sich $x_n/x_{n+1} \geq 1$ und

(9) $$a_{n+1} = \frac{x_n a_n}{x_{n+1}} \geq a_n \qquad \text{für } n \in \mathbb{N}$$

ergibt. Aus (7)–(9) bekommen wir

(10) $$a_n \leq a_{n+1} \leq x_{n+1} \leq x_n,$$

und schließlich liefern (6) und (10) die Abschätzung

(11) $$|x_{n+1} - a_{n+1}| \leq \frac{1}{2}|x_n - a_n| \quad \text{für } n \in \mathbb{N}.$$

Folglich gilt $a_n \nearrow a$, $x_n \searrow x$ und $0 \leq x - a \leq x_n - a_n$, und wegen (11) folgt $|x_n - a_n| \leq 2^{-n+1}|x_1 - a_1| \to 0$, also $a = x$. Dann gilt auch $x_{n-1} \searrow x$, und aus (4) folgt

$$x = \frac{1}{2}\left(x + \frac{c}{x}\right)$$

und damit $x^2 = c$. Also haben wir $x_n \searrow \sqrt{c}$ und $a_n \nearrow \sqrt{c}$. Aus (10) und (11) ergibt sich die „Fehlerabschätzung"

$$0 \leq x_n - c = x_n - a \leq x_n - a_n \leq 2^{-n+1}|x_1 - a_1|.$$

Diese kann man aber noch wesentlich verbessern. Zu diesem Zwecke setzen wir

$$r_n := \frac{x_n - \sqrt{c}}{\sqrt{c}}, \qquad \text{also } x_n = \sqrt{c}(1 + r_n).$$

Aus der Formel

$$\sqrt{c}\,(1 + r_{n+1}) = x_{n+1} = \frac{1}{2}\left(x_n + \frac{c}{x_n}\right) = \frac{\sqrt{c}}{2}\frac{(1 + r_n)^2 + 1}{1 + r_n}$$

folgt dann

$$r_{n+1} = \frac{1}{2}\frac{r_n^2}{1 + r_n} \leq \frac{1}{2}r_n^2$$

und somit

$$x_{n+1} - \sqrt{c} \leq \frac{1}{2\sqrt{c}}(x_n - \sqrt{c})^2.$$

Der Fehler $x_n - \sqrt{c}$ verringert sich also quadratisch, und folglich konvergiert das Verfahren mit großer Geschwindigkeit.

$\boxed{2}$ Für $c > 0$ und ein beliebig gewähltes Anfangselement x_0 konvergiert die rekursiv durch

$$(12) \qquad x_{n+1} := \frac{1}{p} \left[(p-1)x_n + \frac{c}{x_n^{p-1}} \right], \qquad n = 0, 1, 2, \dots,$$

definierte Folge gegen eine positive Lösung x der Gleichung $x^p = c$, also gegen $x = \sqrt[p]{c}$.

$\boxed{3}$ Sei $0 \leq q < 1$ und $s_n := 1 + q + q^2 + \dots + q^n$, $n \in \mathbb{N}_0$. Wegen $s_{n+1} - s_n = q^{n+1} \geq 0$ ist die Folge $\{s_n\}$ monoton wachsend, und sie ist auch nach oben beschränkt, denn es gilt zunächst

$$q \cdot s_n = s_n + q^{n+1} - 1$$

und damit

$$(13) \qquad s_n = \frac{1 - q^{n+1}}{1-q} \leq \frac{1}{1-q}.$$

Also ist $\{s_n\}$ konvergent. Wegen $q^{n+1} \to 0$ für $0 \leq q < 1$ folgt aus (13) sofort $s_n \to (1-q)^{-1}$, d.h. wir haben

$$(14) \qquad \lim_{n \to \infty} (1 + q + q^2 + \dots + q^n) = \frac{1}{1-q},$$

was man auch in der Form

$$(15) \qquad \sum_{n=0}^{\infty} q^n = \frac{1}{1-q} \qquad \text{für } 0 \leq q < 1$$

schreibt. Die „unendliche Summe"

$$\sum_{n=0}^{\infty} q^n = 1 + q + q^2 + \dots + q^n + \dots := \lim_{n \to \infty} (1 + q + \dots + q^n)$$

auf der linken Seite von (15) bezeichnet man als **geometrische Reihe**. In Abschnitt 1.12 werden wir uns eingehend mit Reihen beschäftigen. *Hier sei nur vermerkt, daß die geometrische Reihe ein wichtiges technisches Hilfsmittel ist, das sehr oft für Konvergenzbetrachtungen bei Reihen eingesetzt wird.* Es lohnt sich also, sich das einfache Beispiel $\boxed{3}$ und insbesondere die Formeln (13) und (14) gut einzuprägen.

$\boxed{4}$ **Die Eulersche Zahl e.** Wir betrachten die beiden Zahlenfolgen $\{a_n\}$ und $\{b_n\}$, die durch

$$(16) \qquad a_n := \left(1 + \frac{1}{n} \right)^n, \qquad b_n := \left(1 + \frac{1}{n} \right)^{n+1} \qquad \text{für } n \in \mathbb{N}$$

definiert sind und $a_n < b_n$ erfüllen. Wir wollen zeigen, daß $\{I_n\}$ mit $I_n = [a_n, b_n]$ eine Intervallschachtelung ist; die durch $\{I_n\}$ eindeutig bestimmte Zahl heißt *Eulersche Zahl* und wird mit e bezeichnet. Sie erfüllt also $e \in [a_n, b_n]$ für alle $n \in \mathbb{N}$.

Um zu zeigen, daß $\{I_n\}$ eine Intervallschachtelung ist, brauchen wir bloß zu zeigen, daß $\{a_n\}$ monoton wächst und $\{b_n\}$ monoton fällt, denn wegen $a_n < b_n$ folgt dann

$$a_1 \le a_n \le b_n \le b_1 \qquad \text{für alle } n \in \mathbb{N}$$

und somit

$$|I_n| = b_n - a_n = \left(1 + \frac{1}{n}\right)^{n+1} - \left(1 + \frac{1}{n}\right)^n = a_n \cdot \frac{1}{n} \le \frac{b_1}{n} \to 0 \,.$$

Also gilt $a_n \nearrow e$ und $b_n \searrow e$.

Zum Beweis der Monotonie von $\{a_n\}$ gewinnen wir für $n \ge 2$ aus der Bernoullischen Ungleichung zunächst die Abschätzung

$$\left(1 - \frac{1}{n^2}\right)^n > 1 - n \cdot \frac{1}{n^2} = 1 - \frac{1}{n} \,,$$

woraus

$$\frac{n-1}{n} < \left(\frac{n^2-1}{n^2}\right)^n = \frac{(n+1)^n \cdot (n-1)^n}{n^n \cdot n^n}$$

und damit

$$\left(\frac{n}{n-1}\right)^{n-1} < \left(\frac{n+1}{n}\right)^n \qquad \text{für } n \ge 2$$

folgt, und dies bedeutet $a_{n-1} < a_n$ für $n \ge 2$, also $a_n < a_{n+1}$ für alle $n \in \mathbb{N}$.

Nun zeigen wir, daß $\{b_n\}$ monoton fällt. Nach Bernoulli gilt nämlich für $n \ge 2$

$$\left(1 + \frac{1}{n^2-1}\right)^n > 1 + \frac{n}{n^2-1} > 1 + \frac{n}{n^2} = 1 + \frac{1}{n} \,,$$

und hieraus folgt

$$1 + \frac{1}{n} < \left(\frac{n^2}{n^2-1}\right)^n = \left(\frac{n}{n-1}\right)^n \cdot \left(\frac{n+1}{n}\right)^{-n}$$

$$= \left(1 + \frac{1}{n-1}\right)^n \cdot \left(1 + \frac{1}{n}\right)^{-n} \,.$$

Dies liefert $b_n < b_{n-1}$ für $n \ge 2$, also $b_{n+1} < b_n$ für $n \in \mathbb{N}$. Damit ist alles Nötige bewiesen.

Aus $a_2 < e < b_2$ ergibt sich

$$9/4 < e < 27/8 \, ,$$

und $a_6 < e < b_6$ liefert

$$2,52 < e < 2,95 < 3 \, .$$

Später werden wir die Formel

$$(17) \qquad e = \lim_{n \to \infty} \left(1 + \frac{1}{1!} + \frac{1}{2!} + \frac{1}{3!} + \ldots + \frac{1}{n!} \right)$$

beweisen, aus der sich sehr schnell gute Näherungswerte für e gewinnen lassen. Weiter ergibt sich aus (17), daß die Eulersche Zahl irrational ist (vgl. 1.12, Satz 10).

Aufgaben.

1. Endlich viele (nicht notwendig verschiedene) reelle Zahlen $a_1, \ldots, a_n$ lassen sich (durch „Umnumerieren") stets so in eine Sequenz $b_1, \ldots, b_n$ umordnen, daß $b_1 \leq b_2 \leq \cdots \leq b_n$ gilt (vgl. 1.7, Aufgabe 11).
2. Seien a, b zwei positive Zahlen mit $a > b$. Wir bilden zwei Folgen $\{a_n\}$ und $\{b_n\}$, indem wir $a_1 := a$, $b_1 := b$ und $a_{n+1} := \frac{1}{2}(a_n + b_n)$, $b_{n+1} := \sqrt{a_n b_n}$ setzen. Man zeige, daß $b_n < b_{n+1} < a_{n+1} < a_n$ und $\lim\limits_{n \to \infty} a_n = \lim\limits_{n \to \infty} b_n$ gilt.
3. Ist die durch $a_1 := \sqrt{2}$, $a_{n+1} := \sqrt{2 + a_n}$ definierte Folge konvergent? Wenn ja, was ist $\lim\limits_{n \to \infty} a_n$?
4. Berechne $\lim\limits_{n \to \infty} \frac{n^n}{(n!)^2}$ und $\lim\limits_{n \to \infty} \sqrt[n]{\frac{n^n}{n!}}$.
5. Sei $a := \frac{1}{2}(1 + \sqrt{5})$, $a_1 := 1$, $a_{n+1} := 1 + \frac{a_n}{1+a_n} = a_n + 1 - \frac{a_n^2}{1+a_n}$. Man beweise: (i) $1 + \frac{x}{1+x} < a$ für alle $x \in (0, a)$; (ii) $1 < a_n < a$ für alle $n \geq 2$; (iii) $a_n < a_{n+1}$ für $n \geq 1$; (iv) $\lim\limits_{n \to \infty} a_n = a$.
6. Sei $0 < a < b$ und $a_1 := a$, $b_1 := b$, $a_{n+1} := 2a_n b_n/(a_n + b_n)$, $b_{n+1} := \sqrt{a_n b_n}$. Man beweise, daß $\{a_n\}$ und $\{b_n\}$ konvergieren und den gleichen Grenzwert haben.

11 Cauchys Konvergenzkriterium

Der *Satz von der monotonen Folge* ist leicht zu handhaben, weil sich meist ohne weiteres prüfen läßt, ob seine Voraussetzungen erfüllt sind. Nichtsdestoweniger ist der Satz unbefriedigend, weil er nur ein hinreichendes Konvergenzkriterium bildet, das auf viele konvergente Folgen nicht anwendbar ist. Es stellt sich allgemein die folgende Frage: *Kann man feststellen, ob eine reelle Zahlenfolge $\{x_n\}$ konvergent ist, ohne ihren Grenzwert x_0 zu kennen?* Um diese Frage zu beantworten, führen wir den Begriff der *Cauchyfolge* ein.

Definition 1. *Eine Folge $\{x_n\}$ reeller Zahlen heißt* **Cauchyfolge**, *wenn es zu jedem $\epsilon > 0$ ein $N(\epsilon) \in \mathbb{N}$ gibt, so daß*

$$(1) \qquad |x_n - x_m| < \epsilon \quad \text{für alle } n, m > N(\epsilon)$$

gilt.

Proposition 1. *Jede Cauchyfolge $\{x_n\}$ in $\mathbb{R}$ ist eine beschränkte Zahlenfolge.*

Beweis. Setzen wir $p := N(1) + 1$, so folgt für alle $n > p$ die Abschätzung

$$|x_n - x_p| < 1 \quad \text{für alle} \quad n > p$$

und damit

$$|x_n| \leq |x_p| + |x_n - x_p| < |x_p| + 1 \quad \text{für} \quad n > p \, .$$

Mit $k := \max\{|x_1|, |x_2|, \ldots, |x_p|\} + 1$ ergibt sich

$$|x_n| \leq k \quad \text{für alle} \quad n \in \mathbb{N} \, .$$

□

Die Umkehrung von Proposition 1 ist nicht richtig, denn beispielsweise ist die beschränkte Zahlenfolge $1, -1, 1, -1, \ldots$ keine Cauchyfolge, wie sich aus

$$x_{2n-1} - x_{2n} = 2$$

ergibt. Jedoch gilt eine partielle Umkehrung, die aus dem Satz von Bolzano–Weierstraß folgt. Um sie formulieren zu können, benötigen wir den Begriff einer *Teilfolge.*

Definition 2. *Eine Folge $\{x_j'\}$ heißt* **Teilfolge** *der Zahlenfolge $\{x_n\}$, wenn es eine Folge $\{n_j\}$ natürlicher Zahlen n_j mit $n_1 < n_2 < n_3 < \ldots$ gibt derart, daß*

$$x_j' = x_{n_j} \quad \text{für alle} \quad j \in \mathbb{N} \, .$$

$\boxed{1}$ Die Folge $1, -1, 1, -1, \ldots$ hat beispielsweise die Teilfolgen $1, 1, 1, \ldots$ und $-1, -1, -1$, aber auch $1, 1, -1, -1, 1, 1, -1, -1, \ldots$.

$\boxed{2}$ Die Folge $\{1/n\}$ hat die Teilfolgen $\{2^{-j}\}$, $\{10^{-j}\}$, $\{1/n!\}$, $\{1/p_j\}$, wobei $p_1 < p_2 < p_3 < \ldots$ die der Größe nach geordneten Primzahlen sind.

Proposition 2. *Aus $x_n \to x_0$ folgt $x_j' \to x_0$ für jede Teilfolge $\{x_j'\}$ von $\{x_n\}$.*

Beweis. Zu $\epsilon > 0$ gibt es ein $N \in \mathbb{N}$, so daß für alle $n > N$ die Abschätzung $|x_n - x_0| < \epsilon$ erfüllt ist. Wegen $x_j' = x_{n_j}$ und $n_1 < n_2 < n_3 < \ldots$ folgt $n_j > N$ für $j > N$ und

$$|x_j' - x_0| = |x_{n_j} - x_0| < \epsilon \quad \text{für} \quad j > N \, .$$

□

Proposition 3. *Ist x_0 Häufungspunkt einer Zahlenfolge $\{x_n\}$, so kann man aus $\{x_n\}$ eine Teilfolge $\{x_j'\}$ mit $x_j' \to x_0$ auswählen.*

Beweis. Es gibt einen Index $n_1 \in \mathbb{N}$, so daß $|x_{n_1} - x_0| < 1$ ist. Dann wählen wir einen Index $n_2 \in \mathbb{N}$ mit $n_1 < n_2$, so daß $|x_{n_2} - x_0| < 1/2$ gilt, usw. Beim j-ten Schritt wählen wir $n_j \in \mathbb{N}$ mit $n_{j-1} < n_j$, so daß $|x_{n_j} - x_0| < 1/j$ ist. Setzen wir nun $x'_j := x_{n_j}$, so ist $\{x'_j\}$ Teilfolge von $\{x_n\}$ mit $|x'_j - x_0| < 1/j \to 0$, d.h. $x'_j \to x_0$.

$\square$

Nun können wir eine handliche Version des Satzes von Bolzano–Weierstraß und damit letztlich des Vollständigkeitsaxioms geben.

Satz 1. *Aus jeder beschränkten reellen Zahlenfolge kann man eine konvergente Teilfolge auswählen.*

Beweis. Ist $\{x_n\}$ eine beschränkte Zahlenfolge in $\mathbb{R}$, so besitzt sie nach dem Satz von Bolzano–Weierstraß einen Häufungspunkt und damit wegen Proposition 3 eine konvergente Teilfolge.

$\square$

Satz 2. (Cauchys Konvergenzkriterium). *Eine reelle Zahlenfolge $\{x_n\}$ ist genau dann konvergent, wenn sie eine Cauchyfolge ist.*

Beweis. (i) Aus $x_n \to x_0$ folgt, daß man zu jedem $\epsilon > 0$ ein $N \in \mathbb{N}$ finden kann, so daß

$$
\begin{aligned}
|x_n - x_m| &= |x_n - x_0 + x_0 - x_m| \\
&\leq |x_n - x_0| + |x_0 - x_m| < \epsilon/2 + \epsilon/2 = \epsilon \quad \text{für } n, m > N
\end{aligned}
$$

gilt, und wir sehen, daß eine konvergente Folge notwendigerweise eine Cauchyfolge ist.

(ii) Ist umgekehrt $\{x_n\}$ eine Cauchyfolge, so ist sie beschränkt, besitzt also eine konvergente Teilfolge $\{x'_j\}$:

$$
x'_j \to x_0 \quad \text{mit} \quad x'_j = x_{n_j} \quad \text{und} \quad n_1 < n_2 < \dots .
$$

Sei $\epsilon > 0$ beliebig vorgegeben. Da $\{x_n\}$ Cauchyfolge ist, können wir ein $N \in \mathbb{N}$ finden, so daß

$$
|x_n - x_m| < \epsilon/2 \quad \text{für} \quad n, m > N
$$

gilt. Wählen wir $m = n_j$, so folgt

$$
\begin{aligned}
|x_n - x_0| &= |(x_n - x_{n_j}) + (x_{n_j} - x_0)| \\
&\leq |x_n - x_{n_j}| + |x_{n_j} - x_0| \\
&< \epsilon/2 + |x_{n_j} - x_0| \quad \text{für } n, n_j > N .
\end{aligned}
$$

Wegen $|x_{n_j} - x_0| \to 0$ für $j \to \infty$ erhalten wir hieraus

$$
|x_n - x_0| \leq \epsilon/2 < \epsilon \quad \text{für alle } n > N ,
$$

d.h. $x_n \to x_0$.

$\square$

Bemerkung 1. Satz 2 besagt: *In $\mathbb{R}$ ist jede Cauchyfolge konvergent.* Hierfür sagen wir, der Körper $\mathbb{R}$, versehen mit der Betragsfunktion $|\cdot|$, sei **vollständig**. Aus dem Axiom (III) folgt also:

(III*) $\qquad\qquad (\mathbb{R}, |\cdot|)$ *ist vollständig.*

Umgekehrt folgt Axiom (III) nicht aus (I), (II), (III*); vielmehr muß man zu (III*) noch den Archimedischen Satz als Axiom (IV) hinzunehmen, um (III) zu gewinnen; dieses Axiom lautet:

(IV) *Zu jeder reellen Zahl x gibt es eine natürliche Zahl n mit $x < n$.*

Korollar 1. *Eine beschränkte Zahlenfolge $\{x_n\}$ ist dann und nur dann konvergent, wenn sie genau einen Häufungspunkt besitzt.*

Beweis. (i) Gilt $x_n \to x_0$, so ist x_0 Häufungspunkt von $\{x_n\}$. Gäbe es einen weiteren Häufungspunkt x_0' von $\{x_n\}$ mit $x_0' \neq x_0$, so könnten wir eine Teilfolge $\{x_j'\}$ von $\{x_n\}$ mit $x_j' \to x_0'$ auswählen, und nach Proposition 2 folgte $x_j' \to x_0$, woraus sich wegen der Eindeutigkeit des Grenzwertes $x_0 = x_0'$ ergibt, Widerspruch. Also besitzt $\{x_n\}$ genau einen Häufungspunkt.

(ii) Sei $\{x_n\}$ eine beschränkte Zahlenfolge mit nur einem Häufungspunkt x_0. Dann gilt $x_n \to x_0$. Anderenfalls gäbe es nämlich ein $\epsilon > 0$ und eine Teilfolge $\{x_j'\}$ von $\{x_n\}$ mit $|x_j' - x_0| \geq \epsilon$ für alle $j \in \mathbb{N}$. Die Folge $\{x_j'\}$ ist beschränkt, besitzt also eine Teilfolge $\{x_k''\}$ mit $x_k'' \to y_0$, und wegen $|x_k'' - x_0| \geq \epsilon$ folgt $|y_0 - x_0| \geq \epsilon$, also $x_0 \neq y_0$. Da $\{x_k''\}$ Teilfolge von $\{x_n\}$ ist, so ist y_0 Häufungspunkt von $\{x_n\}$, und folglich besäße $\{x_n\}$ mindestens zwei Häufungspunkte, im Widerspruch zur Voraussetzung.

$\qquad\qquad\qquad\qquad\qquad\qquad\qquad\qquad\qquad\qquad\qquad\qquad\qquad\qquad$ $\square$

Die nachfolgende Bemerkung kann der Leser ohne weiteres überschlagen, weil wir die Begriffe *Limes superior* und *Limes inferior* nur an einer Stelle verwenden, nämlich bei der Cauchy-Hadamardschen Formel für den Konvergenzradius einer Potenzreihe (vgl. 1.20, (3)).

Bemerkung 2. Die Menge H der Häufungspunkte einer beschränkten Zahlenfolge $\{x_n\}$ ist nichtleer und beschränkt. Wir setzen

(2) $\qquad\qquad\qquad \xi := \inf H \, , \qquad \eta := \sup H$

und nennen ξ den *Limes inferior*, η den *Limes superior* und schreiben

(3) $\qquad\qquad \xi = \liminf_{n \to \infty} x_n \qquad \text{oder} \qquad \xi = \underline{\lim}_{n \to \infty} x_n \, ,$

(4) $\qquad\qquad \eta = \limsup_{n \to \infty} x_n \qquad \text{oder} \qquad \eta = \overline{\lim}_{n \to \infty} x_n \, .$

Offenbar gilt

(5) $\qquad\qquad\qquad \liminf_{n \to \infty} x_n \leq \limsup_{n \to \infty} x_n \, ,$

und wegen Korollar 1 erhalten wir für jede beschränkte Zahlenfolge $\{x_n\}$:

(6) $$\lim_{n\to\infty} x_n \text{ existiert} \quad \Leftrightarrow \quad \liminf_{n\to\infty} x_n = \limsup_{n\to\infty} x_n \,.$$

Weiterhin folgt aus (6), falls $\lim_{n\to\infty} x_n$ existiert:

$$\lim_{n\to\infty} x_n = \liminf_{n\to\infty} x_n = \limsup_{n\to\infty} x_n$$

Wir überlassen es dem Leser als Übungsaufgabe zu beweisen, daß ξ der *kleinste* und η der *größte Häufungspunkt* von H ist (hierfür ist zu zeigen, daß ξ und η Elemente von H sind). Äquivalente Definitionen von $\limsup$ und $\liminf$ sind:

(7) $$\limsup_{n\to\infty} x_n := \lim_{n\to\infty} \left(\sup\{x_k : k \geq n\}\right) \,.$$

(8) $$\liminf_{n\to\infty} x_n := \lim_{n\to\infty} \left(\inf\{x_k : k \geq n\}\right) \,.$$

Diese Definitionen haben den Vorteil, daß sie auch für unbeschränkte Folgen $\{x_n\}$ sinnvoll sind, wenn wir auch die uneigentlichen Limites ∞ oder $-\infty$ auf der rechten Seite von (7) bzw. (8) zulassen.

Aufgaben.

1. Man beweise, daß sich aus jeder Zahlenfolge eine monotone Teilfolge auswählen läßt, und gebe hiermit einen Beweis von Satz 1.
2. Ist $0 < \theta < 1$ und bezeichnet $\{a_n\}$ eine Zahlenfolge mit $|a_{n+2} - a_{n+1}| \leq \theta |a_{n+1} - a_n|$ für alle $n \in \mathbb{N}$, so zeige man, daß $\{a_n\}$ eine Cauchyfolge ist.
3. Man zeige, daß die durch $a_1 := 1$, $a_{n+1} := \frac{a_n+2}{a_n+1}$ definierte Folge eine Cauchyfolge ist, und bestimme $\lim_{n\to\infty} a_n$.
4. Die durch $a_1 := 0$, $a_2 := 1$, $a_{n+2} := \frac{1}{2}(a_n + a_{n+1})$ definierte Folge ist eine Cauchyfolge. Beweis?
5. Ist die folgende Behauptung richtig: „Eine Zahlenfolge $\{x_n\}$ ist dann und nur dann konvergent, wenn sie genau einen Häufungspunkt besitzt."?

12   Konvergente Reihen

Jetzt wollen wir als Verallgemeinerung eines endlichen Summationsprozesses

$$a_1 + a_2 + a_3 + \ldots + a_n$$

den Begriff der **unendlichen Reihe**

$$\sum_{n=1}^{\infty} a_n$$

mit den *Gliedern* $a_n \in \mathbb{R}$ einführen. Der Kürze wegen sprechen wir auch von einer *Reihe* und meinen damit stets eine unendliche Reihe. Gleichbedeutend benutzen wir für eine solche Reihe auch die Symbole

$$a_1 + a_2 + a_3 + \ldots \quad , \quad \sum\nolimits_{n=1}^{\infty} a_n \,, \text{ oder } \sum\nolimits_1^{\infty} a_n \,.$$

Das Symbol $\sum_{n=1}^{\infty} a_n$ hat eine *doppelte* Bedeutung. Zum einen steht es für die Folge der *Partialsummen*

$$(1) \qquad s_n := \sum_{j=1}^{n} a_j = a_1 + a_2 + \ldots + a_n \,,$$

und zum anderen für den Grenzwert $\lim_{n \to \infty} s_n$, falls dieser existieren sollte.

Definition 1. *Eine Reihe $\sum_{n=1}^{\infty} a_n$ mit $a_n \in \mathbb{R}$ heißt* **konvergent**, *wenn die Folge der Partialsummen $s_n := a_1 + a_2 + \ldots + a_n$ konvergiert. Der Grenzwert $\lim_{n \to \infty} s_n$ heißt* **Summe** *oder Wert der Reihe und wird ebenfalls mit dem Symbol $\sum_{n=1}^{\infty} a_n$ bezeichnet, also*

$$(2) \qquad \sum_{n=1}^{\infty} a_n := \lim_{n \to \infty} s_n \,.$$

Die Reihe $\sum_{n=1}^{\infty} a_n$ heißt **divergent**, *wenn die Folge $\{s_n\}$ divergiert; sie heißt* **bestimmt divergent**, *wenn $\{s_n\}$ bestimmt divergiert. Wir setzen*

$$(3) \qquad \sum_{n=1}^{\infty} a_n = \infty \quad oder \quad -\infty \,,$$

falls $s_n \to \infty$ oder $s_n \to -\infty$.

Aus dem *Satz über die monotone Folge* (vgl. 1.10, Satz 1 und Korollar 1) ergibt sich ohne weiteres:

Satz 1. *Eine Reihe $\sum_{n=1}^{\infty} a_n$ mit nichtnegativen reellen Gliedern a_n ist genau dann konvergent, wenn es eine Zahl $k > 0$ mit*

$$(4) \qquad \sum_{j=1}^{n} a_j \leq k \qquad für\ alle\ n \in \mathbb{N}$$

gibt.

Korollar 1. *Für eine Reihe $\sum_{n=1}^{\infty} a_n$ mit $a_n \geq 0$ gilt entweder*

$$(5) \qquad \sum_{n=1}^{\infty} a_n < \infty$$

oder

$$(6) \qquad \sum_{n=1}^{\infty} a_n = \infty \,.$$

Ersteres bedeutet, daß die Reihe konvergiert, und Letzteres besagt, daß die Reihe bestimmt divergiert und die uneigentliche Summe ∞ hat.

Bemerkung 1. Vielfach lassen wir die Summation mit $n = 0$ beginnen und schreiben dann

$$\sum_{n=0}^{\infty} a_n = a_0 + a_1 + a_2 + \dots .$$

Entsprechend steht $\sum_{n=\nu}^{\infty} a_n$ für den Summationsprozeß

$$\sum_{n=\nu}^{\infty} a_n = a_\nu + a_{\nu+1} + a_{\nu+2} + \dots .$$

$\boxed{1}$ **Die geometrische Reihe** $\sum_{n=0}^{\infty} q^n = 1 + q + q^2 + \dots$ konvergiert, wie wir bereits wissen, für $0 \leq q < 1$ gegen den Wert $(1-q)^{-1}$, also

(7)
$$\sum_{n=0}^{\infty} q^n = \frac{1}{1-q} \qquad \text{für} \quad 0 \leq q < 1 .$$

Für $q \geq 1$ erfüllt $s_n := 1 + q + \dots + q^n$ die Ungleichung $s_n \geq n + 1$. Folglich gilt

(8)
$$\sum_{n=0}^{\infty} q^n = \infty \qquad \text{für} \quad q \geq 1 .$$

Bemerkung 2. Jede Folge $\{s_n\}$ kann man als Folge der Partialsummen einer gewissen Reihe $\sum_{n=1}^{\infty} a_n$ deuten, indem wir setzen:

$$a_1 := s_1 \qquad a_2 := s_2 - s_1 , \qquad a_3 := s_3 - s_2 , \text{etc.}$$

Folgen und Reihen sind also äquivalente Objekte.

Aus 1.9, Proposition 3, (iii) folgt:

Satz 2. *Sind $\sum_{n=1}^{\infty} a_n$ und $\sum_{n=1}^{\infty} b_n$ konvergente Reihen mit reellen Gliedern, so ist auch $\sum_{n=1}^{\infty} (\lambda a_n + \mu b_n)$ für beliebig gewählte $\lambda, \mu \in \mathbb{R}$ eine konvergente Reihe, und es gilt die Gleichung*

(9)
$$\sum_{n=1}^{\infty} (\lambda a_n + \mu b_n) = \lambda \sum_{n=1}^{\infty} a_n + \mu \sum_{n=1}^{\infty} b_n .$$

Beweis. Sind s_n, t_n die Partialsummen der Reihen $\sum a_j$, $\sum b_j$, so gilt

$$\sum_{j=1}^{n} (\lambda a_j + \mu b_j) = \lambda \sum_{j=1}^{n} a_j + \mu \sum_{j=1}^{n} b_j = \lambda s_n + \mu t_n \;\to\; \lambda s + \mu t ,$$

falls $s_n \to s$ und $t_n \to t$. $\qquad\qquad\qquad\qquad\qquad\qquad\qquad\qquad \square$

Satz 3. *Gilt $0 \leq a_n \leq b_n$ für alle $n \in \mathbb{N}$ und ist $\sum_{n=1}^{\infty} b_n$ konvergent, so ist auch $\sum_{n=1}^{\infty} a_n$ konvergent, und für die Summen der beiden Reihen folgt*

$$(10) \qquad \sum_{n=1}^{\infty} a_n \leq \sum_{n=1}^{\infty} b_n .$$

Beweis. Setze $s_n := \sum_{j=1}^{n} a_j$ und $t_n := \sum_{j=1}^{n} b_j$.
Dann gilt $t_n \nearrow t := \sum_{j=1}^{\infty} b_j < \infty$, und aus $0 \leq a_n \leq b_n$ folgt $s_n \leq t_n \leq t$ für alle $n \in \mathbb{N}$. Nach Satz 1 ist $\{s_n\}$ konvergent gegen $s := \sum_{j=1}^{\infty} a_j$, und zwar gilt $s_n \nearrow s$. Wegen 1.9, Proposition 3, (vi) erhalten wir $s \leq t$. $\qquad \square$

Bemerkung 3. In der Situation von Satz 3 nennt man die Reihe $\sum_{n=1}^{\infty} b_n$ eine *konvergente Majorante*. Da es beim Konvergenzverhalten einer Reihe auf endlich viele Glieder nicht ankommt, genügt es für die Konvergenz von $\sum_{n=1}^{\infty} a_n$ nachzuweisen, daß $0 \leq a_n \leq b_n$ für $n \geq n_0$ gilt und daß $\sum_{n=n_0}^{\infty} b_n$ konvergiert. Freilich folgt dann i.a. nicht mehr (10).

Satz 4. (Cauchys Konvergenzkriterium für Reihen). *Eine Reihe $\sum_{n=1}^{\infty} a_n$ mit reellen Gliedern ist genau dann konvergent, wenn es zu jedem $\epsilon > 0$ ein $N \in \mathbb{N}$ gibt derart, daß*

$$(11) \qquad |a_{n+1} + a_{n+2} + \ldots + a_{n+p}| < \epsilon \text{ für alle } n \geq N \text{ und alle } p \geq 1$$

gilt.

Beweis. Die Reihe $\sum_{n=1}^{\infty} a_n$ ist genau dann konvergent, wenn die Folge ihrer Partialsummen eine Cauchyfolge ist, d.h. wenn es zu jedem $\epsilon > 0$ ein $N \in \mathbb{N}$ gibt, so daß

$$(12) \qquad |s_m - s_n| < \epsilon \quad \text{für alle } n, m > N$$

erfüllt ist. Wir können $m > n$ annehmen und dürfen dann $m = n + p$ mit $p \in \mathbb{N}$ schreiben. Wegen

$$s_m - s_n = s_{n+p} - s_n = a_{n+1} + \ldots + a_{n+p}$$

ist dann (12) gleichwertig mit (11). $\qquad \square$

Aus diesem sowohl notwendigen wie hinreichenden Konvergenzkriterium folgt noch das folgende *notwendige Kriterium*.

Satz 5. *Wenn die Reihe $\sum_{n=1}^{\infty} a_n$ konvergiert, so bilden ihre Glieder eine Nullfolge.*

Beweis. Man wende Satz 4 mit $p = 1$ an.

$\square$

Die Umkehrung ist nicht richtig, wie das nächste Beispiel lehrt.

2 **Die harmonische Reihe** $\sum_{n=1}^{\infty} \frac{1}{n}$ divergiert, obwohl ihre Glieder eine Null-folge bilden. Setzen wir nämlich $s_n := \sum_{\nu=1}^{n} \frac{1}{\nu}$, so folgt für $n > 1$:

$$s_{2n} - s_n = \frac{1}{n+1} + \frac{1}{n+2} + \ldots + \frac{1}{2n} > n \cdot \frac{1}{2n} = \frac{1}{2}.$$

Dagegen reicht bei *alternierenden Reihen* die Bedingung $a_n \to 0$ für die Kon-vergenz aus, falls die a_n monoton fallen.

Definition 2. *Eine Reihe der Form* $a_1 - a_2 + a_3 - a_4 + \ldots$ *mit* $a_n \geq 0$ *heißt* alternierend.

Satz 6. (Leibniz' Konvergenzkriterium). *Ist* $\{a_n\}$ *eine monoton fallende Nullfolge, so konvergiert die alternierende Reihe* $a_1 - a_2 + a_3 - a_4 + \ldots$.

Beweis. Aus $a_n \to 0$ und $a_n \geq a_{n+1}$ folgt zunächst $a_n \geq 0$ für alle $n \in \mathbb{N}$. Setze

$$s_{2k} = (a_1 - a_2) + (a_3 - a_4) + \ldots + (a_{2k-1} - a_{2k}),$$
$$s_{2k+1} = a_1 - (a_2 - a_3) - \ldots - (a_{2k} - a_{2k+1}).$$

Dann gilt

$$s_{2k} \leq s_{2k+2}, \quad s_{2k+1} \leq s_{2k-1}, \quad 0 \leq s_{2k} \leq s_{2k+1} \leq a_1.$$

Die Folgen $\{s_{2k}\}$ und $\{s_{2k+1}\}$ sind also monoton und beschränkt und daher konvergent, und wegen

$$|s_{2k+1} - s_{2k}| = a_{2k+1} \to 0$$

haben sie den gleichen Limes s. Hieraus schließt man ohne Mühe, daß $s_n := a_1 - a_2 + a_3 - \ldots + (-1)^{n-1} a_n \to s$ gilt.

$\square$

3 Die Reihe $1 - \frac{1}{2} + \frac{1}{3} - \frac{1}{4} + \ldots$ ist konvergent. Wie wir später sehen werden, ist ihr Wert $\log 2$; vgl. 3.13, **9**.

4 Die berühmte *Leibnizsche Reihe* $1 - \frac{1}{3} + \frac{1}{5} - \frac{1}{7} + \ldots$ ist konvergent, und zwar gegen $\frac{\pi}{4}$, wie sich später zeigen wird; vgl. 3.13, **10**.

Außerordentlich nützlich ist der Begriff der *absoluten* Konvergenz einer Reihe.

Definition 3. *Eine Reihe $\sum_{n=1}^{\infty} a_n$ mit reellen Gliedern heißt* **absolut konvergent***, wenn die Reihe $\sum_{n=1}^{\infty} |a_n|$ konvergiert.*

Satz 7. *Eine absolut konvergente Reihe $\sum_{n=1}^{\infty} a_n$ mit reellen Gliedern ist konvergent, und es gilt*

$$(13) \qquad \left| \sum_{n=1}^{\infty} a_n \right| \leq \sum_{n=1}^{\infty} |a_n| \,.$$

Beweis. Wegen

$$(14) \qquad |a_{n+1} + a_{n+2} + \ldots + a_{n+p}| \leq |a_{n+1}| + \ldots + |a_{n+p}|$$

folgt dies aus Satz 4. $\qquad\qquad\qquad\qquad\qquad\qquad\qquad\qquad\qquad\qquad\qquad$ □

Bemerkung 4. Die Umkehrung dieses Satzes gilt nicht, wie ⨆2⨆ und ⨆3⨆ zeigen.

Definition 4. *Wir nennen eine Reihe $\sum_{n=0}^{\infty} c_n$ mit $c_n \geq 0$ eine* **Majorante** *einer Reihe $\sum_{n=0}^{\infty} a_n$ mit reellen Gliedern, wenn es einen Index $n_0 \in \mathbb{N}$ gibt, so daß*

$$(15) \qquad |a_n| \leq c_n \qquad \text{für alle } n \geq n_0$$

erfüllt ist.

Satz 8. *Besitzt die Reihe $\sum_{n=0}^{\infty} a_n$ mit den reellen Gliedern a_n eine konvergente Majorante $\sum_{n=0}^{\infty} c_n$, so ist sie absolut konvergent und damit auch konvergent.*

Beweis: folgt aus Satz 3, Bemerkung 1 und Satz 7. $\qquad\qquad\qquad\qquad\qquad\qquad$ □

Satz 9. (Quotientenkriterium). *Sei $\sum_{n=0}^{\infty} a_n$ eine Reihe mit reellen Gliedern $a_n \neq 0$, und es gebe ein q mit $0 < q < 1$ sowie ein $n_0 \in \mathbb{N}$ derart, daß*

$$(16) \qquad \left| \frac{a_{n+1}}{a_n} \right| \leq q \qquad \text{für alle } n \geq n_0$$

gilt. Dann ist die Reihe $\sum_{n=0}^{\infty} a_n$ absolut konvergent.

Beweis. Aus (16) folgt für $n = n_0 + p$ die Abschätzung

$$|a_{n+1}| \leq q|a_n| \leq q^2 |a_{n-1}| \leq \ldots \leq q^{p+1} |a_{n_0}|$$

und damit

$$|a_n| \leq q^n \cdot k \quad \text{mit} \quad k := q^{-n_0} |a_{n_0}| \,.$$

Also besitzt $\sum_{n=0}^{\infty} a_n$ die konvergente Majorante $\sum_{n=0}^{\infty} kq^n$. $\qquad\qquad\qquad$ □

5 Die **Exponentialreihe**

$$(17) \qquad \sum_{n=0}^{\infty} \frac{x^n}{n!} = 1 + x + \frac{x^2}{2} + \ldots + \frac{x^n}{n!} + \ldots$$

ist für alle $x \in \mathbb{R}$ absolut konvergent und damit auch konvergent. Zum Beweis bezeichnen wir mit $a_n := \frac{1}{n!} x^n$ das n-te Glied der Reihe (17). Wegen

$$\frac{a_{n+1}}{a_n} = \frac{x^{n+1}}{(n+1)!} \cdot \frac{n!}{x^n} = \frac{x}{n+1}$$

gilt für $n \geq n_0 := 2\lceil |x| \rceil$ die Abschätzung

$$\left| \frac{a_{n+1}}{a_n} \right| \leq \frac{1}{2} \,,$$

und somit erfüllt die Reihe das Quotientenkriterium, ist also absolut konvergent. Ihre Summe

$$(18) \qquad \exp(x) := \sum_{n=0}^{\infty} \frac{x^n}{n!} = \lim_{n \to \infty} s_n(x)$$

mit der n-ten Partialsumme

$$(19) \qquad s_n(x) := \sum_{\nu=0}^{n} \frac{x^\nu}{\nu!}$$

liefert also eine reellwertige Funktion $x \mapsto \exp(x)$, $x \in \mathbb{R}$, die **Exponential-funktion**, die bereits Newton betrachtet hat.

Wir behaupten nun, daß

$$\exp(1) = \sum_{n=0}^{\infty} \frac{1}{n!}$$

nichts anderes als die Eulersche Zahl e ist, die wir in 1.10, 4 eingeführt haben, d.h. es gilt

$$(20) \qquad \exp(1) = \lim_{n \to \infty} e_n \qquad \text{mit} \quad e_n := \left(1 + \frac{1}{n} \right)^n .$$

Nach dem binomischen Lehrsatz haben wir nämlich für $n > 1$

$$e_n = 1 + n \cdot \frac{1}{n} + \frac{n(n-1)}{2!} \cdot \frac{1}{n^2} + \ldots + \frac{n(n-1)(n-2)\ldots 1}{n!} \cdot \frac{1}{n^n}$$

$$= 1 + 1 + \frac{1}{2!} \left(1 - \frac{1}{n} \right) + \ldots + \frac{1}{n!} \left(1 - \frac{1}{n} \right) \left(1 - \frac{2}{n} \right) \ldots \left(1 - \frac{n-1}{n} \right)$$

$$< s_n(1) \,,$$

und hieraus folgt zunächst

$$e = \lim_{n \to \infty} e_n \le \lim_{n \to \infty} s_n(1) = \exp(1) \, .$$

Andererseits erhalten wir für $k > n$ die Ungleichung

$$e_k > 1 + 1 + \frac{1}{2!}\left(1 - \frac{1}{k}\right) + \ldots + \frac{1}{n!}\left(1 - \frac{1}{k}\right)\left(1 - \frac{2}{k}\right) \ldots \left(1 - \frac{n-1}{k}\right) \, .$$

Fixieren wir n und lassen k gegen Unendlich streben, so ergibt sich $e \ge s_n(1)$ und damit

$$e \ge \lim_{n \to \infty} s_n(1) = \exp(1) \, ,$$

womit (20) bewiesen ist. Es gilt also

$$(21) \qquad\qquad e = \sum_{n=0}^{\infty} \frac{1}{n!} \, .$$

Aus dieser Formel ergeben sich sehr schnell gute Abschätzungen für die Eulersche Zahl e. Um diese zu gewinnen, betrachten wir die Differenz

$$r_{n,k}(x) := s_{n+k}(x) - s_n(x) \quad \text{für } k, n \in \mathbb{N} \, .$$

Wegen

$$r_{n,k}(x)$$
$$= \frac{x^n}{(n+1)!}\left[x + \frac{x^2}{n+2} + \frac{x^3}{(n+2)(n+3)} + \ldots + \frac{x^k}{(n+2)(n+3)\ldots(n+k)}\right]$$

folgt für $x > 0$ und beliebige $n, k \in \mathbb{N}$, daß

$$\frac{x^{n+1}}{(n+1)!} \le r_{n,k}(x) \le \frac{[s_k(x) - 1]}{(n+1)!} x^n$$

ist, und mit $k \to \infty$ ergibt sich

$$(22) \qquad \frac{x^{n+1}}{(n+1)!} \le \exp(x) - s_n(x) \le \frac{[\exp(x) - 1]}{(n+1)!} x^n \quad \text{für } x > 0 \, ,$$

insbesondere also

$$(23) \qquad\qquad \frac{1}{(n+1)!} \le e - s_n(1) \le \frac{e-1}{(n+1)!} \, .$$

Für $n = 1$ liefert dies $2, 5 \le e \le 3$, und für $n = 2$ finden wir bereits $2, 66 < e \le 2, 8$. Die Dezimalbruchentwicklung auf zwanzig Stellen genau lautet

$$e = 2, 71828182845904523536 \ldots$$

Satz 10. (Lambert 1767). *Die Eulersche Zahl ist irrational.*

Beweis. Wäre e rational, so könnten wir e in der Form $e = p/q$ mit $p, q \in \mathbb{N}$ schreiben. Benutzen wir nun (23) mit $n = q$ und multiplizieren das Resultat mit $q!$, so folgte

$$0 < \frac{1}{q+1} \leq p \cdot (q-1)! - q!\, s_q < \frac{2}{q+1} \leq 1 \,,$$

also

$$0 < p \cdot (q-1)! - q!\, s_q < 1 \,.$$

Dies ist aber unmöglich, weil $p \cdot (q-1)! - q!\, s_q$ eine ganze Zahl ist.

$\square$

Wie Hermite 1873 bewiesen hat, ist e sogar *transzendent*, d.h. e genügt keiner algebraischen Gleichung mit ganzen Koeffizienten. Dies werden wir in 3.3, $\boxed{3}$ zeigen.

Bemerkung 5. Eine fundamentale Eigenschaft der Exponentialfunktion ist, daß sie der Differentialgleichung $f' = f$ genügt. Um dies einzusehen, führen wir einen „heuristischen Beweis" und erlauben uns, dabei Schulkenntnisse zu benutzen. Es gilt nämlich für die Ableitung der Funktion $f(x) := x^n$ die Formel

$$\frac{d}{dx}\, x^n \;=\; n\, x^{n-1} \qquad \left(\text{insbesondere } \frac{d}{dx}\, 1 = 0\right),$$

woraus sich wegen $(cf)' = cf'$ für jedes $c \in \mathbb{R}$ die Gleichung

$$\frac{d}{dx}\, \frac{x^n}{n!} \;=\; \frac{x^{n-1}}{(n-1)!}$$

ergibt. Könnten wir zeigen, daß die Operationen „Addition" und „Differentiation" vertauschbar sind, so folgte

$$\frac{d}{dx}\, \left(1 + x + \frac{x^2}{2!} + \frac{x^3}{3!} + \ldots + \frac{x^n}{n!}\right) \;=\; 0 + 1 + x + \frac{x^2}{2!} + \ldots + \frac{x^{n-1}}{(n-1)!} \,,$$

d.h. es gälte

$$s_n'(x) \;=\; s_{n-1}(x) \;=\; s_n(x) - \frac{x^n}{n!} \,.$$

Also erfüllte s_n fast die Differentialgleichung $f' = f$, nämlich bis auf den Fehlerterm $-\frac{1}{n!}\, x^n$, der mit $n \to \infty$ gegen Null strebt. Somit folgte

$$\lim_{n\to\infty} s_n'(x) \;=\; \lim_{n\to\infty} s_n(x) \;=\; \exp(x) \,.$$

Wenn wir nun noch beweisen könnten, daß *hier* die *Operation des Differenzierens* mit der *Grenzwertbildung* vertauschbar ist, d.h. daß

$$\lim_{n\to\infty} s_n' \;=\; \left(\lim_{n\to\infty} s_n\right)'$$

gilt, so ergäbe sich

(24) $$\frac{d}{dx}\, \exp(x) \;=\; \exp(x) \,.$$

Freilich müssen die soeben verwendeten Regeln noch streng bewiesen werden. In Kapitel 3 wird alles Erforderliche entwickelt, was diese Schlüsse auf festen Boden stellt.

Die Exponentialfunktion ist die vielleicht wichtigste mathematische Funktion. Aus ihr lassen sich viele weitere fundamentale Funktionen wie etwa der *Logarithmus* und die *trigonometrischen Funktionen* ableiten, die – historisch gesehen – weit vor der Exponentialfunktion aufgetaucht sind, doch hat Euler die letztere rechtens an den Anfang seiner *Introductio in analysin infinitorum* (1748) gestellt.

Viele Autoren benutzen die sogenannte *Funktionalgleichung der Exponentialfunktion*, nämlich die Gleichung

(25) $$\exp(x+y) \ = \ \exp(x) \cdot \exp(y)$$

als Ausgangspunkt ihrer Untersuchungen, die sie mit Hilfe der für absolut konvergente Reihen gültigen Formel

(26) $$\left(\sum_{n=0}^{\infty} a_n \right) \cdot \left(\sum_{n=0}^{\infty} b_n \right) \ = \ \sum_{n=0}^{\infty} \left(\sum_{\nu=0}^{n} a_\nu b_{n-\nu} \right)$$

beweisen. Aus dieser ergibt sich dann schnell die Gleichung (24). Wir werden neben dieser Idee auch den umgekehrten Gedankengang beschreiben und zunächst (24) beweisen. Hieraus wird wegen der eindeutigen Lösbarkeit des „Anfangswertproblems" für die Differentialgleichung $f' = f$ die Funktionalgleichung (25) gewonnen. Dieser Gedanke ist ein Leitmotiv, das wieder und wieder in der Analysis anklingt: *Differentialgleichungen erzeugen Funktionen, und die Eigenschaften dieser Funktionen liest man aus den erzeugenden Differentialgleichungen ab, ohne daß es nötig wäre, diese Funktionen genau zu kennen.*

Weitere methodische Bemerkungen zur Einführung und Behandlung der Exponentialfunktion findet der Leser in 3.8 im Anschluß an Beispiel ④.

Bemerkung 6. Im Quotientenkriterium darf die Bedingung

$$\left| \frac{a_{n+1}}{a_n} \right| \ \leq \ q < 1 \qquad \text{für alle } n \ \geq \ n_0$$

nicht durch die schwächere Bedingung

$$\left| \frac{a_{n+1}}{a_n} \right| \ < \ 1 \qquad \text{für alle } n \ \geq \ n_0$$

ersetzt werden, wie die harmonische Reihe $\sum_{n=1}^{\infty} \frac{1}{n}$ lehrt. Hier ist zwar

$$\left| \frac{a_{n+1}}{a_n} \right| \ = \ \frac{n}{n+1} \ < \ 1 \qquad \text{für alle } n \in \mathbb{N} \,,$$

doch ist die Reihe divergent.

Andererseits gilt für die Reihe $\sum_{n=1}^{\infty} \frac{1}{n^2}$ die Beziehung

$$\left| \frac{a_{n+1}}{a_n} \right| \ = \ \frac{n^2}{(n+1)^2} \ = \ \left(1 + \frac{1}{n} \right)^{-2} \ \to \ 1 \quad \text{für } n \to \infty \,,$$

und somit erfüllt auch diese Reihe nicht das Quotientenkriterium, obwohl sie konvergiert, wie Beispiel ⑥ zeigen wird. *Folglich ist das Quotientenkriterium nur hinreichend, aber nicht notwendig für die absolute Konvergenz einer Reihe.*

Satz 11. (Cauchys Verdichtungskriterium). *Ist $\{a_n\}$ eine monoton fallende Folge nichtnegativer Zahlen, so konvergiert die Reihe $\sum_{n=0}^{\infty} a_n$ genau dann, wenn die „kondensierte Reihe"*

$$\sum_{n=0}^{\infty} 2^n a_{2^n} \ = \ a_1 + 2a_2 + 4a_4 + 8a_8 + \dots$$

konvergiert.

Beweis. Setze

$$s_n := \sum_{\nu=0}^{n} a_\nu , \quad t_n := \sum_{\nu=0}^{n} 2^\nu a_{2^\nu} .$$

Dann gilt für $n \le 2^k$ die Abschätzung

$$s_n \le a_1 + (a_2 + a_3) + \ldots + (a_{2^k} + \ldots + a_{2^{k+1}-1})$$
$$\le a_1 + 2a_2 + 4a_4 + \ldots + 2^k a_{2^k} = t_k .$$

Nach dem Satz über die monotone Folge ist also die Konvergenz der Folge $\{s_n\}$ gesichert, falls $\{t_k\}$ konvergiert.
Umgekehrt folgt für $n > 2^k$ die Abschätzung

$$s_n \ge a_1 + a_2 + (a_3 + a_4) + \ldots + (a_{2^{k-1}+1} + \ldots + a_{2^k})$$
$$\ge \frac{1}{2} a_1 + a_2 + 2a_4 + \ldots + 2^{k-1} a_{2^k} = \frac{1}{2} t_k .$$

Wenn nun die kondensierte Reihe divergiert, so gilt $t_k \to \infty$ und hieraus ergibt sich $s_n \to \infty$.

$\square$

6 *Die Reihe $\sum_{n=1}^{\infty} \frac{1}{n^\alpha}$ konvergiert für $\alpha > 1$ und divergiert für $\alpha \le 1$.* Die zugehörige kondensierte Reihe ist nämlich

$$\sum_{k=0}^{\infty} 2^k \frac{1}{2^{k\alpha}} = \sum_{k=0}^{\infty} 2^{(1-\alpha)k} = \sum_{k=0}^{\infty} q^k \quad \text{mit} \quad q := 2^{1-\alpha} ,$$

also eine geometrische Reihe, und diese konvergiert genau dann, wenn $q < 1$ ist, d.h. wenn $\alpha > 1$ gilt. (Wir bemerken, daß vorläufig n^α nur für $\alpha \in \mathbb{Q}$ gebildet werden darf. Später zeigen wir, daß n^α für beliebige $\alpha \in \mathbb{R}$ definiert ist.)

Aufgaben.

1. Man zeige, daß $\sum_{n=0}^{\infty} q^n$ für $q \le -1$ divergiert.
2. Ist $\sum_{n=1}^{\infty} a_n$ konvergent oder divergent, wenn a_n die folgenden Werte hat:
   $n! n^{-n}$, $1/\sqrt{n(n+1)}$, $1/\sqrt{n(1+n^2)}$, $n^k c^{-k}$ mit $c > 1$ und $k \in \mathbb{N}$, $(-n)^n (n+1)^{n-1}$, $(-1)^{n-1} n^{-1/2}$, $1/\sqrt[n]{n}$, $n x^{n-1}$ für $|x| < 1$?
3. Gilt $\frac{|a_{n+1}|}{|a_n|} \ge q > 1$ für $n \gg 1$, so ist $\sum_{n=0}^{\infty} a_n$ divergent. Beweis?
4. Ist $\sum_{n=1}^{\infty} a_n$ konvergent und gilt $a_n \ge a_{n+1} > 0$ für alle $n \in \mathbb{N}$, so folgt $n a_n \to 0$. Beweis?
5. Man zeige: Gilt $a_n > 0$ für alle $n \in \mathbb{N}$ und ist $\sum_{n=1}^{\infty} a_n$ divergent, so divergiert auch $\sum_{n=1}^{\infty} \frac{a_n}{1+a_n}$.
6. Warum ist die Reihe $1 + 1/3 + 1/5 + 1/7 + \ldots$ divergent?
7. Für $a > 0$ ist $\sum_{n=1}^{\infty} (\sqrt[n]{a} - 1)$ divergent. Beweis?
8. Für $a > 0$ und $b > a + 1$ ist die Reihe $\sum_{n=0}^{\infty} \frac{a(a+1)(a+2)\ldots(a+n)}{b(b+1)(b+2)\ldots(b+n)}$ konvergent und hat die Summe $a \cdot (b - a - 1)^{-1}$. Beweis?
9. Zu zeigen ist: (i) Mit $\sum_{n=1}^{\infty} a_n^2$ konvergiert auch $\sum_{n=1}^{\infty} a_n/n$. (ii) Wenn $\sum_{n=1}^{\infty} a_n^2$ und $\sum_{n=1}^{\infty} b_n^2$ konvergieren, so auch $\sum_{n=1}^{\infty} a_n b_n$.

10. Man beweise: Eine Reihe $\sum_{n=1}^{\infty} a_n$ positiver Glieder konvergiert, falls $\liminf_{n\to\infty} r_n > 1$ ist, und divergiert für $\limsup_{n\to\infty} r_n < 1$, wobei $r_n := n(1 - a_{n+1}/a_n)$ gesetzt ist.

11. Man schätze den „Fehler" $|s - s_n|$ in Satz 6 ab, d.h. den Abstand der n-ten Partialsumme s_n von der Summe $s = a_1 - a_2 + a_3 - \ldots$.

12. Man beweise das **Wurzelkriterium**: (i) Gibt es ein $q \in (0, 1)$ und ein $n_0 \in \mathbb{N}$, so daß $\sqrt[n]{|a_n|} \leq q$ für $n > n_0$ ist, so ist $\sum_0^{\infty} |a_n|$ absolut konvergent. (ii) Gilt $\sqrt[n]{|a_n|} \geq 1$ für unendlich viele n, so ist $\sum_0^{\infty} a_n$ divergent.

13 Abbildungen von Mengen. Funktionen

Der Grenzwertbegriff für Folgen und Reihen reeller Zahlen spielt eine fundamentale Rolle bei der Behandlung reellwertiger Funktionen einer reellen Variablen. Meistens verlangen aber Probleme der Geometrie, Physik oder aus anderen Anwendungsgebieten der Analysis die Untersuchung vektor- oder operatorwertiger Funktionen einer oder mehrerer Variablen. Hierfür ist es erforderlich, den Grenzwertbegriff auf Folgen und Reihen von Vektoren (und Matrizen) zu übertragen. Zu diesem Zweck wollen wir die grundlegenden Tatsachen über den d-dimensionalen euklidischen Raum $\mathbb{R}^d$, die komplexe Ebene $\mathbb{C}$ und den d-dimensionalen hermiteschen Raum $\mathbb{C}^d$ zusammenstellen und den Grenzwertbegriff für Folgen in diesen Räumen behandeln. Dazu ist es nützlich, daß wir einige Bezeichnungen über Mengen, Operationen mit Mengen und Abbildungen von Mengen fixieren, die immer wieder auftauchen und zum Teil auch schon benutzt worden sind. Zunächst einige Begriffe aus der naiven Mengenlehre (vgl. auch den *Anhang*).

Seien $M, N, \ldots$ irgendwelche Mengen. Dann ist

$$M \cup N := \{x : x \in M \ oder \ x \in N\}$$

die Vereinigung von M und N, und

$$M \cap N := \{x : x \in M \ und \ x \in N\}$$

der *Durchschnitt von M und N*. Zwei Mengen M und N heißen *disjunkt*, wenn ihr Durchschnitt die leere Menge $\emptyset$ ist. Als *disjunkte Vereinigung $M \dot\cup N$* bezeichnen wir die Vereinigung $M \cup N$ zweier *disjunkter Mengen M, N*. Die Menge

$$M \backslash N := \{x : x \in M \ und \ x \notin N\}$$

heißt *Differenz(menge) von M und N*.

Ist M Teilmenge einer fest gewählten Menge X, so heißt

$$M^c := X \backslash M$$

das *Komplement von M in X*.

Es gelten die folgenden Regeln für $M, N \subset X$:

$$(M^c)^c = M \ , \ (M \cup N)^c = M^c \cap N^c \ , \ (M \cap N)^c = M^c \cup N^c \ .$$

Unter einer *Abbildung* $f : M \to N$ *von* M *in* N verstehen wir eine Zuordnung, die jedem $x \in M$ genau ein Element $f(x) \in N$, das *Bild* von x unter f, zuordnet. Man schreibt auch $x \mapsto f(x)$ für die Abbildung f, oder auch $x \mapsto f(x)$, $x \in M$, und etwas salopp spricht man auch von der Abbildung $f(x)$, wenn man eigentlich f und nicht ein einzelnes Bild $f(x)$ meint; so bedeutet etwa $\log x$ die Funktion „Logarithmus", $\sin x$ die „Sinusfunktion", etc. Der merkwürdige Pfeil „$\mapsto$" wird verwendet, damit keine Verwechslung mit dem Zeichen „$\to$" eintritt, das einen „Grenzübergang" anzeigt.

Als Synonym für „*Abbildung*" benutzt man ebenso häufig die Bezeichnung „*Funktion*". Der Unterschied in der Wortwahl hat häufig psychologische Gründe. Man spricht von einer Abbildung, wenn eine Größe x auf eine andere Größe abgebildet wird (wie etwa in der Geometrie: Projektionen, Drehungen, Verschiebungen), während man von einer Funktion redet, wenn man ausdrücken möchte, daß eine Größe y eine Funktion einer anderen Größe x ist und diese Abhängigkeit durch ein Gesetz $y = f(x)$ beschrieben wird (z.B.: die Geschwindigkeit ist eine Funktion der Zeit, der Druck ist eine Funktion der Temperatur).

Sei $f : M \to N$ eine Abbildung. Dann nennt man M den *Definitionsbereich von* f, N den *Zielraum von* f, und $f(M) := \{f(x) : x \in M\}$ heißt *Wertebereich* von f oder *Bild von* M *unter* f.

Eine Abbildung $f : M \to N$ heißt

- **injektiv** (Symbol: $1 - 1$), wenn verschiedene Punkte aus M auf verschiedene Punkte in N abgebildet werden;
- **surjektiv**, wenn $f(M) = N$ ist;
- **bijektiv** oder **invertierbar**, wenn sie sowohl injektiv als auch surjektiv ist.

Eine surjektive Abbildung $f : M \to N$ heißt auch *Abbildung von* M *auf* N („auf" im Unterschied zu „in").

Eine bijektive Abbildung heißt auch *eineindeutige Abbildung, umkehrbar eindeutige Abbildung oder Bijektion.*

Definition 1. *(Gleichheitsbegriff für Abbildungen) Zwei Abbildungen* $f : M \to N$ *und* $g : A \to B$ *heißen* „*gleich*" *(in Zeichen:* $f = g$*), wenn gilt:*

(i) $M = A$,   (ii) $N = B$,   (iii) $f(x) = g(x)$ für alle $x \in M$.

Oft hält man diese strikte Unterscheidung nicht durch, weil die Notation sonst zu kompliziert würde; beispielsweise unterscheidet man vielfach nicht zwischen einer Abbildung $f : M \to N$ und der Abbildung $g : M \to f(M)$, die durch $g(x) := f(x)$ für $x \in M$ definiert ist. Dies hat gute Gründe, wie wir weiter unten bei der Diskussion der Umkehrfunktion sehen werden.

Die *identische Abbildung* $\mathrm{id}_M : M \to M$ ist durch

$$\mathrm{id}_M(x) = x \quad \text{für alle } x \in M$$

definiert.

Ist $M' \subset M$, $M' \neq M$, und sind zwei Abbildungen $f : M \to N$, $g : M' \to N$ mit

$$f(x) = g(x) \quad \text{für jedes } x \in M'$$

gegeben, so heißt g *die Einschränkung von f auf die Menge M'* (in Zeichen: $g = f\big|_{M'}$), und man sagt auch, f sei *eine Fortsetzung von g auf die Menge M*.

Zwei Abbildungen $f : M \to N$ und $g : N \to S$ wird eine neue Abbildung $h : M \to S$ zugeordnet vermöge

$$h(x) := g(f(x)) \quad \text{für } x \in M \ .$$

Man nennt h die *Komposition von g mit f* und schreibt $g \circ f$ für h, also

$$(g \circ f)(x) := g(f(x)) \ .$$

(Manchmal nennt man $g \circ f$ auch *das Produkt von f mit g*. Hier kommt es i.a. auf die Reihenfolge der Faktoren g, f an, und so ist $g \circ f$ zu lesen als „g nach f".) Wenn $f : M \to N$ bijektiv ist, so können wir eine Abbildung $g : N \to M$ definieren, die die beiden Gleichungen

$$g \circ f = \mathrm{id}_M \quad \text{und} \quad f \circ g = \mathrm{id}_N$$

erfüllt, d.h.

$$g(f(x)) = x \quad \text{für } x \in M \quad \text{und} \quad f(g(y)) = y \quad \text{für } y \in N \ .$$

Diese Abbildung ist eindeutig bestimmt; wir erhalten sie offenbar so:

Wenn $f(x) = y$ ist, so wird $g(y)$ durch $x = g(y)$ gegeben.

Man nennt g die *Inverse von f* (oder: *Umkehrabbildung, inverse Abbildung, Umkehrfunktion*) und bezeichnet sie mit f^{-1}.

Achtung: Wenn $f : M \to N$ injektiv ist, so identifiziert man f oft (nicht ganz korrekt) mit der Abbildung $\varphi : M \to N' := f(M)$, $\varphi(x) = f(x)$ für $x \in M$, die offenbar bijektiv ist und somit eine Inverse $\varphi^{-1} : N' \to M$ besitzt, und man nennt φ^{-1} die Inverse f^{-1} von f.

Unter dem *kartesischen Produkt* $M_1 \times M_2 \times \cdots \times M_n$ von n nichtleeren Mengen $M_1, M_2, \ldots, M_n$ versteht man die Menge der geordneten n-Tupel

$$x = (x_1, x_2, \ldots, x_n)$$

von Elementen $x_1 \in M_1$, $x_2 \in M_2$,$\ldots$,$x_n \in M_n$. Ein besonders wichtiges Beispiel ist der *n-dimensionale Raum* $\mathbb{R}^n := \underbrace{\mathbb{R} \times \mathbb{R} \times \ldots \mathbb{R}}_{n-mal}$; seine Elemente $x = (x_1, x_2, \ldots, x_n)$ mit $x_j \in \mathbb{R}$ heißen *Punkte* des $\mathbb{R}^n$ oder *Vektoren* des $\mathbb{R}^n$. Die Zahlen x_j werden *Koordinaten des Punktes* x oder *Komponenten des Vektors* x genannt. Einer jeden Abbildung $f : M \to N$ ordnen wir die Punktmenge

$$\operatorname{graph} f := \{(x, y) : x \in M \ , \ y \in N \text{ und } y = f(x)\}$$

in $M \times N$ zu; sie heißt *der Graph von* f.

Schließlich noch: Für $f : M \to N$ und $y \in N$ wird die Menge

$$f^{-1}(y) := \{x \in M : \ f(x) = y\}$$

das *Urbild* von $y \in N$ genannt. Ist die Abbildung f nicht surjektiv, so kann $f^{-1}(y)$ leer sein. Ist f injektiv (bzw. bijektiv), so besteht $f^{-1}(y)$ aus höchstens (bzw. genau) einem Element.

Definition 2. *Zwei Mengen M und N heißen* **gleichmächtig** *(Symbol: $M \sim N$), wenn es eine Bijektion $f : M \to N$ von M auf N gibt.*

Diese Bezeichnung wurde (um 1870) von Georg Cantor eingeführt, um zwischen verschiedenen Typen von unendlichen Mengen unterscheiden zu können. Die Eigenschaft, gleichmächtig zu sein, definiert unter den Mengen eine *Äquivalenzrelation*. Es gilt nämlich:

(i) $M \sim M$.
(ii) $M \sim N \Rightarrow N \sim M$.
(iii) $M \sim N$, $N \sim S \Rightarrow M \sim S$.

Wir erinnern daran, daß für endliche Mengen M und N mit der Anzahl $\#M$ bzw. $\#N$ gilt:

(1) $M \sim N \ \Leftrightarrow \ \# M = \# N$

mit $\# M \in \mathbb{N}_0$ und: $\# M = 0 \Leftrightarrow M = \emptyset$.

Eine Menge heißt unendlich, wenn sie nicht endlich ist. Ganz offensichtlich kann eine endliche Menge niemals gleichmächtig zu einer unendlichen Menge sein. Ferner folgt aus (1):

Gilt $M \subset N$ und $M \neq N$, so kann nicht $M \sim N$ gelten, wenn M und N endliche Mengen sind. Für unendliche Mengen ist dies durchaus möglich, denn wir haben $\mathbb{N} \sim \mathbb{Q}$, wie in Beispiel $\boxed{4}$ von Abschnitt 1.8 gezeigt wurde.

Definition 3. *Eine unendliche Menge heißt* **abzählbar**, *wenn sie der Menge* $\mathbb{N}$ *gleichmächtig ist, anderenfalls* **nicht abzählbar** *oder* **überabzählbar**.

Satz 1. (Satz von Cantor). *Das Intervall* $[0,1]$ *ist nicht abzählbar.*

Beweis. Angenommen, $I_0 = [0,1]$ wäre abzählbar. Dann gibt es eine Bijektion $n \mapsto x_n$ von $\mathbb{N}$ auf I_0. Nun bestimmen wir eine Intervallschachtelung $\{I_n\}$ mit $I_n \subset I_0$ und $|I_n| = 3^{-n} \to 0$ derart, daß

$$(2) \qquad\qquad x_n \notin I_n \text{ für jedes } n \in \mathbb{N}$$

gilt.

Schritt 1. Wir zerlegen I_0 in drei gleichlange abgeschlossene Intervalle $\mathcal{I}, \mathcal{I}', \mathcal{I}''$. Dann kann x_1 nicht in allen drei Intervallen zugleich enthalten sein. Wähle eines der Intervalle $\mathcal{I}, \mathcal{I}', \mathcal{I}''$, in dem x_1 nicht liegt. Dieses Intervall werde mit I_1 bezeichnet:

$$x_1 \notin I_1 \ , \ |I_1| = 3^{-1} \ .$$

Schritt 2. Nun zerlegen wir I_1 in drei gleichlange abgeschlossene Intervalle. Da x_2 nicht in allen dreien zugleich liegen kann, können wir eines dieser Intervalle auswählen, in dem x_2 nicht liegt, es heiße I_2. Wegen $I_2 \subset I_1$ folgt

$$x_2 \notin I_2 \ , \ I_2 \subset I_1 \ , \ |I_2| = 3^{-2} \ .$$

So können wir fortfahren und erhalten eine Intervallschachtelung $\{I_n\}$ mit $x_n \notin \cap_{j=1}^{\infty} I_j$ für alle $n \in \mathbb{N}$. Andererseits erfaßt $\{I_j\}$ genau einen Punkt aus $[0,1]$, der mit a bezeichnet sei: $\cap_{j=1}^{\infty} I_j = \{a\}$. Dann ist a ein Punkt von $[0,1]$, der nicht in der Folge $\{x_n\}$ vorkommt. Dies liefert einen Widerspruch, weil $n \mapsto x_n$ eine bijektive Abbildung von $\mathbb{N}$ auf $[0,1]$ sein sollte. Also ist $[0,1]$ nicht abzählbar. $\qquad\square$

Betrachten wir einige *Beispiele*:

$\boxed{1}$ Die Abbildung $n \mapsto n+1$ liefert eine Bijektion von $\mathbb{N}_0$ auf $\mathbb{N}$. Folglich gilt $\mathbb{N}_0 \sim \mathbb{N}$, und $\mathbb{N}_0$ ist daher abzählbar.

$\boxed{2}$ Die Abbildung $f : \mathbb{Z} \to \mathbb{N}_0$ mit $f(0) := 0$, $f(n) := 2n - 1$ und $f(-n) := 2n$ für $n \in \mathbb{N}$ ist bijektiv. Also gilt $\mathbb{Z} \sim \mathbb{N}_0 \sim \mathbb{N}$, d.h. $\mathbb{Z}$ ist abzählbar.

$\boxed{3}$ Ähnlich zeigt man: Ist A abzählbar und M höchstens abzählbar (d.h. endlich oder abzählbar), so gilt $A \cup M \sim A \sim \mathbb{N}$, d.h. $A \cup M$ ist abzählbar.

$\boxed{4}$ Ist M eine unendliche Menge und A höchstens abzählbar, so gilt $M \sim M \cup A$. Wir können nämlich aus M eine abzählbare Menge B herausgreifen. Nach $\boxed{3}$ gilt $B \sim B \cup A$, damit $M = (M \backslash B) \cup B \sim (M \backslash B) \cup B \cup A = M \cup A$.

$\boxed{5}$ Nach $\boxed{4}$ gilt $(0,1) \sim [0,1]$.

$\boxed{6}$ Die Abbildung $f : (0,1) \to \mathbb{R}$ mit $f(x) := \frac{x}{1-|x|}$ ist bijektiv. Also gilt $\mathbb{R} \sim$ $(0,1) \sim [0,1]$. Wegen Satz 1 sind also $\mathbb{R}$ und $(0,1)$ nicht abzählbar.

$\boxed{7}$ Ist A eine abzählbare Teilmenge von $\mathbb{R}$, so ist $\mathbb{R}\backslash A$ eine nichtabzählbare unendliche Menge. Anderenfalls wäre nämlich $\mathbb{R}$ wegen $\boxed{4}$ abzählbar.

$\boxed{8}$ Ist $A_1, A_2, A_3, \ldots$ eine Folge nichtleerer, paarweise disjunkter, höchstens abzählbarer Mengen, so ist ihre Vereinigung A abzählbar.

Ist nämlich $a_{i1}, a_{i2}, \ldots$ eine Abzählung der Elemente von A_i und sind die A_j alle unendlich, so zählen wir A folgendermaßen ab:

$$a_{11}; a_{12}, a_{21}; a_{13}, a_{22}, a_{31}; a_{14}, a_{23}, a_{32}, a_{41}; \ldots ; a_{1n}, a_{2,n-1}, \ldots, a_{n1}; \ldots .$$

Falls einige oder alle A_j endlich sind, ist das Verfahren in offensichtlicher Weise zu modifizieren.

$\boxed{9}$ Eine Variante der Schlußweise von $\boxed{8}$ haben wir in 1.8, $\boxed{4}$ benutzt, um zu zeigen, daß $\mathbb{Q}$ abzählbar ist.

$\boxed{10}$ Die Menge $\mathbb{R}\backslash\mathbb{Q}$ der Irrationalzahlen ist *überabzählbar*, d.h. eine nichtabzählbare unendliche Menge, vgl. $\boxed{7}$.

$\boxed{11}$ Eine Zahl $x \in \mathbb{R}$ heißt **algebraisch**, wenn sie Wurzel einer algebraischen Gleichung

$$a_n x^n + a_{n-1} x^{n-1} + a_1 x + a_0 = 0$$

mit $a_0, a_1, \ldots, a_n \in \mathbb{Q}$ ist (wir dürfen offenbar sogar $a_0, a_1, \ldots, a_n \in \mathbb{Z}$ annehmen!). Jede solche Gleichung hat höchstens n Wurzeln. Sei A_n die Menge der Wurzeln von Gleichungen n-ten Grades dieser Art. Nach $\boxed{8}$ und $\boxed{9}$ sind die Mengen A_n höchstens abzählbar. Wegen

$$\mathbb{Q} = A_1 \subset A := A_1 \cup A_2 \cup A_3 \cup \ldots$$
$$= A_1 \cup (A_2\backslash A_1) \cup (A_3\backslash A_1 \cup A_2) \cup \ldots$$

folgt, daß auch die Menge A der algebraischen Zahlen abzählbar ist.

Eine reelle Zahl heißt **transzendent**, wenn sie nicht algebraisch ist. Wegen $\boxed{7}$ folgt dann das berühmte Ergebnis von Cantor:

Die Menge $\mathbb{R}\backslash A$ der transzendenten Zahlen ist überabzählbar, d.h. eine nichtabzählbare unendliche Menge.

Dieses Ergebnis ist umso überraschender, als es nicht leicht ist, überhaupt Zahlen anzugeben, die transzendent sind, und im allgemeinen ist es (fast hoffnungslos) schwierig zu entscheiden, ob eine vorgelegte Irrationalzahl transzendent ist.

Immerhin weiß man, daß die Eulersche Zahl e und die Archimedische Zahl π transzendent sind. Ersteres wurde von Hermite (1873) gefunden, letzteres von Lindemann (1882). Wegen der Transzendenz von π ist das Problem der *Quadratur des Kreises* unlösbar, nämlich den Kreis mittels einer Konstruktion durch Zirkel und Lineal in ein flächengleiches Quadrat umzuwandeln; vgl. z.B. H. Weber und J. Wellstein, *Encyklopädie der Elementar-Mathematik*, Teubner, Leipzig, 1909, Band 1, Abschnitte 19 und 26. Ein berühmtes Ergebnis (Gelfond, Schneider, 1934) ist: Die Zahl α^β ist transzendent, wenn α und β algebraische Zahlen $\neq 0, 1$ sind und β irrational ist. Beispielsweise ist $2^{\sqrt{2}}$ transzendent.

Weiterführende Literatur:
[1] C.L. Siegel. *Transzendente Zahlen.* BI-Taschenbuch Nr. 137 (1967).
[2] Hardy-Wright. *Einführung in die Zahlentheorie.* Oldenbourg, München 1958.
[3] T. Schneider. *Einführung in die transzendenten Zahlen.* Springer, Berlin 1957.

Cantor hat die Menge $[0, 1]$ nach alter Tradition als *das Kontinuum* bezeichnet. Im Jahre 1878 formulierte er die *Kontinuumshypothese*, die Hilbert um 1900 als Problem Nr. 1 unter seine berühmten 23 Probleme aufnahm: *Es gibt keine Mengen, die mächtiger als $\mathbb{N}$, aber weniger mächtig als das Kontinuum sind.* Kurt Gödel zeigte 1938, daß man die Kontinuumshypothese nicht widerlegen kann, und Paul Cohen bewies 1963, daß man die Hypothese auch nicht beweisen kann, vorausgesetzt, daß die der Mengenlehre zugrunde liegenden Axiome widerspruchsfrei sind. Wir verweisen hierzu beispielsweise auf die folgende Literatur:
H.-D. Ebbinghaus. *Einführung in die Mengenlehre.* Wissenschaftliche Buchgesellschaft. Darmstadt 1979.
H.-D. Ebbinghaus, J. Flum, W. Thomas. *Einführung in die mathematische Logik.* Bibliographisches Institut, Wissenschaftlicher Verlag. Mannheim 1992.

Aufgaben.

1. Man beweise die De Morganschen Regeln:
$$(A\backslash B) \cap (A\backslash C) = A\backslash(B \cup C)\,, \ (A\backslash B) \cup (A\backslash C) = A\backslash(B \cap C)\,.$$

2. Sind A und B Teilmengen einer nichtleeren Menge X, so heißt
$$A\triangle B := \{x \in X:\ x \in A \cup B \ \&\ x \notin A \cap B\}$$
die *symmetrische Differenz von A und B*. Man zeige: $A\triangle A = \emptyset$, $\emptyset\triangle A = A$, $A\triangle(B\triangle C) = (A\triangle B)\triangle C$, $A \cap (B\triangle C) = (A \cap B)\triangle(A \cap C)$.

3. Gegeben seien Abbildungen $f: X \to Y$ and $g: Y \to Z$. Man beweise: (i) Ist $g \circ f$ injektiv, so auch f. (ii) Mit $g \circ f$ ist auch g surjektiv.

4. Sei $P(X)$ die Menge aller Teilmengen einer nichtleeren Menge X; $P(X)$ heißt *Potenzmenge* von X. Man zeige, daß die durch $f(M) := M^c (= X\backslash C)$ definierte Abbildung $f: P(X) \to P(X)$ eine Bijektion ist.

5. Man zeige, daß die Mengen $\mathbb{Q}^2 := \mathbb{Q} \times \mathbb{Q}$, $\mathbb{Q}^3 := \mathbb{Q} \times \mathbb{Q} \times \mathbb{Q}$, ... abzählbar sind.

14 Der d-dimensionale euklidische Raum $\mathbb{R}^d$. Skalarprodukt, euklidische Norm, Schwarzsche Ungleichung, Maximumsnorm

Wir betrachten jetzt den in 1.13 eingeführten Raum $\mathbb{R}^d$, dessen Punkte die geordneten d-Tupel $x = (x_1, x_2, \ldots, x_d)$ reeller Zahlen $x_1, \ldots, x_d$ sind. Die Zahl $d \in \mathbb{N}$

wird als *Dimension* des Raumes $\mathbb{R}^d$ bezeichnet. Zwei Punkte $x = (x_1, \ldots, x_d)$ und $y = (y_1, \ldots, y_d)$ heißen *gleich* genau dann, wenn $x_1 = y_1, \ldots, x_d = y_d$ ist. Der Punkt $(0, \ldots, 0)$ heißt *Nullpunkt* oder *Ursprung* von $\mathbb{R}^d$; er wird wiederum mit 0 bezeichnet. Eigentlich müßte man für diese neue Null ein neues Symbol wählen, aber es gibt auf dieser Welt so viele Nullen, daß man es nicht durchhalten könnte, jede Null mit einem eigenen Zeichen zu versehen. (Gewöhnlich benutzt man den Buchstaben n zur Bezeichnung der Raumdimension, spricht also vom n-dimensionalen Raume $\mathbb{R}^n$ mit den Punkten $x = (x_1, \ldots, x_n)$. Da wir aber im nächsten Abschnitt sogleich Folgen $\{x_n\}$ von Punkten x_n des Raumes betrachten und meist n als Folgenindex verwenden wollen, um die Analogie mit 1.9–1.12 evident werden zu lassen, verwenden wir für das erste den Buchstaben d zur Bezeichnung der Raumdimension.)

Im Raum $\mathbb{R}^2$ führt man üblicherweise *Ortsvektoren* ein, die man sich als Pfeile (= „gerichtete Größen") vorstellt, die vom Ursprung 0 zum Punkte (= Ort) x verlaufen. Man „identifiziert" den Punkt x mit seinem Ortsvektor $\overrightarrow{0x}$ und bezeichnet letzteren wiederum mit x.

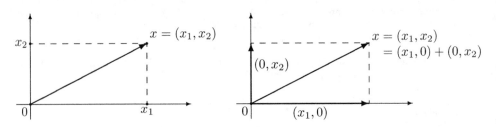

Zwei Vektoren $x = (x_1, x_2)$ und $y = (y_1, y_2)$ kann man addieren nach der Vorschrift $x + y := (x_1 + y_1, \; x_2 + y_2)$, und man kann sie mit reellen Zahlen λ multiplizieren gemäß $\lambda x := (\lambda x_1, \lambda x_2)$. Als *Länge* des Vektors x bezeichnen wir, motiviert vom Satz des Pythagoras, die reelle Zahl $|x| := \sqrt{x_1{}^2 + x_2{}^2}$, und der Abstand $|x - y|$ zweier Punkte $x, y \in \mathbb{R}^2$ wird gemäß Pythagoras gegeben durch

$$|x - y| = \sqrt{(x_1 - y_1)^2 + (x_2 - y_2)^2} \; .$$

Das *Skalarprodukt* $x \cdot y$ zweier Vektoren $x, y \in \mathbb{R}^2$ wird gegeben durch

$$x \cdot y = x_1 y_1 + x_2 y_2 \; .$$

Seine geometrische Deutung ist

$$x \cdot y = |x||y| \cos \varphi \; ,$$

wobei φ den von den Vektoren x, y eingeschlossenen Winkel bezeichnet. Insbesondere gilt $x \cdot y \leq |x||y|$.

Diese Fakten aus der elementaren analytischen Geometrie der Ebene dienen uns als Anregung, den Raum $\mathbb{R}^d$ mit einer *Vektorraumstruktur* auszustatten.

Dazu definieren wir in $\mathbb{R}^d$ eine additive Verknüpfung $x + y$ zwischen Elementen $x, y \in \mathbb{R}^d$ und eine multiplikative Verknüpfung λx zwischen Skalaren $\lambda \in \mathbb{R}$ und Elementen $x \in \mathbb{R}^d$ vermöge der Vorschriften

$$(1) \qquad x + y := (x_1 + y_1, \dots, x_d + y_d) \in \mathbb{R}^d \,,$$

$$(2) \qquad \lambda x := (\lambda x_1, \dots, \lambda x_d) \in \mathbb{R}^d \,.$$

Sobald wir uns $\mathbb{R}^d$ mit dieser Vektorraumstruktur versehen denken, nennen wir die Punkte $x = (x_1, \dots, x_d)$ von $\mathbb{R}^d$ *Vektoren* des *Vektorraumes* $\mathbb{R}^d$, und die Zahlen x_j heißen *Komponenten* von x. Der Vektor $0 = (0, \dots, 0)$ heißt der *Nullvektor* des Raumes $\mathbb{R}^d$; er ist das neutrale Element der Addition. Man nennt $x + y$ die Summe von x und y, und λx schreiben wir zuweilen auch $x\lambda$, wenn dies bequem ist. Der Raum $\mathbb{R}^d$ bildet unter der Addition eine abelsche Gruppe:

$$(x + y) + z = x + (y + z) \,, \; x + y = y + x \,, \; x + 0 = 0 + x = x \,,$$

und das inverse Element $-x$ der Addition ist durch

$$-x = (-x_1, -x_2, \dots, -x_d) = (-1) \cdot x$$

gegeben, denn $x + (-x) = 0$.

Nun wollen wir dem Vektorraum $\mathbb{R}^d$ noch eine *euklidische Struktur* aufprägen. Dies soll folgendes bedeuten: Wir definieren auf $\mathbb{R}^d$ ein *Skalarprodukt* zwischen Vektoren und eine *Längenmessung* von Vektoren, die aus dem Skalarprodukt entspringt. Das **euklidische Skalarprodukt** zweier Vektoren $x, y \in \mathbb{R}^d$, mit $x \cdot y$ oder auch mit $\langle x, y \rangle$ bezeichnet, wird definiert als

$$(3) \qquad x \cdot y = \langle x, y \rangle := \sum_{j=1}^{d} x_j y_j \,.$$

Gelegentlich nennt man $\langle x, y \rangle$ auch das *innere Produkt* von x und y.

Das Paar $(\mathbb{R}^d, \langle \cdot, \cdot \rangle)$ bezeichnet man als den *d-dimensionalen euklidischen Raum*.

Die **euklidische Länge** $|x|$ eines Vektors $x \in \mathbb{R}^d$ wird definiert als

$$(4) \qquad |x| := \langle x, x \rangle^{1/2} = \left(\sum_{j=1}^{d} x_j^2 \right)^{1/2} \,,$$

und

$$(5) \qquad |x - y| = \left(\sum_{j=1}^{d} (x_j - y_j)^2 \right)^{1/2}$$

heißt **euklidischer Abstand** zweier Punkte $x, y \in \mathbb{R}^d$.

Wir vermerken die folgenden Eigenschaften des Skalarproduktes (hierbei seien $x, y, z \in \mathbb{R}^d$ und $\lambda, \mu \in \mathbb{R}$):

(6) $\qquad \langle x, y \rangle = \langle y, x \rangle$ $\qquad\qquad\qquad\qquad\qquad\qquad$ *Symmetrie*

(7) $\qquad \langle \lambda x + \mu y, z \rangle = \lambda \langle x, z \rangle + \mu \langle y, z \rangle$ $\qquad\qquad\quad$ *Bilinearität*

(8) $\qquad \langle x, x \rangle > 0, \quad \langle x, x \rangle = 0 \iff x = 0$ $\qquad\quad$ *Positivität* .

Die Relationen (6) und (8) folgen sofort aus der Definition 1, während sich (7) durch eine kleine Rechnung ergibt:

$$\langle \lambda x + \mu y, z \rangle = \sum_{j=1}^{d} (\lambda x_j + \mu y_j) \cdot z_j = \sum_{j=1}^{d} (\lambda x_j z_j + \mu y_j z_j)$$

$$= \lambda \left(\sum_{j=1}^{d} x_j z_j \right) + \mu \left(\sum_{j=1}^{d} y_j z_j \right) = \lambda \langle x, z \rangle + \mu \langle y, z \rangle .$$

Nun beweisen wir eine grundlegende Eigenschaft des Skalarproduktes, die sogenannte **Schwarzsche Ungleichung**:

(9) $\qquad\qquad\qquad\qquad |\langle x, y \rangle| \leq |x| \cdot |y|$ für $x, y \in \mathbb{R}^d$.

Dazu erinnern wir an Satz 3 von 1.5, wonach

$$at^2 + 2bt + c \geq 0 \text{ für alle } t \in \mathbb{R}$$

und $a, b, c \in \mathbb{R}$ mit $a > 0$ genau dann gilt, wenn

$$b^2 \leq ac$$

ist. Nun gilt wegen (6)-(8) für beliebige $t \in \mathbb{R}$ und $x, y \in \mathbb{R}^d$, daß

$$0 \leq |x + ty|^2 = |x|^2 + 2t \langle x, y \rangle + t^2 |y|^2$$

ist, woraus sich für $y \neq 0$

$$\langle x, y \rangle^2 \leq |x|^2 |y|^2$$

ergibt. Ziehen wir aus beiden Seiten die Wurzel, so folgt (9). Für $y = 0$ gilt sogar Gleichheit: $\langle x, y \rangle^2 = |x|^2 |y|^2$.

Ferner gilt nach 1.5, Satz 3 für $a > 0$ die Ungleichung $b^2 < ac$ genau dann, wenn $at^2 + 2bt + c > 0$ für alle $t \in \mathbb{R}$ ist. Somit erhalten wir $\langle x, y \rangle^2 < |x|^2 |y|^2$ für $y \neq 0$ genau dann, wenn $|x + ty|^2 > 0$ für jedes $t \in \mathbb{R}$ gilt, d.h. genau dann, wenn die Vektoren $x, y \in \mathbb{R}^d$ *linear unabhängig* sind, was bedeutet, daß es keine Zahlen $\lambda, \mu \in \mathbb{R}$ mit $\lambda x + \mu y = 0$ und $\lambda^2 + \mu^2 \neq 0$ gibt. Ist aber $y = 0$, so sind x, y linear abhängig und es gilt $\langle x, y \rangle^2 = 0 = |x|^2 |y|^2$.
Damit ist gezeigt:

Satz 1. *Für beliebige $x, y \in \mathbb{R}^d$ gilt die Schwarzsche Ungleichung (9), wobei die Gleichheit in (9) genau dann eintritt, wenn x und y linear abhängig sind.*

Wir wollen noch einen *weiteren Beweis* angeben. Dazu bilden wir die schiefsymmetrische $d \times d$-Matrix $C = (c_{jk})$ mit den Komponenten

$$c_{jk} := x_j y_k - x_k y_j \;=\; \begin{vmatrix} x_j & x_k \\ y_j & y_k \end{vmatrix} .$$

Dann gilt wegen $c_{jj} = 0$, $c_{jk} = -c_{kj}$, daß

$$0 \le \sum_{\substack{j,k=1 \\ j<k}}^{d} c_{jk}^2 = \frac{1}{2} \sum_{j,k=1}^{d} c_{jk}^2 = \frac{1}{2} \sum_{j,k=1}^{d} (x_j y_k - x_k y_j)^2$$

$$= \frac{1}{2} \sum_{j,k=1}^{d} (x_j^2 y_k^2 + x_k^2 y_j^2 - 2 x_j y_j x_k y_k)$$

$$= \frac{1}{2} |x|^2 |y|^2 + \frac{1}{2} |x|^2 |y|^2 - \langle x, y \rangle \langle x, y \rangle ,$$

d.h.

$$(10) \qquad 0 \le \sum_{j<k} c_{jk}^2 = |x|^2 |y|^2 - \langle x, y \rangle^2 .$$

Hieraus folgt (9), und ferner sieht man, daß in (9) die strikte Ungleichheit genau dann gilt, wenn $\sum_{j<k} c_{jk}^2 > 0$ ist, d.h. wenn nicht alle c_{jk} verschwinden. Dies ist gleichbedeutend mit

$$\operatorname{rang} \begin{pmatrix} x_1 & x_2 & \cdots & x_d \\ y_1 & y_2 & \cdots & y_d \end{pmatrix} = 2 ,$$

weil die c_{jk} die 2×2-Unterdeterminanten dieser Matrix sind und der Rang dieser Matrix genau dann gleich 2 ist, wenn ihre Zeilen linear unabhängig sind.

Für $d = 3$ erhalten wir noch ein interessantes Ergebnis, wenn wir das durch

$$x \wedge y := (c_{23}, c_{31}, c_{12}) , \quad c_{jk} = x_j y_k - x_k y_j$$

definierte *äußere Produkt* zweier Vektoren $x, y \in \mathbb{R}^3$ betrachten, das auch als Vektorprdukt $x \times y$ bezeichnet wird. Dann ist (10) die *Lagrangesche Identität*

$$(11) \qquad |x|^2 |y|^2 = \langle x, y \rangle^2 + |x \wedge y|^2 .$$

Nun betrachten wir Funktionen $\| \cdot \| : \mathbb{R}^d \to \mathbb{R}$, die jedem Vektor $x \in \mathbb{R}^d$ eine mit $\|x\|$ bezeichnete reelle Zahl zuordnen.

Definition 1. *Eine Funktion $\| \cdot \| : \mathbb{R}^d \to \mathbb{R}$ heißt* **Norm** *auf $\mathbb{R}^d$, wenn für beliebige $x, y \in \mathbb{R}^d$ und $\lambda \in \mathbb{R}$ gilt:*

(i) $\|x\| \geq 0$ und $\|x\| = 0 \Leftrightarrow x = 0$,

(ii) $\|\lambda x\| = |\lambda| \, \|x\|$,

(iii) $\|x + y\| \leq \|x\| + \|y\|$.

Wir zeigen jetzt, daß die durch (4) definierte Länge $|x|$ eines Vektors $x \in \mathbb{R}^d$ eine Norm auf $\mathbb{R}^d$ ist; wir nennen sie die **euklidische Norm**.

Satz 2. *Es gilt für beliebige* $x, y \in \mathbb{R}^d$ *und* $\lambda \in \mathbb{R}$:

(i) $|x| \geq 0$, *wobei:* $|x| = 0 \Leftrightarrow x = 0$,

(ii) $|\lambda x| = |\lambda||x|$,

(iii) $|x + y| \leq |x| + |y|$ (**Dreiecksungleichung**).

Beweis. Die ersten beiden Eigenschaften sind klar. Zum Beweis von (iii) verwenden wir die Schwarzsche Ungleichung:

$$|x + y|^2 = \langle x + y \, , \, x + y \rangle = |x|^2 + |y|^2 + 2\langle x, y \rangle$$
$$\leq |x|^2 + |y|^2 + 2|x||y| = (|x| + |y|)^2 \, .$$

$\square$

Wir bemerken noch, daß $\mathbb{R}^1$ mit $\mathbb{R}$ identifiziert werden kann und daß dann die euklidische Norm auf $\mathbb{R}^1$ offenbar mit dem Absolutbetrag auf $\mathbb{R}$ zusammenfällt.

Wie in Satz 2 und Satz 3 von 1.7 ergeben sich aus den Eigenschaften (i)–(iii) der euklidischen Norm die folgenden Eigenschaften der Abstandsfunktion $|x - y|$ zweier Punkte $x, y \in \mathbb{R}^d$:

$$|x - y| \geq 0 \, , \text{ wobei: } |x - y| = 0 \Leftrightarrow x = y \, ,$$
$$|x - y| = |y - x| \, ,$$
$$|x - y| \leq |x - z| + |y - z| \quad \text{für jedes } z \in \mathbb{R}^d \, ,$$
$$\big||x| - |y|\big| \leq |x - y| \, .$$

Man erkennt jetzt auch, warum die dritte Relation als *Dreiecksungleichung* bezeichnet wird. Sie besagt, daß in einem Dreieck mit den Eckpunkten x, y, z die Summe von je zwei Seitenlängen nicht kleiner als die Länge der dritten Seite ist.

Neben der euklidischen Längenmessung von Vektoren führen wir noch eine weitere Längenmessung ein, indem wir die Norm $|x|_*$ für $x \in \mathbb{R}^d$ definieren:

$$|x|_* := \max \{|x_1|, |x_2|, \ldots, |x_d|\}$$

für $x = (x_1, x_2, \ldots, x_d)$. Man prüft leicht nach, daß $|x|_*$ die Eigenschaften (i)–(iii) einer Norm hat. Wir nennen $|x|_*$ die **Maximumsnorm** oder *Würfelnorm* von x. Zwischen den beiden Normen $|x|$ und $|x|_*$ eines Vektors $x = (x_1, \ldots, x_d)$ bestehen die Ungleichungen

$$(12) \qquad |x_j| \le |x|_* \le |x| \le \sqrt{d}\,|x|_* \,, \quad 1 \le j \le d \,,$$

also für die Abstände zweier Punkte $x, y \in \mathbb{R}^d$:

$$(13) \qquad |x_j - y_j| \le |x - y|_* \le |x - y| \le \sqrt{d}\,|x - y|_* \,, \quad 1 \le j \le d \,.$$

Wegen der Abschätzungen $|x|_* \le |x| \le \sqrt{d}\,|x|_*$ nennen wir die beiden Normen $|\cdot|$ und $|\cdot|_*$ *äquivalente Normen* auf $\mathbb{R}^d$.

Nun betrachten wir einige wichtige Teilmengen in $\mathbb{R}^d$. Unter $B_r(a)$ mit $r > 0$, $a \in \mathbb{R}^d$ versteht man die *offene Kugel*

$$B_r(a) := \{x \in \mathbb{R}^d : |x - a| < r\}$$

vom Radius r und Mittelpunkt a ; $K_r(a)$ bezeichnet die *abgeschlossene Kugel*

$$K_r(a) := \{x \in \mathbb{R}^d : |x - a| \le r\}$$

und

$$S_r(a) := \{x \in \mathbb{R}^d : |x - a| = r\}$$

die *Sphäre* vom Radius r und Mittelpunkt a. Aus offensichtlichen Gründen nennt man $S_r(a)$ auch den *Rand* von $B_r(a)$ bzw. $K_r(a)$. Für $d = 1$ reduzieren sich $B_r(a)$ und $K_r(a)$ auf die Intervalle $(a - r\,,\ a + r)$ und $[a - r\,,\ a + r]$, und für $d = 2$ sind „Kugeln" Kreisscheiben. Hingegen ist die d-dimensionale $*$–Kugel

$$W_r(a) := \{x \in \mathbb{R}^d : |x - a|_* \le r\}$$

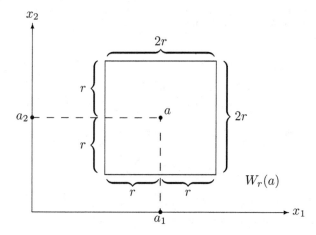

mit $a \in \mathbb{R}^d$, $r > 0$, in der euklidischen Sichtweise ein abgeschlossener d-dimensionaler *Würfel* (mit achsenparallelen Kanten), den wir auch als kartesisches Produkt schreiben können:

$$W_r(a) = I_r(a_1) \times I_r(a_2) \times \cdots \times I_r(a_d) \,,$$

wobei $a = (a_1, \ldots, a_d)$ sei und $I_r(a_j)$ das 1-dimensionale Intervall

$$I_r(a_j) = [a_j - r \,, \, a_j + r] = \{x_j \in \mathbb{R} : |x_j - a_j| \leq r\}$$

bezeichne. Die *Kantenlänge* des Würfels $W_r(a)$ ist $2r$. Für $d = 1$ reduziert sich $W_r(a)$ auf das Intervall $[a - r \,, \, a + r]$, und für $d = 2$ ist $W_r(a)$ das *Quadrat*

$$\begin{aligned}
W_r(a) &= I_r(a_1) \times I_r(a_2) \\
&= \{(x_1, x_2) \in \mathbb{R}^2 : |x_1 - a_1| \leq r \text{ und } |x_2 - a_2| \leq r\} \,.
\end{aligned}$$

Es liegt nahe, den euklidischen Raum $\mathbb{R}^n$ durch einen beliebigen *reellen Vektorraum X* zu ersetzen, wie er in der *Linearen Algebra* betrachtet wird.

Definition 2. *Eine Abbildung* $\| \cdot \| : X \rightarrow \mathbb{R}$ *heißt* Norm *auf X, wenn für beliebige* $\lambda \in \mathbb{R}$ *und* $x \in X$ *die Eigenschaften (i)–(iii) aus Definition 1 erfüllt sind. Das Paar* $(X, \| \cdot \|)$ *wird* normierter (reeller) Raum *genannt.*

Zwei Normen $\| \cdot \|_1$ *und* $\| \cdot \|_2$ *auf dem Vektorraum X heißen* äquivalent, *wenn es Konstanten* c, c' *mit* $0 < c \leq c'$ *gibt, so daß gilt:*

$$c\|x\|_1 \leq \|x\|_2 \leq c'\|x\|_1 \quad \text{für alle} \quad x \in X \,.$$

Vorläufig scheint der Begriff des normierten Raumes nicht weiter interessant zu sein, weil wir außer dem $\mathbb{R}^d$ keine Beispiele kennen. Dies wird sich aber bereits im 2. Kapitel ändern, wo wir zu verschiedenartigen *Funktionenräumen* geführt werden. Eine Norm auf einem solchen Raum definiert einen Abstand $\|f - g\|$ von Funktionen f und g, und wir sagen, g *liegt nahe bei* f (oder: g approximiert f gut), wenn $\|f - g\|$ klein ist. Es wird sich als sehr nützlich erweisen, Funktionenräume auf diese Art zu *geometrisieren*, weil sich damit viele Überlegungen ohne wesentliche Änderungen vom $\mathbb{R}^d$ auf Funktionenräume übertragen lassen.

Aufgaben.

1. Man zeige: Für jede Norm $\| \cdot \| : \mathbb{R}^d \rightarrow \mathbb{R}$ gilt
$$\|x + y + \cdots + z\| \leq \|x\| + \|y\| + \cdots + \|z\| \,, \qquad x, y, \ldots, z \in \mathbb{R}^d \,.$$

2. Für die euklidische Norm $\left| \sum_{j=1}^N a_j \right|$ einer Summe von n Vektoren $a_1, a_2, \ldots, a_N \in \mathbb{R}^d$ gilt
$$\left| \sum_{j=1}^N a_j \right|^2 \leq N \sum_{j=1}^N |a_j|^2 \,.$$

3. Man zeige, daß durch $|x|_1 := \sum_{j=1}^d |x_j|$ für $x = (x_1, \ldots, x_d) \in \mathbb{R}^d$ eine Norm auf $\mathbb{R}^d$ definiert wird.

4. Man skizziere die Mengen der Punkte $x \in \mathbb{R}^2$ mit $|x|_* = 1$ bzw. $|x|_1 = 1$.

15 Konvergente Folgen in $\mathbb{R}^d$

Zunächst wollen wir ein Analogon zu den in Definition 4 von 1.7 eingeführten Intervallschachtelungen betrachten, nämlich *Würfelschachtelungen*.

Definition 1. *Unter einer* **Würfelschachtelung** *in $\mathbb{R}^d$ verstehen wir eine Folge $\{W_n\}$ von abgeschlossenen Würfeln $W_n = \{x \in \mathbb{R}^d : |x - a_n|_* \leq r_n\}$ des $\mathbb{R}^d$ mit den folgenden Eigenschaften:*

(i) $W_1 \supset W_2 \supset W_3 \supset \ldots$;
(ii) Die Kantenlängen $2r_n$ der Würfel W_n streben gegen Null, d.h. $r_n \to 0$.

Satz 1. *Jede Würfelschachtelung $\{W_n\}$ des $\mathbb{R}^d$ erfaßt genau einen Punkt, d.h. es gibt genau einen Punkt $x \in \mathbb{R}^d$ mit $x \in W_n$ für alle $n \in \mathbb{N}$.*

Beweis. Jeder Würfel W_n läßt sich als kartesisches Produkt

$$W_n = I_n^1 \times I_n^2 \times \cdots \times I_n^d$$

abgeschlossener Intervalle $I_n^1, I_n^2, \ldots, I_n^d$ mit

$$|I_n^1| = \cdots = |I_n^d| = 2r_n \to 0$$

schreiben, und $W_{n+1} \subset W_n$ ist äquivalent zu

$$I_{n+1}^j \subset I_n^j \quad \text{für } n \in \mathbb{N} \ , \ 1 \leq j \leq d \ .$$

Damit haben wir d Intervallschachtelungen $\{I_n^j\}$, $1 \leq j \leq d$, und jede erfaßt genau einen Punkt x^j. Folglich erfaßt $\{W_n\}$ den Punkt $x := (x^1, x^2, \ldots, x^d)$, aber auch nur diesen.

$\square$

Notation. Nunmehr wollen wir uns mit Folgen $\{x_n\}$ von Punkten x_n des $\mathbb{R}^d$ befassen, deren Komponenten mit $x_{n1}, x_{n2}, \ldots, x_{nd}$ bezeichnet seien, also

$$x_n = (x_{n1}, x_{n2}, \ldots, x_{nd}) \ .$$

Man beachte also, daß $x_1, x_2, \ldots$ jetzt nicht die Koordinaten eines Punktes x bezeichnen!

Ein Punkt $x_0 \in \mathbb{R}^d$ sei entsprechend gegeben durch

$$x_0 = (x_{01}, x_{02}, \ldots, x_{0d}) \ .$$

Definition 2. *Eine Punktfolge $\{x_n\}$ in $\mathbb{R}^d$ heißt* **beschränkt**, *wenn es eine reelle Zahl $k > 0$ gibt, so daß $|x_n| \leq k$ für alle $n \in \mathbb{N}$ gilt, d.h. wenn man sie in eine Kugel (oder, gleichwertig, in einen Würfel) einsperren kann.*

Definition 3. *Ein Punkt $x_0 \in \mathbb{R}^d$ heißt* **Häufungspunkt** *einer Punktfolge $\{x_n\}$ in $\mathbb{R}^d$, wenn es zu jedem $\epsilon > 0$ unendlich viele Glieder x_n der Folge gibt, die $|x_0 - x_n| < \epsilon$ erfüllen.*

Satz 2. (Satz von Bolzano-Weierstraß). *Jede beschränkte Punktfolge in $\mathbb{R}^d$ besitzt mindestens einen Häufungspunkt.*

Beweis. Der Beweis wird ganz ähnlich wie der von Satz 3 in 1.8 geführt. Ist nämlich $\{x_n\}$ eine beschränkte Punktfolge in $\mathbb{R}^d$, so können wir sie in einen Würfel W einsperren. Durch Halbierung der Kanten zerlegen wir W in 2^d kongruente Teilwürfel, von denen dann mindestens einer unendlich viele Glieder der Folge enthalten muß. Es werde ein solcher Teilwürfel gewählt und mit W_1 bezeichnet. Hernach halbieren wir die Kanten von W_1 und zerlegen so W_1 in 2^d kongruente Teilwürfel, von denen wieder mindestens einer unendlich viele Glieder der Folge enthalten muß, er heiße W_2, etc.

So erhalten wir durch fortgesetzte Halbierung eine Würfelschachtelung $\{W_n\}$ derart, daß in jedem Würfel W_n unendlich viele Folgenglieder x_j liegen. Die Würfelschachtelung $\{W_n\}$ erfaßt genau einen Punkt $x_0 \in \mathbb{R}^d$, und wegen

$$|x_j - x_0| \leq \sqrt{d}\,|x_j - x_0|_*$$

erkennt man, daß x_0 ein Häufungspunkt von $\{x_j\}$ ist.

$\square$

Um diesem Satz eine für Anwendungen handliche Form zu geben, führen wir im $\mathbb{R}^d$ die Begriffe *Teilfolge einer Folge, konvergente Folge* und *Limes einer konvergenten Folge* ein.

Definition 4. *Eine Folge $\{x'_j\}$ heißt* Teilfolge *einer Folge $\{x_n\}$, wenn es eine Folge $\{n_j\}$ natürlicher Zahlen n_j mit $n_1 < n_2 < n_3 < \dots$ gibt derart, daß*

$$x'_j = x_{n_j} \quad \text{für alle } j \in \mathbb{N}$$

gilt.

Definition 5. *Eine Punktfolge $\{x_n\}$ in $\mathbb{R}^d$ heißt* **konvergent**, *wenn es einen Punkt $x_0 \in \mathbb{R}^d$ gibt derart, daß $|x_n - x_0| \to 0$ gilt. Man nennt dann x_0 den* **Limes** *(oder* **Grenzwert***) der Folge x_n und schreibt*

$$x_n \to x_0 \ \text{für } n \to \infty \ , \quad \text{oder} \quad \lim_{n \to \infty} x_n = x_0 \ .$$

Bemerkung 1. *Der Limes einer konvergenten Folge $\{x_n\}$ ist eindeutig bestimmt,* denn aus $x_n \to x_0$ und $x_n \to x'_0$ folgt

$$|x_0 - x'_0| \leq |x_0 - x_n| + |x_n - x'_0| \to 0 \ ,$$

d.h. für ein beliebig gewähltes $\epsilon > 0$ gibt es ein $N(\epsilon) \in \mathbb{N}$, so daß

$$0 \leq |x_0 - x_0'| \leq |x_0 - x_n| + |x_n - x_0'| < \epsilon$$

ist für jedes $n \geq N(\epsilon)$. Hieraus folgt

$$0 \leq |x_0 - x_0'| < \epsilon \quad \text{für jedes } \epsilon > 0 \,,$$

was nur für $x_0 = x_0'$ möglich ist.

Bemerkung 2. Wegen der Ungleichungen

$$|x_{nj} - x_{0j}| \leq |x_n - x_0| \leq \sqrt{d}|x_n - x_0|_* \quad \text{für } j = 1, 2, \ldots, d$$

folgt:

$$x_n \to x_0 \;\Leftrightarrow\; |x_n - x_0| \to 0 \;\Leftrightarrow\; |x_n - x_0|_* \to 0$$
$$\Leftrightarrow |x_{n_j} - x_{0_j}| \to 0 \quad \text{für } n \to \infty \,, \; 1 \leq j \leq d \,.$$

Bemerkung 3. Die folgenden **Rechenregeln** sind ziemlich offensichtlich und werden ähnlich wie in 1.9 bewiesen:

Aus $x_n \to x_0$ und $y_n \to y_0$ folgt:

(i) $\lambda x_n + \mu y_n \to \lambda x_0 + \mu y_0 \quad$ für $\lambda, \mu \in \mathbb{R}$;

(ii) $\langle x_n, y_n \rangle \to \langle x_0, y_0 \rangle \,, \; |x_n| \to |x_0|$;

(iii) $\lambda_n x_n \to \lambda x_0$, *falls $\lambda_n, \lambda \in \mathbb{R}$ und $\lambda_n \to \lambda$.*

Beweis. (i) folgt aus

$$|(\lambda x_n + \mu y_n) - (\lambda x_0 + \mu y_0)| \leq |\lambda||x_n - x_0| + |\mu||y_n - y_0| \;;$$

(ii) folgt aus

$$|\langle x_n, y_n \rangle - \langle x_0, y_0 \rangle| \leq |\langle x_n - x_0, y_n \rangle| + |\langle x_0, y_n - y_0 \rangle|$$
$$\leq |x_n - x_0||y_n| + |x_0||y_n - y_0| \,, \quad |y_n| \leq |y_0| + |y_n - y_0| \,,$$

und

$$\bigl||x_n| - |x_0|\bigr| \leq |x_n - x_0| \;;$$

(iii) folgt aus

$$|x_n| \leq |x_0| + |x_n - x_0|$$

und

$$|\lambda_n x_n - \lambda x_0| \leq |\lambda_n - \lambda||x_n| + |\lambda||x_n - x_0| \,.$$

$\square$

Nun kommen wir zur oben angekündigten Umformulierung des Satzes von Bolzano und Weierstraß, die den Satz 3 aus 1.8 auf den mehrdimensionalen Raum
verallgemeinert und im übrigen auch durch einen d-fachen Auswahlprozeß aus
diesem früheren Resultat gewonnen werden kann.

Korollar 1. *Aus jeder beschränkten Punktfolge $\{x_n\}$ des $\mathbb{R}^d$ kann man eine
konvergente Teilfolge auswählen.*

Beweis. Da $\{x_n\}$ beschränkt ist, besitzt die Folge einen Häufungspunkt $x_0 \in \mathbb{R}^d$.
Nun betrachten wir die „abgeschlossenen" ϵ-Umgebungen W_j von x_0 mit $\epsilon = 1/j$,
$j \in \mathbb{N}$, bezüglich der Maximumsnorm, also

$$W_j = \{x \in \mathbb{R}^d : |x - x_0|_* \leq 1/j\} \, , \, j \in \mathbb{N} \, .$$

Wir wählen ein Glied der Folge, etwa x_{n_1}, das in W_1 liegt. In W_2 müssen immer
noch unendlich viele Folgenglieder x_n mit $n > n_1$ liegen; wir wählen ein solches
und bezeichnen es mit x_{n_2}. Nunmehr betrachten wir W_3, wo immer noch unendlich viele x_n mit $n > n_2 > n_1$ liegen müssen; also gibt es ein $n_3 \in \mathbb{N}$ mit
$n_3 > n_2 > n_1$, so daß $x_{n_3} \in W_3$, etc.
Induktiv definieren wir also auf diese Weise eine Teilfolge $\{x_j'\}$ mit $x_j' := x_{n_j} \in$
W_j, d.h.

$$|x_j' - x_0|_* \leq 1/j \to 0 \quad \text{mit } j \to \infty$$

und folglich $x_0 = \lim_{j \to \infty} x_j'$.

$\square$

Definition 5 verlangt die Angabe eines Limes, wenn man die Konvergenz einer
Folge feststellen will. Somit ergibt sich wie in $\mathbb{R}$ die Frage: *Kann man feststellen,
ob eine Punktfolge $\{x_n\}$ in $\mathbb{R}^d$ konvergent ist, ohne den Limes x_0 zu kennen?* Um
diese Frage zu beantworten, führen wir wiederum den Begriff der *Cauchyfolge*
ein.

Definition 6. *Eine Punktfolge $\{x_n\}$ in $\mathbb{R}^d$ heißt* **Cauchyfolge***, wenn es zu
jedem $\epsilon > 0$ ein $N(\epsilon) \in \mathbb{N}$ gibt, so daß*

$$|x_n - x_m| < \epsilon \quad \text{für alle } n, m > N(\epsilon)$$

gilt.

Satz 3. (Cauchys Konvergenzkriterium). *Eine Punktfolge $\{x_n\}$ in $\mathbb{R}^d$ ist
genau dann konvergent, wenn sie eine Cauchyfolge ist.*

Beweis. (i) Die Bedingung ist notwendig für die Konvergenz $x_n \to x_0$, wie man
aus

$$|x_n - x_m| \leq |x_n - x_0| + |x_m - x_0|$$

ersieht.

(ii) Die Bedingung ist auch hinreichend für Konvergenz, denn ist $\{x_n\}$ eine Cauchyfolge, so folgt zunächst, daß $\{x_n\}$ beschränkt ist, denn mit $m := N(1)+1$ ist

$$|x_n| \leq |x_m| + |x_n - x_m| \leq |x_m| + 1 \quad \text{für} \quad n > N(1)$$

und daher $|x_n| \leq k$ für alle $n \in \mathbb{N}$, wenn wir

$$k := \max\{|x_1|, |x_2|, \ldots, |x_m|\} + 1$$

setzen.

Nach Satz 2 gibt es also eine gegen ein Element $x_0 \in \mathbb{R}^d$ konvergente Teilfolge $\{x_j'\}$ von $\{x_n\}$ mit $x_j' = x_{n_j}$:

$$(1) \qquad\qquad x_{n_j} \to x_0 \quad \text{für} \quad j \to \infty \,.$$

Da es sich bei $\{x_n\}$ um eine Cauchyfolge handelt, gibt es zu beliebig vorgegebenem $\epsilon > 0$ ein $N(\epsilon/2) \in \mathbb{N}$, so daß

$$|x_n - x_m| < \epsilon/2 \quad \text{für} \quad n, m > N$$

ist. Für $m = n_j$ folgt dann

$$|x_n - x_0| < |x_n - x_{n_j}| + |x_{n_j} - x_0|$$
$$< \epsilon/2 \ + \ |x_{n_j} - x_0| \quad \text{für} \quad n, n_j > N \,,$$

und wegen (1) ergibt sich

$$|x_n - x_0| \leq \epsilon/2 < \epsilon \quad \text{für} \quad n > N \,.$$

$\square$

Bemerkung 4. Im Raume $\mathbb{R}^d$ mit der Norm $|\cdot|$ ist also jede Cauchyfolge konvergent. Wir sagen hierfür, der euklidische Raum $(\mathbb{R}^d \,,\ |\cdot|)$ ist **vollständig**.

Ganz entsprechend zu Definition 4 heißt eine Folge $\{x_n\}$ von Elementen x_n eines normierten Raumes $(X, \|\cdot\|)$ *konvergent*, wenn es ein $x_0 \in X$ mit $\|x_n - x_0\| \to 0$ gibt. Man nennt x_0 den *Limes* von $\{x_n\}$. Weiter heißt $\{x_n\}$ *Cauchyfolge*, wenn es zu jedem $\epsilon > 0$ ein $N(\epsilon) \in \mathbb{N}$ gibt mit $\|x_n - x_m\| < \epsilon$ für $n, m > N(\epsilon)$. $(X, \|\cdot\|)$ heißt *vollständig* oder *Banachraum*, wenn jede Cauchyfolge konvergent ist.

Abschließend wollen wir, Abschnitt 1.12 verallgemeinernd, den Begriff der *(unendlichen) Reihe* $\sum_{n=1}^{\infty} a_n$ *in* $\mathbb{R}^d$ einführen.
Wir denken uns jetzt also eine Folge $\{a_n\}$ von Vektoren des $\mathbb{R}^d$ gegeben und fassen das Symbol $\sum_{n=1}^{\infty} a_n$ wieder in zweierlei Weise auf. Zum einen steht es für die Folge der Partialsummen

$$(2) \qquad\qquad s_n := \sum_{j=1}^{n} a_j \ = \ a_1 + a_2 + \ldots + a_n$$

mit $s_n \in \mathbb{R}^d$, und zum anderen für den Grenzwert $\lim_{n \to \infty} s_n$ in $\mathbb{R}^d$, sofern dieser existiert. Wie in 1.12 legen wir folgendes fest:

Definition 7. *Eine Reihe $\sum_{n=1}^{\infty} a_n$ mit $a_n \in \mathbb{R}^d$ heißt* **konvergent**, *wenn die Folge $\{s_n\}$ der Partialsummen (2) konvergiert. Der Grenzwert $\lim_{n\to\infty} s_n$ heißt* **Summe** *der Reihe und wird ebenfalls mit dem Symbol $\sum_{n=1}^{\infty} a_n$ bezeichnet, also*

$$(3) \qquad\qquad \sum_{n=1}^{\infty} a_n := \lim_{n\to\infty} s_n \ .$$

Eine nicht konvergente Reihe heißt **divergent.**

Cauchys Konvergenzkriterium lautet jetzt:

Satz 4. *Eine Reihe $\sum_{n=1}^{\infty} a_n$ in $\mathbb{R}^d$ ist genau dann konvergent, wenn es zu jedem $\epsilon > 0$ ein $N \in \mathbb{N}$ gibt, so daß*

$$(4) \qquad |a_{n+1} + a_{n+2} + \ldots + a_{n+p}| \ < \ \epsilon \quad \text{für alle } n > N \text{ und alle } p \geq 1$$

gilt.

Der Beweis verläuft wie bei Satz 4 in 1.12.

Mit $p = 1$ ergibt sich aus (4) unmittelbar

Korollar 2. *Ist eine Reihe $\sum_{n=1}^{\infty} a_n$ konvergent, so folgt $|a_n| \to 0$.*

Bemerkung 5. Aus den Rechenregeln (i) und (iii) von Bemerkung 3, angewandt auf die Folgen von Partialsummen, erhalten wir die folgende *Rechenregel:*

Für beliebige $\lambda, \mu \in \mathbb{R}$ gilt

$$(5) \qquad\qquad \sum_{n=1}^{\infty} (\lambda a_n + \mu b_n) \ = \ \lambda \sum_{n=1}^{\infty} a_n \ + \ \mu \sum_{n=1}^{\infty} b_n \ .$$

Sie ist freilich mit gehöriger Vorsicht zu genießen und muß so interpretiert werden:

Wenn die Reihen $\sum_{1}^{\infty} a_n$ und $\sum_{1}^{\infty} b_n$ konvergieren, so konvergiert auch die Reihe $\sum_{1}^{\infty} (\lambda a_n + \mu b_n)$ bei beliebiger Wahl von $\lambda, \mu \in \mathbb{R}$, und ihre Summe ist durch die Formel (5) gegeben.

Man darf also die Gleichung (5) nur von rechts nach links, nicht aber in der umgekehrten Richtung lesen.

Definition 8. *Eine Reihe $\sum_{n=1}^{\infty} a_n$ in $\mathbb{R}^d$ heißt* **absolut konvergent**, *wenn die reelle Reihe $\sum_{n=1}^{\infty} |a_n|$ konvergiert.*

Wegen der Dreiecksungleichung

$$\left| \sum_{\nu=n+1}^{n+p} a_\nu \right| \leq \sum_{\nu=n+1}^{n+p} |a_\nu|$$

ergibt sich mittels Satz 4 sofort

Satz 5. *Eine absolut konvergente Reihe $\sum_1^\infty a_n$ in $\mathbb{R}^d$ ist konvergent, und die Norm ihrer Summe läßt sich durch*

$$\left| \sum_{n=1}^\infty a_n \right| \leq \sum_{n=1}^\infty |a_n|$$

abschätzen.

Definition 9. *Sei $\sum_1^\infty a_n$ eine Reihe in $\mathbb{R}^d$. Wir bezeichnen eine Reihe $\sum_1^\infty c_n$ mit reellen Gliedern $c_n \geq 0$ als **Majorante** von $\sum_1^\infty a_n$, wenn es einen Index $n_0 \in \mathbb{N}$ gibt, so daß*

$$|a_n| \leq c_n \qquad \text{für alle } n \geq n_0$$

erfüllt ist.

Satz 6. *Eine Reihe $\sum_{n=1}^\infty a_n$ ist absolut konvergent, falls sie eine konvergente Majorante besitzt.*

Beweis. Sei $\sum_1^\infty c_n$ mit $c_n \geq 0$ eine konvergente Majorante von $\sum_1^\infty a_n$, d.h. es gelte $\sum_1^\infty c_n < \infty$ und

$$|a_n| \leq c_n \quad \text{für} \quad n \geq n_0$$

und ein geeignetes $n_0 \in \mathbb{N}$.

Nun geben wir ein beliebiges $\epsilon > 0$ vor. Da $\sum_1^\infty c_n$ konvergiert, gibt es nach dem Cauchyschen Konvergenzkriterium einen Index n_1, so daß

$$c_{n+1} + \ldots + c_{n+p} < \epsilon \quad \text{für alle } n > n_1 \quad \text{und alle } p \in \mathbb{N}$$

ist. Setzen wir $N := \max\{n_0, n_1\}$, so folgt

$$|a_{n+1}| + \ldots + |a_{n+p}| \leq c_{n+1} + \ldots + c_{n+p} < \epsilon$$

für alle $n \in \mathbb{N}$ mit $n > N$. Also erfüllt die Reihe $\sum_1^\infty a_n$ das Cauchysche Konvergenzkriterium und ist somit konvergent in $\mathbb{R}^d$.

$\square$

16 Offene, abgeschlossene und kompakte Mengen in $\mathbb{R}^d$

In den folgenden Sektionen wollen wir den Konvergenzbegriff für Folgen und Reihen reeller Zahlen sowie die einschlägigen Resultate auf Folgen und Reihen im euklidischen Raum $\mathbb{R}^d$, in der komplexen Zahlenebene $\mathbb{C}$, im hermiteschen Raum und in den Matrixräumen $M(d, \mathbb{R})$ und $M(d, \mathbb{C})$ übertragen. Dies ist weitgehend möglich, wenn wir von Abschnitt 1.10 absehen. Es hat sich als nützlich erwiesen, für diesen Zweck einige grundlegende topologische Begriffe für Mengen im $\mathbb{R}^d$ einzuführen. Sie gehen auf Weierstraß, Cantor, Fréchet und vor allem Hausdorff zurück, dessen Lehrbuch über Mengenlehre (1914) richtungsweisend war. Diese Begriffe sind im Laufe der Zeit noch modifiziert und der Entwicklung angepaßt worden; bei Bourbaki findet man die heute übliche Terminologie. Wir werden später die sogenannte mengentheoretische Topologie metrischer Räume noch ausführlicher behandeln. Hier beschränken wir uns auf eine erste Einführung, die für den Aufbau der Infinitesimalrechnung mit Funktionen einer oder mehrerer Variabler ausreicht.

Wir erinnern zuerst an die Definition der Kugeln $B_r(x_0)$ in $\mathbb{R}^d$ mit dem Radius $r > 0$ und Mittelpunkt $x_0 \in \mathbb{R}^d$:

$$B_r(x_0) := \left\{ x \in \mathbb{R}^d : |x - x_0| < r \right\} .$$

Definition 1. *(Hausdorff 1914). Eine Teilmenge Ω von $\mathbb{R}^d$ heißt **offen**, wenn es zu jedem $x_0 \in \Omega$ eine Kugel $B_r(x_0) \subset \Omega$ gibt.*

Beispielsweise ist jede Kugel $B_r(x_0)$ und jedes Intervall (a, b) offen in $\mathbb{R}^d$ bzw. $\mathbb{R}^1$, wie man sehr leicht mit der Dreiecksungleichung zeigt. Ist nämlich x irgendein Punkt aus $B_r(x_0)$, so ist $\rho := r - |x - x_0| > 0$. Daher gilt für jeden Punkt $z \in B_\rho(x)$ die Abschätzung

$$|z - x_0| \leq |z - x| + |x - x_0| < \rho + |x - x_0| = r ,$$

d.h. $B_\rho(x) \subset B_r(x_0)$. Folglich ist $B_r(x_0)$ offen.

Definition 2. *(Cantor 1884). Eine Teilmenge A von $\mathbb{R}^d$ heißt **abgeschlossen**, wenn für jede Folge $\{x_n\}$ mit $x_n \to x_0$ und $x_n \in A$ gilt, daß $x_0 \in A$ ist.*

Beispielsweise sind die abgeschlossenen Kugeln $K_r(x_0) = \{x \in \mathbb{R}^d : |x - x_0| \leq r\}$ in $\mathbb{R}^d$ und die abgeschlossenen Intervalle $[a, b]$ in $\mathbb{R}$ wirklich abgeschlossen.

Ist nämlich $\{x_n\}$ eine Folge von Punkten $x_n \in K_r(x_0)$ mit $x_n \to x_*$, so gilt $|x_n - x_*| \to 0$ und $|x_n - x_0| \leq r$. Hieraus folgt

$$|x_* - x_0| \leq |x_* - x_n| + |x_n - x_0| \leq |x_* - x_n| + r \to r ,$$

also $|x_* - x_0| \leq r$ und somit $x_* \in K_r(x_0)$. Daher ist $K_r(x_0)$ abgeschlossen.

Wir erinnern daran, daß für $M \subset \mathbb{R}^d$ die *Komplementärmenge* M^c durch

$$M^c := \mathbb{R}^d \setminus M = \{x \in \mathbb{R}^d : x \notin M\}$$

definiert ist.

Lemma 1. *Ist Ω offen, so ist Ω^c abgeschlossen.*

Beweis. Anderenfalls gäbe es eine Folge $\{x_n\}$ von $x_n \in \Omega^c$ mit $x_n \in \Omega^c$, so daß $x_n \to x_0$ und $x_0 \notin \Omega^c$, d.h. $x_0 \in \Omega$. Dann existiert eine Kugel $B_\epsilon(x_0) \subset \Omega$, $\epsilon > 0$, und wegen $x_n \to x_0$ gibt es ein $N \in \mathbb{N}$, so daß

$$x_n \in B_\epsilon(x_0) \text{ für alle } n > N .$$

Dies ist ein Widerspruch zu $x_n \in \Omega^c$ für alle $n \in \mathbb{N}$.

$\square$

Lemma 2. *Ist A abgeschlossen, so ist A^c offen.*

Beweis. Wäre A^c nicht offen, so gäbe es ein $x_0 \in A^c$, so daß für jedes $\epsilon > 0$ die Kugel $B_\epsilon(x_0)$ nicht in A^c enthalten wäre. Also könnte man zu jedem $\epsilon = 1/n$ einen Punkt $x_n \in B_{1/n}(x_0) \cap A$ finden, d.h. $x_n \in A$ und $|x_n - x_0| < 1/n \to 0$, also $x_n \to x_0$ und folglich $x_0 \in A$, da A abgeschlossen ist. Dies ist ein Widerspruch zu $x_0 \in A^c$.

$\square$

Wegen $M = (M^c)^c$ ergibt sich aus Lemma 1 und Lemma 2:

Satz 1. *Eine Menge M des $\mathbb{R}^d$ ist genau dann abgeschlossen, wenn M^c offen ist. Weiter ist M genau dann offen, wenn M^c abgeschlossen ist.*

Satz 2. *(i) Mit $\Omega_1, \ldots, \Omega_n$ ist auch $\bigcap_{j=1}^n \Omega_j$ offen.*

(ii) Mit $A_1, \ldots, A_n$ ist auch $\bigcup_{j=1}^n A_j$ abgeschlossen.

(iii) Für eine Familie $\{\Omega_j\}_{j \in \mathcal{J}}$ offener Mengen ist $\bigcup_{j \in \mathcal{J}} \Omega_j$ offen.

(iv) Für eine Familie $\{A_j\}_{j \in \mathcal{J}}$ abgeschlossener Mengen ist $\bigcap_{j \in \mathcal{J}} A_j$ abgeschlossen.

Beweis. Der Beweis sei dem Leser überlassen. Wir bemerken nur, daß (i) und (iii) nahezu trivial sind, während (ii) aus (i) und (iv) aus (iii) folgt vermöge

$$\left(\bigcup_{j \in \mathcal{J}} A_j \right)^c = \bigcap_{j \in \mathcal{J}} A_j^c \quad \text{bzw.} \quad \left(\bigcap_{j \in \mathcal{J}} A_j \right)^c = \bigcup_{j \in \mathcal{J}} A_j^c ,$$

wenn wir noch Satz 1 und $(M^c)^c = M$ berücksichtigen.

$\square$

Bemerkung 1. $\mathbb{R}^d$ und $\emptyset$ sind sowohl offen als auch abgeschlossen. Weiterhin gibt es Mengen, die weder offen noch abgeschlossen sind, beispielsweise die halboffenen Intervalle in $\mathbb{R}$.

Definition 3. *Sei $M \subset \mathbb{R}^d$. Dann heißt ein Punkt $x_0 \in \mathbb{R}^d$*

- **innerer Punkt** *von M, wenn es eine Kugel $B_r(x_0), r > 0$, mit $B_r(x_0) \subset M$ gibt;*

- **Randpunkt** *von M, wenn in jeder ϵ-Umgebung $B_\epsilon(x_0)$ sowohl ein Punkt von M als auch ein Punkt von M^c liegt;*
- **Häufungspunkt** *von M, wenn in jeder ϵ-Umgebung von x_0 mindestens ein von x_0 verschiedener Punkt von M und damit unendlich viele Punkte von M liegen;*
- **isolierter Punkt** *von M, wenn x in M liegt und kein Häufungspunkt von M ist.*

Die Menge der inneren Punkte von M heißt das **Innere** *von M; sie wird mit* int M *oder* $\overset{o}{M}$ *bezeichnet.*

Die Menge der Randpunkte von M heißt **Rand** *von M; sie wird mit ∂M bezeichnet.*

Die Menge $\overline{M} := M \cup \partial M$ heißt **Abschluß** *von M.*

Die Menge M heißt **beschränkt,** *wenn sie in einer Kugel $K_R(0)$ enthalten ist.*

Unter dem **Durchmesser** *(Diameter) einer beschränkten, nichtleeren Menge M versteht man die Zahl*

$$\operatorname{diam} M := \sup \left\{ |x - y| : \ x,y \in M \right\} .$$

Im nächsten Satz halten wir einige mehr oder weniger evidente Eigenschaften von $M, M^c, \partial M, \overline{M}$ und $\overset{o}{M}$ fest.

Satz 3. *Für eine beliebig gewählte Menge M des $\mathbb{R}^d$ gilt:*

(i) M ist genau dann offen, wenn $M = \operatorname{int} M$ ist.
(ii) $\partial M = \partial M^c$.
(iii) M ist abgeschlossen $\Leftrightarrow \partial M \subset M \Leftrightarrow M = \overline{M}$.
(iv) $\partial M = \overline{M} \setminus \operatorname{int} M$.
(v) $x_0 \in \mathbb{R}^d$ ist genau dann Häufungspunkt von M, wenn es eine Folge $\{x_n\}$ von Punkten $x_n \in M \setminus \{x_0\}$ mit $x_n \to x_0$ gibt.

Beweis. (i), (ii), (iv) und (v) sind evident.
(iii) Sei M abgeschlossen und $x_0 \in \partial M$. Nach Definition 3 gibt es eine Folge von Elementen $x_n \in M$ mit $x_n \to x_0$; dann ist $x_0 \in M$ und somit $\partial M \subset M$. Ist umgekehrt $\partial M \subset M$, so betrachten wir eine Folge von Elementen $x_n \in M$ mit $x_n \to x_0$. Ist $x_0 \in \operatorname{int} M$, so ist $x_0 \in M$. Wenn $x_0 \notin \operatorname{int} M$ ist, so gilt offensichtlich $x_0 \in \partial M$, also $x_0 \in M$. Daher ist M abgeschlossen.
Schließlich bemerken wir, daß

$$\partial M \subset M \ \Leftrightarrow \ M = \overline{M} .$$

$\square$

Bemerkung 2. Man überzeugt sich leicht, daß das Innere der abgeschlossenen Kugel

$$K_r(x_0) = \{x \in \mathbb{R}^d : |x - x_0| \leq r\}, \quad r > 0,$$

die offene Kugel

$$B_r(x_0) := \{x \in \mathbb{R}^d : |x - x_0| < r\}$$

ist und daß beide Mengen als Rand die *Sphäre*

$$S_r(x_0) := \{x \in \mathbb{R}^d : |x - x_0| = r\}$$

haben (Übungsaufgabe). Mit S^{d-1} bezeichnet man die *Einheitssphäre*

$$S^{d-1} := \{x \in \mathbb{R}^d : |x| = 1\}$$

in $\mathbb{R}^d$.

Definition 4. *(Fréchet 1906). Eine Teilmenge K von $\mathbb{R}^d$ heißt* **kompakt***, wenn man aus jeder Folge $\{x_n\}$ von Punkten $x_n \in K$ eine Teilfolge auswählen kann, die gegen ein Element aus K konvergiert.*

Satz 4. *Eine Teilmenge K von $\mathbb{R}^d$ ist genau dann kompakt, wenn sie abgeschlossen und beschränkt ist.*

Beweis. Sei $\{x_n\}$ eine Folge von Elementen einer abgeschlossenen und beschränkten Menge K. Dann ist die Folge $\{x_n\}$ beschränkt, und nach dem Satz von Bolzano-Weierstraß kann man aus $\{x_n\}$ eine konvergente Teilfolge $\{x'_j\}$ auswählen, also $x'_j \to x_0$. Da K abgeschlossen ist, gilt $x_0 \in K$. Also ist K kompakt.

Ist K kompakt, so ist die Menge K offensichtlich abgeschlossen. Sie ist auch beschränkt, denn sonst könnte man eine Folge $\{x_n\}$ von Punkten $x_n \in K$ auswählen mit $|x_n| > n$. Aus $\{x_n\}$ ließe sich aber keine konvergente Teilfolge auswählen, denn eine solche muß beschränkt sein.

$\square$

Bemerkung 3. Der Begriff der *Kompaktheit* gehört zu den zentralen Begriffen der Analysis. Es ist üblich geworden, die Mengen K in Definition 4 *folgenkompakt* zu nennen statt *kompakt* und den Begriff der Kompaktheit durch die *Heine-Borel-Eigenschaft* zu definieren, die wir in Band 2 behandeln. Auf $\mathbb{R}^d$ unterscheiden sich jedoch die beiden Kompaktheitsbegriffe nicht, und so benutzen wir zunächst den Begriff von Definition 4, weil er leichter zu erfassen ist.

Abschließend definieren wir noch den Begriff einer *dichten Teilmenge*.

Definition 5. *Eine Teilmenge S der Menge M aus $\mathbb{R}^d$ heißt* **dicht in** *M, wenn es zu jedem $x_0 \in M$ und jedem $\epsilon > 0$ ein $x \in S \cap B_\epsilon(x_0)$ gilt.*

Beispielsweise liegt $\mathbb{Q}^d$ dicht in $\mathbb{R}^d$.

Aufgaben.

1. Sei $W_r(a) := \{x \in \mathbb{R}^d : |x - a|_* \leq r\}$. Was sind der Rand und das Innere dieser Menge?
2. Gibt es eine abgeschlossene, beschränkte Menge M in $\mathbb{R}^2$, deren Menge H der Häufungspunkte abzählbar unendlich ist?
3. (i) Sei $\{K_n\}$ eine *Kugelschachtelung* in $\mathbb{R}^d$, d.h. eine Folge abgeschlossener Kugeln $K_n = \overline{B}_{r_n}(a_n)$, $a_n \in \mathbb{R}^d$, $r_n > 0$, $r_n \to 0$, mit $K_1 \supset K_2 \supset K_3 \supset \ldots$. Man zeige, daß es einen Punkt $a \in \mathbb{R}^d$ mit $\bigcap_{n=1}^{\infty} K_n = \{a\}$ gibt. (ii) Wie läßt sich dieses Resultat verallgemeinern?
4. Man zeige, daß es für jede beschränkte Menge M des $\mathbb{R}^d$, die aus mindestens zwei Punkten besteht, genau eine Kugel $K = \overline{B}_R(a)$ mit kleinstmöglichem Radius $R > 0$ gibt, die M enthält. Man nennt K die *Umkugel* und R den *Umkugelradius* von M.
5. Man zeige, daß zwischen dem Umkugelradius R und dem Durchmesser $\delta := \text{diam}\, M$ einer beschränkten Menge M des $\mathbb{R}^2$ mit mindestens zwei Elementen die Beziehung $R \leq \delta/\sqrt{3}$ besteht. Es gibt Mengen $M = \{z_1, z_2, z_3\}$, für die $R = \delta/\sqrt{3}$ gilt.
6. Wie läßt sich das Resultat von Aufgabe 5 auf Mengen M des $\mathbb{R}^d$ mit $d \geq 2$ verallgemeinern? (Antwort: $\delta/2 \leq R \leq \sqrt{\frac{n}{2(n+1)}}\,\delta$.)

17 Die komplexen Zahlen. Der Raum $\mathbb{C}^d$

Unser Ausgangspunkt ist der Vektorraum $\mathbb{R}^2$ der Vektoren $z = (x, y)$ mit den Komponenten $x, y \in \mathbb{R}$. In $\mathbb{R}^2$ ist eine *Addition* erklärt, die je zwei Vektoren $z_1 = (x_1, y_1)$ und $z_2 = (x_2, y_2)$ aus $\mathbb{R}^2$ eine Summe $z_1 + z_2 \in \mathbb{R}^2$ zuordnet, die durch

$$(1) \qquad\qquad z_1 + z_2 = (x_1 + x_2 \,,\, y_1 + y_2)$$

definiert ist. Nun wollen wir in $\mathbb{R}^2$ auch eine *Multiplikation* definieren, die je zwei Vektoren $z_1, z_2 \in \mathbb{R}^2$ ein Produkt $z_1 \cdot z_2 \in \mathbb{R}^2$ zuordnet, nämlich

$$(2) \qquad\qquad z_1 \cdot z_2 := (x_1 x_2 - y_1 y_2 \,,\, y_1 x_2 + x_1 y_2)\,.$$

Statt $z_1 \cdot z_2$ schreiben wir meist $z_1 z_2$. Das durch (2) definierte Produkt darf nicht mit dem Skalarprodukt

$$z_1 \cdot z_2 = x_1 x_2 + y_1 y_2$$

verwechselt werden, das wir in $\mathbb{R}^2$ besser stets mit $\langle z_1, z_2 \rangle$ bezeichnen sollten. Der mit der Produktbildung (2) versehene Vektorraum heißt *komplexer Zahlbereich*, *Körper der komplexen Zahlen*, *Gaußsche Zahlenebene* oder *komplexe Zahlenebene* und wird mit $\mathbb{C}$ bezeichnet statt mit $\mathbb{R}^2$, um auszudrücken, daß wir in $\mathbb{R}^2$ noch die *komplexe Multiplikation* (2) eingeführt haben. Als Mengen aufgefaßt sind $\mathbb{R}^2$ und $\mathbb{C}$ identisch, was wir mit dem Symbol $\mathbb{R}^2 \stackrel{\wedge}{=} \mathbb{C}$ beschreiben. Die Elemente z von $\mathbb{C}$ heißen *komplexe Zahlen*.

Nun führen wir für die komplexen Zahlen $(1, 0)$ und $(0, 1)$ spezielle Bezeichnungen ein, nämlich

$$(3) \qquad\qquad e := (1, 0) \quad,\quad i := (0, 1)\,.$$

Man nennt e die *reelle Einheit* und i die *imaginäre Einheit*. Aus (2) folgt

(4) $\qquad e^2 = e \ , \ i^2 = -e \ , \ ez = ze = z$ für jedes $z \in \mathbb{C}$,

wobei wie im Reellen $z^2 := z \cdot z \ , \ z^3 := z \cdot z^2$, etc. gesetzt ist.

Nun beachten wir noch, daß in $\mathbb{R}^2$ zwischen reellen Zahlen λ und Vektoren $z = (x, y)$ ein Produkt $\lambda z \in \mathbb{R}^2$ definiert ist, nämlich

(5) $\qquad\qquad\qquad\qquad \lambda z = (\lambda x, \lambda y) = z \lambda \ .$

Damit können wir $z = (x, y) \in \mathbb{C}$ in der Form

(6) $\qquad\qquad\qquad\qquad z = xe + yi$

schreiben. Man nennt $x \in \mathbb{R}$ den *Realteil* von z und $y \in \mathbb{R}$ den *Imaginärteil* von z, und wir schreiben

$$x = \operatorname{Re} z \quad , \quad y = \operatorname{Im} z \ .$$

Den *Betrag* $|z|$ der komplexen Zahl $z = xe + yi$ definieren wir als die Länge des Vektors $(x, y) \in \mathbb{R}^2$, d.h.

$$|z| = \sqrt{x^2 + y^2} \ .$$

Man prüft ohne Mühe, daß in $\mathbb{C}$ das Kommutativgesetz und das Assoziativgesetz für Addition und Multiplikation sowie das Distributivgesetz gelten, also

$$z_1 + z_2 = z_2 + z_1 \ , \ z_1 z_2 = z_2 z_1 \ , (z_1 + z_2) + z_3 = z_1 + (z_2 + z_3) \ ,$$
(7) $\quad (z_1 z_2) z_3 = z_1 (z_2 z_3) \ , \ z_1 (z_2 + z_3) = z_1 z_2 + z_1 z_3 \ ,$

und auch $(\lambda z_1)(\mu z_2) = \lambda \mu (z_1 z_2) = (z_1 z_2) \lambda \mu, \quad$ etc.

Verwenden wir die Formeln (4), die sich viel leichter merken lassen als (2), so können wir mittels (7) sehr leicht das Produkt $z_1 z_2$ ausrechnen:

$$\begin{aligned} z_1 z_2 &= (x_1 e + y_1 i)(x_2 e + y_2 i) \\ &= x_1 x_2 e^2 + x_1 y_2 ei + y_1 x_2 ie + y_1 y_2 i^2 \\ &= (x_1 x_2 - y_1 y_2)e + (x_1 y_2 + y_1 x_2)i \ . \end{aligned}$$

Wir behaupten, daß $\mathbb{C}$ ein Körper ist mit $0 = (0, 0) = 0e + 0i$ als neutralem Element der Addition und $e = (1, 0)$ als neutralem Element der Multiplikation, $e \neq 0$. Zum Beweis müssen wir nur zeigen, daß die Gleichung

$$z\zeta = e$$

für jedes $z \in \mathbb{C} \setminus \{0\}$ genau eine Lösung $\zeta \in \mathbb{C} \setminus \{0\}$ hat, und diese ist

(8) $\qquad\qquad\qquad\qquad \zeta = \dfrac{1}{x^2 + y^2} (xe - yi) \ ,$

wie man sofort nachprüft.

Der Körper $\mathbb{C}$ hat den Unterkörper $\tilde{\mathbb{R}}$, der aus den komplexen Zahlen der Form $(x, 0) = xe$ mit $x \in \mathbb{R}$ besteht. Wir können eine bijektive Abbildung $\varphi : \mathbb{R} \to \tilde{\mathbb{R}}$ von $\mathbb{R}$ auf $\tilde{\mathbb{R}}$ definieren, indem wir $\varphi(x) := xe$ für jedes $x \in \mathbb{R}$ setzen. Offenbar gilt

$$(9) \qquad \varphi(x + y) = \varphi(x) + \varphi(y) \, , \quad \varphi(xy) = \varphi(x)\varphi(y) \, ,$$

und dies bedeutet, daß φ ein *Körperisomorphismus* ist, d.h. die beiden Körper $\mathbb{R}$ und $\tilde{\mathbb{R}}$ sind vom „operativen Standpunkt aus" ununterscheidbar, gelten also im algebraischen Sinne als gleich. Wir werfen deshalb aus $\mathbb{C}$ die Zahlen xe mit $x \in \mathbb{R}$ heraus und ersetzen sie durch die Zahlen x, oder anders: x schlüpft in die Rolle von xe hinsichtlich jeder algebraischen Operation in $\mathbb{C}$. (Vgl. G. A. Bürger, *Wunderbare Reisen des Freiherrn von Münchhausen*, Kap. 1, *Reise in Rußland und nach St. Petersburg*. Hier schildert Münchhausen, wie er einen Wolf, der sich in sein Schlittenpferd hineinfraß, dazu brachte, das Geschirr zu übernehmen und an Pferdes Statt den Schlitten nach St. Petersburg zu ziehen.)

Mit dieser Vereinbarung schreiben wir die komplexen Zahlen

$$z = (x, y) = xe + yi$$

nunmehr als

$$(10) \qquad z = x + iy \, ,$$

und das Produkt $z_1 z_2$ von $z_1 = x_1 + iy_1$ mit $z_2 = x_2 + iy_2$ berechnen wir nach dem Distributivgesetz als

$$(11) \qquad z_1 z_2 = (x_1 + iy_1)(x_2 + iy_2) = (x_1 x_2 - y_1 y_2) + i(x_1 y_2 + y_1 x_2) \, ,$$

weil die Formel $i^2 = -e$ übergeht in

$$(12) \qquad i^2 = -1 \, .$$

In $\mathbb{C}$ nennt man $\tilde{\mathbb{R}} \overset{\wedge}{=} \mathbb{R}$ die *reelle Achse*; sie besteht aus allen reellen Zahlen. Die Zahlen iy mit $y \in \mathbb{R}$, $y \neq 0$, heißen *rein imaginär*, und $i\mathbb{R} := \{iy : y \in \mathbb{R}\}$ nennt man die imaginäre Achse.

Der Betrag $|z|$ einer komplexen Zahl $z = x + iy$ mit $x, y \in \mathbb{R}$ ist durch

$$|z| = \sqrt{x^2 + y^2}$$

gegeben.

Wir definieren in $\mathbb{C}$ die Operation der *Konjugation*, wobei jeder komplexen Zahl $z = x + iy$ die *konjugiert komplexe Zahl* $\overline{z}$ zugeordnet wird, die durch

$$(13) \qquad \overline{z} := x - iy$$

definiert ist. Geometrisch gesehen ist die Abbildung $z \mapsto \overline{z}$ gerade die Spiegelung von $\mathbb{C}$ an der reellen Achse. Man prüft ohne weiteres die folgenden Formeln nach:

$$\overline{z_1 + z_2} = \overline{z_1} + \overline{z_2} \,, \quad \overline{z_1 \cdot z_2} = \overline{z_1} \cdot \overline{z_2} \,, \quad \overline{\overline{z}} = z \,,$$

$$\operatorname{Re} z = \frac{z + \overline{z}}{2} \,, \quad \operatorname{Im} z = \frac{z - \overline{z}}{2i} \,, \quad |z|^2 = z \cdot \overline{z} \,.$$

Wir erhalten ferner für $z = x + iy$ die nützliche Rechenregel

$$z^{-1} = \frac{1}{z} = \frac{\overline{z}}{z \cdot \overline{z}} = \frac{\overline{z}}{|z|^2} = \frac{x - iy}{x^2 + y^2} \,,$$

die der Formel (8) entspricht.

Mit der Einführung der komplexen Zahlen haben wir die Bemerkungen in Abschnitt 1.5 über den *Fundamentalsatz der Algebra* und insbesondere über *quadratische Gleichungen mit nichtreellen Wurzeln* auf festen Grund gesetzt.

In $\mathbb{C} \triangleq \mathbb{R}^2$ definieren wir den *Abstand* $|z_1 - z_2|$ zweier komplexer Zahlen $z_1 = x_1 + iy_1$, $z_2 = x_2 + iy_2$ als den Abstand der beiden Punkte $(x_1, y_1), (x_2, y_2) \in \mathbb{R}^2$, d.h. als den Betrag der komplexen Zahl $|z_1 - z_2|$,

$$|z_1 - z_2| := \sqrt{(x_1 - x_2)^2 + (y_1 - y_2)^2} \,.$$

Damit ist durch den Konvergenzbegriff für Folgen $\{z_n\}$ komplexer Zahlen festgelegt:

$$z_n \to z \quad :\Leftrightarrow \quad |z_n - z| \to 0 \,.$$

Ferner sind gemäß 1.16 in der *Menge* $\mathbb{C}$, die mit dem euklidischen Raum $\mathbb{R}^2$ identifiziert ist, die Begriffe *offene, abgeschlossene, beschränkte* und *kompakte Menge, Rand, Abschluß, Inneres, Häufungspunkt, Randpunkt* und *innerer Punkt einer Menge* definiert. Insbesondere sind ϵ-*Umgebungen* $B_\epsilon(z_0)$ eines Punktes $z_0 \in \mathbb{C}$ jetzt *Kreisscheiben* $B_\epsilon(z) = \{z \in \mathbb{C} : |z - z_0| < \epsilon\}$.

Zum Abschluß führen wir den Vektorraum $\mathbb{C}^d$ der d-Tupel komplexer Zahlen ein, also

$$\mathbb{C}^d := \{z = (z_1, z_2, \ldots, z_d) : z_1, \ldots, z_d \in \mathbb{C}\} \,.$$

Wir nennen die Elemente z von $\mathbb{C}^d$ wieder *Punkte* oder *Vektoren* in $\mathbb{C}^d$, und die Zahlen $z_j = x_j + iy_j$ heißen *Koordinaten des Punktes* z oder *Komponenten des Vektors* z. Zwei Vektoren $z = (z_1, \ldots, z_d)$ und $\zeta = (\zeta_1, \ldots, \zeta_d)$ heißen genau dann gleich, wenn ihre Komponenten gleich sind, d.h.

$$z = \zeta \Leftrightarrow z_1 = \zeta_1 \,, \ z_2 = \zeta_2 \,, \ \ldots \,, \ z_d = \zeta_d \,.$$

Wir prägen der Menge $\mathbb{C}^d$ eine Vektorraumstruktur auf, indem wir eine Addition zwischen Vektoren von $\mathbb{C}^d$ und eine Multiplikation zwischen *Skalaren* $\lambda \in \mathbb{C}$ und Vektoren $z \in \mathbb{C}^d$ definieren durch

$$(14) \qquad z + \zeta := (z_1 + \zeta_1 \,, \ z_2 + \zeta_2 \,, \ \ldots \,, \ z_d + \zeta_d)$$

und

$$(15) \qquad \lambda z := (\lambda z_1, \lambda z_2, \dots, \lambda z_d) =: z\lambda$$

für $z, \zeta \in \mathbb{C}^d$ und $\lambda \in \mathbb{C}$. Man prüft ohne Mühe, daß $\mathbb{C}^d$ ein Vektorraum über dem Körper $\mathbb{C}$ ist. Man nennt in diesem Zusammenhang $\mathbb{C}$ den *Skalarbereich*, und die Elemente von $\mathbb{C}$ heißen, wie bereits erwähnt, *Skalare*.

Auf $\mathbb{C}^d$ definieren wir ein **hermitesches Skalarprodukt** $\langle z, \zeta \rangle$, indem wir für $z, \zeta \in \mathbb{C}^d$ setzen:

$$(16) \qquad \langle z, \zeta \rangle := \sum_{j=1}^d z_j \overline{\zeta}_j \ .$$

Weiter definieren wir die zugeordnete **hermitesche Norm** $|z|$ von $z \in \mathbb{C}^d$ als

$$(17) \qquad |z| := \langle z, z \rangle^{1/2} = \left\{ \sum_{j=1}^d |z_j|^2 \right\}^{1/2} \ .$$

Proposition 1. *Das Skalarprodukt $\langle z, \zeta \rangle$ hat die folgenden Eigenschaften:*

(i) $\langle z, z \rangle \geq 0$; $\quad \langle z, z \rangle = 0 \ \Leftrightarrow \ z = 0$.

(ii) $\langle z, \zeta \rangle = \overline{\langle \zeta, z \rangle}$.

(iii) $\langle \lambda z + \mu z', \zeta \rangle = \lambda \langle z, \zeta \rangle + \mu \langle z', \zeta \rangle$,

$\qquad \langle z, \lambda\zeta + \mu\zeta' \rangle = \overline{\lambda} \langle z, \zeta \rangle + \overline{\mu} \langle z, \zeta' \rangle \quad$ *für $\lambda, \mu \in \mathbb{C}$ und $z, z', \zeta, \zeta' \in \mathbb{C}^d$.*

(iv) Schwarzsche Ungleichung:

$$(18) \qquad |\langle z, \zeta \rangle| \leq |z| |\zeta| \qquad \textit{für } z, \zeta \in \mathbb{C}^d \ .$$

Beweis. Die Eigenschaft (i) folgt unmittelbar aus $\langle z, z \rangle = |z_1|^2 + \cdots + |z_d|^2$. (ii) Wir haben

$$\overline{\langle \zeta, z \rangle} \ = \ \overline{\overline{\zeta_1} z_1 + \dots \overline{\zeta_d} z_d} \ = \ \overline{\zeta}_1 z_1 + \cdots + \overline{\zeta}_d z_d \ = \ \langle z, \zeta \rangle \ .$$

Eigenschaft (iii) folgt mit einer ähnlichen Rechnung wie in 1.14 beim Beweis von Formel (7).

Zum Beweis von (iv) betrachten wir, ähnlich wie in 1.14, die Funktion $t \mapsto p(t)$, $t \in \mathbb{R}$, die durch

$$p(t) := |z + t\zeta|^2 = at^2 + 2bt + c$$

definiert ist, wobei

$$a := |\zeta|^2 \ , \quad 2b := \langle \zeta, z \rangle + \langle z, \zeta \rangle = 2Re \, \langle z, \zeta \rangle \ , \quad c := |z|^2$$

gesetzt ist. Ist $\zeta \neq 0$, also $a \neq 0$, so wählen wir $t^* = -b \cdot a^{-1}$, also $p(t^*) = -(b^2/a) + c$, und wegen $p(t^*) \geq 0$ folgt $b^2 \leq ac$, also

$$(19) \qquad |\mathrm{Re}\,\langle z, \zeta \rangle|^2 \leq |z|^2 |\zeta|^2\,.$$

Für $\zeta = 0$ gilt (19) sogar mit dem Gleichheitszeichen, und somit ist die Ungleichung (19) für alle $z, \zeta \in \mathbb{C}^d$ bewiesen.

Nun wollen wir zeigen, daß (18) eine Folgerung aus (19) ist. Wir dürfen dabei $\langle z, \zeta \rangle \neq 0$ annehmen, weil sonst (18) trivialerweise erfüllt ist. Dann können wir

$$r := |\langle z, \zeta \rangle| \quad \text{und} \quad \omega := \frac{\langle z, \zeta \rangle}{r}$$

setzen mit $r > 0$ und $|\omega| = 1$. Nunmehr wenden wir (19) auf $\omega \zeta$ statt ζ an und bekommen

$$(20) \qquad |\mathrm{Re}\,\{\overline{\omega}\langle z, \zeta \rangle\}|^2 \leq |z|^2 |\zeta|^2 |\omega|^2 = |z|^2 |\zeta|^2$$

sowie

$$(21) \qquad \overline{\omega} \cdot \langle z, \zeta \rangle = \overline{\omega}\omega r = r = |\langle z, \zeta \rangle|\,.$$

Aus (20) und (21) ergibt sich dann

$$|\langle z, \zeta \rangle|^2 \leq |z|^2 |\zeta|^2\,.$$

$\square$

Ähnlich wie in 1.14, Definition 1 führen wir den Begriff einer **Norm auf $\mathbb{C}^d$** ein. Darunter verstehen wir eine Abbildung $\|\cdot\| : \mathbb{C}^d \to \mathbb{R}$ mit den folgenden drei Eigenschaften:

(i) $\|z\| > 0$, *falls* $z \neq 0$.
(ii) $\|\lambda z\| = |\lambda|\,|z|$ *für* $z \in \mathbb{C}^d$ und $\lambda \in \mathbb{C}$.
(iii) $\|z + \zeta\| \leq \|z\| + \|\zeta\|$.

Nunmehr können wir beweisen (Übungsaufgabe):

Proposition 2. *Die Funktion* $z \mapsto |z|$, $z \in \mathbb{C}^d$, *ist eine Norm auf $\mathbb{C}^d$.*

Damit ist der *Abstand*

$$|z - \zeta| = \left(\sum_{j=1}^{d} |z_j - \zeta_j|^2 \right)^{1/2}$$

zweier Punkte z und $\zeta \in \mathbb{C}^d$ definiert, und wir können den *Konvergenzbegriff* für Folgen $\{z_n\}$ von Punkten $z_n \in \mathbb{C}^d$ definieren, indem wir

$$\lim_{n \to \infty} z_n = z_0 \quad \Leftrightarrow \quad |z_0 - z_n| \to 0 \text{ für } n \to \infty$$

festsetzen. Ähnlich wie in 1.15 kann man Konvergenzkriterien und Rechenregeln
für das Rechnen mit konvergenten Folgen in $\mathbb{C}^d$ herleiten. Auch der Begriff der
(unendlichen) Reihe $\sum_{n=0}^{\infty} a_n$ in $\mathbb{C}^d$, also einer Reihe mit Gliedern $a_n \in \mathbb{C}^d$
und der Konvergenz einer solchen Reihe läßt sich wörtlich vom $\mathbb{R}^d$ auf den $\mathbb{C}^d$
übertragen, ebenso wie die Rechenregeln und Cauchy- und Majorantenkriterium.
Die Formel

$$\sum_{n=1}^{\infty} (\lambda a_n + \mu b_n) = \lambda \sum_{n=1}^{\infty} a_n + \mu \sum_{n=1}^{\infty} b_n$$

gilt jetzt auch für komplexe λ und μ, falls die Reihen $\sum_0^{\infty} a_n$ und $\sum_0^{\infty} b_n$ konvergieren.

Noch einfacher ist es, den komplexen Fall auf den reellen zu reduzieren, indem
wir $\mathbb{C}^d$ mit $\mathbb{R}^{2d}$ identifizieren vermöge der bijektiven Abbildung

$$(x_1 + iy_1, \ldots, x_d + iy_d) \mapsto (x_1, y_1, \ldots, x_d, y_d)$$

von $\mathbb{C}^d$ auf $\mathbb{R}^{2d}$.

Man bezeichnet den komplexen Vektorraum $\mathbb{C}^d$ über dem Körper $\mathbb{C}$ als den *kom-
plex d-dimensionalen hermiteschen Raum* oder als einen *komplexen Hilbertraum
der Dimension d*.

Komplexe Hilberträume sind die geometrischen Strukturen, die den Rahmen für
die gewöhnliche Quantenmechanik bilden. Allerdings sind die Hilberträume der
Quantenmechanik im allgemeinen unendlichdimensional.

Bemerkung 1. In der physikalischen Literatur wird das Skalarprodukt $\langle z, \zeta \rangle$ anstelle von
(16) durch $\langle z, \zeta \rangle := \sum_{j=1}^{d} \overline{z}_j \zeta_j$ definiert und mit $\langle z | \zeta \rangle$ bezeichnet, um anzudeuten, daß ein
Vektor („Ket") $|\zeta\rangle$ mit einem Kovektor (= Linearform, „bra") $\langle z|$ „multipliziert" wird, was
sich dann wie „bra(c)ket" liest.

Aufgaben.

1. Man schreibe die folgenden komplexen Zahlen in der Form $a + ib$ mit $a, b \in \mathbb{R}$:

$$\left(\frac{1+i}{1-i}\right)^4 \; ; \; \frac{2+i}{2-i} \; ; \; (1+i)^n + (1-i)^n \, , \; n \in \mathbb{N} \, ;$$

$$\sum_{\nu=0}^{n} (i/3)^{\nu} \, , \quad \text{wobei} \quad i^0 := 1 \, ; \; \left(-\frac{1}{2} + \frac{1}{2}\sqrt{3}\, i\right)^{-1} \, .$$

(Hinweis: Man verallgemeinere die binomische Formel und die Summenformel für $1 + z + z^2 + \cdots + z^n$ ins Komplexe.)

2. Die Lösungen $z \in \mathbb{C}$ der Gleichung $z^n = 1$ heißen *n-te Einheitswurzeln*. Man bestimme diese
Wurzeln für (i) $n = 3$, (ii) $n = 4$, (iii) $n = 5$. (Hinweis: $\sum_{\nu=0}^{4} z^4 = (z^2 + az + 1)(z^2 + a^{-1}z + 1)$,
$a = \frac{1}{2}(1 + \sqrt{5})$.)

3. Man skizziere die Mengen $\{z \in \mathbb{C} : \; 1 < |z - 1 + i| < 2\}$, $\{z \in \mathbb{C} : \; |z - 1| = |z + 1|\}$,
$\{z \in \mathbb{C} : \; |z - a| + |z + a| = r\}$, $\{z \in \mathbb{C} : |z - a| \cdot |z + a| = r\}$, $a > 0$, $r > 0$.

4. Seien $M := \{z \in \mathbb{C} : |z + 1| \le 1\} \cup \{-1 + ai : a \in \mathbb{R} \,\&\, 1 \le a \le 2\}$ und
   $N := \{z \in \mathbb{C} : |z| \le 1\} \backslash \{x \in \mathbb{R} : x \ge 0\}$. (i) Man skizziere M und N. (ii) Was sind ∂M,
   ∂N, int M, int N? (iii) Sind M bzw. N offen, abgeschlossen, beschränkt, kompakt? (iv) Gilt
   $M = \text{int } \overline{M}$ bzw. $N = \text{int } \overline{N}$?

5. Für die Folge $a_n := \left(\frac{2-i}{2+i}\right)^n$, $n \in \mathbb{N}$, beweise man: $|a_n| = 1$ und $a_n \ne 1$ für alle $n \in \mathbb{N}$.
   (Hinweis: Die Gleichung $4^n = 5(A^2 + B^2)$ kann nicht gelten, wenn $A, B \in \mathbb{Z}$ und $n \in \mathbb{N}$.)
   Ist $\{a_n\}$ konvergent? Besitzt $\{a_n\}$ eine konvergente Teilfolge?

18   Folgen und Reihen von Matrizen

Für viele Zwecke der Analysis ist es nützlich, mit dem *Matrizenkalkül* zu operieren, den Arthur Cayley (1858) eingeführt hat. Heutzutage ist die Matrizenrechnung ein Teilgebiet der Linearen Algebra und wird in jedem einschlägigen Lehrbuch dargestellt. Zur Bequemlichkeit des Lesers wollen wir jedoch die Elemente dieses Kalküls zusammenstellen, soweit wir sie für die nachfolgenden Betrachtungen über konvergente Folgen und Reihen von Matrizen benötigen. Wir beschränken uns dabei auf *quadratische Matrizen* mit d Zeilen und d Spalten. Eine solche $d \times d$-Matrix $A = (a_{jk})$ ist ein quadratisches Schema

$$(1) \qquad A = \begin{pmatrix} a_{11} & a_{12} & \dots & a_{1d} \\ a_{21} & a_{22} & \dots & a_{2d} \\ \vdots & \vdots & & \vdots \\ a_{d1} & a_{d2} & \dots & a_{dd} \end{pmatrix}$$

von d^2 reellen oder komplexen *Matrixelementen* a_{jk}. Der erste Index ist der *Zeilenindex*, der zweite der *Spaltenindex* von a_{jk}; die beiden Indizes von a_{jk} besagen, daß a_{jk} in der j-ten Zeile und in der k-ten Spalte des quadratischen Schemas A steht.

Mit $M(d, \mathbb{R})$ bezeichnen wir die Menge der $d \times d$-Matrizen A mit reellen Matrixelementen, während $M(d, \mathbb{C})$ die Menge der $d \times d$-Matrizen mit komplexem Matrixelement ist. Wir betrachten zunächst $M(d, \mathbb{R})$; der Übergang zu $M(d, \mathbb{C})$ erfordert nur geringfügige Modifikationen. Jede $d \times d$-Matrix $A = (a_{jk})$ identifizieren wir mit einem Vektor $a = \varphi(A)$ von $\mathbb{R}^N$ mit $N := d^2$, indem wir die d Zeilen von A hintereinander in eine einzige Zeile schreiben:

$$(2) \qquad a := (a_{11}, \dots, a_{1d}, a_{21}, \dots, a_{2d}, \dots, a_{d1}, \dots, a_{dd}) \,.$$

Die Abbildung $\varphi : M(d, \mathbb{R}) \to \mathbb{R}^N$ ist eine bijektive Abbildung, und es ist naheliegend, die Vektorraumstruktur von $\mathbb{R}^N$ auf $M(d, \mathbb{R})$ zu verpflanzen, indem wir für $A, B \in M(d, \mathbb{R}^N)$ mit den Bildern $a = \varphi(A)$, $b = \varphi(B)$ und für beliebige $\lambda \in \mathbb{R}$ definieren:

$$(3) \qquad A + B := \varphi^{-1}(a + b) \,, \qquad \lambda A := \varphi^{-1}(\lambda a) \,.$$

Damit wird $M(d, \mathbb{R})$ zu einem Vektorraum über dem Körper $\mathbb{R}$ mit der *Matrizenaddition*

$$(4) \qquad\qquad\qquad A + B := (a_{jk} + b_{jk})$$

und der *Multiplikation mit Skalaren* $\lambda \in \mathbb{R}$, die durch

$$(5) \qquad\qquad\qquad \lambda A = A\lambda := (\lambda a_{jk})$$

gegeben ist. Das neutrale Element der Addition ist die Nullmatrix O, deren Matrixelemente sämtlich die Null aus $\mathbb{R}$ sind.

Man kann $M(d, \mathbb{R})$ die Struktur eines *Ringes* (oder, mehr noch, einer *Algebra*) geben, indem man das **Produkt** AB zweier $d \times d$-Matrizen $A = (a_{jk})$ und $B = (b_{jk})$ als die $d \times d$-Matrix

$$(6) \qquad\qquad C := AB = (c_{jk}) \quad \text{mit} \quad c_{jk} := \sum_{l=1}^{d} a_{jl} b_{lk}$$

definiert. Bezeichnen wir die Zeilenvektoren von A mit $a_1, a_2, \ldots, a_d$ und die Spaltenvektoren von B mit $b_1, b_2, \ldots, b_d$, also

$$(7) \qquad A = \begin{pmatrix} a_1 \\ a_2 \\ \vdots \\ a_d \end{pmatrix}, \qquad \begin{array}{ccc} a_1 & = & (a_{11}, \ldots, a_{1d}) \\ \vdots & & \vdots \\ a_d & = & (a_{d1}, \ldots, a_{dd}) \end{array}$$

und

$$(8) \quad B = (b_1, b_2, \ldots, b_d), \qquad b_1 = \begin{pmatrix} b_{11} \\ \vdots \\ b_{d1} \end{pmatrix}, \ldots, \quad b_d = \begin{pmatrix} b_{1d} \\ \vdots \\ b_{dd} \end{pmatrix},$$

so ist das Produkt $C = AB = AB = (c_{jk})$ durch

$$(9) \qquad\qquad\qquad c_{jk} := \langle a_j, b_k \rangle$$

gegeben, d.h.

$$(10) \qquad\qquad\qquad AB = (\langle a_j, b_k \rangle) \,.$$

Während die Matrizenaddition kommutativ ist, gilt im allgemeinen nicht $AB = BA$.

Die *Eins in* $M(d, \mathbb{R})$ ist die *Einheitsmatrix* $E := (\delta_{jk})$, deren Matrixelemente δ_{jk} durch das **Kroneckersymbol**

$$(11) \qquad\qquad \delta_{jk} := \begin{cases} 1 & j = k \\ & \text{für} \\ 0 & j \neq k \end{cases}$$

gegeben sind. Es gilt also

(12) $$AE \ = \ EA \ = \ A$$

für beliebige $A \in M(d, \mathbb{R})$. Führen wir zu $A \in M(d, \mathbb{R})$ die *transponierte Matrix* $A^T \in M(d, \mathbb{R})$ ein als die Matrix $W = (w_{jk})$ mit

(13) $$w_{jk} := a_{kj} \,,$$

so ergibt sich A^T aus A durch „Spiegelung an der Hauptdiagonalen", d.h. aus den Zeilen von A werden die Spalten von A^T, und umgekehrt.

Als *Norm* $|A|$ einer Matrix $A = (a_{jk})$ definieren wir die Länge des ihr durch φ zugeordneten Vektors $a = \varphi(A) \in \mathbb{R}^N$, also

(14) $$|A| \ := \ \left(\sum_{j,k=1}^{d} |a_{jk}|^2 \right)^{1/2} \ = \ |\varphi(A)| \,.$$

Ohne Mühe ergeben sich die Formeln

(15) $$(AB)^T \ = \ B^T A^T \,,$$

(16) $$|A^T| \ = \ |A| \,,$$

(17) $$|A^T A|^{1/2} \ = \ |A A^T|^{1/2} \,.$$

Die Schwarzsche Ungleichung liefert

(18) $$\langle a_j, b_k \rangle^2 \ \leq \ |a_j|^2 |b_k|^2 \,.$$

Damit ergibt sich

$$|AB|^2 \ = \ \sum_{j,k=1}^{d} \langle a_j, b_k \rangle^2$$

$$\leq \ \sum_{j,k=1}^{d} |a_j|^2 |b_k|^2 \ = \ \left(\sum_{j=1}^{d} |a_j|^2 \right) \left(\sum_{k=1}^{d} |b_k|^2 \right) \ = \ |A|^2 |B|^2 \,,$$

und wir erhalten

(19) $$|AB| \ \leq \ |A| |B| \,.$$

Insbesondere ergeben sich für $B = A$ bzw. A^T wegen $A^2 := AA$ die Abschätzungen

$$|A^2| \ \leq \ |A|^2 \,, \quad |AA^T| \ \leq \ |A|^2 \,,$$

und allgemeiner liefert Induktion für die n-te Potenz A^n von A,

$$A^n \ = \ A^{n-1} A \ = \ \underbrace{A \cdot A \cdot \ldots \cdot A}_{n-\text{mal}} \,,$$

die Abschätzung

(20) $$|A^n| \leq |A|^n .$$

Wegen

$$\left(\sum_{j=1}^{d} \alpha_j\right)^2 = \left(\sum_{j=1}^{d} 1 \cdot \alpha_j\right)^2 \leq \left(\sum_{j=1}^{d} 1^2\right)\left(\sum_{j=1}^{d} \alpha_j^2\right) = d \sum_{j=1}^{d} \alpha_j^2$$

erhalten wir

$$|A|^4 = \left(\sum_{j=1}^{d} \langle a_j, a_j \rangle\right)^2 \leq d \sum_{j=1}^{d} \langle a_j, a_j \rangle^2$$

$$\leq d \sum_{j,k=1}^{d} \langle a_j, a_k \rangle^2 = d\, |A^T A|^2$$

und folglich

(21) $$d^{-1/2}\, |A|^2 \leq |A^T A| \leq |A|^2 .$$

Der lineare Raum $M(d, \mathbb{R})$ über $\mathbb{R}$ mit der Norm $A \mapsto |A|$ ist „normisomorph"
zu $\mathbb{R}^N$, $N = d^2$, mit der Norm $a \mapsto |a|$, d.h. es gilt

(22) $$\varphi(\lambda A + \mu B) = \lambda \varphi(A) + \mu \varphi(B)$$

für $\lambda, \mu \in \mathbb{R}$ und $A, B \in M(d, \mathbb{R})$ sowie

(23) $$|\varphi(A)| = |A| .$$

Damit übertragen sich die Begriffe *konvergente Folge* und *Cauchyfolge* ohne
weiteres von $\mathbb{R}^N$ auf $M(d, \mathbb{R})$ mitsamt den zugehörigen Regeln und Sätzen. Insbesondere heißt also eine Folge $\{A_n\}$ von Matrizen $A_n \in M(d, \mathbb{R})$ *konvergent*,
wenn es ein $A \in M(d)$ gibt, so daß $|A - A_n| \to 0$ für $n \to \infty$ gilt. Wir nennen
wie üblich A den *Grenzwert* oder *Limes* der Folge $\{A_n\}$ und schreiben

$$A = \lim_{n \to \infty} A_n .$$

Haben A und A_n die Matrixelemente a_{jk} und $a_{jk}^{(n)}$, so gilt

(24) $$A_n \to A \iff |A - A_n| \to 0 \iff a_{jk}^{(n)} \to a_{jk} \quad \text{für } n \to \infty .$$

Alle Eigenschaften von $\mathbb{R}^N$ übertragen sich vermöge des Isomorphismus φ^{-1} :
$\mathbb{R}^N \to M(d, \mathbb{R})$ auf den Raum $M(d, \mathbb{R})$; insbesondere ist $M(d, \mathbb{R})$, versehen
mit der Matrixnorm (14), ein *vollständiger linearer normierter Raum*, d.h. jede

Cauchyfolge in $M(d, \mathbb{R})$ ist konvergent. (Wegen (19) bezeichnet man $M(d, \mathbb{R})$ als *Banachalgebra*).

Damit ist auch die Konvergenz von unendlichen Reihen $\sum_{n=0}^{\infty} A_n$ mit Gliedern $A_n \in M(d, \mathbb{R})$ definiert. Eine solche Reihe heißt konvergent, wenn die Folge $\{S_n\}$ der durch

$$S_n := A_0 + A_1 + \ldots + A_n$$

definierten Partialsummen S_n konvergiert, und

$$\sum_{n=0}^{\infty} A_n := \lim_{n \to \infty} S_n$$

nennt man die *Summe* der Reihe.

Eine Reihe $\sum_{n=0}^{\infty} c_n$ mit reellen Gliedern $c_n \geq 0$ heißt wieder *konvergente Majorante* der Reihe $\sum_{n=0}^{\infty} A_n$, wenn es einen Index $n_0 \in \mathbb{N}_0$ und eine reelle Zahl $k > 0$ gibt, so daß gilt:

$$|A_n| \leq c_n \quad \text{für} \quad n \geq n_0 \,,$$

(25)

$$c_0 + c_1 + \ldots + c_n \leq k \quad \text{für alle } n \in \mathbb{N}_0 \,.$$

Das *Majorantenkriterium*, das Konvergenz von Reihen garantiert, lautet nunmehr:

Satz 1. *Eine Matrixreihe $\sum_{n=0}^{\infty} A_n$ mit $A_n \in M(d, \mathbb{R})$ ist konvergent, wenn sie eine konvergente Majorante $\sum_{n=0}^{\infty} c_n$ besitzt.*

Beweis. Zur Übung rekapitulieren wir die wesentlichen Punkte der Beweisführung. Aus der Dreiecksungleichung $|A + B| \leq |A| + |B|$ ergibt sich

$$|A_{n+1} + \ldots + A_{n+p}| \leq |A_{n+1}| + \ldots + |A_{n+p}|$$

(26)

$$\leq c_{n+1} + \ldots + c_{n+p} \,.$$

Da $\sum_{n=0}^{\infty} c_n$ konvergiert, gibt es zu beliebig gewähltem $\epsilon > 0$ ein $n_0 \in \mathbb{N}$, so daß

$$(27) \qquad 0 \leq c_{n+1} + c_{n+2} + \ldots + c_{n+p} < \epsilon$$

gilt für alle $n > n_0$ und für alle $p \in \mathbb{N}$. Vermöge (26) und (27) ergibt sich dann für alle $p \in \mathbb{N}$

$$|A_{n+1} + A_{n+2} + \ldots + A_{n+p}| < \epsilon \quad \text{für } n > n_0 \,.$$

Also ist die Reihe $\sum_{n=0}^{\infty} A_n$ eine Cauchyfolge in $M(d, \mathbb{R}) \cong \mathbb{R}^{d^2}$, und folglich ist sie konvergent.

$\square$

$\boxed{1}$ Die sogenannte *Neumannsche Reihe* (benannt nach Carl Neumann)

$$(28) \qquad \sum_{n=0}^{\infty} A^n \; = \; E + A + A^2 + \ldots + A^n + \ldots \quad \text{mit } A^0 := E$$

ist nichts anderes als die geometrische Reihe für Matrizen. Sie ist konvergent, falls $|A| < 1$ ist, denn $\sum_{n=0}^{\infty} c_n$ mit $c_n := q^n$, $q := |A|$, liefert eine konvergente Majorante von $\sum_{n=0}^{\infty} A^n$ mit $n_0 = 1$ und $k = (1-q)^{-1}$. Wegen Satz 1 ist dann $\sum_{n=0}^{\infty} A^n$ konvergent. Bezeichne B die Summe dieser Reihe. Dann folgt für $S_n := E + A + A^2 + \ldots + A^n$, daß $S_n \to B$ mit $n \to \infty$, und ferner gilt

$$S_n \cdot (E - A) \; = \; E - A^{n+1} \; = \; (E - A) \cdot S_n$$

sowie $A^{n+1} \to O = $ Nullmatrix. Dann folgt für $n \to \infty$:

$$B \cdot (E - A) \; = \; E \; = \; (E - A) \cdot B \,,$$

d.h. die Matrix $E - A$ ist invertierbar und B ist die Inverse $(E - A)^{-1}$ von $E - A$. Damit haben wir bewiesen:

Wenn die Norm $|A|$ einer Matrix $A \in M(d, \mathbb{R})$ kleiner als Eins ist, so ist die Matrix $E - A$ invertierbar, und ihre Inverse $(E - A)^{-1}$ wird durch die Summe der Neumannschen Reihe geliefert:

$$(29) \qquad (E - A)^{-1} \; = \; \sum_{n=0}^{\infty} A^n \,.$$

$\boxed{2}$ *Die Matrixexponentialreihe* ist die unendliche Reihe

$$(30) \qquad \sum_{\nu=0}^{\infty} \frac{1}{\nu!} A^\nu \; = \; E + A + \ldots + \frac{1}{n!} A^n + \ldots \,,$$

also die Folge der Partialsummen $S_n := \sum_{\nu=0}^{n} \frac{1}{\nu!} A^\nu$. Wegen $|A^\nu| \leq |A|^\nu$ ist die reelle Exponentialreihe eine konvergente Majorante. Somit ist die Reihe (30) konvergent. Wir setzen

$$(31) \qquad \exp(A) := \lim_{n \to \infty} S_n \; = \; \sum_{\nu=0}^{\infty} \frac{1}{\nu!} A^\nu \,.$$

Wir werden später sehen, daß $Z(t) := \exp(tA)$ differenzierbar ist und die Ableitung die Gleichung

$$(32) \qquad \frac{d}{dt} Z(t) \; = \; AZ(t)$$

erfüllt. Damit löst $Z(t)$ die Matrixdifferentialgleichung

$$(33) \qquad \dot{Z} \; = \; AZ$$

für eine beliebige Matrix A mit konstanten Koeffizienten (= Matrixelementen) a_{jk}. Wir werden diese Gleichung in Abschnitt 3.6 näher betrachten.

Abschließend wollen wir noch kurz den Raum $M(d, \mathbb{C})$ der *komplexen* $d \times d$-*Matrizen* $A = (a_{jk})$ mit Matrixelementen $a_{jk} \in \mathbb{C}$ behandeln.
Durch die Zuordnung $A \mapsto \varphi(A) := a$ vermöge (2) wird jetzt eine bijektive Abbildung von $M(d, \mathbb{C})$ auf den N-dimensionalen hermiteschen Raum $\mathbb{C}^N$ mit $N := d^2$ definiert. Durch (3) bzw. (4), (5) wird $M(d, \mathbb{C})$ zu einem Vektorraum über $\mathbb{C}$ als Grundkörper (d.h. als Bereich der Skalare λ) mit der Nullmatrix O als neutralem Element. Mit (6) wird $M(d, \mathbb{C})$ wieder zu einem *Ring*, oder, mehr noch, zu einer *Algebra über* $\mathbb{C}$. Das Produkt $C = AB = (c_{jk})$ zweier Matrizen $A = (a_{jk})$, $B = (b_{jk})$ ist nunmehr durch

$$(34) \qquad C = (c_{jk}) \qquad \text{mit} \qquad c_{jk} = \sum_{l=1}^{d} a_{jl} b_{lk} = \langle a_j, \bar{b}_k \rangle$$

und *nicht* durch (10) gegeben.
Die *transponierte Matrix* A^T ist wieder durch (13) definiert, aber eine wichtigere Rolle spielt jetzt die sogenannte *adjungierte* Matrix $A^* := C = (c_{jk})$, die durch

$$(35) \qquad\qquad c_{jk} = \overline{a_{kj}}$$

gegeben ist, wofür wir auch

$$(36) \qquad\qquad A^* = \overline{A^T} = (\overline{A})^T$$

schreiben, wenn $\overline{A}$ die Matrix $(\overline{a_{jk}}) \in M(d, \mathbb{C})$ ist. $|A|$ wird jetzt als Länge des zugeordneten Vektors $a = \varphi(A) \in \mathbb{C}^N$ festgelegt, also wieder durch (14), wobei jetzt

$$|a_{jk}|^2 = a_{jk} \cdot \overline{a}_{jk}$$

zu nehmen ist. Dann gelten (15)–(17) und daneben die Formeln

$$(37) \qquad\qquad (AB)^* = B^* A^* \,,$$

$$(38) \qquad\qquad |A^*| = |A| \,,$$

$$(39) \qquad\qquad d^{-1/2} |A|^2 \leq |A^* A| = |A A^*| \leq |A|^2 \,.$$

Alles übrige verläuft nun wie zuvor; insbesondere haben wir (22) und (23) für $A, B \in M(d, \mathbb{C})$ und $\lambda, \mu \in \mathbb{C}$, d.h. $M(d, \mathbb{C})$ mit der Norm $A \mapsto |A|$ ist ein normisomorpher vollständiger linearer normierter Raum zum Raume $\mathbb{C}^N$ mit $N = d^2$. Wir erhalten das Analogon zu Satz 1 und den Beispielen $\boxed{1}$, $\boxed{2}$ für Matrizen aus $M(d, \mathbb{C})$. Für $d = 1$ bekommen wir die Exponentialreihe

$$(40) \qquad\qquad 1 + \frac{z}{1!} + \frac{z^2}{2!} + \ldots + \frac{z^n}{n!} + \ldots \,, \quad z \in \mathbb{C} \,,$$

mit der Summe $\exp(z) \in \mathbb{C}$, die die *Exponentialfunktion*

$$(41) \qquad\qquad \exp : z \mapsto \exp(z) := \sum_{n=0}^{\infty} \frac{1}{n!} z^n$$

im Komplexen definiert.

19   Umordnung von Reihen

Dieser Abschnitt kann beim ersten Lesen überschlagen werden, weil er erst beim Studium des Konvergenzverhaltens von Fourierreihen (vgl. 4.6) eine Rolle spielt.

Bei einer endlichen Summe $a_1 + a_2 + \ldots + a_N$ von Zahlen $a_1, \ldots, a_N \in \mathbb{C}$ oder von Vektoren des $\mathbb{R}^d$ oder $\mathbb{C}^d$ kommt es bekanntlich nicht auf die Reihenfolge der Summanden an; irgendeine Umordnung der Summanden führt zur gleichen Summe. Ganz anders liegen die Verhältnisse bei unendlichen Reihen. Hier ist es möglich, daß konvergente Reihen durch Umordnung in divergente Reihen übergeführt werden oder daß ihre Summe geändert wird. Allerdings tritt dieses seltsame Phänomen nicht auf, wenn die betrachtete Reihe absolut konvergiert. Für eine präzise Beschreibung der Verhältnisse wollen wir zunächst festlegen, was unter einer *Umordnung einer Reihe* zu verstehen ist. Dazu betrachten wir sogleich den allgemeinen Fall einer Reihe $\sum_{n=0}^{\infty} a_n$, deren Glieder a_n Elemente des hermiteschen Raumes $\mathbb{C}^d$ sind. Dieser umfaßt alle Arten von Reihen, die wir bisher betrachtet haben, also $a_n \in \mathbb{R}, \mathbb{C}, \mathbb{R}^d, \mathbb{C}^d, M(d, \mathbb{R}), M(d, \mathbb{C})$.

Definition 1. *Seien $\sum_{n=0}^{\infty} a_n$ und $\sum_{n=0}^{\infty} b_n$ Reihen mit Gliedern $a_n, b_n \in \mathbb{C}$. Wir nennen $\sum_{n=0}^{\infty} b_n$ eine* **Umordnung** *der Reihe $\sum_{n=0}^{\infty} a_n$, wenn es eine bijektive Abbildung $\sigma : \mathbb{N}_0 \to \mathbb{N}_0$ von $\mathbb{N}_0$ auf sich gibt, so daß $b_n = a_{\sigma(n)}$ für alle $n \in \mathbb{N}_0$ gilt.*

Wenn die beiden Reihen mit $n = 1$ beginnen, so heißt $\sum_1^{\infty} b_n$ eine Umordnung $\sum_1^{\infty} a_n$, falls es eine Bijektion $\sigma : \mathbb{N} \to \mathbb{N}$ gibt derart, daß $b_n = a_{\sigma(n)}$ für alle $n \in \mathbb{N}$ ist.

Zur Erinnerung: Eine Reihe $\sum_{n=0}^{\infty} a_n$ mit $a_n \in \mathbb{C}^d$ heißt *absolut konvergent*, wenn die Reihe $\sum_{n=0}^{\infty} |a_n|$ mit den reellen Gliedern $|a_n|$ konvergiert. Absolut konvergente Reihen sind auch konvergent, während das Umgekehrte im allgemeinen nicht richtig ist.

Definition 2. *Eine konvergente Reihe $\sum_{n=0}^{\infty} a_n$ mit Gliedern $a_n \in \mathbb{C}^d$ heißt* **unbedingt konvergent**, *wenn jede Umordnung $\sum_{n=0}^{\infty} b_n$ derselben ebenfalls konvergent ist und dieselbe Summe wie die ursprüngliche Reihe besitzt; anderenfalls heißt $\sum_{n=0}^{\infty} a_n$ bedingt konvergent.*

Satz 1. (Dirichlet, 1837) *Eine Reihe $\sum_{n=0}^{\infty} a_n$ mit $a_n \in \mathbb{C}^d$ ist genau dann unbedingt konvergent, wenn sie absolut konvergiert.*

Beweis. (i) Sei $\sum_{n=0}^{\infty} a_n$ absolut konvergent, und sei $\sum_{n=0}^{\infty} b_n$ eine Umordnung dieser Reihe. Die Partialsummen der beiden Reihen seien mit s_n bzw. t_n bezeichnet, und s sei die Summe von $\sum_{n=0}^{\infty} a_n$, also $s_n \to s$. Wir müssen zeigen, daß auch $t_n \to s$ gilt. Zu beliebig gewähltem $\epsilon > 0$ existiert ein $m \in \mathbb{N}$, so daß für alle $p \in \mathbb{N}$ die Abschätzung

$$(1) \qquad\qquad |a_{m+1}| + |a_{m+2}| + \ldots + |a_{m+p}| < \epsilon$$

gilt. Dann bestimmen wir ein $N \in \mathbb{N}$, so daß

$$\{a_1, a_2, \ldots, a_m\} \subset \{b_1, b_2, \ldots, b_N\}$$

ist. Für $n > N$ heben sich in $s_n - t_n$ die Glieder $a_1, \ldots, a_m$ sämtlich weg, und wegen (1) folgt

$$|s_n - t_n| < \epsilon \quad \text{für alle } n > N \,.$$

Dies bedeutet $s_n - t_n \to 0$, und wegen $s_n \to s$ ergibt sich

$$t_n - s = (s_n - s) + (t_n - s_n) \to 0 \,,$$

d.h. $t_n \to s$.

(ii) Nun wollen wir beweisen, daß eine unbedingt konvergente Reihe auch absolut konvergiert. Es genügt, dies für Reihen mit reellen Gliedern zu beweisen, weil die unbedingte Konvergenz von $\sum_0^\infty a_n$ mit $a_n = (a_n^1, \ldots, a_n^d)$ gleichwertig ist zur unbedingten Konvergenz sämtlicher Reihen $\sum_{n=1}^\infty \operatorname{Re} a_n$ und $\sum_{n=1}^\infty \operatorname{Im} a_n$. Sei also $\sum_{n=0}^\infty a_n$ unbedingt konvergent und $a_n \in \mathbb{R}$ für alle $n \geq 0$. Wäre $\sum_{n=0}^\infty a_n$ nicht absolut konvergent, so gälte $\sum_{n=0}^\infty |a_n| = \infty$. Dann bilden wir die nichtnegativen reellen Zahlen

$$p_n := \max\{0, a_n\} \,, \quad q_n := -\min\{0, a_n\}$$

und erhalten $\sum_{n=0}^\infty p_n = \infty$.

Wäre nämlich $\sum_0^\infty p_n$ konvergent, so auch $\sum_0^\infty (p_n - a_n)$, und wegen $q_n = p_n - a_n$ folgte die Konvergenz von $\sum_0^\infty q_n$, womit auch $\sum_0^\infty (p_n + q_n)$ konvergierte. Aus $|a_n| = p_n + q_n$ ergäbe sich $\sum_0^\infty |a_n| < \infty$, Widerspruch.

Nun bestimmen wir induktiv eine Folge $\{r_n\}$ natürlicher Zahlen r_n mit $r_n < r_{n+1}$ derart, daß

$$(2) \qquad p_0 + p_1 + p_2 + \ldots + p_{r_n} > n + q_0 + q_1 + \ldots + q_n$$

für alle $n \in \mathbb{N}$ gilt; dies ist möglich wegen $\sum_{n=0}^\infty p_n = \infty$. Schließlich bilden wir folgende Umordnung der Reihe $\sum_0^\infty a_n$:

$$p_0 - q_0 + p_1 + p_2 + \ldots + p_{r_1} - q_1 + p_{r_1+1} + \ldots + p_{r_2} - q_2 + p_{r_2+1} + \ldots + p_{r_3} - q_3 + \ldots \,.$$

Wegen (2) divergieren die Partialsummen dieser Reihe, und somit wäre $\sum_0^\infty a_n$ nicht unbedingt konvergent, was ein Widerspruch zur eingangs gemachten Voraussetzung ist. Somit konvergiert $\sum_0^\infty a_n$ absolut. $\qquad\square$

[1] Die harmonische Reihe $1 + \frac{1}{2} + \frac{1}{3} + \frac{1}{4} + \ldots$ ist divergent, während die alternierende Reihe $1 - \frac{1}{2} + \frac{1}{3} - \frac{1}{4} + \ldots$ nach Leibniz konvergiert und eine positive Summe s hat (nämlich $s = \log 2$, vgl. 3.13, [9]), aber nicht absolut konvergiert. Multiplizieren wir die zweite Reihe mit dem Faktor $\frac{1}{2}$, so hat die entstehende Reihe die Summe $\frac{1}{2}s$. Folglich konvergiert auch die Reihe $0 + \frac{1}{2} + 0 - \frac{1}{4} + 0 - \frac{1}{6} + 0 - \frac{1}{8} + \ldots$

und hat die Summe $\frac{1}{2}s$. Addieren wir diese Reihe zur Reihe $1 - \frac{1}{2} + \frac{1}{3} - \frac{1}{4} + \ldots$, so entsteht eine konvergente Reihe mit der Summe $\frac{3}{2}s$, die sich mit der Umordnung

$$1 + \frac{1}{3} - \frac{1}{2} + \frac{1}{5} + \frac{1}{7} - \frac{1}{4} + \frac{1}{9} + \frac{1}{11} - \frac{1}{6} + \ldots$$

identifizieren läßt, indem man die bei der Addition entstehenden Nullen eliminiert.

Riemann hat in seiner Göttinger Habilitationsschrift aus dem Jahre 1854 (publiziert in den *Göttinger Nachrichten* Bd. 13 (1867)) das folgende bemerkenswerte Resultat bewiesen:

Satz 2. *Ist $\sum_{n=0}^{\infty} a_n$ eine bedingt konvergente Reihe reeller Zahlen, so gibt es zu jedem $c \in \mathbb{R}$ eine Umordnung der Reihe, die c als Summe hat. Ferner gibt es Umordnungen $\sum_0^{\infty} b_n$ von $\sum_0^{\infty} a_n$, die gegen ∞ bzw. $-\infty$ divergieren.*

Beweis. Der zweite Teil der Behauptung ist im Beweis von Satz 1 enthalten, und der erste Teil folgt aus einer Verfeinerung dieses Beweises (vgl. z.B. von Mangoldt/Knopp, *Einführung in die höhere Mathematik*, Band 2, Nr. 80, S. 227, oder Courants *Vorlesungen* (s. Bibliographie), S. 328–329).

$\square$

Riemanns Satz liefert die höchst merkwürdige Tatsache, daß man in einer bedingt konvergenten Reihe höchstens endlich viele Summanden umstellen darf; sonst hat der Begriff „Summe einer konvergenten Reihe" keinen Sinn mehr. Man kann Satz 2 sogar dahingehend verallgemeinern, daß es zu beliebig vorgegebenen Werten $\underline{m}$ und $\overline{m}$ mit $-\infty \leq \underline{m} \leq \overline{m} \leq \infty$ für jede bedingt konvergente Reihe eine Umordnung gibt, deren Folge der Partialsummen t_n die Werte $\underline{m}$ und $\overline{m}$ als Limes inferior und Limes superior hat.

20 Potenzreihen

Dem Vorbild Eulers folgend, wird in der Analysis häufig erst die Theorie der Potenzreihen dargelegt, bevor die Infinitesimalrechnung entwickelt wird. Weierstraß und, in seinem Gefolge, Pringsheim sahen in den Potenzreihen das einzig sichere Fundament einer Theorie der Funktionen. Wenn wir heute auch nicht mehr diese Meinung teilen, so ist doch unstrittig, daß man auf dem Wege der Potenzreihen sehr schnell zu wichtigen speziellen Funktionen gelangt. Freilich besteht kein Grund, schon jetzt die Lehre von den Potenzreihen in vollem Umfang zu entwickeln. Es genügt vorläufig, wenn wir einige wichtige Objekte wie etwa die Exponentialfunktion studieren; die allgemeine Theorie wird im Rahmen der *Theorie holomorpher Funktionen* entwickelt. Dort haben Potenzreihen ihre wahre Heimat; die algebraische Betrachtungsweise von Euler, Lagrange und Weierstraß läßt sich dann ungezwungen mit der mehr geometrischen Anschauung von Cauchy und Riemann zu einem harmonischen Ganzen vereinen.

An dieser Stelle wollen wir uns deshalb nur einen kurzen Blick auf die **Potenzreihen** gestatten. Unter einer solchen verstehen wir eine Reihe der Form

$$(1) \qquad \sum_{n=0}^{\infty} a_n z^n$$

mit *Koeffizienten* $a_n \in \mathbb{C}$ und einer *Variablen* $z \in \mathbb{C}$. Formal gesehen ist (1) die natürliche Verallgemeinerung eines Polynoms. In der Tat ist jede Partialsumme

$$s_k(z) := \sum_{n=0}^{k} a_n z^n$$

einer Potenzreihe ein Polynom, doch ist nicht klar, ob die Zuordnung $z \mapsto \sum_0^{\infty} a_n z^n$ eine Funktion definiert, weil $\lim_{k\to\infty} s_k(z)$ nicht zu existieren braucht. Beispielsweise ist $\sum_0^{\infty} n! z^n$ nur für $z = 0$ und sonst nirgends konvergent, weil $q^n/n! \to 0$ und damit $q^n n! \to \infty$ für alle $q > 0$ gilt. Andererseits ist $\sum_0^{\infty} \frac{1}{n!} z^n$ für alle $z \in \mathbb{C}$ konvergent. Diese beiden Beispiele sind Extremfälle. Im allgemeinen gilt, wenn wir einer Reihe (1) die Größe

$$(2) \qquad R := \sup \left\{ |z| : \sum_0^{\infty} a_n z^n \text{ ist konvergent}, \, z \in \mathbb{C} \right\}$$

mit $0 \leq R \leq \infty$ zuordnen, das folgende Resultat:

Satz 1. *Die Potenzreihe $\sum_0^{\infty} a_n z^n$ konvergiert absolut für jedes z aus der „Kreisscheibe" $B_R(0) = \{z \in \mathbb{C} : |z| < R\}$ und divergiert für jedes z außerhalb von $\overline{B}_R(0)$. (Für $R = \infty$ ist $B_R(0) = \mathbb{C}$, während $B_R(0)$ für $R = 0$ zur Einpunktmenge $\{0\}$ degeneriert.)*

Man bezeichnet daher die Größe R als den **Konvergenzradius** der Potenzreihe $\sum_0^{\infty} a_n z^n$.

Beweis von Satz 1. Sei $z_1 \neq 0$ und $\sum_0^{\infty} a_n z_1^n$ konvergent. Dann ist $\{a_n z_1^n\}$ eine Nullfolge, insbesondere also beschränkt. Somit existiert eine Konstante K, so daß

$$|a_n| \cdot |z_1|^n \leq K \qquad \text{für alle } n \in \mathbb{N}_0$$

gilt. Für $r \in (0, |z_1|)$ ist dann $\theta := r|z_1|^{-1} \in (0,1)$, und für alle $z \in \overline{B}_r(0)$ gilt die Abschätzung

$$|a_n| \cdot |z|^n \leq |a_n| \cdot |z_1|^n \theta^n \leq K \theta^n$$

d.h. $\sum_0^{\infty} K\theta^n$ ist eine konvergente Majorante für $\sum_0^{\infty} a_n z^n$, wenn $z \in \overline{B}_r(0)$ ist. Also ist $\sum_0^{\infty} |a_n| \cdot |z|^n$ für jedes z mit $|z| < R$ konvergent. Gäbe es ein $z \in \mathbb{C}$ mit $|z| > R$, für das die Reihe konvergierte, so folgte $R \geq |z|$, Widerspruch zur Definition von R.

$\square$

Später werden wir zeigen, daß sich der Konvergenzradius R aus *Cauchys Formel*

$$(3) \qquad\qquad R = \frac{1}{\limsup_{n\to\infty} \sqrt[n]{|a_n|}}$$

berechnet, wobei $1/0 := \infty$ und $1/\infty := 0$ gesetzt ist (vgl. Satz 5).

Betrachten wir zwei Potenzreihen $\sum_0^\infty a_n z^n$ und $\sum_0^\infty b_n z^n$ mit komplexen Koeffizienten a_n, b_n, die beide für z-Werte aus der Kreisscheibe $B_r(0)$, $r > 0$, konvergent seien. Dann ist auch $\sum_0^\infty (\lambda a_n + \mu b_n) z^n$ für beliebige $\lambda, \mu \in \mathbb{C}$ und $z \in B_r(0)$ konvergent und es gilt

$$\sum_{n=0}^\infty (\lambda a_n + \mu b_n) z^n = \lambda \cdot \left(\sum_{n=0}^\infty a_n z^n \right) + \mu \cdot \left(\sum_{n=0}^\infty b_n z^n \right).$$

Im nächsten Abschnitt werden wir zeigen, daß auch das Produkt

$$\left(\sum_0^\infty a_n z^n \right) \cdot \left(\sum_0^\infty b_n z^n \right)$$

der Summen zweier konvergenter Potenzreihen die Summe einer konvergenten Potenzreihe ist. Es gilt beispielsweise die *Cauchysche Produktformel*

$$(4) \quad \left(\sum_{\nu=0}^\infty a_\nu z^\nu \right) \cdot \left(\sum_{\mu=0}^\infty b_\mu z^\mu \right) = \sum_{n=0}^\infty \left(\sum_{\nu=0}^n a_\nu b_{n-\nu} \right) z^n \quad \text{für } |z| < r.$$

Wir bemerken ferner, daß man statt (1) auch Potenzreihen der Form

$$(5) \qquad\qquad \sum_{n=0}^\infty A_n z^n$$

mit Koeffizienten $A_n \in M(d, \mathbb{C})$ und einer Variablen $z \in \mathbb{C}$ bilden kann. Wenn die Reihe (5) konvergiert, so ist ihre Summe eine Matrix aus $M(d, \mathbb{C})$.

Wie zuvor kann man der Reihe (5) einen **Konvergenzradius**

$$(6) \qquad R := \sup \left\{ |z| : z \in \mathbb{C}, \ \sum_{n=0}^\infty A_n z^n \text{ ist konvergent} \right\}$$

zuordnen, und Satz 1 läßt sich ohne Mühe übertragen, wobei im Beweis nur $a_n \in \mathbb{C}$ durch $A_n \in M(d, \mathbb{C})$ und der Betrag $|a_n|$ durch die Norm $|A_n|$ zu ersetzen ist. Wir erhalten:

Satz 2. *Die Potenzreihe (5) konvergiert absolut für alle $z \in \mathbb{C}$ mit $|z| < R$ und divergiert für alle $z \in \mathbb{C}$ mit $|z| > R$.*

Die Formel (3) für den Konvergenzradius geht jetzt über in

(7) $$R = \frac{1}{\limsup_{n \to \infty} \sqrt[n]{|A_n|}} \,.$$

Nun wollen wir den *Identitätssatz für Potenzreihen* aufstellen. Der Beweis stützt sich auf die folgenden beiden Hilfssätze.

Lemma 1. *Wenn die Potenzreihe $\sum_{n=0}^{\infty} A_n z^n$ für einen Wert $z = z_1 \neq 0$ konvergiert, so ist sie auf jeder Kreisscheibe $\overline{B}_r(0) = \{z \in \mathbb{C} : |z| \leq r\}$ mit $0 < r < |z_1|$ beschränkt, d.h. es gibt eine Zahl $M = M(r) \geq 0$, so daß*

(8) $$\left| \sum_{n=0}^{\infty} A_n z^n \right| \leq M(r) \quad \text{für alle} \quad z \in \overline{B}_r(0) \,.$$

Beweis. Wie im Beweis von Satz 1 gezeigt, gilt für eine geeignete reelle Konstante $K \geq 0$ und $\theta := r|z_1|^{-1} \in (0,1)$ die Abschätzung

$$|A_n| \cdot |z|^n \leq K\theta^n \qquad \text{für alle } n \in \mathbb{N}_0$$

Hieraus ergibt sich (8) mit $M(r) = K \cdot (1 - \theta)^{-1}$.

$\square$

Lemma 2. *Wenn die Potenzreihe $\sum_{n=0}^{\infty} A_n z^n$ für einen Wert $z = z_1 \neq 0$ konvergiert, so gibt es zu jedem r mit $0 < r < |z_1|$ und zu jedem Index $k \in \mathbb{N}_0$ eine Zahl $M_k = M(r,k) > 0$, so daß gilt:*

(9) $$\left| \sum_{n=k+1}^{\infty} A_n z^n \right| \leq M_k |z|^{k+1} \quad \text{für alle } z \in \overline{B}_r(0) \,.$$

Beweis. Da $\sum_{n=k+1}^{\infty} A_n z_1^n$ konvergiert, so ist auch das Produkt mit z_1^{-k-1}, also die Reihe $\sum_{n=k+1}^{\infty} A_n z_1^{n-k-1}$ konvergent. Nach Satz 2 ist der Konvergenzradius der Reihe $\sum_{n=k+1}^{\infty} A_n z^{n-k-1}$ mindestens gleich $|z_1|$, und wegen Lemma 1 gibt es für jedes $r \in (0, |z_1|)$ eine Konstante $M_k = M(r,k) \geq 0$, so daß

$$\left| \sum_{n=k+1}^{\infty} A_n z^{n-k-1} \right| \leq M_k \qquad \text{für } |z| \leq r$$

erfüllt ist. Multiplizieren wir diese Ungleichung mit $|z|^{k+1}$, so ergibt sich die Behauptung (9).

$\square$

Satz 3. *Wenn es eine Folge $\{z_j\}$ von Punkten $z_j \neq 0$ in $\mathbb{C}$ mit $z_j \to 0$ gibt, in denen die Potenzreihe $\sum_{n=0}^{\infty} A_n z^n$ konvergiert und die Summe Null hat, so verschwinden sämtliche Koeffizienten der Reihe, d.h. es gilt $A_n = 0$ für $n \in \mathbb{N}$.*

Beweis. Wäre die Behauptung falsch, so gäbe es eine kleinste Zahl $k \in \mathbb{N}_0$, so daß $A_k \neq 0$ und $A_\nu = 0$ für $\nu = 0, 1, \dots, k - 1$ wäre. Hieraus folgte

$$A_k z_j^k + \sum_{n=k+1}^{\infty} A_n z_j^n = 0 \,,$$

und wegen Lemma 2 ergäbe sich

$$|A_k| \cdot |z_j|^k \leq \Big| \sum_{n=k+1}^{\infty} A_n z_j^n \Big| \leq M_k(r) |z_j|^{k+1}$$

für alle hinreichend großen $j \in \mathbb{N}$, wenn wir irgendein $r \in (0, |z_1|)$ fixieren. Hieraus folgte

$$|A_k| \leq M_k(r) \, |z_j| \quad \text{für } j \gg 1 \,.$$

(Das Symbol „$j \gg 1$" bedeutet: „für hinreichend großes j".) Mit $j \to \infty$ strebt die rechte Seite gegen Null, und wir erhielten $|A_k| = 0$, d.h. $A_k = 0$, Widerspruch.
$\square$

Satz 4. (Identitätssatz für Potenzreihen). *Wenn zwei Potenzreihen $\sum_{n=0}^{\infty} A_n z^n$ und $\sum_{n=0}^{\infty} B_n z^n$ in einer Kreisscheibe $B_r(0)$ mit $r > 0$ konvergieren und auf einer Folge von Punkten $z_j \in B_r(0)$ mit $z_j \neq 0$ und $z_j \to 0$ übereinstimmen, so gilt $A_n = B_n$ für alle $n \in \mathbb{N}_0$.*

Beweis. Wir wenden Satz 3 auf die Reihe $\sum_{n=0}^{\infty} C_n z^n$ mit $C_n := A_n - B_n$ an und beachten, daß $\sum_{n=0}^{\infty} C_n z_j^n = 0$ für $j = 1, 2, \dots$ gilt.
$\square$

Satz 5. *Der Konvergenzradius R einer Potenzreihe $\sum_{n=0}^{\infty} A_n z^n$ berechnet sich nach der Formel (7).*

Beweis. Sei $M := \limsup\limits_{n \to \infty} |A_n|^{1/n}$ und $r_0 := 1/M$.

(i) Wenn $0 < r_0 \leq \infty$ ist, so folgt $M < 1/r$ für jedes $r \in (0, r_0)$. Also gibt es ein $N \in \mathbb{N}$ mit $|A_n|^{1/n} < 1/r$ für $n > N$. Für eine geeignete Konstante K und alle $n \in \mathbb{N}$ gilt daher: $|A_n| r^n \leq K$. Damit folgt $|A_n z^n| = |A_n||z^n| \leq K\theta^n$ für $|z| \leq \theta r$ und jedes $\theta \in (0, 1)$, und somit erhalten wir $R \geq r$ für jedes $r \in (0, r_0)$, also auch $R \geq r_0$.

(ii) Ist $0 \leq r_0 < \infty$ und $|z| > r_0$, so gilt $|z|^{-1} < M$. Also gibt es eine Teilfolge $\{A_{n_k}\}$ von $\{A_n\}$ mit $|z|^{-1} < \lim\limits_{k \to \infty} |A_{n_k}|^{1/n_k}$, und damit $1 < |A_n||z|^n = |A_n z^n|$ für unendlich viele $n \in \mathbb{N}$. Daher ist $\{A_n z^n\}$ keine Nullfolge und folglich $\sum_{n=1}^{\infty} A_n z^n$ nicht konvergent. Dies liefert $R \leq r_0$.

(iii) Aus (i) und (ii) folgt $R = r_0$, falls $0 < r_0 < \infty$ ist. Im Falle $r_0 = \infty$ erhalten wir $R = \infty$ aus (i), und (ii) liefert für $r_0 = 0$ die Gleichung $R = 0$.
$\square$

Korollar 1. *Die Reihen $\sum_{n=0}^{\infty} A_n z^n$ und $\sum_{n=1}^{\infty} n A_n z^{n-1}$ haben den gleichen Konvergenzradius.*

Beweis. Wegen $n^{1/n} \to 1$ ergibt sich die Behauptung sofort aus (7).

$\square$

Bisher haben wir Potenzreihen mit dem *Entwicklungspunkt* $z_0 = 0$ betrachtet. Ebensogut können wir Potenzreihen

$$(10) \qquad \sum_{n=0}^{\infty} A_n (z - z_0)^n \, , \qquad A_n \in M(d, \mathbb{C}) \, ,$$

mit einem beliebig gewählten Entwicklungspunkt $z_0 \in \mathbb{C}$ ins Auge fassen. Durch die Translation $\zeta \mapsto z = \zeta + z_0$ können wir diese Reihen auf den zuvor betrachteten Typ $\sum_0^{\infty} A_n \zeta^n$ reduzieren, und die dort erzielten Ergebnisse lassen sich ohne weiteres auf die Reihen (10) übertragen. Demgemäß finden wir, daß jeder solchen Reihe ein eindeutig bestimmter „Konvergenzkreis" $B_R(z_0) = \{z \in \mathbb{C} : |z - z_0| < R\}$ mit dem Konvergenzradius R zugeordnet werden kann, wobei $0 \leq R \leq \infty$ ist und die Reihe (10) in jedem Punkt $z \in B_R(z_0)$ absolut konvergiert, aber in jedem Punkt z außerhalb von $\overline{B}_R(z_0)$ divergiert.

Aufgaben.

1. Man bestimme die Konvergenzradien der folgenden Potenzreihen:

$$\sum_{n=0}^{\infty} \binom{\alpha}{n} z^n \, , \; \sum_{n=0}^{\infty} (2^n / n!) z^n \, , \; \sum_{n=0}^{\infty} 2^n n^{-2} z^n \, , \; \sum_{n=0}^{\infty} n^k z^n \; \text{für } k \in \mathbb{N} \, , \; \sum_{n=0}^{\infty} 3^{-n} n^3 z^2 \, ,$$

$$\sum_{n=0}^{\infty} z^{n^2} \, , \; \sum_{n=0}^{\infty} \frac{n!}{n^n} z^n \, , \; \sum_{n=0}^{\infty} \theta^{n^2} z^n \; \text{mit } 0 < \theta < 1 \, .$$

2. Die Potenzreihen $\sum_{n=0}^{\infty} z^n$, $\sum_{n=0}^{\infty} n^{-1} z^n$, $\sum_{n=0}^{\infty} n^{-2} z^n$ haben $R = 1$ als Konvergenzradius. In welchen Punkten z auf dem Rand $\partial B_1(0)$ des Konvergenzkreises sind diese Reihen konvergent, absolut konvergent oder divergent? (Bei der zweiten Reihe beschränke man die Konvergenzuntersuchung auf die Punkte $z = 1$ bzw. -1.)

3. Man zeige $R \leq 1$ für den Konvergenzradius R einer Potenzreihe mit ganzzahligen Koeffizienten.

21   Produkte von Reihen

Nun wollen wir zeigen, wie man konvergente Reihen miteinander multipliziert. Hierbei beschränken wir uns auf absolut konvergente Reihen und geben einen besonders handlichen Ausdruck für die Produktreihe an, die sogenannte *Cauchysche Produktformel*. Sie lehrt uns, wie das Produkt zweier konvergenter Potenzreihen zu bilden ist und führt sehr schnell zur *Funktionalgleichung der Exponentialfunktion*.

Satz 1. *Sind $\sum_{j=0}^{\infty} A_j$ und $\sum_{k=0}^{\infty} B_k$ zwei absolut konvergente Reihen mit Gliedern A_j und B_k aus $M(d, \mathbb{C})$, und setzen wir*

$$(1) \qquad\qquad S := \left(\sum_{j=0}^{\infty} A_j \right) \cdot \left(\sum_{k=0}^{\infty} B_k \right) ,$$

so gilt

$$(2) \qquad S = \sum_{j=0}^{\infty} \left(\sum_{k=0}^{\infty} A_j B_k \right) = \sum_{k=0}^{\infty} \left(\sum_{j=0}^{\infty} A_j B_k \right) .$$

Ferner finden wir, daß für jede Anordnung der Produkte $A_j B_k$ zu einer Folge $C_0, C_1, C_2, \dots$ auch

$$(3) \qquad\qquad S = \sum_{\nu=0}^{\infty} C_\nu$$

gilt und daß die Reihe in (3) absolut konvergiert. Insbesondere erhalten wir **Cauchys Produktformel**

$$(4) \qquad\qquad S = \sum_{n=0}^{\infty} \left(\sum_{j=0}^{n} A_j B_{n-j} \right) .$$

Beweis. Sei

$$K' := \sum_{j=0}^{\infty} |A_j| \quad \text{und} \quad K'' := \sum_{k=0}^{\infty} |B_k|$$

sowie $K := K' K''$. Dann folgt

$$\sum_{j,k=0}^{N} |A_j B_k| \leq \sum_{j,k=0}^{N} |A_j| \cdot |B_k| = \left(\sum_{j=0}^{N} |A_j| \right) \cdot \left(\sum_{k=0}^{N} |B_k| \right) \leq K' K'' ,$$

und wir erhalten

$$(5) \qquad\qquad \sum_{j,k=0}^{N} |A_j B_k| \leq K \qquad \text{für alle } N \in \mathbb{N}_0 .$$

Sei $C_0, C_1, C_2, \dots$ irgendeine Anordnung der Produkte $A_j B_k$ mit $j, k \in \mathbb{N}$ (vermöge einer Abzählung der Doppelindizes $(j, k) \in \mathbb{N} \times \mathbb{N}$). Aus (5) folgt

$$\sum_{\nu=0}^{n} |C_\nu| \leq K \qquad \text{für alle } n \in \mathbb{N}_0 .$$

Somit ist die Reihe $\sum_{\nu=0}^{\infty} C_\nu$ absolut und daher auch unbedingt konvergent. Nun definieren wir S, zunächst von (1) abweichend, als

$$S := \sum_{\nu=0}^{\infty} C_\nu \,.$$

Dann gilt für jede andere Abzählung $C_0', C_1', C_2', \ldots$ der Produkte $A_j B_k$, daß die Reihe $\sum_{\nu=0}^{\infty} C_\nu'$ ebenfalls konvergiert und

$$S = \sum_{\nu=0}^{\infty} C_\nu'$$

ist. Insbesondere folgt mit

$$C_\nu := \sum_{j+k=\nu} A_j B_k = A_0 B_\nu + A_1 B_{\nu-1} + A_2 B_{\nu-2} + \ldots + A_\nu B_0$$

die Formel (3) und damit (4), denn die Partialsummen $\sum_{\nu=0}^{n} C_\nu$ dieser Reihe sind eine Teilfolge der Folge der Partialsummen $\sum_{\nu=0}^{n} C_\nu'$ derjenigen Reihe, deren Glieder C_ν' durch „Schrägabzählung" der Produkte $A_j B_k$ gewonnen werden. Setzen wir ferner

$$U_n := \sum_{j=0}^{n} A_j \,, \qquad V_n := \sum_{k=0}^{n} B_k$$

und

$$U := \lim_{n \to \infty} U_n \,, \qquad V := \lim_{n \to \infty} V_n \,,$$

so folgt $U_n V_n \to UV$. Andererseits gilt

$$U_n V_n = \sum_{j,k=0}^{n} A_j B_k \to S \qquad \text{für } n \to \infty \,,$$

weil die Folge $\{D_n\}$ mit $D_n := \sum_{j,k=0}^{n} A_j B_k$ als Teilfolge der Folge der Partialsummen einer Reihe $\sum_{\nu=0}^{\infty} C_\nu''$ aufgefaßt werden kann, deren Glieder C_ν'' durch „Quadratabzählung" der Produkte $A_j B_k$ entstehen. Also stimmt S mit der durch (1) definierten Matrix überein. Folglich gilt $U_n V \to UV$ sowie $UV_n \to UV$, und dies ist gleichbedeutend mit (2).

$\square$

Eine unmittelbare Folgerung aus Satz 1 (in Verbindung mit Satz 2 aus 1.20) ist das folgende Resultat:

Satz 2. *Sind $\sum_{n=0}^{\infty} A_n z^n$ und $\sum_{n=0}^{\infty} B_n z^n$ zwei in der Kreisscheibe $B_r(0) = \{z \in \mathbb{C} : |z| < r\}$, $r > 0$, konvergente Potenzreihen, so ist auch die Potenzreihe*

$$\sum_{n=0}^{\infty} \left(\sum_{j=0}^{n} A_j B_{n-j} \right) z^n$$

in $B_r(0)$ konvergent, und es gilt

(6) $$\left(\sum_{n=0}^{\infty} A_n z^n \right) \cdot \left(\sum_{n=0}^{\infty} B_n z^n \right) = \sum_{n=0}^{\infty} \left(\sum_{j=0}^{n} A_j B_{n-j} \right) z^n .$$

Korollar 1. *Für die Exponentialreihe $\exp(z) = \sum_{\nu=0}^{\infty} \frac{1}{\nu!} z^\nu$ gilt*

(7) $$\exp(z + w) = \exp(z) \exp(w) \quad \textit{für alle} \quad z, w \in \mathbb{C} .$$

Beweis. Es gilt

$$\sum_{j+k=\nu} \frac{z^j}{j!} \frac{w^k}{k!} = \frac{1}{\nu!} \left[\sum_{\mu=0}^{\nu} \binom{\nu}{\mu} z^\mu w^{\nu-\mu} \right] = \frac{1}{\nu!} (z + w)^\nu ,$$

und folglich ist nach Cauchys Produktformel

$$\left(\sum_{j=0}^{\infty} \frac{z^j}{j!} \right) \cdot \left(\sum_{k=0}^{\infty} \frac{w^k}{k!} \right) = \sum_{\nu=0}^{\infty} \frac{1}{\nu!} (z + w)^\nu .$$

$\square$

Ganz analog erhalten wir mit $A \in M(d, \mathbb{C})$ und $z \in \mathbb{C}$ für die matrixwertige Exponentialreihe

(8) $$\exp(z) := \sum_{\nu=0}^{\infty} \frac{1}{\nu!} (zA)^\nu = \sum_{\nu=0}^{\infty} \frac{1}{\nu!} A^\nu z^\nu$$

mit den Koeffizienten $A_\nu := \frac{1}{\nu!} A^\nu$ die Funktionalgleichung

(9) $$\exp\big((z + w)A\big) = \exp(zA) \exp(wA) \quad \text{für alle } z, w \in \mathbb{C} .$$

Aufgaben.

1. Man zeige, daß das Cauchyprodukt der Reihe $1 - \frac{1}{\sqrt{2}} + \frac{1}{\sqrt{3}} - \frac{1}{\sqrt{4}} + \ldots$ mit sich selbst divergent ist.

2. Man zeige: Ist das Cauchyprodukt $\sum_{n=0}^{\infty} c_n$ zweier konvergenter Reihen $\sum_{n=0}^{\infty} a_n$, $\sum_{n=0}^{\infty} b_n$ konvergent $(a_n, b_n \in \mathbb{C})$, so gilt $(\sum_{n=0}^{\infty} a_n) \cdot (\sum_{n=0}^{\infty} b_n) = (\sum_{n=0}^{\infty} c_n)$. (Hinweis: Sind A_n, B_n, C_n die Partialsummen der drei Reihen, so gilt $\sum_0^n C_\nu = \sum_{\nu=0}^n A_\nu B_{n-\nu}$. Gilt $A_\nu \to A$ und $B_\nu \to B$, so folgt $\frac{1}{n+1} \sum_{\nu=0}^n A_\nu B_{n-\nu} \to AB$.)

3. Man zeige: Ist eine der beiden Reihen $\sum_0^\infty a_n$ und $\sum_0^\infty b_n$ konvergent, die andere absolut konvergent $(a_n, b_n \in \mathbb{C})$, so konvergiert ihr Cauchyprodukt $\sum_0^\infty c_n$, und es gilt $(\sum_0^\infty a_n) \cdot (\sum_0^\infty b_n) = \sum_0^\infty c_n$.

Kapitel 2

Der Begriff der Stetigkeit

In diesem Kapitel behandeln wir zunächst den Begriff der *Stetigkeit* von Funktionen, der im wesentlichen von Augustin-Louis Cauchy stammt und von ihm in seinem *Cours d'Analyse* (1821) eingeführt wurde. Die heute benutzte „ϵ-δ-Definition" der Stetigkeit, die wir in Abschnitt 4 formulieren werden, stammt von Karl Weierstraß und wurde von ihm in seinem viersemestrigen Vorlesungszyklus der Analysis verwendet, den er zwischen 1857 und 1887 insgesamt sechzehnmal gehalten hat.

Der Cauchy-Weierstraßsche Stetigkeitsbegriff unterscheidet sich grundlegend von dem Eulerschen, wonach eine Funktion stetig heißt, falls sie durch einen einzigen *analytischen* Ausdruck beschrieben werden kann; anderenfalls nannte Euler sie unstetig (oder diskontinuierlich). Freilich ist bei den älteren Autoren nicht immer klar präzisiert, was unter einem „analytischen Ausdruck" zu verstehen ist; gewöhnlich bezeichnete dies Ausdrücke, die durch endliche oder auch unendliche Anwendung algebraischer Operationen wie Addition, Subtraktion, Multiplikation, Division, Wurzelziehen gebildet werden. Hierbei unterschied Euler zwischen algebraischen und transzendenten Funktionen, je nachdem ob endlich oder unendlich viele Operationen erforderlich sind. Im Eulerschen Sinne galt $f(x) := |x|$, $x \in \mathbb{R}$, als unstetig, weil durch zwei analytische Ausdrücke gegeben, nämlich

$$f(x) = x \quad \text{für } x \geq 0 \quad \text{und} \quad f(x) = -x \quad \text{für } x < 0\,,$$

während für Cauchy wie für uns diese Funktion stetig ist.

Wir beginnen damit, Funktionen in verschiedener Weise geometrisch zu interpretieren. Es ist überaus nützlich, diese unterschiedlichen Bilder vor Augen zu haben, weil sie abstrakte Erörterungen lebendig werden lassen. Diesem Zweck dient auch eine andere Art, die Analysis zu geometrisieren, welche wir in Abschnitt 2.2 beschreiben. Hierbei fassen wir alle Funktionen $f : M \to \mathbb{R}^d$ zu einer Gesamtheit $\mathcal{F}(M, \mathbb{R}^d)$ zusammen, der wir die Struktur eines Vektorraums über dem Körper $\mathbb{R}$ geben. Gewisse Teilmengen von $\mathcal{F}(M, \mathbb{R}^d)$, insbesondere solche mit Vektorraumstruktur, spielen in der Analysis eine fundamentale Rolle, beispielsweise die Klasse $\mathcal{B}(M, \mathbb{R}^d)$ der *beschränkten Funktionen* und die Klasse $C^0(M, \mathbb{R}^d)$ der *stetigen Funktionen*, die wir in 2.4 einführen. Die Klasse $\mathcal{B}(M, \mathbb{R}^d)$

kann man mit der Supremumsnorm versehen und so zu einem *normierten linearen Raum* machen, in dem der *Abstand* zweier Funktionen definiert ist. Dadurch lassen sich die Begriffe aus Kapitel 1 wie etwa Konvergenz und Grenzwert von Folgen sogleich auf Funktionenräume übertragen. Diese Auffassung hat sich im Anschluß an Cantors Mengenlehre entwickelt und durchzieht seit etwa 1900 die gesamte Analysis wie ein roter Faden, weil sie es erlaubt, die Analysis in vielen Teilen zu algebraisieren oder zu geometrisieren.

In Abschnitt 2.3 definieren wir den *Grenzwertbegriff für Funktionen*. Diese Begriffsbildung ist grundlegend für die Definition der Ableitung einer Funktion. Begriffe wie *Geschwindigkeit* und *Beschleunigung* einer Bewegung, die wir Galileo Galilei verdanken, können ohne den Begriff des Grenzwerts nicht exakt gefaßt werden; ohne ihn steht die gesamte Analysis auf sumpfigem Grund.

Die *stetigen Funktionen* werden in Abschnitt 2.4 eingeführt. Sie können weitaus komplizierter sein, als die sogenannte „Anschauung" zunächst suggeriert. Beispielsweise zeigen die *Peanokurven*, daß ein Quadrat in $\mathbb{R}^2$ oder ein Würfel in $\mathbb{R}^3$ das stetige Bild eines Intervalles auf der Zahlengeraden sein kann. In 2.5 beweisen wir den sogenannten *Zwischenwertsatz* von Bolzano, wonach eine stetige Funktion $f : I \to \mathbb{R}$ auf einem Intervall I aus $\mathbb{R}$ jeden Wert zwischen ihrem Infimum und ihrem Supremum auf I in mindestens einem Punkt von I wirklich annimmt. Der Graph einer stetigen Funktion hat also keine Lücken. Hieraus ergibt sich der wichtige Satz, daß die Umkehrfunktion einer stetigen monotonen Funktion stetig ist.

In Abschnitt 2.6 beweisen wir zwei weitere fundamentale Eigenschaften stetiger Funktionen. Als erstes zeigen wir, daß das stetige Bild einer kompakten Menge ebenfalls kompakt ist. Hieraus folgt der grundlegende *Satz von Weierstraß*, daß eine auf einer kompakten Menge K des $\mathbb{R}^n$ stetige reelle Funktion ihr Maximum und ihr Minimum in mindestens einem Punkt aus K wirklich annimmt. Eine bemerkenswerte Anwendung dieses Resultates ist der *Fundamentalsatz der Algebra*, den wir in Abschnitt 2.7 beweisen.

Zum Schluß des Kapitels formulieren wir in 2.8 den Begriff der *gleichmäßigen Stetigkeit* und zeigen,daß eine auf einer kompakten Menge stetige Funktion automatisch gleichmäßig stetig ist. Hieraus ergibt sich in 3.7, daß jede stetige Funktion integrierbar ist.

Weiterhin definieren wir die Begriffe der *punktweisen Konvergenz* und der *gleichmäßigen Konvergenz* einer Folge $\{f_n\}$ von Funktionen $f_n : M \to \mathbb{R}^d$. Der punktweise Limes stetiger Funktionen braucht nicht stetig zu sein; dagegen ist der gleichmäßige Grenzwert stetiger Funktionen wiederum stetig. Ein entsprechendes Resultat gilt für Reihen stetiger Funktionen, und das *Majorantenkriterium* liefert eine handliche Bedingung, mit der sich die gleichmäßige Konvergenz von Reihen stetiger Funktionen sichern läßt. Wir zeigen weiter, wie man auf kompakten Mengen die gleichmäßige Konvergenz mittels der sogenannten *Maximumsnorm* formulieren kann. Dann beweisen wir den *Satz von Dini*, wonach eine monotone, punktweise konvergente Folge stetiger Funktionen auf einer kompakten Menge auch gleichmäßig konvergiert, falls die Grenzfunktion stetig ist. Abschließend folgt der *Weierstraßsche Approximationssatz.*

1 Geometrische Deutung von Funktionen

Betrachten wir eine nichtleere Menge M des $\mathbb{R}^n$ und eine Funktion (oder Abbildung) $f : M \to \mathbb{R}^d$, die also jedem Element $x \in M$ ein Element $f(x)$ des $\mathbb{R}^d$ zuordnet, in Zeichen: $x \mapsto f(x)$. Eine solche Funktion kann in vielfältiger Weise geometrisch interpretiert werden, und je nach Gelegenheit ist es nützlich, das eine oder das andere Bild zu verwenden. In diesem Abschnitt wollen wir einige dieser geometrischen Deutungen beschreiben.

(i) *Höhenfunktion.* Ist $d = 1$, so faßt man $f(x)$ zumeist als Höhe des Punktes $(x, f(x))$ in $\mathbb{R}^{n+1} = \mathbb{R}^n \times \mathbb{R}$ über dem Punkt x im n-dimensionalen Definitionsbereich M von f auf. Der Graph von f, also die Menge

$$(1) \qquad \operatorname{graph} f := \{(x, f(x)) : x \in M\} = G(f) \,,$$

beschreibt also eine Berglandschaft über einer Menge M des $\mathbb{R}^n$. Anschaulich darstellen kann man dieses Bild nur in den Dimensionen $n = 1$ und $n = 2$, aber es ist vielfach hilfreich und phantasieanregend, sich ein ähnliches Bild im Fall von n Dimensionen zu machen.

Für $n = 1$ beschreibt $\operatorname{graph} f$ eine „*Kurve*" C im $\mathbb{R}^2$. Sie ist so über ihrer orthogonalen Projektion M auf die x-Achse des $\mathbb{R}^2$ ausgebreitet, daß über jedem Punkt x von M genau ein Punkt von C liegt.

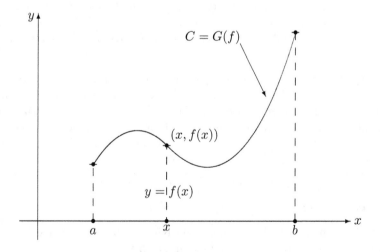

Für $n = 2$ beschreibt graph f eine zweidimensionale „*Fläche*" F im $\mathbb{R}^3$, die über ihrer orthogonalen Projektion M auf die x_1, x_2-Ebene des $\mathbb{R}^3$ ausgebreitet ist, so daß über jedem Punkt (x_1, x_2) von M genau ein Punkt von F liegt. Es ist hier bequemer, $x = x_1$, $y = x_2$ zu schreiben, also den Punkten von M die Koordinaten x, y in $\mathbb{R}^2$ zu geben und $z = f(x, y)$ als Höhe von F über (x, y) anzusehen.

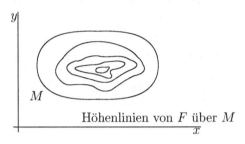

Höhenlinien von F über M

Interessant sind die Punktmengen

$$\Gamma(c) := \{(x, y) \in M : f(x, y) = c\} , \ c \in \mathbb{R} ,$$

die sogenannten *Höhenlinien* oder *Niveaulinien* von F zum Niveau c. Sie sind in vielen Karten eingezeichnet, und man kann sich aus ihnen schon ein recht gutes Bild der Berglandschaft F machen. Beispielsweise beschreibt $f(x, y) :=$ $\sqrt{r^2 - x^2 - y^2}$ mit $M := \{(x, y) \in \mathbb{R}^2 : x^2 + y^2 \leq r^2\}$ eine Halbsphäre vom Radius r über der Kreisscheibe $M = K_r(0) = \{(x, y) \in \mathbb{R}^2 : x^2 + y^2 \leq r^2\}$, und für $0 \leq c < r$ sind die Höhenlinien $\Gamma(c)$ gerade die Kreise

$$\{(x, y) \in \mathbb{R}^2 : \ x^2 + y^2 = r^2 - c^2\} ,$$

während sich $\Gamma(r)$ auf den Punkt $(x, y) = (0, 0)$ reduziert.

Für $n = 1$ nennt man $C = \text{graph} f$ eine *nichtparametrische Kurve* in $\mathbb{R}^2$, für $n = 2$ heißt $F = \text{graph} f$ eine *nichtparametrische Fläche* in $\mathbb{R}^3$, und allgemeiner heißt $F = \text{graph} f$ für $n > 2$ eine *n-dimensionale nichtparametrische Hyperfläche* im $\mathbb{R}^{n+1}$.

Weiterhin: Ist $f(x, y)$ auf $M \subset \mathbb{R}^2$ gegeben, so nennt man $\Gamma(c)$ eine *gleichungs-definierte Kurve* in $\mathbb{R}^2$. (Eine solche Kurve kann durchaus aus mehreren nicht miteinander zusammenhängenden Komponenten bestehen. Um dies einzusehen, muß man nur ein geeignetes Gebirge mit mehreren Bergkuppen in geeigneter Höhe schneiden). Ist $n = 3$ und $f(x, y, z)$ auf M in $\mathbb{R}^3$ gegeben, so nennt man das Gebilde

$$(2) \qquad \Gamma(c) := \{(x, y, z) \in M : f(x, y, z) = c\} , \ c \in \mathbb{R}$$

eine *gleichungsdefinierte 2-dimensionale Fläche* im $\mathbb{R}^3$.

Offensichtlich kann man nichtparametrische Kurven bzw. Flächen graph f als Niveaulinien bzw. Niveauflächen auffassen, nämlich von

$$(3) \qquad \phi(x, y, z) := z - f(x, y)$$

bzw. von

(4) $$\phi(x, y, z, w) := w - f(x, y, z)$$

für das Niveau $c = 0$.

Entsprechend können wir eine nichtparametrische n-dimensionale Hyperfläche graph f als Niveauhyperfläche der Funktion $\phi : M \times \mathbb{R} \to \mathbb{R}$ mit

(5) $$\phi(x, z) := z - f(x) , \quad (x, z) \in M \times \mathbb{R} ,$$

zum Niveau $c = 0$ interpretieren.

(ii) *Schnittgebilde.* Ist $n > 1$ und $1 \leq d \leq n - 1$, so hat $f(x)$ gerade d Koordinatenfunktionen $f_1(x), \ldots, f_d(x)$, und für $c = (c_1, \ldots, c_d)$ ist die Menge $\Gamma(c)$ der Punkte $x \in M$, die der vektoriellen Gleichung

(6) $$f(x) = c$$

genügt, gerade die Menge der Punkte $x \in M$, die d skalaren Gleichungen

(7) $$f_j(x) = c_j , \quad 1 \leq j \leq d ,$$

genügen. Jede dieser skalaren Gleichungen beschreibt eine Hyperfläche F_j in $\mathbb{R}^n$, und somit ist $\Gamma(c)$ das Schnittgebilde dieser Hyperflächen, also

$$\Gamma(c) = F_1 \cap F_2 \cap \cdots \cap F_d .$$

Man kann die Gleichungen (7) als *Bindungsgleichungen* für die freien Variablen $x_1, \ldots, x_n$ interpretieren. In „allgemeiner Lage" wird also ein Punkt x auf $\Gamma(c)$ noch $r = n - d$ Freiheitsgrade haben. Dies ist in der Tat der Fall; der genaue Sachverhalt wird vom *Satz über implizite Funktionen* beschrieben, den wir in Band 2 behandeln werden. Dazu ist es hilfreich, erst einmal lineare Schnittgebilde zu untersuchen, ein Problem, das im Zentrum der Vorlesung „Lineare Algebra I" steht.

(iii) *Parameterdarstellungen von Kurven und Flächen.* Betrachten wir zunächst den Fall $n = 1$ und $d \geq 1$. Wir nennen jetzt die unabhängige Variable t statt x und interpretieren sie als einen „Zeitparameter" (oder „Zeitvariable", oder einfach als „Zeit"), der (oder die) in einem Zeitintervall $I \subset \mathbb{R}$ als Definitionsbereich variiert. Gegeben ist eine Funktion $f : I \to \mathbb{R}^d$, die jedem Zeitpunkt t aus I einen Ort $x = f(t)$ in $\mathbb{R}^d$ zuweist. Die Abbildung $t \mapsto f(t)$ beschreibt also eine *Bewegung* eines Punktes in $\mathbb{R}^d$ längs eines *Orbits*

$$\Gamma = f(I) := \{x \in \mathbb{R}^d : x = f(t) , \ t \in I\}$$

in $\mathbb{R}^d$. Statt „Orbit" spricht man auch von der *Bahnkurve* oder *Trajektorie* oder *Spur* der Bewegung. Leider ist die Bezeichnung „Bewegung" in der deutschen Literatur nicht üblich, man spricht statt dessen von einer *Kurve* oder einem

Weg, obwohl eigentlich eine *Kurvenfahrt* gemeint ist, d.h. die Angabe der Trajektorie und des Fahrplanes längs der Trajektorie. Denken wir etwa an die Bahn
eines Planeten, Kometen oder Satelliten; dann ist es ja interessant zu erfahren,
zu welcher Zeit sich der Himmelskörper an einer bestimmten Stelle seiner Bahn
befindet. Leider werden die Begriffe „Kurve" oder „Weg" in doppeltem Sinn verwendet, nämlich sowohl für die Punktmenge $\Gamma = f(I)$, die *Spur von f*, als auch
für f selbst. Auch wir wollen diese Doppeldeutigkeit gestatten und den Begriff
Kurve im doppelten Sinne verwenden. Aus dem Zusammenhang wird jeweils
hervorgehen, was gemeint ist. Wenn wir eine Punktmenge Γ des $\mathbb{R}^d$ als Kurve
bezeichnen, nennen wir eine Abbildung (Funktion) $f : I \to \mathbb{R}^d$ mit $\Gamma = f(I)$
eine *Darstellung der Kurve* Γ. In diesem Sinne sind also *Kurvendarstellungen*
und *Bewegungen* (von Punkten) gleichbedeutende Begriffe.

Betrachten wir nun den Fall $n = 2$, $d = 3$. Hier nennen wir $f : M \to \mathbb{R}^3$,
$M \subset \mathbb{R}^2$, *Darstellung eines Flächenstückes* $F \subset \mathbb{R}^3$. Das von f dargestellte
Flächenstück F ist die Punktmenge $F := f(M)$, die wir die *Spur von f* nennen
wollen. Zweidimensionale Flächenstücke im $\mathbb{R}^3$ werden also durch Abbildungen

$$(u, v) \mapsto f(u, v) = (x(u,v), y(u,v), z(u,v))$$

geliefert, wobei die sogenannten *Gaußschen Parameter* u, v in dem zweidimensionalen Parameterbereich M variieren.

Allgemein können wir $f : M \to \mathbb{R}^d$, $M \subset \mathbb{R}^n$ mit $n < d$, als n-dimensionales
parametrisches Flächenstück mit der Spur $f(M) =: F$ deuten. Man nennt f auch
Parameterdarstellung von F. Freilich sind auch nichtparametrische Hyperflächen
sehr wohl Parameterdarstellungen, nämlich von der speziellen Form

$$x \mapsto \phi(x) := (x, f(x)) \ .$$

(iv) *Transformationen und Projektionen*. Ist $d = n$ und f injektiv, so spricht man
häufig von einer *Transformation*. Beispielsweise geht man häufig von Koordinaten x zu neuen Koordinaten y über vermöge einer Transformation $y = f(x)$. Ist
die Transformation f nicht linear, so sagt man gelegentlich, man habe statt der
„geradlinigen" Koordinaten $x_1, \ldots, x_n$ „krummlinige" Koordinaten $y_1, \ldots, y_n$
eingeführt. Der Sinn dieser etwas merkwürdigen Bezeichnung erschließt sich sehr
leicht, wenn wir den Spezialfall $n = d = 2$ betrachten.

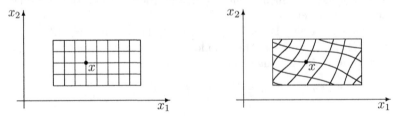

Hier ist die Lage eines Punktes beschrieben als Schnittpunkt zweier Linien $x_1 =$
const und $x_2 =$ const. Man kann den Punkt x auch beschreiben durch die Lage

seines Bildpunktes $y = f(x)$ im y-Raum, und dieser ist der Schnittpunkt zweier gerader Linien $y_1 = $ const und $y_2 = $ const. Betrachtet man die Urbilder

$$C_j := \{x \in M : x = f^{-1}(y_1, y_2)\, ,\, y_j = \text{ const}\, ,\, y \in f(M)\}\, ,\, j = 1, 2\, ,$$

dieser Linien im x-Raum, so sind dies im allgemeinen „krumme Linien", und die Lage von x wird dann in äquivalenter Weise beschrieben als Schnittpunkt zweier Linien C_1, C_2.

Für $n > d$ nennt man $f : M \to \mathbb{R}^d$ mit $M \subset \mathbb{R}^n$ oft eine *Projektion*. Beispielsweise benutzt man seit der Renaissance in der Malerei *Zentral-* und *Parallelprojektionen* (Lehre von der *Perspektive*), und in der mathematischen Geographie werden die verschiedensten Projektionen (Mercatorprojektion, Kegelprojektion, stereographische Projektion) verwendet.

(v) *Vektorfelder.* Eine Funktion $f : M \to \mathbb{R}^d$ kann man auch als ein *Vektorfeld auf M* (oder *längs M*) interpretieren. Man denkt sich hierbei an jeden Punkt x von M einen Vektor $f(x) \in \mathbb{R}^d$ „angeheftet". So sind etwa *Kraftfelder* in der Physik Beispiele von Vektorfeldern. Denken wir uns etwa an der Stelle y des $\mathbb{R}^3$ eine „Punktmasse" m angebracht, so übt sie nach dem Newtonschen **Gravitationsgesetz** auf eine an der Stelle $x \in \mathbb{R}^3 \backslash \{y\}$ befindliche Punktmasse μ eine Anziehungskraft $K(x)$ aus, die durch

$$K(x) = \gamma \mu m r^{-3} \cdot (y - x)\, ,\, r := |x - y|$$

gegeben ist, wobei γ die Gravitationskonstante bedeutet. Die Kraft $K(x)$ hat die „Stärke"

$$|K(x)| = \gamma \mu m r^{-2}\, .$$

Ganz analog ist das *Coulombgesetz* gebaut. Hierbei werden die Punktmassen $m, \mu > 0$ durch Punktladungen e_0 und e ersetzt. Die von der in y befindlichen Ladung e_0 auf die in x angebrachte Punktladung e wirkende Coulombkraft $K(x)$ ist gegeben durch

$$K(x) = e e_0 r^{-3} (x - y)\quad ,\quad r := |x - y|\, ,$$

wobei $K(x)$ *abstoßend* wirkt, wenn e und e_0 dasselbe Vorzeichen haben, anderenfalls anziehend. Die Funktion

$$E(x) = e_0 r^{-3} (x - y)$$

wird als die *elektrische Feldstärke* im Punkte x bezeichnet. Genauer gesagt handelt es sich um die Stärke des von der Punktladung e_0 erzeugten elektrischen Feldes an der Stelle x. Weitere Beispiele für Vektorfelder sind die Feldstärke eines *magnetischen Feldes* oder das *Geschwindigkeitsfeld* einer Flüssigkeitsströmung.

Von ganz besonderer Bedeutung sind die sogenannten *Gradientenfelder*. Um deren Wesen zu erklären, denken wir uns über der Ebene $\mathbb{R}^2$ ein Gebirge ausgebreitet, das als Graph einer

Funktion $V : \mathbb{R}^2 \to \mathbb{R}$ beschrieben ist. Wir betrachten die Niveaulinien $\Gamma(c) := \{x \in \mathbb{R}^2 : V(x) = c\}$ von V in der Karte $\mathbb{R}^2$ des Gebirges, fixieren einen Punkt x auf einer solchen Linie und zeichnen in der Karte an der Stelle x einen Einheitsvektor $e(x)$ ein, der angibt, in welcher Richtung auf der Karte fortzuschreiten ist, um im darüberliegenden Gelände graph V in der Richtung *steilsten Anstieges* zu gehen. Man multipliziert $e(x)$ mit der *Größe des Anstiegs* und nennt den so entstehenden Vektor den *Gradienten von V an der Stelle* x, in Zeichen: grad $V(x)$.

Der entgegengesetzte Vektor $-$grad $V(x)$ bezeichnet dann Richtung und Größe des stärksten Abfalls des Geländes an der Stelle x.

Sowohl grad $V(x)$ wie $-$grad $V(x)$ stehen in $x \in \Gamma(c)$ senkrecht auf $\Gamma(c)$. Freilich ist die hier gegebene Beschreibung von grad V nur intuitiv und nicht präzise; für eine exakte Definition von grad V benötigen wir die Differentialrechnung. Wir vermerken aber, daß in der Physik die eben beschriebene Situation häufig vorkommt. Hier ist dann $V(x)$ die *potentielle Energie* eines gewissen Kraftfeldes $K(x)$, das durch

$$K(x) = -\text{grad } V(x)$$

gegeben ist. Solche Kraftfelder heißen *konservativ*.

Aufgaben.

1. Bezeichne F den Graphen einer Funktion $f : \mathbb{R}^2 \to \mathbb{R}$, also
$$F = \{(x,y,z) \in \mathbb{R}^3 : z = f(x,y),\ (x,y) \in \mathbb{R}^2\}\ .$$
(i) Warum nennt man F für $f(x,y) := x^2 + y^2$ ein *Rotationsparaboloid*? Was sind die Niveaulinien von F in $\mathbb{R}^2$?
(ii) Man skizziere das „hyperbolische Paraboloid" F, das durch $f(x,y) := x^2 - y^2$ definiert ist. Was sind seine Niveaulinien? Wie sehen die Schnittkurven von F mit den Ebenen E_1, E_2, E_3, $E_4 \subset \mathbb{R}^3$ aus, die durch die Gleichungen $y = 0$, $x = 0$, $x = y$ bzw. $x = -y$ definiert sind? Warum kann man F als eine *Sattelfläche* bezeichnen? (Skizze von F!)

2. Man skizziere die Niveauflächen $\Gamma(c)$ der durch $f(x,y,z) := x^2 + y^2 - z^2$ definierten Funktion $f : \mathbb{R}^3 \to \mathbb{R}$ für $c > 0$, $c = 0$, $c < 0$ (*einschaliges Hyperboloid, Kegel, zweischaliges Hyperboloid*).

3. Wie läßt sich eine rotationssymmetrische Zylinderfläche F („Kreiszylinder") als Graph einer Funktion $f : \mathbb{R}^3 \to \mathbb{R}$ beschreiben?

4. Die Niveauflächen $\Gamma(c)$ mit $c > 0$ der Fläche $F = \text{graph } f$ mit $f(x,y,z) := \kappa x^2 + \lambda y^2 + \mu z^2$ sind *Ellipsoide*, falls $0 < \kappa \leq \lambda \leq \mu$.
(i) Man zeige: Das Schnittgebilde von F mit einer Ebene durch den Ursprung ist eine Ellipse.
(ii) Was sind die Zahlen $\max \Gamma(c)$ und $\min \Gamma(c)$?

5. Man klassifiziere die Schnittlinien eines Kegels $F := \{(x,y,z) \in \mathbb{R}^3 : x^2 + y^2 - z^2 = 0\}$ mit den (affinen) Ebenen des $\mathbb{R}^3$.

6. Die komplexe Ebene $\mathbb{C}$ werde durch Hinzunahme eines fiktiven *unendlich fernen Punktes* ∞ zur *abgeschlossenen komplexen Ebene* $\hat{\mathbb{C}}$ erweitert, $\hat{\mathbb{C}} := \mathbb{C} \cup \{\infty\}$. Wir definieren die Abbildung $f : \hat{\mathbb{C}} \to \hat{\mathbb{C}}$ durch $f(0) := \infty$, $f(\infty) := 0$, $f(z) := |z|^{-2}z$ für $z \in \mathbb{C} \setminus \{0\}$ (*Spiegelung am Einheitskreis*). Zu zeigen ist:
(i) f ist eine Bijektion von $\hat{\mathbb{C}}$ auf sich.
(ii) f bildet vom Nullpunkt ausgehende Strahlen auf sich ab.
(iii) $f \circ f = id$, d.h. f ist eine Involution.
(iv) Das Bild einer Kreislinie unter f ist eine Kreislinie oder eine Gerade.
(v) Welcher Kreis bleibt unter f punktweise fest?
(vi) Was sind die Bilder von Geraden?

7. Sei $a > b > 0$. Die Gleichung $(*)$ $\frac{x^2}{a-t} + \frac{y^2}{b-t} = 1$ für $(x,y) \in \mathbb{R}^2$ beschreibt eine Ellipse für $t \in (-\infty, b)$ und eine Hyperbel für $t \in (b,a)$, wobei t ein fest gewählter Parameterwert aus $(-\infty, a) \setminus \{b\}$ sei.

(i) Man zeige, daß diese Kegelschnitte *konfokal* sind, d.h. die gleichen Brennpunkte haben, nämlich $(0, \pm c)$ mit $c := \sqrt{a - b}$.

(ii) Wenn man aus $\mathbb{R}^2$ die beiden Koordinatenachsen herausnimmt und die verbleibende Menge mit E bezeichnet, so gibt es für jedes $(x, y) \in E$ genau ein $t \in (-\infty, b)$ und genau ein $t \in (b, a)$, so daß $(*)$ gilt. Diese beiden t-Werte bezeichnen wir mit ξ bzw. η und definieren $f : E \to \mathbb{R}^2$ durch $f(x, y) := (\xi, \eta)$. Man zeige, daß f auf E injektiv ist und bestimme die Inverse von $f|_E$.

(iii) Wie lauten die Gleichungen der obigen konfokalen Kegelschnitte in den neuen „Koordinaten" ξ, η ?

8. Ein Vektorfeld $f : M \to \mathbb{R}^d$ auf $M \subset \mathbb{R}^d$ heißt
    * *parallel*, wenn es einen Vektor $v \in \mathbb{R}^d$ und eine Funktion $\varphi : M \to \mathbb{R}$ mit $f(x) = \varphi(x)v$ gibt;
    * *zentral* (oder *stigmatisch*) mit dem Zentrum x_0, wenn $M := \mathbb{R}^d$ oder $\mathbb{R}^d \setminus \{x_0\}$ und f von der Form $f(x) := \varphi(r) \frac{x - x_0}{r}$ für $x \in \mathbb{R}^d \setminus \{x_0\}$ mit $r := |x - x_0|$ und $\varphi : (0, \infty) \to \mathbb{R}$ ist.

    (i) Auf welchen Flächen steht ein paralleles bzw. zentrales Vektorfeld $f : \mathbb{R}^d \to \mathbb{R}^d$ bzw. $f : \mathbb{R}^d \setminus \{x_0\} \to \mathbb{R}^d$ senkrecht?

    (ii) Welche der Vektorfelder $f : \mathbb{R}^2 \setminus \{(0, 0)\} \to \mathbb{R}^2$ sind parallel bzw. zentral?

    $$f(x, y) := (x^3 + x - y(2x - xy), \, y^2(y - 2) + x^2y + y),$$

    $$f(x, y) := (x^3 + x, y^3 + y), \, f(x, y) := (x^2 + y^2 + 2, x^2 + y^2 - 2),$$

    $$f(x, y) := (x^2 + y^2 + 2, \, (x + 2)(y + 2) - 2(x + y + 2)).$$

9. Ein Vektorfeld $f : M \to \mathbb{R}^d$ mit $M \subset \mathbb{R}^d$ heißt rotationssymmetrisch bezüglich des Punktes $x_0 \in \mathbb{R}^d$, wenn für jede orthogonale Transformation $U : \mathbb{R}^d \to \mathbb{R}^d$ gilt:
    (i) $UM = M$, (ii) $f(x) = f(x_0 + U(x - x_0))$ für M.
    Ist $f : \mathbb{R}^2 \setminus \{(0, 0)\} \to \mathbb{R}^2$ mit $f(x, y) := \left(\frac{y}{x^2 + y^2}, -\frac{x}{x^2 + y^2} \right)$ rotationssymmetrisch?

10. Welche Vektorfelder sollte man *axialsymmetrisch* (d.h. symmetrisch bezüglich einer orientierten Geraden (= Achse)) nennen?

2 Vektorräume von Funktionen. Beschränkte Funktionen

Es ist ein Wesenszug der Mathematik, gleichartige Objekte zu einer Menge zusammenzufassen und nach Möglichkeit zu geometrisieren, zu einem geometrischen Raum zu machen. Beispielsweise fassen wir alle Funktionen

$$(1) \qquad\qquad f : M \to \mathbb{R}^d$$

einer fixierten Menge M des $\mathbb{R}^n$ zu einer Menge zusammen, die wir den *Funktionenraum* $\mathcal{F}(M, \mathbb{R}^d)$ nennen. Jedes Element von $\mathcal{F}(M, \mathbb{R}^d)$ ist also eine Funktion vom Typ (1). Im folgenden wollen wir stets voraussetzen, daß M *nichtleer* ist; dann ist auch $\mathcal{F}(M, \mathbb{R}^d)$ nichtleer.

Wir wollen $\mathcal{F}(M, \mathbb{R}^d)$ mit einer Vektorraumstruktur versehen, d.h. zu einem Vektorraum über dem Körper $\mathbb{R}$ machen. Dazu definieren wir die *Summe* $f + g$ zweier Elemente $f, g \in \mathcal{F}(M, \mathbb{R}^d)$ als

$$(2) \qquad\qquad (f + g)(x) := f(x) + g(x) \quad \text{für } x \in M$$

und das *Produkt* λf eines Skalars $\lambda \in \mathbb{R}$ mit einer Funktion $f \in \mathcal{F}(M, \mathbb{R}^d)$ als

(3) $(\lambda f)(x) := \lambda f(x)$ für $x \in M$.

Man prüft sehr leicht, daß $\mathcal{F}(M, \mathbb{R}^d)$ ein reeller Vektorraum mit der Funktion $f(x) \equiv 0$ (d.h. $f(x) = 0$ für alle $x \in M$) ist; diese Funktion bezeichnen wir mit 0, d.h.

(4) $0(x) := 0 \in \mathbb{R}^d$ für alle $x \in M$.

Das inverse Element bezüglich der Addition für ein $f \in \mathcal{F}(M, \mathbb{R}^d)$ ist die Funktion $-f \in \mathcal{F}(M, \mathbb{R}^d)$, die durch

(5) $(-f)(x) := -f(x)$

definiert ist.

Für $d = 1$ ist der Zielraum $\mathbb{R}^1 = \mathbb{R}$; *in diesem Fall wollen wir immer* $\mathcal{F}(M)$ *statt* $\mathcal{F}(M, \mathbb{R})$ *schreiben.* Sind $f, g \in \mathcal{F}(M, \mathbb{R}^d)$, so können wir die Funktionen $|f|, |f|_*$ und $f \cdot g$ aus $\mathcal{F}(M)$ bilden, die durch

(6) $|f|(x) := |f(x)|$, $|f|_*(x) := |f(x)|_*$ für alle $x \in M$,

(7) $(f \cdot g)(x) := f(x) \cdot g(x)$ für alle $x \in M$

definiert sind.

Für $f, g \in \mathcal{F}(M)$ können wir auch die *Quotientenfunktion* $f/g \in \mathcal{F}(M)$ definieren als

(8) $(f/g)(x) := f(x)/g(x)$ für $x \in M$,

wenn nur $g(x) \neq 0$ ist für alle $x \in M$. Weiterhin können wir auf $\mathcal{F}(M)$ eine „*Halbordnung*" definieren, indem wir festsetzen:

(9) $f \leq g \;\Leftrightarrow\; f(x) \leq g(x)$ für alle $x \in M$.

Besonders herausheben wollen wir noch den Fall komplexwertiger Funktionen

(10) $f : M \to \mathbb{C}$;

die Menge dieser Funktionen sei mit $\mathcal{F}(M, \mathbb{C})$ bezeichnet. Wir können diese Menge zu einem *komplexen Vektorraum*, d.h. zu einem Vektorraum über dem Körper $\mathbb{C}$ machen, wenn wir die Addition wieder durch (2) und die Multiplikation mit Skalaren $\lambda \in \mathbb{C}$ durch (3) definieren. Ferner ist mit $f, g \in \mathcal{F}(M, \mathbb{C})$ auch die Produktfunktion fg und, falls $g(x) \neq 0$ für alle $x \in M$ ist, auch die Quotientenfunktion f/g definiert als

(11) $(fg)(x) := f(x)g(x)$, $(f/g)(x) := f(x)/g(x)$ für $x \in M$.

Der Raum $\mathcal{F}(M, \mathbb{C})$ ist sogar eine *Algebra über* $\mathbb{C}$, während $\mathcal{F}(M) = \mathcal{F}(M, \mathbb{R})$ eine *Algebra über* $\mathbb{R}$ ist.

Im weiteren Verlauf spielen ausgezeichnete Teilmengen von $\mathcal{F}(M, \mathbb{R}^d)$ und $\mathcal{F}(M, \mathbb{C}^d)$ eine Rolle, insbesondere solche, die wiederum Vektorräume über $\mathbb{R}$ bzw. $\mathbb{C}$ sind.

☐1 Betrachten wir als wichtiges Beispiel eines Vektorraumes den Raum $\mathcal{P}$ der komplexen Polynome $p : \mathbb{C} \to \mathbb{C}$, die durch

$$p(z) := a_0 + a_1 z + a_2 z^2 + \cdots + a_m z^m$$

definiert sind. Jedes solche Polynom ist eine Linearkombination der Potenzen

$$(12) \qquad p_0(z) := 1 \ , \ p_1(z) := z \ , \ p_2(z) := z^2, \ldots, \ p_m(z) := z^m \ , \ldots \ .$$

☐2 Ein anderes wichtiges Beispiel sind die rationalen Funktionen $r := p/q$ mit $p, q \in \mathcal{P}$, $q(z) \not\equiv 0$, die auf $\mathbb{C} \backslash N(q)$ definiert sind, wobei $N(q) := \{ z \in \mathbb{C} : q(z) = 0 \}$ die Nullstellenmenge von q bezeichnet. Diese Funktionen bilden wiederum einen linearen Raum über $\mathbb{C}$, dessen präzise Definition aber einige Schwierigkeiten bereiten würde, denn zum einen hat jede rationale Funktion $r = p/q$ (im Prinzip) einen eigenen Definitionsbereich, und zum anderen ist der Definitionsbereich von r erst dann „vernünftig" definiert, wenn die Polynome p und q teilerfremd sind. Um die rationalen Funktionen auf ganz $\mathbb{C}$ zu definieren, muß man den Zielraum $\mathbb{C}$ durch einen unendlich fernen Punkt ∞ zum Raum $\hat{\mathbb{C}}$ erweitern. Dies wird in der „Funktionentheorie" ausgeführt.

Entsprechend kann man auch den Raum der reellen Polynome und der reellen rationalen Funktionen betrachten.

Später werden wir die wichtigen Funktionenklassen

$$C^0(M, \mathbb{R}^d) \ , \ C^1(M, \mathbb{R}^d), \ldots, C^s(M, \mathbb{R}^d), \ldots$$

der stetigen bzw. einmal stetig differenzierbaren, ... , bzw. s-mal stetig differenzierbaren Funktionen $f : M \to \mathbb{R}^d$ definieren. Dies sind die wichtigsten Funktionenräume der Analysis; jeder dieser Räume bildet einen linearen Vektorraum.

Zum Abschluß definieren wir die *Klasse* $\mathcal{B}(M, \mathbb{R}^d)$ *der beschränkten Funktionen* $f : M \to \mathbb{R}^d$. (Hier und im folgenden ist „Klasse" ein Synonym für „Menge" oder „Teilmenge".)

Definition 1. *Eine Funktion* $f : M \to \mathbb{R}^d$ *heißt* **beschränkt***, wenn* $f(M)$ *beschränkt ist, d.h. wenn es eine reelle Zahl* $k \geq 0$ *gibt, so daß gilt:*

$$(13) \qquad |f(x)| \leq k \quad \text{für alle } x \in M \ .$$

$\mathcal{B}(M, \mathbb{R}^d)$ *bezeichne die* **Klasse der beschränkten Funktionen** $f : M \to \mathbb{R}^d$.

Man sieht ohne weiteres, daß mit f und g auch jede Linearkombination

$$\lambda f + \mu g \ , \ \lambda, \mu \in \mathbb{R} \ ,$$

beschränkt ist; folglich ist $\mathcal{B}(M, \mathbb{R}^d)$ ein linearer Unterraum des reellen Vektorraumes $\mathcal{F}(M, \mathbb{R}^d)$. Wir schreiben $\mathcal{B}(M)$ für $\mathcal{B}(M, \mathbb{R})$. Auf $\mathcal{B}(M, \mathbb{R}^d)$ kann man eine Norm $\| \cdot \|$ definieren durch

$$(14) \qquad \|f\| := \min \{ k : |f(x)| \leq k \text{ für alle } x \in M \} \ ,$$

also

$$(15) \qquad\qquad \|f\| = \sup \{|f(x)| : x \in M\} \ .$$

Man nennt $\|f\|$ die **Supremumsnorm** von f (auf M) und schreibt auch $\|f\|_M$ statt $\|f\|$, wenn man andeuten will, daß das Supremum auf M gebildet wird:

$$(16) \qquad \|f\|_M = \|f\| := \sup_M |f| = \sup \{|f(x)| : x \in M\} \ .$$

Wir überlassen es dem Leser nachzuprüfen, daß $\| \cdot \|$ eine Norm auf $\mathcal{B}(M, \mathbb{R}^d)$ ist.

Eine andere Norm $\|f\|_*$ wird auf $\mathcal{B}(M, \mathbb{R}^d)$ erzeugt durch

$$(17) \qquad\qquad \|f\|_* := \sup\{|f(x)|_* : x \in M\} \ ,$$

und aus

$$|f(x)|_* \le |f(x)| \le \sqrt{d} \, |f(x)|_*$$

ergibt sich ohne weiteres die Ungleichung

$$(18) \qquad\qquad \|f\|_* \le \|f\| \le \sqrt{d} \, \|f\|_* \ .$$

Die beiden Normen (15) und (17) sind also *äquivalente Normen auf* $\mathcal{B}(M, \mathbb{R}^d)$.

Wir bemerken noch, daß wir mit diesen Normen zu einer Abstandsmessung im Funktionenraum gelangen, indem wir $\|f - g\|$ bzw. $\|f - g\|_*$ als *Abstand zweier Funktionen* $f, g \in \mathcal{B}(M, \mathbb{R}^d)$ definieren. Damit stellt sich sofort die *Approximationsfrage*: Kann man eine vorgegebene Funktion beliebig gut durch einfache Funktionen, z.B. Polynomfunktionen, approximieren, so wie man reelle Zahlen beliebig genau durch rationale Zahlen approximieren kann? Mit Fragen dieser Art wollen wir uns später beschäftigen.

Weiterhin definieren wir noch für $f \in \mathcal{F}(M)$ die Größen

$$(19) \qquad\qquad \sup_M f := \sup\{f(x) : x \in M\} \le \infty \ ,$$
$$(20) \qquad\qquad \inf_M f := \inf\{f(x) : x \in M\} \ge -\infty \ .$$

Wir nennen $f \in \mathcal{F}(M)$ *nach oben beschränkt*, wenn $\sup_M f < \infty$, und *nach unten beschränkt*, wenn $\inf_M f > -\infty$ ist.

Zum Abschluß wollen wir noch für jede Funktion $f \in \mathcal{B}(M, \mathbb{R}^d)$ die **Oszillation von** f auf einer nichtleeren Teilmenge E von M definieren; dies ist die Größe

$$(21) \qquad \operatorname{osc} (f, E) := \sup\{|f(x) - f(y)| : x, y \in E\} < \infty \ .$$

Für $f \in \mathcal{B}(M)$ gilt

$$(22) \qquad\qquad \operatorname{osc} (f, E) = \sup_E f - \inf_E f \ .$$

$\boxed{1}$ *Die Signumfunktion* $f : \mathbb{R} \to \mathbb{R}$, *also*

$$f(x) = \operatorname{sgn} x = \begin{cases} 1 & \text{für} \quad x > 0 \,, \\ -1 & \text{für} \quad x < 0 \,, \\ 0 & \text{für} \quad x = 0 \,. \end{cases}$$

Hier ist $\operatorname{osc}(f, E) = 0$ für jede in $(0, \infty) := \{x > 0\}$ oder in $(-\infty, 0) := \{x < 0\}$ enthaltene Menge. Ferner ist $\operatorname{osc}(f, E) = 1$ für $E = (a, 0]$ oder $E = [0, b)$ mit $a < 0 < b$, und $\operatorname{osc}(f, E) = 2$ für $E = (a, b)$ mit $a < 0 < b$.

$\boxed{2}$ *Dirichlets Funktion* $f : \mathbb{R} \to \mathbb{R}$ *mit*

$$f(x) := \begin{cases} 1 & \text{für} \quad x \in \mathbb{Q} \,, \\ 0 & \text{für} \quad x \in \mathbb{R} \backslash \mathbb{Q} \,. \end{cases}$$

Hier ist $\operatorname{osc}(f, I) = 1$ auf jedem Intervall $I = (a, b)$, $a < b$.

Aufgaben.

1. Man zeige, daß die durch (16) definierte „Supremumsnorm" in der Tat eine Norm auf $\mathcal{B}(M, \mathbb{R}^d)$ ist.
2. Ist $p \in \mathcal{B}(M)$ und gilt $p(x) > 0$ für alle $x \in M$, so wird durch $\|f\|_p := \sup\{p(x)|f(x)| : x \in M\}$ für $f \in \mathcal{B}(M, \mathbb{R}^d)$ eine Norm auf $\mathcal{B}(M, \mathbb{R}^d)$ definiert. Beweis?
   Was muß man für p voraussetzen, damit $\|f\|_p$ zur Norm (16) äquivalent ist?

3   Grenzwerte von Funktionen

Wir betrachten Funktionen $f : M \to \mathbb{R}^d$, die auf einer nichtleeren Menge M des $\mathbb{R}^n$ definiert sind.

Definition 1. *Sei x_0 ein Häufungspunkt von M. Wir sagen, daß die Funktionswerte $f(x)$ bei Annäherung von x an x_0 gegen einen **Grenzwert** $a \in \mathbb{R}^d$ streben, in Zeichen:*

(1) $\qquad\qquad f(x) \to a$ *für* $x \to x_0$, *oder:* $\displaystyle\lim_{x \to x_0} f(x) = a$,

wenn es zu jedem $\epsilon > 0$ ein $\delta > 0$ gibt derart, daß $|f(x) - a| < \epsilon$ gilt für alle $x \in M$ mit $0 < |x - x_0| < \delta$.

Ist $a = \lim_{x \to x_0} f(x)$, so nennt man a auch den *Limes von f bei Annäherung von x an x_0*, oder man sagt, $f(x)$ *konvergiere gegen a, wenn x gegen x_0 strebt.*

Man beachte, daß in Definition 1 nur Funktionswerte $f(x)$ in Punkten $x \in M$ betrachtet werden, die von x_0 verschieden sind. Wir können die Definition auch in die folgende geometrische Form bringen:

Es gilt $f(x) \rightarrow a$ für $x \rightarrow x_0$ genau dann, wenn es zu jedem $\epsilon > 0$ ein $\delta > 0$ gibt, so daß $f(x) \in B_\epsilon(a)$ ist für alle $x \in M \cap B'_\delta(x_0)$ ist, wobei $B'_\delta(x_0)$ die „punktierte Kugel" $B_\delta(x_0)\backslash\{x_0\}$ bezeichnet.

Satz 1. *Sei x_0 ein Häufungspunkt von M und $a \in \mathbb{R}^d$. Dann ist notwendig und hinreichend für das Bestehen der Relation $\lim_{x \rightarrow x_0} f(x) = a$, daß für jede Folge $\{x_p\}$ von Punkten $x_p \in M \backslash \{x_0\}$ mit $x_p \rightarrow x_0$ für $p \rightarrow \infty$ die Beziehung $\lim_{p \rightarrow \infty} f(x_p) = a$ gilt.*

Beweis. (i) Es ist offensichtlich, daß aus $f(x) \rightarrow a$ mit $x \rightarrow x_0$ notwendig $f(x_p) \rightarrow a$ folgt für jede Folge von Punkten $x_p \in M \backslash \{x_0\}$ mit $x_p \rightarrow x_0$.
(ii) Nehmen wir nun an, daß die Beziehung

$$\lim_{x \rightarrow x_0} f(x) = a$$

nicht richtig ist. Dann gibt es ein $\epsilon > 0$ und eine Folge $\{x_p\}$ von Elementen $x_p \in M$ mit $0 < |x_0 - x_p| < 1/p$ für jedes $p \in \mathbb{N}$, so daß

$$|f(x_p) - a| \geq \epsilon$$

ist. Also ist die im Satz genannte „Folgenbedingung" nicht erfüllt. Dies zeigt, daß diese Bedingung auch hinreichend ist für das Bestehen der Relation (1).

$\square$

$\boxed{1}$ Sei $f : I = [0, T] \rightarrow \mathbb{R}^3$ eine Kurve in $\mathbb{R}^3$, d.h. die Bewegung eines Punktes im $\mathbb{R}^3$ nach dem „Fahrplan" $t \mapsto x = f(t)$ für $0 \leq t \leq T$.

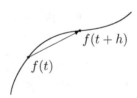

Wir bilden für zwei Zeitpunkte t und $t + h$ in I mit $h \neq 0$ den Differenzvektor $f(t + h) - f(t)$ der beiden Ortsvektoren und vergrößern diesen im Maßstab $1/h$, d.h. wir betrachten den *Differenzenquotienten*

$$(2) \qquad \phi(h) := \frac{1}{h} \left[f(t + h) - f(t) \right].$$

Wenn $\lim_{h \rightarrow 0} \phi(h)$ existiert, so nennen wir diesen Grenzwert die *Ableitung von f an der Stelle t* und bezeichnen ihn mit $f'(t)$, also

$$(3) \qquad f'(t) := \lim_{h \rightarrow 0} \frac{1}{h} \left[f(t + h) - f(t) \right].$$

Statt „Ableitung" wird $f'(t)$ häufig auch *Tangentenvektor* oder *Geschwindigkeit(svektor)* der Kurve bzw. Bewegung $f(t)$ zur Zeit t genannt. Newton folgend schreiben wir auch $\dot{f}$ statt f'. Wenn die Ableitung $f'(t)$ an der Stelle t existiert, heißt f in t *differenzierbar*. Falls f in jedem Punkt $t \in I$ differenzierbar ist, wird durch f' eine neue Abbildung $I \to \mathbb{R}^3$ definiert, die wir als *Vektorfeld längs der Kurve* $f : I \to \mathbb{R}^3$ deuten. Existiert neben der „ersten" Ableitung f' auch die zweite Ableitung $f''(t) := (f')'(t)$ an jeder Stelle $t \in I$, so erhalten wir ein weiteres Vektorfeld längs der Kurve $f : I \to \mathbb{R}^3$, das als *Beschleunigung* der Bewegung f zur Zeit t bezeichnet wird.

Bewegung $f(t)$, Geschwindigkeit $f'(t)$ und Beschleunigung $f''(t)$ gehören zu den kinematischen Grundbegriffen der Punktmechanik.

$\boxed{2}$ *Galileis Wurfparabel* (um 1620). Betrachten wir die Bewegung

$$(4) \qquad\qquad f(t) = x_0 + tv_0 - \frac{1}{2}gt^2 e_3 \quad , \quad t \in \mathbb{R} ,$$

mit $x_0, v_0, e_3 \in \mathbb{R}^3$, $e_3 = (0,0,1)$, $g > 0$, die längs einer in Richtung von $-e_3$ geöffneten Parabel verläuft. Hier ist

$$\frac{f(t+h) - f(t)}{h} = v_0 - \frac{1}{2} g \frac{(t+h)^2 - t^2}{h} e_3 = v_0 - \frac{1}{2} g(2t+h)e_3 \quad , \quad h \neq 0 ,$$

also

$$\frac{f(t+h) - f(t)}{h} - [v_0 - gte_3] = -\frac{1}{2}ghe_3 ,$$

und somit

$$\left| \frac{f(t+h) - f(t)}{h} - [v_0 - gte_3] \right| = \frac{1}{2}g|h| < \epsilon ,$$

falls $0 < |h| < \delta := \frac{2\epsilon}{g}$ ist. Daher gilt

$$\frac{f(t+h) - f(t)}{h} \to v_0 - gte_3 \qquad \text{für } h \to 0 ,$$

d.h. $f(t)$ ist für jedes $t \in \mathbb{R}$ differenzierbar, und wir haben

$$(5) \qquad\qquad f'(t) = v_0 - gte_3 \qquad \text{für jedes } t \in \mathbb{R} .$$

Berechnen wir nun $f''(t)$. Wegen

$$\frac{f'(t+h) - f'(t)}{h} = -ge_3$$

$$(6) \qquad\qquad f''(t) = \lim_{h \to 0} \frac{f'(t+h) - f'(t)}{h} = -ge_3 .$$

Setzen wir also $f(t) = (x(t), y(t), z(t))$, so sind die Koordinatenfunktionen Lösungen des *Systems von Differentialgleichungen*

$$(7) \qquad\qquad \ddot{x} = 0 , \ \ddot{y} = 0 , \ \ddot{z} = -g$$

und genügen den *Anfangsbedingungen*

$$(8) \qquad\qquad f(0) = x_0 , \ \dot{f}(0) = v_0 .$$

Später werden wir zeigen, daß die Lösung von (7) durch die *Anfangsdaten* x_0, v_0 in (8) eindeutig festgelegt wird, d.h., es gibt keine andere Lösung der Anfangswertaufgabe (7), (8) als die Bewegung (4).

Die Gleichungen (7) sind ein Spezialfall der *Newtonschen Bewegungsgleichungen*

$$(9) \qquad\qquad m\ddot{X} = F(X)$$

für die Bewegung $X(t) = (x(t), y(t), z(t))$ eines Massenpunktes der Masse m in einem Kraftfeld $F(x, y, z)$.

Lemma 1. *Für $f : M \to \mathbb{R}^d$ mit $f = (f_1, \ldots, f_d)$, $x_0 \in M$ und $a = (a_1, \ldots, a_d) \in \mathbb{R}^d$ gilt:*

$$\lim_{x \to x_0} = a \iff \lim_{x \to x_0} f_j(x) = a_j , \ 1 \le j \le d .$$

Der Beweis ergibt sich sofort aus den Ungleichungen

$$|f_j(x) - a_j| \le |f(x) - a| \le \sqrt{d} \max_{1 \le j \le d} |f_j(x) - a_j| .$$

Satz 2. *Für $M \subset \mathbb{R}^n$ und $f, g \in \mathcal{F}(M, \mathbb{R}^d)$ gelte:*

$$\lim_{x \to x_0} f(x) = a \quad , \quad \lim_{x \to x_0} g(x) = b .$$

Dann erhalten wir:

(10) $$\lim_{x \to x_0} [\lambda f(x) + \mu g(x)] = \lambda a + \mu b \quad \text{für } \lambda, \mu \in \mathbb{R} ;$$

(11) $$\lim_{x \to x_0} \langle f(x), g(x) \rangle = \langle a, b \rangle ;$$

und für $f, g \in \mathcal{F}(M, \mathbb{C})$ folgt

(12) $$\lim_{x \to x_0} f(x) g(x) = ab ;$$

(13) $$\lim_{x \to x_0} \frac{f(x)}{g(x)} = \frac{a}{b} , \text{ falls } b \ne 0 \text{ und } g(x) \ne 0 \text{ ist} .$$

Beweis. Vermöge Satz 1 kann man diese Rechenregeln aus den entsprechenden Rechenregeln für Punktfolgen in $\mathbb{R}^d$ ableiten. Wir können den Beweis aber auch sehr leicht „mit ϵ und δ" führen. Betrachten wir beispielsweise die Behauptung (13). Wegen (12) müssen wir nur beweisen, daß

$$\lim_{x \to x_0} \frac{1}{g(x)} = \frac{1}{b}$$

ist. Dazu schreiben wir

$$\left| \frac{1}{g(x)} - \frac{1}{b} \right| = \frac{|b - g(x)|}{|b||g(x)|} .$$

Für beliebig vorgegebenes $\epsilon > 0$ können wir $\delta > 0$ so klein wählen, daß für $x \in M$ mit $0 < |x - x_0| < \delta$ die Ungleichung

$$|g(x) - b| < \min \left\{ \frac{1}{2} |b| , \ \frac{1}{2} \epsilon |b|^2 \right\}$$

folgt. Für diese x gilt dann

$$|g(x)| \ge |b| - |g(x) - b| > \frac{1}{2} |b|$$

und daher

$$\frac{|b - g(x)|}{|b||g(x)|} \leq 2\frac{|g(x) - b|}{|b|^2} < \epsilon \,,$$

und somit haben wir

$$\left|\frac{1}{g(x)} - \frac{1}{b}\right| < \epsilon \ \text{für} \ x \in M \ \text{mit} \ 0 < |x - x_0| < \delta \,,$$

was $1/g(x) \to 1/b$ für $x \to x_0$ bedeutet. □

Satz 3. *(i) Sei $f \in \mathcal{F}(M, \mathbb{R}^d)$, $\varphi \in \mathcal{F}(M)$, und es gelte $|f(x)| \leq k\varphi(x)$, $k > 0$, sowie $\varphi(x) \to 0$ für $x \to x_0$. Dann folgt $f(x) \to 0$ für $x \to x_0$.*

(ii) Gilt $\varphi, \psi \in \mathcal{F}(M)$, $\varphi \leq \psi$ sowie $\varphi(x) \to a$, $\psi(x) \to b$ für $x \to x_0$, so folgt $a \leq b$.

(iii) Gilt $\varphi, \psi, f \in \mathcal{F}(M)$ sowie $\varphi \leq f \leq \psi$ und $\varphi(x) \to a$, $\psi(x) \to a$ für $x \to x_0$, so folgt $f(x) \to a$ mit $x \to x_0$.

Beweis. Wir könnten die Behauptungen sehr leicht auf die entsprechenden Behauptungen für Folgen reduzieren, doch wollen wir einen direkten Beweis angeben.
(i) Zu vorgegebenem $\epsilon > 0$ gibt es wegen $\varphi(x) \to 0$ ein $\delta > 0$, so daß $0 \leq \varphi(x) < \epsilon/k$ ist für $0 < |x - x_0| < \delta$. Hieraus folgt

$$|f(x)| \leq k\varphi(x) < k \cdot \frac{\epsilon}{k} = \epsilon \ \text{für} \ 0 < |x - x_0| < \delta \,, \ x \in M \,,$$

also $f(x) \to 0$ mit $x \to x_0$.
(ii) Aus (10) folgt $\psi(x) - \varphi(x) \to b - a$; daher können wir zu jedem $\epsilon > 0$ ein $\delta > 0$ finden, so daß

$$0 \leq \psi(x) - \varphi(x) < b - a + \epsilon \ \text{für} \ x \in M \ \text{mit} \ 0 < |x - x_0| < \delta$$

gilt. Hieraus ergibt sich $-\epsilon < b - a$ für jedes $\epsilon > 0$, und daher ist $b - a \geq 0$.
(iii) Zu beliebigem $\epsilon > 0$ gibt es ein $\delta > 0$, so daß

$$|\varphi(x) - a| < \epsilon \ \text{und} \ |\psi(x) - a| < \epsilon \ \text{für} \ x \in M \ \text{mit} \ 0 < |x - x_0| < \delta$$

gilt. Dann folgt

$$-\epsilon < \varphi(x) - a \leq f(x) - a \leq \psi(x) - a < \epsilon$$

und somit

$$|f(x) - a| < \epsilon$$

für $x \in M$ mit $0 < |x - x_0| < \delta$, d.h. $f(x) \to a$ für $x \to x_0$. □

Abschließend betrachten wir noch einige spezielle Grenzprozesse für Funktionen einer reellen Variablen.

Definition 2. *Sei $f \in \mathcal{F}(M, \mathbb{R}^d)$ und $M \subset \mathbb{R}$.*
(i) Wenn (x_0, β) in M liegt, so sagen wir, $f(x)$ strebe gegen $b \in \mathbb{R}^d$ bei Annäherung von x an x_0 von rechts her, wenn es zu jedem $\epsilon > 0$ ein $\delta > 0$ mit $\delta < \beta - x_0$ gibt derart, daß für alle x mit $0 < x - x_0 < \delta$ die Ungleichung

$$|f(x) - b| < \epsilon$$

gilt. Wir schreiben dann $f(x_0 + 0) = b$, oder ausführlicher

$$f(x) \to b \ \text{für} \ x \to x_0 + 0\,, \quad \text{oder} \quad \lim_{x \to x_0 + 0} f(x) = b\,,$$

und nennen b den **rechtsseitigen Grenzwert** *von $f(x)$ bei Annäherung an die Stelle x_0 von rechts:*

$$f(x_0 + 0) \ = \ \lim_{x \to x_0 + 0} f(x)\,.$$

(ii) Liegt (α, x_0) in M, so sagen wir, $f(x)$ strebe gegen $a \in \mathbb{R}^d$ bei Annäherung von x an x_0 von links her, wenn es zu jedem $\epsilon > 0$ ein $\delta > 0$ mit $\delta < x_0 - \alpha$ gibt, so daß $|f(x) - a| < \epsilon$ gilt für alle x mit $0 < x_0 - x < \delta$. Wir schreiben dann $f(x_0 - 0) = a$, oder ausführlicher

$$f(x) \to a \ \text{für} \ x \to x_0 - 0\,, \quad \text{oder} \quad \lim_{x \to x_0 - 0} f(x) = a\,,$$

und nennen a den **linksseitigen Grenzwert** *von $f(x)$ bei Annäherung an x_0 von links:*

$$f(x_0 - 0) \ = \ \lim_{x \to x_0 - 0} f(x)\,.$$

(iii) Liegt (β, ∞) in M, so sagen wir, $f(x)$ konvergiere gegen $c \in \mathbb{R}^d$ für $x \to \infty$ (oder: $x \to +\infty$), wenn $f(1/t) \to c$ für $t \to +0$ gilt, und wir schreiben

$$f(x) \to c \ \text{für} \ x \to \infty \quad \text{oder} \quad \lim_{x \to \infty} f(x) = c\,.$$

(iv) Liegt $(-\infty, \alpha)$ in M, so sagen wir, $f(x)$ strebe gegen $c \in \mathbb{R}^d$ für $x \to -\infty$, wenn $f(1/t) \to c$ für $t \to -0$ gilt, und wir schreiben

$$f(x) \to c \ \text{für} \ x \to -\infty \quad \text{oder} \quad \lim_{x \to -\infty} f(x) = c\,.$$

Bemerkung 1. Ist $x_0 = 0$, so schreiben wir

(14) $$\lim_{x \to -0} f(x) = a \quad \text{bzw.} \quad \lim_{x \to +0} f(x) = b$$

statt $\lim_{x \to 0 - 0} f(x) = a$ bzw. $\lim_{x \to 0 + 0} f(x) = b$.

Bemerkung 2. Unter (β, ∞) bzw. $(-\infty, \alpha)$ verstehen wir die **uneigentlichen Intervalle** $\{x \in \mathbb{R} : x > \beta\}$ bzw. $\{x \in \mathbb{R} : x < \alpha\}$. Entsprechend definieren wir

$$[\beta, \infty) := \{x \in \mathbb{R} : x \geq \beta\} \quad \text{und} \quad (-\infty, \alpha] := \{x \in \mathbb{R} : x \leq \alpha\}\,.$$

Definition 3. *Es seien $f \in \mathcal{F}(M)$, x_0 ein Häufungspunkt von M und $U_r'(x_0) := \{x \in M : 0 < |x - x_0| < r\} \subset M$. Dann sagen wir, $f(x)$ strebe gegen ∞ (bzw. $-\infty$) mit $x \to x_0$, wenn es zu jedem $k > 0$ ein $\delta \in (0, r)$ gibt, so daß*

$$f(x) > k \quad (bzw.\ f(x) < -k)$$

gilt für alle $x \in U_\delta'(x_0) = \{x \in M : 0 < |x - x_0| < \delta\}$, und wir schreiben

$$\lim_{x \to x_0} f(x) = \infty \quad (bzw.\ -\infty)$$

oder $f(x) \to \infty$ bzw. $f(x) \to -\infty$ für $x \to x_0$.

Wir überlassen es dem Leser als Übungsaufgabe, die folgenden „Grenzwertbeziehungen" zu definieren:

$$\lim_{x \to \infty} f(x) = \infty\,, \quad \lim_{x \to \infty} f(x) = -\infty\,, \quad \lim_{x \to -\infty} f(x) = \infty\,, \quad \lim_{x \to -\infty} f(x) = -\infty\,.$$

$\boxed{3}$ Sei $f(z) := z$, $z \in \mathbb{C}$. Wir behaupten, daß

$$(15) \qquad\qquad\qquad \lim_{z \to z_0} f(z) = f(z_0)$$

für alle $z_0 \in \mathbb{C}$ gilt. In der Tat ist

$$f(z) - f(z_0) = z - z_0\,.$$

Wählen wir also ein beliebiges $\epsilon > 0$, so ergibt sich für $\delta = \epsilon$, daß

$$|f(z) - f(z_0)| = |z - z_0| < \epsilon \quad \text{für} \quad |z - z_0| < \delta$$

ist. Funktionen mit der Eigenschaft (15) nennt man *stetig im* Punkte z_0, vgl. 2.4, Definition 1. Offenbar ist auch jede konstante Funktion $f(z) := \text{const} = a$, $a \in \mathbb{C}$, stetig in jedem Punkt $z_0 \in \mathbb{C}$.

$\boxed{4}$ Für jede Polynomfunktion

$$f(z) = a_0 + a_1 z + a_2 z^2 + \ldots + a_m z^m\,, \quad z \in \mathbb{C}$$

gilt

$$f(z) \to f(z_0) \quad \text{mit} \quad z \to z_0 \in \mathbb{C}\,,$$

denn nach $\boxed{3}$ und Regel (12) folgt per Induktion

$$z^2 \to z_0^2 \ , \ z^3 \to z_0^3 \ , \ \dots \ , \ z^m \to z_0^m \ \text{mit} \ z \to z_0 \ ,$$

also auch $a_k z^k \to a_k z_0^k$ wegen (12), und nach (10) ergibt sich

$$a_0 + a_1 z + \dots + a_m z^m \to a_0 + a_1 z_0 + \dots + a_m z_0^m \quad \text{für} \ z \to z_0 \ .$$

$\boxed{5}$ Sei $f : \mathbb{R} \to \mathbb{R}$ definiert durch $f(x) := \operatorname{sgn} x$. Dann ist $f(0) = 0$ und

$$\lim_{x \to -0} f(x) = -1 \quad , \quad \lim_{x \to +0} f(x) = 1 \ .$$

Somit existiert $\lim_{x \to 0} f(x)$ nicht. Die Stelle $x = 0$ ist eine *Sprungstelle* von $f(x)$.

Satz 4. (Cauchykriterium für die Existenz von $\lim_{x \to x_0} f(x)$)

Sei x_0 ein Häufungspunkt von $M \subset \mathbb{R}^n$ und $f \in \mathcal{F}(M, \mathbb{R}^d)$. Dann gilt für die Oszillation von f auf den Mengen $U_r'(x_0) := B_r'(x_0) \cap M$, $r > 0$:

$$\lim_{x \to x_0} f(x) \ \text{existiert} \quad \Leftrightarrow \quad \lim_{r \to +0} \operatorname{osc} (f, U_r'(x_0)) = 0 \ .$$

Beweis. (i) $\Rightarrow$: Es existiere $\lim_{x \to x_0} f(x)$ und sei gleich a. Dann können wir zu vorgegebenem $\epsilon > 0$ ein $\delta > 0$ finden, so daß $|f(x) - a| < \epsilon/2$ für $x \in B_\delta'(x_0) \cap M = U_\delta'(x_0)$ gilt. Hieraus schließen wir für $x, x' \in U_r'(x_0)$ mit $0 < r < \delta$ auf die Abschätzung

$$|f(x) - f(x')| \leq |f(x) - a| + |a - f(x')| < \epsilon/2 + \epsilon/2 = \epsilon \ ,$$

und dies besagt

$$\lim_{r \to +0} \operatorname{osc} (f, U_r'(x_0)) = 0 \ .$$

(ii) $\Leftarrow$: Aus $\operatorname{osc} (f, U_r'(x_0)) \to 0$ für $r \to +0$ schließen wir, daß es zu jedem $\epsilon > 0$ ein $\delta > 0$ gibt, so daß

$$\operatorname{osc} (f, U_r'(x_0)) < \epsilon \ \text{für} \ 0 < r < \delta$$

gilt, d.h.

$$|f(x) - f(x')| < \epsilon \ \text{für beliebige} \ x, x' \in U_r'(x_0) \ \text{mit} \ 0 < r < \delta \ .$$

Ist also $\{x_p\}$ eine beliebige Folge von Punkten $x_p \in M \backslash \{x_0\}$ mit $x_p \to x_0$, so ist $\{f(x_p)\}$ eine Cauchyfolge und damit konvergent. Sei $a := \lim_{p \to \infty} f(x_p)$. Um Satz 1 anwenden zu können, müssen wir zeigen, daß für irgendeine andere Folge

$\{y_p\}$ von Punkten $y_p \in M\backslash\{x_0\}$ mit $y_p \to x_0$ die Folge $\{f(y_p)\}$ gegen den gleichen Grenzwert konvergiert wie die Folge $\{f(x_p)\}$. Vorläufig wissen wir nur, daß auch $\{f(y_p)\}$ eine Cauchyfolge und daher konvergent ist. Sei $b := \lim_{p\to\infty} f(y_p)$; wir müssen also $a = b$ zeigen. Zu diesem Zweck betrachten wir die „gemischte Folge" $\{z_p\}$, die für $p \in \mathbb{N}$ durch

$$z_{2p-1} := x_p \ , \ z_{2p} := y_p$$

definiert ist, also die Folge

$$x_1, y_1, x_2, y_2, x_3, y_3, \ldots, x_p, y_p, \ldots \ .$$

Wiederum wissen wir, daß $z_p \in M\backslash\{x_0\}$ und $z_p \to x_0$ gilt und daß daher $\{f(z_p)\}$ eine Cauchyfolge und somit konvergent ist; sei $c := \lim_{p\to\infty} f(z_p)$. Jede Teilfolge von $\{f(z_p)\}$ konvergiert gegen den gleichen Limes wie $\{f(z_p)\}$, also $\lim_{p\to\infty} f(z_p) = \lim_{p\to\infty} f(z_{2p-1})$ und $\lim_{p\to\infty} f(z_p) = \lim_{p\to\infty} f(z_{2p})$, d.h. $c = a$ und $c = b$, folglich $a = b$.

Also haben wir gezeigt: Wenn $\lim_{r\to+0}$ osc $(f, U'_r(x_0)) = 0$ ist, so gibt es einen Vektor $a \in \mathbb{R}^d$ derart, daß für jede Folge von Punkten $x_p \in U'_r(x_0)$ die Beziehung

$$\lim_{p\to\infty} f(x_p) = a$$

gilt. Nach Satz 1 liefert dies

$$\lim_{x\to x_0} f(x) = a \ .$$

$\qquad\qquad\qquad\qquad\qquad\qquad\qquad\qquad\qquad\qquad\qquad\qquad\qquad$ $\square$

Bemerkung 3. Die Funktion $\varphi(r) :=$ osc $(f, U'_r(x_0))$ ist nur für $r > 0$ definiert. Der Grenzübergang $r \to 0$ in $\lim_{r\to 0} \varphi(r) = 0$ ist also nur für positive r vorzunehmen; daher ist in Satz 4 der rechtsseitige Grenzwert $\lim_{r\to+0} \varphi(r)$ benutzt.

$\boxed{6}$ Sei $x \mapsto z(x)$, $x \in \mathbb{R}$, eine Zackenfunktion, die durch die Forderung der Periodizität

$$z(x + 1) = z(x) \quad \text{für alle } x \in \mathbb{R}$$

und die Definition

$$z(x) := \begin{cases} 4x & \text{für} & -1/4 \le x \le 1/4 \\ 2 - 4x & \text{für} & 1/4 \le x \le 3/4 \end{cases}$$

festgelegt ist.

Nun bilden wir $f : \mathbb{R}\backslash\{0\} \to \mathbb{R}$ durch

$$f(x) := z(1/x) \ , \ x \ne 0 \ .$$

Diese Funktion ist in $x = 0$ nicht definiert, und wir sehen sofort, daß $\lim_{x\to 0} f(x)$ nicht existiert. Dazu müssen wir nur beachten, daß $f(x)$ in jeder punktierten Umgebung von $x = 0$,

$$U_r'(0) = \{x \in \mathbb{R} : 0 < |x| < r\},$$

die Werte ± 1 annimmt, also

$$\mathrm{osc}\,(f, U_r'(0)) = 2.$$

Würde aber $\lim_{x\to 0} f(x)$ existieren, so ergäbe sich nach Satz 4

$$\lim_{r\to +0}\ \mathrm{osc}\,(f, U_r'(0)) = 0.$$

Analog zeigt man, daß auch die einseitigen Limites von $f(x)$ bei Annäherung an $x = 0$ von rechts oder links nicht existieren.

$\boxed{7}$ Sei $z(x)$ die Zackenfunktion aus $\boxed{6}$, und sei $f : \mathbb{R}\backslash\{0\} \to \mathbb{R}$ definiert durch

$$f(x) := x \cdot z(1/x),\ x \neq 0.$$

Dann gilt $\lim_{x\to 0} f(x) = 0$ wegen Satz 3, (i).

$\boxed{8}$ Es gilt $\lim_{x\to +0} \sqrt{x} = 0$, denn wählen wir zu beliebig vorgegebenem $\epsilon > 0$ $\delta = \epsilon^2 > 0$, so ergibt sich für $0 < x < \delta$, daß $0 < \sqrt{x} < \sqrt{\delta} = \epsilon$ ist.

$\boxed{9}$ Es gilt $\lim_{x\to\infty} \frac{2x-1}{3x+4} = \frac{2}{3}$, denn $1/x \to 0$ für $x \to \infty$ und somit

$$\frac{2x-1}{3x+4} = \frac{2-1/x}{3+4/x} \to \frac{2}{3} \quad \text{für } x \to \infty.$$

$\boxed{10}$ Für $a > 0$ gilt $\sqrt{x+a} - \sqrt{x} \to 0$ mit $x \to \infty$, denn nach $\boxed{8}$ folgt

$$0 < \sqrt{x+a} - \sqrt{x} = \frac{(\sqrt{x+a} - \sqrt{x})(\sqrt{x+a} + \sqrt{x})}{\sqrt{x+a} + \sqrt{x}}$$

$$= \frac{a}{\sqrt{x+a} + \sqrt{x}} < \frac{a}{\sqrt{x}} \to 0 \quad \text{mit } x \to \infty.$$

$\boxed{11}$ Für $x \to \infty$ gilt

$$\sqrt{x}(\sqrt{x+1} - \sqrt{x}) = \frac{\sqrt{x}}{\sqrt{x+1} + \sqrt{x}} = \frac{1}{\sqrt{1+\frac{1}{x}} + 1} \to \frac{1}{2}.$$

$\boxed{12}$ Aus

$$\frac{x^2+1}{x^3+1} = \frac{1}{x} \cdot \frac{1+x^{-2}}{1+x^{-3}} \quad \text{und} \quad \lim_{x\to\infty} \frac{1+x^{-2}}{1+x^{-3}} = 1$$

folgt

$$\lim_{x\to\infty} \frac{x^2+1}{x^3+1} = 0 \;, \quad \text{und daher} \quad \lim_{x\to\infty} \frac{x^3+1}{x^2+1} = \infty \;,$$

denn für $f(x) > 0$ sieht man leicht:

$$\lim_{x\to\infty} f(x) = 0 \;\Leftrightarrow\; \lim_{x\to\infty} \frac{1}{f(x)} = \infty \;.$$

Wir beschließen diesen Abschnitt mit einigen Bemerkungen über *monotone Funktionen*.

Definition 4. *Eine auf einem Intervall $I \subset \mathbb{R}$ definierte Funktion $f : I \to \mathbb{R}$ heißt* **monoton wachsend,** *wenn*

(16) $$f(x) < f(y) \qquad \text{für } x,y \in I \text{ mit } x < y$$

gilt, und **monoton fallend,** *wenn*

(17) $$f(x) > f(y) \qquad \text{für } x,y \in I \text{ mit } x < y$$

ist. Wir nennen f **schwach monoton wachsend,** *wenn statt (16) die Relation*

(18) $$f(x) \le f(y) \qquad \text{für } x,y \in I \text{ mit } x < y$$

gilt, und f heißt **schwach monoton fallend,** *wenn (17) ersetzt wird durch*

(19) $$f(x) \ge f(y) \qquad \text{für } x,y \in I \text{ mit } x < y \;.$$

Bemerkung 4. Viele Autoren nennen „schwach monotone" Funktionen „monoton" und „monotone Funktionen" stattdessen „streng monoton". Im Hinblick auf Definition 1 von 1.10 mag es verwundern, daß wir von dieser Bezeichnung abweichen. Der Grund für unsere Wahl liegt darin, daß monotone Funktionen $f : I \to \mathbb{R}$ eine bijektive Abbildung von I auf $f(I)$ liefern. „Monotonie" in unserem Sinne ist also der wichtigere und häufiger auftretende Begriff und trägt daher die „einfachere" Bezeichnung.

Satz 5. *Für eine schwach monotone Funktion $f : I \to \mathbb{R}$, $I = (a,b)$, existieren in jedem Punkte $x_0 \in I$ die einseitigen Grenzwerte, und, falls $f(x)$ etwa monoton wachsend ist, so gilt*

(20) $$\sup_{a<x<x_0} f(x) = f(x_0 - 0) \le f(x_0) \le f(x_0 + 0) = \inf_{x_0<x<b} f(x) \;.$$

Beweis. Sei $f(x)$ schwach monoton wachsend und $\gamma := \sup_{a < x < x_0} f(x)$. Dann gilt $f(x) \leq f(x_0)$ für $a < x < x_0$ und somit $\gamma \leq f(x_0)$. Zu jedem $\epsilon > 0$ existiert ein $\xi \in (a, x_0)$, so daß

$$\gamma - \epsilon < f(\xi) \leq f(x) \leq \gamma$$

gilt für jedes x mit $\xi < x < x_0$, und dies bedeutet $\lim_{x \to x_0 - 0} f(x) = \gamma$. Analog beweist man den anderen Teil der Ungleichung.

□

Das nächste Ergebnis ist evident:

Satz 6. *Ist die reelle Funktion $f(x)$ in einer punktierten Umgebung von x_0 definiert, so existiert $\lim_{x \to x_0} f(x)$ genau dann, wenn die einseitigen Limites $f(x_0 - 0)$ und $f(x_0 + 0)$ existieren und übereinstimmen. In diesem Fall ist*

$$\lim_{x \to x_0} f(x) = f(x_0 - 0) = f(x_0 + 0) \,.$$

Aufgaben.

1. Man berechne die folgenden Grenzwerte: $\lim_{x \to 2} \frac{x^2 - 4}{x^2 + x - 6}$, $\lim_{x \to \infty} \frac{x+1}{x-1}$, $\lim_{x \to \infty} \frac{1 + \sqrt{x}}{1 - \sqrt{x}}$, $\lim_{x \to 1} \frac{x^n - 1}{x^m - 1}$ für $n, m \in \mathbb{Z}$, $m \neq 0$.

2. Man bestimme $\lim_{(x,y) \to (0,0)} f(x, y)$ für die folgenden Funktionen $f : \mathbb{R}^2 \to \mathbb{R}$ bzw. $\mathbb{R}^2 \setminus \{(0, 0)\} \to \mathbb{R}$:

$$f(x, y) := \frac{x^2 y}{x^2 + y^2} \ , \quad x^3(y + 1) \ , \quad \frac{xy\sqrt{|xy|}}{\sqrt{x^4 + y^4}} \ , \quad x^2 + y^2 + 1 \,.$$

3. Man beweise die Rechenregeln aus Satz 1 mit Hilfe entsprechender Regeln für konvergente Punktfolgen in $\mathbb{R}^d$.

4. Man zeige:
$$\lim_{M \ni (x,y) \to (0,0)} \frac{xy}{(x^2 + y^2)^{3/2}} = \infty \text{ für } M := \{(x, y) \in \mathbb{R}^2 : a|x| \leq |y| \leq c|x|\} \text{ mit } 0 < a < c.$$

4   Stetige Funktionen

Wir betrachten wiederum Funktionen $f : M \to \mathbb{R}^d$, die auf einer nichtleeren Menge M des $\mathbb{R}^n$ definiert sind. Ziel dieses Abschnitts ist es, den Begriff der stetigen Funktion zu erläutern, der schon in den Beispielen ③ und ④ von Abschnitt 2.3 aufgetaucht ist.

Definition 1. *Eine Funktion $f : M \to \mathbb{R}^d$ ist im Punkte $x_0 \in M$ **stetig**, wenn es zu jedem $\epsilon > 0$ ein $\delta > 0$ gibt, so daß*

$$|f(x) - f(x_0)| < \epsilon \text{ für alle } x \in M \text{ mit } |x - x_0| < \delta$$

ausfällt.

Bemerkungen. 1. Ist x_0 ein isolierter Punkt von M, so ist jede Funktion $f : M \to \mathbb{R}$ in x_0 stetig, weil hier nichts zu beweisen ist.

Die Stetigkeit ist eine „lokale Eigenschaft". Dies besagt: Ist f im Punkte $x_0 \in M$ stetig und ändern wir f außerhalb einer δ-Umgebung von x_0 irgendwie ab, so bleibt die resultierende Funktion stetig in x_0. (Hierbei darf $\delta > 0$ beliebig klein gewählt werden.)

2. Ist x_0 ein Häufungspunkt von M, so ist eine Funktion $f : M \to \mathbb{R}$ genau dann in x_0 stetig, wenn gilt:

$$(1) \qquad\qquad \lim_{x \to x_0} f(x) = f(x_0) \,.$$

3. Eine Funktion $f : M \to \mathbb{R}^d$ ist genau dann in $x_0 \in M$ stetig, wenn $f(x_p) \to f(x_0)$ für jede Folge von Elementen $x_p \in M$ mit $x_p \to x_0$ gilt.

Aufgrund von Bemerkung 1 und 2 können wir sofort die Rechenregeln von Satz 2 aus 2.3 für Grenzwerte auf stetige Funktionen anwenden und erhalten so

Satz 1. *(i) Mit $f, g \in \mathcal{F}(M, \mathbb{R}^d)$ ist auch jede Linearkombination $\lambda f + \mu g$, $\lambda, \mu \in \mathbb{R}$, sowie das Skalarprodukt $\langle f, g \rangle$ in $x_0 \in M$ stetig.*
(ii) Mit $f, g \in \mathcal{F}(M, \mathbb{C})$ ist auch jede Linearkombination $\lambda f + \mu g$, $\lambda, \mu \in \mathbb{C}$, das Produkt fg und, falls $g(x) \neq 0$ für alle $x \in M$ ist, auch der Quotient f/g in x_0 stetig.

$\boxed{1}$ Eine Polynomfunktion $f : \mathbb{C} \to \mathbb{C}$ ist in jedem Punkt $z_0 \in \mathbb{C}$ stetig, vgl. 2.3, Beispiel $\boxed{4}$.

$\boxed{2}$ Dirichlets Funktion

$$f(x) := \begin{cases} 1 & \text{für} \quad x \in \mathbb{Q} \\ 0 & \text{für} \quad x \in \mathbb{R} \backslash \mathbb{Q} \end{cases}$$

ist in keinem Punkt $x \in \mathbb{R}$ stetig.

$\boxed{3}$ Die Funktion

$$f(x) := \begin{cases} x & \text{für} \quad x \in \mathbb{Q} \\ 0 & \text{für} \quad x \in \mathbb{R} \backslash \mathbb{Q} \end{cases}$$

ist in $x = 0$ und nur dort stetig.

$\boxed{4}$ Die Funktion $f : \mathbb{R} \to \mathbb{R}$ mit $f(x) := \operatorname{sgn} x$ ist überall auf $\mathbb{R}$ stetig mit Ausnahme der Stelle $x = 0$.

Satz 2. *Jede schwach monotone Funktion $f : I \to \mathbb{R}$ auf einem Intervall I hat höchstens abzählbar viele Unstetigkeitsstellen.*

Beweis. Es genügt, die Behauptung für schwach monoton wachsende Funktionen $f : I \to \mathbb{R}$ auf einem offenen Intervall $I = (a, b)$ zu zeigen. Für jeden Punkt $x \in I$ existieren die einseitigen Limites $f(x - 0)$ und $f(x + 0)$, und es gilt $f(x - 0) \leq f(x) \leq f(x + 0)$. Daher ist x genau dann Unstetigkeitsstelle von f, wenn $f(x - 0) < f(x + 0)$ gilt, d.h. wenn x eine Sprungstelle von f ist. Wenn also f in x unstetig ist, können wir eine mit $r(x)$ bezeichnete rationale Zahl finden derart, daß

$$(2) \qquad\qquad f(x - 0) < r(x) < f(x + 0)$$

gilt. Sind also x, y zwei Unstetigkeitsstellen von f mit $x < y$, so folgt aus (2) die Ungleichung $r(x) < r(y)$. Damit liefert r eine injektive Abbildung der Menge U der Unstetigkeitspunkte von f in die Menge $\mathbb{Q}$, und $r(U)$ ist leer, endlich oder abzählbar; folglich gilt für U das Gleiche.

$\square$

Satz 3. (Stetigkeit der Komposition). *Seien $f \in \mathcal{F}(M, \mathbb{R}^n)$, $g \in \mathcal{F}(N, \mathbb{R}^d)$, $M \subset \mathbb{R}^m$, $N \subset \mathbb{R}^n$ und $f(M) \subset N$. Weiter sei f stetig im Punkt $x_0 \in M$, und g sei stetig im Punkte $y_0 = f(x_0) \in N$. Dann ist die Komposition $h := g \circ f$ in x_0 stetig.*

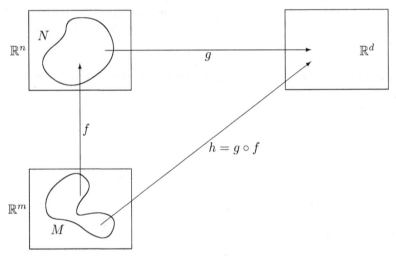

Beweis. Ist x_0 ein isolierter Punkt von M, so ist nichts zu beweisen. Also können wir annehmen, daß x_0 ein Häufungspunkt von M ist. Wir wählen eine beliebige Folge $\{x_p\}$ von Punkten $x_p \in M$ mit $x_p \to x_0$. Da f stetig in x_0 ist, folgt $y_p := f(x_p) \to f(x_0) = y_0$ mit $p \to \infty$, und da auch g in y_0 stetig ist, ergibt sich dann ferner $g(y_p) \to g(y_0)$, d.h. $h(x_p) = g(f(x_p)) \to g(f(x_0)) = h(x_0)$. Wegen Bemerkung 3 ist dann h im Punkte x_0 stetig.

$\square$

Definition 2. *Eine Abbildung $f : M \to \mathbb{R}^d$, $M \subset \mathbb{R}^n$, heißt* **stetig**, *wenn sie in jedem Punkt von M stetig ist. Mit* $\mathbf{C^0(M, \mathbb{R}^d)}$ *bezeichnen wir die Klasse der* *stetigen Abbildungen $f : M \to \mathbb{R}^d$, und $C^0(M)$ bzw. $C^0(M, \mathbb{C})$ sei die Klasse der stetigen reell- bzw. komplexwertigen Funktionen auf M.*

Nach Satz 1 ist $C^0(M, \mathbb{R}^d)$ ein linearer Unterraum von $\mathcal{F}(M, \mathbb{R}^d)$, und $C^0(M)$ bzw. $C^0(M, \mathbb{C})$ ist sogar eine Algebra.

Das folgende Resultat ist sehr nützlich.

Satz 4. (Stetigkeit der Umkehrfunktion). *Ist K eine kompakte Teilmenge des $\mathbb{R}^d$ und $f : K \to \mathbb{R}^n$ eine stetige injektive Abbildung mit dem Wertebereich $W := f(K)$, so ist auch $f^{-1} : W \to \mathbb{R}^d$ stetig.*

Beweis. Es gelte $y_p \to y_0$ mit $p \to \infty$, wobei $y_0, y_1, y_2, \dots$ Punkte in W sind. Sei $g := f^{-1}$ und $x_p := g(y_p)$, $x_0 := g(y_0)$. Wir müssen $x_p \to x_0$ zeigen. Wäre dies nicht richtig, könnten wir wegen der Kompaktheit von K eine Teilfolge $\{x_p'\}$ von $\{x_p\}$ finden mit $x_p' \to z_0 \in K$ und $z_0 \neq x_0$. Da f stetig ist, ergibt sich $y_p' := f(x_p') \to f(z_0)$, und aus $z_0 \neq x_0$ folgt wegen der Injektivität von f, daß

$$f(z_0) \neq f(x_0) = f(g(y_0)) = y_0 \, .$$

Dies liefert einen Widerspruch zur Ausgangsvoraussetzung $y_p \to y_0$, die $y_p' \to y_0$ nach sich zieht.

$\square$

Definition 3. *Eine Abbildung $f : M \to \mathbb{R}^d$ einer Menge $M \subset \mathbb{R}^n$ heißt* **Homöomorphismus** *(oder* topologische Abbildung*) von M auf das Bild $W := f(M)$, wenn f injektiv und stetig ist und wenn die Inverse f^{-1} von f eine stetige Abbildung $W \to \mathbb{R}^n$ bildet.*

Bemerkung 4. Nach Satz 4 liefert eine injektive, stetige Abbildung $f : K \to \mathbb{R}^d$ einer kompakten Menge K des $\mathbb{R}^n$ also einen Homöomorphismus von K auf $f(K)$.

5 *Peanokurven.* Eine stetige Abbildung $f : I \to \mathbb{R}^n$ eines Intervalles $I \subset \mathbb{R}$ in den $\mathbb{R}^n$ nennt man eine *stetige Kurve in $\mathbb{R}^n$* oder eine *stetige Bewegung in $\mathbb{R}^n$*. Man ist versucht, die Spur $f(I)$ einer solchen Bewegung als eine *Linie* in $\mathbb{R}^2$ anzusehen, wobei freilich die intuitive Bedeutung des Begriffes Linie schwer zu fassen ist. Es ist leicht zu zeigen, daß solche Linien ziemlich komplizierte Objekte sein können, die auch in vielfältiger Weise degenerieren mögen. Beispielsweise ist die Spur $f(I)$ einer konstanten Bewegung ein einziger Punkt. Unerwartet kommt aber die Einsicht, daß das Bild $f(I)$ eines Intervalles unter einer stetigen Abbildung $f : I \to \mathbb{R}^2$ ein Flächenstück wie z.B. ein volles Dreieck, das Bild $f(I)$ einer Abbildung $f \in C^0(I, \mathbb{R}^3)$ ein Würfel sein kann. Diese Entdeckung verdanken wir Giuseppe Peano (1890). Im folgenden wollen wir die Konstruktion einer solchen *Peanokurve* angeben, die das Intervall $[0,1]$ stetig auf das gleichschenklig rechtwinklige Dreieck Δ mit den Eckpunkten $P_0 = (-1, 0)$, $P_1 = (1, 0)$ und $P_2 = (0, 1)$ abbildet, das wir uns als abgeschlossen denken, ebenso wie alle anderen Dreiecke, die noch auftreten werden.

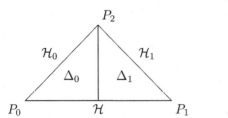 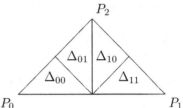

Die Punkte P_0 und P_1 sind die Randpunkte der Hypotenuse $\mathcal{H}$ von Δ; wir nennen P_0 die erste Ecke und P_1 die zweite Ecke von $\mathcal{H}$. Nun zerlegen wir Δ in zwei kongruente Dreiecke Δ_0 und Δ_1, indem wir von P_2 das Lot auf $\mathcal{H}$ fällen. Die Dreiecke Δ_0, Δ_1 sind wiederum gleichschenklig rechtwinklig. Die Numerierung sei so gewählt, daß die erste Ecke P_0 auf der Hypotenuse $\mathcal{H}_0$ von Δ_0 und die zweite Ecke P_1 auf der Hypotenuse $\mathcal{H}_1$ von Δ_1 liegt. Wir nennen P_0 die *erste Ecke von* Δ_0, die andere Ecke von $\mathcal{H}_0$ heiße *zweite Ecke von* Δ_0. Die zweite Ecke P_1 von Δ heiße *zweite Ecke von* Δ_1, die andere Ecke von $\mathcal{H}_1$ heiße erste Ecke von Δ_1.

Diese Teilungsverfahren samt der entsprechenden Bezeichnungsweisen werde fortgesetzt. Wir fällen also auf $\mathcal{H}_0$ und $\mathcal{H}_1$ die Lote von der gegenüberliegenden Ecke von Δ_0 bzw. Δ_1 aus und erhalten so die vier kongruenten Dreiecke

$$\Delta_{00} \, , \; \Delta_{01} \, , \; \Delta_{10} \, , \; \Delta_{11}$$

mit den Hypotenusen $\mathcal{H}_{00}, \mathcal{H}_{01}, \mathcal{H}_{10}, \mathcal{H}_{11}$, wobei die erste Ecke von Δ_{00} auf $\mathcal{H}_{00}$ die erste Ecke von Δ_0 und die zweite Ecke von Δ_{01} auf $\mathcal{H}_{01}$ die zweite Ecke von Δ_0 sei; entsprechend sei die erste Ecke von Δ_{10} die erste Ecke von Δ_1 und die zweite Ecke von Δ_{11} die zweite Ecke von Δ_1.

So fahren wir fort und erhalten beim n-ten Schritt 2^n Teildreiecke $\Delta_{i_1 i_2 \dots i_n}$, wobei die Indizes i_k die Werte 0 oder 1 annehmen. Hierbei sei die Numerierung der n-ten Teildreiecke so gewählt, daß $\Delta_{i_1 i_2 \dots i_{n-1} 0}$ und $\Delta_{i_1 i_2 \dots i_{n-1} 1}$ in der gleichen Weise aus $\Delta_{i_1 \dots i_{n-1}}$ hervorgehen wie Δ_0 und Δ_1 aus Δ. Entsprechend ist die erste Ecke von $\Delta_{i_1 \dots i_{n-1} 0}$ die erste Ecke von $\Delta_{i_1 \dots i_{n-1}}$ und die zweite Ecke von $\Delta_{i_1 \dots i_{n-1} 1}$ die zweite Ecke von $\Delta_{i_1 \dots i_{n-1}}$. Von zwei Dreiecken $\Delta_{i_1 \dots i_n}$ heiße dasjenige das *frühere*, für das der Dualbruch $0, i_1 i_2 \dots i_n$ den kleineren Wert hat. Mittels dieses Begriffes können wir die 2^n Dreiecke $\Delta_{i_1 i_2 \dots i_n}$ in eine lineare Ordnung bringen, die so beschaffen ist, daß zwei aufeinanderfolgende Teildreiecke $\Delta_{i_1 \dots i_n}$ eine gemeinsame Seite haben, d.h. aneinandergrenzen.

Nunmehr wählen wir I als das Intervall $[0, 1]$ und zerlegen dieses durch Halbierung in zwei kongruente Teilintervalle I_0 und I_1, danach I_0 und I_1 durch Halbierung in die kongruenten Teilintervalle I_{00}, I_{01} und I_{10}, I_{11}. Beim n-ten Schritt ist I in die 2^n kongruenten Intervalle $I_{i_1 i_2 \dots i_n}$ zerlegt, wobei $I_{i_1 \dots i_{n-1}}$ in die beiden Intervalle $I_{i_1 \dots i_{n-1} 0}$ und $I_{i_1 \dots i_{n-1} 1}$ zerteilt sei. Die Intervalle $I_{i_1 \dots i_n}$ sind in „natürlicher Weise" angeordnet, und von zwei solchen Intervallen ist dasjenige das *frühere*, das „links" von dem anderen liegt, und zwar ist es das Intervall mit dem kleineren Dualbruch $0, i_1 \dots i_n$.

Jetzt haben wir alle Hilfsmittel zusammen, die wir für die Konstruktion der gesuchten Peanokurve benötigen. Sei t ein beliebiger Punkt aus I. Für jedes n liegt t entweder in genau einem der Intervalle $I_{i_1 \dots i_n}$, das dann $\mathcal{I}_n$ heiße, oder t ist ein „n-ter Halbierungspunkt" und liegt damit auf einem Randpunkt zweier aneinandergrenzender Intervalle $I_{i_1 \dots i_n}$, von denen dann das frühere mit $\mathcal{I}_n$ bezeichnet sei. Offenbar bildet $\{\mathcal{I}_n\}$ eine Intervallschachtelung, die den Punkt t erfaßt. Sei $\mathcal{I}_n = I_{i_1 \dots i_n}$; wir definieren jetzt das Dreieck D_n als $\Delta_{i_1 \dots i_n}$. Die Konstruktion der Folge $\{D_n\}$ ist so beschaffen, daß

$$D_1 \supset D_2 \supset D_3 \supset \dots \quad \text{und} \quad \lim_{n \to \infty} \text{diam } D_n = 0$$

gilt. Also ist $\{D_n\}$ eine Dreiecksschachtelung, und mittels des Cauchyschen Konvergenzkriteriums (vgl. Satz 3 in 1.15) zeigt man ohne Mühe, daß $\{D_n\}$ genau einen Punkt p erfaßt, d.h.

$$\bigcap_{n=1}^{\infty} D_n = \{p\} \,.$$

Nun definieren wir $X(t) := p$ und erhalten so eine Abbildung $X : I \to \mathbb{R}^2$.

Wir zeigen, daß $X(I) = \Delta$ gilt. Ist nämlich p_0 irgendein Punkt aus Δ, so können wir eine Folge von Dreiecken D_n bestimmen, so daß D_n eines der Dreiecke $\Delta_{i_1 \ldots i_n}$ und D_{n+1} eine der beiden Hälften $\Delta_{i_1 \ldots i_n 0}$, $\Delta_{i_1 \ldots i_n 1}$ ist und $p_0 \in D_{n+1} \subset D_n$ gilt. Liegt p_0 für irgendein n in beiden Hälften von D_n, so sei D_{n+1} die frühere der beiden Hälften, also $\Delta_{i_1 \ldots i_n 0}$. Wir wählen $\mathcal{I}_n$ als das Intervall $I_{i_1 \ldots i_n}$ und erhalten so eine Intervallschachtelung $\{\mathcal{I}_n\}$, die genau einen Punkt $\{t_0\}$ erfaßt:

$$\bigcap_{n=1}^{\infty} \mathcal{I}_n = \{t_0\} \,.$$

Folglich ist $p_0 = X(t_0)$, und wir haben gezeigt, daß X das Intervall I auf Δ abbildet.

Es bleibt die Stetigkeit von X nachzuweisen. Sei also t_0 ein beliebiger Punkt von I und bezeichne ϵ eine beliebige positive Zahl. Wir bestimmen $n \in \mathbb{N}$ so, daß

$$\text{diam } D_{i_1 \ldots i_n} < \epsilon/2 \,.$$

Liegen also zwei Punkte p_0 und p im selben Dreieck $D_{i_1 \ldots i_n}$ oder in zwei aneinandergrenzenden solchen Dreiecken, so ist

$$|p_0 - p| < \epsilon \,.$$

Nunmehr sei $\delta = 2^{-n}$ gewählt. Wir erfassen t_0 durch eine Intervallschachtelung $\{\mathcal{I}_k\}$ so wie oben beschrieben, und fassen das Intervall $\mathcal{I}_n$ ins Auge. Wählen wir $t \in I$ mit $|t - t_0| < \delta$, so muß t in einem der Intervalle $I_{i_1 \ldots i_n}$ liegen, das an $\mathcal{I}_n$ grenzt, oder in $\mathcal{I}_n$ selbst. Dann liegt $X(t_0)$ in dem Dreieck D_n, das $\mathcal{I}_n$ entspricht, und $X(t)$ liegt in einem Dreieck $\Delta_{i_1 \ldots i_n}$, das an D_n grenzt, oder in D_n selbst. Nach obigem folgt also

$$|X(t) - X(t_0)| < \epsilon \,,$$

falls $|t - t_0| < \delta$ gilt, womit die Stetigkeit von X gezeigt ist.

---

6 *Ein weiterer Satz von Cantor.* Wir wollen jetzt das von Cantor entdeckte überraschende Ergebnis beweisen, daß das lineare Kontinuum $I = [0,1]$ gleichmächtig zum ebenen Kontinuum $Q := I \times I$ und zum räumlichen Kontinuum $W := I \times I \times I$ ist.

(i) Jede Zahl $x \in [0,1) =: I_0$ kann als Dualzahl

$(*)$ $x = 0, a_1 a_2 a_3 \ldots \quad \text{mit } a_k \in \{0,1\}$

geschrieben werden, und umgekehrt beschreibt jede Dualzahl einen Punkt in I_0. Die Zuordnung $x \mapsto 0, a_1 a_2 a_3 \ldots$ ist eindeutig, wenn wir die Darstellungen

$$0, a_1 a_2 \ldots a_k 0111 \ldots$$

mit der Periode $111\ldots$ ausschließen und nur die Darstellungen

$$0, a_1 a_2 \ldots a_k 1000 \ldots$$

mit der Periode 0 zulassen. In jeder Dualdarstellung $0, a_1 a_2 a_3 \ldots$ kommt dann die Ziffer 0 unendlich oft vor; wir können die Darstellung $0, a_1 a_2 a_3 \ldots$ dadurch eindeutig beschreiben, daß wir die Indizes k angeben, für die $a_k = 0$ ist, diese Indizes seien zu einer monoton wachsenden Folge natürlicher Zahlen k_p angeordnet:

$$k_1 < k_2 < \ldots < k_p < \ldots \,.$$

Umgekehrt entspricht jeder solchen Folge $\{k_p\}$ genau eine der zulässigen Darstellungen $(*)$. Also ist I_0 gleichmächtig zur Menge H der monoton wachsenden Folgen $\{k_p\}$ natürlicher Zahlen. Wegen $I \sim I_0$ folgt dann auch $I \sim H$. Weiterhin ist H gleichmächtig zur Menge F aller Folgen $\{n_p\}$ natürlicher Zahlen, denn durch die Zuordnung $\{k_p\} \mapsto \{n_p\}$, die durch

$$n_1 := k_1 \,,\; n_2 := k_2 - k_1 \,,\; n_3 := k_3 - k_2 \,,\; \ldots$$

gegeben ist, wird eine bijektive Abbildung von H auf F geliefert. Um dies einzusehen, bemerken wir, daß sich zu einer vorgegebenen Folge $\{n_p\} \in F$ genau eine Folge $\{k_p\} \in H$ finden läßt, die auf $\{n_p\}$ abgebildet wird, nämlich die Folge $\{k_p\}$, die wir durch

$$k_1 = n_1 \,,\; k_2 = n_2 + n_1 \,,\; k_3 = n_3 + n_2 + n_1 \,,\; \ldots$$

erhalten. Also ist I gleichmächtig zu F.

(ii) Nun betrachten wir drei Mengen X, Y, Z, die gleichmächtig zu I sind, und bilden das kartesische Produkt

$$P := X \times Y \times Z \,.$$

Wegen $X, Y, Z \sim I \sim F$ gibt es bijektive Abbildungen f, g, h von X, Y, Z auf F. Seien $x \in X$, $y \in Y$, $z \in Z$. Wir schreiben $f(x), g(y), h(z)$ als

$$f(x) = \{n_p\} \,,\; g(y) = \{m_p\} \,,\; h(z) = \{r_p\}$$

und definieren eine Abbildung $\phi : P \to F$ durch

$$\phi(x, y, z) := n_1 m_1 r_1 n_2 m_2 r_2 n_3 m_3 r_3 \ldots \,.$$

Es ist nicht schwer zu sehen, daß ϕ eine Bijektion von $P = X \times Y \times Z$ auf F vermittelt. Hieraus folgt

$$X \times Y \times Z \sim F \sim I \,.$$

Insbesondere erhalten wir

$$W := I \times I \times I \sim I \,,$$

und entsprechend ergibt sich auch

$$Q := I \times I \sim I \,.$$

Bemerkung 5. Die Beispiele $\boxed{5}$ und $\boxed{6}$ werfen Licht auf die Schwierigkeiten, die auftreten, wenn man die Dimension einer Teilmenge M eines euklidischen Raumes $\mathbb{R}^k$ definieren möchte. Es ist offenbar unzulässig, M als eine „k-dimensionale Menge" zu bezeichnen, nur weil M stetiges Bild eines k-dimensionalen Würfels ist, und genauso wenig darf M nur deshalb als „k-dimensional" bezeichnet werden, weil es bijektives Bild eines k-dimensionalen Würfels ist. Eine richtige Antwort hat erst L.E.J. Brouwer gefunden: Zur Definition der Dimension muß man *topologische Abbildungen (Homöomorphismen)* heranziehen, also Bijektionen, die mitsamt ihren Inversen stetig sind. Felix Hausdorff (*Mengenlehre*, 2. Auflage 1927, S. 203–205) hat diesen Sachverhalt wie folgt beschrieben: *Mit den Peanoschen Kurven erhält der Begriff* Dimension *einen zweiten Stoß; nachdem schon das Quadrat schlichtes [d.h. bijektives] Bild der Strecke sein konnte ... ,* *kann es nun auch* stetiges *Bild sein. Erst die Forderung der* Homöomorphie *setzt den Dimensionsbegriff wieder in seine Rechte ein; denn es gilt der (in voller Allgemeinheit zuerst von L.E.J. Brouwer bewiesene) Satz von der* Invarianz der Dimensionenzahl:

„*Eine Menge A im Euklidischen E_m und eine Menge B im Euklidischen E_n sind, wenn $n > m$ und B innere Punkte hat, niemals homöomorph.*"

Aber selbst **einfache Kurven** (auch **Jordankurven** genannt), das sind *homöomorphe Bilder* der Strecke $I = [0,1]$ in $\mathbb{R}$, können unter Umständen sehr verschieden von dem sein, was man sich unter einer Kurve vorstellt. Beispielsweise gibt es einfache Kurven positiven zweidimensionalen Maßes.

Aufgaben.

1. An welchen Stellen sind die folgenden Funktionen $f : \mathbb{R} \to \mathbb{R}$ stetig?
   (i) $f(x) := x$ für $x \in \mathbb{Q}$, $f(x) := x - 1$ für $x \in \mathbb{R}\backslash\mathbb{Q}$.
   (ii) $f(0) := 1$, $f(x) := 0$ für $x \in \mathbb{R}\backslash\mathbb{Q}$, $f(x) := 1/q$ für $|x| = p/q$ mit $p, q \in \mathbb{N}$, p und q teilerfremd.

2. Ist M eine nichtleere Menge in $\mathbb{R}^m$ und gilt $f, g \in C^0(M)$, so sind auch die durch $\varphi(x) := \max\{f(x), g(x)\}$, $\psi(x) := \min\{f(x), g(x)\}$ definierten Funktionen $\varphi, \psi : M \to \mathbb{R}$ stetig. Beweis?

3. Sind $f : M \to \mathbb{R}^d$, $g : M \to \mathbb{R}^d$ stetige Funktionen auf $M \subset \mathbb{R}^m$ und gibt es eine in M dichte Teilmenge S von M mit $f(x) = g(x)$ für jedes $x \in S$, so folgt $f = g$ (d.h. $f(x) = g(x)$ für alle $x \in M$). Beweis?

4. Man zeige: Ist $f \in C^0(\mathbb{R})$ und gilt $f(x + y) = f(x) + f(y)$ für $x, y \in \mathbb{Q}$, so gibt es eine Konstante $c \in \mathbb{R}$ mit $f(x) = cx$ für alle $x \in \mathbb{R}$.

5. Eine Funktion $f : M \to \mathbb{R}^d$ mit $M \subset \mathbb{R}^n$ heißt *Lipschitzstetig*, wenn es ein $L \geq 0$ gibt mit $|f(x) - f(y)| \leq L|x - y|$ für $x, y \in M$. Man zeige, daß Lipschitzstetige Funktionen stetig sind.

6. Ist M eine abgeschlossene Menge des $\mathbb{R}^d$ und $f : M \to M$ eine *kontrahierende* Abbildung von M in sich (d.h.: es gibt ein $\theta \in (0, 1)$ mit $|f(x) - f(y)| \leq \theta|x - y|$ für alle $x, y \in M$), so besitzt die Gleichung $f(x) = x$ genau eine Lösung $x \in M$. Diese erhält man durch das folgende Iterationsverfahren: Wähle irgendeinen Punkt $x_0 \in M$ und bilde die Folge $\{x_n\}$ durch $x_n := f(x_{n-1})$, $n \in \mathbb{N}$. Dann konvergiert $\{x_n\}$ gegen den Fixpunkt x von f. Beweis? (Man beachte: $|x_{n+p} - x_n| \leq |x_{n+p} - x_{n+p-1}| + \cdots + |x_{n+1} - x_n|$ und $|x_{m+1} - x_m| \leq \theta|x_m - x_{m-1}| \leq \cdots \leq \theta^m|x_1 - x_0|$.)

7. Man zeige, daß der „Fehler" $|x - x_n|$ in Aufgabe 6 abgeschätzt ist durch $\theta \cdot (1 - \theta)^{-1}|x_1 - x_0|$.

8. Die *Cantormenge* Γ ist definiert als die Menge der Punkte $x \in [0, 1]$, die folgende Darstellung besitzen:

$$(*) \qquad x = \sum_{j=1}^{\infty} 2z_j 3^{-j} \text{ mit } z_j = 0 \quad \text{oder} \quad 1\,.$$

(Man entfernt aus $[0, 1]$ die Menge $(1/3, 2/3)$; im nächsten Schritt nimmt man von $[0, 1/3]$ und $[2/3, 1]$ die mittleren Drittel $(1/9, 2/9)$ und $(7/9, 8/9)$ weg; ad infinitum: so entsteht Γ.)
(i) Man beweise, daß die *Cantorfunktion* $f : I \to \mathbb{R}$ eine stetige, monoton wachsende Funktion von I auf sich ist. Hierbei ist f folgendermaßen definiert: Für $x \in \Gamma$ mit der Darstellung $(*)$ setzen wir $f(x) := \sum_{j=1}^{\infty} z_j 2^{-j}$. Ist $x \in I\backslash\Gamma$ und liegt x in dem ausgesonderten Intervall (a, b) mit $a = \sum_{j=1}^{n-1} 2a_j 3^{-j} + 3^{-n}$, $b = \sum_{j=1}^{n-1} 2a_j 3^{-j} + 2 \cdot 3^{-n}$, und sind $a_1, \ldots, a_{n-1} \in \{0, 1\}$, so setzen wir $f(x) := f(a)$ und $f(a) := \sum_{j=1}^{n-1} a_j 2^{-j} + 2^{-n}$.
(ii) Man versuche, eine „approximative Skizze" der Cantorfunktion f zu zeichnen.
(iii) Man zeige: Γ ist nicht abzählbar, denn f bildet Γ bijektiv auf $[0, 1]$ ab.

9. Man beweise, daß für eine Funktion $f : \mathbb{R}^m \to \mathbb{R}^d$ die folgenden drei Eigenschaften äquivalent sind: (1) f ist stetig; (2) $f^{-1}(\Omega)$ ist offen in $\mathbb{R}^m$ für jede offene Menge $\Omega \subset \mathbb{R}^d$; (3) $f^{-1}(A)$ ist abgeschlossen in $\mathbb{R}^m$ für jede abgeschlossene Menge $A \subset \mathbb{R}^d$. (Hinweis: $f^{-1}(M^c) = \left(f^{-1}(M)\right)^c$ für jedes $M \subset \mathbb{R}^d$.)

10. Eine Menge M heißt *vollkommen*, wenn sie abgeschlossen ist und mit der Menge ihrer Häufungspunkte übereinstimmt. Man zeige, daß die Cantormenge Γ vollkommen ist. Ist auch $\Gamma \times \Gamma$ eine vollkommene Menge in $\mathbb{R}^2$?

11. Ist die durch

$$f(x,y) := \frac{x^2 - y^2}{x^2 + y^2} \quad \text{für} \quad x^2 + y^2 > 0 \ , \ f(0,0) := 0$$

definierte Funktion $f : \mathbb{R}^2 \to \mathbb{R}$ im Ursprung $(0,0)$ stetig?

12. Ist $f : \hat{\mathbb{C}} \to \hat{\mathbb{C}}$ die Spiegelung am Einheitskreis (vgl. 2.1, Aufgabe 6), so liefert $f|_{\mathbb{C}}$ einen Homöomorphismus von $\mathbb{C}$ auf sich. Beweis?

13. Man beweise: Ist $f \in C^0(M)$ und $M' \subset M \subset \mathbb{R}^m$, so ist $f|_{M'} \in C^0(M')$.

14. „Ist M' dicht in $M \subset \mathbb{R}^d$ und hat $f : M \to \mathbb{R}$ die Eigenschaft, daß $f|_{M'} \in C^0(M')$ ist, so ist f stetig in den Punkten aus M'." Ist diese Behauptung richtig?

15. Man zeige, daß für $f : \mathbb{R}^m \to \mathbb{R}$ die Menge $\Omega := \{x \in \mathbb{R}^m : f(x) < c\}$ offen und die Mengen $A := \{x \in \mathbb{R}^m : f(x) \leq c\}$ und $A_0 := \{x \in \mathbb{R}^m : f(x) = c\}$ abgeschlossen in $\mathbb{R}^m$ sind.

5   Zwischenwertsatz und Umkehrfunktion

Ein in der Analysis häufig benutztes Resultat für stetige Funktionen ist der **Zwischenwertsatz**, der zuerst von Bolzano (1817) und später von Weierstraß bewiesen wurde. Dies ist der folgende

Satz 1. *Sei $f : [a,b] \to \mathbb{R}$ stetig und $f(a) \neq f(b)$. Dann gibt es zu jedem Wert c zwischen $f(a)$ und $f(b)$ mindestens eine Stelle $\xi \in (a,b)$ mit $f(\xi) = c$.*

Beweis. Wir können annehmen, daß $f(a) < c < f(b)$ ist (sonst gehen wir zur Funktion $-f$ und zum Werte $-c$ über). Wegen $f(b) > c$ ist die Menge

$$(1) \qquad\qquad M := \{x : a < x \leq b \ \text{und} \ f(x) > c\}$$

nichtleer und beschränkt. Wir setzen

$$(2) \qquad\qquad\qquad\qquad \xi := \inf M \ .$$

Dann gibt es eine Folge $\{x_p\}$ von Punkten $x_p \in M$ derart, daß $x_p \to \xi$ mit $p \to \infty$. Da f stetig ist, folgt $f(x_p) \to f(\xi)$, und wegen $x_p \in M$ ist $f(x_p) > c$ für jedes $p \in \mathbb{N}$. Daher gilt $f(\xi) \geq c$. Wäre $f(\xi) > c$, so könnten wir wegen der Stetigkeit von f einen Punkt x mit $a < x < \xi$ finden derart, daß $f(x) > c$ wäre, und dies ergäbe einen Widerspruch zur Definition (2) von ξ, wenn man die Definition (1) von M berücksichtigt. Also gilt $f(\xi) = c$.

$\square$

$\boxed{1}$ Betrachten wir eine Polynomfunktion $f : \mathbb{R} \to \mathbb{R}$ ungeraden Grades $2k + 1$,

$$f(x) = a_0 + a_1 x + \ldots + a_{2k} x^{2k} + x^{2k+1} \ , \ a_0, \ldots, a_{2k} \in \mathbb{R} \ .$$

Man überzeugt sich leicht, daß der Term x^{2k+1} die anderen Summanden für $x \to \pm\infty$ dominiert; hieraus folgt

$$f(x) \to \infty \text{ für } x \to \infty , \ f(x) \to -\infty \text{ für } x \to -\infty .$$

Deshalb gibt es Zahlen $a, b \in \mathbb{R}$, so daß $f(a) < 0 < f(b)$. Weiterhin ist f stetig. Also gibt es nach dem Zwischenwertsatz ein $\xi \in (a, b)$, so daß $f(\xi) = 0$ ist. Hiermit haben wir gezeigt:

Jede reelle algebraische Gleichung $f(x) = 0$ ungeraden Grades besitzt mindestens eine reelle Wurzel.

Definition 1. *Unter einem* **uneigentlichen Intervall** *versteht man eine der Mengen* $(a, \infty), [a, \infty), (-\infty, b), (-\infty, b]$ *mit* $a, b \in \mathbb{R}$, *oder* $(-\infty, \infty)$. *Wir nennen* I *ein* **verallgemeinertes Intervall**, *wenn es entweder ein Intervall oder ein uneigentliches Intervall ist.*

Satz 2. *Eine stetige monotone Funktion $f : I \to \mathbb{R}$ auf einem (verallgemeinerten) Intervall I besitzt eine stetige monotone Umkehrfunktion $g = f^{-1} : I^* \to \mathbb{R}$ auf dem (möglicherweise verallgemeinerten) Intervall $I^* := f(I)$.*

Beweis. (i) Sei zunächst I ein kompaktes Intervall $[a, b]$. Da f monoton ist, besitzt es eine Umkehrfunktion $g = f^{-1} : I^* \to \mathbb{R}$, und nach 2.4, Satz 4 ist f^{-1} stetig auf $I^* = f(I)$. Der Zwischenwertsatz zeigt schließlich, daß I^* das Intervall mit den Endpunkten $f(a)$ und $f(b)$ ist, also alle Punkte zwischen $f(a)$ und $f(b)$ umfaßt, und wegen der Monotonie von f ist auch f^{-1} monoton.
(ii) Ist I ein Intervall oder aber ein verallgemeinertes Intervall, so setzen wir $I^* := f(I)$ und $\xi := \inf_I f$, $\eta := \sup_I f$. Da f monoton ist, gilt $\xi < \eta$. Also können wir zwei Folgen von Punkten $\alpha_j, \beta_j \in I^*$ mit $\xi < \alpha_j < \beta_j < \eta$ und $\alpha_j \searrow \xi$, $\beta_j \nearrow \eta$ finden. Dann gibt es Punkte $a_j, b_j \in I$, so daß $\alpha_j = f(a_j)$, $\beta_j = f(b_j)$ gilt, wenn f monoton wächst, und $\beta_j = f(a_j)$, $\alpha_j = f(b_j)$, wenn f fällt, und daß $a_j < b_j$ ist. Nach (i) folgt $[\alpha_j, \beta_j] \subset I^*$ und daher $(\xi, \eta) \subset I^*$; somit gilt $(\xi, \eta) = \text{int } I^*$. Also ist I^* ein Intervall oder ein verallgemeinertes Intervall. Da f monoton ist, besitzt es eine Umkehrfunktion $f^{-1} : I^* \to \mathbb{R}$, die I^* monoton auf I abbildet. Jedes Intervall $[\alpha, \beta]$ in I^* ist bijektives Bild eines Intervalles $[a, b]$ in I unter f. Nach (i) ist also $f^{-1}|_{[\alpha, \beta]}$ stetig. Da die Stetigkeit einer Funktion eine „lokale Eigenschaft" ist, schließen wir zuguterletzt, daß f^{-1} auf I^* stetig ist. $\square$

Bemerkung 1. Wenn I ein Intervall ist, kann $f(I)$ verallgemeinertes Intervall sein, wie die Funktion $f(x) = 1/x$, $0 < x \leq 1$, zeigt, wo $I = (0, 1]$ und $f(I) = [1, \infty)$ ist.

Bemerkung 2. Wir können den Zwischenwertsatz in äquivalenter Weise auch so formulieren:

Eine stetige Funktion $f : I \to \mathbb{R}$ auf einem Intervall I nimmt jeden Wert zwischen $\inf_I f$ und $\sup_I f$ in mindestens einem Punkt aus I an.

Als Anwendung von Satz 2 behandeln wir die Wurzelfunktion.

$\boxed{2}$ Die Funktion $f : [0, \infty) \to \mathbb{R}$ mit $f(x) := x^k$, $k \in \mathbb{N}$, liefert eine stetige, monoton wachsende Abbildung von $[0, \infty)$ auf sich, insbesondere hat also für jedes $y \in [0, \infty)$ die Gleichung $x^k = y$ genau eine Lösung $x \in [0, \infty)$, und diese hatten wir früher mit $\sqrt[k]{y}$ bzw. $y^{1/k}$ bezeichnet.

Die Umkehrfunktion $y \mapsto f^{-1}(y) = g(y)$ ist somit die Funktion $g : [0, \infty) \to \mathbb{R}$ mit $g(y) = y^{1/k}$. Diese Funktion ist also stetig und monoton wachsend.

Damit ist auch die Funktion $h : [0, \infty) \to \mathbb{R}$ mit $h(x) := x^{l/k}$ mit $l, k \in \mathbb{N}$ stetig und monoton wachsend, denn h ist die Komposition $h = p \circ g$ der stetigen Funktionen $g(x) := x^{1/k}$ und $p(y) := y^l$.

Aufgaben.

1. Man zeige, daß es keine Funktion $f \in C^0(\mathbb{R})$ gibt, die jeden Wert aus ihrem Wertebereich $f(R)$ genau zweimal annimmt.
2. Sei I ein kompaktes Intervall, $f \in C^0(I)$ und $f(I) \subset I$. Man beweise, daß f einen Fixpunkt besitzt (d.h. eine Lösung $x \in I$ der Gleichung $f(x) = x$). Die Behauptung ist nicht mehr richtig, wenn I nicht als kompakt vorausgesetzt wird (Beispiel?).
3. Ist $f \in C^0(I)$, $I = [0, 1]$ und $f(0) = f(1)$, so gibt es zu jedem $n \in \mathbb{N}$ ein $x \in I$ mit $f(x + 1/n) = f(x)$. Beweis?

6   Satz von Weierstraß

Wir beginnen mit dem folgenden grundlegenden Resultat:

Das stetige Bild einer kompakten Menge ist kompakt. Genauer:

Satz 1. *Ist K eine kompakte Menge des $\mathbb{R}^n$ und $f \in C^0(K, \mathbb{R}^d)$, so ist $f(K)$ eine kompakte Menge des $\mathbb{R}^d$.*

Beweis. Sei $\{y_j\}$ eine Folge von Elementen y_j aus $f(K)$. Dann gibt es zu jedem y_j ein $x_j \in K$ mit $y_j = f(x_j)$. Da K kompakt ist, kann man aus $\{x_j\}$ eine Teilfolge $\{x'_j\}$ auswählen, die gegen ein Element $x_0 \in K$ konvergiert: $x'_j \to x_0$. Da f stetig ist, folgt $f(x'_j) \to f(x_0)$, und $y'_j := f(x'_j)$ liefert eine Teilfolge von $\{y_j\}$, die gegen das Element $y_0 := f(x_0)$ von $f(K)$ strebt. Hieraus ergibt sich die Kompaktheit von $f(K)$.

$\square$

Vermöge 1.16, Satz 4 ergeben sich aus dem vorangehenden Satz die folgenden Resultate.

Korollar 1. *Ist $K \subset \mathbb{R}^n$ kompakt und $f \in C^0(K, \mathbb{R}^d)$, so ist $f(K)$ abgeschlossen und beschränkt.*

Korollar 2. *Ist K eine kompakte Menge des $\mathbb{R}^n$, so gilt*

$$C^0(K, \mathbb{R}^d) \subset \mathcal{B}(K, \mathbb{R}^d) \,.$$

Nun kommen wir zu **Weierstraß' Hauptlehrsatz** (1861), der zahlreiche Anwendungen hat und zu den wichtigsten Hilfsmitteln der Analysis gehört.

Satz 2. *Ist $f : K \to \mathbb{R}$ eine stetige reellwertige Funktion auf einer nichtleeren kompakten Menge K des $\mathbb{R}^n$, so gibt es Punkte $\underline{x}, \overline{x} \in K$ mit der Eigenschaft, daß*

$$(1) \qquad f(\underline{x}) \le f(x) \le f(\overline{x}) \quad \text{für alle } x \in K$$

gilt, d.h.

$$(2) \qquad f(\underline{x}) = \inf_K f \,, \quad f(\overline{x}) = \sup_K f \,.$$

Diesen Sachverhalt beschreibt man so: *Eine auf einer kompakten Menge $K \subset \mathbb{R}^n$ stetige reelle Funktion nimmt dort ihr Maximum (bzw. Minimum) in mindestens einem Punkte an.* (Eigentlich sollte man sagen: *Eine stetige Funktion $f : K \to \mathbb{R}$ nimmt auf einer kompakten Menge K des $\mathbb{R}^n$ ihr Infimum und ihr Supremum an.* Die vorangehende Redeweise ist ein altmodisches Relikt, von dem sich die meisten Mathematiker nicht trennen mögen.)

Beweis von Satz 2. Nach Korollar 1 ist $f(K)$ eine beschränkte Teilmenge von $\mathbb{R}$, also $\overline{m} := \sup_K f < \infty$ und $\underline{m} := \inf_K f > -\infty$. Wir können Folgen $\{x_j\}$ und $\{z_j\}$ von Elementen $x_j, z_j \in K$ wählen derart, daß

$$(3) \qquad f(x_j) \to \overline{m} \quad , \quad f(z_j) \to \underline{m} \qquad \text{für } j \to \infty \,.$$

Da K kompakt ist, können wir Teilfolgen $\{x_j'\}$ und $\{z_j'\}$ von $\{x_j\}$ und $\{z_j\}$ wählen, so daß für geeignete $\overline{x}, \underline{x} \in K$ gilt:

$$x_j' \to \overline{x} \in K \quad , \quad z_j' \to \underline{x} \in K \,.$$

Wegen $f \in C^0(K)$ folgt

$$(4) \qquad f(x_j') \to f(\overline{x}) \,, \quad f(z_j') \to f(\underline{x}) \qquad \text{für } j \to \infty \,.$$

Aus (3) und (4) ergibt sich

$$\overline{m} = f(\overline{x}) \,, \quad \underline{m} = f(\underline{x}) \,,$$

und dies sind die gewünschten Relationen (2), die äquivalent zu (1) sind.

$\square$

Bemerkungen. 1. Die Voraussetzungen in Satz 2 sind wesentlich. Beispielsweise ist $f : I \to \mathbb{R}$ mit $I = (0,1)$ und $f(x) := 1/x$ stetig, und es gilt $0 < f(x) < \infty$ sowie $\sup_I f = \infty$, $\inf_I f = 1$, und folglich nimmt f auf I weder sein Supremum noch sein Infimum an. Es ist also wesentlich, daß der Definitionsbereich von f abgeschlossen ist.

2. In Satz 1 und 2 ist es auch wesentlich, daß der Definitionsbereich beschränkt ist, wie man an der Funktion $f(x) = x$, $x \in \mathbb{R}$, erkennt.

3. Die Funktion $f : [-1,1] \to \mathbb{R}$ mit $f(0) := 0$ und $f(x) := 1/x$ für $x \neq 0$ zeigt auch, daß in Satz 1 und 2 die Stetigkeit von f eine wesentliche Voraussetzung an f ist.

Wir wollen jetzt einige *geometrische Anwendungen* des Weierstraßschen Satzes behandeln.

Bezeichne wie gewöhnlich $d(x,a) = |x - a|$ den euklidischen Abstand zweier Punkte $x, a \in \mathbb{R}^n$.

Definition 1. *Sei M eine nichtleere Menge des $\mathbb{R}^n$. Dann nennen wir die mit $d_M(x)$ oder dist (x, M) bezeichnete Funktion*

$$(5) \qquad\qquad d_M(x) := \inf\{d(x,a) : a \in M\}$$

den **(kleinsten) Abstand** *von x zur Menge M. Wenn M beschränkt ist, so heißt*

$$(6) \qquad\qquad g_M(x) := \sup\{d(x,a) : a \in M\}$$

der größte Abstand *von x zu M.*

Proposition 1. *Für beliebige $x, y \in \mathbb{R}^n$ und nichtleeres $M \subset \mathbb{R}^n$ gilt:*

$$(7) \qquad\qquad |d_M(x) - d_M(y)| \le |x - y|$$

und, falls M beschränkt ist,

$$(8) \qquad\qquad |g_M(x) - g_M(y)| \le |x - y| \ .$$

Beweis. Für $x, y \in \mathbb{R}^n$ und $a \in M$ gilt wegen der Dreiecksungleichung

$$(9) \qquad\qquad d(x,a) \le d(x,y) + d(y,a) \ .$$

Wegen $d_M(x) \le d(x,a)$ folgt

$$d_M(x) \le d(x,y) + d(y,a) \quad \text{für jedes } a \in M \ ,$$

und hieraus ergibt sich

$$d_M(x) \le d(x,y) + d_M(y) \ ,$$

also

$$d_M(x) - d_M(y) \leq d(x, y) ,$$

und analog

$$d_M(y) - d_M(x) \leq d(x, y) .$$

Hieraus ergibt sich (7).
Zum anderen folgt aus (9) zunächst

$$d(x, a) \leq d(x, y) + g_M(y) \quad \text{für jedes } a \in M ,$$

was

$$g_M(x) \leq d(x, y) + g_M(y)$$

liefert, also

$$g_M(x) - g_M(y) \leq d(x, y) ,$$

und durch Vertauschen von x und y folgt auch

$$g_M(y) - g_M(x) \leq d(x, y) ,$$

womit (8) bewiesen ist.

$\square$

Definition 2. *Eine Abbildung* $f : M \to \mathbb{R}^d$, $M \subset \mathbb{R}^n$, *heißt* **Lipschitzstetig**
(oder dehnungsbeschränkt*), wenn es ein* $L \geq 0$ *gibt, so daß*

(10) $\qquad\qquad |f(x) - f(y)| \leq L|x - y| \quad$ *für alle* $x, y \in M$

gilt. Mit $Lip\,(M, \mathbb{R}^d)$ *bzw.* $Lip\,(M)$ *bezeichnen wir die Klasse der Lipschitzste-*
tigen Funktionen $f : M \to \mathbb{R}^d$ *bzw.* $f : M \to \mathbb{R}$. *Die Zahl* L *in (10) nennt man*
eine Lipschitzkonstante *von* f.

Proposition 1 besagt, daß $d_M(x)$ und $g_M(x)$ Lipschitzstetig mit einer Lipschitzkonstanten $L = 1$ sind.

$\boxed{1}$ Ist K eine nichtleere kompakte Teilmenge von $\mathbb{R}^n$, so gibt es zu jedem $x \in \mathbb{R}^n$
Elemente a und $b \in K$, so daß gilt:

(11) $\qquad\qquad d(x, a) = d_K(x) , \; d(x, b) = g_K(x) .$

Beweis. Die Funktion $d(x, \cdot)$ ist stetig auf K, nimmt also nach Satz 2 ihr Minimum $d_K(x)$ in einem Punkt $a \in K$ und ihr Minimum $g_K(x)$ in einem Punkte
$b \in K$ an.

$\square$

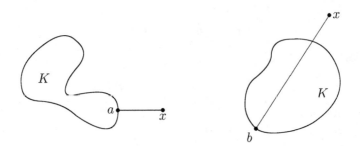

2 Für zwei nichtleere Mengen A und M in $\mathbb{R}^n$ definieren wir den *kleinsten Abstand* von A zu M als

(12) $$d(A, M) := \inf\{d_M(x) : x \in A\} .$$

Wenn K eine nichtleere kompakte Menge in $\mathbb{R}^n$ bezeichnet, so nimmt die stetige Funktion $x \mapsto d_M(x)$, $x \in K$, ihr Minimum auf K an, d.h. es gibt ein $b \in K$, so daß

(13) $$d_M(b) = d(K, M)$$

ist. Wenn auch M kompakt ist, so existiert ein $a \in M$ mit

$$d(b, a) = d_M(b)$$

(vgl. **1**), und dann ist

(14) $$d(b, a) = d(K, M) .$$

Wenn K nicht kompakt ist, gibt es i.a. kein $b \in K$, so daß (13) gilt.

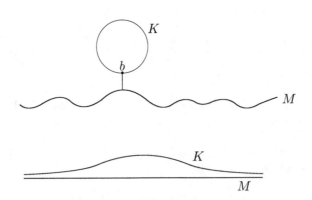

3 Sei A eine reelle $n \times n$-Matrix, und bezeichne $Q(x)$ eine quadratische Form auf $\mathbb{R}^n$, die durch

$$Q(x) := \langle x, Ax \rangle = \sum_{j,k=1}^{n} a_{jk} x_j x_k$$

definiert ist. Dann ist die Menge

$$M := \{Q(x) : x \in \mathbb{R}^n , |x| = 1\}$$

beschränkt und nichtleer. Setzen wir

$$\lambda := \inf M \quad , \quad \mu := \sup M ,$$

so gilt $-\infty < \lambda \leq \mu < \infty$. Nach Satz 2 existieren Vektoren $\xi, \eta \in \mathbb{R}^n$ mit $|\xi| = 1$, $|\eta| = 1$, so daß

$$Q(\xi) = \lambda \quad , \quad Q(\eta) = \mu$$

gilt. Wir werden in 3.2, $\boxed{2}$ zeigen, daß für eine symmetrische reelle Matrix A gilt:

$$A\xi = \lambda\xi \quad , \quad A\eta = \mu\eta ,$$

d.h. λ, μ sind Eigenwerte von A mit den zugehörigen Eigenvektoren ξ, η. In der Tat sind alle Eigenwerte einer reellen symmetrischen Matrix reell, und λ ist der kleinste, μ der größte Eigenwert von A. Mit Hilfe des *Rayleighquotienten*

$$\frac{Q(x)}{|x|^2}$$

kann man λ und μ auch so charakterisieren:

$$\lambda = \min_{x \neq 0} \frac{Q(x)}{|x|^2} \quad , \quad \mu = \max_{x \neq 0} \frac{Q(x)}{|x|^2} .$$

Definition 3. *Eine Funktion $n : \mathbb{R}^d \to \mathbb{R}$ heißt* **Halbnorm** *oder* **Seminorm** *auf $\mathbb{R}^d$, wenn sie die folgenden drei Eigenschaften hat:*

(i) $n(x) \geq 0$ für jedes $x \in \mathbb{R}^d$.

(ii) $n(\lambda x) = |\lambda| n(x)$ für $\lambda \in \mathbb{R}$ und $x \in \mathbb{R}^d$.

(iii) $n(x + y) \leq n(x) + n(y)$ für alle $x, y \in \mathbb{R}^d$.

Insbesondere ist jede Norm ein Halbnorm (vgl. 1.14, Definition 1), und zwar ist eine Halbnorm genau dann eine Norm, wenn sie nur im Nullvektor $x = 0$ gleich Null ist.

$\boxed{4}$ Wenn A eine symmetrische $d \times d$-Matrix ist mit $\langle x, Ax \rangle \geq 0$ für alle $x \in \mathbb{R}^d$, so ist $n(x) := \langle x, Ax \rangle^{1/2}$ eine Halbnorm auf $\mathbb{R}^d$.

Proposition 2. *Für jede Halbnorm $n : \mathbb{R}^d \to \mathbb{R}$ gilt:*

(15) $$|n(x) - n(y)| \leq n(x - y) \quad \text{für alle } x, y \in \mathbb{R}^d .$$

Beweis. Aus

$$n(x) = n(y + x - y) \leq n(y) + n(x - y)$$

folgt

$$n(x) - n(y) \leq n(x - y) \,,$$

und wir erhalten auch

$$n(y) - n(x) \leq n(y - x) \,,$$

indem wir x und y vertauschen. Wegen $n(x - y) = n(y - x)$ ergibt sich (15).

$\square$

Durch Induktion folgt aus (iii) von Definition 3 die *allgemeine Dreiecksunglei-chung*

(16) $$n(x_1 + x_2 + \ldots + x_k) \leq n(x_1) + n(x_2) + \ldots + n(x_k)$$

für beliebige $x_1, x_2, \ldots, x_k \in \mathbb{R}^d$.

Proposition 3. *Jede Halbnorm* $n : \mathbb{R}^d \to \mathbb{R}$ *auf* $\mathbb{R}^d$ *ist Lipschitzstetig.*

Beweis. Bezeichne $e_1, e_2, \ldots, e_d$ die kanonische Basis von $\mathbb{R}^d$,

$$e_1 = (1, 0, \ldots, 0) \,, \quad \ldots \,, \quad e_d = (0, \ldots, 0, 1)$$

und sei

$$L := \sum_{j=1}^{d} n(e_j) \,.$$

Wir können jeden Vektor $x = (x_1, \ldots, x_d)$ des $\mathbb{R}^d$ in der Form

$$x = \sum_{j=1}^{d} x_j e_j$$

schreiben, und die Dreiecksungleichung (16) liefert

$$n(x) \leq \sum_{j=1}^{d} n(x_j e_j) = \sum_{j=1}^{d} |x_j| \, n(e_j) \leq L|x|_* \leq L|x| \,.$$

Wegen (15) folgt

(17) $$|n(x) - n(y)| \leq L|x - y| \,.$$

$\square$

Proposition 4. *Je zwei Normen auf* $\mathbb{R}^d$ *sind äquivalent.*

Beweis. Sei $n : \mathbb{R}^d \to \mathbb{R}$ eine beliebige Norm auf $\mathbb{R}^d$. Nach Proposition 3 gibt es eine Konstante $\mu > 0$, so daß

$$(18) \qquad |n(x) - n(y)| \le \mu |x - y|$$

für alle $x, y \in \mathbb{R}^d$ gilt. Insbesondere haben wir

$$(19) \qquad n(x) \le \mu |x| \quad \text{für jedes } x \in \mathbb{R}^d .$$

Nun setzen wir

$$\lambda := \inf\{n(x) : x \in S^{d-1}\} ,$$

wobei $S^{d-1} = \{x \in \mathbb{R}^d : |x| = 1\}$ die Einheitssphäre in $\mathbb{R}^d$ bezeichnet. Diese Menge ist abgeschlossen und beschränkt, also kompakt, und n ist stetig. Somit existiert ein Punkt $\xi \in S^{d-1}$ mit $\lambda = n(\xi)$, und wegen $\xi \neq 0$ folgt $\lambda > 0$. Bezeichnet x einen beliebigen Vektor aus $\mathbb{R}^d \setminus \{0\}$, so ist $z := |x|^{-1} \cdot x \in S^{d-1}$ und folglich

$$\lambda \le n(z) = n(|x|^{-1} x) = |x|^{-1} n(x) .$$

Dies liefert

$$(20) \qquad \lambda |x| \le n(x)$$

für $x \in \mathbb{R}^d \setminus \{0\}$, und für $x = 0$ ist diese Ungleichung trivialerweise erfüllt. Damit erhalten wir

$$\lambda |x| \le n(x) \le \mu |x| \quad \text{für alle } x \in \mathbb{R}^d ,$$

$0 < \lambda \le \mu$, und folglich ist n äquivalent zur euklidischen Norm auf $\mathbb{R}^d$. Ist nun $m : \mathbb{R}^d \to \mathbb{R}$ eine weitere Norm auf $\mathbb{R}^d$, so ist sie ebenfalls zur euklidischen Norm und damit zu n äquivalent.

□

Bemerkung. Da jeder endlichdimensionale Vektorraum über $\mathbb{R}$ isomorph zum euklidischen Raum $\mathbb{R}^d$ ist, so ergibt sich aus Proposition 4 sofort: *Auf jedem endlichdimensionalen Vektorraum über* $\mathbb{R}$ *sind je zwei Normen äquivalent.*

Dahingegen gibt es auf unendlichdimensionalen Vektorräumen nicht- äquivalente Normen, wie wir später sehen werden.

Aufgaben.

1. Ist $f \in C^0(\mathbb{R}^n)$ und gilt $\lim\limits_{|x| \to \infty} f(x) = \infty$, so gibt es (mindestens) einen Punkt $x_0 \in \mathbb{R}^n$ mit $f(x_0) = \inf_{\mathbb{R}^n} f$. Beweis?

2. Für $a, b, c \in \mathbb{R}^2$ definieren wir $f : \mathbb{R}^2 \to \mathbb{R}$ durch

$$f(x) := |x - a| + |x - b| + |x - c| \ , \quad x \in \mathbb{R}^2 \ .$$

Man beweise, daß es ein $x_0 \in \mathbb{R}^2$ mit $f(x_0) = \inf_{\mathbb{R}^2} f$ gibt.

3. Eine Funktion $f : M \to \mathbb{R}$ mit $M \subset \mathbb{R}^d$ heißt *unterhalbstetig*, wenn aus $x_n \to x_0$ und $x_0, x_1, x_2, \cdots \in M$ die Ungleichung $f(x_0) \leq \liminf_{n \to \infty} f(x_n)$ folgt. Man beweise: Ist K kompakt und $f : K \to \mathbb{R}$ unterhalbstetig, so gibt es ein $x_0 \in K$ mit $f(x_0) = \inf_K f$.

4. Man gebe eine unterhalbstetige Funktion an, die nicht stetig ist.

7 Polynome. Fundamentalsatz der Algebra

In diesem Abschnitt betrachten wir Funktionen $f : \mathbb{C} \to \mathbb{C}$, die besonders einfach gebaut sind, nämlich Polynomfunktionen

$$(1) \qquad\qquad f(z) = a_0 + a_1 z + a_2 z^2 + \ldots + a_n z^n \ , \ z \in \mathbb{C}$$

mit $a_0, a_1, \ldots, a_n \in \mathbb{C}$ und $n \in \mathbb{N}_0$. Wenn die Koeffizienten a_k reell sind und f als Abbildung $\mathbb{R} \to \mathbb{R}$ aufgefaßt wird, spricht man von einem *reellen Polynom*. Sind in (1) alle Koeffizienten $a_0, \ldots, a_n$ gleich Null, so nennt man f das *Nullpolynom*. Man bezeichnet $f(z)$ als *Polynom n-ten Grades*, wenn $a_n \neq 0$ ist.

Satz 1. *Unter allen Polynomen verschwindet nur das Nullpolynom auf ganz $\mathbb{R}$.*

Beweis. Offensichtlich verschwindet das Nullpolynom sogar auf $\mathbb{C}$. Betrachten wir nun ein Polynom (1) mit

$$(2) \qquad\qquad f(x) = 0 \ \text{ für alle } \ x \in \mathbb{R} \ .$$

Hieraus folgt

$$a_0 = f(0) = 0 \ .$$

Also gilt

$$(3) \qquad 0 = f(x) = \sum_{\nu=1}^{n} a_\nu x^\nu = x \sum_{\nu=1}^{n} a_\nu x^{\nu-1} \ \text{ für alle } \ x \in \mathbb{R} \ .$$

Wir setzen

$$(4) \qquad\qquad g(x) := a_1 + a_2 x + \ldots + a_n x^{n-1} \ \text{ für } \ x \in \mathbb{R} \ .$$

Dann ergibt sich aus (3), daß

$$0 = x g(x) \quad \text{für alle } x \in \mathbb{R}$$

und somit

$$(5) \qquad\qquad g(x) = 0 \ \text{ für alle } \ x \in \mathbb{R} \backslash \{0\}$$

ist. Da $g\big|_{\mathbb{R}} : \mathbb{R} \to \mathbb{C}$ stetig ist, folgt $g(0) = \lim_{x \to 0} g(x) = 0$, und aus (4) ergibt sich nunmehr $a_1 = g(0) = 0$, d.h.

$$0 = f(x) = a_2 x^2 + \ldots + a_n x^n = x^2 (a_2 + \ldots + a_n x^{n-2}) \quad \text{für } x \in \mathbb{R}.$$

So können wir fortfahren und erhalten weiterhin $a_2 = 0, \ldots, a_n = 0$; folglich ist f das Nullpolynom.

$\square$

Korollar 1. (i) *Die Funktionen* $1, z, z^2, \ldots, z^n$ *sind für jedes* $n \in \mathbb{N}_0$ *linear unabhängige Elemente des Vektorraumes* $\mathcal{F}(\mathbb{C}, \mathbb{C})$ *über* $\mathbb{C}$.

(ii) *Die Funktionen* $1, x, x^2, \ldots, x^n$ *sind für jedes* $n \in \mathbb{N}_0$ *linear unabhängige Elemente des reellen Vektorraumes* $\mathcal{F}(\mathbb{R})$.

Beweis. (i) Wären $1, z, \ldots, z^n$ linear abhängig, so gäbe es Zahlen $a_0, a_1, \ldots, a_n \in \mathbb{C}$, die nicht sämtlich verschwinden, und derart, daß $\sum_{\nu=0}^{n} a_\nu z^\nu$ die Nullfunktion $f(z) \equiv 0$ auf $\mathbb{C}$ ist. Nach Satz 1 folgt $a_0 = a_1 = \ldots = a_n = 0$, Widerspruch. Analog beweist man (ii).

$\square$

Man sieht sofort, daß man mit derselben Schlußweise zeigen kann: *Verschwindet ein Polynom f in unendlich vielen Punkten, die sich an der Stelle $z = 0$ häufen, so ist f das Nullpolynom.*

Es gilt aber ein noch viel stärkeres Resultat:

Satz 2. *Wenn ein Polynom n-ten Grades in $n + 1$ verschiedenen Punkten verschwindet, so ist es das Nullpolynom.*

Den Beweis stützen wir auf zwei Hilfssätze.

Lemma 1. *Ist $\zeta \in \mathbb{C}$ eine Nullstelle eines Polynoms (1) vom Grade $n \geq 1$, so kann man $f(z)$ in der Form*

$$f(z) = (z - \zeta) g(z) \quad \text{für alle } z \in \mathbb{C}$$

schreiben, wobei $g(z)$ von der Form

$$g(z) = b_0 + b_1 z + \ldots + b_{n-1} z^{n-1}$$

mit $b_0, b_1, \ldots, b_{n-1} \in \mathbb{C}$ und $b_{n-1} = a_n \neq 0$ ist.

Beweis. Es ist $n \geq 1$ und $a_n \neq 0$. Weiterhin gilt

$$z^k - \zeta^k = (z - \zeta) \sum_{\nu=0}^{k-1} z^{k-1-\nu} \zeta^\nu .$$

Wegen $f(\zeta) = 0$ ist andererseits

$$f(z) = f(z) - f(\zeta) = \sum_{k=1}^{n} a_k \cdot (z^k - \zeta^k)\,,$$

und somit bekommen wir

$$f(z) = (z - \zeta)g(z)$$

mit

$$g(z) := \sum_{k=1}^{n} \sum_{\nu=0}^{k-1} a_k z^{k-1-\nu} \zeta^{\nu} = b_0 + b_1 z + \ldots + b_{n-1} z^{n-1}\,,$$

$$b_0, b_1, \ldots, b_{n-1} \in \mathbb{C}\,,\ b_{n-1} = a_n\,.$$

$\square$

Durch wiederholte Anwendung von Lemma 1 ergibt sich sofort:

Lemma 2. *Ein Polynom (1) vom Grade $n \geq 1$ besitzt höchstens n verschiedene Nullstellen $\zeta_1, \ldots, \zeta_m$, also $0 \leq m \leq n$, und es läßt sich mit deren Hilfe in der Form*

(6) $$f(z) = (z - \zeta_1)^{\alpha_1} (z - \zeta_2)^{\alpha_2} \ldots (z - \zeta_m)^{\alpha_m} g(z)$$

schreiben, wobei $\alpha_1, \ldots, \alpha_m \in \mathbb{N}$, $\alpha_1 + \ldots + \alpha_m \leq n$ ist und $g(z)$ ein Polynom vom Grade $l = n - \alpha_1 - \ldots - \alpha_m$ ist, das nirgendwo auf $\mathbb{C}$ verschwindet.

Satz 2 ist nunmehr eine unmittelbare Folgerung von Lemma 2. Hat nämlich ein Polynom (1) mehr als n verschiedene Nullstellen, so kann sein Grad nicht gleich $n \geq 1$ sein. Also hat das Polynom $f(z)$ den Grad $n = 0$, d.h. $f(z) = a_0$, und da $f(z)$ mindestens eine Nullstelle besitzen soll, muß $a_0 = 0$ sein, d.h. $f(z)$ ist das Nullpolynom.

Korollar 2. (Identitätssatz für Polynome). *Gilt*

$$a_0 + a_1 z^2 + \ldots + a_n z^n = b_0 + b_1 z + \ldots + b_n z^n\,,\ a_j, b_j \in \mathbb{C}\,,$$

an $n + 1$ verschiedenen Stellen $z = \zeta_1, \zeta_2, \ldots, \zeta_{n+1}$, so folgt

$$a_0 = b_0\,,\ a_1 = b_1\,,\ \ldots\,,\ a_n = b_n\,.$$

Beweis. Dies ergibt sich unmittelbar aus Satz 2, wenn wir diesen auf das Polynom

$$f(x) = \sum_{k=0}^{n} c_k z^k \quad \text{mit}\ c_k := a_k - b_k$$

anwenden.

$\square$

Satz 3. (Fundamentalsatz der Algebra). *Jede algebraische Gleichung*

$$(7) \qquad z^n + a_{n-1} z^{n-1} + \ldots + a_1 z + a_0 = 0$$

mit $a_0, a_1, \ldots, a_{n-1} \in \mathbb{C}$ *besitzt mindestens eine Lösung* $\zeta \in \mathbb{C}$.

Gauß hat vier Beweise dieses Satzes gegeben; sein erster Beweis ist Gegenstand seiner Dissertation (Helmstedt 1799). Die vier Gaußschen Beweise sind in Band 14 von *Ostwalds Klassikern der exakten Wissenschaften* leicht zugänglich.

Bevor wir uns dem Beweis von Satz 3 zuwenden, wollen wir dem Fundamentalsatz der Algebra noch vermöge Lemma 2 und Korollar 2 eine etwas allgemeinere Fassung geben.

Satz 4. *Ein Polynom (1) vom Grade* $n \geq 1$ *läßt sich mittels seiner Nullstellen* $\zeta_1, \ldots, \zeta_m$, $m \leq n$, *in der Form*

$$(8) \quad f(z) = c \cdot (z - \zeta_1)^{\alpha_1} (z - \zeta_2)^{\alpha_2} \, \ldots \, (z - \zeta_m)^{\alpha_m} \, , \ n = \alpha_1 + \ldots + \alpha_m \, ,$$

schreiben, wobei $c \in \mathbb{C} \setminus \{0\}$ *und (bis auf die Reihenfolge)* $\zeta_j \in \mathbb{C}$ *und* $\alpha_j \in \mathbb{N}$ *eindeutig bestimmt sind.*

Nun wollen wir den von Argand (1814) angegebenen Beweis von Satz 3 vorführen. Wir stützen uns auf zwei Hilfssätze.

Lemma 3. *Die Gleichung* $\zeta^n + 1 = 0$ *hat für jedes* $n \in \mathbb{N}$ *eine Wurzel* $\zeta \in \mathbb{C}$ *mit* $|\zeta| = 1$ *und* $\operatorname{Im} \zeta \geq 0$.

Beweis. Hätten wir bereits die Eulersche Formel

$$e^{i\varphi} = \cos \varphi + i \sin \varphi$$

zur Verfügung, so folgte $\zeta^n = -1$ für $\zeta = e^{i\pi/n}$. Man kann die Behauptung aber auch elementar beweisen (Übungsaufgabe).

$\square$

Lemma 4. *Die Gleichung* $z^n = a$ *hat für jedes* $n \in \mathbb{N}$ *und jedes* $a \in \mathbb{C}$ *eine Lösung* $z \in \mathbb{C}$.

Beweis. Mit Hilfe des Zwischenwertsatzes folgt der Beweis aus Lemma 3 (Übungsaufgabe). Hätten wir bereits die Eulersche Form und die Polarzerlegung $a = r e^{i\varphi}$ komplexer Zahlen ($r > 0$, $\varphi \in \mathbb{R}$), so könnten wir sofort eine Lösung von $z^n = a$ angeben, nämlich

$$z = r^{1/n} e^{i\varphi/n} \, .$$

$\square$

Beweis von Satz 3. Setze

$$f(z) := z^n + a_{n-1}z^{n-1} + \ldots + a_1 z + a_0 \,.$$

Wegen

$$\left| \sum_{\nu=0}^{n-1} a_\nu z^\nu \right| \le \sum_{\nu=0}^{n-1} |a_\nu| |z|^\nu$$

ergibt sich für $|z| = R \ge 1$ und $k := |a_0| + |a_1| + \ldots + |a_{n-1}|$ die Ungleichung

$$|f(z)| \ge |z|^n - \sum_{\nu=0}^{n-1} |a_\nu| |z|^\nu \; = \; R^n(1 - \sum_{\nu=0}^{n-1} |a_\nu| R^{\nu-n}) \ge R^n(1 - k/R) \,.$$

Für $|z| = R \ge R^* := \max\{1, 2k\}$ folgt dann $k/R \le 1/2$ und $|f(z)| \ge R^n/2$. Dies liefert $|f(z)| \to \infty$ für $R \to \infty$. Also gibt es eine Zahl $R_0 > 0$, so daß

$$\gamma := \inf\{|f(z)| : z \in \mathbb{C}\} = \inf\{|f(z)| : |z| \le R_0\} \ge 0 \,.$$

Da $|f| \in C^0(K_{R_0}(0))$ ist, wobei $K_{R_0}(0) = \{z \in \mathbb{C} : |z| \le R_0\}$ ist, gibt es einen Punkt $z_0 \in K_{R_0}(0)$, so daß $|f(z_0)| = \gamma$ ist. Wäre $\gamma = 0$, so besäße $f(z)$ die Nullstelle z_0, und die Behauptung des Satzes wäre gezeigt. Es bleibt also noch zu beweisen, daß γ nicht positiv sein kann. Zu diesem Zweck unterwerfen wir zunächst z der Transformation $z \mapsto \zeta = z - z_0$. Hierdurch geht $f(z)$ in ein Polynom

$$g(\zeta) = b_0 + b_1\zeta + \ldots + b_n\zeta^n \,, \; b_n = 1 \,,$$

über mit

$$|b_0| = |g(0)| = \inf_{\mathbb{C}} |g| = \inf_{\mathbb{C}} |f| = \gamma > 0 \,.$$

Bezeichne m die kleinste natürliche Zahl mit $m \le n$, so daß $b_m \ne 0$ ist, also

$$g(\zeta) = b_0 + b_m\zeta^m + b_{m+1}\zeta^{m+1} + \ldots + b_n\zeta^n \,.$$

Nun multiplizieren wir $g(\zeta)$ mit b_0^{-1} und gehen von ζ zur neuen Variablen w über gemäß $\zeta = aw$, wobei $a \ne 0$ bestimmt ist als Lösung von $b_0 b_m^{-1} = a^m$, was nach Lemma 4 möglich ist. Dadurch wird $g(\zeta)$ in ein Polynom $h(w)$ der Form

$$h(w) = 1 + w^m + c_1 w^{m+1} + \ldots + c_{n-m}w^n$$

transformiert mit

$$|h(0)| = 1 = \inf_{\mathbb{C}} |h| \,.$$

Wir wollen zeigen, daß dies zu einem Widerspruch führt. Zu diesem Zweck wählen wir zunächst ein ω mit $\omega^m = -1$, was nach Lemma 3 möglich ist, und bilden $w = t^{1/m}\omega$ mit $t > 0$. Dann ist

$$h(w) = 1 - t[1 + e(w)]$$

mit

$$e(w) := c_1 w + \ldots + c_{n-m} w^{n-m} = \alpha + i\beta \ , \quad \alpha, \beta \in \mathbb{R}$$

also

$$1 + e(w) = 1 + \alpha(t) + i\beta(t) \ ,$$

und wir erhalten

$$|h(w)|^2 = |1 - t[1 + \alpha(t)] - it\beta(t)|^2$$
$$= 1 - 2t - 2t\alpha(t) + t^2 \{[1 + \alpha(t)]^2 + \beta^2(t)\} \ .$$

Wegen $\alpha(t) \to 0$ und $\beta(t) \to 0$ für $t \to +0$ können wir $t \in (0,1)$ so klein wählen, daß

$$-2t\alpha(t) + t^2 \{[1 + \alpha(t)]^2 + \beta^2(t)\} < t$$

ist, also

$$|h(w)|^2 < 1 - t < 1$$

und somit

$$|h(w)| < \sqrt{1-t} < 1 = \inf_{\mathbb{C}} |h|$$

gilt, Widerspruch. Also ist $\gamma > 0$ nicht möglich, und der Satz ist bewiesen. $\qquad \square$

Aufgaben.

1. Mit Hilfe der Identität $(1+x)^p (1+x)^q = (1+x)^{p+q}$ (für $p, q \in \mathbb{N}$, $x \in \mathbb{R}$) zeige man:

$$\binom{p+q}{n} = \sum_{\nu=0}^{n} \binom{p}{\nu} \binom{q}{n-\nu} \quad \text{für } n \in \mathbb{N} \ .$$

2. Mittels Aufgabe 1 beweise man für $\alpha, \beta \in \mathbb{R}$ und $n \in \mathbb{N}$

$$\binom{\alpha+\beta}{n} = \sum_{\nu=0}^{n} \binom{\alpha}{\nu} \binom{\beta}{n-\nu} \ .$$

3. Man beweise: Zu $n + 1$ verschiedenen Punkten $x_0, x_1, \ldots, x_n \in \mathbb{R}$ und $n + 1$ beliebigen Zahlen $y_0, y_1, \ldots, y_n$ gibt es genau ein Polynom $p(x)$ mit grad $p \leq n$, so daß $p(x_j) = y_j$ für $j = 0, 1, \ldots, n$ (Hinweis: Für $q_k(x) := (x - x_0)(x - x_1) \ldots (x - x_{k-1})(x - x_{k+1}) \ldots (x - x_n)$ und $p_k(x) := q_k(x)/q_k(x_k)$ gilt $p_k(x_i) = \delta_{ik}$.)

4. Man zeige, daß das in Aufgabe 3 gesuchte *Interpolationspolynom* $p(x)$ durch folgenden „Ansatz" gewonnen werden kann:
   $(*) \quad p(x) := c_0 + c_1(x - x_0) + c_2(x - x_0)(x - x_1) + \cdots + c_n(x - x_0)(x - x_1) \ldots (x - x_n)$.

5. Für *äquidistante* $x_j = x_0 + jh$, $j = 0, 1, \ldots n$, $h > 0$, erhält das Interpolationspolynom $p(x)$ aus Aufgabe 3 die Gestalt $(*)$ $p(x) = \sum_{\nu=0}^{n} \binom{\xi}{\nu} \Delta^\nu y_0$, wobei $\xi := \frac{x - x_0}{h}$ gesetzt ist und $\Delta^\nu y_j$ die ν-ten Differenzen der Werte $y_0, y_1, \ldots, y_n$ bezeichnen, die durch

$$\Delta y_j := y_{j+1} - y_j \ , \ \Delta^2 y_j := \Delta y_{j+1} - \Delta y_j \ , \ \ldots \ ,$$
$$\Delta^\nu y_j := \Delta^{\nu-1} y_{j+1} - \Delta^{\nu-1} y_j \ , \ \ldots$$

definiert sind, z.B. für $n = 3$:

$$
\begin{array}{ccccccccc}
y_0 & & y_1 & & y_2 & & y_0 \\
& \Delta y_0 & & \Delta y_1 & & \Delta y_2 & \\
& & \Delta^2 y_0 & & \Delta^2 y_1 & & \\
& & & \Delta^3 y_0 & & &
\end{array}
$$

(Hinweis: Mit Hilfe des Pascalschen Dreiecks zeige man die Formel $y_j = \sum_{\nu=0}^{j} \binom{j}{\nu} \Delta^\nu y_0$.
Damit ergibt sich $(*)$ zunächst für $h = 1$.)

6. Man zeige, daß die Gleichung $z^2 = \zeta$ für jedes $\zeta = \xi + i\eta$ mit $\xi^2 + \eta^2 = 1$, $\xi > 0$, $\eta < 1$ eine Lösung $z = x + iy$ mit $x^2 + y^2 = 1$, $x > 0$, $y < 1$ besitzt.

7. Man zeige, daß die Gleichung $\zeta^n + 1 = 0$ für jedes $n \in \mathbb{N}$ eine Wurzel $\zeta \in \mathbb{C}$ mit $|\zeta| = 1$ und $\operatorname{Im} \zeta \geq 0$ besitzt.

8. Mittels Aufgabe 7 und Zwischenwertsatz zeige man: Die Gleichung $z^n = a$ hat für jedes $n \in \mathbb{N}$ und jedes $a \in \mathbb{C}$ eine Lösung $z \in \mathbb{C}$.

8   Gleichmäßige Stetigkeit und gleichmäßige Konvergenz

Wir behandeln zunächst den Begriff der *gleichmäßigen Stetigkeit*, der 1870 von E. Heine eingeführt wurde.

Definition 1. *Eine Funktion $f : M \to \mathbb{R}^d$ mit dem Definitionsbereich M in $\mathbb{R}^m$ heißt* **gleichmäßig stetig** *(auf M), wenn es zu jedem $\epsilon > 0$ ein $\delta > 0$ gibt, so daß für alle $x, x' \in M$ mit $|x - x'| < \delta$ die Abschätzung $|f(x) - f(x')| < \epsilon$ gilt.*

$\boxed{1}$ Lipschitzstetige Funktionen sind offensichtlich gleichmäßig stetig, denn aus einer Abschätzung

$$|f(x) - f(x')| \leq L|x - x'| \quad \text{für } x, x' \in M$$

mit einer Konstanten $L > 0$ folgt für beliebig vorgegebenes $\epsilon > 0$, daß mit $\delta := \epsilon/(2L) > 0$ die Ungleichung

$$|f(x) - f(x')| \leq \epsilon/2 < \epsilon$$

für alle $x, x' \in M$ mit $|x - x'| < \delta$ gilt.

$\boxed{2}$ Gleichmäßig stetige Funktionen sind stetig, während das Umgekehrte im allgemeinen nicht gilt, wie man am Beispiel der Funktion $f : (0, 1] \to \mathbb{R}$ mit

$$f(t) := 1/t \quad \text{für } 0 < t \leq 1$$

sieht, denn für $0 < t < s = 2t \leq 1$, also $s - t = t$, ist

$$|f(t) - f(s)| = \frac{|t - s|}{ts} \geq \frac{|t - s|}{t} = \frac{t}{t} \geq 1 \quad \text{für } 0 < t \leq 1/2 \,.$$

Satz 1. (Heine, 1872). *Ist K eine kompakte Menge in $\mathbb{R}^m$ und $f \in C^0(K, \mathbb{R}^d)$, so ist f gleichmäßig stetig auf K.*

Beweis. Wäre f nicht gleichmäßig stetig, so gäbe es ein $\epsilon > 0$, zu dem sich kein $\delta > 0$ finden ließe derart, daß

$$|f(x) - f(y)| < \epsilon \quad \text{für alle } x, y \in K \text{ mit } |x - y| < \delta$$

gilt. Wählen wir sukzessive $\delta = 1/j$, $j \in \mathbb{N}$, so können wir zu jedem Index j ein Paar von Punkten $x_j, y_j \in K$ finden, so daß

$$(1) \qquad\qquad |x_j - y_j| < 1/j$$

und

$$(2) \qquad\qquad |f(x_j) - f(y_j)| \geq \epsilon > 0$$

für jedes $j \in \mathbb{N}$ gilt. Da K kompakt ist, gibt es eine Teilfolge $\{x_{j_p}\}$ von $\{x_j\}$ und einen Punkt $x_0 \in K$ mit

$$(3) \qquad\qquad x_{j_p} \to x_0 \quad \text{für } p \to \infty .$$

Aus (1) und (3) folgt

$$(4) \qquad\qquad y_{j_p} \to x_0 \quad \text{für } p \to \infty ,$$

und in Verbindung mit (2) ergibt sich

$$0 = |f(x_0) - f(x_0)| \geq \epsilon > 0 ,$$

Widerspruch.

$\square$

Bemerkung. In [2] ist $f : (0, 1] \to \mathbb{R}$ stetig, aber $(0, 1]$ ist nicht kompakt.

Betrachten wir jetzt eine *Folge $\{f_n\}$ von Funktionen* $f_n : M \to \mathbb{R}^d$, die auf einer nichtleeren Teilmenge M des euklidischen Raumes $\mathbb{R}^m$ definiert sind.

Definition 2. *Wir sagen, $\{f_n\}$ **konvergiert punktweise** auf M, wenn*

$$\lim_{n \to \infty} f_n(x)$$

für jedes $x \in M$ existiert, d.h. wenn $\{f_n(x)\}$ eine konvergente Punktfolge in $\mathbb{R}^d$ ist. Die Grenzwerte

$$f(x) := \lim_{n \to \infty} f_n(x) \quad , \quad x \in M ,$$

*definieren eine Funktion $f : M \to \mathbb{R}^d$, die als der **punktweise Limes** der Folge $\{f_n\}$ bezeichnet wird. Man sagt, $f_n(x)$ konvergiert punktweise gegen $f(x)$. Symbol:*

$$f_n(x) \to f(x) \quad auf \; M \quad für \; n \to \infty .$$

Noch Cauchy meinte, der punktweise Limes einer Folge $\{f_n\}$ von stetigen Funktionen sei wiederum stetig. Daß dies aber im allgemeinen nicht richtig ist, scheint Abel als erster bemerkt zu haben. In seinem Aufsatz *Recherches sur la série*

$1 + \frac{m}{1}x + \frac{m(m-1)}{1\cdot 2}x^2 + \frac{m(m-1)(m-2)}{1\cdot 2\cdot 3}x^3 + \dots$ (vgl. *Journal für die reine und angewandte Mathematik*, Bd. I (1826)) vermerkte er in einer Fußnote:

Dans l'ouvrage cité de M. Cauchy[1] *on trouve (p. 131) le théorème suivant:*
„Lorsque les différens termes de la série $u_0 + u_1 + u_2 + \dots$ sont des fonctions d'une même variable x, continues par rapport à cette variable dans la voisinage d'une valeur particulière pour laquelle la série est convergente, la somme s de la série est aussi, dans le voisinage de cette valeur particulière, fonction continue de x." Mais il me semble que ce théorème admet des exceptions. Par exemple la série

$$\sin x - \frac{1}{2}\sin 2x + \frac{1}{3}\sin 3x - \dots$$

est discontinue pour toute valeur $(2m+1)\pi$ de x, m étant un nombre entier. Il y a, comme on sait, beaucoup de séries de cette espèce.

Betrachten wir einige einfache Beispiele, die zeigen, daß Cauchys Behauptung falsch ist.

3 Die Folge der stetigen Funktionen $f_n(x) := x^n$, $0 \le x \le 1$, konvergiert auf $[0,1]$ punktweise gegen die unstetige Funktion

$$f(x) := \begin{cases} 0 & \text{für} \quad 0 \le x < 1\,, \\ 1 & \text{für} \quad x = 1\,. \end{cases}$$

4 Die Folge der stetigen Funktionen $f_n(x) := x^{1/n}$, $0 \le x \le 1$, konvergiert auf $[0,1]$ punktweise gegen die unstetige Funktion

$$f(x) := \begin{cases} 0 & \text{für} \quad x = 0\,, \\ 1 & \text{für} \quad 0 < x \le 1\,. \end{cases}$$

5 Die Folge der stetigen Funktionen

$$f_n(x) := (1 - x^2)^{n/2}\,, \quad -1 \le x \le 1\,,$$

konvergiert punktweise gegen die unstetige Funktion

$$f(x) := \begin{cases} 1 & \text{für} \quad x = 0\,, \\ 0 & \text{für} \quad 0 < |x| \le 1\,. \end{cases}$$

Der Übelstand läßt sich beheben, wenn man „punktweise Konvergenz" durch eine stärkere Form der Konvergenz ersetzt, die als „gleichmäßige Konvergenz" bezeichnet wird.

---

[1] Gemeint ist hier Cauchys *Cours d'analyse de l'école polytechnique*

Definition 3. (Weierstraß, 1841). *Eine Folge* $\{f_n\}$ *von Funktionen* $f_n : M \to \mathbb{R}^d$ *mit* $M \subset \mathbb{R}^m$ **konvergiert gleichmäßig** *gegen* $f : M \to \mathbb{R}^d$ *(Symbol:* $f_n(x) \rightrightarrows f(x)$ *für* $x \in M$*), wenn es zu jedem* $\epsilon > 0$ *ein* $N \in \mathbb{N}$ *gibt, so daß* $|f(x) - f_n(x)| < \epsilon$ *für alle* $n \in \mathbb{N}$ *mit* $n > N$ *und für alle* $x \in M$ *gilt.*

Satz 2. (Cauchys Konvergenzkriterium für gleichmäßige Konvergenz).
Eine Folge $\{f_n\}$ *von Funktionen* $f_n \in \mathcal{F}(M, \mathbb{R}^d)$ *konvergiert genau dann gleichmäßig (gegen eine Funktion* $f \in \mathcal{F}(M, \mathbb{R}^d)$*), wenn es zu jedem* $\epsilon > 0$ *ein* $N(\epsilon) \in \mathbb{N}$ *gibt, so daß für alle* $n, k \in \mathbb{N}$ *mit* $n, k > N(\epsilon)$ *und für alle* $x \in M$ *die Abschätzung*

$$(5) \qquad |f_n(x) - f_k(x)| < \epsilon$$

gilt.

Beweis. Aus (5) folgt jedenfalls, daß $\{f_n(x)\}$ punktweise auf M konvergiert. Bezeichne $f : M \to \mathbb{R}^d$ den punktweisen Limes von $\{f_n\}$. Dann ergibt sich aus (5), angewandt auf $\epsilon/2$ statt auf ϵ, wenn wir k nach unendlich streben lassen, daß für alle $x \in M$ die Ungleichung

$$|f_n(x) - f(x)| \leq \epsilon/2 < \epsilon$$

erfüllt ist, wenn nur $n > N(\epsilon/2)$ gewählt ist. Damit ist gezeigt, daß

$$f_n(x) \rightrightarrows f(x) \quad \text{für } x \in M$$

gilt.

$\square$

Nun wollen wir Weierstraß' hinreichendes Kriterium für gleichmäßige Konvergenz von Funktionenreihen $\sum_{n=0}^{\infty} f_n(x)$ beweisen. *Eine solche Reihe heißt* **gleichmäßig konvergent**, *wenn die Folge* $\{s_n(x)\}$ *ihrer Partialsummen*

$$s_n(x) = \sum_{\nu=0}^{n} f_\nu(x)$$

gleichmäßig konvergiert.

Satz 3. (Majorantenkriterium). *Eine Reihe* $\sum_{n=0}^{\infty} f_n$ *mit Gliedern* $f_n \in \mathcal{F}(M, \mathbb{R}^d)$ *ist gleichmäßig konvergent auf* M*, wenn sie eine konvergente Majorante besitzt, d.h. wenn es eine Folge nichtnegativer Zahlen* c_n*, einen Index* $n_0 \in \mathbb{N}_0$ *und eine Zahl* $k > 0$ *gibt derart, daß*

$$(6) \qquad |f_n(x)| \leq c_n \quad \text{für alle } n \geq n_0 \text{ und } x \in M$$

sowie

$$(7) \qquad \sum_{\nu=0}^{n} c_n \leq k \quad \text{für alle } n \in \mathbb{N}$$

gilt.

Beweis. Die „Majorante" $\sum_{n=0}^{\infty} c_n$ ist wegen (7) und $c_n \geq 0$ aufgrund des Satzes von der monotonen Folge konvergent, erfüllt also Cauchys notwendiges und hinreichendes Konvergenzkriterium. Also gibt es zu jedem $\epsilon > 0$ ein $N \in \mathbb{N}$, so daß für alle $n, p \in \mathbb{N}$

$$c_{n+1} + c_{n+2} + \ldots + c_{n+p} < \epsilon$$

ausfällt, wenn nur $n \geq N$ ist. Damit ergibt sich

$$\left| \sum_{\nu=n+1}^{n+p} f_\nu(x) \right| \leq \sum_{\nu=n+1}^{n+p} |f_\nu(x)| \leq \sum_{\nu=n+1}^{n+p} c_\nu < \epsilon$$

für $n \geq \max\{N, n_0\}$, $p \in \mathbb{N}$. Also erfüllt die Folge der Partialsummen

$$s_n(x) := f_1(x) + f_2(x) + \ldots + f_n(x)$$

das Kriterium von Satz 2 und ist somit gleichmäßig konvergent auf M, und dies bedeutet ja gerade, daß die Reihe $\sum_{n=0}^{\infty} f_n(x)$ gleichmäßig auf M konvergiert.

$\square$

Wenden wir das Majorantenkriterium auf Reihen an, deren Glieder matrixwertige Funktionen sind, so folgt

Korollar 1. *Eine Reihe $\sum_{n=0}^{\infty} A_n(x)$ von matrixwertigen Funktionen $A_n : S \to M(d, \mathbb{C})$ ist gleichmäßig konvergent auf $S \subset \mathbb{R}^m$, wenn es eine Folge reeller Zahlen $c_n \geq 0$, einen Index $n_0 \in \mathbb{N}_0$ und eine Zahl $k > 0$ gibt, so daß*

(8) $|A_n(x)| \leq c_n$ *für alle* $n \geq n_0$ *und* $x \in S$

sowie

(9) $c_1 + c_2 + \ldots + c_n \leq k$ *für alle* $n \in \mathbb{N}$

gilt.

⑥ Die Reihe $\sum_{n=0}^{\infty} \frac{1}{n!} z^n A^n$ mit $z \in \mathbb{C}$ und $A = (a_{jk}) \in M(d)$ ist auf jeder Kreisscheibe

$$K_R(0) := \{z \in \mathbb{C} : |z| \leq R\}$$

gleichmäßig konvergent, denn sie hat die konvergente Majorante $\sum_{n=0}^{\infty} \frac{1}{n!} R^n |A|^n$ mit der Summe $\exp(R|A|)$. Aus dem nachstehenden Satz ergibt sich, daß die Funktion

$$\exp(zA) := \sum_{n=0}^{\infty} \frac{1}{n!} z^n A^n \ , \ z \in \mathbb{C} \ ,$$

auf jeder Kreisscheibe $K_R(0)$ und damit auf $\mathbb{C}$ stetig ist.

Satz 4. (Weierstraß, 1861) *Aus* $f_n \in C^0(M, \mathbb{R}^d)$, $n \in \mathbb{N}$, *und*

$$f_n(x) \rightrightarrows f(x) \quad \text{für } x \in M \ (n \to \infty)$$

folgt, daß $f \in C^0(M, \mathbb{R}^d)$ *ist. Mit anderen Worten: Der gleichmäßige Limes stetiger Funktionen ist stetig.*

Beweis. Sei x_0 ein beliebiger Punkt in M, und bezeichne ϵ eine beliebige positive Zahl. Dann gibt es ein $n \in \mathbb{N}$, so daß

$$(10) \qquad\qquad |f(x) - f_n(x)| < \epsilon/3 \qquad \text{für alle } x \in M$$

ausfällt, denn (10) gilt sogar für *alle* genügend großen $n \in \mathbb{N}$. Ferner gibt es wegen $f_n \in C^0(M, \mathbb{R}^d)$ ein $\delta > 0$, so daß

$$(11) \qquad\qquad |f_n(x) - f_n(x_0)| < \epsilon/3 \quad \text{für alle } x \in M \cap B_\delta(x_0)$$

gilt. Mit der Dreiecksungleichung folgt

$$|f(x) - f(x_0)| \le |f(x) - f_n(x)| + |f_n(x) - f_n(x_0)| + |f_n(x_0) - f(x_0)|$$
$$< \epsilon/3 + \epsilon/3 + \epsilon/3 = \epsilon$$

für alle $x \in M$ mit $|x - x_0| < \delta$, und somit ist f stetig.

$\square$

Wir erinnern daran, daß

$$(12) \qquad\qquad C^0(K, \mathbb{R}^d) \subset \mathcal{B}(K, \mathbb{R}^d)$$

gilt, wenn K eine kompakte Menge des $\mathbb{R}^m$ ist (vgl. 2.6, Korollar 2). Somit gilt

$$\|f\|_K = \sup \{|f(x)| : x \in K\} < \infty \,,$$

wenn $f \in C^0(K, \mathbb{R}^d)$ und K kompakt ist. Da die Funktion $x \mapsto |f(x)|$ stetig ist, wenn $x \mapsto f(x)$ stetig ist, nimmt $|f(x)|$ auf K nach Satz 2 von 2.6 sein Maximum an, und wir haben gefunden:

$$(13) \qquad\qquad \|f\|_K = \max \{|f(x)| : x \in K\} < \infty \,.$$

Weiterhin ergibt sich aus Satz 2 sofort:

(i) *Eine Folge* $\{f_n\}$ *von Funktionen* $f_n \in C^0(K, \mathbb{R}^d)$ *ist genau dann gleichmäßig konvergent auf* K, *wenn es zu jedem* $\epsilon > 0$ *ein* $N \in \mathbb{N}$ *gibt, so daß*

$$(14) \qquad\qquad \|f_n - f_k\|_K < \epsilon \quad \text{für alle } n, k > N$$

ausfällt.

In Analogie zur Definition einer Cauchyfolge in $\mathbb{R}^d$ heißt eine Folge von Funktionen $f_n \in C^0(K, \mathbb{R}^d)$, $n \in \mathbb{N}$, **Cauchyfolge in** $C^0(K, \mathbb{R}^d)$, *wenn es zu jedem*

$\epsilon > 0$ *ein* $N \in \mathbb{N}$ *gibt, so daß* (14) *erfüllt ist.* Das Resultat von (i) läßt sich dann auch so ausdrücken: *Eine Folge* $\{f_n\}$ *von Funktionen* $f_n \in C^0(K, \mathbb{R}^d)$ *ist genau dann gleichmäßig konvergent auf* K, *wenn sie eine Cauchyfolge in* $C^0(K, \mathbb{R}^d)$ (*versehen mit der Maximumsnorm*) *ist.*

(ii) Definition 3 läßt sich so umformulieren: *Für eine Folge* $f_n \in C^0(K, \mathbb{R}^d)$ *gilt*

$$(15) \qquad\qquad f_n(x) \rightrightarrows f(x) \ \text{auf} \ K \quad \Leftrightarrow \quad \|f - f_n\|_K \to 0 \ .$$

Hieraus folgt in Verbindung mit Satz 4:

(iii) *Ist* $\{f_n\}$ *eine Folge von Funktionen aus* $C^0(K, \mathbb{R}^d)$ *mit* $\|f - f_n\|_K \to 0$, *so gilt* $f \in C^0(K, \mathbb{R}^d)$.

Aus (i)–(iii) erhalten wir schließlich

Korollar 2. *Der mit der Maximumsnorm* $\|f\|_K$ *versehene lineare Raum* $C^0(K, \mathbb{R}^d)$ *ist „vollständig" in folgendem Sinne: Zu jeder Cauchyfolge* $\{f_n\}$ *in* $C^0(K, \mathbb{R}^d)$ *gibt es ein* $f \in C^0(K, \mathbb{R}^d)$ *derart, daß* $\|f - f_n\|_K \to 0$ *für* $n \to \infty$ *gilt.*

Damit ist $C^0(K, \mathbb{R}^d)$ mit der Norm $\| \cdot \|_K$ ein Beispiel eines *vollständigen normierten Raumes* (= *Banachraumes*).

[7] Die „Umkehrung" von Satz 4 ist nicht richtig. Genauer gesagt: *Ist* $\{f_n\}$ *eine Folge von Funktionen* $f_n \in C^0(K, \mathbb{R}^d)$, *die punktweise auf* M *gegen eine Funktion* $f \in C^0(K, \mathbb{R}^d)$ *konvergieren, so gilt nicht notwendig* $f_n(x) \rightrightarrows f(x)$ *auf* K. Dazu betrachten wir die Folge der Funktionen $f_n \in C^0(I)$, $I = [0, 1]$, die folgendermaßen definiert sind:

$$f_n(x) := \begin{cases} nx & \text{für } 0 \le x \le 1/n \\ 2 - nx & \text{für } 1/n \le x \le 2/n \\ 0 & \text{für } 2/n \le x \le 1 \ . \end{cases}$$

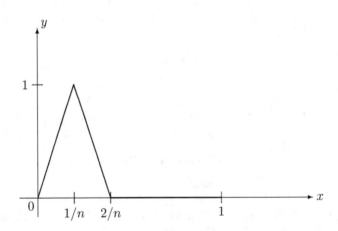

Offenbar gilt $f_n(x) \to 0$ für jedes $x \in I$, d.h. die Folge $\{f_n\}$ konvergiert punktweise auf I gegen die stetige Funktion $f(x) \equiv 0$, aber offensichtlich gilt nicht $f_n(x) \rightrightarrows 0$ auf I, denn $\|f_n\|_I = 1$ für jedes $n \in \mathbb{N}$.

Wegen dieses Beispiels ist vielleicht das folgende Resultat überraschend.

Satz 5. (Dini). *Bezeichnet $\{f_n\}$ eine Folge von stetigen Funktionen $f_n : K \to \mathbb{R}$ auf einer kompakten Menge K in $\mathbb{R}^n$, die $f_n(x) \leq f_{n+1}(x) (\text{oder} f_n(x) \geq f_{n+1}(x))$ für alle $x \subset K$ und $n \in \mathbb{N}$ erfüllen und punktweise auf K gegen eine stetige Funktion $f : K \to \mathbb{R}$ konvergieren, so ist die Konvergenz gleichmäßig, d.h. es gilt $f_n(x) \rightrightarrows f(x)$ auf K.*

Beweis. Nehmen wir an, daß $f_1 \leq f_2 \leq f_3 \leq \dots$ gilt. Wegen $f_n(x) \to f(x)$ für $n \to \infty$ folgt dann

$$f_n(x) \leq f_{n+1}(x) \leq f(x) \quad \text{für alle } x \in K \text{ und } n \in \mathbb{N}.$$

Damit ergibt sich für

$$(16) \qquad \eta_n := \sup_K |f - f_n|,$$

daß $\eta_n \geq \eta_{n+1} \geq 0$ für alle $n \in \mathbb{N}$ gilt. Deshalb existiert

$$(17) \qquad \eta := \lim_{n \to \infty} \eta_n = \inf \{\eta_n : n \in \mathbb{N}\},$$

und der Grenzwert η ist nichtnegativ. Ist $\eta = 0$, so folgt die Behauptung

$$f_n(x) \rightrightarrows f(x) \quad \text{auf } K \text{ für } n \to \infty.$$

Wir wollen daher zeigen, daß $\eta > 0$ zu einem Widerspruch führt. Wegen (16) und (17) ergibt sich

$$(18) \qquad \sup_K |f - f_n| \geq \eta > 0 \qquad \text{für jedes } n \in \mathbb{N}.$$

Da K kompakt und $f - f_n \in C^0(K)$ ist, gibt es zu jedem $n \in \mathbb{N}$ einen Punkt $x_n \in K$, so daß

$$(19) \qquad |f(x_n) - f_n(x_n)| \geq \eta > 0 \qquad \text{für alle } n \in \mathbb{N}$$

gilt. Weil K kompakt ist, so existiert eine Teilfolge $\{x_{n_p}\}$ von $\{x_n\}$ und ein Punkt $\xi \in K$ derart, daß

$$(20) \qquad \xi = \lim_{p \to \infty} x_{n_p}$$

ist.

Nun wählen wir eine Zahl ϵ mit $0 < \epsilon < \eta$ und bestimmen einen Index $N \in \mathbb{N}$, so daß

$$|f(\xi) - f_N(\xi)| < \epsilon/3$$

ausfällt. Anschließend bestimmen wir eine Zahl $\delta > 0$, so daß

$$|f(x) - f(\xi)| < \epsilon/3 \quad \text{und} \quad |f_N(x) - f_N(\xi)| < \epsilon/3$$

für alle $x \in K$ mit $|x - \xi| < \delta$ gilt. Hieraus folgt

$$|f(x) - f_N(x)| \leq |f(x) - f(\xi)| + |f_N(\xi) - f_N(x)| + |f(\xi) - f_N(\xi)|$$
$$< \epsilon/3 + \epsilon/3 + \epsilon/3 = \epsilon$$

für $x \in K$ mit $|x - \xi| < \delta$, und wegen

$$f_N(x) \leq f_n(x) \leq f(x) \quad \text{für } n \geq N \text{ und für alle } x \in K$$

erhalten wir schließlich

$$(21) \qquad\qquad\qquad |f(x) - f_n(x)| < \epsilon$$

für alle $n \geq N$ und alle $x \in K$ mit $|x - \xi| < \delta$.
Wegen Relation (20) gibt es einen Index $p_0 \in \mathbb{N}$, so daß $n_p > N$ und $|x_{n_p} - \xi| < \delta$ ist für $p > p_0$. Dann folgt aus (21) die Abschätzung

$$(22) \qquad\qquad |f(x_{n_p}) - f_{n_p}(x_{n_p})| < \epsilon \quad \text{für } p > p_0 \,,$$

die wegen $0 < \epsilon < \eta$ der Ungleichung (19) widerspricht.

$\square$

Abschließend beweisen wir, daß die Menge $\mathcal{P}(I)$ der *Polynomfunktionen* $p : I \to \mathbb{R}$ in dem normierten Raum $(C^0(I), \|\cdot\|)$ „dicht liegt", wenn I ein kompaktes Intervall in $\mathbb{R}$ und $\|f\| := \max\{|f(x)| : x \in I\}$ ist. Dies bedeutet: Zu jedem $f \in C^0(I)$ existiert eine Folge $\{p_n\}$ von Polynomen mit $\|f - p_n\| \to 0$ für $n \to \infty$.

Satz 6. (Weierstraßscher Approximationssatz, 1885.) *Ist $f \in C^0(I)$ und $I = [a, b]$, so gibt es zu jedem $\epsilon > 0$ ein $p \in \mathcal{P}(I)$ mit $|f(x) - p(x)| < \epsilon$ für alle $x \in I$. Man kann also zu jedem $f \in C^0(I)$ eine Folge $\{p_n\}$ von Polynomen p_n mit $p_n(x) \rightrightarrows f(x)$ in I finden.*

Beweis. Wir können $I = [0, 1]$ voraussetzen, weil sich der allgemeine Fall $I = [a, b]$ durch die Abbildung $x \mapsto (b - a)x + a$, $x \in [0, 1]$ auf den speziellen Fall zurückführen läßt.
Sei $\epsilon > 0$ vorgegeben. Da f auf I gleichmäßig stetig ist, gibt es ein $\delta > 0$, so daß $|f(x) - f(y)| < \epsilon/3$ ist für alle $x, y \in I$ mit $|x - y| < \delta$. Wähle ein $N \in \mathbb{N}$ mit $1/N < \delta$ und setze $x_j := j/N$. Dann folgt $x_{j+1} - x_j = 1/N < \delta$ und $|f(x_{j+1}) - f(x_j)| < \epsilon/3$. Bezeichne $\sigma : \mathbb{R} \to \mathbb{R}$ die Sprungfunktion

$$\sigma(x) := \begin{cases} 0 & x < 0 \\ 1 & x \geq 0 \end{cases} \quad \text{für} \quad .$$

Wir bilden die „stückweise konstante" Funktion $t : I \to \mathbb{R}$ als eine geeignete Linearkombination der Sprungfunktion $\sigma(x - x_j)$, $x \in I$, nämlich:

$$t(x) := \sum_{j=0}^{N} \lambda_j \sigma(x - x_j)$$

mit

$$\lambda_0 := f(x_0) \ , \ \lambda_1 := f(x_1) - \lambda_0 = f(x_1) - f(x_0), \dots ,$$
$$\lambda_j := f(x_j) - (\lambda_0 + \lambda_1 + \cdots + \lambda_{j-1}) = f(x_j) - f(x_{j-1}), \dots .$$

Dann ergibt sich $|\lambda_j| < \epsilon/3$ und $t(x_j) = f(x_j)$ für $j = 0, 1, \dots, n$ sowie $t(x) = t(x_j)$ für $x_j \leq x < x_{j+1}$, und wir erhalten

$$|f(x) - t(x)| < \epsilon/3 \quad \text{für} \quad x \in I .$$

Nun betrachten wir die Polynome $q_n(x) := (1 - x^n)^{2^n}$; sie sind monoton fallend auf I und erfüllen $0 \leq q_n(x) \leq 1$ für $0 \leq x \leq 1$. Wir behaupten, daß für beliebig gewählte $\alpha, \beta \in I$ mit $0 < \alpha < 1/2 < \beta < 1$ gilt: $q_n(x) \rightrightarrows 1$ in $[0, \alpha]$, $q_n(x) \rightrightarrows 0$ in $[\beta, 1]$.

In der Tat liefert die Bernoulische Ungleichung: Für $0 \leq x \leq \alpha$ gilt $1 \geq q_n(x) \geq q_n(\alpha) \geq 2 - 2^n \alpha^n \to 1$; für $\beta \leq x \leq 1$ folgt

$$\frac{1}{q_n(\beta)} = \left(\frac{1}{1 - \beta^n} \right)^{2^n} = \left(1 + \frac{\beta^n}{1 - \beta^n} \right)^{2^n} \geq 1 + \frac{2^n \beta^n}{1 - \beta^n} \to \infty .$$

Wir bilden die Folge der Polynome

$$r_n(x) := q_n \left(\frac{1 - x}{2} \right) \ , \ n \in \mathbb{N} .$$

Auf $[-1, 1]$ ist jedes r_n monoton wachsend und erfüllt $0 \leq r_n(x) \leq 1$. Ferner gilt für beliebiges $\delta \in (0, 1)$:

$$r_n(x) \rightrightarrows \sigma(x) \text{ in } \{x \in \mathbb{R} : \delta \geq |x| \geq 1\} .$$

Wir wählen n so groß, daß

$$|\sigma(x) - r_n(x)| < \frac{\epsilon}{3\lambda} \qquad \text{für} \ \delta := \frac{N}{4} \leq |x| \leq 1$$

ist, wobei wir $\lambda := \max\{1, |\lambda_0| + \cdots + |\lambda_N|\}$ gesetzt haben, und definieren $p \in \mathcal{P}(I)$ durch

$$p(x) := \sum_{j=0}^{N} \lambda_j r_n(x - x_j) \ , \ 0 \leq x \leq 1 .$$

Es ergibt sich für $x \in I$:

$$|p(x) - f(x)| \leq |p(x) - t(x)| + |f(x) - t(x)| < |p(x) - t(x)| + \epsilon/3$$

und

$$|p(x) - t(x)| \le \sum_{j=0}^{N} |\lambda_j| |\sigma(x - x_j) - r_n(x - x_j)| =: s(x) \ .$$

Für $x \subset I \setminus \bigcup_{j=0}^{N} (x_j - \delta, x_j + \delta)$ folgt $s(x) \le \lambda \cdot \frac{\epsilon}{3\lambda} = \frac{\epsilon}{3}$, und für $x \in I \cap (x_\ell - \delta, x_\ell + \delta)$
mit $\ell \in \{0, 1, \dots, N\}$ folgt

$$s(x) = |\lambda_\ell| |\sigma(x - x_\ell) - r_n(x - x_\ell)| + \sum_{j \ne \ell} |\lambda_j| |\sigma(x - x_j) - r_n(x - x_j)|$$

$$\le \frac{\epsilon}{3} \cdot 1 + \lambda \cdot \frac{\epsilon}{3\lambda} = \frac{2}{3}\epsilon \ .$$

Damit erhalten wir

$$|p(x) - f(x)| < \epsilon \ \text{ für } \ x \in I \ .$$

$\square$

Aufgaben.

1. Für $f \in \mathcal{B}(M, \mathbb{R}^d)$, $M \subset \mathbb{R}^m$, sei $\omega(f, r) := \sup\{\operatorname{osc}(f, M \cap B_r(x_0)) : x_0 \in M\}$. Man beweise, daß f genau dann gleichmäßig stetig ist, wenn $\lim_{r \to +0} \omega(f, r) = 0$.

2. Man zeige, daß die nachstehenden Folgen $\{f_n(x)\}$ mit $f_n : I \to \mathbb{R}$ punktweise, aber nicht gleichmäßig konvergent sind, und bestimme ihren punktweisen Limes: (i) $f_n(x) := \frac{x^n - 1}{x^n + 1}$, $I := [0, \infty)$; (ii) $f_n(x) := \frac{1}{1 + x^{2n}}$, $I := \mathbb{R}$; (iii) $f_n(x) := \frac{nx}{1 + |nx|}$, $I := \mathbb{R}$; (iv) $f_n(x) := x^2 \sum_{\nu=0}^{n} (1 + x^2)^{-\nu}$.

Kapitel 3

Grundbegriffe der Differential- und Integralrechnung

Wir kommen nun zur Infinitesimalrechnung, also zu den Begriffen *Ableitung* (oder *Differentialquotient*) und *Integral* und zum Operieren mit diesen.

Bereits im klassischen Altertum haben sich Mathematiker wie Eudoxos und Archimedes mit Aufgaben wie der Bestimmung von Bogenlängen oder von Flächen- und Rauminhalten beschäftigt. Berühmt geblieben bis in unsere Tage ist die sogenannte *Quadratur des Kreises*, also die Aufgabe, eine Kreisscheibe in ein flächengleiches Quadrat zu verwandeln. Seit Lindemann die Transzendenz der Zahl π bewiesen hat, wissen wir, daß diese Konstruktion nicht auf geometrische Weise mit Zirkel und Lineal ausgeführt werden kann, die klassische Aufgabe also unlösbar ist; mit Hilfe der Infinitesimalrechnung läßt sich jedoch der Flächeninhalt π einer Kreisscheibe vom Radius Eins bestimmen. Leibniz hat die Formel

$$\frac{\pi}{4} = 1 - \frac{1}{3} + \frac{1}{5} - \frac{1}{7} + \frac{1}{9} - \frac{1}{11} + \cdots$$

gefunden. Archimedes entdeckte, daß sich die Volumina eines Kegels, einer Halbkugel und eines Zylinders von gleichem Radius und gleicher Höhe wie $1 : 2 : 3$ verhalten. Auf seinem Grabmal in Syrakus, das Cicero noch gesehen hat, soll dieses Resultat eingemeißelt gewesen sein.

Später haben sich beispielsweise Kepler, Galilei, Stevin, Torricelli und insbesondere Cavalieri mit der Bestimmung von Volumina befaßt. Cavalieris *Geometria indivisibilibus* (1635) lieferte erstmals eine systematische, auf infinitesimale Betrachtungen gegründete Behandlung des Problems der Inhaltsberechnung. Auch der Differentialkalkül findet sich in Ansätzen schon in der ersten Hälfte des siebzehnten Jahrhunderts, etwa bei der Untersuchung der Aufgabe, Tangenten an Kurven zu legen und Normalen zu ziehen. Fermat entwickelte ein Verfahren zur Lösung von Extremwertaufgaben, das in heutiger Interpretation auf die Bedingung $f'(x_0) = 0$ für eine Extremstelle x_0 der Funktion f hinausläuft.

Es waren aber Newton (ab 1665/66) und Leibniz (ab 1672), die den engen Zusammenhang zwischen Differential- und Integralrechnung erkannten und aus dieser Einsicht heraus in systematischer Weise den Infinitesimalkalkül entwickelten, der in den beiden Hauptsätzen und der Transformationsformel gipfelt. Newton und Leibniz sind unabhängig voneinander zu ihren großen Entdeckungen gelangt, formal auf ganz verschiedenen Wegen. Newtons Fluxionenmethode stützte sich wesentlich auf das Hilfsmittel der Potenzreihen und insbesondere der binomischen Reihe, während Leibniz den Kalkül der unendlich kleinen Größen (Infinitesimalen) entwickelte und dabei durch glücklich gewählte Symbole ein kraftvolles mathematisches Hilfsmittel schuf. Die Zeichen $\int$, ein langgestrecktes S für Summe, und d für Differential stammen von ihm. Leibniz hat seine Überlegungen in Auszügen erstmals 1684 (Differentialrechnung) und 1686 (Integralrechnung) in den Acta Eruditorum publiziert, während Newtons Untersuchungen 1704 in einem Anhang (*Tractatus de quadratura curvarum*) an seine *Opticks* und, vollständiger, unter dem Titel *Analysis per quantitatum series, fluxiones ac differentias* (1711) gedruckt wurde.

Nach diesem – reichlich kursorischen – Überblick über die Entstehung der Infinitesimalrechnung wollen wir uns wieder dem mathematischen Geschäft zuwenden. Wenn sich der Leser eingehend über das erste Jahrhundert des „Calculus" von Newton und Leibniz bis zu Eulers *Introductio in analysin infinitorum* (1748) unterrichten lassen möchte, findet er in Moritz Cantors Vorlesungen über *Geschichte der Mathematik*, Band 3 (Teubner, Leipzig 1898) eine vorzügliche und umfassende Darstellung, wenngleich die mathematikhistorische Forschung heute manches anders sieht. Daneben sei auf die von Hans Niels Jahnke herausgegebene *Geschichte der Analysis* (Spektrum Akademischer Verlag, Heidelberg Berlin 1999) hingewiesen, die einen Überblick von den Anfängen im Altertum bis zur Zeit um 1920 gibt und eine Einführung in die einschlägige historische Literatur bietet.

1 Differenzierbare Funktionen einer reellen Variablen

Wir behandeln jetzt die Differenzierbarkeit von Funktionen und deren Ableitungen, zwei der grundlegenden Begriffe der Analysis, auf die wir bereits in 2.3, $\boxed{1}$ gestoßen sind. Im folgenden bezeichne I stets ein Intervall oder ein verallgemeinertes Intervall. Für $h \in \mathbb{R}\backslash\{0\}$ und $z \in \mathbb{R}^d$ schreiben wir $\dfrac{z}{h}$ statt $\dfrac{1}{h} \cdot z$.

Definition 1. *Eine Funktion* $f : I \to \mathbb{R}^d$ *heißt* **differenzierbar an der Stelle** $t_0 \in I$, *wenn der Grenzwert*

$$\lim_{h \to 0} \frac{f(t_0 + h) - f(t_0)}{h} \;=\; \lim_{t \to t_0} \frac{f(t) - f(t_0)}{t - t_0}$$

existiert. Dieser Limes heißt (erste) **Ableitung**, Derivierte *oder* **Differentialquotient** *von* f *an der Stelle* t_0 *und wird mit* $f'(t_0)$ *bezeichnet:*

$$(1) \qquad f'(t_0) := \lim_{t \to t_0} \frac{f(t) - f(t_0)}{t - t_0} \;\in \mathbb{R}^d \;.$$

Andere Bezeichnungen für $f'(t_0)$ *sind* $\dot{f}(t_0), Df(t_0),$ *oder* $\dfrac{df}{dt}(t_0)$ *(Sprechweise:* „df nach dt").

Wenn t_0 *mit einem der Randpunkte von* I *zusammenfällt, so ist (1) als einseitiger Grenzwert*

$$f'_+(t_0) := \lim_{h \to +0} \frac{f(t_0 + h) - f(t_0)}{h} \quad bzw. \quad f'_-(t_0) := \lim_{h \to -0} \frac{f(t_0 + h) - f(t_0)}{h}$$

zu interpretieren, je nachdem, ob t_0 *der linke oder der rechte Randpunkt von* I *ist. Die Funktion* $f : I \to \mathbb{R}^d$ *heißt* **differenzierbar***, wenn sie in jedem Punkt von* I *differenzierbar ist.*

Ist $f : I \to \mathbb{R}^d$ differenzierbar, so kann man die Zuordnung $t \mapsto f'(t)$ betrachten und als Funktion $f' : I \to \mathbb{R}^d$ auffassen. Wenn diese neue Funktion f' differenzierbar ist, können wir $f'' := (f')'$ bilden, die *zweite Ableitung von* f. Für f'' schreiben wir auch

$$(2) \qquad f'' = \ddot{f} = \frac{d^2 f}{dt^2} = D^2 f \;.$$

So kann man induktiv fortfahren und definiert, falls die $(n-1)$-te Ableitung $f^{(n-1)}$ von f differenzierbar ist, die *n-te Ableitung* $f^{(n)}$ als

$$(3) \qquad f^{(n)} := (f^{(n-1)})' \;, \quad f^{(0)} := f \;.$$

Für $f^{(n)}$ schreiben wir auch

$$f^{(n)} = \frac{d^n f}{dt^n} = D^n f \quad , \quad D^0 f = f \ .$$

Wenn f' bzw. f'' bzw. $f^{(n)}$ existieren, so heißt f *einmal* bzw. *zweimal* bzw. *n-mal differenzierbar.*

Falls $x = f(t)$ als Bewegung (Kurvenfahrt oder Kurve) eines Punktes im $\mathbb{R}^d$ interpretiert wird, schreibt man oft auch $x = X(t)$ statt $f(t)$ oder einfach (und etwas lax) $x = x(t)$ und nennt $v = \dot{X}$ die **Geschwindigkeit**, $b = \ddot{X}$ die **Beschleunigung** der Bewegung $x = X(t)$, $t \in I$; $\mathrm{v} = |v|$ heißt **Absolutgeschwindigkeit** der Bewegung. Wir können v bzw. b als Vektorfelder längs der Kurve $x = X(t)$ deuten.

Interpretiert man $x = f(t)$ nicht kinematisch, sondern geometrisch als Darstellung einer gekrümmten Linie (Kurve), so wird $f'(t)$ als ein Tangentenvektor an die Kurve im Punkte $x = f(t)$ gedeutet, d.h. als Grenzwert der Sekantenvektoren

$$\Delta_h f(t) := \frac{1}{h} \ [f(t+h) - f(t)]$$

für $h \to 0$. Den Ausdruck $\Delta_h f(t)$ nennt man auch **Differenzenquotient** *von f an der Stelle t mit der Schrittweite h.*

Eine etwas andere geometrische Deutung geht auf Leibniz zurück. Hierbei betrachten wir eine *skalarwertige Funktion* $f : I \to \mathbb{R}$ und deren Graphen $G(f)$,

$$G(f) := \{(x, f(x)) : x \in I\} \ .$$

Wir wählen x und $x + h$ aus I und fassen Leibniz' „goldenes Dreieck" ABC mit den Eckpunkten $A = (x, f(x))$, $B = (x + h, f(x))$, $C = (x + h, f(x + h))$ ins Auge.

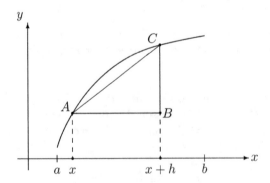

Setzen wir $\Delta x := h$, $\Delta y := f(x + h) - f(x)$, so ist $\Delta y / \Delta x$ die „Steigung" der Sekante AC gegenüber der Seite AB, die zur x-Achse parallel ist, und wir haben

$$f'(x) = \lim_{\Delta x \to 0} \frac{\Delta y}{\Delta x} \ .$$

Leibniz interpretierte diesen Limes als Quotienten „unendlich kleiner Größen" dy und dx, was die alte Bezeichnung „**Differentialquotient**" dy/dx für

$$f'(x) = \lim_{\Delta x \to 0} \frac{\Delta y}{\Delta x} = \frac{dy}{dx}$$

erklärt, denn Leibniz bezeichnete diese unendlich kleinen Größen als „Differentiale" dy und dx der „abhängigen Variablen" y und der „unabhängigen Variablen" x. Die **Tangente** an $G(f)$ im Punkte (x_0, y_0) mit $y_0 = f(x_0)$ ist dann definiert als

$$T := \{(x, y) : y = a \cdot (x - x_0) + b\}$$

mit $a = f'(x_0)$, $b = f(x_0)$. Man nennt $f'(x_0)$ die **Steigung** von $G(f)$ im Punkte (x_0, y_0).

Satz 1. *Die folgenden drei Aussagen sind äquivalent für jede Funktion $f : I \to \mathbb{R}^d$ und jedes $t_0 \in I$:*

(i) Die Funktion f ist in t_0 differenzierbar.

(ii) Es gibt einen Vektor $a \in \mathbb{R}^d$ und eine in $h = 0$ stetige Funktion $\epsilon : I^* \to \mathbb{R}^d$ mit $I^* := \{h \in \mathbb{R} : t_0 + h \in I\}$ und $\epsilon(0) = 0$, so daß

(4) $$f(t_0 + h) = f(t_0) + ha + h\epsilon(h) \ \text{ für alle } h \in I^*$$

gilt.

(iii) Es gibt eine in t_0 stetige Funktion $\varphi : I \to \mathbb{R}^d$, so daß

(5) $$f(t) = f(t_0) + \varphi(t)(t - t_0) \ \text{ für alle } t \in I$$

gilt.

Beweis. Zuerst zeigen wir: (i) $\Rightarrow$ (ii). Sei also f in $t_0 \in I$ differenzierbar. Wir definieren $\epsilon(0) := 0$, $a := f'(t_0)$ und

$$\epsilon(h) := \frac{f(t_0 + h) - f(t_0)}{h} - a \quad \text{für } h \in I^* , \ h \neq 0 .$$

Dann folgt $\epsilon(h) \to 0 = \epsilon(0)$ für $h \to 0$ sowie Relation (4).
Als zweites beweisen wir: (ii) $\Rightarrow$ (iii). Nehmen wir also an, daß (ii) gilt, und setzen wir $\varphi(t) := a + \epsilon(t - t_0)$ für $t \in I$. Dann ist $\varphi : I \to \mathbb{R}^d$ in t_0 stetig, und es gilt (5).
Als letztes verifizieren wir: (iii) $\Rightarrow$ (i). In der Tat folgt aus (iii) für $t \neq t_0$, $t \in I$, daß

$$\frac{f(t) - f(t_0)}{t - t_0} = \varphi(t)$$

gilt, und wir haben $\varphi(t) \to \varphi(t_0)$ für $t \to t_0$.

$\square$

Bemerkung 1. Der Vektor a in (4) ist eindeutig bestimmt, und zwar ist $a = f'(t_0)$. Ferner ist die Funktion φ in (5) eindeutig bestimmt, und es gilt $\varphi(t_0) = f'(t_0)$.

Bemerkung 2. *Ist $f : I \to \mathbb{R}^d$ in $t_0 \in I$ differenzierbar, so ist f auch stetig in t_0.* Dies sieht man sofort aus (5). Die Umkehrung dieser Aussage ist i.a. falsch, wie man am Beispiel der Funktion $f(t) := |t|$, $t \in \mathbb{R}$, sieht. Hier ist $f'_+(0) = 1$, $f'_-(0) = -1$, weshalb $f'(0)$ nicht existiert. Weierstraß hat sogar ein Beispiel einer Funktion $f : \mathbb{R} \to \mathbb{R}$ angegeben, die überall stetig, aber nirgends differenzierbar ist. Ein solches Beispiel werden wir später behandeln.

Bemerkung 3. *Eine Abbildung $f : I \to \mathbb{R}^d$ ist genau dann in $t_0 \in I$ differenzierbar, wenn ihre Koordinatenfunktionen $f_1(t), \ldots, f_d(t)$ in t_0 differenzierbar sind, und es gilt*

$$(6) \qquad f'(t_0) = (f'_1(t_0), \ldots, f'_d(t_0)) \ .$$

Der Beweis folgt sofort aus der Äquivalenz der Maximumsnorm auf $\mathbb{R}^d$ mit der euklidischen Norm des $\mathbb{R}^d$.

Bemerkung 4. *Die Differenzierbarkeit ist eine lokale Eigenschaft,* d.h. ist die Funktion $f : I \to \mathbb{R}^d$ in t_0 differenzierbar und stimmt $g : I \to \mathbb{R}^d$ auf $I \cap B_\epsilon(t_0)$ für ein gewisses $\epsilon > 0$ mit f überein, so ist auch g in t_0 differenzierbar, und es gilt $f'(t_0) = g'(t_0)$.

Bemerkung 5. Aus Definition 1 ergibt sich sofort, daß jede Funktion $f : \mathbb{R} \to \mathbb{R}$ der Form $f(t) := at + b$ differenzierbar ist, wobei a und b beliebige reelle Konstanten bezeichnen, und daß $f'(t) \equiv a$ ist. Insbesondere gilt

$$\frac{d}{dt} \ \text{const} \ = 0 \quad , \quad \frac{d}{dt} \ t = 1 \ .$$

Satz 2. (Rechenregeln). *Mit $f, g : I \to \mathbb{R}$ sind auch $f + g$, $f \cdot g$ und, falls $g(t_0) \neq 0$, auch f/g in $t_0 \in I$ differenzierbar, und es gilt*

$$(7) \qquad (f + g)'(t_0) = f'(t_0) + g'(t_0) \ ;$$

$$(8) \qquad (f \cdot g)'(t_0) = f'(t_0)g(t_0) + f(t_0)g'(t_0) \ ; \qquad \textit{(Produktregel)}$$

$$(9) \qquad \left(\frac{f}{g} \right)' (t_0) = \frac{f'(t_0)g(t_0) - f(t_0)g'(t_0)}{g^2(t_0)} \ . \qquad \textit{(Quotientenregel)}$$

Beweis. Nach Satz 1 können wir

$$f(t) = f(t_0) + \varphi(t)(t - t_0) \text{ und } g(t) = g(t_0) + \psi(t)(t - t_0)$$

schreiben mit $\varphi(t) \to \varphi(t_0) = f'(t_0)$ und $\psi(t) \to \psi(t_0) = g'(t_0)$ für $t \to t_0$. Hieraus folgt

$$f(t) + g(t) = \{f(t_0) + g(t_0)\} + [\varphi(t) + \psi(t)](t - t_0) \ ;$$

$$f(t) \cdot g(t) = \{f(t_0)g(t_0)\} + [\varphi(t)g(t_0) + f(t_0)\psi(t) + \varphi(t)\psi(t)(t - t_0)](t - t_0) \ ;$$

$$\frac{f(t)}{g(t)} - \frac{f(t_0)}{g(t_0)} = \frac{[\varphi(t)g(t_0) - f(t_0)\psi(t)]}{g(t)g(t_0)} \cdot (t - t_0) \ .$$

In Verbindung mit Satz 1 liefern diese Formeln die Behauptung.

$\square$

$\boxed{1}$ $\dfrac{d}{dx} x^n = nx^{n-1}$ für $n \in \mathbb{N}_0$.

Beweis (durch Induktion). Für $n = 0, 1$ ist die Behauptung trivialerweise richtig. Wenn $f(x) = x^n$ differenzierbar und $f'(x) = nx^{n-1}$ ist, so folgt mit $g(x) = x$ nach Satz 2, daß auch $f \cdot g$ differenzierbar und

$$(f \cdot g)' = f' \cdot g + f \cdot g'$$

ist. Wegen $f(x)g(x) = x^{n+1}$ ergibt sich

$$\frac{d}{dx}\{f(x)g(x)\} = (nx^{n-1}) \cdot x + x^n \cdot 1 = (n+1)x^n \ .$$

$\square$

$\boxed{2}$ x^{-n} mit $n \in \mathbb{N}$ ist für $x \neq 0$ differenzierbar, und es gilt

$$\frac{d}{dx} x^{-n} = \frac{d}{dx} \frac{1}{x^n} = \frac{-nx^{n-1}}{x^{2n}} = -nx^{-n-1} \ .$$

Zusammen mit $\boxed{1}$ folgt

(10) $$\frac{d}{dx} x^\alpha = \alpha x^{\alpha-1} \text{ für } \alpha \in \mathbb{Z}$$

(und $x \neq 0$, falls $\alpha < 0$).

$\boxed{3}$ Sei $f(x) = \sum_{k=0}^n a_k x^k$ ein reelles Polynom n-ten Grades. Dann ist

$$Df(x) = \sum_{k=1}^n ka_k x^{k-1} \ , \quad D^2 f(x) = \sum_{k=2}^n k(k-1)a_k x^{k-2} \ , \ \dots \ ,$$

$$D^j f(x) = \sum_{k=j}^n k(k-1)\dots(k-j+1)a_k x^{k-j} \text{ für } 1 \leq j \leq n \ .$$

Setzen wir $x = 0$, so folgt

(11)
$$a_j = \frac{1}{j!}\, f^{(j)}(0)$$

und somit

(12)
$$f(x) = \sum_{k=0}^{n} \frac{1}{k!}\, f^{(k)}(0) \cdot x^k \quad \text{für alle } x \in \mathbb{R}.$$

Hieraus ergibt sich (Übungsaufgabe!) für jedes $x_0 \in \mathbb{R}$:

(13)
$$f(x) = \sum_{k=0}^{n} \frac{1}{k!}\, f^{(k)}(x_0) \cdot (x - x_0)^k \quad \text{für alle } x \in \mathbb{R}.$$

[4] Die Funktion $f(x) = \sqrt{x}$ ist für $x > 0$ differenzierbar, und es gilt $f'(x) = \frac{1}{2}x^{-1/2}$.

Beweis. Für $x > 0$ und $|h| < x$ folgt

$$\frac{f(x+h) - f(x)}{h} = \frac{1}{h}(\sqrt{x+h} - \sqrt{x})$$

$$= \frac{1}{h}\, \frac{(\sqrt{x+h} - \sqrt{x})(\sqrt{x+h} + \sqrt{x})}{\sqrt{x+h} + \sqrt{x}}$$

$$= \frac{1}{\sqrt{x+h} + \sqrt{x}} \;\rightarrow\; \frac{1}{2\sqrt{x}} \quad \text{für } h \to 0.$$

$\square$

Ähnlich folgt

$$\frac{d}{dx}(x^{1/k}) = \frac{1}{k}x^{(1/k)-1} , \quad k \in \mathbb{N},$$

und vermöge Satz 2, (8) ergibt sich für $f(x) = x^\alpha$, $x > 0$, und $\alpha \in \mathbb{Q}$, daß $f(x)$ auf $(0, \infty)$ differenzierbar und

$$f'(x) = \alpha x^{\alpha-1}$$

ist.

Satz 3. (Kettenregel I). *Seien I und I^* zwei eigentliche oder verallgemeinerte Intervalle in $\mathbb{R}$, und seien $f : I \to \mathbb{R}$ und $g : I^* \to \mathbb{R}^d$ zwei Funktionen mit $f(I) \subset I^*$. Wir setzen voraus, daß f in $x_0 \in I$ und g in $y_0 = f(x_0) \in I^*$ differenzierbar sind. Dann ist die Komposition*

$$h := g \circ f : I \to \mathbb{R}^d$$

in x_0 differenzierbar, und es gilt

(14)
$$h'(x_0) = g'(f(x_0))f'(x_0) \,,$$

d.h.

(15)
$$\frac{dh}{dx}(x_0) = \frac{dg}{dy}(y_0)\,\frac{df}{dx}(x_0) \,.$$

Beweis. Nach Satz 1, (iii) haben wir

$$g(y) = g(y_0) + \psi(y) \cdot (y - y_0) \text{ mit } \psi(y) \to \psi(y_0) \text{ für } y \to y_0 \,,$$

und $y := f(x)$ kann geschrieben werden als

$$f(x) = y_0 + \varphi(x) \cdot (x - x_0) \text{ mit } \varphi(x) \to \varphi(x_0) \text{ für } x \to x_0 \,.$$

Damit folgt

$$g(f(x)) = g(f(x_0)) + \psi(f(x))\varphi(x)(x - x_0) \text{ für } x \in I \,.$$

Wegen

$$\psi(f(x_0)) = g'(f(x_0)) \quad \text{und} \quad \varphi(x_0) = f'(x_0)$$

ergibt sich nach Satz 1, (iii) die Behauptung, wenn wir noch berücksichtigen, daß $\psi \circ f$ in x_0 stetig ist.

$\square$

Schreiben wir $y = y(x)$, $z = z(y) = z(y(x))$, so ergibt sich die folgende „Merkregel" im „Leibnizkalkül":

(16)
$$\frac{dz}{dx} = \frac{dz}{dy} \cdot \frac{dy}{dx} \,,$$

d.h. die Größen dy im Zähler und Nenner „kürzen sich heraus".

Bezeichnung. *Eine Funktion $f : I \to \mathbb{R}^d$ heißt* **von der Klasse C^k**, *wenn f k-mal auf I differenzierbar und $D^k f$ auf I stetig ist.* Nach Bemerkung 2 sind auch $f, f', \ldots, f^{(k-1)}$ stetig. Daher nennt man eine solche Funktion auch *k-mal stetig differenzierbar*. Die Menge (oder „Klasse") der k-mal stetig differenzierbaren Funktionen $f : I \to \mathbb{R}^d$ wird mit $C^k(I, \mathbb{R}^d)$ bezeichnet. Es gilt

$$C^k(I, \mathbb{R}^d) \subset C^l(I, \mathbb{R}^d) \quad , \text{ falls } l \le k \text{ ist } .$$

Weiterhin nennen wir

$$C^\infty(I, \mathbb{R}^d) := \bigcap_{k=0}^{\infty} C^k(I, \mathbb{R}^d)$$

die *Klasse der unendlich oft stetig differenzierbaren Funktionen* $f : I \to \mathbb{R}^d$.

Es ist leicht zu sehen, daß $C^k(I, \mathbb{R}^d)$ für jedes $k \in \mathbb{N}_0$ bzw. für $k = \infty$ ein linearer Vektorraum über $\mathbb{R}$ ist. Für $d = 1$ gilt: Mit $f, g \in C^k(I)$ ist auch $f \cdot g \in C^k(I)$.

Nun wollen wir noch angeben, wie sich Satz 2 auf vektorwertige Funktionen einer Variablen übertragen läßt.

Satz 4. *Mit $f, g : I \to \mathbb{R}^d$ sind auch $\lambda f + \mu g$ für $\lambda, \mu \in \mathbb{R}$ sowie $\langle f, g \rangle$ in $t_0 \in I$ differenzierbar, und es gilt*

(17) $$(\lambda f + \mu g)'(t_0) = \lambda f'(t_0) + \mu g'(t_0) \, ,$$

(18) $$\langle f, g \rangle'(t_0) = \langle f'(t_0), g(t_0) \rangle + \langle f(t_0), g'(t_0) \rangle \, .$$

Beweis. Wegen

$$\lambda f + \mu g = (\lambda f_1 + \mu g_1, \ldots, \lambda f_d + \mu g_d)$$

folgt (17) aus Bemerkung 3 und den Rechenregeln (7) und (8) von Satz 2, denn die Ableitung einer Konstanten ist Null.

Zum Beweis von (18) schreiben wir zunächst die Definition von $\langle f, g \rangle$ hin, nämlich

$$\langle f, g \rangle \;=\; \sum_{j=1}^{d} f_j g_j \, .$$

Nach Satz 2, (7) und (8) ist dann $\langle f, g \rangle$ in t_0 differenzierbar, und es gilt

$$
\begin{aligned}
\langle f, g \rangle'(t_0) &= \sum_{j=1}^{d} [f_j'(t_0) g_j(t_0) + f_j(t_0) g_j'(t_0)] \\
&= \left[\sum_{j=1}^{d} f_j'(t_0) g_j(t_0) \right] + \left[\sum_{j=1}^{d} f_j(t_0) g_j'(t_0) \right] \\
&= \langle f'(t_0), g(t_0) \rangle + \langle f(t_0), g'(t_0) \rangle \, .
\end{aligned}
$$

$\square$

Eine einfache Verallgemeinerung von Satz 4 ist das folgende Resultat.

Satz 5. *Sind die matrixwertigen Funktionen $A(t)$ und $B(t)$, $t \in I$, im Punkte $t_0 \in I$ differenzierbar und kann die Produktmatrix $C(t) := A(t)B(t)$ gebildet werden, so ist auch $C(t)$ in t_0 differenzierbar, und es gilt*

$$\dot{C}(t_0) = \dot{A}(t_0)B(t_0) + A(t_0)\dot{B}(t_0) \, .$$

Weiterhin erhalten wir

Satz 6. *Sei die matrixwertige Funktion $A : I \to M(d)$ auf dem Intervall I in jedem Punkte sowohl invertierbar als auch differenzierbar. Dann ist auch die Funktion $A^{-1} : I \to M(d)$ differenzierbar, und es gilt*

$$\frac{d}{dt}A^{-1} = -A^{-1}\dot{A}A^{-1} \, .$$

Beweis. Die Differenzierbarkeit von $A^{-1}(t)$ folgt aus der wohlbekannten Formel für A^{-1} in Verbindung mit der Produkt- und der Quotientenregel. Nunmehr ergibt sich aus $A^{-1}A = I$ nach Satz 5 für $B := A^{-1}$ die Formel

$$\dot{B}A + B\dot{A} = 0 \, ,$$

und diese liefert

$$\dot{B} = -A^{-1}\dot{A}A^{-1} \, .$$

$\square$

Satz 7. *Bezeichne M eine multilineare Funktion $M : \mathbb{R}^d \times \mathbb{R}^d \times \cdots \times \mathbb{R}^d \to \mathbb{R}^\ell$ auf dem k-fachen kartesischen Produkt von $\mathbb{R}^d$, und seien $X_1, X_2, \ldots, X_k$ aus $C^1(I, \mathbb{R}^d)$ auf dem Intervall $I \subset \mathbb{R}$. Dann ist die durch*

$$m(t) := M(X_1(t), X_2(t), \ldots, X_k(t))$$

definierte Funktion $m : I \to \mathbb{R}^\ell$ von der Klasse C^1, und es gilt

$$\dot{m}(t) = M(\dot{X}_1(t), X_2(t), \ldots, X_k(t)) + M(X_1(t), \dot{X}_2(t), X_3(t), \ldots, X_k(t))$$
$$+ \ldots + M(X_1(t), \ldots, X_{k-1}(t), \dot{X}_k(t)) \, .$$

Beweis. Den Differenzenquotienten $\Delta_h m(t)$ von m drücken wir mit Hilfe der Differenzenquotienten $\Delta_h X_j(t)$ der Funktionen X_j aus als

$$\Delta_h m(t) = M(\Delta_h X_1(t), X_2(t+h), \ldots, X_k(t+h))$$
$$+ M(X_1(t), \Delta_h X_2(t), X_3(t+h), \ldots, X_k(t+h))$$
$$+ \ldots + M(X_1(t), \ldots, X_{k-1}(t), \Delta_h X_k(t)) \, .$$

Mit $h \to 0$ folgt die Behauptung.

$\square$

Bemerkung. Eine wichtige Anwendung von Satz 7 ist die Differentiation der Determinante $(k = d)$:

$$D(t) := \det(X_1(t), X_2(t), \ldots, X_d(t)) \, .$$

Man muß $D(t)$ „*spaltenweise*" differenzieren und die daraus resultierenden d Determinanten addieren, um $\dot{D}(t)$ zu erhalten:

$$\dot{D}(t) \; = \; D_1(t) + D_2(t) + \; \ldots \; + D_d(t)$$

mit

$$D_j \; := \; \det(D_1, \ldots , D_{j-1}, \dot{D}_j, D_{j+1}, \ldots , D_d) \; .$$

⑤ Sei $X \in C^1(\mathbb{R}, \mathbb{R}^2)$ eine Bewegung auf dem Einheitskreis

$$S^1 = \{x \in \mathbb{R}^2 : |x| = 1\}$$

um den Ursprung, und zwar eine Bewegung mit der Absolutgeschwindigkeit $|\dot{X}(t)| \equiv 1$. Dann gilt

(19) $|X|^2 = 1$

und

(20) $|\dot{X}|^2 = 1 \; .$

Differenzieren wir (19) nach t, so folgt

(21) $\langle X, \dot{X} \rangle = 0 \; ,$

d.h. für jedes $t \in \mathbb{R}$ steht $\dot{X}(t)$ senkrecht auf $X(t)$. Folglich liegt $\dot{X}(t)$ im orthogonalen Komplement $\{X(t)\}^{\perp}$ von $X(t)$. Schreiben wir den Einheitsvektor $X(t)$ als

(22) $X(t) = (C(t) \, , \; S(t)) \; ,$

so ist

(23) $\dot{X}(t) = (\dot{C}(t) \, , \; \dot{S}(t)) \; .$

Das orthogonale Komplement von $X(t)$ in $\mathbb{R}^2$ ist ein eindimensionaler Unterraum des $\mathbb{R}^2$, der vom Einheitsvektor $(-S(t), C(t))$ aufgespannt wird. Folglich gibt es zu jedem $t \in \mathbb{R}$ eine reelle Zahl $\alpha(t)$ derart, daß

(24) $\dot{X}(t) = \alpha(t)(-S(t) \, , \; C(t))$

gilt. Wegen (19), (20) und (22) folgt $\alpha^2(t) \equiv 1$, d.h. $\alpha(t) = \pm 1$. Um die „Orientierung" der Kreisbewegung festzulegen, verlangen wir, daß

(25) $X \wedge \dot{X} := C\dot{S} - S\dot{C} = 1$

ist.

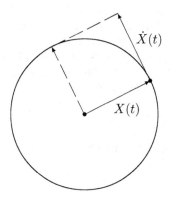

Geometrisch bedeutet dies, daß S^1 gegen den Uhrzeigersinn, also „im mathematisch positiven Sinne" durchlaufen wird. Aus (24) und (25) folgt dann $\alpha(t) \equiv 1$ und somit

(26) $$\dot{C} = -S \quad , \quad \dot{S} = C \,.$$

Hieraus erhalten wir sofort, daß C und S und damit auch X von der Klasse C^∞ sind. Differenzieren wir nun die beiden Gleichungen von (26) ein weiteres Mal nach t, so ergeben sich in Verbindung mit (26) die Gleichungen

(27) $$\ddot{C} = -C \quad , \quad \ddot{S} = -S \,,$$

d.h. sowohl C als auch S sind Lösung der sogenannten *Schwingungsgleichung*

(28) $$\ddot{u} + u = 0 \,.$$

Wir werden später zeigen, daß sich jede Lösung $u(t)$ von (28) in der Form

(29) $$u(t) = \alpha \, C(t) + \beta \, S(t)$$

schreiben läßt, wobei α und β geeignet zu wählende (von t unabhängige) reelle Zahlen sind. Weiterhin werden wir später sehen, daß (26) zu jeder Vorgabe der „Anfangswerte" $C(0)$ und $S(0)$ genau eine Lösung $X(t) = (C(t), S(t))$, $t \in \mathbb{R}$, der Klasse C^1 (und damit C^∞) besitzt. Insbesondere besitzt das Anfangswertproblem

(30) $$\dot{C} = -S \quad , \quad \dot{S} = C$$
$$C(0) = 1 \quad , \quad S(0) = 0$$

genau eine Lösung $(C(t), S(t))$, und wir werden sehen, daß

$$C(t) = \cos t \quad , \quad S(t) = \sin t$$

die elementargeometrischen Funktionen *Cosinus* und *Sinus* sind, die wir freilich noch gar nicht eingeführt haben.

$\boxed{6}$ *Beispiel einer stetigen, nirgends differenzierbaren Funktion* $f : \mathbb{R} \to \mathbb{R}$. Ein erstes Beispiel einer solchen Funktion wurde 1872 von Weierstraß angegeben. (Viel später wurde bekannt, daß Bolzano schon um 1830 eine stetige, nirgends differenzierbare Funktion konstruiert hatte.) Das im folgenden beschriebene Beispiel stammt von van der Waerden. Wir betrachten eine Funktion $\varphi \in C^0(\mathbb{R})$, die periodisch ist mit der Periode 1, also

$$\varphi(x + 1) = \varphi(x) \quad \text{für alle } x \in \mathbb{R} .$$

Die stetige Funktion φ ist auf der kompakten Menge $[0, 1]$ beschränkt. Also gibt es eine Konstante $c > 0$, so daß

$$|\varphi(x)| \leq c \quad \text{für alle } x \in \mathbb{R}$$

gilt. Nun bilden wir die Funktionen $\varphi_\nu : \mathbb{R} \to \mathbb{R}$, $\nu = 0, 1, 2, \ldots$, die durch

$$(31) \qquad \varphi_\nu := 10^{-\nu} \varphi(10^\nu x)$$

definiert sind. Die Funktionen φ_ν sind ebenfalls stetig, periodisch mit der Periode 1, und erfüllen

$$|\varphi_\nu(x)| \leq \frac{c}{10^\nu} \quad \text{für alle } x .$$

Somit ist die Reihe $\sum_{\nu=0}^{\infty} c \cdot 10^{-\nu}$ eine konvergente Majorante der Reihe $\sum_{\nu=0}^{\infty} \varphi_\nu(x)$. Nach dem Majorantenkriterium (vgl. 2.8, Satz 3) ist also letztere Reihe gleichmäßig konvergent auf $\mathbb{R}$, und aus einem Satz von Weierstraß folgt, daß ihre Summe

$$(32) \qquad f(x) := \sum_{\nu=0}^{\infty} \varphi_\nu(x)$$

eine Funktion $f \in C^0(\mathbb{R})$ liefert (siehe 2.8, Satz 4). Offensichtlich gilt auch

$$(33) \qquad f(x + 1) = f(x) \quad \text{für alle } x \in \mathbb{R} .$$

Nun wollen wir zeigen, daß $f(x)$ bei geeigneter Wahl von $\varphi(x)$ eine nirgends differenzierbare Funktion liefert. Wegen (33) genügt es, dies für Werte $x \in (0, 1]$ zu beweisen. Für solche x haben wir eine Dezimalbruchdarstellung

$$(34) \qquad x = 0, a_1 a_2 \ldots a_n \ldots$$

mit $a_n \in \{0, 1, 2, \ldots, 9\}$, und um diese eindeutig zu machen, wollen wir die Darstellungen

$$(35) \qquad x = 0, a_1 a_2 \ldots a_n 000 \ldots \quad \text{mit } a_n \in \{1, 2, \ldots, 9\}$$

ausschließen und stattdessen

$$(36) \qquad x = 0, a_1 a_2 \ldots (a_{n-1} - 1)999 \ldots$$

benutzen.

Nun wählen wir $\varphi(x)$ als

(37) $$\varphi(x) := \min\{x - \lfloor x \rfloor, \lceil x \rceil - x\}.$$

Offenbar ist $\varphi(x)$ der Abstand von x zur nächstgelegenen ganzen Zahl.

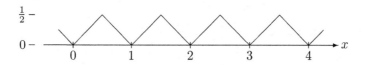

Die Funktion $\varphi : \mathbb{R} \to \mathbb{R}$ ist Lipschitzstetig mit der Lipschitzkonstanten 1 und periodisch: $\varphi(x + 1) = \varphi(x)$. Zu einem beliebig vorgegebenen $x \in (0, 1]$ mit der Entwicklung (34) wählen wir nun eine Folge $\{h_n\}$, indem wir

$$h_n := \begin{cases} 10^{-n} & \text{für } a_n \neq 4, 9 \\ -10^{-n} & \text{für } a_n = 4 \text{ oder } 9 \end{cases}$$

setzen. Sei $\epsilon_n = \pm 1$ definiert durch

$$\epsilon_n := \operatorname{sgn} h_n.$$

Dann ist

(38) $$\frac{f(x + h_n) - f(x)}{h_n} = \sum_{\nu=0}^{\infty} \epsilon_n \cdot 10^n \cdot [\varphi_\nu(x + h_n) - \varphi_\nu(x)].$$

Wir wollen zeigen, daß

$$\lim_{n \to \infty} \frac{f(x + h_n) - f(x)}{h_n}$$

nicht existiert und daher f nicht im Punkte $x \in (0, 1]$ differenzierbar ist.

Für $\nu \geq n$ ist $10^\nu h_n$ eine ganze Zahl und folglich

$$\varphi(10^\nu(x + h_n)) = \varphi(10^\nu x + 10^\nu h_n) = \varphi(10^\nu x),$$

daher

$$\varphi_\nu(x + h_n) - \varphi_\nu(x) = 0.$$

Also ist der Differenzenquotient (38) durch eine endliche Summe gegeben:

(39) $$\frac{f(x + h_n) - f(x)}{h_n} = \sum_{\nu=0}^{n-1} \epsilon_n \cdot 10^n \cdot [\varphi_\nu(x + h_n) - \varphi_\nu(x)].$$

Für $\nu < n$ haben wir die Dezimalbruchentwicklungen

$$10^\nu x = \text{ganze Zahl} + 0,a_{\nu+1}a_{\nu+2}a_{\nu+3}\ldots a_n\ldots ,$$
$$10^\nu(x + h_n) = \text{ganze Zahl} + 0,a_{\nu+1}a_{\nu+2}a_{\nu+3}\ldots (a_n + \epsilon_n)\ldots .$$

An dieser Stelle haben wir benutzt, daß $h_n = -10^{-n}$ gesetzt ist, falls $a_n = 9$ ist. Falls

(i) $$0,a_{\nu+1}a_{\nu+2}a_{\nu+3}\ldots a_n\ldots \leq 1/2$$

ist, folgt (wegen der „Normierung" (35), (36)), daß auch

$$0,a_{\nu+1}a_{\nu+2}a_{\nu+3}\ldots (a_n + \epsilon_n)\ldots \leq 1/2$$

gilt, wobei für $n = \nu + 1$ davon Gebrauch gemacht ist, daß $\epsilon_n = -1$ ist, falls $a_n = 4$. Wegen (37) folgt nunmehr

(40) $$10^n[\varphi_\nu(x + h_n) - \varphi_\nu(x)] = \epsilon_n .$$

Wenn aber

(ii) $$0,a_{\nu+1}a_{\nu+2}\ldots a_n\ldots > 1/2$$

gilt, so ergibt sich in ähnlicher Weise

(41) $$10^n[\varphi_\nu(x + h_n) - \varphi_\nu(x)] = -\epsilon_n .$$

Aus (39)–(41) erhalten wir für $d_n := \frac{f(x+h_n)-f(x)}{h_n}$ die Beziehung

$$d_n = \sigma_0 + \sigma_1 + \sigma_2 + \ldots + \sigma_{n-1} \quad \text{mit } \sigma_\nu = \pm 1 .$$

Also gilt $d_n \in \mathbb{Z}$, und zwar ist d_n gerade, wenn n gerade ist, und ungerade, wenn n ungerade ist. Somit ist die Folge $\{d_n\}$ nicht konvergent, und wir haben bewiesen, daß die Ableitung $f'(x)$ an keiner Stelle $x \in (0,1]$ und damit für kein $x \in \mathbb{R}$ existiert.

Aufgaben.

1. Man beweise, daß für $k \in \mathbb{N}$ die durch $f(x) := x^{1/k}$, $x \geq 0$ definierte Funktion für alle $x > 0$ differenzierbar ist und daß $f'(x) = \frac{1}{k}x^{\frac{1}{k}-1}$ gilt.
2. Die folgenden Funktionen $f : I \to \mathbb{R}$ sind auf Differenzierbarkeit zu untersuchen:
   $f(x) := x - \frac{x^3}{3!} + \frac{x^5}{5!}$, $I := \mathbb{R}$; $f(x) := |x|^3$, $I := \mathbb{R}$; $f(x) := \sum_{j=1}^n c_j|x - a_j|$, $I := \mathbb{R}$, wobei
   $a_j, c_j \in \mathbb{R}$ und $a_1 < a_2 < \cdots < a_n$; $f(x) := x^2 \sqrt[3]{x}$, $I := [0, \infty)$; $f(x) := \frac{x\sqrt{x}+3}{x^2+5}$, $I := [0, 1]$.
   Was sind ihre Abbildungen $f'(x)$, sofern sie existieren?
3. Man berechne die Ableitungen von

$$x^2(1 + x^2)^2 \ , \quad \frac{x-1}{x+1} \ , \quad \frac{x}{1-x^2} \ , \quad \sqrt{x\sqrt{x}} \ , \quad \frac{x^2 - x + 1}{x^2 + x + 1} \ , \quad x^{p/q} \text{ mit } p, q \in \mathbb{N} .$$

4. Man beweise für $f, g \in C^n(I)$ *die Leibnizsche Regel*

$$D^n(f \cdot g) = \sum_{\nu=0}^{n} \binom{n}{\nu} D^{n-\nu} f \cdot D^\nu g \,.$$

5. Ist $f : \mathbb{R} \to \mathbb{R}$ differenzierbar und gerade (bzw. ungerade), so ist $f' : \mathbb{R} \to \mathbb{R}$ ungerade (bzw. gerade). Beweis? (f heißt *gerade*, wenn $f(x) = f(-x)$ gilt, und *ungerade*, falls $f(x) = -f(-x)$ ist.)

6. Sei $f : (a, b) \to \mathbb{R}$ an der Stelle x differenzierbar. Man zeige: $f'(x) = \lim\limits_{h \to 0} \frac{f(x+h) - f(x-h)}{2h}$.

7. Man bestimme die Ableitung von $f := \prod\limits_{\nu=1}^{n} f_\nu$ und beweise $\frac{f'}{f} = \sum_{\nu=1}^{n} \frac{f'_\nu}{f}$, sofern diese
   Ausdrücke gebildet werden dürfen.

8. Man bestimme f'' für $f := f_1 \circ f_2$ und $f = f_1 \circ f_2 \circ f_3$.

9. Für $a, b, c \in C^1(I, \mathbb{R}^3)$ beweise man

$$\frac{d}{dt}(a \times b) = \dot{a} \times b + a \times \dot{b} \,, \quad \frac{d}{dt}[a, b, c] = [\dot{a}, b, c] + [a, \dot{b}, c] + [a, b, \dot{c}] \,,$$

   wobei $a \times b$ das *Vektorprodukt* von a, b und $[a, b, c]$ das *Spatprodukt* $a \cdot (b \times c)$ von a, b, c, bezeichne.

10. Für $X \in C^2(I, \mathbb{R}^n)$ gelte $|\dot{X}(t)| \equiv \text{const}$. Man zeige: $\langle \dot{X}(t), \ddot{X}(t) \rangle \equiv 0$, d.h. der Beschleunigungsvektor $\ddot{X}(t)$ ist stets senkrecht zum Geschwindigkeitsvektor $\dot{X}(t)$.

2   Extrema. Satz von Rolle

In diesem Abschnitt betrachten wir durchweg Funktionen $f : I \to \mathbb{R}$, die auf einem Intervall oder einem verallgemeinerten Intervall I aus $\mathbb{R}$ definiert sind.

Definition 1. *Wir sagen, $f : I \to \mathbb{R}$ habe an der Stelle $x_0 \in I$ ein* **lokales Minimum** *(bzw. ein* **lokales Maximum***), wenn es eine Zahl $r > 0$ gibt, so daß*

(1) $$f(x_0) \leq f(x) \qquad (\textit{bzw. } f(x_0) \geq f(x))$$

für alle $x \in I \cap B_r(x_0)$ gilt.

Lokale Minima und lokale Maxima werden auch (lokale) *Extrema* genannt, und die Stellen $x_0 \in I$, an denen das Extremum von f eintritt, heißen *Extremstellen* von f oder genauer *Minimum-* bzw. *Maximumstellen* von f. Die Stelle x_0 eines lokalen Minimums von f wird auch **lokaler Minimierer** von f genannt, und entsprechend heißen die lokalen Maximumstellen von f auch **lokale Maximierer**. Falls (1) für alle $x \in I$ gilt, spricht man von einem *absoluten Minimum* (bzw. *Maximum*) von f an der Stelle x_0, und x_0 heißt dann ein *Minimierer* bzw. *Maximierer* von f. Lokale Extrema werden auch als *relative Extrema* bezeichnet. Gilt in (1) sogar das Ungleichheitszeichen, falls $x \neq x_0$ ist, so heißt x_0 *strikter Minimierer* (bzw. *strikter Maximierer*).

Satz 1. (Fermat, um 1638). *Besitzt $f : I \to \mathbb{R}$ in einem inneren Punkt x_0 von I ein lokales Extremum und ist f an der Stelle x_0 differenzierbar, so gilt $f'(x_0) = 0$.*

Beweis. Sei x_0 etwa ein lokaler Minimierer von f und $x_0 \in$ int I. Dann gibt es ein $\delta > 0$, so daß $(x_0 - \delta \, , \, x_0 + \delta)$ in I enthalten ist und

$$(2) \qquad \frac{f(x_0 + h) - f(x_0)}{h} \geq 0 \qquad \text{für } 0 < h < \delta$$

sowie

$$(3) \qquad \frac{f(x_0 + h) - f(x_0)}{h} \leq 0 \qquad \text{für } -\delta < h < 0$$

ausfällt.

Aus (2) ergibt sich mit $h \to +0$ für die *rechtsseitige Ableitung* $f'_+(x_0)$ die Beziehung

$$(4) \qquad f'_+(x_0) := \lim_{h \to +0} \frac{f(x_0 + h) - f(x_0)}{h} \geq 0 \, ,$$

und aus (3) folgt mit $h \to -0$ für die *linksseitige Ableitung* $f'_-(x_0)$ die Ungleichung

$$(5) \qquad f'_-(x_0) := \lim_{h \to -0} \frac{f(x_0 + h) - f(x_0)}{h} \leq 0 \, .$$

Da f an der Stelle x_0 differenzierbar ist, gilt

$$f'(x_0) = f'_-(x_0) = f'_+(x_0)$$

und damit $f'(x_0) = 0$.

Analog argumentiert man für einen lokalen Maximierer.

$\square$

Bemerkung 1. Die Behauptung von Satz 1 gilt nicht, wenn x_0 ein Randpunkt von I ist. Beispielsweise ist $x = 0$ Minimierer und $x = 1$ Maximierer der durch $f(x) := x$ definierten Funktion $f : [0,1] \to \mathbb{R}$, und wir haben $f'_+(0) = 1$ sowie $f'_-(1) = 1$.

Bemerkung 2. Für die durch $f(x) := |x|$ definierte Funktion $f : \mathbb{R} \to \mathbb{R}$ ist die Stelle $x_0 = 0$ absoluter Minimierer von f. Die Funktion f ist nicht differenzierbar in $x_0 = 0$, aber es existieren die einseitigen Ableitungen $f'_+(0)$ und $f'_-(0)$, und wir haben

$$f'_-(0) = -1 \, , \; f'_+(0) = 1 \, .$$

Bemerkung 3. Aus $f'(x_0) = 0$ folgt nicht notwendig, daß x_0 eine Extremstelle von f ist, wie das Beispiel der Funktion $f : \mathbb{R} \to \mathbb{R}$ mit $f(x) = x^3$ zeigt. Hier gilt $f(0) = 0$, $f'(0) = 0$ und $f(x) < 0$ für $x < 0$ sowie $f(x) > 0$ für $x > 0$.

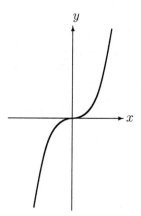

Definition 2. *Wenn $f : I \to \mathbb{R}$ in dem inneren Punkt x_0 von I differenzierbar ist und $f'(x_0) = 0$ gilt, so heißt x_0* **stationäre Stelle** *oder* **kritischer Punkt** *von f.*

Um Satz 1 geometrisch zu deuten, betrachten wir die affin lineare Funktion $l : \mathbb{R} \to \mathbb{R}$, die durch

$$(6) \qquad\qquad l(x) := f(x_0) + f'(x_0) \cdot (x - x_0)$$

definiert ist. Setzen wir

$$a := f'(x_0) \quad , \quad b := f(x_0) - f'(x_0) \cdot x_0 \, ,$$

so können wir $l(x)$ auch in der Form

$$(7) \qquad\qquad l(x) = ax + b$$

schreiben. Der Graph von l ist eine Gerade L durch den Punkt $P_0 = (x_0, y_0)$, $y_0 = f(x_0)$, die dort dieselbe Steigung $a = f'(x_0)$ wie die durch graph f gegebene Kurve C hat. Man nennt L die *Tangente* an die Kurve C im Punkte P_0. Die Tangente L heißt *horizontal*, wenn ihre Steigung a gleich Null ist.

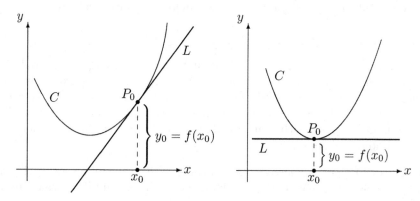

Die Tangente L an C = graph f im Punkte $P_0 = (x_0, f(x_0))$ ist genau dann horizontal, wenn x_0 kritischer Punkt von f ist. Satz 1 besagt also, daß die Tangente L an C in $P_0 = (x_0, f(x_0))$ für alle inneren Extremstellen x_0 von f horizontal ist.

Als Anwendung von Satz 1 betrachten wir die folgenden drei Beispiele.

$\boxed{1}$ Bezeichne $f : \mathbb{R} \to \mathbb{R}$ die durch $f(x) := (1-x^2)^2$, $x \in \mathbb{R}$, definierte Funktion.

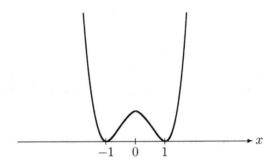

Die kritischen Stellen von $f(x)$ sind die Nullstellen von $f'(x)$, d.h. die Wurzeln der algebraischen Gleichung dritten Grades

$$-4x(1 - x^2) = 0 ,$$

also die Stellen $x_1 = -1$, $x_2 = 0$, $x_3 = 1$. Wegen $f(1) = f(-1) = 0$ und $f(x) \geq 0$ für alle $x \in \mathbb{R}$ sind x_1 und x_3 absolute Minimierer von f. Die Einschränkung von f auf das Intervall $[-1, 1]$ besitzt nach dem Satz von Weierstraß ein positives Maximum an einer Stelle $\xi \in (-1, 1)$, und nach Satz 1 gilt $f'(\xi) = 0$. Hieraus ergibt sich, daß $x = 0$ ein lokaler Maximierer von f ist.

$\boxed{2}$ *Eigenwerte und Eigenvektoren einer symmetrischen Matrix.*

In 2.6, $\boxed{3}$ haben wir das Maximum und Minimum des Rayleighquotienten

$$\langle Ax, x \rangle / |x|^2$$

einer symmetrischen Matrix $A \in M(d)$ untersucht und angedeutet, daß diese den größten und den kleinsten Eigenwert von A liefern. Dies wollen wir jetzt näher ausführen, und überdies werden wir zeigen, daß auf ähnliche Weise alle Eigenwerte von A gewonnen werden können. Die hierzu erforderlichen Überlegungen sind umfangreicher als gewöhnlich, und der Leser mag sie bei einem ersten Studium überspringen.

Sei $A = (a_{jk})$ eine symmetrische Matrix $A \in M(d)$; es gelte also $A = A^T$, d.h. $a_{jk} = a_{kj}$. Ferner bezeichne H den euklidischen Raum $\mathbb{R}^d$ mit dem Skalarprodukt

$\langle x, y \rangle$ und der Norm $|x|$. Mit Hilfe von endlich vielen Minimierungsproblemen werden wir zeigen, daß es *eine Orthonormalbasis* $\{e_1, e_2, \ldots, e_d\}$ *von* H *gibt, die aus Eigenvektoren* e_j *der Matrix* A *zu reellen Eigenwerten* λ_j *besteht*:

$$(8) \qquad\qquad A e_j = \lambda_j e_j \quad , \quad j = 1, 2, \ldots, d \ .$$

Hierbei sind die Vektoren e_j als Spaltenvektoren

$$e_j = \begin{pmatrix} e_{j1} \\ e_{j2} \\ \vdots \\ e_{jd} \end{pmatrix}$$

zu interpretieren; die Gleichungen (8) sind also äquivalent zu

$$\sum_{l=1}^{d} a_{kl} e_{jl} = \lambda_j e_{jk} \quad , \quad 1 \le k, j \le d \ .$$

Um dies zu zeigen, führen wir die Bilinearform $B(x, y)$ und die zugehörige quadratische Form $Q(x)$ ein durch

$$(9) \qquad\qquad B(x, y) := \langle Ax, y \rangle \quad , \quad Q(x) := B(x, x) = \langle Ax, x \rangle$$

für $x, y \in H$. Es gilt die Symmetrierelation

$$(10) \qquad\qquad B(x, y) = B(y, x) \ \text{für alle} \ x, y \in H \ ,$$

denn

$$\langle Ax, y \rangle = \langle x, A^T y \rangle = \langle x, Ay \rangle = \langle Ay, x \rangle \ .$$

Ferner bezeichne S die Sphäre

$$S := \{ x \in H : |x| = 1 \} \ .$$

Ist nun U ein vom trivialen Unterraum $\{0\}$ verschiedener Unterraum von H, so ist $U' := U \cap S$ abgeschlossen und beschränkt, also kompakt, und dazu nichtleer. Ferner ist $Q(x)$ eine stetige Funktion auf H und damit auch auf U'. Nach dem Satz von Weierstraß gibt es also ein $e \in U'$, so daß

$$Q(e) = \inf \{ Q(x) : x \in U' \} =: \lambda(U)$$

ist. Wir bestimmen nun in d Schritten Vektoren $e_1, \ldots, e_d \in H$ und Zahlen $\lambda_1, \ldots, \lambda_d$ durch das folgende Rekursionsverfahren:

1.) Sei $U_1 := H$, $\lambda_1 := \lambda(U_1)$, und sei $e_1 \in U_1' = U_1 \cap S$ eine Lösung von $Q(e_1) = \lambda_1$.

2.) Sei $H_2 := \text{span} \{e_1\}$, $U_2 := H_2^\perp = \{ x \in H : \langle x, e_1 \rangle = 0 \}$, $\lambda_2 := \lambda(U_2)$, und bezeichne $e_2 \in U_2' = U_2 \cap S$ eine Lösung von $Q(e_2) = \lambda_2$.

3.) Denken wir uns bereits $\lambda_1, \ldots, \lambda_{j-1}$ und $e_1, \ldots, e_{j-1} \in H$ mit

(11)
$$\langle e_k, e_l \rangle = \delta_{kl} = \begin{cases} 1 & k = l \\ & \text{für} \\ 0 & k \neq l \end{cases}$$

und

$$Q(e_k) = \lambda_k = \lambda(U_k)$$

bestimmt, $1 \leq k, l \leq j - 1$, wobei $H_k = \text{span}\{e_1, \ldots, e_{k-1}\}$ und $U_k = H_k^\perp$ sei. Dann definieren wir

$$H_j := \text{span}\{e_1, e_2, \ldots, e_{j-1}\},$$
$$U_j := H_j^\perp = \{x \in H : \langle x, e_1 \rangle = 0, \ldots, \langle x, e_{j-1} \rangle = 0\}$$

und bestimmen $e_j \in U_j' = U_j \cap S$ als eine Lösung von

$$Q(e_j) = \lambda_j,$$

wobei $\lambda_j := \lambda(U_j)$ gesetzt ist.

Dieser Prozeß endet bei $j = d$, denn wegen

(12)
$$\langle e_k, e_l \rangle = \delta_{kl} \qquad \text{für } 1 \leq k, l \leq d$$

ist $\{e_1, \ldots, e_d\}$ ein Orthonormalsystem in H, also $d = \dim \text{span}\{e_1, \ldots, e_d\} = \dim H$, und daher $H = H_{d+1} = \text{span}\{e_1, \ldots, e_d\}$ sowie $U_{d+1} = H_{d+1}^\perp = \{0\}$. Wegen

$$H = U_1 \supset U_2 \supset U_3 \supset \cdots \supset U_d$$

und

$$\lambda_j = \lambda(U_j) = \inf\{Q(x) : x \in U_j \cap S\}$$

folgt

$$\lambda_1 \leq \lambda_2 \leq \ldots \leq \lambda_d.$$

Für beliebiges $t \in \mathbb{R}$ und $z \in U_j$ mit $e_j + tz \neq 0$ gilt

$$\frac{Q(e_j + tz)}{|e_j + tz|^2} = Q\left(\frac{e_j + tz}{|e_j + tz|}\right) \geq \lambda_j,$$

denn es ist $|e_j + tz|^{-1}(e_j + tz) \in U_j'$. Wir erhalten

$$Q(e_j + tz) \geq \lambda_j |e_j + tz|^2,$$

und diese Ungleichung bleibt richtig, wenn $e_j + tz = 0$ ist, weil sie sich dann auf $0 = 0$ reduziert. Wir erhalten

$$Q(e_j) + 2tB(e_j, z) + t^2 Q(z) \geq \lambda_j [1 + 2t\langle e_j, z\rangle + t^2 |z|^2] \,,$$

und wegen $Q(e_j) = \lambda_j$ ergibt sich für alle $t \in \mathbb{R}$ die Ungleichung

$$\Phi(t) := 2t[B(e_j, z) - \lambda_j \langle e_j, z\rangle] + t^2 \{Q(z) - \lambda_j |z|^2\} \geq 0 \,.$$

Diese Funktion $\Phi : \mathbb{R} \to \mathbb{R}$ ist von der Form $\Phi - at + bt^2$ und erfüllt

$$\Phi(t) \geq \Phi(0) = 0 \text{ für alle } t \in \mathbb{R} \,,$$

woraus sich $a = \Phi'(0) = 0$ ergibt, also

(13) $$B(e_j, z) = \lambda_j \langle e_j, z\rangle \quad \text{für alle } z \in U_j \,.$$

Wählen wir $z = e_k$ mit $k \geq j$, so ist $z \in U_j$ und daher

(14) $$B(e_j, e_k) = \lambda_j \delta_{jk} \,.$$

Beachten wir noch, daß wegen (10) die Beziehung $B(e_j, e_k) = B(e_k, e_j)$ für alle $j, k \in \{1, 2, \ldots, d\}$ gilt, so ergibt sich nunmehr, daß (14) für alle $j, k \in \{1, \ldots, d\}$ richtig ist. Sei nun z ein beliebiges Element aus H. Wir zerlegen z in der Form

(15) $$z = z' + z'' \quad \text{mit } z' \in H_j \,, \quad z'' \in U_j = H_j^\perp \,,$$

indem wir

$$z' = \sum_{k=1}^{j-1} \langle z, e_k\rangle e_k \,, \quad z'' = \sum_{k=j}^{d} \langle z, e_k\rangle e_k$$

schreiben und beachten, daß $\{e_1, \ldots, e_d\}$ wegen (12) eine orthonormale Basis von H ist. Wegen (12) und (14) gilt

$$B(e_j, z') = 0 = \lambda_j \langle e_j, z'\rangle \,,$$

und (13) liefert

$$B(e_j, z'') = \lambda_j \langle e_j, z''\rangle \,.$$

Addieren wir die beiden Gleichungen, so ergibt sich

$$B(e_j, z' + z'') = \lambda_j \langle e_j, z' + z''\rangle \,,$$

und wegen (15) folgt

$$B(e_j, z) = \lambda_j \langle e_j, z\rangle \quad \text{für alle } z \in H \,.$$

Dies liefert

$$\langle Ae_j - \lambda_j e_j, z\rangle = 0 \quad \text{für alle } z \in H \,.$$

Wählen wir $z = Ae_j - \lambda_j e_j$, so entsteht

$$|Ae_j - \lambda_j e_j|^2 = 0 \ ,$$

und dies bedeutet

$$Ae_j - \lambda_j e_j = 0 \ ,$$

womit (8) bewiesen ist.

Führen wir noch die Matrix $C = (e_1, e_2, \ldots, e_d) \in M(d)$ mit den Spalten $e_1, \ldots, e_d$ ein, so ist (8) zur Matrixgleichung

$$(16) \qquad C^T A C = \Lambda := \text{diag} \ (\lambda_1, \lambda_2, \ldots, \lambda_d)$$

äquivalent, wobei C orthogonal ist, d.h.

$$(17) \qquad CC^T = C^T C = I \ ,$$

und $\Lambda = \text{diag} \ (\lambda_1, \ldots, \lambda_d)$ eine Diagonalmatrix mit den Elementen $\lambda_1, \ldots, \lambda_d$ in der Hauptdiagonalen bezeichnet. Wir beachten noch, daß wegen (17) gilt: $C^{-1} = C^T$. Die Relation (16) besagt also, *daß jede symmetrische Matrix A durch Konjugation mit einer orthogonalen Matrix in die Diagonalgestalt (16) gebracht werden kann, wobei die Elemente λ_j der Diagonalmatrix Λ gerade die Eigenwerte von A sind, ihrer Vielfachheit entsprechend aufgeführt.*

Wir bemerken noch, *daß alle Eigenwerte λ einer symmetrischen reellen Matrix A reell sind.* Gilt nämlich $Ax = \lambda x$ mit $\lambda \in \mathbb{C}$, $x \in \mathbb{C}^d$, $x \neq 0$, so können wir $|x|^2 = x \cdot \overline{x} = 1$ annehmen. Hieraus folgt

$$\lambda = \lambda x \cdot \overline{x} = (Ax) \cdot \overline{x} = x \cdot (A^T \overline{x}) = x \cdot (A\overline{x}) = x \cdot (\overline{Ax})$$
$$= x \cdot (\overline{\lambda x}) = \overline{\lambda} x \cdot \overline{x} = \overline{\lambda}$$

und damit $\lambda \in \mathbb{R}$.

Ist $x = \xi + i\eta \in \mathbb{C}^d$ Eigenvektor von A zum Eigenwert $\lambda \in \mathbb{R}$, $\xi, \eta \in \mathbb{R}^d$, so ist $Ax = \lambda x$ äquivalent zu $A\xi = \lambda \xi$, $A\eta = \lambda \eta$. Wir können uns daher auf die Betrachtung reeller Eigenvektoren $x \in \mathbb{R}^d$ beschränken. Sind $\lambda, \mu \in \mathbb{R}$ zwei Eigenwerte von A mit den zugehörigen Eigenvektoren $x, y \in \mathbb{R}^d \setminus \{0\}$, also

$$Ax = \lambda x \quad \text{und} \quad Ay = \mu y \ ,$$

so ist

$$\lambda \langle x, y \rangle = \langle Ax, y \rangle = \langle x, Ay \rangle = \mu \langle x, y \rangle$$

und daher

$$(\lambda - \mu)\langle x, y \rangle = 0 \ .$$

Wegen $\lambda \neq \mu$ folgt $\langle x, y \rangle = 0$. Gäbe es also einen von $\lambda_1, \ldots, \lambda_d$ verschiedenen Eigenwert λ von A mit dem Eigenvektor $x \in \mathbb{R}^d$, $|x| = 1$, so gäbe es in $\mathbb{R}^d$ das orthonormale System $\{e_1, \ldots, e_d, x\}$ von $d+1$ linear unabhängigen Vektoren, was unmöglich ist, da höchstens d Vektoren von $\mathbb{R}^d$ linear unabhängig sein können. Somit gibt es neben $\lambda_1, \ldots, \lambda_d$ keine weiteren Eigenwerte von A.

$\boxed{3}$ *Eigenwerte und Eigenvektoren einer selbstadjungierten Matrix.*

Sei $H = \mathbb{C}^d$ der d-dimensionale Hermitesche Raum mit dem Skalarprodukt $\langle x, y \rangle$ und der Norm $|x|$. Ferner bezeichne $A = (a_{jk})$ eine $d \times d$-Matrix mit den Matrixelementen $a_{jk} \in \mathbb{C}$. Die zu A adjungierte Matrix $A^* = (a_{jk}^*)$ ist definiert als $A^* := \overline{A}^T$, d.h. $a_{jk}^* = \overline{a_{kj}}$. Es gilt

(18) $\langle Ax, a \rangle = \langle x, A^*y \rangle$ für beliebige $x, y \in H$.

Man nennt A *selbstadjungiert* oder *hermitesch*, wenn $A = A^*$ ist. Ganz ähnlich wie in $\boxed{2}$ kann man für selbstadjungierte Matrizen A zeigen, daß alle Eigenwerte λ_j von A reell sind, also der Größe nach angeordnet werden können:

$$\lambda_1 \leq \lambda_2 \leq \ldots \leq \lambda_d .$$

Ferner kann man eine Orthonormalbasis $\{e_1, e_2, \ldots, e_d\}$ von H bestimmen, die aus Eigenvektoren e_j von A mit $Ae_j = \lambda_j e_j$ besteht, und man erhält (λ_j, e_j) als Lösungen der folgenden Minimumprobleme für die quadratische Form $Q : H \to \mathbb{C}$, die durch

$$Q(x) := \langle Ax, x \rangle$$

definiert ist:

1.) $Q(e_1) = \lambda_1 := \min\{Q(x) : x \in H, |x| = 1\}$ mit $e_1 \in H$, $|e_1| = 1$.

    $\ldots\ldots\ldots$

j.) $Q(e_j) = \lambda_j := \min\{Q(x) : x \in H, |x| = 1, \langle x, e_k \rangle = 0$ für $1 \leq k \leq j-1\}$
    mit $e_j \in H$, $|e_j| = 1$, $\langle e_j, e_k \rangle = 0$ für $1 \leq k \leq j-1$.

Bezeichnen wir nun mit U die Matrix $(e_1, e_2, \ldots, e_d)$, deren Spaltenvektoren gerade die Vektoren $e_1, \ldots, e_d$ sind, so ist U eine unitäre Matrix, d.h.

(19) $UU^* = U^*U = I$,

und es gilt

(20) $U^*AU = \Lambda$,

wobei $\Lambda = \text{diag}(\lambda_1, \ldots, \lambda_d)$ eine Diagonalmatrix ist, in deren Hauptdiagonalen die Eigenwerte λ_j von A stehen. Wir überlassen es dem Leser, in Analogie zu $\boxed{2}$ die Einzelheiten auszuführen.

Nach diesen Beispielen wenden wir uns wieder der allgemeinen Theorie zu. Wir beginnen mit einem Resultat, aus dem wir im nächsten Abschnitt den Mittelwertsatz der Differentialrechnung herleiten.

Satz 2. (Satz von Rolle). *Ist $\varphi : [a, b] \to \mathbb{R}$ eine stetige Funktion, die in dem offenen Intervall (a, b) differenzierbar ist und $\varphi(a) = \varphi(b)$ erfüllt, so gibt es ein $\xi \in (a, b)$ mit $\varphi'(\xi) = 0$.*

Beweis. Wenn $\varphi(x) \equiv$ const ist, so gilt $\varphi'(x) \equiv 0$ auf (a, b), und die Behauptung ist richtig. Ist hingegen $\varphi(x) \not\equiv$ const, so existiert ein $x_0 \in (a, b)$ mit $\varphi(x_0) \neq \varphi(a)$, etwa $\varphi(x_0) > \varphi(a)$. Dann gilt

$$(21) \qquad \sup_I \varphi > \varphi(a) = \varphi(b)$$

für $I = [a, b]$. Nach Satz 2 von 2.6 existiert in dem kompakten Intervall I eine Stelle ξ derart, daß $\varphi(\xi) = \sup_I \varphi$ ist, und wegen (21) folgt $a < \xi < b$. Aus Satz 1 ergibt sich nunmehr $\varphi'(\xi) = 0$.

$\square$

Aufgabe.

Man zeige, daß zwischen zwei aufeinanderfolgenden Nullstellen eines reellen Polynoms $p(x)$ eine Nullstelle von $p'(x)$ liegt (M. Rolle, *Traité d'algebra*, 1690).

3 Mittelwertsatz. Die Ableitung der Umkehrfunktion

Wir beginnen mit dem *Mittelwertsatz der Differentialrechnung*, dessen grundlegende Bedeutung für den Aufbau der Differentialrechnung Cauchy herausgestellt hat. Zuerst formuliert wurde der Mittelwertsatz von Lagrange (1797). Allerdings findet sich eine geometrische Fassung dieses Satzes bereits in Cavalieris *Geometria indivisibilibus* (1635, Buch I, Proposition I).

Satz 1. (Mittelwertsatz). *Ist $f : [a, b] \to \mathbb{R}$ eine stetige Funktion, die in (a, b) differenzierbar ist, so gibt es eine Stelle $\xi \in (a, b)$, so daß*

$$(1) \qquad f(b) - f(a) = f'(\xi) \cdot (b - a)$$

gilt.

Beweis. Wir führen die Hilfsfunktion $\varphi : [a, b] \to \mathbb{R}$ ein, indem wir von f eine lineare Funktion abziehen, die die Steigung der Sekante durch $P = (a, f(a))$ und $Q = (b, f(b))$ hat. Sei also φ definiert durch

$$(2) \qquad \varphi(x) := f(x) - \frac{f(b) - f(a)}{b - a} \cdot (x - a) \ , \quad a \leq x \leq b \ .$$

Dann gilt $\varphi(a) = f(a) = \varphi(b)$, und aus dem Satz von Rolle ergibt sich die Existenz einer Stelle $\xi \in (a, b)$ mit $\varphi'(\xi) = 0$. Dies liefert (1).

□

Korollar 1. *Ist $f \in C^0([a, b])$ in (a, b) differenzierbar, so gelten die folgenden Aussagen:*

(i) Aus $f'(x) = 0$ für alle $x \in (a, b)$ folgt

$$(3) \qquad\qquad f(x) \equiv \text{const} \ \ auf \ [a, b] \ .$$

(ii) Wenn $f'(x) > 0$ (bzw. $f'(x) < 0$) für alle $x \in (a, b)$ gilt, so ist $f(x)$ monoton wachsend (bzw. fallend) auf $[a, b]$.

(iii) Aus $|f'(x)| \le L$ für alle $x \in (a, b)$ folgt

$$(4) \qquad |f(x_1) - f(x_2)| \le L|x_1 - x_2| \ \ für \ alle \ x_1, x_2 \in [a, b] \ .$$

Beweis. (i) Wir setzen $c := f(a)$ und wählen ein $x \in (a, b]$. Wenden wir nun den Mittelwertsatz auf die Einschränkung von f auf $[a, x]$ an, so folgt wegen $f'(\xi) \equiv 0$ auf (a, b), daß $f(x) - f(a) = 0$ gilt, d.h.

$$f(x) \equiv c \ \text{auf} \ [a, b] \ .$$

(ii) Sind $x_1, x_2 \in [a, b]$ und gilt $x_1 < x_2$, so gibt es ein $\xi \in (x_1, x_2)$ derart, daß

$$(5) \qquad\qquad f(x_2) - f(x_1) = f'(\xi) \cdot (x_2 - x_1)$$

gilt. Aus $f'(x) > 0$ auf (a, b) folgt dann $f(x_2) - f(x_1) > 0$, d.h. $f(x_1) < f(x_2)$, während $f'(x) < 0$ auf (a, b) die Relation $f(x_1) > f(x_2)$ liefert.
(iii) Aus $|f'(x)| \le L$ für alle $x \in (a, b)$ und aus (5) ergibt sich sofort (4).

□

Bemerkung 1. Sei $f : [a, b] \to \mathbb{R}$ stetig und in (a, b) differenzierbar. Dann können wir den Mittelwertsatz in die folgende Form bringen: *Sei $h \ne 0$ und gilt $x \in [a, b]$, $x + h \in [a, b]$, so existiert ein $\theta \in (0, 1)$, so daß die Gleichung*

$$f(x + h) - f(x) = f'(x + \theta h)h$$

besteht. Diese Schreibweise hat den Vorteil, daß man nicht sagen muß, ob der Punkt $x + \theta h$ rechts oder links von x liegt, d.h. ob $x + h$ größer oder kleiner als x ist.

Definition 1. *Eine differenzierbare Funktion $\Phi : M \to \mathbb{R}$ mit $M \subset \mathbb{R}$ heißt* **Stammfunktion** *einer Funktion $f : M \to \mathbb{R}$, wenn sie auf M differenzierbar ist und*

$$(6) \qquad\qquad \Phi'(x) = f(x) \quad für \ alle \ x \in M$$

erfüllt.

Korollar 2. *Sind Φ_1 und Φ_2 Stammfunktionen von $f : I \to \mathbb{R}$ und ist I ein verallgemeinertes Intervall, so gilt*

(7) $\Phi_2 = \Phi_1 + \text{const}$.

Beweis. Setzen wir $\Phi := \Phi_2 - \Phi_1$, so folgt aus $\Phi_1' = f$ und $\Phi_2' = f$, daß $\Phi' = 0$ ist, und wegen Korollar 1, (i) ergibt sich $\Phi = \text{const}$.

$\square$

Korollar 3. *Es gibt höchstens eine Funktion $X \in C^1(\mathbb{R}, \mathbb{R}^2)$, die der Differentialgleichung*

(8) $\dot{X}(t) = JX(t) \quad$ *für alle $t \in \mathbb{R}$*

genügt und die Anfangsbedingung

(9) $X(t_0) = X_0$

zu vorgegebenen Anfangsdaten $t_0 \in \mathbb{R}$ und $X_0 \in \mathbb{R}^2$ erfüllt, wobei J die symplektische 2×2-Matrix

(10) $J := \begin{pmatrix} 0 & -1 \\ 1 & 0 \end{pmatrix}$

bezeichnet und $X, \dot{X}$ in (8) als Spaltenvektoren zu lesen sind.

Beweis. Sind $X_1, X_2 \in C^1(\mathbb{R}, \mathbb{R}^2)$ zwei Lösungen des Anfangswertproblems (8) & (9), so ist die Differenz $X := X_2 - X_1$ eine Lösung von (8), die der Anfangsbedingung

(11) $X(t_0) = 0$

genügt. Schreiben wir X als Spaltenvektor $X = \begin{pmatrix} C \\ S \end{pmatrix}$, so bedeutet (8) gerade

$$\begin{pmatrix} \dot{C} \\ \dot{S} \end{pmatrix} = \begin{pmatrix} 0 & -1 \\ 1 & 0 \end{pmatrix} \begin{pmatrix} C \\ S \end{pmatrix} ,$$

und dies ist äquivalent zu dem System von zwei skalaren Differentialgleichungen

$$\dot{C} = -S , \quad \dot{S} = C .$$

Hieraus ergibt sich

$$\frac{d}{dt}|X|^2 = 2\langle X, \dot{X} \rangle = 2\langle X, JX \rangle$$
$$= 2\big[C \cdot (-S) + S \cdot C\big] = 0 ,$$

und Korollar 1, (i) liefert

(12) $|X(t)|^2 \equiv \text{const} \qquad$ auf $\mathbb{R}$.

Wegen (11) folgt $X(t) \equiv 0$ auf $\mathbb{R}$, d.h. $X_1(t) \equiv X_2(t)$ auf $\mathbb{R}$.

$\square$

Korollar 4. *Sei $f(t) = (c(t), s(t))$, $t \in \mathbb{R}$, eine Abbildung der Klasse $C^1(\mathbb{R}, \mathbb{R}^2)$, die dem System von Differentialgleichungen*

$$(13) \qquad\qquad \dot{c} = -s \ , \ \dot{s} = c$$

genügt und die Anfangsbedingung

$$(14) \qquad\qquad f(0) = e_1 \quad \Longleftrightarrow \quad c(0) = 1 \ , \ s(0) = 0$$

erfüllt. Dann gilt

$$(15) \qquad\qquad c^2(t) + s^2(t) \equiv 1 \qquad auf \ \mathbb{R}$$

sowie

$$(16) \qquad\qquad c(t + t_0) = c(t)c(t_0) - s(t)s(t_0)$$
$$(17) \qquad\qquad s(t + t_0) = s(t)c(t_0) + c(t)s(t_0)$$

für beliebige $t, t_0 \in \mathbb{R}$, und wir haben $c, s \in C^\infty(\mathbb{R})$.

Beweis. Mit derselben Rechnung wie im Beweis von Korollar 3 folgt

$$|f(t)|^2 \equiv \text{const auf } \mathbb{R} \ ,$$

und wegen (14) ergibt sich $|f(t)|^2 \equiv 1$, womit (15) bewiesen ist. Nun betrachten wir die beiden Abbildungen $X_1, X_2 : \mathbb{R} \to \mathbb{R}^2$, die durch

$$(18) \qquad X_1(t) := (c(t + t_0) \ , \ s(t + t_0)) \ ,$$
$$(19) \qquad X_2(t) := (c(t)c(t_0) - s(t)s(t_0) \ , \ s(t)c(t_0) + c(t)s(t_0))$$

für $t \in \mathbb{R}$ definiert sind, wobei t_0 ein beliebig, aber fest gewählter Wert aus $\mathbb{R}$ sei. Dann gilt

$$\dot{X}_1 = JX_1 \quad , \quad \dot{X}_2 = JX_2$$

sowie

$$X_1(0) = f(t_0) = X_2(0) \ .$$

Aus Korollar 3 folgt dann $X_1(t) \equiv X_2(t)$ auf $\mathbb{R}$, und dies liefert die Gleichungen (16) und (17).

$\square$

Die Existenz einer Lösung $f \in C^1(\mathbb{R}, \mathbb{R}^2)$ des Anfangswertproblems (13) & (14) werden wir in Kürze mit Hilfe der Exponentialreihe (und später noch einmal mittels der Integralrechnung) beweisen. Sobald dies geschehen ist, setzen wir

$$(20) \qquad\qquad \sin t := s(t) \ , \ \cos t := c(t) \text{ für } t \in \mathbb{R}$$

und nennen $\sin t$ den **Sinus** sowie $\cos t$ den **Cosinus** von t. Die Funktionen $\sin t$ und $\cos t$ sind die grundlegenden *trigonometrischen Funktionen*, und

$$f(t) = (\cos t \,,\, \sin t)$$

mit

$$\dot{f}(t) = (-\sin t, \cos t)$$

beschreibt wegen

$$\cos^2 t + \sin^2 t = 1 \qquad \text{für alle } t \in \mathbb{R}$$

eine Bewegung auf dem Einheitskreis S^1 um den Ursprung, die zur Zeit $t = 0$ im Punkte $(1,0)$ beginnt und mit der konstanten Absolutgeschwindigkeit $|\dot{f}(t)| = \sqrt{\sin^2 t + \cos^2 t} = 1$ verläuft. Wegen

$$f(t) \wedge \dot{f}(t) = \begin{vmatrix} \cos t & \sin t \\ -\sin t & \cos t \end{vmatrix} = \cos^2 t + \sin^2 t = 1$$

durchläuft $f(t)$ den Einheitskreis S^1 im mathematisch positiven Sinne. Wir werden die Zeit t als eine Winkelvariable deuten, nämlich als „*Längenmaß*" der Kurve

$$\mathcal{C} = \{f(\tau) : 0 \le \tau \le t\}\,.$$

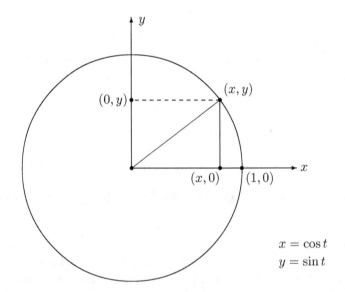

$$x = \cos t$$
$$y = \sin t$$

Sobald wir die Existenz von $\cos t$ und $\sin t$ bewiesen haben, werden wir die Gestalt dieser und anderer trigonometrischer Funktionen genauer diskutieren.

Wenn wir für den Augenblick die Existenz von $\cos t$ und $\sin t$ als gesichert annehmen, erhalten wir noch das folgende wichtige Ergebnis.

Korollar 5. (Harmonischer Oszillator). *Zu beliebig vorgegebenen reellen Werten $\omega \neq 0$, x_0, v_0 hat die Schwingungsgleichung*

$$(21) \qquad \ddot{\zeta} + \omega^2 \zeta = 0 \quad auf \ \mathbb{R}$$

genau eine Lösung $\zeta(t), t \in \mathbb{R}$, die den beiden Anfangsbedingungen

$$(22) \qquad \zeta(0) = x_0 \ , \ \dot{\zeta}(0) = v_0$$

genügt. Sie ist gegeben durch

$$(23) \qquad \zeta(t) = x_0 \cos \omega t + (v_0/\omega) \sin \omega t \ .$$

Beweis. Man rechnet nach, daß durch (23) eine Lösung von (21) & (22) geliefert wird. Sind nun ζ_1 und ζ_2 zwei Lösungen des Anfangsproblems, so ist $\zeta := \zeta_1 - \zeta_2$ eine Lösung von (21), die $\zeta(0) = 0$ und $\dot{\zeta}(0) = 0$ erfüllt. Setzen wir

$$\eta(t) := -\frac{1}{\omega} \dot{\zeta}(t) \ ,$$

so folgt

$$\dot{\zeta} = -\omega\eta \ , \quad \dot{\eta} = \omega\zeta \ ,$$

also

$$\frac{d}{dt}(\zeta^2 + \eta^2) = 2(\zeta\dot{\zeta} + \eta\dot{\eta}) = 0 \ .$$

Damit ergibt sich

$$\zeta^2(t) + \eta^2(t) \equiv \text{const} \quad \text{auf } \mathbb{R} \ ,$$

und wegen $\zeta(0) = 0$ und $\eta(0) = 0$ verschwindet die Konstante, und wir erhalten $\zeta(t) \equiv 0$, d.h. $\zeta_1(t) \equiv \zeta_2(t)$.

$\square$

Für das folgende betrachten wir die beiden *einseitigen Ableitungen*

$$f'_+(x_0) := \lim_{h \to +0} \frac{f(x_0 + h) - f(x_0)}{h}$$

und

$$f'_-(x_0) := \lim_{h \to -0} \frac{f(x_0 + h) - f(x_0)}{h}$$

einer Funktion $f : [a,b] \to \mathbb{R}$, wie sie etwa an den Endpunkten in natürlicher Weise auftreten. Wir nennen $f'_+(x_0)$ die *rechtsseitige* und $f'_-(x_0)$ die *linksseitige Ableitung* von f an der Stelle x_0 (vgl. S. 196).

Korollar 6. *Ist $f \in C^0([a, b])$ differenzierbar in (a, b) und gibt es eine Funktion $h \in C^0([a, b])$ mit $f'(x) = h(x)$ für alle $x \in (a, b)$, so existieren die einseitigen Ableitungen $f'_+(a)$ und $f'_-(b)$, und es gilt $f'_+(a) = h(a)$, $f'_-(b) = h(b)$. Also ist $f \in C^1([a, b])$ und $f' = h$.*

Beweis. Zu jedem $x \in (a, b)$ gibt es ein $\xi = \xi(x) \in (a, x)$, so daß

$$\frac{f(x) - f(a)}{x - a} = f'(\xi(x)) = h(\xi(x))$$

ist. Wegen $h(\xi(x)) \to h(a)$ für $x \to a + 0$ folgt $f'_+(a) = h(a)$, und analog ergibt sich $f'_-(b) = h(b)$.

$\square$

Korollar 7. *Sei $f \in C^0([a, b])$ in (a, b) differenzierbar, und für $x_0 \in (a, b)$ gelte $f'(x_0) = 0$. Gilt außerdem $f'(x) < 0$ (bzw. $f'(x) > 0$) in (a, x_0) und $f'(x) > 0$ (bzw. $f'(x) < 0$) in (x_0, b), so ist x_0 ein strikter absoluter Minimierer (bzw. Maximierer) von f. Ist hingegen $f'(x)$ durchweg positiv (oder negativ) in $(a, x_0) \cup (x_0, b)$, so ist $f(x)$ weder ein Maximum noch ein Minimum von f.*

Beweis. Sei $a \leq x < x_0$ bzw. $x_0 < x \leq b$. Wegen des Mittelwertsatzes gibt es ein $\xi \in (a, x_0)$ bzw. (x_0, b), so daß

$$f(x) - f(x_0) = f'(\xi) \cdot (x - x_0)$$

ist. Damit folgt:

$$f'(x) > 0 \text{ für } a < x < x_0 \;\Rightarrow\; f(x_0) > f(x) \text{ für } a \leq x < x_0 \,;$$
$$f'(x) < 0 \text{ für } a < x < x_0 \;\Rightarrow\; f(x_0) < f(x) \text{ für } a \leq x < x_0 \,;$$
$$f'(x) > 0 \text{ für } x_0 < x < b \;\Rightarrow\; f(x_0) < f(x) \text{ für } x_0 < x \leq b \,;$$
$$f'(x) < 0 \text{ für } x_0 < x < b \;\Rightarrow\; f(x_0) > f(x) \text{ für } x_0 < x \leq b \,.$$

Hieraus liest man die Behauptungen von Korollar 7 ab.

$\square$

$\boxed{1}$ Bezeichne a eine reelle Zahl, und sei $f : \mathbb{R} \to \mathbb{R}$ die durch

$$f(x) := x(a - x) \,, \; x \in \mathbb{R} \,,$$

definierte Funktion. Sie hat als einzigen kritischen Punkt die Nullstelle $x = a/2$ der Ableitung

$$f'(x) = a - 2x \,.$$

Wegen $f'(x) > 0$ für $x < a/2$ und $f'(x) < 0$ für $x > a/2$ ist $x = a/2$ der eindeutig bestimmte Maximierer von f, und

$$\max_{\mathbb{R}} f = f(a/2) = a^2/4 \,.$$

Will man also eine Zahl $a \in \mathbb{R}$ so in eine Summe $a = x + y$ von zwei Summanden $x, y \in \mathbb{R}$ zerlegen, daß deren Produkt $x \cdot y$ möglichst groß wird, so muß man die beiden Summanden x, y gleich groß wählen, also $x = y = a/2$ nehmen.

Wir betrachten zwei Anwendungen dieses Ergebnisses.

(i) *Unter allen Rechtecken gegebenen Umfangs hat das Quadrat den größten Flächeninhalt.*

(ii) *Unter allen Dreiecken gegebenen Umfangs $2s$ und mit fixierter Länge a einer Seite hat das gleichschenklige Dreieck den größten Flächeninhalt.* Bezeichnet man nämlich die Längen der beiden anderen Dreiecksseiten mit b und c, so ist der Flächeninhalt F nach einer elementargeometrischen Formel gegeben durch

$$F = \sqrt{s(s-a)(s-b)(s-c)} \, .$$

Setzen wir $b = x$, so ist $2s = a + x + c$ und folglich $s - c = a + x - s$. Somit können wir F in die Form

$$F = \sqrt{s(s-a)(s-x)(a+x-s)}$$

bringen. Diese Funktion ist am größten, wenn die Funktion

$$f(x) := (s-x)(a+x-s)$$

am größten ist, und es gilt

$$(s-x) + (a+x-s) = a \, .$$

Der maximale Wert wird erreicht, wenn

$$s - x = a + x - s$$

ist, also für $b = c$.

Satz 2. (Ableitung der Umkehrfunktion). *Sei $f : I \to \mathbb{R}$ eine auf einem (verallgemeinerten) Intervall definierte stetige Funktion, die I bijektiv auf $I^* := f(I)$ abbildet und in $x_0 \in I$ differenzierbar ist mit $f'(x_0) \neq 0$. Dann ist die Umkehrfunktion $g = f^{-1} : I^* \to \mathbb{R}$ in $y_0 := f(x_0)$ differenzierbar, und es gilt*

(24)
$$g'(y_0) = \frac{1}{f'(x_0)} \, .$$

Wir liefern drei Beweise. Der erste ist der kürzeste, verlangt aber eine Zusatzvoraussetzung, da wir den Mittelwertsatz verwenden wollen. Der zweite ist von befriedigender Allgemeinheit, läßt sich aber nicht auf bijektive Abbildungen $f : \Omega \to \mathbb{R}^d$ mit $\Omega \subset \mathbb{R}^d$ übertragen. Der dritte Beweis wirkt etwas gekünstelt, erlaubt aber die Übertragung auf den Fall $d > 1$, sobald gesichert ist, daß $f(\Omega)$ eine offene Menge ist.

Erster Beweis. Wir nehmen zusätzlich an, daß f in $C^1(I)$ liegt. Für beliebig gewähltes $y \in I^*$ mit $y \neq y_0$ ist $x := g(y)$ von x_0 verschieden. Daher gibt es eine zwischen x und x_0 liegende Stelle $\xi(y) \in I$, so daß

$$\frac{f(x) - f(x_0)}{x - x_0} = f'(\xi(y)) \neq 0$$

ist, woraus sich

$$\frac{g(y) - g(y_0)}{y - y_0} = \frac{x - x_0}{f(x) - f(x_0)} = \frac{1}{f'(\xi(y))} \rightarrow \frac{1}{f'(x_0)}$$

für $y \rightarrow y_0$ ergibt, denn g ist nach 2.5, Satz 2 stetig, und somit folgt aus $y \rightarrow y_0$ die Beziehung

$$x - x_0 = g(y) - g(y_0) \rightarrow 0 \, ,$$

was $\xi(y) \rightarrow x_0$ zur Folge hat.

Zweiter Beweis. Bezeichne $\{y_n\}$ eine beliebige Folge von Werten y_n aus dem (verallgemeinerten) Intervall I^*, so daß $y_n \neq y_0$ und $y_n \rightarrow y_0$ für $n \rightarrow \infty$ gilt. Da $g : I^* \rightarrow \mathbb{R}$ nach 2.5, Satz 2 stetig ist, wird durch $x_n := g(y_n)$ eine Folge von Werten $x_n \in I$ mit $x_n \neq x_0$ erklärt, die gegen x_0 konvergieren:

$$\lim_{n \to \infty} x_n = x_0 \, .$$

Da f im Punkte x_0 differenzierbar ist, gilt

$$\lim_{n \to \infty} \frac{f(x_n) - f(x_0)}{x_n - x_0} = f'(x_0) \, .$$

Hieraus folgt wegen $f'(x_0) \neq 0$, daß die Konvergenz

$$\frac{g(y_n) - g(y_0)}{y_n - y_0} = \frac{x_n - x_0}{f(x_n) - f(x_0)} \rightarrow \frac{1}{f'(x_0)} \quad \text{für } n \rightarrow \infty$$

stattfindet. Also haben wir für jede Folge $\{y_n\}$ von Werten $y_n \neq y_0$ mit $\lim_{n \to \infty} y_n = y_0$ die Beziehung

$$\lim_{n \to \infty} \frac{g(y_n) - g(y_0)}{y_n - y_0} = \frac{1}{f'(x_0)} \, .$$

Nach 2.3, Satz 1 existiert

$$\lim_{y \to y_0} \frac{g(y) - g(y_0)}{y - y_0}$$

und ist gleich $1/f'(x_0)$. Folglich ist g an der Stelle y_0 differenzierbar, und es gilt

$$g'(y_0) = \frac{1}{f'(g(y_0))} \, .$$

Dritter Beweis. Nach 3.1, Satz 1 und Bemerkung 1 gibt es eine in x_0 stetige Funktion $\varphi : I \to \mathbb{R}$ mit $\varphi(x_0) = f'(x_0)$, so daß

$$(25) \qquad f(x) = f(x_0) + \varphi(x) \cdot (x - x_0) \text{ für alle } x \in I$$

gilt. Wegen $f'(x_0) \neq 0$ gibt es dann ein $\delta > 0$, so daß

$$(26) \quad \varphi(x) \neq 0 \text{ und } f'(x) > 0 \text{ gilt für alle } x \in I_\delta := I \cap [x_0 - \delta, x_0 + \delta] \,,$$

wobei I_δ und damit auch $I_\delta^* := f(I_\delta)$ ein Intervall ist (s. 3.1, Korollar 1). Setzen wir $y := f(x)$, also $x = g(y)$, so ergibt sich aus (25) wegen (26) die Relation

$$g(y) = g(y_0) + \psi(y) \cdot (y - y_0) \text{ für } y \in I_\delta^*$$

mit

$$\psi(y) := \frac{1}{\varphi(g(y))} \quad , \quad y \in I_\delta^* \,.$$

Auf Grund von 2.5, Satz 2 ist $g\big|_{I_\delta^*}$ stetig. Somit ist auch $\psi := \frac{1}{\varphi \circ g}\big|_{I_\delta^*}$ stetig in y_0 und erfüllt $\psi(y_0) = 1/\varphi(x_0) = 1/f'(x_0)$. Nach 3.1, Satz 1 und Bemerkung 1 ist dann $g\big|_{I_\delta^*}$ und somit auch g selbst im Punkte $y_0 \in I_\delta^* \subset f(I)$ differenzierbar, und es gilt $g'(y_0) = \psi(y_0)$, womit auch (24) gezeigt ist.

$\square$

Satz 3. *Sei* $f : [a, b] \to \mathbb{R}$ *eine stetige und auf* (a, b) *differenzierbare Funktion, die*

$$f'(x) > 0 \ (\text{bzw. } f'(x) < 0) \quad \text{für alle } x \in (a, b)$$

erfüllt. Dann ist f *monoton wachsend (bzw. fallend), also bijektiv von* $[a, b]$ *auf* $[\alpha, \beta] := f([a, b])$, *besitzt also eine stetige monotone Umkehrfunktion* $g = f^{-1} :$ $[\alpha, \beta] \to \mathbb{R}$, *die in* (α, β) *differenzierbar ist und*

$$(27) \qquad g'(y) = \frac{1}{f'(g(y))} \quad \text{für alle } y \in (\alpha, \beta)$$

erfüllt.

Bemerkung 2. Mittels des Leibnizschen „Differentialkalküls" kann man sich (24) bzw. (27) leicht merken. Schreibt man nämlich etwas salopp die Umkehrfunktion von $y = y(x)$ als $x = x(y)$, so besagt (27) gerade

$$(28) \qquad \frac{dx}{dy} = \frac{1}{\dfrac{dy}{dx}} \,.$$

Beweis von Satz 3. Wir erhalten das gewünschte Resultat aus Satz 2 in Verbindung mit 2.5, Satz 2.

□

Bemerkung 3. Gilt zusätzlich zu den Voraussetzungen von Satz 3, daß $f \in C^k(I)$ ist mit $k \geq 1$, so folgt sukzessive $g \in C^1(I), C^2(I), \dots, C^k(I)$: Ist nämlich bereits $g \in C^j(I)$ nachgewiesen, so ergibt sich aus (27), daß $g' \in C^j(I)$ ist, woraus $g \in C^{j+1}(I)$ folgt.

$\boxed{2}$ *Die Umkehrfunktion von* $f(x) := x^k$, $x \geq 0$, *mit* $k \in \mathbb{N}$ *ist die Funktion* $g(y) := y^{1/k}$, $y \geq 0$. Da

$$f'(x) = kx^{k-1} > 0 \text{ für } x > 0$$

ist, so ist $g(y)$ auf $(0, \infty)$ differenzierbar, und es gilt

$$g'(y) = \frac{1}{f'(x)} \text{ mit } x = g(y) = y^{1/k} , \ y > 0 ,$$

also

$$g'(y) = \frac{1}{kx^{k-1}} = \frac{1}{ky^{\frac{k-1}{k}}} ,$$

und folglich

$$(29) \qquad\qquad g'(y) = \frac{1}{k} \, y^{\frac{1}{k}-1} \text{ für } y > 0 .$$

$\boxed{3}$ **Transzendenz von** e *(Charles Hermite, 1873)*. Wir wollen jetzt den Mittelwertsatz der Differentialrechnung benutzen, um die Transzendenz der Eulerschen Zahl

$$e = \sum_{n=0}^{\infty} \frac{1}{n!}$$

zu zeigen. In Abschnitt 1.12 wurde bewiesen, daß e irrational ist, also keiner Gleichung

$$c_0 + c_1 e = 0$$

mit Koeffizienten $c_0, c_1 \in \mathbb{Z}$ genügt, die nicht sämtlich Null sind. Nun wollen wir einsehen, daß e auch keine algebraische Gleichung

$$(30) \qquad\qquad c_0 + c_1 e + c_2 e^2 + \cdots + c_n e^n = 0$$

mit nicht sämtlich verschwindenden Koeffizienten $c_0, c_1, \dots, c_n \in \mathbb{Z}$ erfüllen kann.

Als weiteres Hilfsmittel benötigen wir die Exponentialfunktion $\exp : \mathbb{R} \to \mathbb{R}$,

$$(31) \qquad\qquad \exp(x) := \sum_{n=0}^{\infty} \frac{x^n}{n!} ,$$

die mit der Eulerschen Zahl durch die Eigenschaft

$$(32) \qquad\qquad e = \exp(1)$$

verbunden ist. Wir benutzen im Vorgriff einige Eigenschaften von $\exp(x)$, die wir im nächsten Abschnitt beweisen werden, nämlich:

(i) $\exp \in C^1(\mathbb{R})$ und $\exp'(x) = \exp(x) > 0$ für alle $x \in \mathbb{R}$;

(ii) $\exp(x+y) = \exp(x)\exp(y)$, $\exp(k) = e^k$ für $k \in \mathbb{N}$.

Um zu zeigen, daß e transzendent ist, nehmen wir im Gegenteil an, daß (30) gilt mit $c_0, c_1, \ldots, c_n \in \mathbb{Z}$ und $c_n \neq 0$, $n \geq 1$. Wir dürfen offenbar voraussetzen, daß $c_0 > 0$ ist. Als erstes wählen wir eine große Primzahl p; sie sei so groß, daß zumindest

$$(33) \qquad p > \max\{n, c_0\}$$

gilt. Bezeichne $f(x)$ ein Polynom vom Grade

$$r = np + p - 1 \,,$$

das wir später noch genau festlegen wollen. Dann ist jedenfalls

$$(34) \qquad f^{(r+1)}(x) \equiv 0 \quad \text{auf } \mathbb{R} \,.$$

Wir setzen

$$(35) \qquad F(x) := \sum_{\nu=0}^{r} f^{(\nu)}(x)$$

und bilden

$$(36) \qquad g(x) := \exp(-x)F(x) \,.$$

Dann folgt

$$g'(x) = \exp(-x)F'(x) - \exp(-x)F(x) = \exp(-x)[F'(x) - F(x)] \,,$$

also

$$(37) \qquad g'(x) = -\exp(-x)f(x) \,.$$

Nach dem Mittelwertsatz gibt es zu jedem $k \in \mathbb{N}$ ein $\theta_k \in (0,1)$, so daß

$$g(k) - g(0) = g'(\theta_k \cdot k)k$$

gilt, also

$$\exp(-k)F(k) - F(0) = -\exp(-k\theta_k)f(k\theta_k)k \,.$$

Folglich haben wir für

$$(38) \qquad \epsilon_k := F(k) - F(0)e^k$$

die Darstellung

$$(39) \qquad \epsilon_k = -\exp(k(1-\theta_k))f(k\theta_k)k \,,$$

denn

$$e^k = \exp(k) \,, \quad e^{-k} = \exp(-k) \,,$$
$$\exp(k)\exp(-k\theta_k) = \exp(k(1-\theta_k)) \,.$$

Multiplizieren wir beide Seiten von (38) mit c_k und summieren die resultierenden Gleichungen von $k=1$ bis $k=n$, so folgt

$$\sum_{k=1}^{n} c_k F(k) - F(0)\sum_{k=1}^{n} c_k e^k \;=\; \sum_{k=1}^{n} c_k \epsilon_k \,.$$

Addieren wir zu dieser Relation die Gleichung

$$c_0 F(0) - F(0)c_0 = 0$$

und setzen

(40) $$a := \sum_{k=0}^{n} c_k F(k) \, ,$$

so folgt wegen (30) die Identität

(41) $$a = \sum_{k=1}^{n} c_k \epsilon_k \, .$$

Nun wollen wir $f(x)$ festlegen. Wir wählen

(42) $$f(x) := \frac{x^{p-1}}{(p-1)!} (1-x)^p (2-x)^p \, \ldots \, (n-x)^p \, ;$$

offensichtlich ist f ein Polynom vom Grade $r = np + p - 1$. Dann folgt aus (39)

$$\epsilon_k = -\exp(k(1-\theta_k)) \frac{k^p \theta_k^{p-1}}{(p-1)!} \prod_{j=1}^{n} (j - k\theta_k)^p$$

für $k = 1, 2, \ldots, n$. Da exp monoton wächst, erhalten wir

$$|\epsilon_k| \le \frac{e^k k^p}{(p-1)!} \prod_{j=1}^{n} (j+k)^p \le \frac{n^p e^n}{(p-1)!} (2n)^{np}$$

für $k = 1, 2, \ldots, n$. Setzen wir

$$x := n \cdot (2n)^n \, ,$$

so ergibt sich

$$|\epsilon_k| \, \le \, n e^n (2n)^n \frac{x^{p-1}}{(p-1)!} \qquad \text{für } k = 1, 2, \ldots, n \, .$$

Da $\left\{ \frac{x^\nu}{\nu!} \right\}$ eine Nullfolge ist, können wir die Primzahl p neben (33) noch so groß wählen, daß die Ungleichung

(43) $$|a| < 1$$

besteht. Nun werden wir die folgenden beiden Aussagen herleiten:

(I) $F(0) \in \mathbb{Z}$, aber p ist nicht Teiler von $F(0)$.

(II) $F(1), F(2), \ldots, F(n) \in \mathbb{Z}$, und p ist Teiler dieser Zahlen.

Dann ist die durch (40) definierte Größe eine ganze Zahl, und wegen (43) folgt $a = 0$. Somit ist p ein Teiler von a. Wegen (40) ergibt sich nunmehr, daß p ein Teiler von $c_0 F(0)$ ist. Da $p > c_0$ gewählt ist, muß p ein Teiler von $F(0)$ sein, was einen Widerspruch zu (I) liefert. Folglich kann die Relation (30) nicht mit ganzzahligen, nicht sämtlich verschwindenden Koeffizienten c_j bestehen, und die Transzendenz von e ist bewiesen.

Es bleibt, die Relationen (I) und (II) zu bestätigen. Wir vermerken zunächst, daß

$$f(0) = f'(0) = \ldots = f^{(p-2)}(0) = 0$$

ist. Weiterhin enthält für

$$\varphi(x) := x^{p-1} (1-x)^p (2-x)^p \, \ldots \, (n-x)^p$$

die ganze Zahl $\varphi^{(p-1)}(0)$ mindestens den Faktor $(p-1)!$, und für $k \ge p$ enthält $\varphi^{(k)}(0)$ mindestens den Faktor $p!$.

Damit folgt $f^{(k)}(0) \in \mathbb{Z}$ für alle $k \in \mathbb{N}_0$, und ferner sehen wir, daß für $k \ne p-1$ die Primzahl p ein Teiler von $f^{(k)}(0)$ ist. Also gilt jedenfalls

$$F(0) \in \mathbb{Z} \, .$$

Für $k = p - 1$ ist $f^{(p-1)}(0) = (n!)^p$; somit ist p nicht Teiler von $f^{(p-1)}(0)$ wegen $p > n$.

Zusammengenommen liefern diese Aussagen die Behauptung (I).

Nun wollen wir (II) beweisen. Zunächst ergeben sich ohne weiteres die Aussagen

$$f^{(k)}(j) = 0 \quad \text{für } j = 1, 2, \ldots, n \text{ und } 0 \leq k \leq p - 1 .$$

Um die Ableitungen $f^{(k)}(j)$ für $k \geq p$ zu untersuchen, schreiben wir das Polynom $f(x)$ zunächst in der Form

$$f(x) = \frac{(n!)^p}{(p-1)!} \, x^{p-1} + \frac{1}{(p-1)!} \sum_{\nu=0}^{np-1} a_\nu x^{p+\nu} , \ a_\nu \in \mathbb{Z} .$$

Für $k \geq p$ folgt

$$f^{(k)}(x) = \frac{1}{(p-1)!} \sum_{\nu=k-p}^{np-1} (p+\nu)(p+\nu-1)\ldots(p+\nu-k+1) \, a_\nu \, x^{p+\nu-k}$$

$$= \sum_{\nu=k-p}^{np-1} \frac{k!}{(p-1)!} \binom{p+\nu}{k} a_\nu \, x^{p+\nu-k} .$$

Also schreibt sich $f^{(k)}(x)$ für $k \geq p$ in der Form

$$f^{(k)}(x) = \sum_{\mu=0}^{r-k} b_\mu x^\mu \text{ mit } b_\mu \in \mathbb{Z} ,$$

wobei p Teiler aller Koeffizienten b_μ ist.

Somit gilt $f^{(k)}(j) \in \mathbb{Z}$, und p ist Teiler von $f^{(k)}(j)$ für alle $k \in \mathbb{N}_0$ und für jedes $j = 1, 2, \ldots, n$. Dies zeigt, daß die Zahlen $F(1), F(2), \ldots, F(n)$ ganze Zahlen sind und sämtlich p als Teiler haben, und somit ist auch (II) gezeigt.

Aufgaben.

1. Man zeige: Ist $f \in C^2(I)$ und ist x_0 ein innerer Punkt von I mit $f(x) \geq f(x_0)$ für alle $x \in I$, so gilt $f'(x_0) = 0$ und $f''(x_0) \geq 0$.

2. Ist x_0 ein innerer Punkt von I, $f \in C^2(I)$ und gilt $f'(x_0) = 0$, $f''(x_0) > 0$, so folgt $f(x) > f(x_0)$ für alle $x \in (x_0 - \delta, x_0 + \delta)$ und ein hinreichend kleines $\delta > 0$.

3. Für zwei Punkte a, b und eine Gerade $\mathcal{G}$ in $\mathbb{R}^2$ bestimme man den (eindeutig bestimmten) Punkt $x_0 \in \mathcal{G}$, für den die durch $f(x) := |x - a| + |x - b|$ bestimmte Funktion $f : \mathcal{G} \to \mathbb{R}$ den kleinsten Wert hat.

4. Sei $\mathcal{E} := \{(x, y) \in \mathbb{R}^2 : \frac{x^2}{a^2} + \frac{y^2}{b^2} = 1\}$ mit $a > b > 0$ und $P^* := (c, 0)$ ein fester Punkt mit $|c| < a$. Man bestimme die Punkte $P_0 = (x_0, y_0) \in \mathcal{E}$, die P^* am nächsten liegen.

5. Unter allen Dreiecken gegebenen Flächeninhalts hat das gleichseitige Dreieck den kleinsten Umfang. Beweis?

6. Eine Funktion $f : I \to \mathbb{R}$ der Klasse C^2 auf einem offenen verallgemeinerten Intervall I heißt *konvex*, wenn $f''(x) \geq 0$ für alle $x \in I$ gilt (und *konkav*, falls $f'' \leq 0$). Die Funktion $\varphi(x) := f(x_0) + f'(x_0)(x - x_0)$ beschreibt die Tangente an graph f im Punkte $(x_0, f(x_0))$. Man zeige: (i) Ist $f \in C^2(I)$ konvex, so gilt für jeden Punkt $x_0 \in I$ die Ungleichung

$(*)$ $f(x) \geq \varphi(x)$ für alle $x \in I$ (Skizze!)

und damit

$(**)$ $f(\lambda x + (1 - \lambda)y) \leq \lambda f(x) + (1 - \lambda)f(x)$

mit $x, y \in I$ und $0 \leq \lambda \leq 1$.
(ii) Aus $(**)$ ergibt sich

$$\sum_{\nu=1}^{n} f(\lambda_\nu x_\nu) \leq \sum_{\nu=1}^{n} \lambda_\nu f(x_\nu)$$

für beliebige $x_1, \ldots, x_n \in I$ und beliebige $\lambda_1, \ldots, \lambda_n \in [0, 1]$ mit $\lambda_1 + \lambda_2 + \cdots + \lambda_n = 1$.

7. Man formuliere das Aufgabe 6 entsprechende Resultat für konkave Funktionen $f \in C^2(I)$.
8. Man nennt $f \in C^2(I)$ *strikt konvex*, wenn statt der Ungleichung (∗∗) von Aufgabe 6 sogar

$$(+) \qquad\qquad f(\lambda x + (1 - \lambda)y) < \lambda f(x) + (1 - \lambda)f(y)$$

   für $x, y \in I$ mit $x \neq y$ und $\lambda \in (0, 1)$ gilt. Eine hinreichende Bedingung hierfür ist $f''(x) > 0$ auf I. Beweis? Was sollte „strikt konkav" bedeuten?
9. Warum ist e^n für jedes $n \in \mathbb{N}$ transzendent und damit irrational?
10. Sei $f : [a, b] \rightarrow \mathbb{R}^n$ und differenzierbar in (a, b). Dann gibt es ein $\xi \in (a, b)$ mit $|f(b) - f(a)| \leq (b - a)|f'(\xi)|$. (Hinweis: Bilde $\varphi(t) := c \cdot f(t)$ mit $c := f(b) - f(a)$ und wende hierauf den Mittelwertsatz an.)

4   Exponentialfunktion, Logarithmus, allgemeine Potenz

In diesem Abschnitt untersuchen wir drei elementare Funktionen, die bei vielen Problemen der Mathematik und Physik auftreten, nämlich Exponentialfunktion, Logarithmus und allgemeine Potenz. Ausgangspunkt ist die durch

$$(1) \qquad\qquad \exp(x) := \sum_{n=0}^{\infty} \frac{x^n}{n!} \ , \ x \in \mathbb{R} \ ,$$

definierte reelle *Exponentialfunktion* $\exp : \mathbb{R} \rightarrow \mathbb{R}$. Wir wissen bereits, daß exp stetig ist (vgl. 2.8, [6]). Nun wollen wir zeigen, daß $f := \exp$ auch differenzierbar ist und der Differentialgleichung $f' = f$ genügt. Mehr noch, alle unter dem Operator

$$D = \frac{d}{dx}$$

invarianten Funktionen sind von der Form

$$f = \mathrm{const} \cdot \exp \ .$$

Proposition 1. *Die Funktion* $f := \exp$ *ist eine* C^1-*Lösung der Anfangswertaufgabe*

$$(2) \qquad\qquad f'(x) = f(x) \ \textit{auf} \ \mathbb{R} \ , \ f(0) = 1 \ .$$

Beweis. Wir betrachten die Partialsumme

$$s_n(x) := \sum_{k=0}^{n} \frac{x^k}{k!}$$

der Exponentialreihe (1) und deren Differenzenquotienten

$$(3) \qquad\qquad \Delta_h s_n(x) := \frac{s_n(x + h) - s_n(x)}{h}$$

für $h \neq 0$. Mit Hilfe des binomischen Satzes können wir $\Delta_h s_n(x)$ schreiben als

$$(4) \qquad \Delta_h s_n(x) = s_{n-1}(x) + \sum_{k=2}^{n} \epsilon_k(h, x) \, ,$$

wobei die Terme $\epsilon_k(h, x)$ durch

$$\epsilon_k(h, x) := \frac{h}{k!} \sum_{\nu=2}^{k} \binom{k}{\nu} x^{k-\nu} h^{\nu-2}$$

für $(h, x) \in \mathbb{R} \times \mathbb{R} = \mathbb{R}^2$ gegeben sind. Offenbar gilt $\epsilon_k \in C^0(\mathbb{R}^2)$ und $\epsilon_k(0, x) = 0$, und wir haben für $|h| \leq 1$ die Abschätzung

$$|\epsilon_k(h, x)| \leq \frac{1}{k!} \, |h| \sum_{\nu=2}^{k} \binom{k}{\nu} |x|^{k-\nu} |h|^{\nu-2}$$

$$\leq \frac{1}{k!} \, |h| \sum_{\nu=0}^{k} \binom{k}{\nu} |x|^{k-\nu} = |h| \, \frac{1}{k!} \, (|x| + 1)^k \, .$$

Also hat die aus den Funktionen $\epsilon_k \in C^0(\mathbb{R}^2)$ gebildete Reihe $\sum_{k=2}^{\infty} \epsilon_k(h, x)$ auf

$$Q_R := \{(h, x) \in \mathbb{R}^2 : |h| \leq 1 \, , \, |x| \leq R\}$$

für jedes $R > 0$ die konvergente Majorante

$$\sum_{k=0}^{\infty} |h| \, \frac{(R+1)^k}{k!}$$

mit der Summe $|h| \exp(R+1)$. Nach Satz 3 und 4 von Abschnitt 2.8 ist also ihre Summe

$$(5) \qquad \sigma(h, x) := \sum_{k=2}^{\infty} \epsilon_k(h, x) = \lim_{n \to \infty} \sum_{k=2}^{n} \epsilon_k(h, x)$$

eine stetige Funktion auf Q_R, und folglich gilt

$$(6) \qquad \lim_{h \to 0} \sigma(h, x) = \sigma(0, x) = 0$$

für jedes $x \in \mathbb{R}$.

Führen wir noch den Differenzenquotienten $\Delta_h \exp(x)$ von $\exp(x) = \lim\limits_{n \to \infty} s_n(x)$ ein als

$$\Delta_h \exp(x) := \frac{\exp(x + h) - \exp(x)}{h} \, ,$$

so ergibt sich wegen

$$\lim_{n \to \infty} \Delta_h s_n(x) = \Delta_h \lim_{n \to \infty} s_n(x) = \Delta_h \exp(x)$$

aus (4) und (5) die Beziehung

$$\Delta_h \exp(x) = \exp(x) + \sigma(h, x) .$$

Vermöge (6) folgt hieraus

$$\lim_{h \to 0} \Delta_h \exp(x) = \exp(x) ,$$

womit

(7) $$\frac{d}{dx} \exp(x) = \exp(x) \quad \text{auf } \mathbb{R}$$

gezeigt ist. Wegen $\exp \in C^0(\mathbb{R})$ folgt hieraus $\exp \in C^1(\mathbb{R})$.   □

Proposition 2. *(i) Jede Lösung $f \in C^1(\mathbb{R})$ der Differentialgleichung $f' = f$ ist von der Klasse $C^\infty(\mathbb{R})$.*

(ii) Gilt $f_1, f_2 \in C^1(\mathbb{R})$ und $f_1' = f_1$, $f_2' = f_2$, so folgt

(8) $$f_1(-x) f_2(x) \equiv \text{const} \quad \text{auf } \mathbb{R} .$$

Beweis. Wir zeigen (i) durch Induktion. Jedenfalls ist $f \in C^1(\mathbb{R})$. Nehmen wir nunmehr an, daß $f \in C^k(\mathbb{R})$ gilt. Wegen $f' = f$ folgt $f' \in C^k(\mathbb{R})$ und damit $f \in C^{k+1}(\mathbb{R})$. Hieraus ergibt sich $f \in C^n(\mathbb{R})$ für jedes $n \in \mathbb{N}$, also $f \in C^\infty(\mathbb{R})$.

(ii) Zum Beweis setzen wir $h_1(x) := f_1(-x)$. Dann folgt $h_1 \in C^1(\mathbb{R})$ und

$$h_1'(x) = -f_1'(-x) = -f_1(-x) = -h_1(x) .$$

Hieraus ergibt sich

$$(h_1 f_2)' = h_1' f_2 + h_1 f_2' = -h_1 f_2 + h_1 f_2 = 0$$

und somit

$$h_1(x) f_2(x) \equiv \text{const} \quad \text{auf } \mathbb{R} .$$

□

Proposition 3. *Jede C^1-Lösung f des Anfangswertproblems (2) erfüllt*

$$f(x) > 0 \quad \text{auf } \mathbb{R}$$

und

(9) $$f(x) f(-x) = 1 \quad \text{für alle } x \in \mathbb{R} .$$

Beweis. Wenden wir Proposition 2 auf $f_1 = f_2 = f$ an, so folgt

$$f(-x)f(x) \equiv \text{const} \quad \text{auf } \mathbb{R},$$

und wegen $f(0) = 1$ ergibt sich (9). Hieraus schließen wir, daß $f(x)$ nirgendwo verschwindet. Aus $f(0) = 1$ folgt dann $f(x) > 0$ für alle $x \in \mathbb{R}$.

$\square$

Proposition 4. *Die einzige C^1-Lösung des Anfangswertproblems*

(10) $$f'(x) = f(x) \ \text{auf } \mathbb{R} \quad, \quad f(0) = 0$$

ist die Funktion $f(x) \equiv 0$ auf $\mathbb{R}$.

Beweis. Wenden wir Proposition 2 auf $f_1 := \exp$ und $f_2 := f$ an, so folgt wegen $f(0) = 0$ die Beziehung

$$\exp(-x) \cdot f(x) \equiv 0 \quad \text{auf } \mathbb{R}.$$

Da $\exp(-x) > 0$ ist für alle $x \in \mathbb{R}$ (nach Proposition 1 und 3), so ergibt sich $f(x) \equiv 0$ auf $\mathbb{R}$. Umgekehrt ist $f = 0$ offensichtlich eine Lösung des Anfangswertproblems (10).

$\square$

Proposition 5. *Das Anfangswertproblem*

(11) $$f'(x) = af(x) \ \text{auf } \mathbb{R} \quad, \quad f(\xi) = \eta$$

hat für beliebig vorgegebene Werte $a \neq 0, \xi, \eta \in \mathbb{R}$ genau eine C^1-Lösung, nämlich

(12) $$f(x) = \eta \ \exp(a(x - \xi)).$$

Beweis. Offensichtlich liefert die durch (12) gegebene Funktion f eine C^1-Lösung von (11). Ist $\tilde{f}$ eine zweite Lösung von (11), so genügt die Funktion

$$\varphi(x) := \tilde{f}\left(\frac{x}{a} + \xi\right) - f\left(\frac{x}{a} + \xi\right), \ x \in \mathbb{R},$$

den Beziehungen

$$\varphi'(x) = \varphi(x) \ \text{auf } \mathbb{R} \ , \ \varphi(0) = 0.$$

Wegen Proposition 4 ist $\varphi(x) \equiv 0$ auf $\mathbb{R}$, und dies liefert $\tilde{f} = f$.

$\square$

Jetzt haben wir alle Vorbereitungen getroffen, um das folgende Resultat zu beweisen.

Satz 1. *Die Funktion* $\exp : \mathbb{R} \to \mathbb{R}$ *ist monoton wachsend, überall positiv, von der Klasse* C^∞ *und bildet* $\mathbb{R}$ *bijektiv auf* $(0, \infty)$ *ab. Sie genügt der Differentialgleichung*

$$\text{(13)} \qquad\qquad \exp'(x) = \exp(x) \ \ auf \ \mathbb{R}$$

und der Funktionalgleichung

$$\text{(14)} \qquad \exp(x + y) = \exp(x) \cdot \exp(y) \quad \text{für alle } x, y \in \mathbb{R} \, .$$

Ferner gelten die Relationen $\exp(0) = 1$, $\exp(1) = e$ *und*

$$\text{(15)} \qquad \lim_{x \to \infty} \exp(x) = \infty \quad , \quad \lim_{x \to -\infty} \exp(x) = 0 \, .$$

Allgemeiner gilt für jedes $n \in \mathbb{N}_0$:

$$\text{(16)} \qquad \lim_{x \to \infty} x^{-n} \exp(x) = \infty \ , \ \lim_{x \to -\infty} x^n \exp(x) = 0 \, .$$

Beweis. Wir haben bereits gezeigt, daß $\exp(x)$ positiv und von der Klasse C^1 ist, und daß (13) gilt (vgl. Propositionen 1 und 3). Nach 3.3, Satz 3 ist dann $\exp(x)$ eine monoton wachsende Funktion, die $\mathbb{R}$ bijektiv auf $\exp(\mathbb{R})$ abbildet. Aus (1) folgt

$$\exp(x) \geq 1 + x \quad \text{für } x \geq 0 \, ,$$

und deshalb gilt

$$\exp(x) \to \infty \quad \text{für } x \to \infty \, .$$

Aus Proposition 3 erhalten wir

$$\text{(17)} \qquad \exp(x) = \frac{1}{\exp(-x)} \quad \text{für alle } x \in \mathbb{R} \, ,$$

woraus sich dann

$$\exp(x) \to 0 \quad \text{für } x \to -\infty$$

ergibt. Damit folgt auch

$$\exp(\mathbb{R}) = (0, \infty) \, .$$

Weiter erhalten wir aus (1) für jedes $n \in \mathbb{N}_0$ die Ungleichung

$$\exp(x) \ > \ \frac{x^{n+1}}{(n+1)!} \qquad \text{für } x > 0$$

und somit

$$x^{-n} \exp(x) \ > \ \frac{x}{(n+1)!} \qquad \text{für } x > 0 \, ,$$

woraus sich dann die erste Relation von (16) ergibt. Die zweite folgt aus der ersten vermöge (17).

Die Relationen $\exp(0) = 1$ und $\exp(1) = e$ erhalten wir unmittelbar aus der Definitionsgleichung (1) von exp, so daß wir nur noch (14) bestätigen müssen. Dazu fixieren wir ein beliebiges $y \in \mathbb{R}$ und definieren $f_1, f_2 \in C^1(\mathbb{R})$ durch

$$f_1(x) := \exp(x + y) \;, \quad f_2(x) := \exp(x)\exp(y) \quad \text{für } x \in \mathbb{R} \;.$$

Es gilt

$$f_1'(x) = f_1(x) \text{ auf } \mathbb{R} \text{ und } f_1(0) = \exp(y) \;,$$
$$f_2'(x) = f_2(x) \text{ auf } \mathbb{R} \text{ und } f_2(0) = \exp(y) \;.$$

Folglich ist $f := f_1 - f_2$ eine C^1-Lösung des Anfangswertproblems (10), und aus Proposition 4 folgt $f_1 - f_2 = 0$, also $f_1 = f_2$, womit (14) bewiesen ist.

$\square$

Bemerkung 1. Im Beweis von Satz 1 haben wir die in Proposition 1 hergeleitete Differentialgleichung (2) für die Funktion $f := \exp$ benutzt, um die Funktionalgleichung (14) der Exponentialfunktion zu gewinnen. Betrachten wir diese Gleichung aber aufgrund von 1.21, Korollar 1 als bekannt, so ergibt sich aus (14) sehr leicht die Gleichung (2). Um dies einzusehen, setzen wir $E(x) := \exp(x)$. Dann folgt aus

$$E(x + h) \;=\; E(x)E(h)$$

die Gleichung

$$\frac{1}{h}\,[\,E(x + h) - E(x)\,] \;=\; E(x) \cdot \frac{1}{h}\,[\,E(h) - E(0)\,] \;,$$

und es gilt

$$\frac{1}{h}\,[\,E(h) - E(0)\,] \;=\; 1 + \sum_{n=2}^{\infty} \frac{1}{n!}\, h^{n-1} \;.$$

Die auf der rechten Seite stehende Summe ist eine stetige Funktion von h und verschwindet für $h = 0$. Somit erhalten wir zunächst

$$\lim_{h \to 0} \frac{1}{h}\,[\,E(h) - E(0)\,] \;=\; 1$$

und sodann

$$\lim_{h \to 0} \frac{1}{h}\,[\,E(x + h) - E(x)\,] \;=\; E(x) \;.$$

Also ist E überall in $\mathbb{R}$ differenzierbar, und es gilt

$$E'(x) \;=\; E(x) \;,$$

wie behauptet.

Bemerkung 2. Die Beziehung $x^{-n} \exp(x) \to \infty$ bedeutet, daß $\exp(x)$ *für $x \to \infty$ stärker gegen Unendlich strebt als jede Potenz von x.*

Weiterhin bedeutet $x^n \exp(x) \to 0$ für $x \to -\infty$ wegen $x^n \exp(x) = \frac{1}{1/x^n} \exp(x)$, daß $\exp(x)$ *für $x \to -\infty$ stärker gegen Null strebt als jedes Potenz von $1/x$.*

Wir vermerken noch, daß aus (14) durch Induktion die Beziehung

$$(18) \qquad\qquad e^n = \exp(n) \qquad \text{für jedes } n \in \mathbb{Z}$$

folgt. Weiter erhalten wir aus (14) für jedes $q \in \mathbb{N}$ die Beziehung

$$[\exp(1/q)]^q = \exp(1) = e \,,$$

also

$$e^{1/q} = \exp(1/q) \,,$$

und für $p \in \mathbb{Z}$ folgt wegen (14)

$$e^{p/q} = (e^{1/q})^p = [\exp(1/q)]^p = \exp(p/q) \,.$$

Also gilt für jedes $x \in \mathbb{Q}$ die Gleichung

$$(19) \qquad\qquad\qquad e^x = \exp(x) \,.$$

Daher ist es sinnvoll, die Gleichung (19) als Definitionsgleichung für die *allgemeine Potenz e^x* von e zu wählen:

$$(20) \qquad\qquad e^x := \exp(x) \quad \text{für } x \in \mathbb{R} \,.$$

Die Funktionalgleichung (14) schreibt sich dann als

$$(21) \qquad\qquad\qquad e^{x+y} = e^x e^y \,.$$

In Verbindung mit 3.3, Satz 3 ergibt sich aus Satz 1, daß $f(x) := \exp(x)$ eine Umkehrfunktion

$$g = f^{-1} : (0, \infty) \to \mathbb{R}$$

besitzt, die $(0, \infty)$ bijektiv auf $\mathbb{R}$ abbildet.

Definition 1. *Die Umkehrfunktion von* $\exp : \mathbb{R} \to \mathbb{R}$ *heißt* **Logarithmusfunktion***; sie ist auf dem verallgemeinerten Intervall $(0, \infty)$ definiert und wird mit dem Symbol* log *bezeichnet. Für $y > 0$ nennt man $x = \log y$ den Logarithmus von y.*

Bemerkung 3. Gelegentlich heißt die Logarithmusfunktion auch natürlicher Logarithmus (logarithmus naturalis) oder Logarithmus zur Basis e, und statt $\log y$ wird von manchen Autoren $\ln y$ geschrieben, um den Unterschied zu anderen Logarithmen zu betonen, die zuweilen verwendet werden. So wurde früher unter $\log y$ oft der sogenannte Briggsche Logarithmus verstanden, also der Logarithmus zur Basis 10 (vgl. Definition 2 und Formel (31) weiter unten). Dieser Logarithmus war in mehr oder weniger umfangreichen Tafeln tabelliert und diente als unentbehrliches Hilfsmittel zum numerischen Rechnen. Durch die Computer sind die Zehnerlogarithmen ein obsoletes Hilfsmittel geworden, und so können wir die Bezeichnung $\log$ unbeschadet dem natürlichen Logarithmus zuweisen.

Satz 2. *Die Funktion* $\log : (0, \infty) \to \mathbb{R}$ *ist eine monoton wachsende Funktion der Klasse* C^∞, *die der Differentialgleichung*

$$(22) \qquad\qquad \log' x = \frac{1}{x} \quad \textit{für } x > 0$$

und der Funktionalgleichung

$$(23) \qquad\qquad \log(x \cdot y) = \log x + \log y \qquad \textit{für alle } x, y > 0$$

genügt. Ferner gilt $\log 1 = 0$, $\log e = 1$ *und*

$$(24) \qquad\qquad \lim_{x \to \infty} \log x = \infty \ , \ \lim_{x \to 0} \log x = -\infty \ .$$

Beweis. Wir bezeichnen – anders als in der Formulierung des Satzes – die unabhängige Variable der Logarithmusfunktion mit y, um $\log$ mit $\exp$ durch die Relationen

$$y = \exp(x) = e^x \quad , \quad x = \log y$$

in Verbindung zu bringen.
Aus 3.3, Satz 3 folgt die Differenzierbarkeit des Logarithmus sowie die Relation

$$\log' y = \frac{1}{\exp'(x)} \ = \ \frac{1}{\exp(x)} \ ,$$

und wegen $x = \log y$ ist

$$\exp(x) = \exp(\log y) = y \ .$$

Damit erhalten wir

$$\log' y = \frac{1}{y} \qquad \text{für alle } y > 0 \ .$$

Folglich ist $\log$ von der Klasse C^∞.
Nunmehr setzen wir für beliebig gewählte $y_1, y_2 > 0$

$$x_1 := \log y_1 \quad , \quad x_2 := \log y_2 \ .$$

Es gilt

$$\exp(x_1 + x_2) = \exp(x_1)\exp(x_2)$$

und somit

$$\exp(\log y_1 + \log y_2) = y_1 y_2 \ .$$

Nehmen wir von beiden Seiten den Logarithmus, so folgt

$$\log y_1 + \log y_2 = \log(y_1 y_2) \ .$$

Damit sind (22) und (23) bewiesen. Aus

$$\exp(0) = 1 \quad , \quad \exp(1) = e$$

folgt

$$\log 1 = 0 \quad , \quad \log e = 1 \ .$$

Da $\log y$ monoton wächst und $(0, \infty)$ bijektiv auf $\mathbb{R}$ abbildet, ergibt sich schließlich

$$\lim_{y \to \infty} \log y = \infty \quad , \quad \lim_{y \to 0} \log y = -\infty \ .$$

$\square$

Abschließend wollen wir die *allgemeine Potenzfunktion*

$$x \mapsto x^\alpha \quad , \quad x \in (0, \infty)$$

einführen, und zwar so, daß x^α für rationale Werte von α mit der „elementaren Definition" von x^α übereinstimmt, die wir in Kapitel 1 angegeben haben.

Definition 2. *Für beliebiges* $\alpha \in \mathbb{R}$ *wird die* **allgemeine Potenzfunktion**

$$x \mapsto x^\alpha \quad , \quad x > 0 \ ,$$

durch die Formel

(25) $$x^\alpha := e^{\alpha \log x} = \exp(\alpha \log x)$$

gegeben.

Satz 3. *Die allgemeine Potenzfunktion* $f(x) := x^\alpha, x > 0$, *ist von der Klasse* C^∞ *und erfüllt die Gleichungen*

(26) $$x^\alpha y^\alpha = (xy)^\alpha \ ,$$

(27) $$x^{\alpha+\beta} = x^\alpha x^\beta \ , \quad x^{\alpha\beta} = (x^\alpha)^\beta \ ,$$

(28) $$\log x^\alpha = \alpha \log x \ ,$$

(29) $$\frac{d}{dx} x^\alpha = \alpha x^{\alpha-1} \ ,$$

wobei $x, y > 0$ und $\alpha, \beta \in \mathbb{R}$ zu nehmen sind. Ferner ist die für $c > 0$ auf $\mathbb{R}$ definierte Funktion $x \mapsto c^x$ von der Klasse C^∞ und erfüllt

$$(30) \qquad\qquad \frac{d}{dx} c^x = c^x \log c .$$

Es genügt, die Rechenregeln (26)–(30) zu bestätigen:

$$x^\alpha y^\alpha = e^{\alpha \log x} e^{\alpha \log y} = e^{\alpha \log x + \alpha \log y}$$
$$= e^{\alpha(\log x + \log y)} = e^{\alpha \log(xy)} = (xy)^\alpha ;$$
$$x^{\alpha+\beta} = e^{(\alpha+\beta)\log x} = e^{\alpha \log x + \beta \log x}$$
$$= e^{\alpha \log x} e^{\beta \log x} = x^\alpha x^\beta ;$$
$$x^{\alpha\beta} = e^{\alpha\beta \log x} = e^{\beta(\alpha \log x)}$$
$$= e^{\beta \log \exp(\alpha \log x)} = e^{\beta \log x^\alpha} = (x^\alpha)^\beta ;$$
$$\log x^\alpha = \log e^{\alpha \log x} = \alpha \log x ;$$
$$\frac{d}{dx} x^\alpha = \frac{d}{dx} e^{\alpha \log x} = e^{\alpha \log x} \frac{\alpha}{x}$$
$$= \alpha \, \frac{\exp(\alpha \log x)}{\exp(\log x)} = \alpha \exp(\alpha \log x) \exp(-\log x)$$
$$= \alpha e^{(\alpha-1)\log x} = \alpha x^{\alpha-1} ;$$
$$\frac{d}{dx} c^x = \frac{d}{dx} e^{x \log c} = e^{x \log c} \log c = c^x \log c .$$

$\square$

Bemerkung 4. Für $c > 1$ und $f(x) := c^x$, $x \in \mathbb{R}$, gilt

$$f'(x) = c^x \log c > 0 \quad \text{für alle } x \in \mathbb{R} .$$

Also ist $f(x)$ monoton wachsend und definiert eine bijektive Abbildung von $\mathbb{R}$ auf $(0, \infty)$. Somit existiert die Umkehrfunktion f^{-1}, die wir mit $^c\log$ bezeichnen; sie heißt *Logarithmus zur Basis c*. Der Logarithmus zur Basis e ist der natürliche Logarithmus $\log = \exp^{-1}$.

Wie hängen die Logarithmen $\log x$ und $^c\log x$ zusammen? Um dies zu klären, setzen wir

$$y = {}^c\log x \quad , \quad \text{also } x = c^y = e^{y \log c} .$$

Hieraus folgt

$$\log x = y \log c = ({}^c\log x)(\log c) ,$$

und daher gilt

$$(31) \qquad\qquad {}^c\log x = \frac{\log x}{\log c} .$$

Damit erhalten wir die Funktionalgleichung

(32) $$^c\log x + {^c\log y} = {^c\log(xy)}$$

sowie

(33) $$^c\log x = (^c\log e)(\log x) \ .$$

Bemerkung 5. (Größenvergleich von $x^\alpha, \alpha > 0$, und $\log x$.) Es gilt für jedes $\alpha > 0$ die Beziehung

(34) $$\lim_{x \to \infty} \frac{\log x}{x^\alpha} = 0 \ ,$$

d.h. *der Logarithmus wird „schwächer unendlich" als jede positive Potenz.*

In der Tat gilt $e^{-\alpha y} y \to 0$ für $y \to \infty$. Setzen wir $y = \log x$, so ist

$$e^{-\alpha y} y = e^{-\alpha \log x} \log x = x^{-\alpha} \log x \ ,$$

und mit $x \to \infty$ folgt $y = \log x \to \infty$ und daher $x^{-\alpha} \log x \to 0$.

Aufgaben.

1. Man zeige, daß $\exp : \mathbb{R} \to \mathbb{R}$ strikt konvex und $\log : (0, \infty) \to \mathbb{R}$ strikt konkav ist.
2. Für beliebige $p, q \in (1, \infty)$ mit $1/p + 1/q = 1$ und beliebige $x, y > 0$ gilt die *Youngsche Ungleichung* $x^{1/p} y^{1/q} \le x/p + y/q$. (Hinweis: log ist konkav.)
3. Man zeige das allgemeinere Resultat
$$\prod_{\nu=1}^{n} x_\nu^{\lambda_\nu} \le \sum_{\nu=1}^{n} \lambda_\nu x_\nu$$
für $\lambda_\nu \in (0, 1)$ mit $\sum_{\nu=1}^{n} \lambda_\nu = 1$ und $x_1, \ldots, x_\nu > 0$. Hieraus folgt
$$\sqrt[n]{x_1 x_2 \ldots x_n} \le \frac{1}{n}(x_1 + x_2 + \cdots + x_n) \ .$$
4. Man beweise: $\lim_{x \to +0} x^x = 1$.
5. Man zeige: Ist $\omega : (0, R_0] \to \mathbb{R}$ eine monoton wachsende Funktion, für die es ein $\theta \in (0, 1)$ mit $\omega(R) \le \theta \omega(2R)$ für alle $R \in (0, R_0/2)$ gibt, so gilt: $\omega(r) \le (r/R_0)^\alpha 2^\alpha \omega(R_0)$ für alle $r \in (0, R_0]$ wobei $\alpha := -\log \theta / \log 2 \in (0, \infty)$ gesetzt ist.
6. Man differenziere $f(x) := x^x$, $x > 0$.

5   Die trigonometrischen Funktionen

Wir betrachten eine Abbildung $\phi : \mathbb{R} \to \mathbb{C}$, die für $t \in \mathbb{R}$ durch

(1) $$\phi(t) := \exp(it) = \sum_{n=0}^{\infty} \frac{(it)^n}{n!}$$

definiert ist, $i = \sqrt{-1} = $ imaginäre Einheit. Wir wissen, daß diese Reihe in jedem kompakten Intervall in $\mathbb{R}$ gleichmäßig konvergiert und folglich $\phi \in C^0(\mathbb{R}, \mathbb{C})$ gilt.

Proposition 1. *Die durch (1) definierte Funktion* $\phi : \mathbb{R} \to \mathbb{C}$ *ist von der Klasse* $C^\infty(\mathbb{R}, \mathbb{C})$ *und löst das Anfangswertproblem*

$$(2) \qquad \dot{\phi}(t) = i\phi(t) \ \text{für} \ t \in \mathbb{R} \quad , \quad \phi(0) = 1 \ .$$

Wie in 3.4 bemerkt, können wir (1) sehr leicht aus der in 1.21 bewiesenen Funktionalgleichung

$$\phi(t + h) \ = \ \phi(t)\phi(h)$$

gewinnen. Wir kopieren jedoch die etwas mühsamere Schlußweise des Beweises von Proposition 1 in 3.4, um die Diskussion der trigonometrischen Funktionen wie die der Exponentialfunktion von den Erörterungen des Abschnitts 1.21 unabhängig zu halten.

Beweis. Wir verfahren wie im Beweis von 3.4, Proposition 1 und schreiben den Differenzenquotienten

$$\Delta_h s_n(t) := \frac{1}{h} \left[s_n(t + h) - s_n(t) \right] \quad , \quad h \in \mathbb{R} - \{0\} \ ,$$

der Partialsumme

$$s_n(t) := \sum_{k=0}^{n} \frac{(it)^k}{k!}$$

der Reihe (1) als

$$(3) \qquad \Delta_h s_n(t) = i \, s_{n-1}(t) + \sigma_n(h, t) \ , \ h \neq 0 \ .$$

Für $n \to \infty$ folgt

$$\Delta_h s_n(t) \to \Delta_h \phi(t) \quad , \quad s_n(t) \to \phi(t) \ .$$

Eine ähnliche Betrachtung wie in 3.4 zeigt, daß

$$\lim_{n \to \infty} \sigma_n(h, t) = \sigma(h, t)$$

gilt, wobei $\sigma(h, t)$ eine stetige Funktion auf $\{h \in \mathbb{R} : |h| \leq 1\} \times \mathbb{R}$ bezeichnet, für die $\sigma(0, t) = 0$ ist. Aus (3) folgt dann für $n \to \infty$ zunächst

$$\Delta_h \phi(t) = i \, \phi(t) + \sigma(h, t) \ ,$$

und für $h \to 0$ ergibt sich schließlich

$$\lim_{h \to 0} \Delta_h \phi(t) = i \, \phi(t) \ ,$$

womit (2) bewiesen ist, denn es gilt $\phi(0) = 1$.

$\square$

Nun definieren wir **Cosinus** $c(t) = \cos t$ und den **Sinus** $s(t) = \sin t$ durch

$$(4) \qquad \left\{ \begin{array}{lll} c(t) & := & \operatorname{Re} \phi(t) \\ s(t) & := & \operatorname{Im} \phi(t) \end{array} \right\} \quad \Leftrightarrow \quad \left\{ \begin{array}{lll} \cos t & := & \operatorname{Re} \exp(it) \\ \sin t & := & \operatorname{Im} \exp(it) \end{array} \right\} .$$

Es gilt also

$$(5) \qquad \qquad \exp(it) = \cos t + i \sin t .$$

Setzen wir noch

$$(6) \qquad \qquad e^{it} := \exp(it) \quad \text{für } t \in \mathbb{R} ,$$

so ergibt sich die **Eulersche Formel**

$$(7) \qquad \qquad e^{it} = \cos t + i \sin t , \ t \in \mathbb{R} .$$

Wegen $i^2 = -1$, $i^3 = -i, \dots$ folgt

$$(8) \qquad \cos t = 1 - \frac{t^2}{2!} + \frac{t^4}{4!} - \dots + (-1)^n \, \frac{t^{2n}}{(2n)!} + \dots ,$$

$$(9) \qquad \sin t = t - \frac{t^3}{3!} + \frac{t^5}{5!} - \dots + (-1)^n \, \frac{t^{2n+1}}{(2n+1)!} + \dots .$$

Die Reihen in (8) und (9) haben auf jedem Intervall $(-R, R)$, $R > 0$, die konvergente Majorante $\sum_{n=0}^{\infty} \frac{R^n}{n!}$.

Aus $\phi = c + is$ und $\dot{\phi} = i\phi$ folgt

$$\dot{c} + i\dot{s} = i(c + is) = -s + ic ,$$

und $\phi(0) = 1$ liefert

$$c(0) = 1 \quad , \quad s(0) = 0 .$$

Damit erhalten wir in Verbindung mit 3.3, Korollar 3 und 4 die

Proposition 2. *Die durch* $f(t) := (c(t), s(t))$ *definierte Abbildung* $f : \mathbb{R} \to \mathbb{R}^2$ *ist die eindeutig bestimmte* C^1-*Lösung des Anfangswertproblems*

$$(10) \qquad \dot{c} = -s \, , \ \dot{s} = c \ \ auf \ \mathbb{R} ; \quad c(0) = 1 \, , \ s(0) = 0 .$$

Also ist $f \in C^{\infty}(\mathbb{R}, \mathbb{R}^2)$. *Es gelten die Identität*

$$(11) \qquad \qquad c^2(t) + s^2(t) = 1 \quad auf \ \mathbb{R}$$

und die Additionstheoreme

$$c(t + \psi) = c(t)c(\psi) - s(t)s(\psi) ,$$

$$(12)$$

$$s(t + \psi) = s(t)c(\psi) + c(t)s(\psi) ,$$

die wir auch in der komplexen Form

(13)
$$e^{i(t+\psi)} = e^{it}e^{i\psi}$$

zusammenfassen können.

Mit diesem Ergebnis haben wir den *Existenzbeweis für Cosinus und Sinus* erbracht, der in Abschnitt 3.3 noch fehlte.

Proposition 3. *Es gilt für alle* $t \in \mathbb{R}$

(14)
$$c(t) = c(-t) \quad , \quad s(t) = -s(-t) \, ,$$

d.h. c ist eine gerade, s(t) eine ungerade Funktion.

Beweis. Setze $\kappa(t) := c(-t)$, $\sigma(t) := -s(-t)$. Aus (10) folgt sofort

$$\dot{\kappa} = -\sigma \, , \, \dot{\sigma} = \kappa \quad , \quad \kappa(0) = 1 \, , \, \sigma(0) = 0 \, ,$$

und da die Lösung von (10) eindeutig bestimmt ist, ergibt sich $\kappa = c$, $\sigma = s$.

$\square$

Bemerkung 1. Die Formeln (14) ergeben sich auch aus den Reihendarstellungen (8) und (9).

Allgemein heißt eine auf einer zum Nullpunkt symmetrischen Menge $M \subset \mathbb{R}$ definierte Funktion $f : M \to \mathbb{R}$ *gerade*, wenn $f(x) = f(-x)$ für alle $x \in M$ gilt, und *ungerade*, falls $-f(x) = f(-x)$ für alle $x \in M$ ist.

Proposition 4. *Es gibt eine Zahl* $\pi > 0$, *so daß*

(15)
$$s(\pi) = 0 \, , \, s(t) > 0 \text{ für } 0 < t < \pi \, , \, s(\pi/2) = 1$$

ist. Die Funktion c(t) ist monoton fallend auf $[0, \pi]$, *erfüllt*

(16)
$$c(0) = 1 \, , \, c(\pi/2) = 0 \, , \, c(\pi) = -1$$

und bildet das Intervall $[0, \pi]$ *bijektiv auf das Intervall* $[-1, 1]$ *ab. Somit liefert* $f(t) = (c(t), s(t))$ *eine bijektive Abbildung von* $[0, \pi]$ *auf den Halbkreisbogen*

$$\Gamma^+ := \{(x, y) \in \mathbb{R}^2 : y = \sqrt{1 - x^2} \, , \, -1 \leq x \leq 1\} \, .$$

Die Zahl π *ist die Länge von* Γ^+ *und gibt zugleich die Zeit an, in der die Bewegung* $t \mapsto f(t)$ *vom Anfangspunkt* $P_0 = (1, 0)$ *von* Γ^+ *zum Endpunkt* $P_1 = (-1, 0)$ *von* Γ^+ *gelangt.*

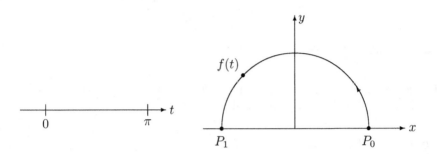

Beweis. Wegen $c(0) = 1$ gibt es ein $\delta > 0$, so daß $c(t) > 0$ ist für $0 \leq t \leq \delta$. Aus $\dot{s}(t) = c(t)$ folgt sodann, daß $s(t)$ auf $[0, \delta]$ monoton wächst, und wegen $s(0) = 0$ erhalten wir

$$s(t) > 0 \quad \text{für } 0 < t \leq \delta \, .$$

Wir behaupten, daß es eine Stelle $t_0 > \delta$ gibt, wo s verschwindet.
Anderenfalls gälte $s(t) > 0$ für alle $t > 0$. Wegen $\dot{c} = -s$ wäre $c(t)$ monoton fallend auf $[0, \infty)$, und somit hätten wir

$$\gamma := \inf \{c(t) : t \geq 0\} = \lim_{t \to \infty} c(t) < c(0) = 1 \, .$$

Wegen $c^2 + s^2 = 1$ folgt $c^2(t) \leq 1$ und daher

$$-1 \leq \gamma < 1 \, .$$

Wäre $\gamma = -1$, so gäbe es ein $R > 0$ mit der Eigenschaft, daß $c(t) < -\frac{1}{2}$ wäre für $t > R$. Der Mittelwertsatz liefert für $t > R$ die Darstellung

$$s(t) - s(R) = \dot{s}(\tilde{t})(t - R) = c(\tilde{t})(t - R) \quad \text{für ein } \tilde{t} \in (t, R) \, ,$$

und damit

$$s(t) < s(R) - \frac{1}{2}(t - R) \, ,$$

also $\lim_{t \to \infty} s(t) = -\infty$, was wegen $|s| \leq 1$ nicht möglich ist. Wäre aber $\gamma > -1$, so folgte wegen $\gamma < 1$, $s^2 + c^2 = 1$ und $s(t) > 0$, daß es ein $R > 0$ und ein $\sigma > 0$ gäbe, so daß $s(t) \geq \sigma$ wäre für alle $t > R$, und ähnlich wie zuvor erhielten wir

$$c(t) - c(R) = \dot{c}(\tilde{t})(t - R) = -s(\tilde{t})(t - R) \leq -\sigma(t - R)$$

für $t > R$, woraus $\lim_{t \to \infty} c(t) = -\infty$ folgte, was unmöglich ist wegen $|c| \leq 1$.
Also gibt es ein $t_0 \geq \delta$ mit $s(t_0) = 0$. Bezeichne π das Infimum dieser Zahlen t_0. Man erkennt sofort, daß

$$s(\pi) = 0 \quad \text{und} \quad s(t) > 0 \quad \text{für} \quad 0 < t < \pi$$

gilt; somit ist π die kleinste positive Nullstelle von $s(t)$. Aus $s^2 + c^2 = 1$ folgt $c^2(\pi) = 1$, also $c(\pi) = \pm 1$, und hieraus ergibt sich $c(\pi) = -1$, denn es ist $c(0) = 1$, und $c(t)$ ist wegen $\dot{c}(t) = -s(t)$ im Intervall $[0, \pi]$ monoton fallend. Folglich bildet c das Intervall $[0, \pi]$ bijektiv auf $[-1, 1]$ ab.

Aus (11) und $s(t) \geq 0$ für $0 \leq t \leq \pi$ ergibt sich $s(t) = \sqrt{1 - c^2(t)}$ auf $[0, \pi]$, und wir können schließen, daß f das Intervall $[0, \pi]$ bijektiv auf den Bogen Γ^+ abbildet. Die Bewegung

$$t \mapsto f(t) \quad , \quad 0 \leq t \leq \pi \,,$$

beginnt zum Zeitpunkt $t = 0$ in $P_0 = (1, 0)$ und endet zur Zeit $t = \pi$ in P_1. Da die Bewegung *gleichförmig* ist, also mit der konstanten (Absolut-)Geschwindigkeit $|\dot{f}(t)| \equiv 1$ verläuft, hat der Punkt $P = f(t)$ zur Zeit $t = \pi$ einen Weg der Länge π zurückgelegt, denn

(17)   *Weglänge = Geschwindigkeit × Zeit*

ist die klassische Definition der Länge des Weges, den ein Punkt P bei einer *gleichförmigen Bewegung* zurücklegt. Folglich schreiben wir dem Kreisbogen Γ^+ die Länge π zu. (Später werden wir die Weglänge einer nicht notwendig gleichförmigen Bewegung $f : I \to \mathbb{R}^d$ durch das Integral

$$L := \int_I |\dot{f}(t)| dt$$

definieren. Für gleichförmige Bewegungen reduziert sich diese Definition auf die oben gegebene.)

Schließlich erhalten wir aus (11) und (12) die Gleichungen

$$c^2(\pi/2) + s^2(\pi/2) = 1 \,,$$
$$c^2(\pi/2) - s^2(\pi/2) = c(\pi) = -1 \,,$$

woraus sich $c(\pi/2) = 0$ ergibt. Damit folgt $s(\pi/2) = 1$ wegen (11) und $s(\pi/2) > 0$. $\square$

Proposition 5. *Die Bewegung $f(t) = (\cos t, \sin t)$ und damit die Funktionen $\cos t$ und $\sin t$ sind periodisch mit der Periode 2π, d.h. $f(t + 2\pi) = f(t)$ und*

(18) $\cos(t + 2\pi) = \cos t \quad , \quad \sin(t + 2\pi) = \sin t$

für alle $t \in \mathbb{R}$.

Beweis. Aus (12) folgt zunächst

$$\cos 2\pi = \cos^2 \pi - \sin^2 \pi = 1$$
$$\sin 2\pi = 2 \sin \pi \cos \pi = 0$$

und dann

$$\cos(t + 2\pi) = \cos t \cos 2\pi - \sin t \sin 2\pi = \cos t$$
$$\sin(t + 2\pi) = \sin t \cos 2\pi + \cos t \sin 2\pi = \sin t \,.$$

$\square$

Wir bemerken nun, daß die Abbildung

$$(x, y) \mapsto (x, -y)$$

eine Spiegelung an der x-Achse ist, die den Bogen Γ^+ in den Halbkreisbogen

$$\Gamma^- := \{(x, y) \in \mathbb{R}^2 : y = -\sqrt{1 - x^2} \, , \, |x| \le 1\}$$

überführt. Wegen Proposition 3 und 4 bildet also f das Intervall $[-\pi, 0]$ bijektiv auf Γ^- ab, und unter Berücksichtigung von Proposition 5 folgt

Proposition 6. *Die Abbildung $f(t) = (\cos t, \sin t)$, $0 \le t \le 2\pi$, bildet die Intervalle $[0, \pi]$ bzw. $[\pi, 2\pi]$ bzw. $[0, 2\pi)$ bijektiv auf Γ^+ bzw. Γ^- bzw. $\Gamma = \Gamma^+ \cup \Gamma^-$ $= S^1$ ab. Die Funktion $\cos t$ ist monoton fallend auf $[0, \pi]$ und wachsend auf $[\pi, 2\pi]$. Die Funktion $\sin t$ ist monoton fallend auf $[\pi/2, 3\pi/2]$ und wachsend auf $[0, \pi/2]$ sowie auf $[3\pi/2, 2\pi]$. Ferner gilt*

(19)
$$\sin 0 = \sin \pi = \sin 2\pi = 0 \, , \, \sin(\pi/2) = 1, \, \sin(3\pi/2) = -1 \, ,$$

$$\cos 0 = \cos 2\pi = 1, \, \cos \pi = -1 \, , \, \cos(\pi/2) = \cos(3\pi/2) = 0 \, .$$

Bemerkung 2. Mit 2π ist offenbar auch jedes ganzzahlige Vielfache von 2π eine Periode von Sinus und Cosinus, d.h.

(20)$\qquad$ $\sin(t \pm 2k\pi) = \sin t \, , \, \cos(t \pm 2k\pi) = \cos t \quad$ für jedes $k \in \mathbb{N}$.

Da die Funktion $f : [0, 2\pi] \to \mathbb{R}^2$ eine bijektive Abbildung von $[0, 2\pi)$ auf $\Gamma = S^1$ vermittelt, ergibt sich sofort, daß es außer den Zahlen $\pm 2k\pi$ mit $k \in \mathbb{N}$ keine weiteren Perioden von $f(t)$ gibt. In ähnlicher Weise erkennt man, daß 2π die kleinste positive Periode von $\sin t$ und $\cos t$ ist.

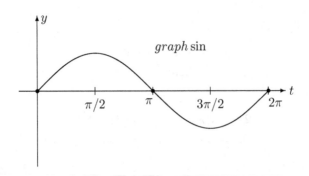

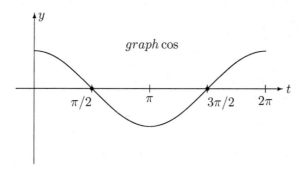

Nun wollen wir in der Ebene $\mathbb{R}^2 \cong \mathbb{C}$ **Polarkoordinaten** um den Ursprung $(0,0)$ einführen.

Wir betrachten zunächst einen beliebigen Punkt (ξ, η) auf dem Einheitskreis S^1, also $\xi^2 + \eta^2 = 1$. Nach Proposition 6 gibt es genau ein $t \in [0, 2\pi)$, so daß

(21) $$\xi = \cos t \quad , \quad \eta = \sin t$$

gilt. Hierbei ist t die Zeit, die die gerade beschriebene Bewegung $f : \mathbb{R} \to \mathbb{R}^2$, $f = (\cos, \sin)$ braucht, um vom Punkte $P_0 = (1,0)$ zum Punkte $P = (\xi, \eta)$ zu gelangen (und zwar schnellstmöglich, d.h. ohne einige Extrarunden auf S^1 zu drehen). Nach der durch (17) gegebenen Definition der Weglänge bei einer gleichmäßigen Bewegung können wir t auch als die *Länge des Kreisbogens* deuten, den die Bewegung f im Zeitintervall $[0, t]$ durchlaufen hat. Man nennt t deshalb auch das *Bogenmaß* des „Winkels" φ zwischen den Zeigern OP_0 und OP, links herum (im mathematisch *positiven Sinne*) gemessen.

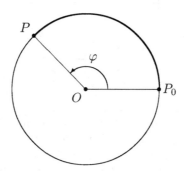

Der Winkel φ wird klassischerweise mit der 360 Grad-Einteilung des Kreisbogens gemessen, die wohl auf die Babylonier zurückgeht, aber es ist seit langem üblich geworden, den Winkel φ durch sein von P_0 aus gemessenes Bogenmaß t zu beschreiben. Der Einfachheit halber identifiziert man φ mit seinem Bogenmaß t

und schreibt statt t meist φ oder θ; in diesem Zusammenhang spricht man auch von der *Winkelvariablen* φ oder einfach vom *Winkel* φ (bzw. θ).

Statt (21) schreiben wir also

$$(22) \qquad\qquad \xi = \cos\varphi \quad , \quad \eta = \sin\varphi \quad , \quad 0 \le \varphi < 2\pi \ .$$

Ist nun (x, y) ein beliebiger Punkt in $\mathbb{R}^2$, so ordnen wir ihm seinen Abstand r vom Nullpunkt zu, also

$$(23) \qquad\qquad r := \sqrt{x^2 + y^2} \ .$$

Wenn $(x, y) \neq (0, 0)$ ist, also $r > 0$ gilt, betrachten wir die durch

$$(24) \qquad\qquad \xi = x/r \quad , \quad \eta = y/r$$

beschriebene Projektion (ξ, η) von (x, y) auf S^1, die wir in der Form (22) ausdrücken können. Dann erhalten wir die Formeln

$$(25) \qquad\qquad x = r\cos\varphi \quad , \quad y = r\sin\varphi \ ,$$

die den Zusammenhang zwischen den kartesischen Koordinaten x, y und den krummlinigen **Polarkoordinaten** r, φ ausdrücken.

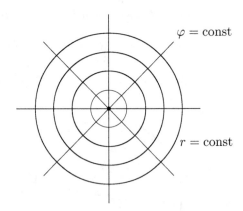

Der Ursprung $(x, y) = (0, 0)$ wird als *Pol* bezeichnet; er spielt die Rolle eines singulären Punktes, weil man ihm zwar einen eindeutigen Wert für r zuweisen kann, nämlich $r = 0$, während ihm kein wohlbestimmter Wert von φ zukommt, denn alle Punkte (r, φ) der r, φ-Ebene mit $r = 0$ entsprechen unter (25) dem Pole $(x, y) = (0, 0)$.

Wegen Formel (1) hatten wir in Analogie zu $e^x = \exp(x)$, $x \in \mathbb{R}$, die folgende Definition gegeben:

$$(26) \qquad\qquad \exp(i\varphi) = \cos\varphi + i\sin\varphi =: e^{i\varphi} \ ,$$

mit deren Hilfe wir zur *Polarzerlegung* komplexer Zahlen gelangen. Vermöge (25) und (26) läßt sich nämlich jede komplexe Zahl

$$z = x + iy \quad , \quad x = \operatorname{Re} z \, , \, y = \operatorname{Im} z \, ,$$

in der Form

(27) $$z = re^{i\varphi} \quad \text{mit} \quad r := |z| \quad \text{und} \quad \varphi \in \mathbb{R}$$

schreiben, wobei φ als das *Argument von z* bezeichnet wird:

$$\arg z := \varphi \, .$$

Die Funktion $z \mapsto \arg z$ ist für $z \neq 0$ eindeutig festgelegt, wenn wir

(28) $$0 \leq \arg z < 2\pi$$

fordern. Stattdessen könnten wir auch

$$\varphi_0 \leq \arg z < \varphi_0 + 2\pi$$

für irgendeinen Wert $\varphi_0 \in \mathbb{R}$ fordern, um $\arg z$ eindeutig zu bestimmen. Ohne eine solche Einschränkung ist $\arg z$, wie es in der älteren Literatur heißt, eine „mehrdeutige Funktion", was ein Widerspruch in sich ist, da heutzutage eine Funktion per definitionem immer als eine eindeutige Zuordnung verstanden wird.

Nun führen wir die elementargeometrischen Funktionen **Tangens** und **Cotangens** des Winkels φ ein, die mit tg φ und ctg φ bezeichnet werden,

(29) $$\operatorname{tg} \varphi := \frac{\sin \varphi}{\cos \varphi} \quad , \quad \operatorname{ctg} \varphi := \frac{\cos \varphi}{\sin \varphi} \, ,$$

die der Leser am rechtwinkligen Dreieck mit den Katheten x, y und der Hypotenuse r als die wohlbekannten elementargeometrischen Winkelfunktionen deuten möge.

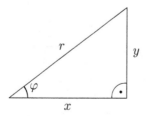

Der Tangens ist für $\varphi \neq \pi/2 + k\pi$, $k \in \mathbb{Z}$, definiert, während der Cotangens für $\varphi \neq k\pi$, $k \in \mathbb{Z}$, gegeben ist.

Bevor wir die Diskussion der trigonometrischen Funktionen fortsetzen, wollen wir noch eine Summenformel angeben, die sich im folgenden wiederholt als nützlich erweisen wird. Für eine beliebige komplexe Zahl z gilt

$$(1 + z + z^2 + \ldots + z^n)(1 - z) \;=\; 1 - z^{n+1} \;;$$

für $z \neq 1$ folgt also

$$1 + z + z^2 + \ldots + z^n \;=\; \frac{1 - z^{n+1}}{1 - z} \;.$$

Wählen wir $z = e^{i\alpha}$, $\alpha \in \mathbb{R}$ und $\alpha \neq 2k\pi$, $k \neq 0, \pm 1, \pm 2, \ldots$, so folgt

$$\sum_{\nu=0}^{n} (e^{i\alpha})^{\nu} \;=\; \frac{1 - (e^{i\alpha})^{n+1}}{1 - e^{i\alpha}} \;.$$

Wegen (13) folgt $(e^{i\alpha})^2 = e^{i\alpha} e^{i\alpha} = e^{i2\alpha}$, und durch Induktion erhalten wir $(e^{i\alpha})^{\nu} = e^{i\nu\alpha}$ für $\nu = 0, 1, 2, \ldots$. Berücksichtigen wir $1 = e^0 = e^{i(\alpha-\alpha)} = e^{i\alpha} e^{-i\alpha}$, so folgt $(e^{i\alpha})^{-1} = e^{-i\alpha}$ und damit

$$(e^{i\alpha})^{\nu} \;=\; e^{i\nu\alpha} \quad \text{für alle } \nu \in \mathbb{Z} \text{ und } \alpha \in \mathbb{R} \;.$$

Daher gilt

$$\sum_{\nu=0}^{n} e^{i\alpha\nu} \;=\; \frac{1 - e^{i(n+1)\alpha}}{1 - e^{i\alpha}} \;.$$

Für

$$\sigma_n(\alpha) \;:=\; \frac{1}{2} \sum_{\nu=-n}^{n} e^{i\nu\alpha} \;=\; \frac{e^{-in\alpha}}{2} \sum_{\nu=0}^{2n} e^{i\nu\alpha}$$

folgt dann

$$\sigma_n(\alpha) \;=\; \frac{1}{2} \cdot \frac{e^{-in\alpha} - e^{i(n+1)\alpha}}{1 - e^{i\alpha}} \;=\; \frac{1}{2} \cdot \frac{e^{i(n+1/2)\alpha} - e^{-i(n+1/2)\alpha}}{e^{i\alpha/2} - e^{-i\alpha/2}} \;,$$

und dies liefert

$$\sigma_n(\alpha) \;=\; \frac{\sin(n + 1/2)\alpha}{2 \sin \frac{\alpha}{2}} \;.$$

Hieraus ergibt sich schließlich

$$(30) \quad \sigma_n(\alpha) \;=\; \frac{1}{2} + \cos\alpha + \cos 2\alpha + \ldots + \cos n\alpha \;=\; \frac{\sin(n + 1/2)\alpha}{2 \sin \frac{\alpha}{2}}$$

für alle $\alpha \in \mathbb{R}$ mit $\alpha \neq 2k\pi$, $k \neq \pm 1, \pm 2, \pm 3$. Der Wert $k = 0$ ist erlaubt, denn für $\alpha = 0$ ist die linke Seite von (30) gleich $n + 1/2$, und gegen den gleichen

Wert strebt die rechte Seite mit $\alpha \to 0$. Drücken wir nämlich Zähler und Nenner durch ihre Potenzreihen aus, so folgt

$$\frac{\sin(n+1/2)\alpha}{2\sin\frac{\alpha}{2}} = \frac{(n+1/2)\alpha + \ldots}{2 \cdot (\frac{\alpha}{2} + \ldots)} = \frac{n+1/2+\varphi(\alpha)}{1+\psi(\alpha)}$$

mit $\varphi(\alpha) \to 0$, $\psi(\alpha) \to 0$ für $\alpha \to 0$. Wir erhalten also eine stetige Fortsetzung von $(\sin(n+1/2)\alpha)/2\sin(\alpha/2)$ an der Stelle $\alpha = 0$, wenn wir ihr dort den Wert $n+1/2$ zuordnen.

Wir wollen nun die unabhängige Variable der trigonometrischen Funktionen mit x statt mit φ bezeichnen. Es gilt, wie wir schon wissen,

$$(31) \qquad \sin' x = \cos x \quad , \quad \cos' x = -\sin x \ .$$

Eine einfache Rechnung liefert

$$(32) \qquad \text{tg}' \, x = \frac{1}{\cos^2 x} \quad , \quad \text{ctg}' \, x = -\frac{1}{\sin^2 x} \ ,$$

denn beispielsweise ist nach der „Quotientenregel"

$$\frac{d}{dx}\text{tg} \, x = \frac{\cos x \cdot \cos x - \sin x \cdot (-\sin x)}{\cos^2 x} = \frac{\sin^2 x + \cos^2 x}{\cos^2 x}$$

$$= \frac{1}{\cos^2 x} \ ,$$

und ganz ähnlich ergibt sich die zweite Gleichung von (32). Diese beiden Ableitungsregeln können wir auch als

$$(33) \qquad \text{tg}' \, x = 1 + \text{tg}^2 \, x \quad , \quad \text{ctg}' \, x = -(1 + \text{ctg}^2 \, x)$$

schreiben.

Nun wollen wir die Umkehrfunktionen $x = g(y)$ dieser vier trigonometrischen Funktionen $y = f(x)$ untersuchen. Wir müssen $f(x) = \sin x, \cos x, \text{tg} \, x$ bzw. $\text{ctg} \, x$ auf Stücke beschränken, wo diese Funktionen monoton sind. Wählen wir die Stücke

$$\begin{aligned}
y &= \sin x \quad , \quad -\pi/2 \leq x \leq \pi/2 \ , \\
y &= \cos x \quad , \quad 0 \leq x \leq \pi \ , \\
y &= \text{tg} \, x \quad , \quad -\pi/2 < x < \pi/2 \ , \\
y &= \text{ctg} \, x \quad , \quad 0 < x < \pi \ ,
\end{aligned}$$

so erhalten wir die *Hauptzweige* (oder *Hauptwerte*) der Umkehrfunktionen von Sinus, Cosinus, Tangens bzw. Cotangens, die gewöhnlich **Arcus Sinus, Arcus Cosinus, Arcus Tangens** bzw. **Arcus Cotangens** genannt und mit

$$\begin{aligned}
\sin^{-1} &= \text{arc sin} \quad , \quad \cos^{-1} = \text{arc cos} \ , \\
\text{tg}^{-1} &= \text{arc tg} \quad , \quad \text{ctg}^{-1} = \text{arc ctg}
\end{aligned}$$

bezeichnet werden. Arcus steht für Bogen(maß); die Bezeichnung wird verständlich, wenn wir uns daran erinnern, daß, geometrisch gesehen, x die Bedeutung einer Bogenlänge (d.h. Winkelvariablen) hat. Wählen wir andere Stücke der betrachteten trigonometrischen Funktionen, wo diese monoton sind, so liefern die zugehörigen Umkehrfunktionen sogenannte *Nebenzweige* (oder *Nebenwerte*) der entsprechenden Arcusfunktionen.

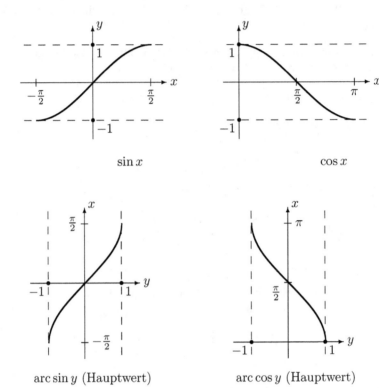

$\sin x$ $\cos x$

arc sin y (Hauptwert)   arc cos y (Hauptwert)

Als Ableitungen $g'(y)$ für $g = f^{-1}$ erhalten wir für

(i) $f(x) = \sin x$:

$$g'(y) = \frac{1}{f'(x)} = \frac{1}{\cos x} = \frac{1}{\sqrt{1 - \sin^2 x}} = \frac{1}{\sqrt{1 - y^2}},$$

weil $\cos x > 0$ ist in $-\pi/2 < x < \pi/2$;

(ii) $f(x) = \cos x$:

$$g'(y) = \frac{1}{f'(x)} = \frac{1}{-\sin x} = \frac{1}{-\sqrt{1 - \cos^2 x}} = -\frac{1}{\sqrt{1 - y^2}},$$

da $\sin x > 0$ ist in $0 < x < \pi$.

(iii) $f(x) = \operatorname{tg} x$:

$$g'(y) = \frac{1}{f'(x)} = \frac{1}{1 + f^2(x)} = \frac{1}{1 + y^2} \;;$$

(iv) $f(x) = \operatorname{ctg} x$:

$$g'(y) = \frac{1}{f'(x)} = -\frac{1}{1 + f^2(x)} = -\frac{1}{1 + y^2} \;.$$

Also gilt:

$$(34) \qquad \operatorname{arc\,sin'} y \;=\; \frac{1}{\sqrt{1 - y^2}} \;, \qquad -1 < y < 1 \;;$$

$$(35) \qquad \operatorname{arc\,cos'} y \;=\; -\frac{1}{\sqrt{1 - y^2}} \;, \qquad -1 < y < 1 \;;$$

$$(36) \qquad \operatorname{arc\,tg'} y \;=\; \frac{1}{1 + y^2} \;, \qquad -\infty < y < \infty \;;$$

$$(37) \qquad \operatorname{arc\,ctg'} y \;=\; -\frac{1}{1 + y^2} \;, \qquad -\infty < y < \infty \;.$$

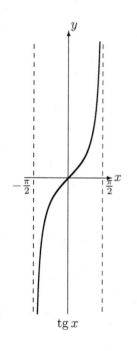

$\operatorname{tg} x$

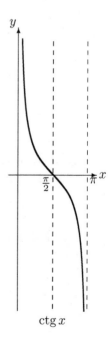

$\operatorname{ctg} x$

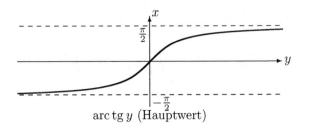

arc tg y (Hauptwert)

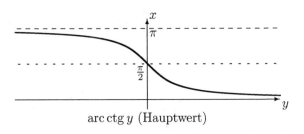

arc ctg y (Hauptwert)

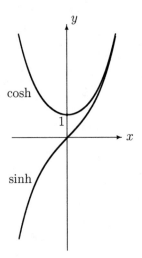

Wir bemerken noch, daß die Funktionen tg x und ctg x beide ungerade sind und daß beide die Periode π haben:

$$\operatorname{tg}(x+\pi) = \operatorname{tg} x \quad , \quad \operatorname{ctg}(x+\pi) = \operatorname{ctg} x .$$

Dies ergibt sich aus den Additionstheoremen von Sinus und Cosinus durch die Rechnung

$$\operatorname{tg}(x+\pi) = \frac{\sin(x+\pi)}{\cos(x+\pi)} = \frac{\sin x \cos \pi + \cos x \sin \pi}{\cos x \cos \pi - \sin x \sin \pi}$$

$$= \frac{\sin x}{\cos x} = \operatorname{tg} x$$

und ctg $x = 1/\text{tg } x$.

Abschließend behandeln wir die **Hyperbelfunktionen** $\sinh t, \cosh t, \text{tgh } t, \text{ctgh } t$, die die Bezeichnungen *hyperbolischer Sinus, Cosinus, Tangens, Cotangens (Sinus hyperbolicus* etc.) tragen. In der älteren deutschsprachigen Literatur wurden Frakturbuchstaben gesetzt, um die Hyperbelfunktionen von den Kreisfunktionen $\sin t, \cos t, \ldots$ zu unterscheiden, und dafür der zusätzliche Buchstabe h weggelassen, also $\mathfrak{Sin}\, t, \mathfrak{Cos}\, t, \mathfrak{Tg}\, t, \mathfrak{Ctg}\, t$ für $\sinh t, \cosh t, \text{tgh } t, \text{ctgh } t$ geschrieben. Seit Fraktur auch in Deutschland immer seltener benutzt wird, ist diese Bezeichnungsweise ziemlich obsolet geworden. Man definiert die Hyperbelfunktionen folgendermaßen:

$$(38) \qquad \cosh t := \frac{e^t + e^{-t}}{2} \quad , \quad \sinh t := \frac{e^t - e^{-t}}{2} ,$$

$$(39) \qquad \text{tgh } t := \frac{\sinh t}{\cosh t} = \frac{e^t - e^{-t}}{e^t + e^{-t}} ,$$

$$(40) \qquad \text{ctgh } t := \frac{\cosh t}{\sinh t} = \frac{e^t + e^{-t}}{e^t - e^{-t}} .$$

Hier denken wir uns $\cosh t, \sinh t, \text{tgh } t$ für alle $t \in \mathbb{R}$ und $\text{ctgh } t$ für $t \in \mathbb{R} - \{0\}$ definiert.

Der gewöhnliche Sinus bzw. Cosinus hängt eng mit dem hyperbolischen zusammen. Denken wir uns nämlich den hyperbolischen Cosinus und Sinus in die komplexe z-Ebene fortgesetzt, indem wir (38) in „natürlicher Weise" verallgemeinern als

$$\cosh z := \frac{1}{2}[\exp(z) + \exp(-z)] \, , \quad \sinh z := \frac{1}{2}[\exp(z) - \exp(-z)] \, ,$$

so ergeben sich aus

$$\exp(z) := \sum_{n=0}^{\infty} \frac{z^n}{n!}$$

die folgenden Reihenentwicklungen:

$$(41) \qquad \cosh z = \sum_{n=0}^{\infty} \frac{z^{2n}}{(2n)!} \quad , \quad \sinh z = \sum_{n=0}^{\infty} \frac{z^{2n+1}}{(2n+1)!} .$$

Diese Reihen sind auf jeder Kreisscheibe $\{z \in \mathbb{C} : |z| \leq R\}$ gleichmäßig konvergent, denn beide haben $\sum_{n=0}^{\infty} \frac{1}{n!} R^n$ als konvergente Majorante. Setzen wir in (41) $z = it$, $t \in \mathbb{R}$, so folgt

$$(42) \qquad \cosh(it) = \cos t \, , \, \sinh(it) = i\sin t \quad \text{für } t \in \mathbb{R} \, .$$

Aus (38) ergeben sich die Relationen

$$(43) \qquad \cosh^2 t - \sinh^2 t = 1$$

und

(44) $\cosh' t = \sinh t \ , \ \sinh' t = \cosh t$

sowie

(45) $\cosh(-t) = \cosh t \ , \ \sinh(-t) = -\sinh t \ ,$

(46) $\cosh(0) = 1 \ , \ \sinh(0) = 0 \ .$

Ferner rechnet man ohne Mühe die folgenden *Additionstheoreme* nach:

(47)
$$\sinh(u \pm v) = \sinh u \cosh v \pm \cosh u \sinh v \ ,$$
$$\cosh(u \pm v) = \cosh u \cosh v \pm \sinh u \sinh v \ .$$

Während $f(t) = (\cos t, \sin t)$ eine Parametrisierung des Einheitskreises

$$S^1 = \{(x,y) \in \mathbb{R}^2 : x^2 + y^2 = 1\}$$

angibt, liefert $g(t) = (\cosh t, \sinh t)$ eine Parametrisierung des in der rechten Halbebene $\{(x,y) \in \mathbb{R}^2 : x > 0\}$ gelegenen Astes H^+ der gleichseitigen Hyperbel H, die durch

$$H := \{(x,y) \in \mathbb{R}^2 : x^2 - y^2 = 1\}$$

definiert ist.

Es ist in der Tat leicht zu sehen, daß die Abbildung $g : \mathbb{R} \to \mathbb{R}^2$ eine bijektive Abbildung von $\mathbb{R}$ auf H^+ liefert, denn der Zwischenwertsatz ergibt $\cosh(\mathbb{R}) = [1, \infty)$, $\sinh(\mathbb{R}) = \mathbb{R}$, und $\sinh$ ist monoton wachsend wegen $\sinh' t = \cosh t \geq 1$.

Aus (39), (40), (43) und (44) erhalten wir ferner für $x \in \mathbb{R}$:

(48) $\text{tgh}' x \ = \ \dfrac{1}{\cosh^2 x} \ = \ 1 - \text{tgh}^2 x > 0 \ ,$

(49) $\text{ctgh}' x \ = \ \dfrac{-1}{\sinh^2 x} \ = \ 1 - \text{ctgh}^2 x < 0 \ , \ x \neq 0 \ .$

Die Funktion $x = \cosh t$ fällt monoton auf $(-\infty, 0]$ und wächst monoton auf $[0, \infty)$ und bildet $(-\infty, 0]$ sowie $[0, \infty)$ bijektiv auf $[1, \infty)$ ab. Also können wir sowohl für $-\infty < t \leq 0$ als auch für $0 \leq t < \infty$ eine Umkehrfunktion $t = \cosh^{-1} x$, $1 \leq x < \infty$, definieren. Um diese beiden Zweige aus

(50) $x = \cosh t = \dfrac{1}{2} \left(e^t + \dfrac{1}{e^t} \right)$

zu berechnen, formen wir diese Gleichung um in die quadratische Gleichung

$$(e^t)^2 - 2x e^t + 1 = 0$$

für e^t, aus der sich

$$e^t = x \pm \sqrt{x^2 - 1} \;\Leftrightarrow\; t = \log(x \pm \sqrt{x^2 - 1})$$

ergibt. Das Pluszeichen entspricht dem *positiven Zweig* der Umkehrfunktion $\cosh^{-1} x$, und das Minuszeichen liefert den *negativen Zweig*.

Die Funktion $y = \sinh t$ ist monoton wachsend auf $\mathbb{R}$, besitzt also eine eindeutig definierte Umkehrfunktion $t = \sinh^{-1} y$, $y \in \mathbb{R}$. Man berechnet ähnlich wie soeben, daß

$$e^t = y \pm \sqrt{y^2 + 1}$$

gelten muß, und wegen $e^t > 0$ ist das Minuszeichen nie erlaubt; daher folgt

$$t = \log\left(y + \sqrt{y^2 + 1}\right) = \sinh^{-1} y \; .$$

Die beiden Zweige von $\cosh^{-1}$ heißen **Area cosinus hyperbolicus**, und die Funktion $\sinh^{-1}$ wird **Area sinus hyperbolicus** genannt; der Zusatz „hyperbolicus" wird hier zuweilen weggelassen. Als Bezeichnungen für $\cosh^{-1}$ und $\sinh^{-1}$ wählt man üblicherweise $\operatorname{Ar cosh}$ (bzw. $\mathfrak{Ar Cos}$) und $\operatorname{Ar sinh}$ (bzw. $\mathfrak{Ar Sin}$). Wir haben also

(51) $t = \operatorname{Ar cosh} x = \log(x \pm \sqrt{x^2 - 1})$, $x \in [1, \infty)$,

und

(52) $t = \operatorname{Ar sinh} y = \log(y + \sqrt{y^2 + 1})$, $y \in \mathbb{R}$.

Die Namensgebung „Area" rührt daher, daß man t als den doppelten Flächeninhalt des Hyperbelsektors OP_0P zwischen der x-Achse, der Geraden durch OP und dem Hyperbelast H^+ im Quadranten $\{(x, y) \in \mathbb{R}^2 : x \geq 0, \, y \geq 0\}$ deuten kann. Die zugehörige Rechnung, mit der diese Deutung bewiesen wird, findet sich in Abschnitt 3.9, $\boxed{7}$. Übrigens kann man auch die Umkehrfunktionen $t = \arcsin y$ und $t = \arccos x$ in ähnlicher Weise am Einheitskreis S^1 deuten. Wie in 3.8, $\boxed{4}$ gezeigt wird, ist t dann der doppelte Flächeninhalt des Kreissektors O, P_0, P mit den Eckpunkten $O = (0, 0)$, $P_0 = (1, 0)$, $P = (x, y)$, $x = \cos t$, $y = \sin t$, $0 < t \leq \pi/2$. Schließlich bildet man noch die Umkehrfunktionen

(53) $x = \operatorname{Ar tgh} y = \dfrac{1}{2} \log \dfrac{1 + y}{1 - y}$, $-1 < y < 1$,

und

(54) $x = \operatorname{Ar ctgh} y = \dfrac{1}{2} \log \dfrac{y + 1}{y - 1}$, $|y| > 1$,

zu $y = \operatorname{tgh} x$ und $y = \operatorname{ctgh} x$, also den *Area tangens (hyperbolicus)* und den *Area cotangens (hyperbolicus)*.

Für die Ableitungen dieser vier Umkehrfunktionen erhalten wir die folgenden Formeln, wenn wir jetzt die unabhängige Variable durchweg mit x bezeichnen:

$$(55) \qquad \operatorname{Ar cosh}' x \ = \ \pm \frac{1}{\sqrt{x^2 - 1}} \ , \ |x| > 1 \ ;$$

$$(56) \qquad \operatorname{Ar sinh}' x \ = \ \frac{1}{\sqrt{x^2 + 1}} \ , \ -\infty < x < \infty \ ;$$

$$(57) \qquad \operatorname{Ar tgh}' x \ = \ \frac{1}{1 - x^2} \ , \ -1 < x < 1 \ ;$$

$$(58) \qquad \operatorname{Ar ctgh}' x \ = \ \frac{1}{1 - x^2} \ , \ |x| > 1 \ .$$

Wir überlassen es dem Leser, zur Nachprüfung dieser Formeln die erforderlichen Rechnungen auszuführen, die ähnlich wie bei den trigonometrischen Funktionen und deren Umkehrfunktionen verlaufen.

Die Hyperbelfunktionen treten an vielen Stellen auf. Beispielsweise sind $\sinh x$ und $\cosh x$ Lösungen der Differentialgleichung

$$(59) \qquad u''(x) - u(x) = 0 \ .$$

Man rechnet sofort nach, daß

$$(60) \qquad u(x) = u_0 \cosh(\sqrt{k}x) + (v_0/\sqrt{k}) \sinh(\sqrt{k}x)$$

für $k > 0$ eine Lösung des Anfangswertproblems

$$(61) \qquad u'' - k\,u = 0 \ \text{auf} \ \mathbb{R} \ , \ u(0) = u_0 \ , \ u'(0) = v_0$$

ist, und zwar ist es die einzige Lösung dieses Problems. Gäbe es nämlich eine zweite Lösung v, so gälte für $w := u - v$:

$$(62) \qquad w(0) = 0 \ , \quad w'(0) = 0$$

und

$$w'' - k\,w = 0 \ .$$

Multiplizieren wir diese Gleichung mit $2w'$, so folgt

$$[(w')^2 - k\,w^2]' = 0 \ ,$$

also

$$w'(x)^2 - kw(x)^2 \equiv \text{const} \ = w'(0)^2 - kw(0)^2 = 0 \ ,$$

und folglich

$$(63) \qquad w'(x) = \pm\sqrt{k}\,w(x) \quad \text{für alle} \ x \in \mathbb{R} \ .$$

Wir behaupten: $w(x) \equiv 0$ auf $\mathbb{R}$. Anderenfalls gäbe es ein $x_0 \in \mathbb{R}$ mit $w(x_0) \neq 0$, etwa $w(x_0) > 0$. Sei

$$\alpha := \inf \{\xi \in \mathbb{R} : w(x) > 0 \text{ für } \xi < x \leq x_0\},$$
$$\beta := \sup \{\eta \in \mathbb{R} : w(x) > 0 \text{ für } x_0 \leq x < \eta\}.$$

Es gilt $-\infty \leq \alpha < x_0 < \beta \leq \infty$, und wegen (62) kann das verallgemeinerte Intervall (α, β) nicht gleich $\mathbb{R}$ sein. Also muß mindestens eine der beiden Relationen $\alpha > -\infty$, $\beta < \infty$ und daher wenigstens eine der beiden Gleichungen $w(\alpha) = 0$, $w(\beta) = 0$ gelten. Ferner folgt aus (63), daß entweder $w(x) \equiv \text{const} \cdot \exp(\sqrt{k}x)$ oder $w(x) \equiv \text{const} \cdot \exp(-\sqrt{k}x)$ auf (α, β) ist, und dies liefert $w(x) \equiv 0$ auf (α, β), Widerspruch. Analog führen wir den Fall $w(x_0) < 0$ ad absurdum, und daher folgt $u(x) \equiv v(x)$ auf $\mathbb{R}$.

Wir erinnern daran, daß das Anfangswertproblem

$$(64) \qquad u'' + k\,u = 0 \text{ auf } \mathbb{R} \;,\; u(0) = u_0 \;,\; u'(0) = v_0$$

für $k > 0$ die eindeutig bestimmte Lösung

$$(65) \qquad u(x) = u_0 \cos(\sqrt{k}x) + (v_0/\sqrt{k}) \sin(\sqrt{k}x)$$

hat. Mit anderen Worten: Die Lösungen von (64) oszillieren, die Lösungen von (61) setzen sich aus einem exponentiell wachsenden und einem exponentiell abfallenden Anteil zusammen.

Aufgaben.

1. Man löse das Anfangswertproblem

$$f''(x) + kf(x) = 0 \text{ in } \mathbb{R} \;,\; f(0) = a \;,\; f'(0) = b$$

für die drei Fälle $k > 0$, $k = 0$, $k < 0$ und skizziere die Lösung für $k = 1, 0, -1$, wenn $a = 0$ und $b = 1$ gewählt sind.
2. Ist die durch $f(0) := 0$, $f(x) := x \sin \frac{1}{x}$ für $x \neq 0$ definierte Funktion $f : \mathbb{R} \to \mathbb{R}$ auf $\mathbb{R}$ differenzierbar?
3. Wie muß man zu gegebenen Konstanten $c_1, c_2 \in \mathbb{R}$ die Zahlen $a, \varphi \in \mathbb{R}$ wählen, so daß gilt:

$$c_1 \cos t + c_2 \sin t = a \cos(t + \varphi) ?$$

4. Man beweise die Formel

$$\sinh x \, \cosh y = 2 \sinh\left(\frac{x+y}{2}\right) \cosh\left(\frac{x-y}{2}\right).$$

5. Wie kann man $\text{tg}\,(x + y)$ als einen algebraischen Ausdruck von $\text{tg}\,x$ und $\text{tg}\,y$ schreiben?
6. Man bestimme die Grenzwerte

$$\lim_{x \to 0} \frac{a^x - 1}{x} \text{ für } a > 0 \;,\; \lim_{x \to 0} \frac{\log(1 + x)}{x} \;,\; \lim_{x \to 0} \frac{\sin x}{x}.$$

6   Das Anfangswertproblem für Systeme gewöhnlicher Differentialgleichungen I

Bei Evolutionsprozessen wird man häufig auf *Anfangswertprobleme* für Systeme gewöhnlicher Differentialgleichungen geführt, die sich im einfachsten Fall so formulieren lassen:

Gegeben sei eine Matrix $A = (a_{jk}) \in M(d, \mathbb{R})$ und ein Anfangsvektor $X_0 \in \mathbb{R}^d$. Gesucht ist eine Bewegung (oder Kurve) $X \in C^1(\mathbb{R}, \mathbb{R}^d)$, so daß die Differentialgleichung

$$(1) \qquad\qquad \dot{X}(t) = AX(t) \quad \text{auf } \mathbb{R}$$

gilt und zu einem vorgegebenen Zeitpunkt t_0 die Anfangsbedingung

$$(2) \qquad\qquad X(t_0) = X_0$$

erfüllt ist. Hierbei sei $X(t)$ wie üblich als Spaltenvektor mit den Komponenten $X_1(t), \ldots, X_d(t)$ aufgefaßt, d.h.

$$(3) \qquad\qquad X(t) = \begin{pmatrix} X_1(t) \\ X_2(t) \\ \vdots \\ X_d(t) \end{pmatrix} .$$

Diese Schreibweise verbraucht aber zuviel Platz, und so schreiben wir stattdessen

$$(4) \qquad\qquad X(t) = (X_1(t), X_2(t), \ldots, X_d(t)) ,$$

vereinbaren jedoch, daß in einer Matrixgleichung (1) der Zeilenvektor (4) in die Spaltenform (3) zu bringen ist. Dies könnten wir freilich auch durch Übergang zur transponierten Matrix X^T erreichen, aber das Mitschleppen des ^{T} (für „transponiert") ist lästig, und so vereinbaren wir lieber die eben angegebene Regel. Gehen wir von der vektoriellen Schreibweise zur Koordinatenschreibweise über, so liest sich (1) als

$$(5) \qquad\qquad \dot{X}_j(t) = \sum_{k=1}^{d} a_{jk} X_k(t) , \quad j = 1, 2, \ldots, d ,$$

und dies ist ein System von d gewöhnlichen Differentialgleichungen für die d gesuchten Funktionen $X_1, X_2, \ldots, X_d : \mathbb{R} \to \mathbb{R}$, die den Anfangsbedingungen

$$(6) \qquad\qquad X_1(t_0) = X_{01} , \; X_2(t_0) = X_{02} , \; \ldots , \; X_d(t_0) = X_{0d}$$

genügen sollen, wobei $X_0 = (X_{01}, X_{02}, \ldots, X_{0d})$ ist.

Wir wollen nun zeigen, daß das Anfangswertproblem (1), (2) zu beliebig vorgegebenen Daten A, X_0, t_0 genau eine Lösung $X \in C^1(\mathbb{R}, \mathbb{R}^d)$ besitzt und daß diese Lösung auf kompakten Zeitintervallen stetig von ihren „Anfangsdaten" X_0 abhängt. Was letzteres bedeuten soll, ist noch zu präzisieren.

Um die Existenz einer Lösung $X(t)$ des Anfangswertproblems (1), (2) nachzuweisen, untersuchen wir zunächst eine andere Anfangswertaufgabe:

Bestimme eine matrixwertige C^1-Funktion $Z(t)$, $t \in \mathbb{R}$, die der Differentialgleichung

$$(7) \qquad\qquad \dot{Z}(t) = AZ(t) \ \ auf \ \mathbb{R}$$

genügt und die Anfangsbedingung

$$(8) \qquad\qquad Z(0) = E$$

erfüllt, wobei $E = (\delta_{jk})$ die Einheitsmatrix in $M(d, \mathbb{R})$ bezeichnet.

Diese Aufgabe können wir mit einem Hilfsmittel lösen, das bereits in 3.4 und 3.5 ausführlich beschrieben worden ist; es muß nur vom skalaren Fall auf den Matrixfall übertragen werden.

Satz 1. *Zu beliebig vorgegebenem $A \in M(d, \mathbb{R})$ liefert die durch*

$$(9) \qquad\qquad Z(t) := \exp(tA) = \sum_{n=0}^{\infty} \frac{1}{n!} t^n A^n \ , \quad t \in \mathbb{R} \ ,$$

definierte Abbildung $Z : \mathbb{R} \to M(d, \mathbb{R})$ eine C^∞-Lösung des Anfangswertproblems (7) und (8).

Wir bemerken, daß Satz 1 sehr einfach mit der Funktionalgleichung (9) von Abschnitt 1.21 bewiesen werden kann (vgl. 3.4, Bemerkung 1). Unter Verwendung von 1.21, (9) ergibt sich nämlich

$$\frac{1}{h} \left[Z(t+h) - Z(t) \right] = \frac{1}{h} \left[Z(h)Z(t) - Z(t) \right]$$
$$= \frac{1}{h} \left[Z(h) - E \right] \cdot Z(t) \ \to \ AZ(t) \quad \text{für } h \to 0 \ .$$

Jedoch werden wir wieder die etwas mühsamere Schlußweise benutzen, die ohne die Funktionalgleichung auskommt, weil wir so unsere Betrachtung wieder unabhängig von 1.21 gestalten können.

Beweis. Wir wissen bereits, daß $Z(t)$ auf jedem kompakten t-Intervall gleichmäßiger Limes der Partialsummen

$$(10) \qquad\qquad S_n(t) := \sum_{k=0}^{n} \frac{1}{k!} t^k A^k$$

ist. Für $n \geq 3$ können wir

$$S_n(t+h) = E + tA + hA + \sum_{k=2}^{n} \frac{1}{k!} (t+h)^k A^k$$

und

$$S_{n-1}(t) = E + tA + \sum_{k=2}^{n-1} \frac{1}{k!} t^k A^k$$

schreiben, und somit läßt sich der Differenzenquotient

$$(11) \qquad \Delta_h S_n(t) := \frac{1}{h} \left[S_n(t+h) - S_n(t) \right] , \ h \neq 0 ,$$

in der Form

$$(12) \qquad \Delta_h S_n(t) = A S_{n-1}(t) + \sum_{k=2}^{n} E_k(h,t) , \ h \neq 0 ,$$

ausdrücken, wobei $E_k : \mathbb{R} \times \mathbb{R} = \mathbb{R}^2 \to M(d,\mathbb{R})$ das Polynom

$$E_k(h,t) := \frac{1}{k!} \, hA^k \sum_{\nu=2}^{k} \binom{k}{\nu} t^{k-\nu} h^{\nu-2}$$

in (h,t) bezeichnet. Auf dem Rechteck

$$Q_R := \{ (h,t) \in \mathbb{R}^2 : |h| \leq 1 , \ |t| \leq R \} , \ R > 0 ,$$

haben wir die Abschätzung

$$|E_k(h,t)| \ \leq \ \frac{1}{k!} \, |A^k| \, \sum_{\nu=2}^{k} \binom{k}{\nu} R^{k-\nu} ,$$

und wegen $|A^k| \leq |A|^k$ folgt

$$|E_k(h,t)| \ \leq \ \frac{1}{k!} \, |A|^k \, \sum_{\nu=0}^{k} \binom{k}{\nu} R^{k-\nu} \ = \ \frac{[|A|(R+1)]^k}{k!} \, .$$

Also besitzt die Reihe $\sum_{k=2}^{\infty} E_k(h,t)$ mit den Partialsummen

$$P_n(h,t) := \sum_{k=2}^{n} E_k(h,t)$$

auf Q_R die konvergente Majorante $\sum_{n=0}^{\infty} \frac{r^n}{n!}$, $r := |A|(R+1)$, mit der Summe e^r; folglich haben wir

$$(13) \qquad P_n(h,t) \rightrightarrows P(h,t) \text{ auf } Q_R \text{ für } n \to \infty ,$$

wobei $P(h,t)$ die Summe der Reihe $\sum_{n=2}^{\infty} E_n(h,t)$ ist. Wegen der Stetigkeit von P_n auf Q_R folgt, daß auch $P(h,t)$ auf Q_R und somit auf $\{h : |h| \leq 1\} \times \mathbb{R}$ stetig ist, also $P(h,t) \to P(0,t)$ für $h \to 0$. Weiter ist $E_k(0,t) = 0$, also $P_n(0,t) = 0$ und folglich auch $P(0,t) = 0$. Wir erhalten also

(14)
$$\lim_{h \to 0} P(h,t) = 0 \quad \text{für jedes } t \in \mathbb{R} .$$

Aus (12) folgt für $n \geq 3$ und $h \neq 0$ die Gleichung

$$\Delta_h S_n(t) = A S_{n-1}(t) + P_n(h,t) \quad , \quad t \in \mathbb{R} ,$$

und wegen (13) und $S_n(t) \to Z(t)$ sowie $S_{n-1}(t) \to Z(t)$ für $n \to \infty$ ergibt sich

(15)
$$\Delta_h Z(t) = AZ(t) + P(h,t) ,$$

wobei $\Delta_h Z(t)$ den Differenzenquotienten von $Z(t)$ zur Schrittweite h bezeichnet. Für $h \to 0$ ergibt sich aus (14) und (15), daß

$$\lim_{h \to 0} \Delta_h Z(t) = AZ(t)$$

für alle $t \in \mathbb{R}$ gilt, womit (7) bewiesen ist, und wegen $Z(0) = \exp(tA)\big|_{t=0} = E$ gilt auch (8).

$\square$

Aus Satz 1 ergibt sich nun sofort

Satz 2. *Das Anfangswertproblem (1), (2) besitzt die durch*

$$X(t) := Z(t - t_0)X_0 \quad , \quad t \in \mathbb{R} ,$$

definierte Lösung $X \in C^\infty(\mathbb{R}, \mathbb{R}^d)$, *wobei* Z *durch (9) gegeben ist.*
Beweis. Wegen $X(t_0) = Z(0)X_0 = E \cdot X_0 = X_0$ folgt (2), und es gilt

$$\dot{X}(t) = \dot{Z}(t - t_0)X_0 = AZ(t - t_0)X_0 = AX(t) ,$$

womit (1) gezeigt ist.

$\square$

Nun wollen wir die Eindeutigkeit der Lösung von (1), (2) beweisen.

Satz 3. *Das Anfangswertproblem (1), (2) hat höchstens eine Lösung* $X \in C^1(\mathbb{R}, \mathbb{R}^d)$.

Beweis. Angenommen, wir hätten zwei C^1-Lösungen X und Y von (1), (2). Dann wäre deren Differenz $u := X - Y$ eine C^1-Lösung von

$$\dot{u} = Au , \qquad u(t_0) = 0 \in \mathbb{R}^d .$$

Wir bilden die skalare Funktion $v \in C^1(\mathbb{R})$, die durch

$$v(t) := |u(t)|^2 = \langle u(t), u(t) \rangle$$

definiert ist. Dann folgt

$$\dot{v} = \frac{d}{dt} \langle u, u \rangle = 2\langle u, \dot{u} \rangle = 2\langle u, Au \rangle \leq 2|u||Au| \leq 2|A||u|^2 = 2|A|v .$$

Es gilt also

$$\dot{v} \leq 2|A|v \qquad \text{auf } \mathbb{R} .$$

Die Funktion $w(t) := e^{-2|A|(t-t_0)}$ genügt den Gleichungen

$$\dot{w} = -2|A|w$$

und $w(t_0) = 1$. Bilden wir nunmehr $z \in C^1(\mathbb{R})$ als

$$z(t) := v(t)w(t) ,$$

so ergibt sich

$$\dot{z} = \dot{v}w + v\dot{w} \leq 2|A| \, vw \, - \, 2|A| \, vw = 0 ,$$

d.h. $z(t)$ ist schwach monoton fallend. Daher gilt

(16) $$z(t) \leq z(t_0) \text{ für alle } t \geq t_0 .$$

Wegen $z(t) = v(t)w(t) \geq 0$ und $z(t_0) = v(t_0)w(t_0) = |u(t_0)|^2 = 0$ ergibt sich $z(t) \equiv 0$ für $t \geq t_0$, und dies liefert $v(t) \equiv 0$ für $t \geq t_0$ wegen $w(t) > 0$. Hieraus folgt $X(t) \equiv Y(t)$ für $t \geq t_0$. Um zu zeigen, daß auch $X(t) \equiv Y(t)$ für $t \leq t_0$ gilt, benutzen wir die Differentialungleichung

$$\dot{v} \geq -2|A|v \text{ auf } \mathbb{R} ,$$

die sich aus der Ungleichungskette

$$\dot{v} = 2\langle u, Au \rangle \geq -2|u||Au| \geq -2|A||u|^2 = -2|A|v$$

ergibt. Setzen wir $\omega(t) := e^{2|A|(t-t_0)}$ und $\zeta(t) := v(t)\omega(t)$, so folgen aus $\dot{\omega} = 2|A|\omega$ die Beziehungen

$$\dot{\zeta} = \dot{v}\omega + v\dot{\omega} \geq -2|A|v\omega + 2|A|v\omega = 0 .$$

Also ist $\zeta(t)$ schwach monoton wachsend, und wir erhalten

(17) $$\zeta(t) \leq \zeta(t_0) \text{ für alle } t \leq t_0 .$$

Ähnlich wie oben sehen wir, daß $\zeta(t_0) = 0$ und $\zeta(t) \geq 0$ für alle $t \in \mathbb{R}$ ist, woraus $\zeta(t) \equiv 0$ für $t \leq t_0$ und schließlich $v(t) \equiv 0$ und $X(t) \equiv Y(t)$ für $t \leq t_0$ folgt. $\square$

Korollar 1. *Für $X, Y \in C^1(\mathbb{R}, \mathbb{R}^d)$ mit $\dot{X} = AX$ und $\dot{Y} = AY$ auf $\mathbb{R}$ gilt für beliebige t und $t_0 \in \mathbb{R}$ die Abschätzung*

$$(18) \qquad |X(t) - Y(t)| \;\leq\; |X(t_0) - Y(t_0)| \, e^{|A| \cdot |t - t_0|} \;.$$

Beweis. Nach Satz 2 und 3 gilt

$$X(t) \;=\; Z(t - t_0) X(t_0) \quad \text{und} \quad Y(t) \;=\; Z(t - t_0) Y(t_0) \;.$$

Hieraus folgt

$$X(t) - Y(t) \;=\; Z(t - t_0)[X(t_0) - Y(t_0)]$$

und somit

$$|X(t) - Y(t)| \;\leq\; |Z(t - t_0)| \cdot |X(t_0) - Y(t_0)| \;.$$

Wegen

$$|Z(\tau)| \;=\; |\exp(\tau A)| \;\leq\; \exp(|\tau||A|)$$

ergibt sich hieraus die Behauptung (18).

$\square$

Bemerkung 1. Aus der Abschätzung (18) folgt, daß die mit $X(t, X_0)$ bezeichnete Lösung des Anfangswertproblems (1), (2) auf jedem Zeitintervall stetig von den *Anfangsdaten* X_0 abhängt. Wir erhalten nämlich für $|t - t_0| \leq R$ die Ungleichung

$$|X(t, X_0) - X(t, Y_0)| \;\leq\; |X_0 - Y_0| \, e^{|A| R} \;.$$

Für beliebig vorgegebenes $\epsilon > 0$ gilt also

$$|X(t, X_0) - X(t, Y_0)| < \epsilon \quad \text{für alle } t \text{ mit } |t - t_0| \leq R \;,$$

wenn nur $|X_0 - Y_0| < \delta := \epsilon e^{-|A| R}$ ist.

Übrigens ist diese Abschätzung bestmöglich, wie man bereits aus dem skalaren Anfangswertproblem

$$\dot{x}(t) = a \, x(t) \;, \quad x(t_0) = x_0 \;,$$

mit der Lösung $x(t) = x_0 e^{a(t - t_0)}$ ersieht.

Korollar 2. *Sind $X, Y \in C^1(I, \mathbb{R}^d)$ Lösungen von*

$$\dot{X}(t) = A(t) X(t) + B(t) \;\; bzw. \;\; \dot{Y}(t) = A(t) Y(t) + B(t)$$

mit einer vorgegebenen matrixwertigen Funktion $A : I \to M(d, \mathbb{R})$, die $|A(t)| \leq \alpha$ für alle $t \in I$ erfüllt, und mit einer Inhomogenität $B : I \to \mathbb{R}^d$, so gilt für beliebige t_0 und $t \in I$ die Abschätzung

$$|X(t) - Y(t)| \leq |X(t_0) - Y(t_0)|e^{\alpha|t-t_0|} .$$

Beweis. Die Differenz $u := X - Y$ erfüllt die Gleichung $\dot{u} = Au$. Dann zeigt man ähnlich wie im Beweis von Satz 3, daß für $v := |u|^2$ die Ungleichungen

$$-2\alpha v \leq \dot{v} \leq 2\alpha v$$

aus denen sich wie oben die behauptete Abschätzung ergibt.

$\square$

Bemerkung 2. Betrachten wir die Differentialgleichung

$$\dot{X} = A(t)X + B(t)$$

im Intervall I. Mit dieser etwas inkonsistenten Schreibweise sei angedeutet, daß die Koeffizienten $A(t) \in M(d, \mathbb{R})$ und $B(t) \in \mathbb{R}^d$ variabel in t sind. Freilich sind $X(t)$ und $\dot{X}(t)$ von t abhängig, und somit sollten wir entweder

$$\dot{X}(t) = A(t)X(t) + B(t) \quad \text{für } t \in I$$

oder aber

$$\dot{X} = AX + B \quad \text{auf } I$$

schreiben. Ersteres ist aber etwas unübersichtlich, und letzteres zeigt nicht an, ob A, B konstant oder variabel sind. Daher benutzt man häufig die oben verwendete Mischform, die zwar irreführend, aber weithin gebräuchlich ist. *Aus Korollar 2 ergibt sich, daß das zugehörige Anfangswertproblem $X(t_0) = X_0$ für beliebig vorgegebene Daten t_0, X_0 höchstens eine Lösung $X \in C^1(I, \mathbb{R}^d)$ besitzt, falls $|A(t)| \leq \text{const}$ auf I gilt.*

Korollar 3. *Zu vorgegebenen Matrizen A und $Z_0 \in M(d, \mathbb{R})$ gibt es genau eine matrixwertige Funktion $Z \in C^1(\mathbb{R}, M(d, \mathbb{R}))$, die das Anfangswertproblem*

$$(19) \qquad \dot{Z}(t) = AZ(t) \; \text{auf } \mathbb{R} , \quad Z(0) = Z_0$$

löst. Diese Lösung wird durch

$$(20) \qquad Z(t) = \exp(tA) \cdot Z_0$$

geliefert.

Beweis. Aus $Z(0) = E \cdot Z_0 = Z_0$ und Satz 1 sieht man sofort, daß $Z(t)$ eine Lösung von (19) ist. Angenommen, es gäbe eine weitere Lösung $\tilde{Z}$. Dann wäre $U := Z - \tilde{Z}$ eine Lösung von

$$\dot{U} = AU \quad , \quad U(0) = 0 \, .$$

Bezeichnen wir mit $u_1, u_2, \ldots, u_d$ die Spaltenvektoren von U, also

$$U = (u_1, u_2, \ldots, u_d) \, ,$$

so folgte für $j = 1, 2, \ldots, d$:

(21) $$\dot{u}_j(t) = Au_j(t) \text{ auf } \mathbb{R} \, , \quad u_j(0) = 0 \, ,$$

und aus Satz 3 ergäbe sich $u_j(t) \equiv 0$ auf $\mathbb{R}$, $1 \leq j \leq d$, denn $u(t) \equiv 0$ ist die eindeutig bestimmte Lösung von (21). Also gilt $U(t) \equiv 0$ und daher $\tilde{Z}(t) \equiv Z(t)$ auf $\mathbb{R}$.

$\square$

Definition 1. *Für $A \in M(d, \mathbb{R})$ setzen wir*

(22) $$e^A := \exp(A) = \sum_{n=0}^{\infty} \frac{1}{n!} A^n \, .$$

Damit können wir die eindeutig bestimmte Lösung des Anfangswertproblems (19) in der Form

(23) $$Z(t) = e^{tA} \cdot Z_0$$

schreiben.

Definition 2. *Der Kommutator zweier Matrizen $A, B \in M(d, \mathbb{R})$ ist die* Liesche Klammer *(Sophus Lie, 1842-1899)*

(24) $$[A, B] := AB - BA \ \in M(d, \mathbb{R}) \, .$$

Zwei Matrizen A, B kommutieren, wenn $AB = BA$ gilt, d.h. wenn

(25) $$[A, B] = 0$$

gilt.

Der Kommutator $[A, B]$ ist eine Art Maß für die Nichtvertauschbarkeit von A und B.

Satz 4. *Wenn $A, B \in M(d, \mathbb{R})$ vertauschbar sind, so gilt*

(26) $$e^{A+B} = e^A e^B \, .$$

Beweis. Wenn A und B kommutieren, so gilt

(27)
$$e^{tA}B = Be^{tA} ,$$

denn $AB = BA$ liefert $A^k B = BA^k$ für alle $k \in \mathbb{N}_0$ und daher

$$\left(\sum_{k=0}^{n} \frac{1}{k!} t^k A^k \right) B = B \left(\sum_{k=0}^{n} \frac{1}{k!} t^k A^k \right) .$$

Für $n \to \infty$ folgt hieraus die Relation (27), die ihrerseits

$$\frac{d}{dt}(e^{tA}e^{tB}) = Ae^{tA}e^{tB} + e^{tA}Be^{tB} = (A+B)e^{tA}e^{tB}$$

nach sich zieht. Zum anderen gilt auch

$$\frac{d}{dt} e^{t(A+B)} = (A+B)e^{t(A+B)} .$$

Also hat das Anfangswertproblem

$$\dot{Z} = (A+B)Z \quad , \quad Z(0) = E$$

die beiden Lösungen $e^{tA}e^{tB}$ und $e^{t(A+B)}$, und Korollar 3 ergibt

(28)
$$e^{t(A+B)} = e^{tA}e^{tB} \quad \text{für alle } t \in \mathbb{R} .$$

$\square$

Bemerkung 3. Bislang haben wir nur mit *reellen Matrizen* $A = (a_{jk})$, $a_{jk} \in \mathbb{R}$, operiert. Es ändert sich aber meist nicht viel, wenn wir unsere Betrachtungen auf *komplexe Matrizen* ausdehnen, d.h. auf Matrizen mit komplexen Matrixelementen a_{jk}. Wir gewinnen die folgenden Analoga zu den bisherigen Ergebnissen:

(i) Für $A \in M(d,\mathbb{C})$ erfüllt die **Exponentialfunktion**

$$e^{tA} := E + tA + \frac{1}{2!} t^2 A^2 + \ldots + \frac{1}{n!} t^n A^n + \ldots$$

die Differentialgleichung

$$\frac{d}{dt} e^{tA} = Ae^{tA} .$$

Für $A, Z_0 \in M(d,\mathbb{C})$ ist die durch

$$Z(t) := e^{tA} Z_0 \quad , \quad t \in \mathbb{R} ,$$

gegebene Funktion $Z \in C^{\infty}(\mathbb{R}, M(d,\mathbb{C}))$ die eindeutig bestimmte Lösung des Anfangswertproblems

$$\dot{Z} = AZ \quad , \quad Z(0) = Z_0 .$$

(ii) Sind $A, B \in M(d, \mathbb{C})$ vertauschbar, d.h. gilt $AB = BA$, so ist

$$e^{A+B} = e^A e^B .$$

(iii) Zu vorgegebenen $A \in M(d, \mathbb{C})$, $X_0 \in \mathbb{C}^d$ und $t_0 \in \mathbb{R}$ hat das Anfangswert-problem

$$\dot{X} = AX \quad , \quad X(t_0) = X_0$$

genau eine $C^1(\mathbb{R}, \mathbb{C}^d)$-Lösung, nämlich

$$X(t) = e^{(t-t_0)A} X_0 \quad , \quad t \in \mathbb{R} .$$

Bemerkung 4. Die Formel $e^{A+B} = e^A e^B$ ist für $d \geq 2$ im allgemeinen nicht richtig. Dies prüft man leicht für die beiden Matrizen

$$A = \begin{pmatrix} 0 & 0 \\ 1 & 0 \end{pmatrix} \quad , \quad B = \begin{pmatrix} 0 & 1 \\ 0 & 0 \end{pmatrix}$$

nach, die nicht vertauschbar sind, denn es gilt

$$[A, B] = \begin{pmatrix} -1 & 0 \\ 0 & 1 \end{pmatrix} .$$

Falls A und B nicht vertauschbar sind, läßt sich der Unterschied zwischen $e^A e^B$ und e^{A+B} mit Hilfe der *Campbell-Baker-Hausdorff-Formel* ausdrücken (vgl. etwa John F. Price, *Lie groups and compact groups*, London Math. Soc. Lecture Note Series 25, Cambridge University Press, Cambridge 1977, oder Felix Hausdorff, *Gesammelte Werke* Band IV, Springer, Berlin 2001).

Nun erinnern wir an einige Begriffe aus der Linearen Algebra.

Unter der *allgemeinen linearen Gruppe $GL(n, \mathbb{R})$* bzw. $GL(n, \mathbb{C})$ versteht man die multiplikative Gruppe der invertierbaren reellen bzw. komplexen $n \times n$-Matrizen. Eine Matrix $A \in M(n, \mathbb{R})$ bzw. $M(n, \mathbb{C})$ ist bekanntlich genau dann invertierbar, wenn sie *nichtsingulär* ist, d.h. wenn $\det A \neq 0$ gilt.

Die Untergruppe der Matrizen A aus $GL(n, \mathbb{R})$ bzw. $GL(n, \mathbb{C})$ mit der Beziehung $\det A = 1$ heißt *spezielle lineare Gruppe*; sie wird mit $SL(n, \mathbb{R})$ bzw. $SL(n, \mathbb{C})$ bezeichnet. Weiterhin ist $O(n)$ die *Untergruppe der orthogonalen Matrizen A* in $GL(n, \mathbb{R})$, und $U(n)$ ist die *Untergruppe der unitären Matrizen* in $GL(n, \mathbb{C})$. Schließlich bezeichnet $SO(n) = O(n) \cap SL(n, \mathbb{R})$ die *spezielle orthogonale Gruppe* und $SU(n) = U(n) \cap SL(n, \mathbb{C})$ die *spezielle unitäre Gruppe*.

Satz 5. *Für jedes $A \in M(n, \mathbb{R})$ bzw. $M(n, \mathbb{C})$ bildet die Menge der Matrizen e^{tA}, $t \in \mathbb{R}$, eine abelsche Untergruppe von $GL(n, \mathbb{R})$ bzw. $GL(n, \mathbb{C})$.*

Beweis. Sei $\mathcal{G} := \{e^{tA} : t \in \mathbb{R}\}$. Wegen

$$e^{tA} e^{-tA} = e^{0 \cdot A} = E$$

ist jede Matrix e^{tA} invertierbar mit $(e^{tA})^{-1} = e^{-tA}$, also $\mathcal{G} \subset GL(n, \mathbb{R})$ bzw. $GL(n, \mathbb{C})$, $E \in \mathcal{G}$, $(e^{tA})^{-1} \in \mathcal{G}$, $e^{tA} e^{sA} = e^{sA} e^{tA} = e^{(t+s)A} \in \mathcal{G}$. Damit ist gezeigt, daß $\mathcal{G}$ eine abelsche Untergruppe der Gruppe GL ist.

$\square$

Definition 3. *Unter einer* **einparametrigen Untergruppe** $\mathcal{G}$ *von* $GL(n, \mathbb{R})$ *bzw.* $GL(n, \mathbb{C})$ *versteht man eine Schar von Matrizen* $Z(t) \in M(n, \mathbb{R})$ *bzw.* $M(n, \mathbb{C})$, *so daß* $Z \in C^1(\mathbb{R}, M(n, \mathbb{R}$ *bzw.* $\mathbb{C}))$ *ist,* $Z(0) = E$, *sowie*

(29) $$Z(t + s) = Z(t)Z(s) \;\; \textit{für alle } t, s \in \mathbb{R} \,.$$

Sei $\mathcal{G} = \{Z(t) : t \in \mathbb{R}\}$ eine einparametrige Untergruppe der allgemeinen linearen Gruppe $GL(n, \mathbb{R})$ bzw. $GL(n, \mathbb{C})$. Wir setzen

(30) $$A := \dot{Z}(0) = \lim_{h \to 0} \frac{1}{h} \left[Z(h) - E \right] .$$

Aus

$$\frac{1}{h} \left[Z(t + h) - Z(t) \right] = \frac{1}{h} \left[Z(h)Z(t) - Z(t) \right] = \frac{1}{h} \left[Z(h) - E \right] Z(t)$$

folgt

$$\dot{Z}(t) = AZ(t) \;\; \text{für alle } t \in \mathbb{R} \,,$$

und ferner ist $Z(0) = E$.

Aus Korollar 3 bzw. Bemerkung 3, (i) folgt dann

(31) $$Z(t) = e^{tA} \;\; \text{für alle } t \in \mathbb{R} \,,$$

d.h. die Einparametergruppe $\mathcal{G}$ wird von $A \in M(n, \mathbb{R})$ bzw. $M(n, \mathbb{C})$ in der Form (31) erzeugt.

Sophus Lie folgend bezeichnet man $A = \dot{Z}(0)$ als den **infinitesimalen Generator** der Gruppe $\mathcal{G}$.

Bemerkung 5. Ist A eine schiefsymmetrische Matrix aus $M(n, \mathbb{R})$, also

$$A + A^T = 0 \,,$$

so folgt

$$AA^T = -A^2 = A^T A$$

und daher
$$\exp(tA) \left[\exp(tA) \right]^T = \exp(tA) \exp(tA^T) = \exp(tA + tA^T) = \exp(0) = E \,;$$

somit ist e^{tA} orthogonal und $\det e^{tA} = \pm 1$. Da die Funktion $\det e^{tA}$ stetig von t abhängt und für $t = 0$ den Wert 1 hat, so ergibt sich

$$\det e^{tA} = 1 \;\; \text{für alle } t \in \mathbb{R} \,.$$

Folglich ist $\mathcal{G} = \{e^{tA} : t \in \mathbb{R}\}$ *für jede schiefsymmetrische Matrix* $A \in M(n, \mathbb{R})$ *eine einparametrige Untergruppe der speziellen orthogonalen Gruppe* $SO(n)$.

Ist A eine schief hermitesche Matrix aus $M(n,\mathbb{C})$, also $A + A^* = 0$, $A^* := \overline{A}^T$, so folgt ähnlich, daß e^{tA} unitär ist; jedoch gilt im allgemeinen nur $|\det e^{tA}| = 1$. Somit ist $\mathcal{G} = \{e^{tA} : t \in \mathbb{R}\}$ eine einparametrige Untergruppe der *unitären* Gruppe $U(n)$. Ist außerdem spur $(A) = 0$, so folgt $\det e^{tA} = 1$, und dann ist $\mathcal{G} = \{e^{tA} : t \in \mathbb{R}\}$ eine einparametrige Untergruppe der speziellen unitären Gruppe $SU(n)$. Die Beziehung $\det e^{tA} = 1$ ergibt sich aus der Formel

$$\det(\exp(A)) = \exp(\text{spur}\,(A))\,,$$

die wir in Bemerkung 6 beweisen werden.

Umgekehrt wird jede einparametrige Untergruppe $\mathcal{G} = \{Z(t) : t \in \mathbb{R}\}$ von $O(n)$ bzw. $U(n)$ und $SU(n)$ auf diese Weise erzeugt. Sind beispielsweise die Matrizen $Z(t)$ sämtlich unitär, so gilt

$$ZZ^* = Z^*Z = E\,.$$

Hieraus folgt

$$0 = \frac{d}{dt}(ZZ^*) = \dot{Z}Z^* + Z\dot{Z}^*\,,$$

und ferner gilt $\dot{Z} = AZ$ für den infinitesimalen Generator A von $\{Z(t)\}$, also $\dot{Z}^* = Z^*A^*$. Wir erhalten dann

$$0 = AZZ^* + ZZ^*A^* = A + A^*\,,$$

d.h. A ist schief hermitesch.

Wir bemerken noch, daß für

$$J = \begin{pmatrix} 0 & -1 \\ 1 & 0 \end{pmatrix}$$

wegen $J^2 = -E$, $J^3 = -J$, $J^4 = E$ die Formel

$$e^{tJ} = \begin{pmatrix} \cos t & -\sin t \\ \sin t & \cos t \end{pmatrix}\,, \quad t \in \mathbb{R}\,,$$

folgt. Somit ist die einparametrige Gruppe $\{e^{tJ} : t \in \mathbb{R}\}$ mit dem infinitesimalen Generator J nichts anderes als die spezielle orthogonale Gruppe $SO(2)$, und diese ist isomorph zur unitären Gruppe $U(1) = \{e^{it} : t \in \mathbb{R}\}$. Die Isomorphie zwischen $U(1)$ und $SO(2)$ wird durch die *Realisierungsabbildung*

$$r : U(1) \to SO(2)\,, \quad r(e^{it}) := \begin{pmatrix} \cos t & -\sin t \\ \sin t & \cos t \end{pmatrix}$$

geliefert.

Die einparametrigen Untergruppen von $GL(n,\mathbb{R})$ bzw. $GL(n,\mathbb{C})$ sind die einfachsten Beispiele Liescher Gruppen. Solche Gruppen spielen eine wichtige Rolle bei Symmetriebetrachtungen in Geometrie und Physik.

Bemerkung 6. Im allgemeinen ist es nicht ganz einfach, die Exponentialfunktion e^{tA} einer gegebenen Matrix $A \in M(d, \mathbb{C})$ zu berechnen, aber diese Aufgabe bereitet wenig Mühe, wenn A eine Diagonalmatrix ist, etwa

$$(32) \qquad\qquad A = \mathrm{diag}\,(\lambda_1, \lambda_2, \dots, \lambda_d)$$

mit $\lambda_j \in \mathbb{C}$. Dann sind die Zahlen λ_j die Eigenwerte von A, und wir erhalten

$$(33) \qquad\qquad e^{tA} = \mathrm{diag}\,(e^{\lambda_1 t}, e^{\lambda_2 t}, \dots, e^{\lambda_d t})\,.$$

Damit können wir auch den Fall leicht behandeln, wo A durch eine Ähnlichkeitstransformation diagonalisierbar ist. Dies bedeutet, es gibt eine invertierbare Matrix $C \in M(d, \mathbb{C})$, so daß

$$(34) \qquad\qquad CAC^{-1} = \mathrm{diag}\,(\lambda_1, \dots, \lambda_d) =: \Lambda$$

erfüllt ist. Wegen $CA^k C^{-1} = (CAC^{-1})^k$ ergibt sich sofort, daß

$$Ce^{tA}C^{-1} = e^{tCAC^{-1}} = e^{t\Lambda}$$

gilt. Folglich erhalten wir

$$(35) \qquad\qquad e^{tA} = C^{-1} \cdot \mathrm{diag}\,(e^{\lambda_1 t}, \dots, e^{\lambda_d t}) \cdot C\,.$$

Im allgemeinen kann man vermöge $A \mapsto CAC^{-1}$ eine Matrix A nicht in Diagonalform, sondern nur auf die *Jordansche Normalform* bringen, und dann ist die Gestalt von e^{tA} erheblich komplizierter.

Mit der gleichen Idee kann man die interessante Formel

$$(36) \qquad\qquad \det e^A = e^{\mathrm{spur}\,(A)}$$

beweisen. Wir benutzen das aus der Linearen Algebra bekannte Ergebnis, daß jede Matrix aus $M(d, \mathbb{C})$ einer oberen Dreiecksmatrix ähnlich ist. Also gibt es eine invertierbare Matrix $C \in M(d, \mathbb{C})$, so daß

$$CAC^{-1} = \Lambda + N$$

gilt, wobei $\Lambda = \mathrm{diag}\,(\lambda_1, \dots, \lambda_d)$ eine *Diagonalmatrix* und N eine *echte obere Dreiecksmatrix* bezeichne (d.h. alle Elemente von N auf und unterhalb der Hauptdiagonalen sind null). Für jedes $k \in \mathbb{N}$ ergibt sich

$$(\Lambda + N)^k = \Lambda^k + \text{ echte obere Dreiecksmatrix}\,,$$

und hieraus folgt

$$e^{\Lambda+N} = e^\Lambda + \text{ echte obere Dreiecksmatrix}\,.$$

Wir bekommen daher

$$\det e^{\Lambda+N} = \det e^\Lambda = e^{\lambda_1} e^{\lambda_2} \cdot \ldots \cdot e^{\lambda_d} = e^{\lambda_1 + \lambda_2 + \ldots + \lambda_d}\,.$$

Wegen

$$\text{spur}\,(A) = \text{spur}\,(CAC^{-1}) = \text{spur}\,(\Lambda) = \sum_{j=1}^{d} \lambda_j$$

und

$$\det e^A = \det(Ce^AC^{-1}) = \det e^{CAC^{-1}} = \det e^{\Lambda+N}$$

ergibt sich nun die Formel (36).

Nun wollen wir mit Hilfe von (36) eine Differentialgleichung für die Determinante einer Matrixlösung der Gleichung $\dot{Z} = A(t)Z$ mit variabler Koeffizientenmatrix $A(t)$ herleiten. Diese Differentialgleichung für die Determinante tritt bei vielerlei Gelegenheiten auf, beispielsweise bei der Beschreibung *maßtreuer Strömungen*.

Satz 6. (Formel von Liouville) *Ist* $Z \in C^1(I, M(d, \mathbb{C}))$ *eine Lösung von* $\dot{Z} = A(t)Z$ *auf dem Intervall* I *mit* $A : I \to M(d, \mathbb{C})$, *so gilt*

$$(37) \qquad \frac{d}{dt} \det Z(t) = \text{spur}\,(A(t)) \cdot \det Z(t) \quad \textit{für alle } t \in I \,.$$

Beweis. Wir fixieren ein $t_0 \in I$ und setzen $Z_0 := Z(t_0)$ sowie $A_0 := A(t_0)$. Dann ist

$$\dot{Z}(t_0) = A_0 Z_0 \,.$$

Bilden wir ferner

$$W(t) := e^{(t-t_0)A_0} Z_0 \ , \ t \in \mathbb{R} \,,$$

so folgt

$$\dot{W} = A_0 W \ \text{ und } \ W(t_0) = Z_0 \,.$$

Hieraus ergibt sich

$$W(t_0) = Z_0 = Z(t_0) \ \text{ und } \ \dot{W}(t_0) = A_0 Z_0 = \dot{Z}(t_0) \,,$$

und wegen Satz 7 aus Abschnitt 3.1 erhalten wir (mit $D = d/dt$) die Relation

$$(D \det W)(t_0) = (D \det Z)(t_0) \,.$$

Andererseits gilt wegen (36)

$$\det W(t) = e^{(t-t_0)\text{spur}(A_0)} \det Z_0 \,,$$

woraus wir

$$D \det W(t) = \text{spur}\,(A_0) \cdot \det W(t)$$

ableiten. Für $t = t_0$ ergibt sich dann

$$(D \det Z)(t_0) = \text{spur}\,(A(t_0)) \cdot \det Z(t_0) \,.$$

Da t_0 beliebig aus I gewählt war, ist die Behauptung (37) bewiesen.

$\square$

Zweiter Beweis. Wir wollen nun noch einen anderen Beweis für (37) angeben, der sich nicht auf (36) stützt. Dazu definieren wir U und B als die Transponierten von Z und A, also

$$U = (u_1, \dots, u_d) := Z^T \ , \quad B = (b_{jk}) := A^T \ ,$$

wobei $u_1, \dots, u_d$ die Spaltenvektoren von U und b_{jk} die Matrixelemente von B bezeichnen sollen. Dann schreibt sich $\dot{Z} = AZ$ als $\dot{U} = UB$, was gleichbedeutend ist mit

$$\dot{u}_k = \sum_{l=1}^{d} u_l b_{lk} \ , \quad 1 \leq k \leq d \ .$$

Ferner ist

$$\frac{d}{dt} \det U = \det(\dot{u}_1, u_2, \dots, u_d) + \det(u_1, \dot{u}_2, u_3, \dots, u_d)$$
$$+ \dots + \det(u_1, \dots, u_{d-1}, \dot{u}_d) \ .$$

Den ersten Summanden auf der rechten Seite können wir folgendermaßen umformen:

$$\det(\dot{u}_1, u_2, \dots, u_d) = \det(b_{11}u_1 + b_{21}u_2 + \dots + b_{d1}u_d, u_2, \dots, u_d)$$
$$= b_{11} \cdot \det(u_1, u_2, \dots, u_d) \ .$$

Allgemeiner kann der j-te Summand in die Gestalt

$$b_{jj} \cdot \det(u_1, u_2, \dots, u_d)$$

gebracht werden, womit sich

$$\frac{d}{dt} \det U = (b_{11} + b_{22} + \dots + b_{dd}) \det U$$

ergibt. Wegen $\det Z = \det Z^T = \det U$ folgt (37).

$\square$

Dritter Beweis. Wir können den vorangehenden Beweis noch etwas vereinfachen, wenn wir ein Resultat der Linearen Algebra benutzen, welches besagt, daß der Raum $\mathcal{D}_d$ der *Determinantenformen* eindimensional ist. Unter einer Determinantenform auf $\mathbb{C}^d$ versteht man eine alternierende d-Form $\phi(\xi_1, \xi_2, \dots, \xi_d)$, $\xi_j \in \mathbb{C}^d$, $1 \leq j \leq d$. Eine solche ist die klassische Determinante $\det(\xi_1, \xi_2, \dots, \xi_d)$, und det ist nicht die Null in $\mathcal{D}_d$. Ist nun $A \in M(d, \mathbb{C})$, so liefert

$$\phi(\xi_1, \xi_2, \dots, \xi_d) := \det(A\xi_1, \xi_2, \dots, \xi_d) + \dots + \det(\xi_1, \dots, \xi_{d-1}, A\xi_d)$$

eine alternierende d-Form auf $\mathbb{C}^d$. Folglich gibt es eine Konstante $c \in \mathbb{C}$, so daß $\phi = c \cdot \det$ ist. Für $\xi_1 = e_1, \dots, \xi_d = e_d$ ergibt sich

$$c = \phi(e_1, \dots, e_d) = a_{11} + a_{22} + \dots + a_{dd} = \operatorname{spur}(A) \ .$$

Also gilt

$$\phi(\xi_1, \xi_2, \dots, \xi_d) = \operatorname{spur}(A) \cdot \det(\xi_1, \xi_2, \dots, \xi_d) \ .$$

Schließlich folgt aus $\dot{Z} = A(t)Z$ und $Z = (Z_1, \dots, Z_d)$, daß

$$\frac{d}{dt} \det Z(t) = \phi(Z_1, Z_2, \dots, Z_d)$$

ist, woraus sich

$$\frac{d}{dt} \det Z(t) = \operatorname{spur}(A(t)) \cdot \det Z(t)$$

ergibt.

$\square$

Bemerkung 7. Man kann übrigens aus Satz 6 die Formel (36) zurückgewinnen. Bilden wir nämlich für eine beliebig vorgegebene konstante Matrix A die Exponentialfunktion $Z(t) := e^{tA}$, so gilt $\dot{Z} = AZ$ und $Z(0) = E$. Die Funktion $\omega(t) := \det e^{tA}$ erfüllt dann $\dot{\omega}(t) = \text{spur}\,(A) \cdot \omega(t)$ und $\omega(0) = 1$. Die eindeutig bestimmte Lösung dieses skalaren Anfangswertproblems ist aber $\omega(t) = e^{t\,\text{spur}\,(A)}$. Für $t = 1$ folgt dann $\det e^{A} = e^{\text{spur}\,(A)}$.

Im folgenden wollen wir die Dimension des *Lösungsraumes* der linearen Differentialgleichung $\dot{X}(t) = AX(t)$, also des *Nullraumes* (oder *Kerns*) $N(L)$ des linearen Operators

$$L := \frac{d}{dt} - A$$

bestimmen. Um die hierfür nötigen Schlüsse nicht doppelt ausführen zu müssen, behandeln wir den reellen und den komplexen Fall gemeinsam. Bezeichne also V den Vektorraum $\mathbb{R}^d$ bzw. $\mathbb{C}^d$ über dem Körper $\mathbb{K} = \mathbb{R}$ bzw. $\mathbb{C}$.

(i) Für $A \in M(d, \mathbb{R})$ wählen wir gewöhnlich $\mathbb{K} = \mathbb{R}$, $V = \mathbb{R}^d$.

(ii) Für $A \in M(d, \mathbb{C})$ setzen wir $\mathbb{K} = \mathbb{C}$, $V = \mathbb{C}^d$.

Wir interpretieren L als lineare Abbildung

$$L : C^1(\mathbb{R}, V) \to C^0(\mathbb{R}, V)$$

und setzen

(38) $$N(L) := \{X \in C^1(\mathbb{R}, V) : LX = 0\}\,.$$

Offenbar ist der Nullraum $N(L)$ ein linearer Unterraum des Vektorraums $C^1(\mathbb{R}, V)$ über dem Körper $\mathbb{K}$.

Satz 7. *Es gilt* $\dim N(L) = d$.

Beweis. Zuerst zeigen wir, daß $d + 1$ Vektoren $X_1, \ldots, X_{d+1} \in N(L)$ über $\mathbb{K}$ linear abhängig sind. Dazu bemerken wir zunächst, daß es – nicht sämtlich verschwindende – Skalare $\lambda_1, \ldots, \lambda_{d+1} \in \mathbb{K}$ gibt, so daß

$$\sum_{j=1}^{d+1} \lambda_j X_j(0) = 0 \in V$$

gilt. Wir setzen

$$u := \sum_{j=1}^{d+1} \lambda_j X_j\,.$$

Offenbar ist $\dot{u} = Au$ und $u(0) = 0$. Hieraus folgt $u(t) \equiv 0$ auf $\mathbb{R}$, d.h. $u = 0 \in N(L)$, was

$$\lambda_1 X_1 + \lambda_2 X_2 + \ldots + \lambda_{d+1} X_{d+1} = 0 \in N(L)$$

bedeutet. Also sind $X_1, \ldots, X_{d+1}$ linear abhängige Elemente von $N(L)$.

Nun beweisen wir, daß es d linear unabhängige Vektoren in $N(L)$ gibt. Zu diesem Zweck wählen wir irgendeine Basis $e_1, e_2, \ldots, e_d \in V$ des d-dimensionalen Vektorraumes V über dem Körper $\mathbb{K}$ und bestimmen C^1-Lösungen $X_1, \ldots, X_d$ der Anfangswertprobleme

$$\dot{X}_j = AX_j \ , \ \ X_j(0) = e_j \ \ , \ \ 1 \leq j \leq d \ .$$

Die Funktionen $X_1, \ldots, X_d$ sind linear unabhängige Elemente von $N(L)$, denn gälte $\lambda_1 X_1 + \cdots + \lambda_d X_d = 0$, $\lambda_j \in \mathbb{K}$, so wäre insbesondere

$$\sum_{j=1}^{d} \lambda_j e_j = \sum_{j=1}^{d} \lambda_j X_j(0) = 0 \ ,$$

und hieraus folgte $\lambda_1 = \ldots = \lambda_d = 0$ wegen der linearen Unabhängigkeit von $e_1, \ldots, e_d$ in V.

$\square$

Definition 4. *(i) Eine Basis $X_1, X_2, \ldots, X_d$ von $N(L)$ heißt* **Fundamentalsystem von Lösungen** *(FSL) der Gleichung*

$$\dot{X} = AX \ .$$

(ii) Unter einer **Fundamentalmatrix** $Z \in C^1(\mathbb{R}, M(d, \mathbb{K}))$ *für den Operator $L = d/dt - A$ verstehen wir eine Lösung Z der Matrixdifferentialgleichung*

$$\dot{Z} = AZ \ ,$$

deren Spaltenvektoren ein FSL für die Gleichung $LX = 0$ bilden.

Satz 8. *Bezeichne $Z \in C^1(\mathbb{R}, M(d, \mathbb{K}))$ eine Lösung der Matrixdifferentialgleichung $\dot{Z} = AZ$.*

(i) Dann gilt entweder $\det Z(t) \equiv 0$ *auf $\mathbb{R}$ oder*

(39) $\det Z(t) \neq 0$ *für alle $t \in \mathbb{R}$.*

(ii) Z ist genau dann eine Fundamentalmatrix für L, wenn (39) erfüllt ist.

(iii) Ist Z eine Fundamentalmatrix für L, so kann man zu beliebigen Daten $t_0 \in \mathbb{R}$ und $X_0 \in V$ einen (Spalten-)Vektor $\lambda \in V$ mit den Komponenten $\lambda_1, \ldots, \lambda_d$ finden, so daß

(40) $X_0 = Z(t_0)\lambda$

gilt. Dann ist

(41) $X(t) := Z(t)\lambda$

die Lösung des Anfangswertproblems

(42) $\dot{X}(t) = AX(t) \quad auf \ \mathbb{R}, \quad X(t_0) = X_0 \ .$

Beweis. (i) Aus dem Existenz- und Eindeutigkeitssatz (Korollar 3) folgt für beliebiges $t_0 \in \mathbb{R}$

$$Z(t) = e^{(t-t_0)A} Z(t_0) \,,$$

woraus sich

$$\det Z(t) = \det e^{(t-t_0)A} \cdot \det Z(t_0)$$

ergibt. Wegen (36) gilt $\det e^{(t-t_0)A} \neq 0$, und somit erhalten wir

$$\det Z(t) \neq 0 \ \text{ für alle } \ t \in \mathbb{R} \ \Leftrightarrow \ \det Z(t_0) \neq 0 \ \text{ für ein } \ t_0 \in \mathbb{R} \,.$$

Die Behauptungen (ii) und (iii) ergeben sich sofort aus dem zuvor Gesagten.

$\square$

Bemerkung 8. Satz 8 liefert eine explizite Methode zur Lösung des Anfangswertproblems (42):

Schritt 1. Man verschaffe sich ein *FSL*, d.h. eine Fundamentalmatrix $Z(t)$.

Schritt 2. Man löse das lineare Gleichungssystem (40) nach den Unbekannten $\lambda_1, \lambda_2, \ldots, \lambda_d \in \mathbb{K}$ auf.

Schritt 3. Es ist vermöge (41) der Vektor $X(t)$ zu bilden. Hat $Z(t)$ die Spaltenvektoren $Z_1(t), \ldots, Z_d(t)$, so ist $X(t)$ die Linearkombination

(43) $$X(t) = \lambda_1 Z_1(t) + \lambda_2 Z_2(t) + \ldots + \lambda_d Z_d(t) \,.$$

Schritt 1 wird in dem hier betrachteten Fall einer konstanten Matrix A mittels der Exponentialfunktion e^{tA} erledigt. In Abschnitt 4.4, [11] werden wir eine analoge Methode für Gleichungen

$$\dot{Z}(t) = A(t)Z(t)$$

mit variabler Koeffizientenmatrix $A(t)$ angeben.

Aufgaben.

1. Man bestimme e^{tA} für die folgenden Matrizen A:

$$\begin{pmatrix} 0 & 1 \\ 0 & 0 \end{pmatrix}, \ \begin{pmatrix} 0 & 1 \\ 1 & 0 \end{pmatrix}, \ \begin{pmatrix} 0 & 1 \\ -1 & 0 \end{pmatrix}, \ \begin{pmatrix} 0 & 1 & 0 \\ 0 & 0 & 1 \\ 0 & 0 & 0 \end{pmatrix} \,.$$

2. Man zeige, daß für $A = \begin{pmatrix} 1 & 1 \\ 1 & 1 \end{pmatrix}$ die Formel $e^A = \frac{1}{2} \begin{pmatrix} e^2 + 1 & e^2 - 1 \\ e^2 - 1 & e^2 + 1 \end{pmatrix}$ gilt.

3. Kann man jede Matrix $B \in M(d, \mathbb{R})$ in der Form $B = e^A$ mit $A \in M(d, \mathbb{R})$ schreiben? Wenn nicht, was ist hierfür eine notwendige Bedingung?

4. Man zeige: $e^A = e^{A + 2\pi i k E}$ für $k \in \mathbb{Z}$.

5. Eine symmetrische Matrix $A \in M(d, \mathbb{R})$ heißt *positiv definit* (Symbol: $A > 0$) bzw. *positiv semidefinit* (Symbol: $A \geq 0$), wenn $\langle Ax, x \rangle > 0$ bzw. $\langle Ax, x \rangle \geq 0$ für alle $x \in \mathbb{R}^d$ mit $x \neq 0$ gilt. Man beweise:
   (i) Zu jedem $A > 0$ (bzw. ≥ 0) gibt es genau ein $B \in M(d, \mathbb{R})$ mit $B > 0$ (bzw. ≥ 0) und $B^2 = A$. Wir setzen $\sqrt{A} := B$.
   (ii) Wenn $C \in M(d, \mathbb{R})$ symmetrisch ist, so ist e^C symmetrisch und $e^C > 0$.
   (iii) Aus $C_1, C_2 \in M(d, \mathbb{R})$, $C_1 = C_1^T$, $C_2 = C_2^T$ und $e^{C_1} = e^{C_2}$ folgt $C_1 = C_2$.
   (iv) Wenn $A \in M(d, \mathbb{R})$ und $A = A^T > 0$, so gibt es genau ein $C \in M(d, \mathbb{R})$ mit $C = C^T$, so daß $e^C = A$ ist. Wir setzen $C := \log A$.
   (v) Wann gilt für $A_1, A_2 \in M(d, \mathbb{R})$ mit $A_j = A_j^T > 0$ $(j = 1, 2)$ die Gleichung $\log(A_1 A_2) = \log A_1 + \log A_2$?
6. Eine hermitesche Matrix $A \in M(d, \mathbb{C})$ heißt *positiv definit*, wenn $\langle Az, z \rangle > 0$ für alle $z \in \mathbb{C}^d$ mit $z \neq 0$ gilt. Man verallgemeinere die Resultate von Aufgabe 5 sinngemäß auf die positiv definiten hermiteschen Matrizen in $M(d, \mathbb{C})$.
7. Sei $S \in M(2, \mathbb{R})$, $S = S^T$, $J = \begin{pmatrix} 0 & -1 \\ 1 & 0 \end{pmatrix}$, $X \in C^1(\mathbb{R}, \mathbb{R}^2)$, und es gelte $\dot{X} = JSX$. Man zeige: $\langle X(t), SX(t) \rangle \equiv$ const.

7   Das eindimensionale Riemannsche Integral

Das *bestimmte Integral* $\int_a^b f(x)dx$ einer positiven Funktion $f : [a, b] \to \mathbb{R}$ ist anschaulich als ein *Flächeninhalt* definiert, nämlich als Maßzahl des Flächenstückes F, das vom Intervall $[a, b]$ auf der x-Achse und dem Graphen $G(f)$ von f einerseits und andererseits von den beiden vertikalen geradlinigen Verbindungsstücken der Punkte $(a, 0)$ und $(a, f(a))$ bzw. $(b, 0)$ und $(b, f(b))$ berandet wird.

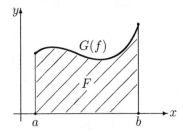

Freilich ist diese Definition tautologisch, weil der Flächeninhalt nicht a priori definiert ist, obwohl die „Anschauung" nahezulegen scheint, daß jedem „vernünftig geschnittenen Flächenstück" eine Maßzahl für seinen Inhalt entspricht. Vielmehr wird umgekehrt ein Schuh daraus: Man definiert zuerst das bestimmte Integral und benutzt es dann, um Flächeninhalte zu definieren. Diese Definition des Integrals ist motiviert durch die geometrische Anschauung und wird so vorgenommen, daß sie bei einfachen geometrischen Figuren, etwa bei Rechtecken oder Dreiecken, gerade den Flächeninhalt liefert, den die Elementargeometrie verwendet.

Der Definition von $\int_a^b f(x)dx$ liegt die Idee zugrunde, das Flächenstück F durch geometrische Figuren zu approximieren, die aus sich nicht überlappenden Rechtecken zusammengesetzt sind. Solchen Figuren kann man ein elementargeometrisches Flächenmaß zuordnen, nämlich die Summe der Inhalte der Rechtecke, aus denen sie zusammengesetzt sind. Wenn nun F besser und besser durch solche Rechteckfiguren approximiert wird, kann man hoffen, daß die Inhalte der Rechteckfiguren gegen einen Grenzwert streben. Dieser Grenzwert wird als Maßzahl von F, d.h. als Wert des Integrals $\int_a^b f(x)dx$ genommen. Die Approximation von F durch Rechteckfiguren kann als Approximation des Graphen von f durch Graphen von stückweise konstanten Funktionen gedeutet werden; solche Funktionen bezeichnet man auch als *Treppenfunktionen*. Im folgenden wollen wir diese Approximationsidee präzisieren und zu einer strengen Definition des bestimmten Integrals ausbauen.

Diese Definition wurde – eher beiläufig – von B. Riemann in seiner Habilitationsschrift (*Über die Darstellbarkeit einer Funktion durch eine trigonometrische Reihe*, Göttingen, 1854; vgl. Gesammelte Mathematische Werke, 2. Auflage, 1876, S. 213–253, insbesondere S. 225–230) geliefert, da Cauchys Definition zu dieser Zeit bereits als nicht genügend streng empfunden wurde. Riemanns Ideen wurden von G. Darboux und P. DuBois-Reymond (1875) vervollkommnet. Im Jahre 1902 lieferte H. Lebesgue in seiner Dissertation (*Integral, Longueur, Aire*), eine neue Definition des Integralbegriffes, die dem „Riemannschen Integral" weit überlegen ist. Allerdings ist diese Überlegenheit weitgehend theoretischer Natur. In allen feineren Untersuchungen der Analysis verwendet man heute das Lebesguesche Integral; es kann als eine Fortsetzung des Riemannschen Integrals auf eine wesentlich umfangreichere und mit besonders nützlichen Eigenschaften ausgestattete Funktionenklasse angesehen werden. Für alle im Riemannschen Sinne integrierbaren Funktionen stimmen nämlich die beiden Integraldefinitionen überein.

Andererseits ist der Riemannsche Integralbegriff einfacher als der Lebesguesche und läßt sich für numerische Zwecke und insbesondere für die explizite Berechnung von Flächeninhalten etwas leichter handhaben. Daher wollen wir hier als „Integral" das Riemannsche Integral einführen.

Historisch gesehen ist der Integralbegriff wesentlich älter als der Begriff der Ableitung, der nach Vorarbeiten von Descartes, Galilei, Kepler, Fermat und Huygens von Newton (ab 1665) und Leibniz (ab 1672) erdacht wurde. Bereits die alten Griechen hatten eine Art Integralbegriff, der nach unseren Kenntnissen auf Eudoxos von Knidos (4. Jahrhundert v.Chr.) zurückgeht. Mit seiner *Exhaustionsmethode* (Ausschöpfungsverfahren) konnte er den Inhalt gewisser ebener und räumlicher Figuren bestimmen. Archimedes (Syrakus, 287–212 v.Chr.) hat die von Euklid überlieferte Lehre des Eudoxos weiterentwickelt und wesentlich bereichert. Zudem hat er sie auf physikalische Probleme angewandt, etwa auf Fragen der Statik und Hydrostatik (Schwerpunkt, Gleichgewicht, Auftrieb, Schwimmen und Sinken). Eine kleine Schrift ausgewählter Werke des Archimedes wurde bereits im Jahre 1503 gedruckt. Zahlreiche mathematische und physikalische Schriften von Archimedes wurden erstmals 1543 von Tartaglia in gedruckter Form herausgegeben, übrigens im gleichen Jahre, in dem auch Kopernikus' *De revolutionibus orbium coelestium* und der anatomische Atlas des Vesalius erschien. Die erste vollständige Ausgabe der mathematischen Arbeiten von Archimedes wurde 1544 von Herwagen in Basel publiziert; 1558 erschien die wissenschaftlich besonders bedeutungsvolle Ausgabe durch Commandino.

Die Schriften von Archimedes haben einen großen Einfluß gehabt, insbesondere auch auf die Entwicklung der Integralrechnung. Kepler (*Auszug aus der uralten Messekunst Archimedis*, 1616) hat die Methoden von Archimedes benutzt, um näherungsweise Volumina zu bestimmen. Die *Geometria indivisibilibus continuorum* von Cavalieri (1635) kann als das erste Lehrbuch der Integralrechnung angesehen werden. Das *Cavalierische Prinzip* lieferte eine wirkungsvolle Methode zur Berechnung von Flächen- und Rauminhalten, die vielfach effektiver war als das Exhaustionsverfahren. Ein anderer bedeutender Vorläufer der Integralrechnung war John Wallis, dessen *Arithmetica infinitorum* (1656) Newton wesentlich beeinflußte.

In diesem Abschnitt betrachten wir beschränkte Funktionen $f : I \to \mathbb{R}$ bzw. $f : I \to \mathbb{R}^d$, die auf einem kompakten Intervall $I = [a, b]$ der reellen Achse definiert sind.

Definition 1. *(i) Eine* **Zerlegung** $\mathcal{Z}$ *von* $I = [a, b]$ *in Teilintervalle* I_j *der Längen* $|I_j|$, $j = 1, 2, \ldots, k$, *ist eine Menge von Punkten* $x_0, x_1, \ldots, x_k \in \mathbb{R}$ *(Teilpunkte von* $\mathcal{Z}$ *genannt) mit*

(1) $$a = x_0 < x_1 < x_2 < \ldots < x_k = b$$

derart, daß $I_j := [x_{j-1}, x_j]$ *ist, und wir setzen* $\Delta x_j := x_j - x_{j-1} = |I_j|$. *Als* **Feinheit der Zerlegung** $\mathcal{Z}$ *bezeichnet man die Zahl*

(2) $$\Delta(\mathcal{Z}) := \max \{ \Delta x_1, \Delta x_2, \ldots, \Delta x_k \} ,$$

also die Länge des größten Teilintervalles von $\mathcal{Z}$.

(ii) Aus jedem I_j *wählen wir einen Punkt* $\xi_j \in I_j$ *aus und setzen* $\xi = (\xi_1, \xi_2, \ldots, \xi_k)$. *Für* $f \in \mathcal{B}(I)$ *nennt man*

(3) $$S_{\mathcal{Z}}(f) = S_{\mathcal{Z}}(f, \xi) := \sum_{j=1}^{k} f(\xi_j) \Delta x_j$$

eine **Riemannsche Zwischensumme**.

(iii) Für $f \in \mathcal{B}(I)$ *setzen wir*

(4)
$$\underline{m}_j := \inf\nolimits_{I_j} f = \inf\{f(x) : x \in I_j\} , \quad \overline{m}_j := \sup\nolimits_{I_j} f = \sup\{f(x) : x \in I_j\}$$

und bilden die **Obersumme**

(5) $$\overline{S}_{\mathcal{Z}}(f) := \sum_{j=1}^{k} \overline{m}_j \Delta x_j$$

sowie die **Untersumme**

(6) $$\underline{S}_{\mathcal{Z}}(f) := \sum_{j=1}^{k} \underline{m}_j \Delta x_j .$$

Wegen $\underline{m}_j \leq f(\xi_j) \leq \overline{m}_j$ *folgt dann für jede Riemannsche Zwischensumme* $S_{\mathcal{Z}}(f, \xi)$ *die Ungleichung*

(7) $$\underline{S}_{\mathcal{Z}}(f) \leq S_{\mathcal{Z}}(f, \xi) \leq \overline{S}_{\mathcal{Z}}(f) .$$

Definition 2. *(i) Wir nennen eine Zerlegung* $\mathcal{Z}^*$ *von* I *eine* **Verfeinerung der Zerlegung** $\mathcal{Z}$ *von* I, *wenn alle Teilpunkte von* $\mathcal{Z}$ *auch Teilpunkte von* $\mathcal{Z}^*$ *sind.*

(ii) Unter der **gemeinsamen Verfeinerung** $\mathcal{Z}_1 \vee \mathcal{Z}_2$ *zweier Zerlegungen* $\mathcal{Z}_1$ *und* $\mathcal{Z}_2$ *von* I *verstehen wir diejenige Zerlegung von* I, *deren Teilpunkte gerade die Teilpunkte von* $\mathcal{Z}_1$ *und* $\mathcal{Z}_2$ *sind.*

Lemma 1. *Ist $\mathcal{Z}^*$ eine Verfeinerung von $\mathcal{Z}$, so gilt*

$$(8) \qquad \underline{S}_{\mathcal{Z}}(f) \leq \underline{S}_{\mathcal{Z}^*}(f) \leq \overline{S}_{\mathcal{Z}^*}(f) \leq \overline{S}_{\mathcal{Z}}(f) \,.$$

Beweis. Ist $I_l^* \subset I_j$, so folgt $\inf_{I_j} f \leq \inf_{I_l^*} f$ und $\sup_{I_l^*} f \leq \sup_{I_j} f$ und damit

$$\underline{S}_{\mathcal{Z}}(f) \leq \underline{S}_{\mathcal{Z}^*}(f) \quad , \quad \overline{S}_{\mathcal{Z}^*}(f) \leq \overline{S}_{\mathcal{Z}}(f) \,,$$

und (7) liefert

$$\underline{S}_{\mathcal{Z}^*}(f) \leq \overline{S}_{\mathcal{Z}^*}(f) \,.$$

□

Lemma 2. *Für zwei beliebige Zerlegungen $\mathcal{Z}_1$ und $\mathcal{Z}_2$ von I gilt*

$$(9) \qquad \underline{S}_{\mathcal{Z}_1}(f) \leq \overline{S}_{\mathcal{Z}_2}(f) \,.$$

Beweis. Für $\mathcal{Z} := \mathcal{Z}_1 \vee \mathcal{Z}_2$ gilt nach Lemma 1

$$\underline{S}_{\mathcal{Z}_1}(f) \leq \underline{S}_{\mathcal{Z}}(f) \leq \overline{S}_{\mathcal{Z}}(f) \leq \overline{S}_{\mathcal{Z}_2}(f) \,,$$

womit (9) bewiesen ist.

□

Offensichtlich gilt

$$|I| \cdot \inf_I f \leq \underline{S}_{\mathcal{Z}}(f) \leq \overline{S}_{\mathcal{Z}}(f) \leq |I| \cdot \sup_I f$$

für jede Zerlegung $\mathcal{Z}$ von I. Somit ist folgende Definition sinnvoll:

Definition 3. *Für $f \in \mathcal{B}(I)$ definieren wir das* **Unterintegral** $\underline{\mathcal{J}}(f)$ *und das* **Oberintegral** $\overline{\mathcal{J}}(f)$ *als*

$$(10) \qquad \underline{\mathcal{J}}(f) := \sup \{\underline{S}_{\mathcal{Z}}(f) : \mathcal{Z} \text{ ist Zerlegung von } I\} \,,$$
$$(11) \qquad \overline{\mathcal{J}}(f) := \inf \{\overline{S}_{\mathcal{Z}}(f) : \mathcal{Z} \text{ ist Zerlegung von } I\} \,.$$

Lemma 3. *Für eine beliebige Zerlegung $\mathcal{Z}$ von I gilt*

$$(12) \qquad \underline{S}_{\mathcal{Z}}(f) \leq \underline{\mathcal{J}}(f) \leq \overline{\mathcal{J}}(f) \leq \overline{S}_{\mathcal{Z}}(f) \,.$$

Beweis. Aus Lemma 2 folgt $\underline{\mathcal{J}}(f) \leq \overline{S}_{\mathcal{Z}_2}(f)$ für jede Zerlegung $\mathcal{Z}_2$ von I und damit auch $\underline{\mathcal{J}}(f) \leq \overline{\mathcal{J}}(f)$.

□

Definition 4. *Eine Funktion $f \in \mathcal{B}(I)$ mit $I = [a, b]$ heißt* **integrierbar**, *wenn $\underline{\mathcal{J}}(f) = \overline{\mathcal{J}}(f)$ ist. Wir setzen*

$$(13) \qquad \qquad \mathcal{J}(f) := \underline{\mathcal{J}}(f) = \overline{\mathcal{J}}(f) \, .$$

Wir nennen $\mathcal{J}(f)$ das **(bestimmte) Integral** *von f über $[a, b]$ und bezeichnen diesen Wert mit den Symbolen*

$$(14) \qquad \int_a^b f(x)dx \;=\; \int_a^b f dx \;=\; \int_I f(x)dx = \mathcal{J}(f) \, .$$

Die Klasse der integrierbaren Funktionen $f \in \mathcal{B}(I)$ wird mit $\mathcal{R}(I)$ bezeichnet.

In Definition 4 steht *integrierbar* für *Riemann-integrierbar*.

Das Integralzeichen $\int$ hat Leibniz eingeführt. Es erschien zum ersten Mal in seiner Arbeit *De geometria recondita et analysi indivisibilium atque infinitorum* (Acta eruditorium, Leipzig 1686) im Druck. Das Zeichen $\int$ ist ein stilisiertes S und steht für „Summe". In Leibniz' handschriftlichen Aufzeichnungen findet sich das Integralzeichen bereits auf einem Blatt, das auf den 29. Oktober 1675 datiert ist.

Satz 1. (Integrabilitätskriterium I). *Für $f \in \mathcal{B}(I)$ gilt:*

$$f \in \mathcal{R}(I) \;\Leftrightarrow\; zu\ jedem\ \epsilon > 0\ gibt\ es\ eine\ Zerlegung\ \mathcal{Z}\ von\ I \, ,$$
$$so\ da\beta\ \overline{S}_{\mathcal{Z}}(f) - \underline{S}_{\mathcal{Z}}(f) < \epsilon\ ist \, .$$

Beweis. (i) Wegen (12) ist das Kriterium jedenfalls hinreichend für Integrierbarkeit.
(ii) Aus (8)–(11) folgt sofort, daß das Kriterium auch notwendig ist.
$\square$

Satz 2. (Integrabilitätskriterium II). *Für $f \in \mathcal{B}(I)$ gilt:*

$$f \in \mathcal{R}(I) \;\Leftrightarrow\; zu\ jedem\ \epsilon > 0\ gibt\ es\ ein\ \delta > 0 \, ,\ so\ da\beta\ \overline{S}_{\mathcal{Z}}(f) - \underline{S}_{\mathcal{Z}}(f) < \epsilon$$
$$gilt\ f\ddot{u}r\ jede\ Zerlegung\ \mathcal{Z}\ von\ I\ mit\ \Delta(\mathcal{Z}) < \delta \, .$$

Beweis. (i) Das Kriterium (II) ist jedenfalls hinreichend für Integrierbarkeit, weil es das Kriterium (I) impliziert.
(ii) Nun wollen wir zeigen, daß Kriterium (II) auch notwendig für Integrierbarkeit ist. Zu diesem Zweck geben wir ein $\epsilon > 0$ beliebig vor. Nach Satz 1 gibt es eine Zerlegung $\mathcal{Z}^*$ von I,

$$\mathcal{Z}^* = \{x_0^*, x_1^*, \dots, x_l^* : a = x_0^* < x_1^* < x_2^* < \dots < x_l^* = b\} \, ,$$

so daß die Ungleichung

$$(15) \qquad \qquad \overline{S}_{\mathcal{Z}^*}(f) - \underline{S}_{\mathcal{Z}^*}(f) < \epsilon/2$$

besteht. Nun wählen wir eine Zerlegung $\mathcal{Z}$ von I mit $\Delta(\mathcal{Z}) < \delta$, wobei $\delta > 0$ noch geeignet festgelegt wird. Für $\mathcal{Z}' := \mathcal{Z} \vee \mathcal{Z}^*$ folgt nach Lemma 1 und (15) die Ungleichung

$$(16) \qquad \overline{S}_{\mathcal{Z}'}(f) - \underline{S}_{\mathcal{Z}'}(f) < \epsilon/2 \, .$$

Die Obersummen und Untersummen zur Zerlegung $\mathcal{Z}$ unterscheiden sich von den entsprechenden Summen zu $\mathcal{Z}'$ nur in höchstens l Summanden, nämlich in den Summanden von $\overline{S}_{\mathcal{Z}}(f)$ und $\underline{S}_{\mathcal{Z}}(f)$, die zu Zerlegungsintervallen I_j von $\mathcal{Z}$ gehören, welche Zerlegungspunkte x_ν^* im Inneren enthalten.

Es gibt höchstens l solcher Intervalle I_j, wie auch $\mathcal{Z}$ gewählt ist, und weiter ist $|f(x)| \leq c$ für alle $x \in I$, $c > 0$, da $f \in \mathcal{B}(I)$. Damit folgt

$$(17) \qquad \overline{S}_{\mathcal{Z}}(f) - \underline{S}_{\mathcal{Z}}(f) \leq \overline{S}_{\mathcal{Z}'}(f) - \underline{S}_{\mathcal{Z}'}(f) + 2 \, c \, l \, \delta \, .$$

Wählen wir nun $\delta := \epsilon/(4cl)$, so ergibt sich aus (16) und (17) die Abschätzung

$$\overline{S}_{\mathcal{Z}}(f) - \underline{S}_{\mathcal{Z}}(f) < \epsilon/2 + \epsilon/2 = \epsilon$$

für jedes $\mathcal{Z}$ mit $\Delta(\mathcal{Z}) < \delta$.

$\square$

Eine unmittelbare Folgerung aus Satz 2 ist

Korollar 1. *Sei $\{\mathcal{Z}_n\}$ eine Folge von Zerlegungen des Intervalles I mit $\Delta(\mathcal{Z}_n) \to 0$ für $n \to \infty$, und für $f \in \mathcal{R}(I)$ bezeichne $\{S_{\mathcal{Z}_n}(f)\}$ eine Folge Riemannscher Zwischensummen $S_{\mathcal{Z}_n}(f)$ zu den Zerlegungen $\mathcal{Z}_n$. Dann gilt*

$$(18) \qquad \int_a^b f(x)dx = \lim_{n \to \infty} S_{\mathcal{Z}_n}(f) \, .$$

Beweis. Zu vorgegebenem $\epsilon > 0$ gibt es nach Satz 2 ein $\delta > 0$, so daß für jede Zerlegung $\mathcal{Z}$ von I die Ungleichung

$$\overline{S}_{\mathcal{Z}}(f) - \underline{S}_{\mathcal{Z}}(f) < \epsilon$$

erfüllt ist, wenn nur $\Delta(\mathcal{Z}) < \delta$ gilt. Wegen $\Delta(\mathcal{Z}_n) \to 0$ gibt es ein $N \in \mathbb{N}$, so daß $\Delta(\mathcal{Z}_n) < \delta$ ausfällt, falls $n > N$ ist. Dies liefert für $n > N$ die Abschätzung

$$\overline{S}_{\mathcal{Z}_n}(f) - \underline{S}_{\mathcal{Z}_n}(f) < \epsilon \, ,$$

und wegen $\underline{S}_{\mathcal{Z}_n}(f) \leq \mathcal{J}(f) \leq \overline{S}_{\mathcal{Z}_n}(f)$, $\underline{S}_{\mathcal{Z}_n}(f) \leq S_{\mathcal{Z}_n}(f) \leq \overline{S}_{\mathcal{Z}_n}(f)$ folgt

$$|\mathcal{J}(f) - S_{\mathcal{Z}_n}(f)| < \epsilon \quad \text{für alle } n > N \, .$$

$\square$

Satz 3. $\mathcal{R}(I)$ *ist ein linearer Vektorraum über* $\mathbb{R}$, *und die Abbildung* $\mathcal{J} : f \mapsto \mathcal{J}(f)$ *ist ein lineares Funktional auf* $\mathcal{R}(I)$, *d.h. aus* $f, g \in \mathcal{R}(I)$ *und* $\alpha, \beta \in \mathbb{R}$ *folgt* $\alpha f + \beta g \in \mathcal{R}(I)$ *und*

$$(19) \qquad \mathcal{J}(\alpha f + \beta g) = \alpha \mathcal{J}(f) + \beta \mathcal{J}(g) .$$

Beweis. (i) Sei $h = \alpha f + \beta g$ mit $\alpha, \beta \in \mathbb{R}$ und $f, g \in \mathcal{R}(I)$. Dann folgt wegen

$$|h(x) - h(x')| \le |\alpha| \cdot |f(x) - f(x')| + |\beta| \cdot |g(x) - g(x')|$$

für $x, x' \in I$ die Abschätzung

$$(20) \quad \overline{S}_{\mathcal{Z}}(h) - \underline{S}_{\mathcal{Z}}(h) \le |\alpha| \cdot [\, \overline{S}_{\mathcal{Z}}(f) - \underline{S}_{\mathcal{Z}}(f)] + |\beta| \cdot [\, \overline{S}_{\mathcal{Z}}(g) - \underline{S}_{\mathcal{Z}}(g)] .$$

Für vorgegebenes $\epsilon > 0$ können wir $\mathcal{Z}_1$ und $\mathcal{Z}_2$ finden derart, daß

$$\overline{S}_{\mathcal{Z}_1}(f) - \underline{S}_{\mathcal{Z}_1}(f) < \frac{\epsilon}{2(1 + |\alpha| + |\beta|)}$$

und

$$\overline{S}_{\mathcal{Z}_2}(g) - \underline{S}_{\mathcal{Z}_2}(g) < \frac{\epsilon}{2(1 + |\alpha| + |\beta|)}$$

gilt. Wählen wir nun $\mathcal{Z} := \mathcal{Z}_1 \vee \mathcal{Z}_2$, so ergibt sich

$$\overline{S}_{\mathcal{Z}}(h) - \underline{S}_{\mathcal{Z}}(h) \;<\; \frac{\epsilon}{2} + \frac{\epsilon}{2} \;=\; \epsilon ,$$

und h ist nach Satz 1 integrierbar.

(ii) Für Zwischensummen gilt

$$S_{\mathcal{Z}}(\alpha f + \beta g, \xi) = \alpha S_{\mathcal{Z}}(f, \xi) + \beta S_{\mathcal{Z}}(g, \xi) .$$

Hieraus ergibt sich vermöge Korollar 1 die Behauptung (19).

$\square$

Satz 4. *Aus* $f, g \in \mathcal{R}(I)$ *folgt* $f \cdot g \in \mathcal{R}(I)$ *und* $|f| \in \mathcal{R}(I)$. *Gilt außerdem* $|g| \ge c$ *für eine Konstante* $c > 0$, *so ist auch* $f/g \in \mathcal{R}(I)$.

Beweis. Wir verfahren ähnlich wie in Teil (i) des Beweises von Satz 3. Um $f \cdot g \in \mathcal{R}(I)$ zu zeigen, benutzen wir für $h := f \cdot g$ die Abschätzung

$$|h(x) - h(x')| \le \sup_I |f| \cdot |g(x) - g(x')| + \sup_I |g| \cdot |f(x) - f(x')| .$$

Die Funktion $|f|$ erledigen wir mit der Ungleichung

$$\big||f(x)| - |f(x')|\big| \le |f(x) - f(x')| ,$$

und $h = 1/g$ wird mit

$$|h(x) - h(x')| = \frac{|g(x') - g(x)|}{|g(x)||g(x')|} \le c^{-2}|g(x) - g(x')|$$

behandelt.

$\square$

Satz 5. *Aus $f, g \in \mathcal{R}(I)$, $I = [a, b]$, und $f \leq g$ folgt*

(21) $$\mathcal{J}(f) \leq \mathcal{J}(g) .$$

Insbesondere gilt

(22) $$|\mathcal{J}(f)| \leq \mathcal{J}(|f|)$$

und

(23) $$|\mathcal{J}(f \cdot g)| \leq \sup_I |f| \cdot \mathcal{J}(|g|) .$$

Beweis. Setzen wir $h := g - f$, so gilt $h(x) \geq 0$ auf I, und Satz 3 liefert $h \in \mathcal{R}(I)$. Dann ergibt sich offenbar $0 \leq \mathcal{J}(h) = \mathcal{J}(g) - \mathcal{J}(f)$, also $\mathcal{J}(f) \leq \mathcal{J}(g)$. Wenden wir diese Abschätzung auf $f, -f$ und $|f|$ an, so folgt

$$\mathcal{J}(f) \leq \mathcal{J}(|f|) \quad \text{und} \quad -\mathcal{J}(f) = \mathcal{J}(-f) \leq \mathcal{J}(|f|) ,$$

und dies liefert (22). Ähnlich folgt aus

$$f \cdot g , \quad -f \cdot g \leq (\sup_I |f|) \cdot |g|$$

die Abschätzung (23).

$\square$

Satz 6. (Schwarzsche Ungleichung). *Für beliebige $f, g \in \mathcal{R}(I)$ gilt*

(24) $$\left| \int_a^b f(x) g(x) dx \right|^2 \leq \int_a^b |f(x)|^2 dx \cdot \int_a^b |g(x)|^2 dx .$$

Beweis. Setzen wir

(25) $$\langle f, g \rangle := \int_a^b fg \, dx \quad , \quad \|f\|^2 := \int_a^b |f|^2 dx ,$$

so ergibt sich die Behauptung (24) in der gleichen Weise wie die Schwarzsche Ungleichung im $\mathbb{R}^d$, vgl. Satz 1 in 1.14.

$\square$

Die Schwarzsche Ungleichung (24) schreibt sich mittels der Bezeichnungen (25) als

$$|\langle f, g \rangle| \leq \|f\| \cdot \|g\| .$$

Wie in 1.14, Satz 2 folgt hieraus die *Dreiecksungleichung*

(26) $$\|f + g\| \leq \|f\| + \|g\| \quad \text{für } f, g \in \mathcal{R}(I) .$$

Satz 7. *Jede schwach monotone Funktion $f \in \mathcal{B}(I)$ ist Riemann-integrierbar.*

Beweis. Übungsaufgabe.

□

Satz 8. *Für $I = [a, b]$ haben wir $C^0(I) \subset \mathcal{R}(I)$.*

Beweis. Aus $f \in C^0(I)$ folgt, daß f auf I gleichmäßig stetig ist (vgl. Satz 1 in 2.8). Also gibt es zu jedem $\epsilon > 0$ ein $\delta > 0$ derart, daß

$$|f(x) - f(x')| < \epsilon \cdot |I|^{-1} \text{ ist für alle } x, x' \in I \text{ mit } |x - x'| < \delta \,.$$

Also gilt für jede Zerlegung $\mathcal{Z}$ von I mit $\Delta(\mathcal{Z}) < \delta$ die Abschätzung

$$\overline{S}_{\mathcal{Z}}(f) - \underline{S}_{\mathcal{Z}}(f) < \sum_{j=1}^{k} \frac{\epsilon}{b-a} \Delta x_j = \epsilon \,.$$

□

Beispiele. Ist $f : [a, b] \to \mathbb{R}$ stetig, so ist f auf $[a, b]$ integrierbar, und wegen Korollar 1 folgt

$$\int_a^b f(x)\, dx = \lim_{n \to \infty} S_{\mathcal{Z}_n}(f)$$

für jede Folge von Zerlegungen $\mathcal{Z}_n$ des Intervalls $[a, b]$ mit $\Delta(\mathcal{Z}_n) \to 0$ für $n \to \infty$. Wählen wir jedes $\mathcal{Z}_n$ als äquidistante Zerlegung

$$\{a = x_0 < x_1 < x_2 < \ldots < x_n = b\}$$

mit

$$x_j := a + \frac{b-a}{n} j \,, \quad j = 0, 1, 2, \ldots, n \,,$$

also

$$\Delta(\mathcal{Z}_n) = \frac{b-a}{n} = \Delta x_1 = \Delta x_2 = \ldots = \Delta x_n \,,$$

und wählen wir die „Zwischenpunkte" $\xi_j = \xi_j^{(n)}$ als

$$\xi_j = x_j \,,$$

so sind die zugehörigen Zwischensummen $S_{\mathcal{Z}_n}(f, \xi^{(n)}) =: S_n$ von der Form

$$(27) \qquad S_n = \sum_{j=1}^{n} f\left(a + \frac{b-a}{n} j\right) \cdot \frac{b-a}{n} \,,$$

und wir erhalten

$$(28) \qquad \int_a^b f(x)\, dx = \lim_{n \to \infty} S_n \,.$$

$\boxed{1}$ Ist $f(x) \equiv \text{const} =: \lambda$, so folgt sofort

$$\int_a^b f(x)\, dx = \lambda(b-a) \,.$$

$\boxed{2}$ Ist $f(x) = x$, $x \in [0,1]$, also $a = 0$, $b = 1$, so ergibt sich aus (27) die Formel

$$S_n = \sum_{j=1}^{n} \frac{j}{n} \cdot \frac{1}{n} = \frac{1}{n^2} \sum_{j=1}^{n} j = \frac{1}{n^2} \cdot \frac{n(n+1)}{2} \, ,$$

und (28) liefert

$$\int_0^1 x \, dx = \lim_{n\to\infty} \frac{1}{2}\left(1 + \frac{1}{n}\right) = \frac{1}{2} \, .$$

$\boxed{3}$ Für

$$f(x) = x^p \, , \ x \in [0,1] \, , \ p \in \mathbb{N} \, , \ p \geq 2 \, ,$$

erhalten wir aus (27) und (28) die Relation

(29) $$\int_0^1 x^p dx = \lim_{n\to\infty} \frac{1}{n^{p+1}} \Sigma_p(n) \, ,$$

wobei $\Sigma_p(n) := 1^p + 2^p + 3^p + \ldots + n^p$ gesetzt ist. Um den führenden Term von $\Sigma_p(n)$ zu bestimmen und den Rest abzuschätzen, erschließen wir zunächst aus dem binomischen Satz die Formel

(30) $$(j+1)^{p+1} - j^{p+1} =$$
$$\binom{p+1}{1} j^p + \binom{p+1}{2} j^{p-1} + \binom{p+1}{3} j^{p-2} + \ldots + 1 \, .$$

Summieren wir über alle j von 1 bis n, so ergibt sich

(31) $$(n+1)^{p+1} - 1 =$$
$$\binom{p+1}{1} \Sigma_p(n) + \binom{p+1}{2} \Sigma_{p-1}(n) + \ldots + n \, .$$

Andererseits liefert (30) für $j = n$ die Formel

(32) $$(n+1)^{p+1} = n^{p+1} + \binom{p+1}{1} n^p + \binom{p+1}{2} n^{p-1} + \ldots + 1 \, ,$$

und trivialerweise gilt

(33) $$\Sigma_l(n) < n \cdot n^l = n^{l+1} \, .$$

Aus (31)–(33) folgt

$$(p+1) \Sigma_p(n) = n^{p+1} + r_p(n) \, ,$$

wobei das Restglied $r_p(n)$ mittels einer geeigneten Konstanten $c_p > 0$ für alle $n \in \mathbb{N}$ abgeschätzt wird durch

$$|r_p(n)| \leq c_p \cdot n^p \, .$$

Damit folgt

$$\left| \frac{1}{n^{p+1}} \Sigma_p(n) - \frac{1}{p+1} \right| \leq \frac{c_p}{p+1} \cdot \frac{1}{n} \ \to 0 \quad \text{für } n \to \infty \, ,$$

und (29) liefert

(34) $$\int_0^1 x^p dx = \frac{1}{p+1} \, .$$

Die Formeln (29) und (34) stammen von John Wallis (Arithmetica Infinitorum, 1656). Für $p = 2$ hat bereits Archimedes dieses Ergebnis gefunden.

$\boxed{4}$ Aus Beispiel $\boxed{3}$ ist ersichtlich, wie mühsam es im allgemeinen ist, ein Integral $\int_a^b f(x)dx$ aus den Formeln (27), (28) zu berechnen. Die Hauptsätze der Differential- und Integralrechnung, die wir im nächsten Abschnitt behandeln werden, liefern ein viel kräftigeres Hilfsmittel zur Integralberechnung, falls explizit eine Stammfunktion $\Phi(x)$ von $f(x)$ bekannt ist. In diesem Fall gilt nämlich, wie wir sehen werden,

$$(35) \qquad\qquad \int_a^b f(x)dx \;=\; \Phi(b) - \Phi(a) \,.$$

Dann kann man den Spieß umdrehen und die Formeln (27), (28) und (35) benutzen, um Grenzwerte von Summen S_n für $n \to \infty$ zu berechnen, nämlich

$$(36) \qquad\qquad \lim_{n \to \infty} \sum_{j=1}^n f\left(a + \frac{b-a}{n}j\right) \cdot \frac{b-a}{n} \;=\; \Phi(b) - \Phi(a) \,.$$

Beispielsweise hat $f(x) = \frac{1}{1+x}$ für $x > -1$ die Stammfunktion $\Phi(x) = \log(1+x)$. Mit $a = 0$ und $b = 1$ folgt dann

$$f(x_j)\Delta x_j \;=\; \frac{\Delta x_j}{1 + x_j} \;=\; \frac{1}{n+j} \,,$$

also

$$\lim_{n \to \infty} \sum_{j=1}^n \frac{1}{n+j} \;=\; \log 2 \,.$$

Definition 5. *Eine Funktion $f : I \to \mathbb{R}$ auf dem Intervall $I = [a,b]$ heißt* **stückweise stetig**, *wenn es eine Zerlegung*

$$\mathcal{Z} = \{a = x_0 < x_1 < \ldots < x_k = b\}$$

von I gibt, so daß f in jedem Teilintervall (x_{j-1}, x_j) stetig ist und die einseitigen Grenzwerte $f(a+0)$, $f(b-0)$ und $f(x_j - 0)$, $f(x_j+0)$ für $1 \le j \le k-1$ existieren. Deshalb können die Einschränkungen

$$f_j := f\big|_{(x_{j-1}, x_j)}$$

zu stetigen Funktionen $\varphi_j(x)$ auf $I_j = [x_{j-1}, x_j]$ fortgesetzt werden.

Die Klasse der stückweise stetigen Funktionen $f : I \to \mathbb{R}$ werde mit $\mathcal{D}^0(I)$ bezeichnet.

Satz 9. *Es gilt $\mathcal{D}^0(I) \subset \mathcal{R}(I)$.*

Beweis. Man kann dieses Ergebnis leicht aus Satz 8 gewinnen; wir überlassen die Einzelheiten dem Leser.

$\square$

Es stellt sich die Frage, „wie unstetig" eine Funktion $f : I \to \mathbb{R}$ sein darf, damit sie integrierbar ist. Diese Frage hat Henri Lebesgue abschließend beantwortet. Um sein Kriterium formulieren zu können, benötigen wir den wichtigen Begriff der *Nullmenge*.

Definition 6. *Eine Menge M in* $\mathbb{R}$ *heißt* **Nullmenge**, *wenn es zu jedem* $\epsilon > 0$ *endlich oder abzählbar unendlich viele Intervalle* $I_1, I_2, \ldots$ *gibt, die M über-decken, d.h.* $M \subset \bigcup_k I_k$ *erfüllen, und deren Längensumme kleiner als* ϵ *ist,*

$$\sum_k |I_k| < \epsilon .$$

Definition 7. *Eine Funktion* $f : I \to \mathbb{R}$ *heißt* fast überall stetig auf I, *wenn die Menge ihrer Unstetigkeitspunkte eine Nullmenge ist.*

Lebesguesches Integrabilitätskriterium. *Es gilt:*

$$\mathcal{R}(I) = \{ f \in \mathcal{B}(I) : f \text{ ist fast überall stetig auf } I \} .$$

Einen Beweis für dieses Kriterium werden wir später liefern (vgl. Band 2). In Verbindung mit der nachstehenden Proposition 1, die wir sogleich beweisen wollen, ergibt sich dann das folgende Resultat:

Gilt für zwei Funktionen $f, g \in \mathcal{R}(I)$ *die Beziehung* $f(x) = g(x)$ *fast überall auf* I, *d.h. überall bis auf eine Nullmenge, so ist* $\int_a^b f(x)dx = \int_a^b g(x)dx$.

Proposition 1. *Sind* $f, g \in \mathcal{R}(I)$ *und gibt es eine Menge* $Q \subset I$, *die in* I *dicht liegt und für die*

$$f(x) = g(x) \quad \text{für alle } x \in Q$$

gilt, so folgt

$$\int_a^b f(x)dx = \int_a^b g(x)dx .$$

Beweis. Sei $\{\mathcal{Z}_n\}$ eine Folge von äquidistanten Zerlegungen

$$\mathcal{Z}_n = \{ a = x_0^{(n)} < x_1^{(n)} < \ldots < x_n^{(n)} = b \}$$

mit $x_j^{(n)} = a + \frac{b-a}{n} j$. Dann können wir zu jedem $n \in \mathbb{N}$ Zwischenpunkte $\xi_j^{(n)} \in [x_{j-1}^{(n)}, x_j^{(n)}] \cap Q$ finden. Folglich gilt für die zugehörigen Riemannschen Summen

$$S_{\mathcal{Z}_n}(f, \xi^{(n)}) = S_{\mathcal{Z}_n}(g, \xi^{(n)}) .$$

Für $n \to \infty$ haben wir $\Delta(\mathcal{Z}_n) = \frac{b-a}{n} \to 0$, und Korollar 1 liefert nunmehr die Behauptung.

$\square$

Beachten wir nun, daß eine Nullmenge M in I kein Intervall enthalten kann, ihr Komplement $Q = I \backslash M$ also in I dicht liegt, so ergibt sich aus der Proposition die voranstehende Behauptung.

Wir erwähnen noch folgendes Ergebnis, dessen Beweis dem Leser überlassen bleibe; es ergibt sich fast unmittelbar aus der Definition des Riemannschen Integrals.

Proposition 2. *Ändern wir eine Funktion $f \in \mathcal{R}(I)$ an endlich vielen Stellen in beliebiger Weise ab, so ist die resultierende Funktion ebenfalls integrierbar, und der Wert des Integrals bleibt der gleiche.*

Definition 8. *Für $f \in \mathcal{R}(I)$, $I = [a,b]$, bezeichnet man den Wert*

$$(37) \qquad \int_a^b f(x)dx := \frac{1}{b-a} \int_a^b f(x)dx$$

als den Mittelwert *von f über I. Gelegentlich schreiben wir auch $\overline{f}_I$ statt $\int_a^b f dx$.*

Satz 10. (Mittelwertsatz der Integralrechnung). *Ist $I = [a,b]$ und $f \in C^0(I)$, so gibt es ein ξ mit $a < \xi < b$, so daß*

$$f(\xi) = \int_a^b f(x)dx$$

gilt.

Beweis. Mit $\underline{m} := \min_I f$ und $\overline{m} := \max_I f$ folgt $\underline{m} \le f(x) \le \overline{m}$ für alle $x \in I$. Vermöge Satz 5 ergibt sich $\mathcal{J}(\underline{m}) \le \mathcal{J}(f) \le \mathcal{J}(\overline{m})$, und wir haben offensichtlich $\mathcal{J}(\underline{m}) = \underline{m} \cdot (b-a)$, $\mathcal{J}(\overline{m}) = \overline{m} \cdot (b-a)$. Somit erhalten wir für $\overline{f}_I$ die Abschätzung

$$\underline{m} \ \le \ \overline{f}_I \ \le \ \overline{m} \,.$$

Ist $\underline{m} = \overline{m} = \overline{f}_I$, so ist $f(x) \equiv$ const, und daher ist $f(\xi) = \overline{f}_I$ für jedes $\xi \in I$. Gilt hingegen $\underline{m} < \overline{m}$, so gibt es Punkte $x_1, x_2 \in I$ mit $\underline{m} = f(x_1)$ und $\overline{m} = f(x_2)$. Weiter zeigt eine einfache Betrachtung, daß $\overline{f}_I$ echt zwischen $\underline{m}$ und $\overline{m}$ liegen muß (Beweis: Übungsaufgabe). Nach dem Zwischenwertsatz gibt es also einen Punkt ξ, der echt zwischen x_1 und x_2 und somit in (a,b) liegt derart, daß $f(\xi) = \overline{f}_I$ ist.

$\square$

Ganz ähnlich beweist man das folgende Resultat.

Verallgemeinerter Mittelwertsatz der Integralrechnung. *Ist $I = [a,b]$ und $f \in C^0(I)$ sowie $p \in \mathcal{R}(I)$ mit $p \ge 0$, so gibt es ein $\xi \in (a,b)$ derart, daß*

$$\int_a^b f(x)p(x)dx \ = \ f(\xi) \cdot \int_a^b p(x)dx \,.$$

Bemerkung 1. Gelegentlich ist folgende Variante des Mittelwertsatzes nützlich, die auch als *zweiter Mittelwertsatz* bezeichnet wird:

Bonnets Mittelwertsatz. *Auf $I = [a, b]$ seien zwei Funktionen $f, p \in \mathcal{R}(I)$ mit $p \geq 0$ gegeben, und es sei p monoton fallend bzw. wachsend. Dann gibt es ein $\xi \in I$, so daß*

$$\int_a^b f(x)p(x)dx = p(a) \cdot \int_a^\xi f(x)dx \qquad \textit{bzw.} = p(b) \cdot \int_\xi^b f(x)dx$$

ist.

Beweis. Wir nehmen zunächst an, daß p monoton fällt. Wäre $p(a) = 0$, so folgte $p(x) \equiv 0$, und dann ist die Behauptung trivialerweise richtig. Daher können wir zusätzlich $p(a) > 0$ annehmen. Nun fixieren wir ein $n \in \mathbb{N}$ und setzen für $j = 1, \ldots, n$:

$$h := \frac{1}{n}(b - a), \quad x_0 := a, \quad x_j := a + jh, \quad I_j := [x_{j-1}, x_j],$$

$$f_j := f(x_{j-1}), \quad m_j := \inf_{I_j} f, \quad M_j := \sup_{I_j} f, \quad p_j := p(x_{j-1}),$$

$$p_{n+1} := 0, \quad \Delta_j := p_j - p_{j+1}, \quad F_j := \int_{x_{j-1}}^{x_j} f(t)dt,$$

$$\gamma(x) := \int_a^x f(t)dt, \quad \gamma_j := \gamma(x_j).$$

Wegen

$$\gamma_j = \int_a^{x_j} f(t)dt = F_1 + F_2 + \ldots + F_j$$

können wir die Summe

$$\sigma_n := F_1 p_1 + F_2 p_2 + \ldots + F_n p_n$$

umformen in

$$\sigma_n = \gamma_1 \Delta_1 + \gamma_2 \Delta_2 + \ldots + \gamma_n \Delta_n.$$

(Diese Umformung ist ein Kunstgriff, den Abel erfunden hat.) Bezeichnen μ und ν den kleinsten und größten Wert der stetigen Funktion $\gamma : I \to \mathbb{R}$, so ergibt sich wegen $\Delta_j \geq 0$ aus dieser Umformung

$$\mu \cdot (\Delta_1 + \Delta_2 + \ldots + \Delta_n) \leq \sigma_n \leq \nu \cdot (\Delta_1 + \Delta_2 + \ldots + \Delta_n).$$

Wegen $\Delta_1 + \Delta_2 + \ldots + \Delta_n = p_1 = p(a) > 0$ erhalten wir hieraus

$$\min_I \gamma \leq \sigma_n / p(a) \leq \max_I \gamma.$$

Nun werden wir

$$\sigma_n \to \int_a^b f(x)p(x)dx \quad \text{für } n \to \infty$$

beweisen, weshalb

$$\min_I \gamma \leq \frac{1}{p(a)} \int_a^b f(x)p(x)dx \leq \max_I \gamma$$

folgt, und da $\gamma : I \to \mathbb{R}$ stetig ist, gibt es ein $\xi \in I$ mit

$$\gamma(\xi) = \frac{1}{p(a)} \cdot \int_a^b f(x)p(x)dx,$$

womit die erste Behauptung bewiesen ist.
Setze

$$S := \int_a^b f(x)p(x)dx \ , \qquad S_n := \sum_{j=1}^n f_j p_j h \ ,$$

$$\overline{S}_n := \sum_{j=1}^n M_j p_j h \ , \qquad \underline{S}_n := \sum_{j=1}^n m_j p_j h \ .$$

Da S_n eine Riemannsche Zwischensumme für das Integral S zur äquidistanten Zerlegung von I mit der Feinheit $h = (b-a)/n$ ist, folgt $S_n \to S$ für $n \to \infty$. Ferner gilt

$$p(a) \ = \ p_1 \ \geq \ p_2 \ \geq \ \ldots \ \geq \ p_n \ \geq \ 0$$

und somit

$$0 \ \leq \ \overline{S}_n - S_n \ = \ \sum_{j=1}^n (M_j - f_j)p_j h$$

$$\leq \ p(a) \cdot \left[\sum_{j=1}^n M_j h \ - \ \sum_{j=1}^n m_j h \right] \ .$$

Entsprechend finden wir

$$0 \ \leq \ S_n - \underline{S}_n \ \leq \ p(a) \cdot \left[\sum_{j=1}^n M_j h \ - \ \sum_{j=1}^n m_j h \right] \ .$$

Da $f \in \mathcal{R}(I)$ ist, gibt es zu jedem $\epsilon > 0$ ein $N \in \mathbb{N}$, so daß

$$0 \ \leq \ \sum_{j=1}^n M_j h \ - \ \sum_{j=1}^n m_j h \ < \ \epsilon$$

ist für alle $n > N$. Hieraus folgt $\overline{S}_n - S_n \to 0$, $S_n - \underline{S}_n \to 0$ und damit $\overline{S}_n \to S$ sowie $\underline{S}_n \to S$. Ferner ergibt sich wegen

$$m_j h \ \leq \ \int_{x_{j-1}}^{x_j} f(x)dx \ = \ F_j \ \leq \ M_j h$$

aus $\sigma_n = \sum_{j=1}^n F_j p_j$ die Abschätzung

$$\underline{S}_n \ = \ \sum_{j=1}^n m_j p_j h \ \leq \ \sigma_n \ \leq \ \sum_{j=1}^n M_j p_j h \ = \ \overline{S}_n \ ,$$

und dies liefert, wie behauptet, $\sigma_n \to S$.
Um die Behauptung zu beweisen, wenn $p(x)$ streng monoton wächst, operiert man mit der stetigen Funktion $\gamma(x) := \int_x^b f(t)dt$ und numeriert nun von rechts nach links, also $f_j := f(x_{n-j+1})$, $p_j := p(x_{n-j+1})$ etc. Entsprechend zum Vorangehenden folgt

$$\min_I \gamma \ \leq \ \frac{1}{p(b)} \int_a^b f(x)p(x)dx \ \leq \ \max_I \gamma \ ,$$

woraus sich die Existenz einer Stelle $\xi \in I$ mit $\gamma(\xi) = \frac{1}{p(b)} \int_a^b f(x)p(x)dx$ ergibt. Wir überlassen es dem Leser, die Einzelheiten auszuführen.
Man kann die zweite Behauptung auch sehr einfach aus der ersten gewinnen, indem man diese auf die integrierbaren Funktionen $\tilde{f}(t) := f(a+b-t)$, $\tilde{p}(t) := p(a+b-t)$, $t \in I$, anwendet, woraus sich

$$\int_a^b \tilde{f}(t)\tilde{p}(t)dt \ = \ \tilde{p}(a) \cdot \int_a^\tau \tilde{f}(t)dt \ = \ p(b) \cdot \int_a^\tau \tilde{f}(t)dt$$

ergibt. Durch Betrachtung der zugehörigen Riemannschen Summen folgt hieraus mit $\xi :=$ $a + b - \tau$ die Gleichung

$$\int_a^b f(x)p(x)dx = p(b) \int_\xi^b f(x)dx$$

(vgl. auch 3.9, Satz 3).

□

Satz 11. *Sei $\{f_n\}$ eine Folge von Funktionen $f_n \in \mathcal{R}(I)$, $I = [a,b]$, und es gelte*

(38) $f_n(x) \rightrightarrows f(x)$ *auf I für $n \to \infty$.*

Dann folgt: $f \in \mathcal{R}(I)$ und

(39) $$\int_a^b f(x)dx = \lim_{n\to\infty} \int_a^b f_n(x)dx .$$

Dies bedeutet

$$\int_a^b \lim_{n\to\infty} f_n(x)dx = \lim_{n\to\infty} \int_a^b f_n(x)dx .$$

Beweis. Wegen (38) können wir zu beliebig vorgegebenem $\epsilon > 0$ ein $N \in \mathbb{N}$ finden, so daß

$$|f(x) - f_n(x)| < \frac{\epsilon}{3(b-a)}$$

gilt für alle $x \in I$ und für $n > N$. Damit erhalten wir für alle $x, x' \in I$ die Abschätzung

(40) $|f(x) - f(x')| < |f_n(x) - f_n(x')| + \frac{\epsilon}{3(b-a)} + \frac{\epsilon}{3(b-a)}$,

wenn nur $n > N$ ist. Wir fixieren ein solches n und wählen eine Zerlegung $\mathcal{Z}$ von I, so daß

(41) $\overline{S}_{\mathcal{Z}}(f_n) - \underline{S}_{\mathcal{Z}}(f_n) < \epsilon/3$

gilt. Aus (40) und (41) folgt dann

$$\overline{S}_{\mathcal{Z}}(f) - \underline{S}_{\mathcal{Z}}(f) < \epsilon .$$

Wegen Satz 1 erhalten wir $f \in \mathcal{R}(I)$. Mit Hilfe der Ungleichung (22) von Satz 5 bekommen wir nunmehr

$$\left| \int_a^b f dx - \int_a^b f_n dx \right| = \left| \int_a^b (f - f_n)dx \right|$$

$$\leq \int_a^b |f - f_n| dx \leq \int_a^b \sup_I |f - f_n| \; dx$$

$$= (b-a) \cdot \sup_I |f - f_n| \to 0 \quad \text{mit } n \to \infty ,$$

denn (38) bedeutet

$$\sup_I |f - f_n| \to 0 \ \text{für} \ n \to \infty \ .$$

Damit ist auch (39) bewiesen.

$\square$

Korollar 2. *Bezeichnet $\{\varphi_n\}$ eine Folge von Funktionen $\varphi_n \in \mathcal{R}(I)$, $I = [a, b]$, und konvergiert die Reihe $\sum_{n=1}^{\infty} \varphi_n(x)$ gleichmäßig auf I gegen die Summe $f(x)$, so ist $f \in \mathcal{R}(I)$, und es gilt*

$$(42) \qquad \int_a^b f(x)dx \ = \ \sum_{n=1}^{\infty} \int_a^b \varphi_n(x)dx \ .$$

Dies bedeutet

$$\int_a^b \sum_{n=1}^{\infty} \varphi_n(x)dx = \sum_{n=1}^{\infty} \int_a^b \varphi_n(x)dx \ .$$

⑤ Damit man den Grenzübergang $n \to \infty$ und die Integration bezüglich x von a bis b wie in (39) angegeben vertauschen kann, reicht es im allgemeinen nicht, bloß $f_n(x) \to f(x)$ auf I für $n \to \infty$ zu fordern. Betrachten wir etwa auf $I = [0, 1]$ die stückweise linearen Funktionen $f_n \in C^0(I)$, $n \in \mathbb{N}$, die durch

$$f_1(x) := \begin{cases} 4x & \text{für} \quad 0 \le x \le 1/2 \\ 4(1 - x) & \text{für} \quad 1/2 \le x \le 1 \end{cases}$$

und für $n \ge 2$ durch

$$f_n(x) := \begin{cases} 4n^2 x & \text{für} \quad 0 \le x \le 1/(2n) \\ 4n(1 - nx) & \text{für} \quad 1/(2n) \le x \le 1/n \\ 0 & \text{für} \quad 1/n \le x \le 1 \end{cases}$$

definiert werden, so gilt $f(x) := \lim_{n\to\infty} f_n(x) = 0$ und

$$\int_0^1 f_n(x)dx = 1 \ , \quad \int_0^1 f(x)dx = 0 \ .$$

Wir bemerken noch, daß die Bedingung (38) eine zwar hinreichende, aber keineswegs notwendige Bedingung für (39) ist. Die Lebesguesche Integrationstheorie - und dies ist eine ihrer wesentlichen Stärken - liefert neue hinreichende Bedingungen für die Gültigkeit von (39), die nicht mehr die gleichmäßige Konvergenz (38) verlangen.

Hier vermerken wir noch eine Variante von Satz 11, die sich aus dem Satz von Dini (vgl. 2.8, Satz 5) ergibt:

Korollar 3. *(i) Ist* $\{f_n\}$ *eine Folge von Funktionen* $f_n \in C^0(I)$ *,* $I = [a,b]$*, mit*

$$f_n \leq f_{n+1} \quad (\text{oder } f_n \geq f_{n+1}) \text{ für alle } n \in \mathbb{N} \,,$$

und gibt es eine Funktion $f \in C^0(I)$ *mit*

$$f_n(x) \to f(x) \quad \text{auf } I \text{ für } n \to \infty \,,$$

so folgt

$$\int_a^b f(x)dx = \lim_{n \to \infty} \int_a^b f_n(x)dx \,.$$

(ii) Ist $\{\varphi_n\}$ *eine Folge von Funktionen* $\varphi_n \in C^0(I)$ *mit* $\varphi_n \geq 0$*, so daß die Reihe* $\sum_{n=1}^{\infty} \varphi_n(x)$ *auf* I *konvergiert und die zugehörige Summe auf* I *stetig ist, so gilt*

$$\int_a^b \sum_{n=1}^{\infty} \varphi_n(x)dx = \sum_{n=1}^{\infty} \int_a^b \varphi_n(x)dx \,.$$

Diese Resultate sind aber in der Regel wenig nützlich, da die Stetigkeit der Grenzfunktion $\lim_{n \to \infty} f_n(x)$ oder der Summe $\sum_{n=1}^{\infty} \varphi_n(x)$ zumeist erst aus der gleichmäßigen Konvergenz gewonnen wird, so daß Satz 11 oder Korollar 2 unmittelbar greifen.

Satz 12. *Ist* $f : I \to \mathbb{R}$ *auf* I *integrierbar, so ist* f *auch auf jedem Teilintervall* I' *von* I *integrierbar. Genauer gesagt: Ist* $f \in \mathcal{R}(I)$*, so liegt die Einschränkung* $\varphi := f\big|_{I'}$ *in* $\mathcal{R}(I')$*.*

Der Beweis folgt ohne Mühe aus dem in Satz 1 angegebenen Integrabilitätskriterium (Übungsaufgabe).

Bemerkung 2. Liegt die in Satz 12 beschriebene Situation vor, so setzen wir

$$(43) \qquad \int_{I'} f(x)dx := \int_{I'} \varphi(x)dx \,.$$

Den in Satz 12 beschriebenen Sachverhalt drücken wir so aus: *Ist* $f : I \to \mathbb{R}$ *integrierbar, so ist* f *auch auf jedem Teilintervall* I' *von* I *integrierbar.*

Satz 13. *Ist* I *in endlich viele Teilintervalle* $I_1, I_2, \ldots, I_l$ *zerlegt, die höchstens Randpunkte gemeinsam haben, also*

$$(44) \qquad I = I_1 \cup I_2 \cup \ldots \cup I_l \quad , \quad \text{int } I_j \cap \text{int } I_k = \emptyset \text{ für } j \neq k \,,$$

so gilt

$$(45) \qquad \int_I f(x)dx = \sum_{j=1}^{l} \int_{I_j} f(x)dx \,.$$

Beweis. Vermöge Korollar 1 ergibt sich (45) durch Grenzübergang $n \to \infty$ aus einem entsprechenden Resultat für Riemannsche Summen, indem man Zerlegungen $\mathcal{Z}_n$ von I betrachtet, zu deren Zerlegungspunkten die Randpunkte der Intervalle I_j gehören. $\qquad \square$

Definition 9. (Orientiertes Riemannsches Integral). *Für $f \in \mathcal{R}([a,b])$ und beliebige Punkte $\alpha, \beta \in [a,b]$ definieren wir:*

$$\int_\alpha^\beta f(x)dx := \int_\alpha^\beta \varphi(x)dx \,, \quad \varphi := f\big|_{[\alpha,\beta]} \,, \text{ falls } \alpha < \beta \,;$$

(46)
$$\int_\alpha^\beta f(x)dx := -\int_\beta^\alpha f(x)dx \,, \qquad \text{ falls } \alpha > \beta \,;$$

$$\int_\alpha^\beta f(x)dx := 0 \,, \qquad \text{ falls } \alpha = \beta \,.$$

Bemerkung 3. Sei $f \in C^0(I)$, $I = [a,b]$, und es gelte $\alpha, \beta \in I$ sowie $\alpha < \beta$. Weiter sei $f(x) > 0$ für $\alpha < x < \beta$. Dann ist

(47)
$$F(\alpha, \beta) := \int_\alpha^\beta f(x)dx$$

positiv, und wir *definieren* $F(\alpha, \beta)$ als Maßzahl der ebenen Menge

$$M(\alpha, \beta) := \{(x,y) \in \mathbb{R}^2 : \alpha \le x \le \beta \,, \, 0 \le y \le f(x)\} \,.$$

Gewöhnlich nennt man $F(\alpha, \beta)$ den *Flächeninhalt* der Menge $M(\alpha, \beta)$. Wegen

$$\int_\beta^\alpha f(x)dx = -\int_\alpha^\beta f(x)dx$$

gilt dann

(48)
$$F(\beta, \alpha) = -F(\alpha, \beta) \,,$$

und folglich ist $F(\beta, \alpha) < 0$. Vertauschung der Integrationsgrenzen α, β führt also zu einem Wechsel des Vorzeichens des Integrals oder, wie man sagt, zu einer Umkehrung der *Orientierung* der Menge $M(\alpha, \beta)$.

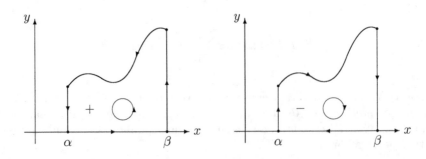

Diese Festsetzung kann man geometrisch so interpretieren: $\int_\alpha^\beta$ bedeutet, daß man auf der x-Achse von α nach β in „positiver Richtung" läuft. Setzt man nun die „Umrundung" des Randes $\partial M(\alpha, \beta)$ fort, indem man im gleichen Sinne weiterläuft, also den Bereich $M(\alpha, \beta)$ immer links liegen läßt, so wird $M(\alpha, \beta)$ im *mathematisch positiven Sinne* (d.h. links herum) umlaufen, und der Bereich $M(\alpha, \beta)$ gilt als *positiv orientiert*; dementsprechend wird ihm ein *positiver Flächeninhalt* $F(\alpha, \beta)$ zugeschrieben (vgl. (47)). Dagegen bedeutet $\int_\beta^\alpha$, daß man auf der x-Achse von β nach α, also in „negativer Richtung" läuft. Wandert man nun auf dem Rand von $M(\alpha, \beta)$ im gleichen Sinne weiter, den Bereich $M(\alpha, \beta)$ dabei stets rechts liegen lassend, so wird $M(\alpha, \beta)$ im *mathematisch negativen Sinne* (rechts herum) umlaufen, und der Bereich $M(\alpha, \beta)$ gilt als *negativ orientiert*; dementsprechend wird ihm ein *negativer Flächeninhalt* $F(\beta, \alpha)$ zugeordnet (vgl. (48)).

Lassen wir jetzt die Voraussetzung $f(x) > 0$ in I fallen und gestatten, daß $f(x)$ in I das Vorzeichen wechselt, so hat zwischen zwei aufeinanderfolgenden Nullstellen $\alpha, \beta \in I$ von f mit $\alpha < \beta$ der Flächeninhalt $F(\alpha, \beta) := \int_\alpha^\beta f(x)dx$ einen positiven Wert, wenn $f(x)$ in (α, β) positiv ist, und einen negativen Wert, wenn $f(x)$ in (α, β) negativ ist. Dies läßt sich auch wieder so deuten, daß $M(\alpha, \beta)$ im ersten Fall positiv orientiert ist, da links herum umrundet, und im zweiten Fall negativ orientiert, da rechts herum umrundet. Hierbei ist zu beachten, daß im zweiten Fall die Menge $M(\alpha, \beta)$ zwischen der x-Achse und dem Graphen von $f\big|_{[\alpha, \beta]}$ durch $M(\alpha, \beta) := \{(x, y) \in \mathbb{R}^2 : \alpha \le x \le \beta \ , \ f(x) \le y \le 0\}$ beschrieben wird.

Im allgemeinen ist also $\int_a^b f(x)dx$ keine „absolute Maßzahl" für den Flächeninhalt, sondern eine Größe, die man als „*orientierten Flächeninhalt*" bezeichnet: Positiv orientierte Teile von $M(a, b)$ erhalten positives Maß, negativ orientierte Teile ein negatives Maß.

Um eine Menge M des $\mathbb{R}^2$ von allgemeinerer Art zu messen, könnte man sie nun nach Art der alten Landvermesser in Mengen vom oben definierten Typ $M(\alpha, \beta)$ zerschneiden, für die bereits ein positives Maß definiert ist, und die Summe der Maße aller Teile als *Maß* oder *Flächeninhalt von* M bezeichnen.

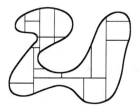

Im Prinzip läßt sich dieser Weg beschreiten, und vielfach ist dies auch die bequemste Methode, um den Flächeninhalt von M zu bestimmen. Jedoch stellen sich einige Probleme, die erst zu lösen sind, bevor man zu einer gesicherten Theorie des Flächeninhalts gelangt:

1. *Welche Bereiche M lassen sich in endlich viele Bereiche vom Typ $M(\alpha, \beta)$ zerschneiden? Kann man diese Bereiche charakterisieren?*

2. *Wenn sich M in der angegebenen Weise zerschneiden läßt, so ist dies in der Regel auf vielerlei Art möglich. Sind die Maßzahlen, die jeder Zerschneidung von M zugeordnet werden,*

stets die gleichen? Nur dann gelangt man zu einer „zerschneidungsunabhängigen" Definition des Flächeninhalts von M.

Wir werden in Band 2 eine mehrdimensionale Integrationstheorie entwickeln, in die sich der oben beschriebene Weg als Spezialfall einordnet und wo die beiden Fragen 1 und 2 im positiven Sinne beantwortet werden.

Satz 14. *Ist* $f \in \mathcal{R}(I)$ *und* $\alpha, \beta, \gamma \in I$, *so gilt*

$$(49) \qquad \int_\alpha^\beta f(x)dx + \int_\beta^\gamma f(x)dx = \int_\alpha^\gamma f(x)dx .$$

Beweis. Die Behauptung ist trivialerweise richtig, wenn wenigstens zwei der Punkte α, β, γ übereinstimmen. Seien also α, β, γ paarweise verschieden. Offenbar ist (49) äquivalent zu

$$(50) \qquad \int_\alpha^\beta f(x)dx + \int_\beta^\gamma f(x)dx + \int_\gamma^\alpha f(x)dx = 0 .$$

(i) Für $\alpha < \beta < \gamma$ folgt (49) aus (45).

(ii) Für $\beta < \alpha < \gamma$ folgt aus (i) die Beziehung

$$\int_\beta^\alpha f(x)dx + \int_\alpha^\gamma f(x)dx = \int_\beta^\gamma f(x)dx ,$$

und nach (46) ist

$$\int_\beta^\alpha f(x)dx = - \int_\alpha^\beta f(x)dx .$$

Damit ergibt sich wiederum (49).

Also ist (50) in den Fällen (i) und (ii) bewiesen. Die übrigen vier Fälle ($\beta < \gamma < \alpha$, $\alpha < \gamma < \beta$, $\gamma < \alpha < \beta$, $\gamma < \beta < \alpha$) gehen aus (i) und (ii) durch zyklische Vertauschung von α, β, γ hervor, und (50) ist invariant unter zyklischen Vertauschungen. Folglich ist (50) in allen Fällen richtig, und damit gilt auch (49). $\qquad\square$

Nun wollen wir das Riemannsche Integral noch auf vektorwertige Funktionen

$$f : I \to \mathbb{R}^d \quad \text{bzw.} \quad f : I \to \mathbb{C} \quad \text{bzw.} \quad f : I \to \mathbb{C}^d$$

ausdehnen, was keine Mühe macht.

Definition 10. *(i) Eine beschränkte Funktion* $f : I \to \mathbb{C}$ *heißt integrierbar auf* $I = [a, b]$, *wenn* $\operatorname{Re} f \in \mathcal{R}(I)$ *und* $\operatorname{Im} f \in \mathcal{R}(I)$. *Wir bezeichnen die Klasse der auf* I *integrierbaren Funktionen* $f \in \mathcal{B}(I, \mathbb{C})$ *mit* $\mathcal{R}(I, \mathbb{C})$ *und setzen*

$$(51) \qquad \int_a^b f(x)dx := \int_a^b \operatorname{Re} f(x)dx + i \int_a^b \operatorname{Im} f(x)dx .$$

(ii) Sei $\mathbb{K} := \mathbb{R}$ *oder* $\mathbb{C}$ *und* $\mathbb{K}^d := \mathbb{R}^d$ *oder* $\mathbb{C}^d$. *Eine Funktion* $f \in \mathcal{B}(I, \mathbb{K}^d)$ *heißt integrierbar auf* $I = [a, b]$, *wenn ihre Komponentenfunktionen* $f_1, \ldots, f_d$ *sämtlich auf* I *integrierbar sind, und wir setzen*

$$(52) \qquad \int_a^b f(x)dx := \left(\int_a^b f_1(x)dx, \ldots, \int_a^b f_d(x)dx \right).$$

Die Klasse der integrierbaren Funktionen $f \in \mathcal{B}(I, \mathbb{K}^d)$ *wird mit* $\mathcal{R}(I, \mathbb{K}^d)$ *bezeichnet.*

Bemerkung 4. Da $M(d, \mathbb{K})$ mit $\mathbb{K}^{d^2}$ identifiziert werden kann, so ist auch die Klasse $\mathcal{R}(I, M(d, \mathbb{K}))$ der integrierbaren matrixwertigen Funktionen und deren Integral $\int_a^b A(x)dx$ definiert. Sind $A_{jk}(x)$ die Komponenten von $A(x)$, so ist

$$(53) \qquad \int_a^b A(x)dx = \left(\int_a^b A_{jk}(x)dx \right).$$

Es übertragen sich cum grano salis die Sätze 3–6, 8–9, 11–14, die Korollare 1–3 und die Definitionen 5–6. Wir wollen die so gewonnenen Ergebnisse noch einmal zusammenstellen:

Satz 15. (Rechenregeln). *Für* $I = [a, b] \subset \mathbb{R}$ *gilt:*

(i) $\mathcal{R}(I)$, $\mathcal{R}(I, \mathbb{R}^d)$ *und* $\mathcal{R}(I, M(d, \mathbb{R}))$ *sind lineare Räume über* $\mathbb{R}$; $\mathcal{R}(I, \mathbb{C})$, $\mathcal{R}(I, \mathbb{C}^d)$ *und* $\mathcal{R}(I, M(d, \mathbb{C}))$ *sind lineare Räume über* $\mathbb{C}$.

(ii) Für beliebige Funktionen $f, g \in \mathcal{R}(I, E)$ *und beliebige Skalare* $\alpha, \beta \in \mathbb{K}$ *gilt*

$$(54) \qquad \int_a^b [\alpha f(x) + \beta g(x)]dx = \alpha \int_a^b f(x)dx + \beta \int_a^b g(x)dx.$$

Hierbei wählen wir $\mathbb{K} = \mathbb{R}$, *wenn* E *einen der drei Vektorräume* $\mathbb{R}$, $\mathbb{R}^d$ *oder* $M(d, \mathbb{R})$ *bedeutet, und wir nehmen* $\mathbb{K} = \mathbb{C}$, *wenn* E *für einen der Vektorräume* $\mathbb{C}$, $\mathbb{C}^d$ *oder* $M(d, \mathbb{C})$ *steht. Wir haben*

$$C^0(I, E) \subset \mathcal{R}(I, E) \quad und \quad \mathcal{D}^0(I, E) \subset \mathcal{R}(I, E).$$

Weiter ist $|f| \in \mathcal{R}(I)$, *und es gilt*

$$(55) \qquad \left| \int_a^b f(x)dx \right| \leq \int_a^b |f(x)|dx.$$

(iii) Mit $f, g \in \mathcal{R}(I, E)$ *ist auch die Funktion* $f \cdot g$ *integrierbar, und es gilt die Schwarzsche Ungleichung*

$$(56) \qquad \left| \int_a^b f(x) \cdot \overline{g(x)}\, dx \right|^2 \leq \int_a^b |f(x)|^2 dx \int_a^b |g(x)|^2 dx$$

$$für \ f, g \in \mathcal{R}(I, \mathbb{C}^d);$$

(57) $\quad \left| \displaystyle\int_a^b A(x) \cdot \overline{B(x)} \, dx \right|^2 \;\leq\; \int_a^b |A(x)|^2 dx \int_a^b |B(x)|^2 dx$

$$\text{für } A, B \in \mathcal{R}(I, M(d, \mathbb{C}))\,.$$

(iv) Aus $f_n \in \mathcal{R}(I, E)$, $n = 1, 2, \ldots$, und

$$f_n(x) \rightrightarrows f(x) \;\; \text{auf } I \;\; \text{für } n \to \infty$$

folgt: $f \in \mathcal{R}(I, E)$ und

$$\int_a^b f(x) dx \;=\; \lim_{n \to \infty} \int_a^b f_n(x) dx\,.$$

(v) Aus $\varphi_n \in \mathcal{R}(I, E)$ folgt

$$\int_a^b \sum_{n=1}^\infty \varphi_n(x) dx \;=\; \sum_{n=1}^\infty \int_a^b \varphi_n(x) dx\,,$$

falls die Reihe $\sum_{n=1}^\infty \varphi_n(x)$ gleichmäßig auf I konvergiert.

(vi) Für $f \in \mathcal{R}(I, E)$ und $\alpha, \beta, \gamma \in I$ gilt

(58) $\qquad \displaystyle\int_\alpha^\beta f(x) dx + \int_\beta^\gamma f(x) dx = \int_\alpha^\gamma f(x) dx\,.$

Aufgaben.

1. Ist $I = [a, b]$, $f \in \mathcal{R}(I)$ und $x_j = a + (j/n)(b-a)$, $j = 1, 2, \ldots, n$, so gilt $\int_a^b f(x) dx = \lim\limits_{n \to \infty} \frac{1}{n} \sum_{j=1}^n f(x_j)$. Beweis?

2. Man zeige: Ist $f \in \mathcal{R}(I)$, $I = [a, b]$ und $m := \sup_I |f|$, so ist die durch $F(x) := \int_a^x f(u) du$, $x \in I$, definierte Funktion $F : I \to \mathbb{R}$ Lipschitzstetig; es gilt nämlich $|F(x) - F(y)| \leq m|x-y|$ für $x, y \in I$. Beweis?

3. Ist $f \in C^0([a, b])$ und gilt $\int_a^b f(x) dx = 0$, so gibt es ein $c \in (a, b)$ mit $f(c) = 0$. Beweis?

4. Man zeige: Sind $f, g \in C^0(I)$, $I = [a, b]$, und gilt $f(x) > 0$ für $a < x < b$ sowie $\int_a^b f(x) g(x) dx = 0$, so hat g in (a, b) eine Nullstelle.

5. Man berechne $\lim\limits_{n \to \infty} \frac{1}{n^{3/2}} \sum_{j=1}^n \sqrt{j}$ und $\lim\limits_{n \to \infty} \frac{1}{\sqrt{n}} \left(1 + \frac{1}{\sqrt{2}} + \cdots + \frac{1}{\sqrt{n}} \right)$.

6. Erfüllt $f : [0, 1] \to \mathbb{R}$ die Lipschitzbedingung $|f(x) - f(y)| \leq m|x-y|$ für alle $x, y \in [0, 1]$, so gilt für $n \in \mathbb{N}$: $\left| \int_0^1 f(x) dx - \frac{1}{n} \sum_{\nu=1}^n f(\nu/n) \right| \leq \frac{m}{2n}$. Beweis?

7. Seien f, g monoton wachsend auf $[a, b]$. Gilt dann $\int_a^b f(x) dx \int_a^b g(x) dx \leq (b-a) \int_a^b f(x) g(x) dx$?

8. Für $f \in \mathcal{R}([a, b])$ zeige man $\left| \int_a^b f(x) dx \right| \leq \sqrt{b-a} \left(\int_a^b |f(x)|^2 dx \right)^{1/2}$.

9. Man berechne $\lim\limits_{n \to \infty} \int_a^b \frac{dx}{1 + x^{2n}}$.

10. Sei $\sum_{n=0}^\infty a_n x^n$, $a_n \in \mathbb{R}$, eine Potenzreihe mit dem Konvergenzradius $R > 0$. Man berechne $\int_0^r \left(\sum_{n=0}^\infty a_n x^n \right) dx$ für $r \in (0, R)$.

11. Man beweise den „Verallgemeinerten Mittelwertsatz der Integralrechnung".

8 Hauptsätze der Differential- und Integralrechnung

In diesem Abschnitt behandeln wir die grundlegende Entdeckung von Newton und Leibniz, die im wesentlichen besagt, daß Integration die zur Differentiation inverse Operation ist. Was dies im einzelnen bedeutet, ist die Aussage der folgenden beiden Sätze 1 und 2, die gewöhnlich als *Hauptsätze der Differential- und Integralrechnung* bezeichnet werden.

Satz 1. *Ist $c \in I = [a, b]$ und $f \in C^0(I)$, so wird durch*

$$(1) \qquad F(x) := \int_c^x f(t)dt \quad , \quad x \in I \, ,$$

eine Stammfunktion $F \in C^1(I)$ von f geliefert; es gilt also

$$(2) \qquad F'(x) = f(x) \quad \text{für alle } x \in I \, .$$

Satz 2. *Ist $\Phi \in C^1(I)$ eine beliebige Stammfunktion von $f \in C^0(I)$, $I = [a, b]$, so gilt*

$$(3) \qquad \int_a^b f(x)dx \ = \ \Phi(b) - \Phi(a) \ =: \ [\Phi(x)]_a^b \ = \ \Phi(x)\big|_a^b \, .$$

Beweis von Satz 1. Wir können den Differenzenquotienten

$$(4) \qquad \Delta_h F(x) = \frac{1}{h}[F(x+h) - F(x)] \, , \ h \neq 0 \, , \ x \in I \, , \ x + h \in I$$

wegen

$$\int_c^{x+h} f(t)dt \ = \ \int_c^x f(t)dt \ + \ \int_x^{x+h} f(t)dt$$

schreiben als

$$\Delta_h F(x) = \frac{1}{h}\left[\int_c^{x+h} f(t)dt - \int_c^x f(t)dt \right] = \frac{1}{h}\int_x^{x+h} f(t)dt \, .$$

Hieraus folgt

$$(5) \qquad \Delta_h F(x) - f(x) = \frac{1}{h}\int_x^{x+h} [f(t) - f(x)]dt \, .$$

Setzen wir

$$\sigma(h) := \sup \left\{ |f(t) - f(x)| : t \in I \text{ und } |x - t| \leq |h| \right\} \, ,$$

so folgt $\lim_{h \to 0} \sigma(h) = 0$, da $f(t)$ im Punkte x stetig ist, und aus (5) erhalten wir die Abschätzung

$$|\Delta_h F(x) - f(x)| \leq \frac{1}{|h|} \cdot |h| \cdot \sigma(h) = \sigma(h) \ .$$

Daher gilt

$$\lim_{h \to 0} |\Delta_h F(x) - f(x)| = 0 \ ,$$

womit $F'(x) = f(x)$ für alle $x \in I$ gezeigt ist.

$\square$

Beweis von Satz 2. Bezeichne $\Phi \in C^1(I)$ irgendeine Stammfunktion von f, und sei $F(x)$ die spezielle Stammfunktion

$$F(x) := \int_a^x f(t) dt \ .$$

Dann unterscheiden sich Φ und F wegen Korollar 3 in 3.3 nur um eine Konstante k, d.h.

$$\Phi(x) = F(x) + k \quad \text{für alle } x \in \mathbb{R} \ ,$$

und wir erhalten wegen $F(a) = 0$ die Beziehung

$$\int_a^b f(x) dx \ = \ F(b) \ = \ F(b) - F(a) \ = \ \Phi(b) - \Phi(a) \ .$$

$\square$

Bemerkung 1. Die Gesamtheit *aller* Stammfunktionen einer Funktion $f \in C^0(M)$ wird mit dem Symbol

$$(6) \qquad \int f(x) dx$$

bezeichnet und heißt **unbestimmtes Integral der Funktion f**. Kennt man eine Stammfunktion Φ von f und ist M ein verallgemeinertes Intervall, so wird das unbestimmte Integral $\int f(x) dx$ durch

$$\int f(x) dx \ = \ \{\Phi + \text{const}\} \ = \ \{\Phi + k : k \in \mathbb{R}\}$$

gegeben. Hierfür schreibt man üblicherweise

$$(7) \qquad \int f(x) dx \ = \ \Phi(x) + \text{const} \ .$$

Diese Bemerkung ist nützlich, wenn man Stammfunktionen Φ einer gegebenen Funktion f in Tafelwerken oder Handbüchern nachschlagen möchte.

Es sei noch vermerkt, daß man das Integral $\int_a^b f(x) dx$ auch als das *bestimmte Integral von $f(x)$ zwischen den Grenzen a und b* bezeichnet.

Betrachten wir einige einfache Beispiele.

$\boxed{1}$ Für $p \in \mathbb{N}$ hat die durch $f(x) := x^p$ definierte Funktion $f : \mathbb{R} \to \mathbb{R}$ die Stammfunktion

$$\Phi(x) := \frac{x^{p+1}}{p+1} \, .$$

Daher gilt

$$(8) \qquad \int_a^b x^p dx = \frac{1}{p+1} \left[b^{p+1} - a^{p+1} \right] .$$

Für $f(x) := \dfrac{1}{x^p}$, $x \neq 0$, $p = 2, 3, \ldots$, ist $\Phi(x) = \dfrac{1}{1-p} \dfrac{1}{x^{p-1}}$ Stammfunktion. Folglich gilt

$$(9) \qquad \int_a^b \frac{dx}{x^p} = \frac{1}{1-p} \left[b^{1-p} - a^{1-p} \right] ,$$

falls $a, b > 0$ oder $a, b < 0$ ist.

Für $f(x) := x^\alpha$, $x > 0$, $\alpha \in \mathbb{R}$, haben wir die Stammfunktion

$$\Phi(x) = \frac{x^{\alpha+1}}{\alpha+1} \, , \text{ falls } \alpha \neq -1$$

ist, und für $\alpha = -1$ ist

$$\Phi(x) = \log x$$

Stammfunktion von $f(x) = 1/x$, $x > 0$. Also gilt

$$(10) \qquad \int_a^b x^\alpha dx = \frac{1}{\alpha+1} \left[b^{\alpha+1} - a^{\alpha+1} \right], \quad \alpha \neq -1 \, , \, a, b > 0 \, ,$$

und

$$(11) \qquad \int_a^b \frac{dx}{x} = \log \frac{b}{a} \quad \text{für } a, b > 0 \, .$$

Für $x < 0$ wird durch $\Phi(x) := \log |x|$ eine Stammfunktion von $f(x) = 1/x$ definiert, denn die Kettenregel liefert

$$\Phi'(x) = \frac{d}{dx} \log(-x) = \left(\frac{1}{-x} \right) \cdot (-1) = \frac{1}{x} \, .$$

Also hat $f(x) := 1/x$ auf $\mathbb{R} - \{0\}$ die Stammfunktion $\Phi(x) = \log |x|$, und wir erhalten

$$(12) \qquad \int_a^b \frac{dx}{x} = \log |b| - \log |a| \text{ für } a, b > 0 \text{ oder } a, b < 0 \, .$$

2 Wegen $- \cos' x = \sin x$, $\sin' x = \cos x$ gilt

$$\int_a^b \sin x\, dx \;=\; \cos a - \cos b\; ; \int_a^b \cos x\, dx \;=\; \sin b - \sin a\;.$$

3 Aus $\operatorname{tg}' x = \dfrac{1}{\cos^2 x}$ für $|x| < \pi/2$ ergibt sich

$$\int_0^\varphi \frac{dx}{\cos^2 x} \;=\; \operatorname{tg} x\big|_0^\varphi \;=\; \operatorname{tg}\varphi \quad \text{für } 0 \le |\varphi| < \pi/2\;.$$

4 Um das Integral

$$\int_a^b \sqrt{1 - x^2}\, dx \quad \text{mit } -1 < a, b < 1$$

zu berechnen, suchen wir eine Stammfunktion $\Phi(x)$ von $\sqrt{1 - x^2}$ für $x \in (-1, 1)$. Man rechnet leicht nach, daß

(13) $$\Phi(x) = \frac{1}{2}(\arcsin x + x\sqrt{1 - x^2})$$

eine solche Stammfunktion ist. Wir wollen sie geometrisch deuten. Dazu benennen wir die unabhängige Variable in y um und deuten für $0 \le y \le 1$ die Punkte (x, y) mit $x = \sqrt{1 - y^2}$ als diejenigen Punkte auf der Kreislinie

$$\Gamma = \{(x, y) \in \mathbb{R}^2 : x^2 + y^2 = 1\}\;,$$

die im ersten Quadranten $\{x \ge 0, y \ge 0\}$ liegen. Dann ist $F(y) := \int_0^y \sqrt{1 - u^2}\, du$ der Flächeninhalt der Menge $M(y) := \{(\xi, \eta) \in \mathbb{R}^2 : 0 \le \xi \le \sqrt{1 - \eta^2},\, 0 \le \eta \le y\}$, und $D(y) = \frac{1}{2}y\sqrt{1 - y^2}$ ist der Flächeninhalt des rechtwinkligen Dreiecks mit der Hypotenuse 1 und den beiden Katheten y und $x = \sqrt{1 - y^2}$. Demgemäß deuten wir

(14) $$A(y) := \int_0^y \sqrt{1 - u^2}\, du \;-\; \frac{1}{2}y\sqrt{1 - y^2}$$

als den Flächeninhalt des Kreissektors OP_0P mit den Ecken $O = (0, 0)$, $P_0 = (1, 0)$, $P = (x, y)$ und dem „Öffnungswinkel" $\varphi = \arcsin y$. Aus (13) ergibt sich wegen $\Phi(0) = 0$, daß

$$\int_0^y \sqrt{1 - u^2}\, du \;=\; \Phi(y) - \Phi(0) = \Phi(y)$$

ist, mit (14) folgt

(15) $$\arcsin y = 2A(y)\;.$$

(Bereits Wallis kannte die Formel $\int_0^1 \sqrt{1 - x^2}dx = \pi/4$, wenn auch in anderer Gestalt.)

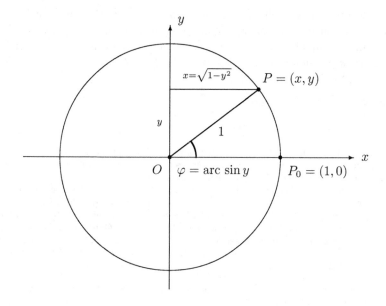

Der Flächeninhalt des Kreissektors OP_0P ist deshalb gleich der halben Länge des Kreisbogens P_0P von Γ, der im ersten Quadranten liegt, also gleich $\frac{1}{2}$arc sin y. Diesen Zusammenhang zwischen „Winkel" und „Flächeninhalt" könnte man sich zunutze machen, um sin φ im ersten Quadranten als Umkehrfunktion der Funktion

$$(16) \qquad\qquad \varphi = 2A(y)$$

zu definieren. Auf diese Weise könnte man in ganz anderer Weise zu einem Aufbau der trigonometrischen Funktionen Sinus und Cosinus gelangen, als wir ihn im Abschnitt 3.5 ausgeführt haben. Diese Konstruktion scheint, wie schon Felix Klein bemerkt hat, sehr gut geeignet zu sein, um die trigonometrischen Funktionen im Schulunterricht in strenger und doch geometrisch einleuchtender Weise einzuführen. Eine Variante dieser Methode besteht darin, daß man den Sinus als Umkehrfunktion von

$$(17) \qquad\qquad \text{arc sin } y = \int_0^y \frac{dt}{\sqrt{1-t^2}} \ , \quad |y| < 1 \ ,$$

deutet. Allerdings ist dieses Verfahren für den Schulunterricht etwas schwieriger zu handhaben als das auf (16) beruhende Verfahren, weil das Integral in (17) beim Grenzübergang $|y| \to 1 - 0$ in schwacher Weise singulär wird: die Funktion $(1 - t^2)^{-1/2}$ ist ja nicht beschränkt auf $[-1, 1]$, und somit ist das Integral

$$\int_0^1 (1 - t^2)^{-1/2} \, dt$$

zunächst gar nicht als Riemannsches Integral definiert. Wir haben es hier mit einem *uneigentlichen Integral* zu tun. Integrale dieser Art werden wir in einem späteren Abschnitt behandeln. Übrigens ist der Zugang (17) zur Sinusfunktion bereits von Newton beschritten worden, der seine „Quadratur des Kreises" auf die Binomialreihe für $(1 - t^2)^{-1/2}$ stützte. Näheres hierzu findet man bei Felix Klein: *Elementarmathematik vom höheren Standpunkt aus*, Band 1, 4. Auflage, Springer 1933, S. 87–88 und S. 181.

In ähnlicher Weise kann man die Formel

$$\log x = \int_1^x \frac{dt}{t} \quad , \ x > 0 \, ,$$

benutzen, um die Logarithmusfunktion durch das rechtsstehende Integral zu definieren und dann die Exponentialfunktion als Umkehrfunktion des Logarithmus einzuführen. Diese elegante Methode ist vorzüglich für den Schulunterricht geeignet. Sie bietet, wie Felix Klein (loc. cit. S. 155–169) ausführt, auch den natürlichen Zugang zum Logarithmus, der überdies auch der historische Weg war, den die Mathematik in ihrer Entwicklung genommen hat. Die Kleinschen Ausführungen zur Entwicklung der Logarithmenlehre seit Jobst Bürgi (1552–1632) und John Napier (oder Neper, 1550–1617) über Newton, Euler, Lagrange bis Gauß und Cauchy sind sehr instruktiv. Eine schöne Darstellung dieser Methode, Logarithmus- und Exponentialfunktion einzuführen, findet sich im Lehrbuch von R. Courant (*Vorlesungen über Differential- und Integralrechnung*, Bd. I, 3. Auflage, Springer 1961, S. 148–156).

Nach dem Vorbild von Euler (*Introductio in analysis infinitorum*, 1748) stellen auch heute noch viele Autoren die Exponentialreihe

$$1 + \frac{z}{1!} + \frac{z^2}{2!} + \frac{z^3}{3!} + \frac{z^4}{4!} + \ldots$$

an den Anfang ihrer Betrachtungen, wobei eine ausführliche Diskussion von Reihen und Potenzreihen vorausgeschickt wird, um dem Ganzen ein gesichertes Fundament zu geben. Um Konvergenzfragen hat sich Euler nicht viel gekümmert; erst spätere Mathematiker wie Gauß und Cauchy haben der Konvergenz gebührende Aufmerksamkeit geschenkt. Weierstraß schließlich hat seine gesamte Funktionenlehre auf die Theorie der Potenzreihen gegründet. Diese Vorgehensweise hat viel für sich, weil Potenzreihen die natürliche Verallgemeinerung der Polynome sind und einen sehr schnellen Zugang zu vielen Resultaten liefern. Aus dem Produktsatz für Reihen wird insbesondere die Funktionalgleichung

$$E(x + y) = E(x) \cdot E(y)$$

der Exponentialfunktion $E(x) = \exp(x)$ gewonnen, aus der sich dann wegen

$$\frac{1}{h} \left[E(x + h) - E(x) \right] = E(x) \cdot \frac{1}{h} \left[E(h) - 1 \right]$$

und

$$\frac{1}{h} \left[E(h) - 1 \right] \ \to 1 \quad \text{für } h \to 0$$

die grundlegende Differentialgleichung

$$E'(x) = E(x)$$

ergibt. Durch Übergang ins Komplexe gelangt man dann auch zur Theorie der trigonometrischen Funktionen.

Eine elegante Variante dieser Methode findet man im Lehrbuch von K. Königsberger (*Analysis 1*, Springer 1995, S. 104–112). Sie benutzt die von Daniel Bernoulli (1728) aufgestellte Formel

$$e^x = \lim_{n \to \infty} \left(1 + \frac{x}{n} \right)^n \, ,$$

aus der die Funktionalgleichung $e^{x+y} = e^x e^y$ hergeleitet werden kann, ohne den Produktsatz für Reihen zu verwenden.

In der vorliegenden Vorlesung haben wir die Exponentialfunktion früh ins Spiel gebracht. Die Ergebnisse über Potenzreihen (1.19-1.21) werden nicht benötigt, wenn man wie in Abschnitt 4.4 verfährt und direkt die Differenzierbarkeit der Exponentialfunktion $E(x)$ und deren fundamentale Differentialgleichugn $E'(x) = E(x)$ herleitet, aus der sich alle wichtigen Eigenschaften von $E(x)$ gewinnen lassen.

Einen weiteren Zugang zur Exponentialfunktion beschreiben wir in Abschnitt 4.1; er stützt sich auf die Hauptsätze der Differential- und Integralrechnung und auf die Umwandlung der Differentialgleichung $\frac{d}{dt} \exp(tA) = A \exp(tA)$ in eine Integralgleichung.

5̄ *Flächeninhalt einer Kreisscheibe vom Radius 1.*

Aus der Formel (13) ergibt sich

$$\int_a^b \sqrt{1 - x^2}\, dx = \frac{1}{2}(\arcsin x + x\sqrt{1-x^2}) \,\Big|_a^b$$

und insbesondere

$$(18) \qquad \int_{-1}^1 \sqrt{1 - x^2}\, dx = \frac{1}{2}\left[\arcsin(1) - \arcsin(-1)\right] = \frac{\pi}{2}\,.$$

Der Flächeninhalt der Halbkreisscheibe vom Radius 1 ist also gleich $\pi/2$.

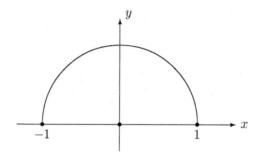

Zerschneidet man die Kreisscheibe in zwei kongruente Halbkreisscheiben, so ergibt sich: *Der Flächeninhalt einer Kreisscheibe vom Radius Eins hat den Wert* π. Streng genommen ist diese Behauptung zunächst etwas sorglos, weil obige Betrachtung ja nur zeigt, daß die Einheitskreisscheibe mit dem Ursprung als Mittelpunkt den Flächeninhalt π hat. Aus der im nächsten Abschnitt aufgestellten Substitutionsformel ergibt sich aber ohne Mühe, daß sich der Wert des Flächeninhalts einer Kreisscheibe bei Verschiebungen des Mittelpunktes und bei Spiegelungen nicht ändert.

6̄ Bekanntlich ist $\arctg x$ eine Stammfunktion der Funktion

$$f(x) = \frac{1}{1 + x^2}\quad , \quad x \in \mathbb{R}\,.$$

Damit folgt insbesondere für $a > 0$, daß

$$\int_{-a}^{a} \frac{dx}{1+x^2} = \operatorname{arc\,tg} x \Big|_{-a}^{a} = 2 \operatorname{arc\,tg} a$$

gilt. Hieraus folgt

(19)
$$\int_{-\infty}^{\infty} \frac{dx}{1+x^2} := \lim_{a \to \infty} \int_{-a}^{a} \frac{dx}{1+x^2} = \pi .$$

7   Aus $\operatorname{arc\,sin}' y = \frac{1}{\sqrt{1-y^2}}$ für $|y| < 1$ folgt

$$\int_{0}^{a} \frac{dy}{\sqrt{1-y^2}} = \operatorname{arc\,sin} y \Big|_{0}^{a} = \operatorname{arc\,sin} a , \quad |a| < 1 ,$$

Damit ergibt sich für das „uneigentliche Integral" $\int_0^1 (1-y^2)^{-1/2} dy$ der Wert

(20)
$$\int_{0}^{1} \frac{dy}{\sqrt{1-y^2}} := \lim_{a \to 1-0} \int_{0}^{a} \frac{dy}{\sqrt{1-y^2}} = \pi/2 .$$

Aufgaben.

1. Man formuliere Voraussetzungen an $f : [a,b] \to \mathbb{R}$, damit $\int_a^b \frac{f'(x)}{f(x)} dx = \big[\log|f(x)| \big]_a^b$ gilt.
2. Man berechne $\int_a^b \operatorname{tg} x\, dx$ für $a, b \in (-\pi/2, \pi/2)$.
3. Was sind die Werte der Integrale $\int_0^{\pi/4} \frac{dx}{\cos^2 x}$, $\int_0^1 \frac{dx}{1+x^2}$, $\int_0^1 \frac{x\, dx}{1+x^2}$, $\int_{\pi/4}^{\pi/2} \frac{dx}{\sin^2 x}$?

9   Partielle Integration und Variablentransformation

Wir beginnen mit der Formel für *partielle Integration*.

Satz 1. *Für $f, g \in C^1(I, \mathbb{R}^m)$ und $I = [a,b]$ gilt*

(1)
$$\int_{a}^{b} Df(x) \cdot g(x) dx = [f(x) \cdot g(x)]_a^b - \int_{a}^{b} f(x) \cdot Dg(x) dx .$$

(Hierbei ist mit $\xi \cdot \eta = \xi_1 \eta_1 + \ldots + \xi_m \eta_m$ das Skalarprodukt zweier Vektoren $\xi, \eta \in \mathbb{R}^m$ gemeint.)

Beweis. Die Formel (1), die man als *Produktintegration* oder noch häufiger als **partielle Integration** bezeichnet, ergibt sich aus

$$(2) \qquad D(f \cdot g) = Df \cdot g + f \cdot Dg \, ,$$

indem wir diese Relation zwischen den Grenzen a und b integrieren und die Beziehung

$$\int_a^b D(f \cdot g) \, dx \; = \; [f(x) \cdot g(x)]_a^b$$

beachten.

$\square$

Korollar 1. *Sei F eine Stammfunktion von $f \in C^0(I)$, also $F' = f$, und sei $g \in C^1(I)$, $I = [a,b]$. Dann gilt*

$$(3) \qquad \int_a^b f(x)g(x)dx \; = \; [F(x)g(x)]_a^b - \int_a^b F(x)g'(x)dx \, .$$

Die partielle Integration in der Form von Satz 1 ist von großer theoretischer Bedeutung, während Korollar 1 vor allem dazu benutzt wird, Integrale umzuformen und eventuell in eine einfachere Gestalt zu bringen. Vielfach gelingt dies erst nach mehreren Schritten durch *Rekursionsformeln*. Betrachten wir einige Beispiele.

$\boxed{1}$ Es gilt

$$\int_0^{\pi/2} \sin^2 x \, dx = \int_0^{\pi/2} \cos^2 x \, dx = \pi/4 \, ,$$

denn

$$\int_0^{\pi/2} \sin^2 x \, dx \; = \; [-\cos x \sin x]_0^{\pi/2} + \int_0^{\pi/2} \cos^2 x \, dx \; = \; \int_0^{\pi/2} \cos^2 x \, dx \, .$$

Wegen $\sin^2 x + \cos^2 x = 1$ und $\int_0^{\pi/2} dx = \pi/2$ folgt dann die Behauptung.

Ähnlich erhalten wir

$$(4) \qquad \int_0^{2\pi} \sin^2 x \, dx = \int_0^{2\pi} \cos^2 x \, dx = \pi \, .$$

$\boxed{2}$ Zuweilen ist es nützlich, erst einmal das unbestimmte Integral umzuformen, indem wir aus (2) die Formel

$$(5) \qquad \int f'(x)g(x)dx = f(x)g(x) - \int f(x)g'(x)dx$$

gewinnen, die zu weiteren Umformungen genutzt werden kann, und erst am Ende den zweiten Hauptsatz (3.8, Satz 2) anwenden. Beispielsweise erhalten wir

$$(6) \qquad \int \log x \, dx = x \log x - \int x \cdot \frac{1}{x} \, dx = x \log x - x + \text{const} ;$$

$$(7) \qquad \int \text{arc } \sin x \, dx = x \text{ arc } \sin x - \int \frac{x}{\sqrt{1-x^2}} \, dx$$

$$= x \text{ arc } \sin x + \sqrt{1-x^2} + \text{const} ;$$

$$(8) \qquad \int \text{arc tg } x \, dx = x \text{ arc tg } x - \int \frac{x}{1+x^2} \, dx$$

$$= x \text{ arc tg } x - \frac{1}{2} \log(1+x^2) + \text{const} .$$

Etwas komplizierter ist es beim folgenden Integral, wo wir zweimal partiell integrieren müssen:

$$\int e^{ax} \sin(bx)dx = -\frac{1}{b}e^{ax}\cos(bx) + \frac{a}{b} \int e^{ax}\cos(bx)dx$$

$$= -\frac{1}{b}e^{ax}\cos(bx) + \frac{a}{b^2}e^{ax}\sin(bx) - \frac{a^2}{b^2} \int e^{ax}\sin(bx)dx .$$

Schaffen wir das rechte Integral auf die linke Seite und multiplizieren mit dem Faktor $b^2 \cdot (a^2 + b^2)^{-1}$, so folgt

$$(9) \qquad \int e^{ax} \sin(bx)dx = \frac{1}{a^2+b^2} e^{ax} [a \sin(bx) - b \cos(bx)] + \text{const} .$$

Analog folgt

$$(10) \qquad \int e^{ax} \cos(bx)dx = \frac{1}{a^2+b^2} e^{ax} [a \cos(bx) + b \sin(bx)] + \text{const} .$$

Auf *Rekursionsformeln* werden wir beispielsweise bei den Integralen

$$\int \cos^n x \, dx , \qquad \int \sin^n x \, dx , \qquad \int \sin^k x \cos^l x \, dx , \qquad k, l, n \in \mathbb{N} ,$$

geführt. So ist

$$\int \cos^n x \, dx = \int \cos x \cdot \cos^{n-1} x \, dx = \sin x \cos^{n-1} x + (n-1) \int \sin^2 x \cos^{n-2} x \, dx$$

$$= \sin x \cos^{n-1} x + (n-1) \int \cos^{n-2} x \, dx - (n-1) \int \cos^n x \, dx ,$$

also

(11)
$$\int \cos^n x \, dx = \frac{1}{n} \sin x \cos^{n-1} x + \frac{n-1}{n} \int \cos^{n-2} x \, dx$$

und analog

(12)
$$\int \sin^n x \, dx = -\frac{1}{n} \cos x \sin^{n-1} x + \frac{n-1}{n} \int \sin^{n-2} x \, dx \, ,$$

(13)
$$\int \sin^k x \cos^l x \, dx = \frac{(\sin^{k+1} x)(\cos^{l-1} x)}{k+1}$$
$$+ \frac{l-1}{k+1} \int \sin^{k+2} x \cos^{l-2} x \, dx \, .$$

Damit können wir die Integrale (11) und (12) reduzieren, bis wir für ungerades n auf

$$\int \cos x \, dx = \sin x + \text{const} \qquad \text{bzw.} \qquad \int \sin x \, dx = -\cos x + \text{const}$$

und für gerades n auf $\int dx = x + \text{const}$ stoßen.

$\boxed{3}$ **Wallissche Produktformel für π.** Aus (12) folgt

$$\int_0^{\pi/2} \sin^n x \, dx = \frac{n-1}{n} \int_0^{\pi/2} \sin^{n-2} x \, dx \quad \text{für } n = 2, 3, \dots .$$

Hieraus entstehen für $n = 2k$ und $n = 2k+1$ die Formeln

$$\int_0^{\pi/2} \sin^{2k} x \, dx = \frac{2k-1}{2k} \cdot \frac{2k-3}{2k-2} \cdot \ldots \cdot \frac{1}{2} \cdot \int_0^{\pi/2} dx \, ,$$
$$\int_0^{\pi/2} \sin^{2k+1} x \, dx = \frac{2k}{2k+1} \frac{2k-2}{2k-1} \cdot \ldots \cdot \frac{2}{3} \cdot \int_0^{\pi/2} \sin x \, dx \, .$$

Wegen $\int_0^{\pi/2} dx = \pi/2$, $\int_0^{\pi/2} \sin x \, dx = 1$ ergibt sich

$$\int_0^{\pi/2} \sin^{2k} x \, dx = \frac{2k-1}{2k} \cdot \frac{2k-3}{2k-2} \cdot \ldots \cdot \frac{1}{2} \cdot \frac{\pi}{2} \, ,$$
$$\int_0^{\pi/2} \sin^{2k+1} x \, dx = \frac{2k}{2k+1} \cdot \frac{2k-2}{2k-1} \cdot \ldots \cdot \frac{2}{3} \cdot 1 \, ,$$

und dies liefert

(14)
$$\frac{2 \cdot 2}{1 \cdot 3} \cdot \frac{4 \cdot 4}{3 \cdot 5} \cdot \frac{6 \cdot 6}{5 \cdot 7} \cdot \ldots \cdot \frac{2k \cdot 2k}{(2k-1)(2k+1)} \cdot \frac{\int_0^{\pi/2} \sin^{2k} x \, dx}{\int_0^{\pi/2} \sin^{2k+1} x \, dx} = \frac{\pi}{2} \, .$$

Wir behaupten, daß

$$\lim_{k \to \infty} \frac{\int_0^{\pi/2} \sin^{2k} x \, dx}{\int_0^{\pi/2} \sin^{2k+1} x \, dx} = 1$$

ist, denn für $0 < x < \pi/2$ gilt $0 < \sin x < 1$, also

$$0 < \int_0^{\pi/2} \sin^{2k+1} x \, dx < \int_0^{\pi/2} \sin^{2k} x \, dx < \int_0^{\pi/2} \sin^{2k-1} x \, dx \ ,$$

und daher

$$1 \ \le \ \frac{\int_0^{\pi/2} \sin^{2k} x \, dx}{\int_0^{\pi/2} \sin^{2k+1} x \, dx} \ \le \ \frac{\int_0^{\pi/2} \sin^{2k-1} x \, dx}{\int_0^{\pi/2} \sin^{2k+1} x \, dx} \ = \ \frac{2k+1}{2k} \ = \ 1 + \frac{1}{2k} \ .$$

Damit ergibt sich aus (14) die folgende Darstellung von $\pi/2$:

$$(15) \qquad \frac{\pi}{2} = \lim_{k \to \infty} \frac{2 \cdot 2}{1 \cdot 3} \cdot \frac{4 \cdot 4}{3 \cdot 5} \cdot \ldots \cdot \frac{(2k) \cdot (2k)}{(2k-1)(2k+1)} \ .$$

Dies liefert

$$\frac{\pi}{2} = \lim_{k \to \infty} \frac{2^2 \cdot 4^2 \cdot 6^2 \cdot \ldots \cdot (2k-2)^2}{3^2 \cdot 5^2 \cdot 7^2 \cdot \ldots \cdot (2k-1)^2} \cdot 2k \cdot \frac{2k}{2k+1} \ .$$

Wegen $\frac{2k}{2k+1} \to 1$ mit $k \to \infty$ erhalten wir

$$\sqrt{\frac{\pi}{2}} = \lim_{k \to \infty} \frac{2 \cdot 4 \cdot 6 \cdot \ldots \cdot (2k-2)}{3 \cdot 5 \cdot 7 \cdot \ldots \cdot (2k-1)} \cdot \sqrt{2k}$$

$$= \lim_{k \to \infty} \frac{2^2 \cdot 4^2 \cdot 6^2 \cdot \ldots \cdot (2k-2)^2 \cdot (2k)^2}{(2k-1)! \cdot (2k) \cdot 2k} \cdot \sqrt{2k}$$

$$= \lim_{k \to \infty} \frac{2^2 \cdot 4^2 \cdot 6^2 \cdot \ldots \cdot (2k)^2}{(2k)!} \cdot \frac{1}{\sqrt{2k}}$$

und somit

$$(16) \qquad \sqrt{\pi} = \lim_{k \to \infty} \frac{(k!)^2 \cdot 2^{2k}}{(2k)! \sqrt{k}} = \lim_{k \to \infty} \frac{2^{2k}}{\binom{2k}{k} \sqrt{k}} \ .$$

Die Formeln (15) und (16) sind die **Wallisschen Produktdarstellungen** aus der *Arithmetica Infinitorum*, 1656.

[4] *Stirlingsche Formel.* Mittels Induktion kann man zeigen, daß

$$\left(\frac{n}{3}\right)^n < n! < \left(\frac{n}{2}\right)^n \qquad \text{für } n \ge 6$$

gilt, also

$$2 < \sqrt[n]{\frac{n^n}{n!}} < 3 \qquad \text{für } n \geq 6$$

ist, und es gilt sogar

(17)
$$\lim_{n \to \infty} \sqrt[n]{\frac{n^n}{n!}} = e \; .$$

Man kann nämlich die folgende erstaunliche Beziehung zwischen π und e herleiten:

(18)
$$\lim_{n \to \infty} \frac{n!}{n^{n+1/2} e^{-n} \sqrt{2\pi}} = 1 \; .$$

Dies ist die **Stirlingsche Formel**. Um sie zu beweisen, betrachten wir die Folge $\{a_n\}$ der positiven reellen Zahlen

(19)
$$a_n := \frac{n! e^n}{n^{n+1/2}} \; , \quad n \in \mathbb{N} \; .$$

Wir werden in Kürze zeigen, daß die Folge $\{a_n\}$ monoton fällt. Wegen $a_n > 0$ existiert also

(20)
$$a := \lim_{n \to \infty} a_n \; .$$

Um a zu berechnen, benutzen wir die Wallissche Formel (16), aus der sich wegen

$$n! = a_n \, n^{n+1/2} e^{-n} \; , \quad (2n)! = a_{2n} \, 2^{2n+1/2} e^{-2n} n^{2n+1/2}$$

die Beziehung

$$\begin{aligned}
\sqrt{\pi} &= \lim_{n \to \infty} \frac{(n!)^2 \, 2^{2n}}{(2n)! \, \sqrt{n}} \\[2mm]
&= \lim_{n \to \infty} \frac{a_n^2 \cdot n^{2n+1} \cdot e^{-2n} \cdot 2^{2n}}{a_{2n} \cdot 2^{2n+1/2} \cdot e^{-2n} \cdot n^{2n+1/2} \cdot n^{1/2}} \\[2mm]
&= \lim_{n \to \infty} \frac{a_n^2}{a_{2n} \cdot \sqrt{2}} = \frac{a^2}{a\sqrt{2}} = \frac{a}{\sqrt{2}}
\end{aligned}$$

ergibt. Damit folgt $a = \sqrt{2\pi}$ und hernach (18). Es bleibt zu zeigen, daß die Folge (19) monoton fällt. Zu diesem Zweck benutzen wir folgendes

Lemma 1. *Sind $f, g : [\xi, \infty] \to \mathbb{R}$ zwei Funktionen der Klasse C^1 mit $f > 0$, $g > 0$, $f(\xi) \leq g(\xi)$ sowie $f'(x)/f(x) < g'(x)/g(x)$ für $x > \xi$, so folgt*

$$f(x) < g(x) \quad \text{für alle } x > \xi \; .$$

Beweis. Wir bemerken zunächst, daß

$$\frac{f'}{f} = (\log f)' \quad \text{bzw.} \quad \frac{g'}{g} = (\log g)'$$

die sogenannte *logarithmische Ableitung* von f bzw. g ist. Aus der Voraussetzung folgt dann

$$\left(\log \frac{g}{f}\right)' = (\log g - \log f)' = \frac{g'}{g} - \frac{f'}{f} > 0 \, .$$

Somit ist $\log (g/f)$ monoton wachsend. Also gilt für $x > \xi$

$$\log (g(x)/f(x)) > \log (g(\xi)/f(\xi)) \geq \log 1 = 0$$

und daher

$$g(x)/f(x) > 1 \quad \text{für } x > \xi \, .$$

$\square$

Wir betrachten zwei Anwendungen des Lemmas.

(i) Sei

$$f(x) := \left(1 + \frac{x}{n}\right)^n \, , \quad g(x) := e^x \quad \text{für } x \in [0, \infty) \, .$$

Wegen $f(0) = 1 = g(0)$, $f > 0$, $g > 0$ und

$$\frac{f'(x)}{f(x)} = \frac{1}{1 + x/n} < 1 = \frac{g'(x)}{g(x)} \quad \text{für } x > 0$$

folgt aus dem Lemma die Ungleichung

$$(21) \qquad \left(1 + \frac{x}{n}\right)^n < e^x \quad \text{für } x > 0 \, , \, n \in \mathbb{N} \, .$$

(ii) Für

$$f(x) := 1 \, , \quad g(x) := \left(1 + \frac{x}{n}\right) e^{\varphi(x)} \, , \, x \geq 0 \, ,$$

mit

$$\varphi(x) := \frac{-2x}{2n + x}$$

folgt $f(0) = 1 = g(0)$, $f > 0$, $g > 0$, $f'(x) \equiv 0$ sowie

$$g'(x) = \left[\frac{1}{n} - \left(1 + \frac{x}{n}\right) \frac{4n}{(2n + x)^2}\right] e^{\varphi(x)} = \frac{x^2}{n \cdot (2n + x)^2} e^{\varphi(x)} \, ,$$

also $g'(x) > 0$ für $x > 0$. Das Lemma liefert nunmehr

$$1 < \left(1 + \frac{x}{n}\right) \cdot \exp(-\frac{2x}{2n + x}) \quad \text{für } x > 0 \, .$$

Nehmen wir jetzt die $\frac{2n+x}{2}$-te Potenz von beiden Seiten und multiplizieren die resultierende Ungleichung mit e^x, so entsteht

$$(22) \qquad e^x < \left(1 + \frac{x}{n}\right)^{n+x/2} \quad \text{für } x > 0 \, .$$

Aus (21) und (22) erhalten wir folgende Abschätzungen von e^x nach oben und unten:

$$(23) \qquad \left(1 + \frac{x}{n}\right)^n < e^x < \left(1 + \frac{x}{n}\right)^{n+x/2} \quad \text{für } x > 0 \, , \, n \in \mathbb{N} \, .$$

Insbesondere ergibt sich für $x = 1$ die Ungleichung

$$(24) \qquad e < \left(1 + \frac{1}{n}\right)^{n+1/2} \, .$$

Wegen

$$a_n/a_{n+1} = e^{-1} \cdot \left(1 + \frac{1}{n}\right)^{n+1/2} \quad \text{für } n = 1, 2, \dots$$

bekommen wir also

$$a_n > a_{n+1} \quad \text{für } n \in \mathbb{N} \, ,$$

womit die Stirlingsche Formel (1730) vollständig bewiesen ist.

Nun benutzen wir die Kettenregel, um Integrale „auf neue Variable" zu transformieren. Dies liefert die **Substitutions-** oder **Transformationsformel.**

Satz 2. *Seien I und I^* zwei abgeschlossene Intervalle in $\mathbb{R}$, und weiter seien $f \in C^0(I, \mathbb{R}^l)$, $\varphi \in C^1(I^*)$ sowie $\varphi(I^*) \subset I$. Dann gilt für beliebige Werte $\alpha, \beta \in I^*$ die Formel*

$$(25) \qquad \int_{\varphi(\alpha)}^{\varphi(\beta)} f(x)dx = \int_{\alpha}^{\beta} f(\varphi(u))\varphi'(u)du \, .$$

Beweis. Wir wählen eine Funktion $F \in C^1(I, \mathbb{R}^l)$ mit $F' = f$ und setzen $g := F \circ \varphi$. Dann ist $g \in C^1(I^*, \mathbb{R}^l)$, und die Kettenregel liefert

$$g'(u) = F'(\varphi(u))\varphi'(u) = f(\varphi(u))\varphi'(u) \, .$$

Hieraus ergibt sich durch Integration zwischen den Grenzen α und β die Beziehung

$$\int_\alpha^\beta f(\varphi(u))\varphi'(u)du = \int_\alpha^\beta g'(u)du = g(u)\big|_\alpha^\beta$$

$$= F(\varphi(u))\big|_\alpha^\beta = F(\varphi(\beta)) - F(\varphi(\alpha)) = \int_{\varphi(\alpha)}^{\varphi(\beta)} f(x)dx \; .$$

$\square$

Es gibt zwei Möglichkeiten, die Relation (25) zu interpretieren: Wir können die Beziehung entweder von rechts nach links oder von links nach rechts lesen. Beginnen wir mit der ersten Möglichkeit.

Erste Lesart. Es soll das Integral $\int_\alpha^\beta h(u)du$ berechnet werden. Nehmen wir an, daß es eine Funktion $f(x)$ und eine Substitution $x = \varphi(u)$ gibt, so daß $h(u)$ geschrieben werden kann als

$$h(u) = f(\varphi(u))\varphi'(u) \; .$$

Dann gilt

$$\int_\alpha^\beta h(u)du = \int_a^b f(x)dx \quad \text{mit } a := \varphi(\alpha) \; , \; b := \varphi(\beta) \; .$$

Kann man also das neue Integral $\int_a^b f(x)dx$ „explizit" bestimmen, so ist auch $\int_\alpha^\beta h(u)du$ berechnet.

Betrachten wir ein einfaches Beispiel.

⑤ Man berechne $\int_0^1 (1+u^2)^n u \, du$. Die Funktion $h(u) := (1+u^2)^n u$ läßt sich in der Form

$$h(u) = \frac{1}{2}(1+u^2)^n \frac{d}{du}(1+u^2)$$

schreiben, also

$$2h(u) = f(\varphi(u))\varphi'(u)$$

mit $f(x) := x^n$ und $x = \varphi(u) := 1+u^2$, also $\varphi(0) = 1$ und $\varphi(1) = 2$. Dann ergibt sich

$$\int_0^1 (1+u^2)^n u du = \frac{1}{2}\int_1^2 x^n dx \;\; = \;\; \frac{x^{n+1}}{2(n+1)}\Big|_1^2 = \frac{2^{n+1}-1}{2(n+1)} \; .$$

Zweite Lesart. Jetzt wollen wir die Formel (25) von links nach rechts lesen, mit anderen Worten: Das Ziel ist jetzt, ein vorgelegtes Integral $\int_a^b f(x)dx$ zu berechnen, indem man es durch eine Variablentransformation

$$x = \varphi(u) , \quad \alpha \leq u \leq \beta ,$$

mit der Eigenschaft

$$a = \varphi(\alpha) , \ b = \varphi(\beta)$$

auf die Form $\int_\alpha^\beta h(u)du$, $h(u) := f(\varphi(u))$, bringt und hofft, daß einem zu diesem Integral etwas Günstiges einfällt, das schließlich zu einer expliziten Formel mit „bekannten Funktionen" führen könnte.

Um sicherzustellen, daß die Methode funktioniert, nimmt man hierbei an, daß a, b die Endpunkte des Intervalles I und α, β die Endpunkte des Intervalles I^* sind und daß $\varphi : I^* \to \mathbb{R}$ eine bijektive Abbildung von I^* auf I ist, also insbesondere $\varphi(I^*) = I$ gilt. Die Umkehrbarkeit von $\varphi \in C^1(I^*)$ wird gewöhnlich dadurch gesichert, daß die Eigenschaft

$$\varphi'(u) > 0 \ \ (\text{bzw.} \ < 0) \quad \text{für alle} \ u \in \text{int} \ I^*$$

verlangt wird. Bezeichnet nun $\psi := \varphi^{-1}$ die Inverse von φ, so gilt $\alpha = \psi(a) , \ \beta = \psi(b)$, und die Formel (25) liest sich als

$$\int_a^b f(x)dx = \int_{\psi(a)}^{\psi(b)} f(\varphi(u))\varphi'(u)du .$$

Bemerkung 1. Mit der Leibnizschen Schreibweise

$$(26) \qquad\qquad \varphi'(u) = \frac{dx}{du}$$

läßt sich die Formel (25) sehr gut merken. Man schreibt dann einfach

$$(27) \qquad\qquad \int_{x_1}^{x_2} f(x)dx = \int_{u_1}^{u_2} f(x(u)) \, \frac{dx}{du} \, du ,$$

wobei $x = x(u)$ für die Funktion $u \mapsto x = \varphi(u)$ steht, $x_1 = x(u_1) , \ x_2 = x(u_2)$ interpretiert wird und „Quotienten von Differentialen" wie gewöhnliche Brüche behandelt werden, also du „gekürzt" wird. Wir wollen dem Rechnen mit Differentialen hier noch keine präzise Bedeutung beilegen, sondern uns damit begnügen, die Formel (27) als *Merkregel* aufzufassen, die vermöge der Interpretation (26) zur richtigen Transformationsformel (25) führt.

$\boxed{6}$ Das Integral $\int_0^r \sqrt{r^2 - x^2} \, dx$ berechnen wir mit der Substitution $x = r \sin \varphi, \ 0 \leq \varphi \leq \pi/2$. Wegen $dx = r \cos \varphi \, d\varphi$ folgt

$$\int_0^r \sqrt{r^2 - x^2} \, dx = \int_0^{\pi/2} r^2 \cos^2 \varphi \, d\varphi = r^2 \int_0^{\pi/2} \cos^2 \varphi \, d\varphi = \frac{\pi r^2}{4} .$$

7 Der Graph der Funktion $\eta = f(\xi) := \sqrt{\xi^2 - 1}$, $\xi \geq 1$, beschreibt das Stück Γ der Hyperbel $H := \{(\xi, \eta) \in \mathbb{R}^2 : \xi^2 - \eta^2 = 1\}$, das im ersten Quadranten $\{\xi \geq 0, \eta \geq 0\}$ liegt und die Endpunkte $P_0 = (1, 0)$ und $P = (x, y)$, $y = f(x)$ hat. Dann ist

$$A(x) := \int_1^x f(\xi) d\xi$$

der Flächeninhalt des Sektors unter Γ (zwischen Γ und der ξ-Achse). Mit der Variablentransformation

$$\xi = \cosh \tau \quad , \quad d\xi = \sinh \tau \, d\tau$$

erhalten wir

$$f(\xi) d\xi = \sqrt{\xi^2 - 1} \, d\xi = \sqrt{\cosh^2 \tau - 1} \, \sinh \tau \, d\tau = \sinh^2 \tau \, d\tau$$

und daher

$$A(x) = \int_0^t \sinh^2 \tau \, d\tau \, ,$$

wenn wir $x := \cosh t$, also $t = \operatorname{Ar} \cosh x$ setzen. Wegen

$$\frac{d}{d\tau} \frac{1}{2} (\sinh \tau \cosh \tau - \tau) = \sinh^2 \tau$$

ergibt sich

$$A(x) = \frac{1}{2} \left[\sinh \tau \cosh \tau - \tau \right]_0^t = \frac{1}{2} \left[\sinh t \cosh t - t \right] .$$

Dies liefert

$$A(x) = \frac{1}{2} [xy - \operatorname{Ar} \cosh x] \quad , \quad y := f(x) \, ,$$

und folglich ist

$$\frac{1}{2} \operatorname{Ar} \cosh x = \frac{1}{2} xy - A(x) \, .$$

Nun ist $\frac{1}{2} xy$ der Flächeninhalt des rechtwinkligen Dreiecks $OP'P$ mit den Eckpunkten $O = (0, 0)$, $P' = (x, 0)$, $P = (x, y)$; folglich gibt $\frac{1}{2} xy - A(x)$ den Flächeninhalt des Hyperbelsektors OP_0P zwischen der Abszisse, der Geraden durch OP und dem Hyperbelstück Γ an, der am Ende von 3.5 betrachtet wurde. (Um dies einzusehen, müssen wir nur beachten, daß Γ unterhalb der Geraden OP liegt.)

Bemerkung 2. Meist schreibt man die Substitutionsformel (26) mittels unbestimmter Integrale in der Form

$$\int f(x) dx = \int f(\varphi(u)) \varphi'(u) du$$

hin. Kennt man eine Stammfunktion $F(x)$ von $f(x)$ und eine Stammfunktion $\Psi(u)$ von $f(\varphi(u))\varphi'(u)$, so bedeutet dies

$$F(x) = \Psi(u) + \text{const} \quad , \quad u = \psi(x) = \varphi^{-1}(x) .$$

Man muß hierbei darauf achten, daß die Transformation $u \mapsto x = \varphi(u)$ eine differenzierbare bijektive Abbildung einander entsprechender Intervalle auf der u-Achse und auf der x-Achse liefert.

$\boxed{8}$ $\int \dfrac{dx}{\sqrt{r^2 - x^2}}$, $r > 0$, wird mit der Transformation $x = \varphi(u) = ru$, $|u| < 1$, $dx = r\,du$, auf die Form

$$\int \frac{dx}{\sqrt{r^2 - x^2}} = \int \frac{r\,du}{r\sqrt{1 - u^2}} = \text{arc sin } u + \text{const}$$

gebracht, und wegen $u = \psi(x) = x/r$ bedeutet dies

$$\int \frac{dx}{\sqrt{r^2 - x^2}} = \text{arc sin } \frac{x}{r} + \text{const} .$$

$\boxed{9}$ Dieselbe Transformation liefert

$$\int \frac{dx}{r^2 + x^2} = \int \frac{r\,du}{r^2(1 + u^2)} = \frac{1}{r} \text{ arc tg } u = \frac{1}{r} \text{ arc tg } \frac{x}{r} .$$

Wir wollen hier nicht die verschiedenen Kunstgriffe erläutern, mit denen man eine Vielzahl von „Integraltypen" auf elementare Funktionen reduzieren kann. Eine kleine Auswahl findet sich im nächsten Abschnitt. Meist hilft ein Blick in eines der zahlreichen Tabellenwerke, etwa in das *Teubner - Taschenbuch der Mathematik*, Teil I, Abschnitt 0.9 (Teubner, Leipzig - Stuttgart 1996).

Im allgemeinen führt aber die Aufgabe, Stammfunktionen zu bestimmen, bereits bei vergleichsweise einfach gebauten Funktionen wie etwa

$$\sqrt{a_0 + a_1 x + \ldots + a_n x^n} \qquad \text{oder} \qquad \frac{1}{\sqrt{a_0 + a_1 x + \ldots + a_n x^n}}$$

aus der Klasse elementarer Funktionen heraus. Dies ist aber kein Mangel, sondern es macht die Integrationstheorie erst richtig nützlich, weil man über Integrale interessante neue Funktionen definieren kann. Die Integration gehört neben der Bildung unendlicher Reihen und Produkte zu den *transzendenten Prozessen*, die den Bereich der gewöhnlichen, durch algebraische oder Wurzeloperationen erzeugten Funktionen in wirkungsvoller Weise erweitern, und erst so kann die Analysis ihre Kraft und Geschmeidigkeit richtig entfalten. Das ursprüngliche Ziel der Integrationstheorie, nämlich die Bestimmung von Flächen- und Rauminhalten, rückt etwas zur Seite. Stattdessen gewinnt die natürliche Verallgemeinerung des Integrationsprozesses, nämlich die sogenannte *Integration von Differentialgleichungen* – also die Theorie des Lösens solcher Gleichungen – in unseren Betrachtungen zunehmend an Bedeutung.

Bemerkung 3. Es ist offensichtlich, daß man die „zweite Lesart" auch auf stückweise stetige Funktionen f ausdehnen kann. Für manche Zwecke ist es aber nützlich, diese Form der *Substitutionsregel* sogar für integrierbare Funktionen zur Verfügung zu haben. Daher formulieren wir

Satz 3. *Seien I und I^* zwei kompakte Intervalle in $\mathbb{R}$ mit den Endpunkten a, b und α, β, und sei $\varphi \in C^1(I^*)$ eine bijektive Abbildung von I^* auf I mit $\varphi(\alpha) = a$ und $\varphi(\beta) = b$. Dann folgt für jede Funktion $f \in \mathcal{R}(I, \mathbb{R}^l)$, daß $(f \circ \varphi) \cdot \varphi' \in \mathcal{R}(I^*, \mathbb{R}^l)$ ist, und es gilt*

$$(28) \qquad \int_a^b f(x)dx \; = \; \int_\alpha^\beta f(\varphi(u))\varphi'(u)du \; .$$

Beweis. Es reicht, wenn wir den Beweis für $l = 1$, $a < b$ und unter der Annahme führen, daß φ streng monoton wächst. Dann ist $\alpha < \beta$ und $\varphi' \geq 0$. Weiter dürfen wir $f \geq 0$ annehmen (denn für eine hinreichend große Konstante c gilt $f + c \geq 0$, und aus der Richtigkeit der Behauptung für $f + c$ folgt, daß sie auch für f gilt, weil $c \cdot (b - a) = \int_\alpha^\beta c\varphi'(u)du$ ist).
Sei $L := \sup_{I^*} \varphi'$. Dann gilt für beliebige $u, v \in I^*$ mit $u < v$ die Abschätzung

$$0 \; < \; \varphi(v) - \varphi(u) \; \leq \; L \cdot (v - u) \; .$$

Wir betrachten eine Zerlegung $\mathcal{Z}^*$ von I^* der Feinheit $\Delta(\mathcal{Z}^*)$, die durch $u_0, u_1, \ldots,$ $u_n \in I^*$ mit

$$\alpha \; = \; u_0 < u_1 < \ldots < u_n \; = \; \beta$$

erzeugt wird. Dann definieren die Punkte $x_j := \varphi(u_j)$ mit

$$a \; = \; x_0 < x_1 < \ldots < x_n \; = \; b$$

eine Zerlegung $\mathcal{Z}$ von I, deren Feinheit $\Delta(\mathcal{Z})$ durch

$$\Delta(\mathcal{Z}) \; \leq \; L\,\Delta(\mathcal{Z}^*)$$

abgeschätzt ist.
Sei $I_j := [x_{j-1}, x_j]$, $\Delta x_j := x_j - x_{j-1}$, $I^* := [u_{j-1}, u_j]$, $\Delta u_j := u_j - u_{j-1}$. Nach dem Mittelwertsatz der Differentialrechnung gibt es ein $\tilde{u}_j \in I_j^*$, so daß $\Delta x_j = \varphi'(\tilde{u}_j)\Delta u_j$ ist. Weiter setzen wir $g := (f \circ \varphi)\varphi'$ und

$$\overline{m}_j := \sup_{I_j} f, \quad \overline{M}_j := \sup_{I_j^*} g, \quad \overline{\mu}_j := \sup_{I_j^*} \varphi' \; ,$$

$$\underline{m}_j := \inf_{I_j} f, \quad \underline{M}_j := \inf_{I_j^*} g, \quad \underline{\mu}_j := \inf_{I_j^*} \varphi'$$

sowie

$$\overline{S}_{\mathcal{Z}}(f) \; := \; \sum_{j=1}^n \overline{m}_j \Delta x_j \; , \quad \underline{S}_{\mathcal{Z}}(f) \; := \; \sum_{j=1}^n \underline{m}_j \, \Delta x_j \; ,$$

$$\overline{S}_{\mathcal{Z}^*}(g) \; := \; \sum_{j=1}^n \overline{M}_j \Delta u_j \; , \quad \underline{S}_{\mathcal{Z}^*}(g) \; := \; \sum_{j=1}^n \underline{M}_j \, \Delta u_j \; .$$

Wegen $\overline{M}_j - \underline{M}_j \leq \overline{m}_j\overline{\mu}_j - \underline{m}_j\underline{\mu}_j$ folgt

$$\overline{M}_j - \underline{M}_j \; \leq \; [\overline{m}_j - \underline{m}_j]\varphi'(\tilde{u}_j) + \overline{m}_j[\overline{\mu}_j - \varphi'(\tilde{u}_j)] + \underline{m}_j[\varphi'(\tilde{u}_j) - \underline{\mu}_j]$$

$$\leq \; [\overline{m}_j - \underline{m}_j]\varphi'(\tilde{u}_j) + 2 \cdot \sup_I |f| \cdot \operatorname{osc}(\varphi', \delta^*) \; ,$$

wenn $\Delta(\mathcal{Z}^*) < \delta^*$ und osc $(\varphi', \delta^*) := \sup \{ |\varphi'(u) - \varphi'(v)| : |u - v| < \delta^* \}$ ist. Damit ergibt sich

$$\overline{S}_{\mathcal{Z}^*}(g) - \underline{S}_{\mathcal{Z}^*}(g) \leq \overline{S}_{\mathcal{Z}}(f) - \underline{S}_{\mathcal{Z}}(f) + 2\sup_I |f| \cdot \text{osc}\,(\varphi', \delta^*)|I^*| \,.$$

Da $f \in \mathcal{R}(I)$ ist, können wir zu beliebig vorgegebenem $\epsilon > 0$ ein $\delta > 0$ finden, so daß für jede beliebige Zerlegung $\mathcal{Z}$ von I die Abschätzung

$$\overline{S}_{\mathcal{Z}}(f) - \underline{S}_{\mathcal{Z}}(f) < \epsilon/2$$

gilt, falls $\Delta(\mathcal{Z}) < \delta$ ist (vgl. 3.7, Satz 2). Wenn $\mathcal{Z}$ speziell die oben eingeführte, durch $\mathcal{Z}^*$ definierte Zerlegung von I^* ist, deren Feinheit $\Delta(\mathcal{Z}^*)$ kleiner als $\delta^* > 0$ und diese Zahl so klein gewählt ist, daß

$$\delta^* < \delta/L \qquad \text{und} \qquad 2\sup_I |f| \cdot \text{osc}\,(\varphi', \delta^*)|I^*| < \epsilon/2$$

ist, so folgt

$$\overline{S}_{\mathcal{Z}^*}(g) - \underline{S}_{\mathcal{Z}^*}(g) < \epsilon$$

für jede Zerlegung $\mathcal{Z}^*$ von I mit $\Delta(\mathcal{Z}^*) < \delta^*$. Nach 3.7, Satz 2 erhalten wir also $g = (f \circ \varphi)\varphi' \in \mathcal{R}(I^*)$.

Lassen wir nun $\mathcal{Z}^*$ eine Folge von Zerlegungen mit $\Delta(\mathcal{Z}^*) \to 0$ durchlaufen, so gilt für die zugehörigen Riemannschen Summen

$$\sum_{j=1}^n g(u_j)\Delta u_j \;\to\; \int_\alpha^\beta f(\varphi(u))\varphi'(u)du$$

und entsprechend

$$\sum_{j=1}^n f(x_j)\Delta x_j \;\to\; \int_a^b f(x)dx \,.$$

Andererseits haben wir

$$\left| \sum_{j=1}^n f(x_j)\Delta x_j \;-\; \sum_{j=1}^n g(u_j)\Delta u_j \right|$$

$$\leq \sum_{j=1}^n |f(x_j)\varphi'(\tilde{u}_j) - f(x_j)\varphi'(u_j)|\Delta u_j \leq \sup_I |f| \cdot (\beta - \alpha) \cdot \text{osc}\,(\varphi', \Delta(\mathcal{Z}^*))$$

und osc $(\varphi', \Delta(\mathcal{Z}^*)) \to 0$ mit $\Delta(\mathcal{Z}^*) \to 0$. Damit ist auch (28) bewiesen. □

Aufgaben.

1. Man zeige für $f \in C^1([a,b])$ und $m := \frac{1}{2}(a+b)$:

$$\frac{1}{2}(b-a)[f(a) + f(b)] = \int_a^b f(x)dx + \int_a^b (x - m)f'(x)dx \,.$$

2. Es gilt (Beweis?):

$$\int_0^x \left(\int_0^u f(t)dt \right) du = \int_0^x (x - u)f(u)du \,.$$

3. Man stelle eine Rekursionsformel für $\int x^p(ax^n + b)^q dx$ auf, $(p, q, n \in \mathbb{N}, \; a, b \in \mathbb{R})$, und bestimme damit $\int x^3(x^7 + 1)^2 dx$.

4. Man berechne durch Rekursion $\int_0^\pi t^n \sin\omega t\, dt$, $\int_0^\pi t^n \cos\omega t\, dt$, $\int_0^{\pi/4} \text{tg}^m \varphi\, d\varphi$, $n, m \in \mathbb{N}$, $\omega \in \mathbb{R}$.

5. Ist $f \in C^1([a,b])$ monoton wachsend und bezeichnet g die Umkehrfunktion von f, so gilt:

   (i) $\int_a^b x f'(x)dx = \int_{f(a)}^{f(b)} g(u)du$ $\qquad (x = g(f(x))$, Substitutionsformel);

   (ii) $\int_a^b f(x)dx + \int_{f(a)}^{f(b)} g(u)du = bf(b) - af(a)$ $\qquad$ (partielle Integration);

(iii) Ist außerdem $a = 0$ und $f(0) = 0$, so gilt für alle $x, y \geq 0$:

$$\int_0^x f(u)du + \int_0^y g(v)dv \geq xy .$$

Gleichheit tritt genau dann ein, wenn $y = g(x)$ ist. Beweis?

6. Mittels (iii) von Aufgabe 5 zeige man für beliebige $x \geq 0$, $y \geq 0$, $p > 1$, $q > 1$ mit $1/p + 1/q = 1$ die Ungleichung

$$xy \leq \frac{1}{p}x^p + \frac{1}{q}y^q .$$

7. Man definiere $L : (0, \infty) \to \mathbb{R}$ durch $L(x) := \int_1^x \frac{du}{u}$, $E : \mathbb{R} \to \mathbb{R}$ als $E := L^{-1}$ und zeige

$$L(xy) = L(x) + L(y) \ , \quad E(x+y) = E(x)E(y) .$$

Dies ist eine elegante Methode, $\log x$ und e^x einzuführen, denn es gilt $L(x) = \log x$ und $E(x) = e^x$.

10   Integration elementarer Funktionen

In diesem Abschnitt werden wir einige Typen von Funktionen betrachten, für die man sich Stammfunktionen in Gestalt „bekannter" Funktionen verschaffen kann. Diese Aufgabe ist freilich nicht besonders präzise gestellt, weil „bekannt" kein klar definierter Begriff ist. Wir wollen hier unter *bekannten Funktionen* solche Funktionen verstehen, wie sie im Laufe unserer bisherigen Diskussion aufgetreten sind, also Polynome, Wurzeln, gebrochen rationale Funktionen, Logarithmus, Exponentialfunktion, trigonometrische Funktionen, algebraische Verbindungen und Kompositionen von diesen, etc.

Wir beginnen damit, Stammfunktionen rationaler Funktionen

$$(1) \qquad\qquad r(x) \ = \ \frac{p(x)}{q(x)}$$

zu bestimmen, wobei $p(x)$ und $q(x)$ Polynome mit reellen Koeffizienten sind. Wir können $r(x)$ in der Form

$$r(x) \ = \ p_0(x) + \frac{p_1(x)}{q(x)}$$

schreiben, wobei $p_0(x)$ und $p_1(x)$ reelle Polynome sind und $\operatorname{grad} p_1 < \operatorname{grad} q$ ist. Da wir die Stammfunktion eines jeden Polynoms kennen, genügt es, *echt gebrochene* rationale Funktionen (1) zu integrieren, also

$$\int \frac{p(x)}{q(x)}\,dx$$

zu bestimmen, wenn $\operatorname{grad} p < \operatorname{grad} q =: n$ ist.

Aus dem Fundamentalsatz der Algebra folgt die Zerlegung

$$q(x) = c \cdot \prod_{\nu=1}^{n} (x - a_\nu)$$

mit $c \in \mathbb{R}$ und $a_1, \dots, a_n \in \mathbb{C}$. Ist a Nullstelle der Vielfachheit k mit $\operatorname{Im} a \neq 0$, so ist auch $\bar{a}$ Nullstelle der gleichen Vielfachheit. Somit können wir $q(x)$ in ein Produkt der Form

$$(2) \qquad q(x) = c \cdot \prod_{\nu=1}^{k} (x - a_\nu)^{r_\nu} \prod_{\mu=1}^{l} q_\mu(x)^{s_\mu}$$

zerlegen, wobei k, l, r_ν, s_μ natürliche Zahlen, $a_1, \dots, a_k \in \mathbb{R}$ und

$$q_\mu(x) = x^2 + 2b_\mu x + c_\mu$$

irreduzible quadratische Polynome sind, also $b_\mu^2 < c_\mu$ gilt. Hieraus kann man folgern, daß sich $p(x)/q(x)$ in eindeutiger Weise schreiben läßt als

$$(3) \qquad \frac{p(x)}{q(x)} = \sum_{\nu=1}^{k} \sum_{\rho=1}^{r_\nu} \frac{A_{\rho\nu}}{(x - a_\nu)^\rho} + \sum_{\mu=1}^{l} \sum_{\sigma=1}^{s_\mu} \frac{B_{\sigma\mu} + C_{\sigma\mu} x}{(x^2 + 2b_\mu x + c_\mu)^\sigma},$$

wobei $A_{\rho\nu}, B_{\sigma\mu}, C_{\sigma\mu}$ reelle Zahlen sind. (Hinsichtlich Existenz und eindeutiger Bestimmtheit dieser Zerlegung vgl. z.B. van der Waerden, *Algebra*, Kapitel 5). Eine rationale Funktion können wir also integrieren, sobald wir die *zugehörige Partialbruchzerlegung* (3) hergestellt und die unbestimmten Integrale der Form

$$(4) \qquad \int \frac{dx}{(x - a)^\rho},$$

$$(5) \qquad \int \frac{2x + b}{(x^2 + bx + c)^\sigma}\, dx,$$

$$(6) \qquad \int \frac{dx}{(x^2 + 2bx + c)^\sigma}, \quad b^2 < c,$$

bestimmt haben. Die Integrale (4) und (5) sind wohlbekannt, es gilt

$$\int \frac{dx}{x - a} = \log|x - a| + \mathrm{const},$$

$$\int \frac{dx}{(x - a)^\rho} = \frac{1}{1 - \rho} (x - a)^{1-\rho} + \mathrm{const} \quad \text{für } \rho > 1,$$

$$\int \frac{2x + b}{x^2 + bx + c}\, dx = \log|x^2 + bx + c| + \mathrm{const},$$

$$\int \frac{2x + b}{(x^2 + bx + c)^\rho}\, dx = \frac{1}{1 - \rho} (x^2 + bx + c)^{1-\rho} + \mathrm{const} \quad \text{für } \rho > 1.$$

Integrale der Form

$$\int \frac{dx}{(x^2 + 2bx + c)^{k+1}} \quad \text{mit } b^2 < c$$

führen wir mit Hilfe der Substitution

$$x \mapsto t = \frac{x + b}{\sqrt{c - b^2}}$$

über in

$$\int \frac{dx}{(x^2 + 2bx + c)^{k+1}} = \frac{1}{(c - b^2)^{k+1/2}} \cdot \int \frac{dt}{(1 + t^2)^{k+1}} \, .$$

Durch partielle Integration folgt

$$I_k := \int \frac{dt}{(1 + t^2)^k} = \frac{t}{(1 + t^2)^k} + 2k \int \frac{t^2}{(1 + t^2)^{k+1}} \, dt \, .$$

Mit Hilfe der Identität

$$\frac{t^2}{(1 + t^2)^{k+1}} = \frac{1}{(1 + t^2)^k} - \frac{1}{(1 + t^2)^{k+1}}$$

erhalten wir sodann

$$2k \cdot I_{k+1} = \frac{t}{(t^2 + 1)^k} + (2k - 1) \cdot I_k \, .$$

Dies liefert eine Rekursionsformel für I_k, mit der man I_k auf $I_1 = \arctan t + \text{const}$ zurückführen kann.

Die *Partialbruchzerlegung* (3) einer echt gebrochenen rationalen Funktion bestimmen wir etwa mit der *Methode* des *Koeffizientenvergleichs* oder mit der *Grenzwertmethode*. Wir wollen beide Möglichkeiten an Hand eines Beispiels erläutern, etwa des Integrals

$\boxed{1}$ $\int \dfrac{dx}{x^3 - x^2} \, .$

Wegen $x^3 - x^2 = x^2(x - 1)$ machen wir den *Ansatz*

$(*)$ $\qquad \dfrac{1}{x^3 - x^2} = \dfrac{a}{x} + \dfrac{b}{x^2} + \dfrac{c}{x - 1} \, .$

Multiplizieren wir beide Seiten mit $x^3 - x^2$, so folgt

$$1 = ax(x - 1) + b(x - 1) + cx^2 = (a + c)x^2 + (b - a)x - b \, .$$

Koeffizientenvergleich liefert

$$a + c = 0, \quad b - a = 0, \quad -b = 1 \quad \text{und daher} \quad a = -1, \quad b = -1, \quad c = 1 \, ,$$

also

$$\frac{1}{x^3 - x^2} = -\frac{1}{x} - \frac{1}{x^2} + \frac{1}{x - 1}$$

und somit

$$\int \frac{dx}{x^3 - x^2} = -\log|x| + \log|x - 1| + \frac{1}{x} + \text{const}.$$

Bei der *Grenzwertmethode* multiplizieren wir den Ansatz (∗) mit x^2 und bekommen so

$$(+) \qquad \frac{1}{x-1} = ax + b + \frac{cx^2}{x-1}.$$

Mit $x \to 0$ folgt $b = -1$. Multiplizieren wir (∗) mit $x - 1$, so ergibt sich

$$(++) \qquad \frac{1}{x^2} = \frac{a(x-1)}{x} + \frac{b(x-1)}{x^2} + c,$$

und $x \to 1$ liefert $c = 1$. Schließlich führt Multiplikation von (∗) mit x zu

$$\frac{1}{x(x-1)} = a + \frac{b}{x} + \frac{cx}{x-1},$$

und $x \to \infty$ ergibt $a + c = 0$, also $a = -1$.

Eine Variante der Grenzwertmethode ist das *Einsetzen spezieller Werte*, etwa von $x = 0$ in (+) und $x = 1$ in (++), was $b = -1$ und $c = 1$ liefert. Setzen wir noch $x = 2$ in (+), so folgt $1 = 2a - 1 + 4$, also $a = -1$.

2 Hat $q(x)$ lauter einfache reelle Wurzeln $a_1, a_2, \ldots, a_n$, und ist

$$q(x) = c \cdot (x - a_1)(x - a_2) \ldots (x - a_n)$$

sowie grad $p <$ grad q, so machen wir für p/q den Ansatz

$$\frac{p(x)}{q(x)} = \frac{A_1}{x - a_1} + \frac{A_2}{x - a_2} + \ldots + \frac{A_n}{x - a_n}.$$

Multiplizieren wir beide Seiten mit $x - a_1$ und lassen dann x gegen a_1 streben, so folgt

$$A_1 = \frac{p(a_1)}{c(a_1 - a_2) \ldots (a_1 - a_n)} = \frac{p(a_1)}{q'(a_1)}.$$

Allgemeiner gilt

$$A_j = p(a_j)/q'(a_j)$$

und damit

$$\frac{p(x)}{q(x)} = \sum_{j=1}^{n} \frac{p(a_j)}{q'(a_j)} \frac{1}{x - a_j}.$$

Beispielsweise erhalten wir für $p(x) := 1$, $q(x) = x^3 - x$ wegen

$$q(x) = x(x^2 - 1) = x(x - 1)(x + 1)$$

und $q'(0) = -1$, $q'(1) = q'(-1) = 2$ die Zerlegung

$$\frac{1}{q(x)} = \frac{-1}{x} + \frac{1/2}{x - 1} + \frac{1/2}{x + 1}.$$

3 Behandeln wir nun ein Beispiel, wo man den Nenner nicht in reelle Linearfaktoren zerspalten kann, etwa

$$q(x) := x^4 + 1 = (x^2 + \sqrt{2}x + 1)(x^2 - \sqrt{2}x + 1).$$

Wegen $b^2 := 1/2 < 1 =: c$ sind die quadratischen Faktoren irreduzibel. Somit müssen wir $1/q(x)$ in der Form

$$\frac{1}{x^4+1} = \frac{Ax+B}{x^2+\sqrt{2}x+1} + \frac{Cx+D}{x^2-\sqrt{2}x+1}$$

ansetzen. Multiplizieren wir mit x^4+1, so entsteht mit der Methode des Koeffizientenvergleichs ein lineares Gleichungssystem für A, B, C, D, für das man

$$A = \frac{1}{2\sqrt{2}}, \quad B = \frac{1}{2}, \quad C = -\frac{1}{2\sqrt{2}}, \quad D = \frac{1}{2}$$

als Lösung erhält. Hieraus folgt

$$\frac{1}{x^4+1} = \frac{1}{2\sqrt{2}}\frac{x+\sqrt{2}}{x^2+\sqrt{2}x+1} - \frac{1}{2\sqrt{2}}\frac{x-\sqrt{2}}{x^2-\sqrt{2}x+1}$$

und somit

$$\int \frac{dx}{x^4+1} = \frac{1}{4\sqrt{2}}\log\left|\frac{x^2+\sqrt{2}x+1}{x^2-\sqrt{2}x+1}\right|$$

$$+ \frac{1}{2\sqrt{2}}\left[\operatorname{arctg}(\sqrt{2}x+1) + \operatorname{arctg}(\sqrt{2}x-1) + \text{const}\right].$$

Vielfach lassen sich unbestimmte Integrale $\int f(x)dx$ auf unbestimmte Integrale rationaler Funktionen reduzieren, wenn f eine besondere Form hat. Betrachten wir hierfür einige Beispiele.

Vereinbarung: *Im folgenden bezeichne $R(a,b)$ stets eine rationale Funktion von a, b, also eine Funktion der Gestalt*

$$R(a,b) = \frac{p(a,b)}{q(a,b)},$$

wobei $p(a,b)$ und $q(a,b)$ Polynome in a, b sind.

$\boxed{4}$ $\int R(\cos x, \sin x)dx$ wird durch die Substitution $u = \operatorname{tg}\frac{x}{2}$ in das Integral

$$\int R\left(\frac{1-u^2}{1+u^2}, \frac{2u}{1+u^2}\right) \cdot \frac{2}{1+u^2}\, du$$

überführt, denn mit $\alpha = x/2$ folgt

$$1+u^2 = \frac{1}{\cos^2\alpha}, \quad 1-u^2 = \frac{\cos^2\alpha - \sin^2\alpha}{\cos^2\alpha} = (1+u^2)\cos x,$$

$$dx = \frac{2du}{1+u^2}, \quad 2u = \frac{2\sin\alpha\cos\alpha}{\cos^2\alpha} = (1+u^2)\sin x.$$

Der Integrand

$$r(u) := R\left(\frac{1-u^2}{1+u^2}, \frac{2u}{1+u^2}\right) \cdot \frac{2}{1+u^2}$$

ist aber eine rationale Funktion in u; seine Stammfunktion kann also nach der anfangs beschriebenen Methode bestimmt werden.

$\boxed{5}$ $\int R(x, \sqrt{1-x^2})\, dx$ wird durch die Substitution

$$x = \cos u, \quad \sqrt{1-x^2} = \sin u, \quad dx = -\sin u\, du$$

in

$$-\int R(\cos u, \sin u)\sin u\, du$$

überführt, was vom Typ $\boxed{4}$ ist.

$\boxed{6}$ $\int R(\cosh x, \sinh x)\,dx$ transformieren wir durch $u = \operatorname{tgh} \frac{x}{2}$ in

$$\int R\left(\frac{1+u^2}{1-u^2}, \frac{2u}{1-u^2} \right) \cdot \frac{2}{1-u^2}\,du\,.$$

$\boxed{7}$ $\int R(x, \sqrt{x^2-1})\,dx$ geht durch $x = \cosh u$ in ein Integral vom Typ $\boxed{6}$ über.

$\boxed{8}$ $\int R(e^{ax}, 1)\,dx$ wird durch $u = e^{ax}$ in $\frac{1}{a} \int \frac{1}{t} R(t, 1)\,dt$ transformiert.

$\boxed{9}$ $\int R(x, \sqrt{ax^2 + 2bx + c})\,dx$.

Wir setzen $\Delta := ac - b^2$ und schreiben

$$ax^2 + 2bx + c = \frac{(ax+b)^2 + \Delta}{a}\,.$$

(i) Falls $\Delta > 0$ ist, setzen wir $u = (ax+b)/\sqrt{\Delta}$ und erhalten

$$\sqrt{ax^2 + 2bx + c} = \sqrt{\Delta/a}\ \sqrt{1+u^2}\,.$$

Damit geht obiges Integral in ein Integral vom Typ

$$\int R(u, \sqrt{1+u^2})\,du$$

über, das durch die Substitution $u = \sinh v$ in ein Integral vom Typ

$$\int R(\cosh v, \sinh v)\,dv$$

verwandelt wird, und dieses wird durch $w = \operatorname{tgh} \frac{v}{2}$ in

$$\int R\left(\frac{1+w^2}{1-w^2}, \frac{2w}{1-w^2} \right) \frac{2}{1-w^2}\,dw\,,$$

also in ein unbestimmtes Integral einer rationalen Funktion transformiert.

(ii) Ist $\Delta < 0$, so setzen wir $u = (ax+b)/\sqrt{-\Delta}$ und bekommen

$$\sqrt{ax^2 + bx + c} = \sqrt{-\Delta/a}\ \sqrt{u^2-1}\,;$$

das Ausgangsintegral ist also auf den Typ $\boxed{7}$ reduziert.

(iii) Ist $\Delta = 0$, so ist der Ausgangsintegrand sowieso rational in x, denn es gilt $\sqrt{ax^2 + 2bx + c} = \sqrt{a}(x + b/a)$.

Diese Beispiele mögen hier genügen.

Aufgaben.

1. Man berechne die unbestimmten Integrale
$$\int \frac{dx}{x^2(x-1)}\,,\ \int \frac{dx}{x(x^2+1)}\,,\ \int \frac{dx}{(x^4+1)^2}\,,\ \int \frac{dx}{x^6+1}\,,\ \int \frac{2+4x+x^2+x^3}{x^2(1+2x+x^2)}\,dx\,,\ \int \frac{x^3+5x-2}{x^2(x-1)^3}\,dx\,.$$

2. $\int \frac{3\sin^2 x + \cos x}{3\cos^2 x + \sin x}\,dx$, $\int \frac{dx}{2+\sinh x}$, $\int x^2\sqrt[4]{x+1}\,dx$, $\int \frac{dx}{2+\sin x}$ sind zu berechnen.

3. Man bestimme $\int \frac{dx}{a\cos x + b\sin x}$, $a^2 + b^2 > 0$.
   (Hinweis: Man schreibe $a\cos x + b\sin x = A\sin(x+\theta)$.)

4. Man berechne $\int \frac{dx}{x\sqrt{1+x+x^2}}$, $\int \frac{dx}{x+\sqrt{x^2-2x-3}}$.

5. Man beweise für $a > 0$, $b > 0$: $\int_0^{\pi/2} \frac{dt}{a^2\sin^2 t + b^2\cos^2 t} = \frac{\pi}{2ab}$.

11   Uneigentliche Integrale

Bei der Definition des Riemannschen Integrales

$$\int_a^b f(x)dx$$

in Abschnitt 3.7 hatten wir vorausgesetzt, daß das Integrationsintervall $I = [a, b]$ abgeschlossen und beschränkt ist. Weiter hatten wir von einer integrierbaren Funktion $f : I \to \mathbb{R}$ als Mindestes verlangt, daß sie auf I beschränkt ist. Mit anderen Worten, die Klasse $\mathcal{R}(I)$ der integrierbaren Funktionen $f : I \to \mathbb{R}$ ist eine Teilmenge von $\mathcal{B}(I)$, der Klasse der beschränkten reellwertigen Funktionen auf I. Damit sind also Integrale vom Typ

$$\int_0^\infty e^{-x^2}\,dx \quad \text{oder} \quad \int_0^1 \frac{dx}{\sqrt{1-x^2}}$$

zunächst nicht definiert. Es liegt freilich nahe, ersteres durch

$$\int_0^\infty e^{-x^2}\,dx \; := \; \lim_{R\to\infty} \int_0^R e^{-x^2}\,dx$$

und letzteres durch

$$\int_0^1 \frac{dx}{\sqrt{1-x^2}} \; := \; \lim_{R\to 1-0} \int_0^R \frac{dx}{\sqrt{1-x^2}}$$

zu definieren, falls die Grenzwerte auf den rechten Seiten existieren, was man – wie wir in Kürze zeigen werden – leicht beweisen kann. Diese Idee wollen wir nun systematisch und in einer gewissen Allgemeinheit ausführen. Wir werden also das Integral $\int_a^b f(x)dx$ für Funktionen definieren, deren Integrationsbereich nicht beschränkt oder nicht abgeschlossen zu sein braucht, oder für Funktionen, die unbeschränkt sind. Es können auch beide Möglichkeiten zugleich auftreten wie beim Integral

$$\int_0^\infty \frac{\sin x}{x^{3/2}}\,dx\ .$$

Um aber die Übersicht zu behalten, behandeln wir die verschiedenen Möglichkeiten getrennt. Wir beginnen mit

Fall I. Unbeschränktes Integrationsintervall.

Sei etwa $I = [a, \infty)$ und $f \in \mathcal{R}([a, b])$ für jedes b mit $a < b < \infty$. Dann existiert für jedes $b \in I$ das Integral

$$(1) \qquad\qquad F(b) := \int_a^b f(x)dx\ .$$

Definition 1. *Wenn* $\lim_{b\to\infty} F(b)$ *existiert, so nennen wir diesen Grenzwert das* **uneigentliche Integral** *von* f *über* $[a,\infty)$ *und schreiben*

(2)
$$\int_a^\infty f(x)dx := \lim_{b\to\infty} \int_a^b f(x)dx .$$

Wir sagen dann auch, das uneigentliche Integral $\int_a^\infty f(x)dx$ *existiere oder konvergiere; anderenfalls nennen wir* $\int_a^\infty f(x)dx$ *divergent. Gilt* $F(b) \to \infty$ *bzw.* $-\infty$ *für* $b \to \infty$, *so nennen wir* $\int_a^\infty f(x)dx$ *eigentlich divergent und schreiben hierfür*

$$\int_a^\infty f(x)dx = \infty \quad bzw. \quad -\infty .$$

Proposition 1. *Das uneigentliche Integral* $\int_a^\infty f(x)dx$ *ist genau dann konvergent, wenn man zu jedem* $\epsilon > 0$ *ein* $\xi \geq a$ *finden kann, so daß*

$$|F(b') - F(b)| = \left| \int_b^{b'} f(x)dx \right| < \epsilon$$

gilt für alle $b, b' > \xi$.

Definition 2. *Das uneigentliche Integral* $\int_a^\infty f(x)dx$ *heißt* **absolut konvergent**, *wenn* $\int_a^\infty |f(x)|dx$ *konvergiert.*

Proposition 2. *Das Integral* $\int_a^\infty f(x)dx$ *konvergiert, falls es absolut konvergiert.*

Beweis. Wegen

$$\left| \int_b^{b'} f(x)dx \right| \leq \int_b^{b'} |f(x)|dx \qquad \text{für } a < b < b' < \infty$$

folgt die Behauptung sofort aus Proposition 1.

$\square$

Wir werden sehen, daß – ähnlich wie bei Reihen – aus der Konvergenz keineswegs die absolute Konvergenz zu folgen braucht. So ist $\int_1^\infty \frac{\sin x}{x} dx$ konvergent, aber nicht absolut konvergent.

Bemerkung 1. Das Integral $\int_a^\infty |f(x)|dx$ ist nach dem Satz von der monotonen Folge genau dann konvergent, wenn es ein $c > 0$ mit der Eigenschaft

(3)
$$\int_a^b |f(x)|dx \leq c \qquad \text{für alle } b \in [a,\infty)$$

gibt. Gibt es eine solche Konstante c nicht, so ist $\int_a^\infty |f(x)|dx$ eigentlich diver-
gent. Wir bezeichnen daher Konvergenz von $\int_a^\infty |f(x)|dx$ mit dem Symbol

$$\int_a^\infty |f(x)|dx < \infty$$

und Divergenz mit

$$\int_a^\infty |f(x)|dx = \infty \, .$$

Wie kann man die absolute Konvergenz und damit auch die Konvergenz eines
uneigentlichen Integrals sichern? Hierfür haben wir die folgende *hinreichende
Bedingung*:

Proposition 3. (Majorantenkriterium). *Gibt es eine auf jedem Intervall*
$[a, b]$ integrierbare Funktion $\varphi \geq 0$ mit $\int_a^\infty \varphi(x)dx < \infty$ und ein $\xi \geq a$, so
daß

$$|f(x)| \leq \varphi(x) \qquad \text{für alle } x > \xi$$

gilt, so ist $\int_a^\infty f(x)dx$ absolut konvergent.

Beweis. Für b, b' mit $\xi < b < b'$ gilt

$$\int_b^{b'} |f(x)|dx \leq \int_b^{b'} \varphi(x)dx \, .$$

Dann folgt die Behauptung aus Proposition 1.

$\square$

Betrachten wir einige Beispiele.

$\boxed{1}$ Das Integral $\int_0^\infty \frac{\sin x}{x} dx$ ist konvergent, aber nicht absolut konvergent.

Zum Beweis vermerken wir zunächst, daß wir $(1/x) \cdot \sin x$ als eine stetige Funktion auf $[0, \infty)$ auffassen können, indem wir sie mit dem Werte Eins in den Nullpunkt hinein fortsetzen. Weiter erhalten wir für $0 < b < b'$ vermöge partieller
Integration

$$\int_b^{b'} \frac{\sin x}{x} dx = \left[-\frac{\cos x}{x}\right]_b^{b'} - \int_b^{b'} \frac{\cos x}{x^2} dx \, ;$$

daher

$$\left|\int_b^{b'} \frac{\sin x}{x} dx\right| \leq \frac{1}{b} + \frac{1}{b'} + \int_b^{b'} \frac{1}{x^2} dx < \frac{2}{b} + \frac{1}{b}$$

und $3/b \to 0$ mit $b \to \infty$.

Also ist $\int_0^\infty \frac{\sin x}{x}\, dx$ konvergent. Wir werden sogleich zeigen, daß das Integral den Wert $\pi/2$ hat.

Dagegen ist $\int_0^\infty \left|\frac{\sin x}{x}\right| dx$ nicht konvergent, wie man leicht durch Vergleich mit der harmonischen Reihe sieht. In der Tat gilt

$$\int_0^{k\pi} \left|\frac{\sin x}{x}\right| dx = \sum_{\nu=1}^{k} \int_{(\nu-1)\pi}^{\nu\pi} \left|\frac{\sin x}{x}\right| dx$$

$$\geq \sum_{\nu=1}^{k} \frac{1}{\nu\pi} \int_{(\nu-1)\pi}^{\nu\pi} |\sin x|\, dx = \frac{2}{\pi} \sum_{\nu=1}^{k} \frac{1}{\nu} \to \infty \quad \text{mit } k \to \infty\,.$$

Zum Beweis von $\int_0^\infty \frac{\sin x}{x}\, dx = \frac{\pi}{2}$ verwenden wir die trigonometrische Formel (31) aus 3.5; sie liefert

$$\sum_{\nu=-n}^{n} \cos 2\nu x = \frac{\sin kx}{\sin x} \qquad \text{mit } k := 2n+1$$

für $0 < x \leq \pi/2$. Diese Gleichung gilt auch noch für $x = 0$, wenn die rechte Seite ersetzt wird durch

$$\lim_{x\to 0} \frac{\sin kx}{\sin x} = \lim_{x\to 0} k \cdot \frac{\sin kx}{kx} \cdot \frac{x}{\sin x} = k\,.$$

Integrieren wir von 0 bis $\pi/2$, so folgt

$$\int_0^{\pi/2} \frac{\sin kx}{\sin x}\, dx = \sum_{\nu=-n}^{n} \int_0^{\pi/2} \cos 2\nu x\, dx = \frac{\pi}{2}\,.$$

Hieraus bekommen wir

$$\frac{\pi}{2} - \int_0^{k\pi/2} \frac{\sin t}{t}\, dt = \int_0^{\pi/2} \frac{\sin kx}{\sin x}\, dx - \int_0^{\pi/2} \frac{\sin kx}{x}\, dx$$

$$= \int_0^{\pi/2} \sin kx\, \frac{x - \sin x}{x \sin x}\, dx = \int_0^{\pi/2} p(x) \sin kx\, dx$$

mit $p(x) := \frac{x-\sin x}{x\sin x} = \frac{x}{\sin x} \cdot \frac{x-\sin x}{x^2}$.

Die Funktion $p(x)$ verschwindet für $x = 0$ und ist streng monoton wachsend, denn wegen $x < \operatorname{tg} x$ für $0 < x < \pi/2$ ist $x \mapsto \frac{x}{\sin x}$ in $[0, \pi/2]$ monoton wachsend, und das Gleiche gilt für $x \mapsto \frac{x-\sin x}{x^2}$, wie man aus

$$\frac{x - \sin x}{x^2} = \frac{1}{3!} \cdot \left(x - \frac{x^3}{4 \cdot 5}\right) + \frac{x^4}{7!} \left(x - \frac{x^3}{8 \cdot 9}\right) + \ldots$$

ersieht, denn die erste und damit jede der anderen Klammern wächst streng monoton für $0 \leq x \leq \sqrt{20/3}$, und $\pi/2 < \sqrt{20/3}$. Somit können wir Bonnets Mittelwertsatz anwenden (vgl. Bemerkung 1 in 3.7) und erhalten

$$\frac{\pi}{2} - \int_0^{k\pi/2} \frac{\sin t}{t}\, dt = p(\pi/2) \cdot \int_\xi^{\pi/2} \sin kx\, dx$$

$$= \frac{1}{k}\, p(\pi/2) \cos k\xi \to 0 \quad \text{mit } n \to \infty\,.$$

Andererseits gilt

$$\int_0^\infty \frac{\sin x}{x}\, dx \;=\; \lim_{n\to\infty} \int_0^{(n+1/2)\pi} \frac{\sin t}{t}\, dt \,,$$

und damit erhalten wir *Eulers Formel* (1781):

$$\int_0^\infty \frac{\sin x}{x}\, dx \;=\; \frac{\pi}{2}\,.$$

Wir werden später noch andere Beweise dieser Formel angeben.

2 Aus Proposition 3 folgt:

Wenn es Konstanten $\alpha > 1$, $c > 0$ und $\xi > 0$ gibt mit

$$|f(x)| \;\le\; \frac{c}{x^\alpha} \quad \textit{für alle} \quad x \ge \xi \,,$$

so ist $\int_a^\infty f(x)dx$ absolut konvergent.

In der Tat ist $\int_\xi^\infty x^{-\alpha}dx \;=\; \frac{\xi^{-\alpha+1}}{\alpha-1} < \infty$.

Also sind beispielsweise die Integrale

$$\int_1^\infty \frac{\sin x}{x^\alpha}\, dx \,, \qquad \int_1^\infty \frac{\cos x}{x^\alpha}\, dx$$

absolut konvergent für $\alpha > 1$, aber schon nicht mehr für $\alpha = 1$ (vgl. 1).

3 Das Integral $\int_a^\infty f(x)dx$ kann konvergieren, selbst wenn nicht $\lim\limits_{x\to\infty} f(x) = 0$ gilt. Dies illustrieren wir an Hand des Beispiels $\int_1^\infty \sin(x^2)dx$. Es gilt nämlich für $0 < b < c$

$$\int_b^c \sin(x^2)\, dx \;=\; \int_{b^2}^{c^2} \frac{\sin t}{2\sqrt{t}}\, dt \;=\; \left[\frac{-\cos t}{2\sqrt{t}}\right]_{b^2}^{c^2} - \frac{1}{4}\int_{b^2}^{c^2} \frac{\cos t}{t^{3/2}}\, dt \,.$$

Wegen 2 gilt $\int_{b^2}^{c^2} t^{-3/2} \cos t\, dt \to 0$ für $b,c \to \infty$ und damit auch

$$\int_b^c \sin(x^2)\, dx \to 0 \qquad \text{für } b, c \to \infty \,.$$

Also existieren die *Fresnelschen Integrale*

$$\int_0^\infty \sin(x^2)\, dx \,, \qquad \int_0^\infty \cos(x^2)\, dx \,.$$

Wir werden später zeigen, daß beide den Wert $\frac{1}{2}\sqrt{\frac{\pi}{2}}$ haben.

$\boxed{4}$ Die Fakultätenfunktion $n \mapsto n!$ kann man durch die folgenden Integrale darstellen:

$$n! = \int_0^\infty e^{-t}t^n dt\,, \qquad n \in \mathbb{N}_0\,.$$

Für $t \geq 0$ gilt nämlich

$$\frac{t^{n+2}}{(n+2)!} \leq e^t$$

und damit

$$e^{-t}\,t^n \leq (n+2)!\,t^{-2}\,.$$

Folglich ist $\int_0^\infty e^{-t}\,t^n\,dt$ für jedes $n \in \mathbb{N}_0$ konvergent. Für $R > 0$ und $n \geq 1$ folgt

$$\int_0^R e^{-t}t^n dt = -[e^{-t}t^n]_0^R + n \int_0^R e^{-t}t^{n-1}\,dt\,,$$

und wegen $e^{-R}R^n \to 0$ für $R \to \infty$ erhalten wir die Rekursionsformel

$$\int_0^\infty e^{-t}t^n dt = n \int_0^\infty e^{-t}t^{n-1}\,dt\,.$$

Aus dieser erhalten wir wegen $\int_0^\infty e^{-t}\,dt = 1$ die Formel

$$\int_0^\infty e^{-t}t^n\,dt = n \cdot (n-1) \cdot \ldots \cdot 2 \cdot 1 = n!\,.$$

Die Funktion $x \mapsto \int_0^\infty e^{-t}t^x dt$, $x \geq 0$, liefert also eine Interpolation der Fakultät, die ja nur für nichtnegative ganze Zahlen definiert ist.

Man bezeichnet das uneigentliche Integral

$$\Gamma(x) := \int_0^\infty t^{x-1}e^{-t}dt\,,$$

aufgefaßt als „Funktion des Parameters" $x \in (0,\infty)$, als *Gammafunktion*. Diese gehört zu den wichtigsten „speziellen Funktionen" der Mathematik; sie spielt beispielsweise in der Zahlentheorie eine bedeutende Rolle. Sie wird eingehend in der Funktionentheorie studiert.

Entsprechend zu $\int_a^\infty f(x)dx$ betrachtet man für eine Funktion $f : (-\infty, b] \to \mathbb{C}$, die auf jedem Intervall $[a,b]$ integrierbar ist, das Verhalten von $\int_a^b f(x)dx$ für $a \to -\infty$. Wenn das Integral einem Grenzwert zustrebt, definiert man

(4) $$\int_{-\infty}^b f(x)dx := \lim_{a \to -\infty} \int_a^b f(x)dx$$

und sagt, das *uneigentliche Integral* $\int_{-\infty}^{b} f(x)dx$ *konvergiere*. Es macht keine Mühe, die in Proposition 1–3 formulierten Konvergenzkriterien auf dieses uneigentliche Integral zu übertragen.

Wie definiert man $\int_{-\infty}^{\infty} f(x)dx$, wenn $f : \mathbb{R} \to \mathbb{C}$ eine auf jedem kompakten Intervall I aus $\mathbb{R}$ integrierbare Funktion ist? Hierzu wählen wir ein beliebiges $a \subset \mathbb{R}$ und sagen: $\int_{-\infty}^{\infty} f(x)dx$ *ist konvergent, wenn sowohl* $\int_{a}^{\infty} f(x)dx$ *als auch* $\int_{-\infty}^{a} f(x)dx$ *konvergent ist, und wir setzen*

$$(5) \qquad \int_{-\infty}^{\infty} f(x)dx := \int_{a}^{\infty} f(x)dx + \int_{-\infty}^{a} f(x)dx \ .$$

Man zeigt leicht, daß diese Definition der Konvergenz und des Wertes des uneigentlichen Integrales $\int_{-\infty}^{\infty} f(x)dx$ von der Wahl des Punktes a unabhängig ist.

Warum definiert man das Integral $\int_{-\infty}^{\infty} f(x)dx$ nicht durch

$$(6) \qquad \int_{-\infty}^{\infty} f(x)dx := \lim_{R \to \infty} \int_{-R}^{R} f(x)\,dx \ ?$$

Die Antwort auf diese Frage lautet: Das durch (6) definierte uneigentliche Integral kann existieren, ohne daß die beiden uneigentlichen Integrale $\int_{a}^{\infty} f(x)dx$ und $\int_{-\infty}^{a} f(x)dx$ vorhanden sind. Dies zeigt das folgende triviale Beispiel:

5 Für $f : \mathbb{R} \to \mathbb{R}$ mit $f(x) = x^3$ ist

$$\int_{-R}^{R} f(x)dx = 0 \ .$$

Dahingegen sind wegen $\int_{0}^{R} f(x)dx = R^4/4$, $\int_{-R}^{0} f(x)dx = -R^4/4$ die uneigentlichen Integrale $\int_{0}^{\infty} f(x)dx$ und $\int_{-\infty}^{0} f(x)dx$ divergent, und das Integral (5) ist ein „unbestimmter Ausdruck" der Form

$$\int_{-\infty}^{\infty} f(x)dx = \infty - \infty \ ,$$

existiert also nicht.

Man bezeichnet den durch (6) definierten Wert, wenn er existiert, als den **Cauchyschen Hauptwert** von $\int_{-\infty}^{\infty} f(x)dx$. Der Hauptwert kann also existieren, ohne daß $\int_{-\infty}^{\infty} f(x)dx$ im Sinne von (5) existiert. Wir wollen aber die Diskussion von Hauptwerten beiseite lassen und uns hier nur mit Integralen des Typs (5) befassen, obwohl Hauptwerte häufig auftreten, beispielsweise beim *Fourierschen Integral*.

Analog zu Definition 2 sagen wir:

$\int_{-\infty}^{\infty} f(x)dx$ *ist absolut konvergent, wenn* $\int_{-\infty}^{\infty} |f(x)|dx$ *konvergiert*.

Für absolut konvergente Integrale kann das oben beschriebene „Hauptwertphänomen" nicht eintreten. Vielmehr gilt offensichtlich

Proposition 4. *Das uneigentliche Integral $\int_{-\infty}^{\infty} |f(x)|dx$ einer auf jedem kompakten Intervall integrierbaren Funktion $f : \mathbb{R} \to \mathbb{C}$ existiert genau dann, wenn es eine Konstante $c > 0$ gibt, so daß für alle $R > 0$ gilt:*

$$\int_{-R}^{R} |f(x)|dx \leq c \,.$$

$\boxed{6}$ Das uneigentliche Integral $\int_{-\infty}^{\infty} \frac{dx}{1+x^2}$ konvergiert, denn

$$\int_{1}^{\infty} \frac{dx}{1+x^2} < \int_{1}^{\infty} \frac{dx}{x^2} = 1 \quad \text{und} \quad \int_{-\infty}^{-1} \frac{dx}{1+x^2} < \int_{-\infty}^{-1} \frac{dx}{x^2} = 1 \,,$$

und wegen

$$\frac{d}{dx} \operatorname{arc\,tg} x = \frac{1}{1+x^2}$$

folgt

$$\int_{-\infty}^{\infty} \frac{dx}{1+x^2} = \lim_{R \to \infty} [\operatorname{arc\,tg} x]_{-R}^{R} = \pi \,.$$

$\boxed{7}$ Das uneigentliche Integral $\int_{-\infty}^{\infty} e^{-x^2} dx$ konvergiert, denn für alle $x \in \mathbb{R}$ gilt $1 + x^2 \leq e^{x^2}$ und somit

$$e^{-x^2} \leq \frac{1}{1+x^2} \,.$$

Wegen $\boxed{6}$ konvergieren also die Integrale $\int_{1}^{\infty} e^{-x^2} dx$, $\int_{-\infty}^{-1} e^{-x^2} dx$, und somit existiert $\int_{-\infty}^{\infty} e^{-x^2} dx$. In Band 2 werden wir zeigen, daß

$$\int_{-\infty}^{\infty} e^{-x^2} dx = \sqrt{\pi}$$

ist. Da die Funktion e^{-x^2} symmetrisch ist, folgt

$$\int_{0}^{\infty} e^{-x^2} dx = \frac{1}{2} \sqrt{\pi} \,.$$

$\boxed{8}$ Sei $\int_{-\infty}^{\infty} f(x)dx$ absolut konvergent. Dann ist auch $\int_{-\infty}^{\infty} f(x)e^{-ixt} dx$ für jedes $t \in \mathbb{R}$ absolut konvergent. Dieses Integral heißt *Fourierintegral* der Funktion $f : \mathbb{R} \to \mathbb{C}$, und die durch

(7) $$\hat{f}(t) := \frac{1}{\sqrt{2\pi}} \int_{-\infty}^{\infty} f(x)e^{-ixt} dx$$

definierte Funktion $\hat{f} : \mathbb{R} \to \mathbb{C}$ wird die *Fouriertransformierte* der Funktion f genannt.

Der Prozeß der *Fouriertransformation* $f \mapsto \hat{f}$, eine kontinuierliche Variante der Fourierreihen, ist ein wertvolles mathematisches Hilfsmittel, das unter anderem deshalb nützlich ist, weil es die Faltung von Funktionen in Multiplikation ihrer Transformierten und die Anwendung von Differentialoperatoren mit konstanten Koeffizienten in die Multiplikation mit Polynomen überführt.

Fall II. Unbeschränkte Funktionen. Nun betrachten wir Funktionen

$$f : [a, b) \to \mathbb{R} \qquad \text{bzw.} \qquad f : (a, b] \to \mathbb{R}\,,$$

die auf allen kompakten Teilintervallen von $[a, b)$ bzw. $(a, b]$ integrierbar sind, aber bei Annäherung von x an b bzw. a nicht notwendig beschränkt bleiben.

Definition 3. *Wenn* $\lim_{\xi \to b-0} \int_a^\xi f(x)dx$ *bzw.* $\lim_{\xi \to a+0} \int_\xi^b f(x)dx$ *existiert, so bezeichnen wir diesen Grenzwert als das* **uneigentliche Integral** $\int_a^b f(x)dx$ *und sagen, dieses* konvergiere. *Das Integral* $\int_a^b f(x)dx$ *heißt absolut konvergent, wenn* $\int_a^b |f(x)|\,dx$ *konvergiert.*

Es gelten hier ganz ähnliche, auf der Hand liegende Konvergenzkriterien wie im Fall I. Beispielsweise zieht die absolute Konvergenz von $\int_a^b f(x)dx$ die gewöhnliche Konvergenz nach sich, und wir haben das folgende *Majorantenkriterium:*

Proposition 5. *Gilt* $|f(x)| \leq \varphi(x)$ *für alle* $x \in [a, b)$ *bzw.* $(a, b]$ *und gibt es eine Konstante* $c > 0$*, so daß*

$$(8) \qquad \int_a^\xi \varphi(x)dx \leq c \quad \text{bzw.} \quad \int_\xi^b \varphi(x)dx \leq c \text{ für alle } \xi \in (a, b)$$

erfüllt ist, so ist $\int_a^b f(x)\,dx$ *absolut konvergent.*

Betrachten wir einige Beispiele.

9 Das Integral $\int_0^1 \frac{dx}{\sqrt{x}}$ ist konvergent und sein Wert ist 2. Es gilt nämlich für $0 < \xi < 1$

$$\int_\xi^1 \frac{dx}{\sqrt{x}} = [2\sqrt{x}]_\xi^1 = 2(1 - \sqrt{\xi}) \to 2 \quad \text{für } \xi \to +0\,.$$

10 Ähnlich folgt die Konvergenz von

$$\int_0^1 \frac{dx}{x^\alpha} = \frac{1}{1 - \alpha} \text{ für } 0 < \alpha < 1\,.$$

$\boxed{11}$ Das Majorantenkriterium zeigt, daß das Integral $\int_0^1 \frac{dx}{\sqrt{1-x^2}}$ konvergiert, denn aus $1 - x^2 \geq 1 - x$ für $0 \leq x < 1$ folgt

$$\int_0^\xi \frac{dx}{\sqrt{1-x^2}} \leq \int_0^\xi \frac{dx}{\sqrt{1-x}} = \int_{1-\xi}^1 \frac{dt}{\sqrt{t}} < 2 \text{ für } 0 < \xi < 1 .$$

In der Tat wissen wir, daß

$$\int_0^1 \frac{dx}{\sqrt{1-x^2}} = \lim_{\xi \to 1-0} [\arcsin x]_0^\xi = \frac{\pi}{2}$$

ist.

Als Variante von Fall II betrachten wir nun noch **Fall III :**

Hat die Funktion $f(x)$ eine singuläre Stelle c im Inneren eines Intervalles $[a, b]$ und nicht, wie bisher angenommen, in einem der Randpunkte a, b, so bedeute Konvergenz von $\int_a^b f(x)dx$, daß die uneigentlichen Integrale $\int_a^c f(x)dx$ und $\int_c^b f(x)dx$ existieren. Wir setzen

$$(9) \qquad \int_a^b f(x)\,dx := \int_a^c f(x)dx + \int_c^b f(x)\,dx .$$

Davon verschieden ist i.a. die Definition des *Cauchyschen Hauptwertes*

$$(10) \qquad \int_a^b f(x)dx := \lim_{\epsilon \to +0} \int_{I_\epsilon} f(x)\,dx ,$$

wobei $I_\epsilon := [a, b] \backslash (c - \epsilon, c + \epsilon)$, $0 < \epsilon \ll 1$, gesetzt sei.

$\boxed{12}$ Das uneigentliche Integral $\int_{-1}^1 \frac{dx}{x}$ existiert nicht im Sinne von (9), wohl aber als Hauptwert im Sinne von (10), und dieser ist Null.

Wir treffen auch auf uneigentliche Integrale, wo die Fälle I und II zugleich vorliegen, etwa bei

$$\int_0^\infty x \sin (x^4) \, dx .$$

Hier sind Integrand und Integrationsintervall unbeschränkt. Durch die Substitution $t = x^2$ wird obiges Integral auf

$$\frac{1}{2} \int_0^\infty \sin(t^2) \, dt$$

zurückgeführt, was wir in $\boxed{3}$ betrachtet haben.

Bemerkung 2. Mit der in den Beispielen $\boxed{1}$–$\boxed{4}$ von 3.7 benutzten Methode kann man häufig das *Konvergenzverhalten unendlicher Reihen* durch die Untersuchung des Konvergenzverhaltens eines geeigneten uneigentlichen Integrals entscheiden. Es gilt nämlich:

Proposition 6. (Riemanns Integralkriterium) *Ist $f : [1, \infty) \to \mathbb{R}$ eine monoton fallende, nichtnegative Funktion, so konvergiert die Reihe $\sum_{n=1}^{\infty} a_n$ mit den Gliedern $a_n := f(n)$ genau dann, wenn das uneigentliche Integral $\int_1^{\infty} f(x)dx$ konvergiert.*

Beweis. Betrachtet man die Zerlegung $\mathcal{Z}$ des Intervalls $[1, N + 1]$ mit $N \in \mathbb{N}$, die durch

$$1 < 2 < \ldots < n < n + 1 < \ldots < N$$

gegeben wird, so hat $\int_1^{N+1} f(x)dx$ die Obersumme $\overline{S}_{\mathcal{Z}} = \sum_{n=1}^{N} a_n$ und die Untersumme $\underline{S}_{\mathcal{Z}} = \sum_{n=2}^{N+1} a_n$. Also gilt

$$\sum_{n=2}^{N+1} a_n \leq \int_1^{N+1} f(x)dx \leq \sum_{n=1}^{N} a_n \,,$$

woraus sofort die obige Behauptung folgt.

$\square$

$\boxed{13}$ Wegen

$$\int_1^{\infty} \frac{dx}{x} = \infty \qquad \text{und} \qquad \int_1^{\infty} \frac{dx}{x^{\alpha}} = \frac{1}{\alpha - 1} \quad \text{für } \alpha > 1$$

erhalten wir also die *Divergenz der harmonischen Reihe* $\sum_{n=1}^{\infty} \frac{1}{n}$ und die *Konvergenz der Reihe* $\sum_{n=1}^{\infty} \frac{1}{n^{\alpha}}$ *für* $\alpha > 1$.

$\boxed{14}$ Bildet man für $x > 1$ den *iterierten Logarithmus*

$$\log_2 x := \log\log x \,,$$

so folgt

$$\frac{d}{dx} \log_2 x = \frac{1}{x \log x} \,,$$

$$\frac{d}{dx} (\log x)^{1-s} = \frac{1-s}{x(\log x)^s} \,.$$

Daher ist das Integral

$$\int_2^{\infty} \frac{dx}{x(\log x)^s}$$

konvergent für $s > 1$ und divergent für $s \leq 1$. Also konvergiert die Reihe

$$\sum_{n=2}^{\infty} \frac{1}{n(\log n)^s}$$

genau dann, wenn $s > 1$.

Führen wir induktiv $\log_p x := \log(\log_{p-1} x)$ ein und benutzen

$$\frac{1-s}{x \cdot \log x \cdot \log_2 x \cdot \ldots \cdot (\log_p x)^s} = [(\log_p x)^{1-s}]' \quad \text{für } s \neq 1$$

sowie

$$\frac{1}{x \log x \log_2 x \cdot \ldots \cdot \log_p x} = (\log_{p+1} x)' \quad \text{für} \quad s = 1 \,,$$

so bekommen wir analog, daß die *Abelsche Reihe*

$$\sum_{n=N}^{\infty} \frac{1}{n \cdot \log n \cdot \ldots \cdot \log_{p-1} n (\log_p n)^s} \,, \quad N \gg 1 \,,$$

für $s > 1$ konvergiert, während sie für $s \leq 1$ divergiert.

Zuguterletzt wollen wir noch ein Kuriosium erwähnen.

Proposition 7. (Frullani, 1828). *Ist $f : (0, \infty) \to \mathbb{R}$ eine stetige Funktion mit $f(x) \to L$ für $x \to +0$ und konvergiert $\int_r^\infty \frac{f(x)}{x} \, dx$ für jedes $r > 0$, so gilt für beliebige $a, b > 0$*

$$\int_0^\infty \frac{f(ax) - f(bx)}{x} \, dx = L \log \frac{b}{a} \,.$$

Beweis. Für $0 < r < s$ folgt durch Transformation der Variablen

$$\int_r^s \frac{f(ax) - f(bx)}{x} \, dx = \int_r^s \frac{f(ax)}{x} \, dx - \int_r^s \frac{f(bx)}{x} \, dx$$

$$= \int_{ar}^{as} \frac{f(t)}{t} \, dt - \int_{br}^{bs} \frac{f(t)}{t} \, dt \,.$$

Mit $s \to \infty$ erhalten wir

$$\int_r^\infty \frac{f(ax) - f(bx)}{x} \, dx = \int_{ar}^\infty \frac{f(t)}{t} \, dt - \int_{br}^\infty \frac{f(t)}{t} \, dt$$

$$= \int_{ar}^{br} \frac{f(t)}{t} \, dt \,.$$

Nach dem verallgemeinerten Mittelwertsatz der Integralrechnung gibt es einen Wert $\tilde{r}$ mit $ar < \tilde{r} < br$, so daß

$$\int_{ar}^{br} \frac{f(t)}{t} \, dt = f(\tilde{r}) \int_{ar}^{br} \frac{dt}{t} = f(\tilde{r}) \log \frac{b}{a}$$

ist. Mit $r \to +0$ folgt hieraus die Behauptung. $\qquad\qquad\qquad\square$

Bemerkung 3. Statt $f \in C^0((0, \infty))$ brauchen wir bloß zu verlangen, daß $f|_I \in \mathcal{R}(I)$ gilt für jedes Intervall $I = [r, s]$ in $(0, \infty)$, denn wir erhalten dann

$$\int_{ar}^{br} \frac{f(t)}{t}\, dt \;=\; \mu(r) \int_{ar}^{br} \frac{dt}{t} \;=\; \mu(r) \log \frac{b}{a}$$

für einen geeigneten Wert $\mu(r) \in [ar, br]$, und wegen $f(t) \to L$ für $t \to +0$ folgt $\mu(r) \to L$ mit $r \to +0$.

$$\boxed{15} \quad \int_0^\infty \frac{e^{-ax} - e^{-bx}}{x}\, dx \;=\; \log \frac{b}{a} \text{ für } a, b > 0.$$

$$\boxed{16} \quad \int_0^1 \frac{x^a - x^b}{\log x}\, dx \;=\; \log \frac{a+1}{b+1} \text{ für } a, b > 0.$$

Das erste Integral berechnet man nach Frullani, und das zweite folgt mit der Variablentransformation $x \mapsto u = -\log x$ aus dem ersten.

Aufgaben.

1. Sind die Integrale $\int_0^\infty x^n e^{-x^2}\, dx$, $n \in \mathbb{N}_0$, konvergent? Konvergiert $\int_0^\infty \frac{\sin x}{1+x}\, dx$?

2. Für welche Werte von $\alpha \in \mathbb{R}$ sind die Integrale $\int_0^\infty \frac{\sin x}{x^\alpha}\, dx$ und $\int_0^\infty \frac{x^{\alpha-1}}{1+x}\, dx$ konvergent?

3. Man zeige: $\int_{-\infty}^\infty \frac{\sin(x-a)\sin(x-c)}{(x-a)(x-c)}\, dx = \pi \frac{\sin(a-c)}{a-c}$; vgl. $\boxed{1}$.

4. Man zeige: $\int_0^\infty \frac{\cos ax - \cos bx}{x}\, dx = \log \frac{b}{a}$ für $a, b > 0$.

5. Man beweise: Wenn $f : (0, \infty) \to \mathbb{R}$ den Bedingungen $f(r) \to L$ für $r \to +0$, $f(s) \to M$ für $s \to \infty$ genügt und $f|_I$ für jedes Intervall $I = [r, s] \subset (0, \infty)$ integrierbar ist, so gilt $\int_0^\infty \frac{f(ax)-f(bx)}{x}\, dx = (L - M) \cdot \log \frac{b}{a}$, falls L und M nicht beide zugleiche ∞ oder $-\infty$ sind.

6. Man zeige, daß $B(x, y) := \int_0^1 t^{x-1}(1-t)^{y-1}dt$ für $x > 0$, $y > 0$ existiert und daß $B(x, y) = B(y, x)$, $B(x+1, y) = \frac{x}{x+y}B(x, y)$, $B(n, m) = \frac{(n-1)!(m-1)!}{(n+m-1)!}$ für $n, m \in \mathbb{N}$ gilt.

7. Man beweise, daß $\Gamma(x) := \int_0^\infty t^{x-1}e^{-t}dt$ für $x \in (0, \infty)$ konvergiert und $\Gamma(x+1) = x\Gamma(x)$, $\Gamma(1) = 1$ erfüllt.

12   Regelfunktionen, Regelintegral und die Klasse BV

In vielen Lehrbüchern wird statt des Riemannschen Integrals das *Regelintegral* $\int_a^b f(x)dx$ auf der Klasse der *Regelfunktionen* eingeführt. Letztere sind die gleichmäßigen Limites von Treppenfunktionen, d.h. von stückweise konstanten Funktionen. Die Regelfunktionen sind spezielle Riemann-integrierbare Funktionen; damit ist das Regelintegral ein Spezialfall des Riemannintegrales.

Weiterhin charakterisieren wir Regelfunktionen als diejenigen beschränkten Funktionen $f : I \to \mathbb{R}^n$ bzw. $\mathbb{C}$, für die in jedem Punkte $x \in I$ die einseitigen Grenzwerte $f(x+0)$ und $f(x-0)$ existieren.

Spezielle Regelfunktionen sind die *Funktionen* $f : I \to \mathbb{R}^n$ *der Klasse* BV, d.h. die *Funktionen beschränkter Variation*. Stetige Funktionen der Klasse BV sind gerade die *rektifizierbaren Kurven*, die uns in Band 2 begegnen werden, also die stetigen Kurven endlicher *Länge*.

Der vorliegende Abschnitt ist für den weiteren Gang der Dinge in diesem Bande ohne wesentliche Bedeutung und kann bei der ersten Lektüre getrost überschlagen werden. Hauptsächlich soll der Leser über die Beziehung zwischen dem Riemannschen Integral und dem Regelintegral informiert werden.

Definition 1. *Eine Funktion* $f : I \to \mathbb{R}$ *auf dem Intervall* $I = [a, b]$ *heißt* **Treppenfunktion**, *wenn es eine Zerlegung* $\mathcal{Z}$ *von* I *durch Punkte* $x_0, x_1, \dots, x_k$ *mit*

(1) $$a = x_0 < x_1 < x_2 < \dots x_k = b$$

gibt, so daß f *auf jedem der offenen Teilintervalle* (x_{j-1}, x_j) *konstant ist.*

Treppenfunktionen sind also stückweise konstante Funktionen. Wir bemerken, daß über die Werte einer Treppenfunktion in den Zerlegungspunkten x_j nichts ausgesagt ist außer, daß sie reell sind; jedenfalls ist jede Treppenfunktion beschränkt, d.h. Element des Raumes $\mathcal{B}(I)$. Bezeichne $\mathcal{T}(I)$ die Menge der Treppenfunktionen $f : I \to \mathbb{R}$. Man erkennt ohne Mühe, daß mit $f, g \in \mathcal{T}(I)$ auch jede reelle Linearkombination $\lambda f + \mu g$, das Produkt $f \cdot g$ und der Betrag $|f|$ Treppenfunktion ist.

Weiterhin ist evident, daß jede Treppenfunktion integrierbar ist, also

$$\mathcal{T}(I) \subset \mathcal{R}(I)$$

gilt, und daß für eine Treppenfunktion $f : I \to \mathbb{R}$ mit den durch (1) festgelegten *Konstanzintervallen* (x_{j-1}, x_j) das Integral $\int_a^b f(x)dx$ durch

(2) $$\int_a^b f(x)dx = \sum_{j=1}^k c_j \Delta x_j$$

gegeben ist, wenn wir $f(x) = c_j$ für $x \in (x_{j-1}, x_j)$ haben.

Bezeichne $\|f\| := \sup_I |f|$ die Supremumsnorm auf $\mathcal{B}(I)$, und sei $\{f_n\}$ eine Folge von Funktionen $f_n \in \mathcal{R}(I)$ mit $f_n(x) \rightrightarrows f(x)$ auf I, d.h. es gelte $\|f - f_n\| \to 0$. Wegen 3.7, Satz 11 folgt dann $f \in \mathcal{R}(I)$ und

(3) $$\int_a^b f(x)dx = \lim_{n \to \infty} \int_a^b f_n(x)dx \ .$$

Damit ist der gleichmäßige Limes einer Folge von Treppenfunktionen integrierbar, und dies motiviert die

Definition 2. *Eine Funktion* $f : I \to \mathbb{R}$ *heißt* **Regelfunktion**, *wenn es eine Folge von Treppenfunktionen* $f_n \in \mathcal{T}(I)$ *mit* $\|f - f_n\| \to 0$ *gibt. Bezeichne* $\mathcal{R}'(I)$ *die Klasse der Regelfunktionen auf* I.

Wir haben also

(4) $$\mathcal{R}'(I) \subset \mathcal{R}(I) \ .$$

In der Lehrbuchliteratur wird häufig das *Regelintegral* $\int_a^b f(x)dx$ auf der Klasse der Regelfunktionen eingeführt, indem man zunächst das Integral auf $\mathcal{T}(I)$ durch (2) und dann auf $\mathcal{R}'(I)$ durch (3) definiert. Gilt nämlich $f_n \in \mathcal{T}(I)$ und $\|f_n - f\| \to 0$, so folgt aus

$$\left| \int_a^b f_k(x)dx - \int_a^b f_n(x)dx \right| \leq (b-a) \cdot \|f_k - f_n\| \ ,$$

daß $\{\int_a^b f_n(x)dx\}$ eine Cauchyfolge in $\mathbb{R}$ und somit konvergent ist. Also können wir

$$\int_a^b f(x)dx := \lim_{n \to \infty} \int_a^b f_n(x)dx$$

setzen, und man überzeugt sich leicht, daß diese Definition unabhängig von der approximierenden Folge $\{f_n\}$ ist. Gilt nämlich auch $\|g_n - f\| \to 0$, so folgt

$$\|f_n - g_n\| \le \|f_n - f\| + \|f - g_n\| \to 0$$

und damit

$$\left| \int_a^b f_n(x)dx - \int_a^b g_n(x)dx \right| \le (b - a) \cdot \|f_n - g_n\| \to 0 .$$

Allerdings ist die Klasse der Regelfunktionen kleiner als die Klasse der Riemann-integrierbaren Funktionen. Beispielsweise ist

$$f(x) := \begin{cases} 0 & x = 0 \\ & \text{für} \\ \sin(1/x) & 0 < x \le 1 \end{cases}$$

beschränkt und bis auf $x = 0$ stetig, also integrierbar, aber es existiert nicht $f(+0)$. Wegen des nächsten Satzes ist also f keine Regelfunktion.

Satz 1. *Eine Funktion $f \in \mathcal{B}(I)$ ist genau dann Regelfunktion auf $I = [a, b]$, wenn für jedes $x \in (a, b)$ die einseitigen Grenzwerte $f(x + 0)$ sowie $f(x - 0)$ und für die Randpunkte die einseitigen Limites $f(a + 0)$ sowie $f(b - 0)$ existieren.*

Beweis. (i) Sei $f \in \mathcal{R}'(I)$. Dann gibt es eine Folge $\{f_n\}$ von Treppenfunktionen $f_n : I \to \mathbb{R}$ mit $\|f_n - f\| \to 0$. Zu vorgegebenem $\epsilon > 0$ existiert also ein $n \in \mathbb{N}$, so daß für alle $t \in I$ $|f_n(t) - f(t)| < \epsilon/3$ ist.

Für $x \in [a, b)$ existiert $f_n(x + 0)$. Somit gibt es ein $\delta > 0$, so daß

$$|f_n(t) - f_n(s)| < \epsilon/3$$

für alle $t, s \in I \cap (x, x + \delta)$ gilt. Hieraus folgt

$$|f(t) - f(s)| \le |f(t) - f_n(t)| + |f_n(t) - f_n(s)| + |f_n(s) - f(s)|$$
$$< \epsilon/3 + \epsilon/3 + \epsilon/3 = \epsilon$$

für $t, s \in I \cap (x, x + \delta)$, und somit existiert $f(x + 0)$ für alle $x \in [a, b)$.
Entsprechend zeigt man die Existenz für alle $x \in (a, b]$.

(ii) Umgekehrt sei jetzt $f \in \mathcal{B}(I)$, und es mögen $f(x + 0)$ bzw. $f(x - 0)$ für $x \in [a, b)$ bzw. $x \in (a, b]$ existieren. Wir wählen ein $\epsilon > 0$ und bilden sukzessive $x_0 := a, x_1, x_2, \dots$ als

$$x_j := \sup \{ x \in (x_{j-1}, b) : |f(x) - f(x_{j-1} + 0)| < \epsilon \} \text{ für } j > 0 .$$

Dann gilt $a = x_0 < x_1 < x_2 < \dots$. Wir behaupten, daß dieser Prozeß nach endlich vielen Schritten abbricht und somit $x_k = b$ für ein $k \in \mathbb{N}$ gilt. Wäre dies nämlich nicht der Fall, so gäbe es einen Punkt $x_* \in (a, b]$, mit $x_j \nearrow x_*$. Dann kann aber $f(x_* - 0)$ nicht existieren, weil die Oszillation von f in jedem Intervall $(x_* - \delta, x_*)$ mit $\delta > 0$ mindestens von der Größe ϵ ist. Nun definieren wir die Treppenfunktion $\varphi : I \to \mathbb{R}$ durch

$$\varphi(x) := f(x_{j-1} + 0) \quad \text{für } x_{j-1} \le x < x_j , \ j = 1, 2, \dots, k , \varphi(b) := f(b) .$$

Dann folgt $|f(x) - \varphi(x)| < \epsilon$ für alle $x \in I$ und somit $\|f - \varphi\| \le \epsilon$. Da $\epsilon > 0$ beliebig klein gewählt werden kann, erhalten wir $f \in \mathcal{R}'(I)$.

$\square$

Definition 3. *Eine Unstetigkeitsstelle x einer Funktion $f \in \mathcal{B}([a, b])$ heißt* **Sprungstelle**, *wenn $f(x + 0)$ im Falle $a \le x < b$ und $f(x - 0)$ im Falle $a < x \le b$ existieren.*

Dann können wir das Ergebnis von Satz 2 so formulieren:

Korollar 1. *Für $f \in \mathcal{B}(I)$ gilt:*
$f \in \mathcal{R}'(I) \;\Leftrightarrow\; f$ *hat höchstens abzählbar viele Sprungstellen als Unstetigkeitsstellen.*

Beweis. Sei $f \in \mathcal{R}'(I)$. Nach Satz 1 hat f höchstens Sprungstellen als Unstetigkeitsstellen, und ferner überlegt man sich, daß es für jedes $n \in \mathbb{N}$ höchstens endlich viele Sprungstellen $x \in I$ gibt, wo eine der Zahlen

$$|f(x_0 + 0) - f(x_0 - 0)|\,, \quad |f(x_0 + 0) - f(x_0)|\,, \quad |f(x_0 - 0) - f(x_0)|$$

nicht kleiner als $1/n$ ist. Somit gibt es höchstens abzählbar viele Sprungstellen von f, und „$\Rightarrow$" ist bewiesen.
Die Umkehrung folgt aus Satz 1.

$\square$

Wegen Satz 1 können wir jeder Funktion $f \in \mathcal{R}'(I)$ die „gemittelte" Funktion $f^\sharp$ zuordnen durch

$$(5) \qquad\qquad f^\sharp(x) \;:=\; \frac{1}{2}\left[f(x + 0) + f(x - 0)\right].$$

Aufgrund von Korollar 1 erhalten wir $f^\sharp \in \mathcal{R}'(I)$.

Nun definieren wir noch für $f = (f_1, f_2, \dots, f_n) \in \mathcal{B}(I, \mathbb{R}^n)$:

$$f \in \mathcal{R}'(I, \mathbb{R}^n) \;:\; \Leftrightarrow \;\; f_1, f_2, \dots, f_n \in \mathcal{R}'(I)\,,$$

und für $f \in \mathcal{B}(I, \mathbb{C})$:

$$f \in \mathcal{R}'(I, \mathbb{C}) \;:\; \Leftrightarrow \;\; \mathrm{Re}\, f \;\text{ und }\; \mathrm{Im}\, f \in \mathcal{R}'(I)\,.$$

Abschließend betrachten wir noch die wichtige Klasse $BV(I)$ der *Funktionen beschränkter Variation*, die von C. Jordan eingeführt worden ist.

Definition 4. *Eine Funktion $f : I \to \mathbb{R}$ bzw. $\mathbb{C}$ bzw. $\mathbb{R}^n$ heißt von* **beschränkter Variation** *(in Zeichen: $f \in BV(I)$ bzw. $f \in BV(I, \mathbb{C})$ bzw. $f \in BV(I, \mathbb{R}^n)$) auf $I = [a, b]$, wenn es eine Konstante $c \geq 0$ gibt, so daß für jede Zerlegung $\mathcal{Z}$ von I, die durch (1) gegeben ist, die Ungleichung*

$$(6) \qquad\qquad \sum_{j=1}^{k} |f(x_j) - f(x_{j-1})| \;\leq\; c$$

erfüllt ist. Die kleinstmögliche Konstante c in (6) bezeichnen wir mit $V_a^b(f)$ und nennen sie die **Totalvariation von f**, *also*

$$(7) \qquad V_a^b(f) := \sup\left\{ \sum_{j=1}^{k} |f(x_j) - f(x_{j-1})| : \mathcal{Z} = (a = x_0 < x_1 < \dots < x_k = b) \right\}.$$

Offenbar gilt für $f = (f_1, \dots, f_n) : f \in BV(I, \mathbb{R}^n) \;\Leftrightarrow\; f_1, \dots, f_n \in BV(I)$ und ferner $f \in BV([a, b], \mathbb{R}^n)\,, \; a < c < b \;\Rightarrow\; f\big|_{[a,c]}$ und $f\big|_{[c,b]}$ sind von der Klasse BV, und es gilt

$$(8) \qquad\qquad V_a^b(f) \;=\; V_a^c(f) + V_c^b(f)\,,$$

insbesondere

$$(9) \qquad\qquad V_a^c(f) \;\leq\; V_a^b(f)\,.$$

Fügen wir nämlich zwischen x_{j-1} und x_j den Punkt c ein, so folgt

$$|f(x_{j-1}) - f(x_j)| \;\leq\; |f(x_{j-1}) - f(c)| + |f(c) - f(x_j)|\,,$$

d.h. die Summe in (6) verkleinert sich nicht.

Wir setzen noch $V_a^a(f) := 0$. Weiterhin ist es eine einfache Übung zu zeigen, daß $BV(I, \mathbb{R}^n)$ und $BV(I, \mathbb{C})$ lineare Räume über $\mathbb{R}$ bzw. $\mathbb{C}$ sind und daß für $I = [a, b]$ gilt:

(i) $V_a^b(f) \geq 0$, $V_a^b(f) = 0 \Leftrightarrow f(x) \equiv \text{const}$;

(ii) $V_a^b(\lambda f) = |\lambda|\, V_a^b(f)$ für $\lambda \in \mathbb{R}$ bzw. $\mathbb{C}$;

(iii) $V_a^b(f + g) \leq V_a^b(f) + V_a^b(g)$.

Somit ist V_a^b eine Halbnorm auf $BV(I, \mathbb{R}^n)$ bzw. $BV(I, \mathbb{C})$.

Für eine schwach monoton wachsende Funktion $f : [a, b] \to \mathbb{R}$ gilt $V_a^b(f) = f(b) - f(a)$; sie ist also von beschränkter Variation. Folglich ist die Differenz $f := \varphi - \psi$ zweier schwach monoton wachsender Funktionen $\varphi, \psi : [a, b] \to \mathbb{R}$ von der Klasse $BV(I)$. Es gilt aber auch die Umkehrung. Ist nämlich $f \in BV(I)$, so ist die durch

$$\varphi(x) := V_a^x(f)\,, \quad x \in [a, b]\,,$$

definierte Funktion $\varphi : I \to \mathbb{R}$ schwach monoton wachsend. Nun setzen wir

$$\psi(x) := \varphi(x) - f(x) = V_a^x(f) - f(x)\,.$$

Für $x, t \in [a, b]$ mit $x < t$ gilt

$$V_a^t(f) = V_a^x(f) + V_x^t(f) \geq V_a^x(f) + f(t) - f(x)$$

und somit $\psi(x) \leq \psi(t)$ sowie $f(x) = \varphi(x) - \psi(x)$. Wir haben also gefunden:

Satz 2. *Eine Funktion $f : [a, b] \to \mathbb{R}$ ist genau dann von beschränkter Variation, wenn sie sich als Differenz $f = \varphi - \psi$ zweier schwach monotoner Funktionen $\varphi, \psi : [a, b] \to \mathbb{R}$ darstellen läßt.*

Da aufgrund von Satz 1 jede monotone Funktion von der Klasse $\mathcal{R}'(I)$ ist, so ergibt sich

$$(10) \qquad\qquad BV(I) \subset \mathcal{R}'(I) \subset \mathcal{R}(I)$$

und damit auch

$$(11) \qquad\qquad BV(I, \mathbb{C}) \subset \mathcal{R}'(I, \mathbb{C}) \subset \mathcal{R}(I, \mathbb{C})\,,$$

$$(12) \qquad\qquad BV(I, \mathbb{R}^n) \subset \mathcal{R}'(I, \mathbb{R}^n) \subset \mathcal{R}(I, \mathbb{R}^n)\,.$$

Diese Aussagen werden uns nützlich sein, wenn wir eine etwas tiefer liegende Eigenschaft von Fourierreihen – den Satz von Dirichlet-Jordan – formulieren wollen.

Wir bemerken noch, daß jede Lipschitzstetige Funktion $f \in [a, b] \to \mathbb{R}^n$ bzw. $\mathbb{C}$ in $BV(I, \mathbb{R}^n)$ bzw. $BV(I, \mathbb{C})$ liegt, denn aus

$$|f(x) - f(y)| \leq L\,|x - y| \qquad \text{für } x, y \in I$$

ergibt sich die Abschätzung (6) mit $c = L(b - a)$ und damit auch

$$(13) \qquad\qquad V_a^b(f) \leq L \cdot (b - a)\,.$$

Speziell gilt $C^1([a, b], \mathbb{R}^n) \subset BV([a, b], \mathbb{R}^n)$; dagegen sind stetige Funktionen im allgemeinen nicht von beschränkter Variation, wie man am Beispiel von

$$f(x) := \begin{cases} x \sin(1/x) & 0 < x \leq 1 \\ 0 & x = 0 \end{cases}$$

erkennt. Andererseits können unstetige Funktionen – so etwa die Treppenfunktionen – durchaus in BV liegen.

13   Taylorformel und Taylorreihe

Zunächst beweisen wir eine bemerkenswerte Verschärfung des Mittelwertssatzes, die *Taylorsche Formel*. Sie liefert eine Approximation einer vorgegebenen glatten Funktion durch ein Polynom, zusammen mit einer Abschätzung des Fehlerterms. Für unendlich oft differenzierbare Funktionen f kann man die *Taylorsche Reihe*

$$\sum_{\nu=0}^{\infty} \frac{1}{\nu!} \, f^{(\nu)}(x_0)(x - x_0)^{\nu}$$

bilden. Gutartige Funktionen $f(x)$, die man als *reell analytisch* bezeichnet, lassen sich in einer genügend kleinen Umgebung des Entwicklungspunktes x_0 als Summe ihrer Taylorreihe darstellen. Wir geben die *Taylorentwicklungen* einiger wichtiger Funktionen an, beispielsweise die *Binomialreihe*, welche die Funktion $(1 + x)^{\alpha}$ im Intervall $(-1, 1)$ darstellt. Zum Abschluß definieren wir die Landauschen Symbole O und o.

Um die Taylorsche Formel zu motivieren, betrachten wir zuerst irgendein Polynom $f(x)$ in x vom Grade n, also etwa

(1) $\qquad\qquad f(x) = a_0 + a_1 x + a_2 x^2 + \ldots + a_n x^n \; .$

Dann folgt

(2) $\qquad\qquad f^{(\nu)}(0) = \nu! \, a_\nu \quad \text{für } \nu = 0, 1, 2, \ldots, n \; .$

Somit können wir $f(x)$ schreiben als

(3) $\qquad\qquad f(x) = \sum_{\nu=0}^{n} \frac{1}{\nu!} \, f^{(\nu)}(0) \, x^{\nu} \; .$

Wählen wir irgendein $x_0 \in \mathbb{R}$ und formen $f(x)$ mittels der Binomischen Formel

$$x^k \;=\; [x_0 + (x - x_0)]^k \;=\; \sum_{\nu=0}^{k} \binom{k}{\nu} x_0^{\nu} \, (x - x_0)^{k-\nu}$$

um in

$$f(x) \;=\; \sum_{\nu=0}^{n} c_\nu (x - x_0)^{\nu} \; ,$$

so ergibt sich wie oben

$$f^{(\nu)}(x_0) = \nu! \, c_\nu \quad \text{für } \nu = 0, 1, \ldots, n$$

und damit

(4) $\qquad\qquad f(x) = \sum_{\nu=0}^{n} \frac{1}{\nu!} \, f^{(\nu)}(x_0) \, (x - x_0)^{\nu} \; .$

Nun betrachten wir eine beliebige Funktion $f \in C^n(I)$ auf einem Intervall $I \subset \mathbb{R}$ und ordnen ihr für ein fest gewähltes $x_0 \in I$ und für beliebiges $x \in \mathbb{R}$ nach dem Vorbild von (4) das n-te *Taylorpolynom* $p_n(x)$ *an der Stelle* x_0 zu vermöge

$$(5) \qquad p_n(x) := \sum_{\nu=0}^{n} \frac{1}{\nu!} f^{(\nu)}(x_0) (x - x_0)^\nu .$$

Wie unterscheiden sich $f(x)$ und $p_n(x)$? Um dies zu untersuchen, führen wir das **Restglied**

$$(6) \qquad R_n(x - x_0) := f(x) - p_n(x)$$

ein, also die Differenz zwischen $f(x)$ und dem Taylorpolynom $p_n(x)$. Dann ist

$$(7) \qquad f(x) = p_n(x) + R_n(x - x_0) .$$

Dies ist die **Taylorformel**. Sie bleibt freilich eine bloße Tautologie, wenn wir nicht irgendeine interessante Aussage über das Restglied $R_n(x - x_0)$ machen. Eine solche liefert der folgende Satz.

Satz 1. *Ist* $f \in C^{n+1}(I)$ *und liegen* x_0 *sowie* $x = x_0 + h$ *in* I, *so gilt*

$$(8) \qquad R_n(h) = \int_0^1 \frac{1}{n!} (1 - t)^n f^{(n+1)}(x_0 + th) h^{n+1} \, dt .$$

Wir stützen den Beweis auf den folgenden Hilfssatz.

Lemma 1. *Sei* $\phi \in C^{n+1}([0, 1])$ *für* $n \in \mathbb{N}_0$. *Dann gilt*

$$(9) \qquad \phi(1) = \sum_{\nu=0}^{n} \frac{1}{\nu!} \phi^{(\nu)}(0) + \int_0^1 \frac{1}{n!} (1 - t)^n \phi^{(n+1)}(t) dt .$$

Beweis. Mittels partieller Integration folgt sukzessive

$$\int_0^1 \frac{1}{n!} (1 - t)^n \phi^{(n+1)}(t) \, dt$$

$$= \left[\phi^{(n)}(t) \frac{1}{n!} (1 - t)^n \right]_0^1 + \int_0^1 \frac{1}{(n-1)!} (1 - t)^{n-1} \phi^{(n)}(t) \, dt$$

$$= -\frac{1}{n!} \phi^{(n)}(0) + \int_0^1 \frac{1}{(n-1)!} (1 - t)^{n-1} \phi^{(n)}(t) \, dt$$

$$\vdots$$

$$= - \left[\frac{1}{n!} \phi^{(n)}(0) + \ldots + \frac{1}{1!} \phi'(0) \right] + \int_0^1 \phi'(t) dt ,$$

und $\int_0^1 \phi'(t)dt = \phi(1) - \phi(0)$. Hieraus folgt (9).

□

Beweis von Satz 1. Wir setzen $\phi(t) := f(x_0 + th)$, $0 \leq t \leq 1$. Dann ist

$$\phi'(t) = hf'(x_0 + th), \quad \phi''(t) = h^2 f''(x_0 + th), \dots,$$

allgemein

$$\phi^{(\nu)}(t) = h^\nu f^{(\nu)}(x_0 + th), \quad \nu = 0, 1, \dots, n+1.$$

Aus dem Lemma ergibt sich nunmehr

$$f(x_0 + h) = \sum_{\nu=0}^n \frac{1}{\nu!} f^{(\nu)}(x_0)h^\nu + \int_0^1 \frac{1}{n!}(1-t)^n f^{(n+1)}(x_0 + th)h^{n+1}dt.$$

□

Korollar 1. *Das Restglied* $R_n(x - x_0)$ *kann unter der Voraussetzung von Satz 1 auf die Form*

(10) $$R_n(x - x_0) = \int_{x_0}^x \frac{1}{n!}(x - u)^n f^{(n+1)}(u)\, du$$

gebracht werden.

Beweis. Wir gehen von t zur Variablen $u = x_0 + th$ über, wobei $x = x_0 + h$ ist. Dann gilt

$$dt = \frac{1}{h}\, du, \quad t = \frac{u - x_0}{h}, \quad 1 - t = \frac{x - u}{h}$$

und daher

$$(1-t)^n dt = \frac{(x - u)^n}{h^{n+1}}\, du.$$

Aus (8) folgt nunmehr (10).

□

Korollar 2. (Cauchys Restgliedformel). *Für* $x = x_0 + h \in I$ *folgt*

(11) $$R_n(x - x_0) = \frac{1}{n!}(1 - \vartheta)^n h^{n+1} f^{(n+1)}(x_0 + \vartheta h)$$

für ein geeignetes $\vartheta \in (0, 1)$.

Beweis. Der Mittelwertsatz der Integralrechnung liefert

$$\int_{x_0}^x \frac{1}{n!}(x - u)^n f^{(n+1)}(u)du = \left[\frac{1}{n!}(x - u)^n f^{(n+1)}(u)\right]\Bigg|_{u=x_0+\vartheta h} \cdot (x - x_0),$$

und dies ergibt (11).

□

Korollar 3. (Lagrangesche Restgliedformel). *Für* $x = x_0 + h \in I$ *gibt es ein* $\vartheta \in (0,1)$, *so daß gilt:*

$$(12) \qquad R_n(x - x_0) \;=\; \frac{1}{(n+1)!}\, f^{(n+1)}(x_0 + \vartheta h)\, h^{n+1} \;.$$

Beweis. Nach dem verallgemeinerten Mittelwertsatz der Integralrechnung gibt es ein $\vartheta \in (0,1)$, so daß

$$\int_{x_0}^{x} (x - u)^n f^{(n+1)}(u)\, du \;=\; f^{(n+1)}(x_0 + \vartheta h) \cdot \int_{x_0}^{x} (x - u)^n du$$

gilt, und ferner haben wir

$$\int_{x_0}^{x} (x - u)^n du \;=\; \frac{1}{n+1}(x - x_0)^{n+1} \;.$$

Aus (10) folgt dann die Behauptung (12).

$\square$

Die Form des Restglieds nach Lagrange wird am meisten benutzt. Hierbei können wir die Voraussetzung von Satz 1 sogar noch etwas abschwächen, wie das nächste Resultat zeigt.

Satz 2. *Sei* $f \in C^n(I)$, *und* $f^{(n)}$ *sei noch differenzierbar auf* I. *Dann gibt es zu beliebigen Punkten* x_0 *und* $x = x_0 + h$ *aus* I *ein* $\vartheta \in (0,1)$, *so daß*

$$(13) \qquad f(x_0 + h) = f(x_0) + f'(x_0)h + \frac{1}{2!}f''(x_0)h^2 + \ldots + \frac{1}{n!}f^{(n)}(x_0)h^n$$

$$+ \frac{1}{(n+1)!}f^{(n+1)}(x_0 + \vartheta h)h^{n+1}$$

gilt.

Beweis. Wir bilden

$$(14) \qquad \varphi(u) := f(x) - f(u) - f'(u)(x - u) - \ldots - \frac{1}{n!}\, f^{(n)}(u)(x - u)^n$$

$$- \sigma \frac{1}{(n+1)!}\, (x - u)^{n+1} \;,$$

wobei u aus dem abgeschlossenen Intervall mit den Endpunkten x_0 und x genommen sei und σ eine Konstante bedeute, die so gewählt ist, daß $\varphi(x_0) = 0$ ist. Da außerdem $\varphi(x) = 0$ ist, gibt es nach dem Satz von Rolle ein $\vartheta \in (0,1)$, so daß

$$\varphi'(x_0 + \vartheta h) = 0$$

gilt. Andererseits folgt

$$\varphi'(u) = -\frac{1}{n!} f^{(n+1)}(u) \cdot (x-u)^n + \frac{\sigma}{n!}(x-u)^n \,,$$

und damit ergibt sich

$$\sigma = f^{(n+1)}(x_0 + \vartheta h) \,.$$

Setzen wir nun $u = x_0$ in (14), so erhalten wir wegen $\varphi(x_0) = 0$ die Behauptung.
□

Betrachten wir nun einige Beispiele. Die ersten drei behandeln wir mit der Lagrangeschen Restgliedformel.

$\boxed{1}$ $\quad e^x = 1 + \dfrac{x}{1!} + \dfrac{x^2}{2!} + \ldots + \dfrac{x^n}{n!} e^{\theta x}$ für ein $\theta \in (0,1)$.

$\boxed{2}$ $\quad \sin x = x - \dfrac{x^3}{3!} + \dfrac{x^5}{5!} - \ldots + (-1)^n \dfrac{x^{2n+1}}{(2n+1)!} + (-1)^{n+1} \dfrac{x^{2n+3}}{(2n+3)!} \cos(\theta x)$
für ein $\theta \in (0,1)$.

$\boxed{3}$ $\quad \cos x = 1 - \dfrac{x^2}{2!} + \dfrac{x^4}{4!} - \ldots + (-1)^n \dfrac{x^{2n}}{(2n)!} + (-1)^{n+1} \dfrac{x^{2n+2}}{(2n+2)!} \cos(\theta x)$ für
ein $\theta \in (0,1)$.

$\boxed{4}$ Für $x > -1$ betrachten wir $f(x) := (1+x)^\alpha$, $\alpha \in \mathbb{R}$, $\alpha \neq 0$. Dann ist

$$f'(x) = \alpha(1+x)^{\alpha-1} \,,\ f''(x) = \alpha(\alpha-1)(1+x)^{\alpha-2} \,,\ldots,$$
$$f^{(n)}(x) = \alpha(\alpha-1)\ldots(\alpha-n+1)(1+x)^{\alpha-n} \,,$$

und wir erhalten

$$\frac{1}{n!} f^{(n)}(x) = \binom{\alpha}{n} (1+x)^{\alpha-n} \,.$$

Mit Cauchys Restgliedformel bekommen wir dann

$$(15) \qquad (1+x)^\alpha = 1 + \binom{\alpha}{1} x + \binom{\alpha}{2} x^2 + \ldots + \binom{\alpha}{n} x^n + R_n(x) \,,$$

wobei

$$R_n(x) = \frac{1}{n!} (1-\theta)^n x^{n+1} f^{(n+1)}(\theta x)$$

$$= (1-\theta)^n x^{n+1} \frac{\alpha(\alpha-1)(\alpha-2)\ldots(\alpha-n)}{1\cdot 2\cdot\ldots\cdot n} (1+\theta x)^{\alpha-n-1}$$

ist. Hierfür können wir

(16)
$$R_n(x) = (1 + \theta x)^{\alpha - 1} \alpha x \cdot (\alpha - 1)x \cdot (\frac{\alpha}{2} - 1)x \cdot \ldots \cdot (\frac{\alpha}{n} - 1)x \left(\frac{1 - \theta}{1 + \theta x}\right)^n$$

schreiben. Diese Formel werden wir in Kürze anwenden, um die *Binomialreihe* zu gewinnen.

Es liegt nahe, aus der Taylorformel

(17)
$$f(x_0 + h) = \sum_{\nu=0}^{n} \frac{1}{\nu!} f^{(\nu)}(x_0)h^\nu + R_n(h)$$

durch den Grenzübergang $n \to \infty$ zur Reihendarstellung

(18)
$$f(x_0 + h) = \sum_{\nu=0}^{\infty} \frac{1}{\nu!} f^{(\nu)}(x_0) h^\nu$$

überzugehen. Die Formel (18) folgt aus (17), falls wir

(19)
$$\lim_{n \to \infty} R_n(h) = 0$$

zeigen können. Damit wir die *Taylorreihe* $\sum_{\nu=0}^{n} \frac{1}{\nu!} f^{(\nu)}(x_0) h^\nu$ überhaupt bilden dürfen, muß $f \in C^\infty$ vorausgesetzt werden.

Es ist ein überraschendes Phänomen, daß keineswegs (18) zu gelten braucht, selbst wenn die Taylorreihe auf der rechten Seite konvergiert. Dies hat als erster wohl Cauchy bemerkt:

$\boxed{5}$ **Cauchys Beispiel.** Wir betrachten die Funktion $f \in C^\infty(\mathbb{R})$, die durch

$$f(0) := 0 \text{ und } f(x) := e^{-1/x^2} \text{ für } x \neq 0$$

definiert ist (vgl. 3.3, Korollar 6). Es gilt $f^{(\nu)}(0) = 0$ für alle $\nu = 0, 1, 2, \ldots$, und somit ist die zugehörige Taylorreihe zwar konvergent, stellt aber die Nullfunktion und nicht die Funktion f dar. Es ist also eine besonders schöne Eigenschaft, wenn eine C^∞-Funktion $f(x)$ im Intervall $I = (x_0 - \delta, x_0 + \delta)$, $\delta > 0$, eine konvergente Taylorreihe

$$\sum_{\nu=0}^{\infty} \frac{1}{\nu!} f^{(\nu)}(x_0)(x - x_0)^\nu$$

besitzt und durch diese „dargestellt" wird.

Um einzusehen, daß $f \in C^\infty(\mathbb{R})$ ist und $f^{(\nu)}(0) = 0$ für alle $\nu \in \mathbb{N}_0$ gilt, bemerken wir zunächst, daß f auf $\mathbb{R}$ von der Klasse C^∞ ist und $f^{(\nu)}(x)$ für $x \neq 0$ von der Form

$$f^{(\nu)}(x) = p_\nu(1/x)e^{-1/x^2}$$

ist, wobei $p_0(t) \equiv 1$ und $p_\nu(t)$ für $\nu \in \mathbb{N}$ ein Polynom vom Grade 3ν in der Variablen t ist, beispielsweise

$$f'(x) = 2x^{-3}e^{-1/x^2} , \quad f''(x) = (4x^{-6} - 6x^{-4})e^{-1/x^2} ;$$

die allgemeine Form ergibt sich durch Induktion. Wegen

$$\lim_{x \to 0} p_\nu(1/x)e^{-1/x^2} = 0$$

existieren nach 3.3, Korollar 6 die einseitigen Ableitungen $f'_+(0)$ und $f'_-(0)$, und es gilt $f'_+(0) = 0$ sowie $f'_-(0) = 0$. Also existiert $f'(0)$, und wir erhalten $f'(0) = 0$ und $f' \in C^0(\mathbb{R})$. Wiederholen wir diesen Schluß für f', so ergibt sich zunächst $(f')'_+(0) = 0$ und $(f')'_-(0) = 0$. Also existiert $f''(0)$, und es gilt $f''(0) = 0$ sowie $f'' \in C^0(\mathbb{R})$. So können wir fortfahren, und es folgt durch Induktion $f^{(\nu)}(0) = 0$ und $f \in C^\infty(\mathbb{R})$.

Ein anderes Beispiel einer C^∞-Funktion, die sich nicht in der Nähe von $x = 0$ durch ihre Taylorreihe darstellen läßt, liefert die durch

$$f(x) := \begin{cases} e^{-1/x} & x > 0 \\ & \text{für} \\ 0 & x \le 0 \end{cases}$$

definierte Funktion.

Als besonders nützlich für Glättungsoperationen und andere Zwecke wird sich die C^∞-Funktion $f : \mathbb{R} \to \mathbb{R}$ erweisen, die durch

$$f(x) := \begin{cases} e^{-\frac{1}{r - |x - x_0|}} & |x - x_0| < r \\ & \text{für} \\ 0 & |x - x_0| \ge r \end{cases}$$

(mit $r > 0$) definiert ist. Diese *Hügelfunktion* verschwindet außerhalb des Intervalls $(x_0 - \delta, x_0 + \delta)$ und ist auf diesem positiv.

Diese Beispiele motivieren die folgende Definition.

Definition 1. *Wir nennen eine Funktion $f : I \to \mathbb{R}$ in einem Intervall I* **reell analytisch**, *wenn es zu jedem $x_0 \in I$ ein $\delta > 0$ gibt, so daß $(x_0 - \delta, x_0 + \delta) =: U_\delta(x_0)$ in I liegt, die Taylorreihe $\sum_{\nu=0}^\infty \frac{1}{\nu!} f^{(\nu)}(x_0)(x-x_0)^\nu$ in $U_\delta(x_0)$ konvergiert und dort die Funktion $f(x)$ darstellt, d.h. wenn*

$$f(x) = \sum_{\nu=0}^\infty \frac{1}{\nu!} f^{(\nu)}(x_0)(x - x_0)^\nu \quad \text{für alle } x \in U_\delta(x_0) .$$

Wann stellt die Taylorreihe einer C^∞-Funktion f diese Funktion wirklich dar? Wir haben das folgende hinreichende Kriterieum:

Satz 3. *Sei $f \in C^\infty(I)$ und es gebe Konstanten $M, r > 0$, so daß für alle $x \in I$ und alle $n \in \mathbb{N}_0$ die Abschätzung*

(20) $$|f^{(n)}(x)| \le n! M r^{-n}$$

gilt. Dann erhalten wir für $\delta \in (0, r)$ und $x \in I$ mit $|x - x_0| \leq \delta$ die Darstellung

$$(21) \qquad f(x) = \sum_{n=0}^{\infty} \frac{1}{n!} f^{(n)}(x_0)(x - x_0)^n ,$$

d.h. f ist in I reell analytisch.

Beweis. Für das Restglied

$$R_n(h) = \frac{1}{(n+1)!} f^{(n+1)}(x_0 + \vartheta h)h^{n+1}$$

in der Taylorschen Formel (7) mit $h = x - x_0$ und $\vartheta \in (0, 1)$ ergibt sich für $x \in I$ mit $|x - x_0| \leq \delta$ die Abschätzung

$$|R_n(h)| \leq M \cdot (\delta/r)^{n+1}$$

und damit $R_n(h) \to 0$ mit $n \to \infty$.

$\square$

Ganz ähnlich ergibt sich das folgende schwächere Resultat:

Satz 4. *Sei $f \in C^{\infty}(I)$ und es gebe Konstanten $M, Q > 0$, so daß für alle $x \in I$ und alle $n \in \mathbb{N}_0$ die Abschätzung*

$$(22) \qquad\qquad |f^{(n)}(x)| \leq MQ^n$$

besteht. Dann ergibt sich für alle $x \in I$ die Darstellung (21).

Beweis. Es gilt

$$|R_n(h)| \leq \frac{MQ^{n+1}}{(n+1)!} h^{n+1} \;\to\; 0 \quad \text{für } n \to \infty .$$

$\square$

$\boxed{6}$ **Die binomische Reihe.** Wir wollen jetzt zeigen, daß die Funktion $f(x) = (1 + x)^{\alpha}$ im Intervall $(-1, 1)$ reell analytisch ist und durch die *binomische Reihe* $\sum_{\nu=0}^{\infty} \binom{\alpha}{\nu} x^{\nu}$ dargestellt wird:

$$(23) \qquad\qquad (1 + x)^{\alpha} = \sum_{\nu=0}^{\infty} \binom{\alpha}{\nu} x^{\nu} \quad \text{für } |x| < 1 .$$

Wegen (19) müssen wir zeigen, daß $\lim_{n \to \infty} R_n(x) = 0$ gilt, wobei wir das Restglied in der Form (16) verwenden wollen. Dazu wählen wir einen Wert $q \in (0, 1)$ und betrachten x-Werte, die durch $|x| \leq q$ beschränkt sind. Dann ergibt sich aus (16) mit einer von n abhängigen Konstanten $\theta = \theta(n) \in (0, 1)$:

$$|R_n(x)| \leq (1 + \theta x)^{\alpha - 1} |\alpha x| \cdot |(1 - \alpha)x| \cdot |(1 - \frac{\alpha}{2})x| \cdot \ldots \cdot |(1 - \frac{\alpha}{n})x| \left\{ \frac{1 - \theta}{1 - \theta|x|} \right\}^n .$$

Es gilt

$$\frac{1-\theta}{1-\theta|x|} \le 1, \; (1+\theta x)^{\alpha-1} \le c(q,\alpha) := \begin{cases} 2^{\alpha-1} & \text{für} \quad \alpha \ge 1, \\ (1-q)^{\alpha-1} & \text{für} \quad \alpha < 1, \end{cases}$$

und

$$|\alpha x||(1-\alpha)x|\ldots|(1-\frac{\alpha}{N})x| \le |\alpha|(1+|\alpha|)^N q^{N+1} \text{ für } N \in \mathbb{N}.$$

Somit gibt es eine Zahl $c^* > 0$, die nur von α, q und N, aber nicht von $n > N$ und x mit $|x| \le q$ abhängt derart, daß das Restglied $R_n(x)$ durch

$$|R_n(x)| \le c^* \prod_{\nu=N+1}^{n} \left[q\left(1+\frac{|\alpha|}{\nu}\right) \right]$$

abgeschätzt wird. Nun wählen wir eine Zahl Q mit $q < Q < 1$. Anschließend bestimmen wir ein $N \in \mathbb{N}$, so daß

$$\left(1+\frac{|\alpha|}{N}\right)q \le Q$$

ausfällt. Dann folgt für $n > N$ die Abschätzung

$$|R_n(x)| \le c^* Q^{n-N},$$

wobei c^* nicht von n abhängt. Mit $n \to \infty$ ergibt sich $R_n(x) \to 0$, womit (23) bewiesen ist (vgl. Satz 4).

Für $\alpha = n \in \mathbb{N}$ bricht die binomische Reihenentwicklung nach endlich vielen Schritten ab und geht in die wohlbekannte binomische Formel

$$(1+x)^n = \sum_{\nu=0}^{n} \binom{n}{\nu} x^\nu$$

über.

Bemerkung 1. Newton hat die binomische Reihenentwicklung (23) wohl schon um 1665 gefunden. Er schrieb später: *In the beginning of the year 1665 I found the Method of approximating series & the Rule for reducing any dignity* [power] *of any Binomial into such a series ... In the Winter between the years 1664 & 1665 upon reading Dr. Wallis's* Arithmetica Infinitorum *& trying to interpole his progressions for squaring the circle, I found out another infinite series for squaring the circle & then another infinite series for squaring the hyperbola* (Cambridge, University Library, MS Add. 3968.41, fol. 85). Mit anderen Worten, Newton gelangte, angeregt durch ein Verfahren von Wallis (1655), zu einer Methode, mit der er Ausdrücke der Form $(1+x)^\alpha$ für rationale α und $|x| \ll 1$ in eine Reihe entwickeln konnte. Diese Idee findet sich in der 1669 verfaßten, aber erst 1736 publizierten Schrift *De analysi per aequationes numero terminorum infinitorum* an einigen Beispielen wie etwa $(1+x)^{1/2}$ ausgeführt. In dieser Arbeit ist auch die Exponentialreihe angegeben. Zu dieser gelangte Newton, indem er sich die Aufgabe vorlegte, aus dem Flächeninhalt z unter einem Stück der Hyperbel $y = 1/(1+x)$ den Flächeninhalt

$$z = x - \frac{1}{2}x^2 + \frac{1}{3}x^3 - \frac{1}{4}x^4 + \ldots$$

zu bestimmen (vgl. ⑨) und darauf die Basis x als Funktion von z zu gewinnen, d.h. $z = \log(1 + x)$ und $1 + x = e^z$. Ein kühner Schluß führte Newton dann zur Formel

$$x \;=\; z + \frac{1}{2}\,z^2 + \frac{1}{6}\,z^3 + \frac{1}{24}\,z^4 + \frac{1}{120}\,z^5 + \ldots \,.$$

Eingehend hat Newton sein Verfahren in einem Brief (*Epistola prior*, 13. Juni 1776) an Heinrich Oldenburg, den Sekretär der Royal Society, beschrieben; der eigentliche Adressat war Leibniz. Die präzise Form (23) der Binomialreihe für allgemeine rationale Exponenten α ist aber erst in Band 1, Kap. 4, §72 von Eulers *Introductio in analysin infinitorum* (1748) angegeben.

⑦ Die Taylorreihe von e^x im Entwicklungspunkt $x = 0$ ist

$$(24) \qquad\qquad \sum_{n=0}^{\infty} \frac{x^n}{n!} \,.$$

Diese auf ganz $\mathbb{R}$ konvergente Reihe ist gerade die Potenzreihe, mit deren Hilfe wir die Exponentialfunktion definiert haben.

⑧ Ähnliches gilt für Sinus und Cosinus, deren Taylorreihen die beständig konvergenten Potenzreihen

$$(25) \qquad \sin x \;=\; \sum_{n=0}^{\infty} (-1)^n \, \frac{x^{2n+1}}{(2n+1)!} \,, \qquad \cos x \;=\; \sum_{n=0}^{\infty} (-1)^n \, \frac{x^{2n}}{(2n)!}$$

sind.

⑨ **Die Logarithmusreihe** (Nicolaus Mercator, *Logarithmotechnia*, London 1668). Für $-1 < x \leq 1$ gilt

$$(26) \qquad \log(1 + x) \;=\; x - \frac{1}{2}\,x^2 + \frac{1}{3}\,x^3 - \ldots + (-1)^{n-1} \frac{1}{n}\,x^n + \ldots \,.$$

Für $n \in \mathbb{N}$ und $f(x) := \log(1 + x)$ erhalten wir nämlich

$$f^{(n)}(x) \;=\; (-1)^{n-1}\,(n - 1)!\,(1 + x)^{-n} \,,$$

woraus sich

$$\frac{1}{n!}\,f^{(n)}(0) \;=\; (-1)^{n-1}\,\frac{1}{n}$$

ergibt. Nach Satz 3 folgt, daß die Taylorreihe auf der rechten Seite von Formel (26) für $|x| < 1$ konvergiert; die Konvergenz für $x = 1$ erhalten wir aus

Satz 5. (Abelscher Grenzwertsatz). *Sei* $\{a_n\}_{n \in \mathbb{N}_0}$ *eine reelle Zahlenfolge, für die die Reihe* $\sum_{n=0}^{\infty} a_n$ *konvergiert. Dann gilt*

$$(27) \qquad\qquad \sum_{n=0}^{\infty} a_n \;=\; \lim_{x \to 1-0} \sum_{n=0}^{\infty} a_n x^n \,.$$

Beweis. Setzen wir $s_{-1} := 0$, $s_n := \sum_{j=0}^{n} a_j$, so folgt $a_n = s_n - s_{n-1}$ und damit

$$\sum_{n=0}^{k} a_n x^n = \sum_{n=0}^{k} (s_n - s_{n-1}) x^n = s_k x^k + (1-x) \sum_{n=0}^{k-1} s_n x^n \ .$$

Dann ergibt sich für die durch $f(x) := \sum_{n=0}^{\infty} a_n x^n$, $|x| < 1$, definierte Funktion $f : (-1, 1) \to \mathbb{R}$ die Formel

$$f(x) = (1-x) \sum_{n=0}^{\infty} s_n x^n \ .$$

Sei $s := \lim_{n \to \infty} s_n = \sum_{n=0}^{\infty} a_n$ und $\epsilon > 0$. Dann existiert ein $N \in \mathbb{N}$ mit $|s - s_n| < \epsilon/2$ für $n > N$. Weiterhin gilt $(1-x) \sum_{n=0}^{\infty} x^n = 1$ für $|x| < 1$ und damit für $0 < x < 1$:

$$|f(x) - s| = \left| (1-x) \sum_{n=0}^{\infty} (s_n - s) x^n \right| \leq (1-x) \sum_{n=0}^{N} |s_n - s| + \epsilon/2 \ .$$

Für hinreichend kleines $\delta > 0$ folgt $\delta \sum_{n=0}^{N} |s_n - s| < \epsilon/2$, und damit bekommen wir $|f(x) - s| < \epsilon$ für $1 - \delta < x < 1$.

$\square$

Wegen

$$\log(1 + x) = \sum_{n=1}^{\infty} a_n x^n \qquad \text{mit } a_n := (-1)^{n-1}/n$$

und $\lim_{x \to 1} \log(1+x) = \log 2$ folgt dann die Formel

(28) $$\log 2 = 1 - \frac{1}{2} + \frac{1}{3} - \frac{1}{4} + \ldots + (-1)^{n-1} \frac{1}{n} + \ldots \ ,$$

die Lord Brouncker in seiner Abhandlung *The Squaring of the Hyperbola by an infinite series of Rational Numbers* in Form der Reihe

$$\log 2 = \frac{1}{1 \cdot 2} + \frac{1}{3 \cdot 4} + \frac{1}{5 \cdot 6} + \frac{1}{7 \cdot 8} + \ldots$$

bekannt machte, welche er der Royal Society am 13. April 1668 vorlegte.

[10] **Die Arcustangensreihe.** Die Taylorreihe von $f(x) := \operatorname{arctg} x$ berechnet man am bequemsten aus der Taylorreihe von $g := f'$ im Entwicklungspunkte $x_0 = 0$. Wegen

$$g(x) = \frac{1}{1 + x^2} \quad \text{für } x \in \mathbb{R}$$

und

$$\frac{1}{1 + x^2} = \sum_{n=0}^{\infty} (-1)^n x^{2n} \quad \text{für } |x| < 1$$

folgt

$$\int_0^x g(t)dt \; = \; \int_0^x \sum_{n=0}^\infty (-1)^n t^{2n} dt \qquad \text{für } |x| < 1 \,,$$

und der zweite Hauptsatz aus 3.8 liefert wegen $f(0) = 0$ die Gleichung

$$\int_0^x g(t)dt \; = \; f(x) \,.$$

Da die Potenzreihe $\sum_{n=0}^\infty (-1)^n t^{2n}$ auf jedem Intervall $(-r, r)$ mit $0 < r < 1$ gleichmäßig konvergiert, so gilt wegen 3.7, Korollar 2 auch

$$\int_0^x \sum_{n=0}^\infty (-1)^n t^{2n} dt \; = \; \sum_{n=0}^\infty \int_0^x (-1)^n t^{2n} dt \; = \; \sum_{n=0}^\infty (-1)^n \frac{x^{2n+1}}{2n+1}$$

für $|x| < 1$. Damit ergibt sich

$$(29) \qquad \arctg x \; = \; \sum_{n=0}^\infty (-1)^n \frac{x^{2n+1}}{2n+1} \qquad \text{für } |x| < 1 \,.$$

Da die alternierende Reihe $1 - 1/3 + 1/5 - 1/7 + \ldots$ konvergiert und

$$\lim_{x \to 1} \arctg x \; = \; \arctg 1 \; = \; \pi/4$$

ist, erhalten wir aus (29) mittels des Abelschen Grenzwertsatzes auch noch die berühmte *Leibnizsche Formel* (Brief an Huygens, 1674)

$$(30) \qquad 1 - \frac{1}{3} + \frac{1}{5} - \frac{1}{7} + \frac{1}{9} - \frac{1}{11} + \ldots \; = \; \frac{\pi}{4} \,,$$

die bereits J. Gregory bekannt war (Brief an Collins, 15. Februar 1671). Im Druck erschien diese Formel erstmals in Leibniz' Aufsatz *De vera proportione circuli ad quadratum circumscriptum in numeris rationalibus expressa*, Acta Eruditorum 1 (1682), S. 41–46.

Nun müssen wir uns noch davon überzeugen, daß die Reihe in (29) wirklich die Taylorreihe des Arcustangens im Entwicklungspunkt $x = 0$ ist. Dies gewinnen wir aus einem allgemein gültigen Resultat, welches besagt, daß die Summe $f(x)$ einer Potenzreihe $\sum_{n=0}^\infty a_n x^n$ notwendig diese Reihe als Taylorreihe besitzt. Es gilt nämlich

Satz 6. *Sei $f \in C^\infty(I)$ mit $I = (-r, r)$, $r > 0$, gegeben durch*

$$f(x) \; := \; \sum_{n=0}^\infty a_n x^n \,,$$

wobei diese Reihe für $|x| < r$ konvergiere. Dann folgt

$$(31) \qquad a_n \; = \; \frac{1}{n!} f^{(n)}(0) \,.$$

Beweis. (durch Induktion). Für $n = 0$ ist die Behauptung $a_0 = f(0)$ evident. Sei nun

$$a_\nu = \frac{1}{\nu!} f^{(\nu)}(0) \tag{32}$$

für $\nu \leq n$ bewiesen. Setzen wir

$$p_n(x) := \sum_{\nu=0}^{n} a_\nu x^\nu , \quad q_n(x) := f(x) - p_n(x) = \sum_{\nu=n+1}^{\infty} a_\nu x^\nu .$$

so ergibt sich $q_n \in C^\infty(I)$ und $q_n^{(\nu)}(0) = 0$ für $0 \leq \nu \leq n$, denn $p_n^{(\nu)}(0) = f^{(\nu)}(0)$ für $0 \leq \nu \leq n$. Die Taylorsche Formel mit dem Lagrangeschen Restglied liefert dann für $|h| < r$:

$$q_n(h) = \frac{1}{(n+1)!} q_n^{(n+1)}(\vartheta h) h^{n+1} \quad \text{mit } 0 < \vartheta < 1 .$$

Hieraus folgt

$$q_n^{(n+1)}(\vartheta h) = (n+1)! \cdot \left(a_{n+1} + \sum_{\nu=n+2}^{\infty} a_\nu h^{\nu-n-1} \right) .$$

Die Reihe $\sum_{\nu=n+2}^{\infty} a_\nu h^{\nu-n-1}$ ist für $|h| \leq r/2$ gleichmäßig konvergent, also stetig und strebt somit für $h \to 0$ gegen Null. Daraus ergibt sich

$$q_n^{(n+1)}(0) = (n+1)! \, a_{n+1} ,$$

und wegen $p_n^{(n+1)}(x) \equiv 0$ erhalten wir

$$f^{(n+1)}(0) = (n+1)! \, a_{n+1} ,$$

womit (32) auch für $\nu = n + 1$ und damit für alle $\nu \in \mathbb{N}_0$ gezeigt ist.

$\square$

Bemerkung 2. Mit Hilfe von 3.15, Korollar 2 ergibt sich das obige Resultat ohne weiteres aus der Tatsache, daß die „gliedweise abgeleiteten" Reihen $\sum_{\nu=n}^{\infty} n(n-1) \ldots (n-\nu+1) a_\nu x^{n-\nu}$ denselben Konvergenzradius wie $\sum_{\nu=0}^{\infty} a_\nu x^\nu$ haben.

Nun wollen wir noch die **Landauschen Symbole** O und o definieren.

Sei M eine Menge des $\mathbb{R}^n$, $x_0 \in \overline{M}$, und ferner seien $f : M \to \mathbb{R}^N$ und $g : M \to \mathbb{R}$ gegeben, wobei $g(x) \neq 0$ für $x \in M$ mit $0 < |x - x_0| << 1$ gelte.

Definition 2. *(i) Wir sagen, $f(x)$ sei von der Ordnung „groß O von $g(x)$ für $x \to x_0$", wenn*

$$\frac{|f(x)|}{|g(x)|} \leq \text{const} \quad \text{für } x \to x_0$$

gilt, in Zeichen:

$$f(x) = O(g(x)) \quad \text{für } x \to x_0 .$$

Hierbei soll „$x \to x_0$" bedeuten, daß $x \in M$ mit $0 < |x - x_0| \ll 1$ zu nehmen ist.

(ii) Wir sagen, $f(x)$ sei von der Ordnung „klein o von $g(x)$ für $x \to x_0$ ", wenn

$$\lim_{x \to x_0} \frac{f(x)}{g(x)} = 0$$

gilt, in Zeichen:

$$f(x) = o(g(x)) \quad \text{für } x \to x_0 .$$

(iii) Sind f und g beide reellwertig, so heißen f und g „asymptotisch gleich" für $x \to x_0$, wenn

$$\lim_{x \to x_0} f(x)/g(x) = 1$$

gilt. Symbol:

$$f(x) \sim g(x) \quad \text{für } x \to x_0 .$$

Analog definieren wir diese Symbole für $x \to \infty$ oder $x \to -\infty$ im Falle $n = 1$, und für $|x| \to \infty$, falls $n > 1$ ist.

Ist beispielsweise $f \in C^{n+1}(I)$ und sind x_0, $x_0 + h \in I$, so können wir die Taylorformel von Satz 2 in die Form

$$f(x_0 + h) = a_0 + a_1 h + a_2 h^2 + \ldots + a_n h^n + R_n(h)$$

bringen, wobei

$$a_\nu = \frac{1}{\nu!} \, f^{(\nu)}(x_0)$$

ist und

$$R_n(h) = O(h^{n+1}) \quad \text{für } h \to 0$$

gilt.

$\boxed{11}$ Man kann sich leicht die folgenden *Rechenregeln* überlegen:

(i) Aus $g(x) = o(f(x))$ für $x \to x_0$ folgt

$$o(f(x)) + o(g(x)) = o(f(x)) \quad \text{für } x \to x_0 .$$

(ii) Aus $g(x) = o(f(x))$ für $x \to x_0$ folgt $g(x) = O(f(x))$.

(iii) $O(f(x)) + O(f(x)) = O(f(x))$.

(iv) Aus $g(x) = O(f(x))$ für $x \to x_0$ folgt

$$O(f(x)) + O(g(x)) = O(f(x)) \text{ für } x \to x_0 .$$

12 $1 - \cos x = o(x)$ für $x \to 0$; $\sin x = O(x)$ für $x \to 0$;

$\sin x \sim x$ für $x \to 0$; $\sin x = x + o(x^2)$ für $x \to 0$;

$\sin x = O(1)$ für $x \to \infty$; $\cos x = 1 - \frac{x^2}{2} + o(x^3)$ für $x \to 0$;

$(1 + x)^\alpha = 1 + \alpha x + O(x^2)$ für $x \to 0$;

$\sqrt{1 + x^2} = x + O(1/x) = O(x)$ für $x \to \infty$.

13 Bezeichne $A(x)$ für $x \geq 1$ die Anzahl der Primzahlen $\leq x$; dann gilt

$$\frac{A(x)}{x} \sim \frac{1}{\log x} \text{ für } x \to \infty .$$

Dies ist der berühmte Gaußsche *Primzahlsatz*. Gauß hat dieses Ergebnis aufgrund empirischer Untersuchungen von Primzahltabellen vermutet; es vergingen aber fast hundert Jahre, bis Jacques Hadamard und, unabhängig von ihm, der Baron C.J.G.N. de la Vallée-Poussin im Jahre 1896 Beweise lieferten. Elementare Beweise (d.h. Beweise „ohne Funktionentheorie") stammen von A. Selberg und P. Erdös (1948); vgl. etwa G.H. Hardy und E.M. Wright, *Zahlentheorie*, Oldenburg, München 1958.

Aufgaben.

1. Man berechne die $(2n + 1)$–te Taylorformel für $f(x) := \log \frac{1+x}{1-x}$, $|x| < 1$, an der Stelle $x_0 = 0$.
2. Man berechne $\log 2$ auf drei Stellen nach dem Komma genau.
3. Sind $f, \varphi \in C^n(I)$, $I = (x_0 - \delta, x_0 + \delta)$, $\varphi(x_0) = 0$, und gibt es ein Polynom p mit grad $p \leq n$ und $f(x) = p(x) + (x - x_0)^n \varphi(x)$, so ist $p(x)$ das n–te Taylorpolynom von f an der Stelle x_0. Beweis?
4. Was ist das n–te Taylorpolynom von $\frac{1}{1+x}$ an der Stelle $x = 0$?
5. Man bestimme die Taylorreihen von $f(x) := \sqrt{1 + x}$, $1/\sqrt{1 + x}$ an der Stelle $x_0 = 0$.
6. Man zeige, daß die durch $f(0) := 1$, $f(x) := \frac{e^x - 1}{x}$ für $x \neq 0$ definierte Funktion $f : \mathbb{R} \to \mathbb{R}$ reell analytisch ist, und daß für hinreichend kleines $r > 0$ auch die Funktion $g : (-r, r) \to \mathbb{R}$ mit $g(x) := 1/f(x)$ reell analytisch ist.
7. Man beweise: $2\cos x = 2 - x^2 + o(x^3)$ für $x \to 0$, $1 - x = o(\sqrt{1 - x})$ für $x \to 1 - 0$, $\sqrt{x^2 + 3x - 5} = x + \frac{3}{2} + o(1)$ für $x \to \infty$, $\sqrt{1 + x^2} = x + O\left(\frac{1}{x}\right) = O(x)$ für $x \to \infty$, $x \sin(\pi/x) = O(x)$ für $x \to 0$, $\sqrt{x + 1} = \sqrt{x} + O\left(\frac{1}{\sqrt{x}}\right)$ für $x \to \infty$.

14   Die l'Hospitalsche Regel

Als weitere Anwendung der Taylorformel beweisen wir einige Regeln, die von Johann Bernoulli stammen und zuerst vom Marquis de l'Hospital (1696) publiziert worden sind. Sie gestatten es, Grenzwerte der Gestalt $\lim_{x \to x_0} \frac{f(x)}{g(x)}$ zu bestimmen, wenn sowohl $f(x)$ als auch $g(x)$ mit $x \to x_0$ gegen Null (oder gegen Unendlich) streben. Man spricht dann auch von *unbestimmten Ausdrücken der Form*

$$\frac{0}{0} \quad \left(\text{bzw. } \frac{\infty}{\infty} \right) .$$

Mit Hilfe dieser Regeln kann man auch anderen unbestimmten Ausdrücken wie etwa $0 \cdot \infty$, 0^0, ∞^0 zu Leibe rücken.

Satz 1. (l'Hospitalsche Regel). *Sind $f, g \in C^k(I)$ und gilt für einen Punkt $x_0 \in I$, daß*

$$f^{(\nu)}(x_0) = 0 \quad und \quad g^{(\nu)}(x_0) = 0 \quad für \; \nu = 0, 1, \dots, k-1$$

sowie $g^{(k)}(x_0) \neq 0$ ist, so existiert $\lim_{x \to x_0} \dfrac{f(x)}{g(x)}$, und es gilt

$$(1) \qquad\qquad \lim_{x \to x_0} \frac{f(x)}{g(x)} \;=\; \frac{f^{(k)}(x_0)}{g^{(k)}(x_0)} .$$

Beweis. Die Taylorformel liefert für $x = x_0 + h \in I$ mit $|h| << 1$:

$$f(x) = \frac{1}{k!} \, f^{(k)}(x_0 + \vartheta h) h^k \,, \quad g(x) = \frac{1}{k!} \, g^{(k)}(x_0 + \theta h) h^k$$

mit geeigneten Zahlen $\vartheta, \theta \in (0, 1)$. Wegen $g^{(k)}(x_0) \neq 0$ ist $g^{(k)}(x) \neq 0$ für $|h| = |x - x_0| << 1$. Damit folgt $g^{(k)}(x) \neq 0$ für $x = x_0 + h \in I$ mit $0 < |h| << 1$, und wir erhalten

$$\frac{f(x_0 + h)}{g(x_0 + h)} \;=\; \frac{f^{(k)}(x_0 + \vartheta h)}{g^{(k)}(x_0 + \theta h)} .$$

Hieraus ergibt sich mit $h \to 0$ die Behauptung. $\qquad\qquad\qquad\qquad\qquad \square$

Oft verwendet man die *l'Hospitalsche Regel* in der folgenden Form.

Satz 2. *Sei I ein abgeschlossenes Intervall, $x_0 \in I$ und I' das punktierte Intervall $I \backslash \{x_0\}$. Weiter seien $f, g \in C^k(I')$, und es gelte*

$$\lim_{x \to x_0} f^{(\nu)}(x) = 0 \,, \quad \lim_{x \to x_0} g^{(\nu)}(x) = 0 \quad für \; 0 \leq \nu < k \,.$$

Schließlich mögen $\lim_{x \to x_0} f^{(k)}(x)$ und $\lim_{x \to x_0} g^{(k)}(x)$ existieren, und letzterer Grenzwert sei ungleich Null. Dann existiert $\lim_{x \to x_0} \dfrac{f(x)}{g(x)}$, und es gilt

$$(2) \qquad\qquad \lim_{x \to x_0} \frac{f(x)}{g(x)} \;=\; \lim_{x \to x_0} \frac{f^{(k)}(x)}{g^{(k)}(x)} .$$

Beweis. Wir können f und g zu Funktionen der Klasse C^k auf I fortsetzen (vgl. 3.3, Korollar 6). Diese Fortsetzungen erfüllen die Voraussetzungen von Satz 1, woraus sich dann die Behauptung ergibt.

$\square$

$\boxed{1}$ $\qquad \lim_{x \to 0} \frac{\sin x}{x} = \lim_{x \to 0} \frac{\cos x}{1} = 1.$

$\boxed{2}$ $\qquad \lim_{x \to 0} \frac{e^x - 1}{\log(1+x)} = \lim_{x \to 0} \frac{e^x}{(1+x)^{-1}} = 1.$

$\boxed{3}$ $\qquad \lim_{x \to 0} \left(\frac{1}{\sin x} - \frac{1}{x} \right) = \lim_{x \to 0} \frac{x - \sin x}{x \sin x} = 0,$

denn für $x \to 0$ gilt

$$(x - \sin x)' = 1 - \cos x \to 0, \quad (x - \sin x)'' = \sin x \to 0,$$
$$(x \sin x)' = \sin x + x \cos x \to 0, \quad (x \sin x)'' = 2 \cos x - x \sin x \to 2.$$

Manchmal weiß man nicht, daß $\lim_{x \to x_0} g^{(k)}(x)$ ungleich Null ist, kann aber die Existenz der rechten Seite in (2) feststellen. Dann gilt immer noch die Relation (2). Um dies zu zeigen, benutzen wir folgendes Ergebnis.

Lemma 1. (Verallgemeinerter Mittelwertsatz der Differentialrechnung).
Sind die Funktionen $f, g : [a, b] \to \mathbb{R}$ stetig in $[a, b]$ und differenzierbar in (a, b) und gilt $g'(x) \neq 0$ für alle $x \in (a, b)$, so gibt es ein $\xi \in (a, b)$ mit

$$(3) \qquad \frac{f(b) - f(a)}{g(b) - g(a)} = \frac{f'(\xi)}{g'(\xi)}.$$

Beweis. Die Funktion g ist monoton, und folglich gilt $g(b) - g(a) \neq 0$. Wir bilden eine neue Funktion $\varphi : [a, b] \to \mathbb{R}$ durch

$$\varphi(x) := f(x) - f(a) - \frac{f(b) - f(a)}{g(b) - g(a)} \left[g(x) - g(a) \right].$$

Es gilt $\varphi(a) = 0$ und $\varphi(b) = 0$. Nach dem Satz von Rolle gibt es ein $\xi \in (a, b)$ mit $\varphi'(\xi) = 0$, und dies liefert die Gleichung (3).

$\square$

Satz 3. *Seien $f, g : I' \to \mathbb{R}$ differenzierbar, wobei I' gleich (x_0, b) oder (a, x_0) oder $\{x \in \mathbb{R} : a < x < b, \ x \neq x_0\}$ ist; hierbei darf x_0 auch $-\infty$ oder ∞ sein. Es gelte $g'(x) \neq 0$ auf I', und weiterhin sei f/g „vom Typ $0/0$ oder ∞/∞ für $x \to x_0$", d.h. es gelte*

$$(4) \qquad f(x) \to 0 \ \text{und} \ g(x) \to 0 \ \text{für} \ x \to x_0$$

oder

$$(5) \qquad f(x) \to \infty, \ g(x) \to \infty \ \text{für} \ x \to x_0.$$

Dann gilt: Wenn $\lim_{x \to x_0} f'(x)/g'(x)$ *als eigentlicher oder als uneigentlicher Limes existiert (letzteres bedeutet:* $f'(x)/g'(x) \to \infty$ *bzw.* $-\infty$ *für* $x \to x_0$*), so gilt das gleiche für* $\lim_{x \to x_0} f(x)/g(x)$*, und wir haben*

(6)
$$\lim_{x \to x_0} \frac{f(x)}{g(x)} = \lim_{x \to x_0} \frac{f'(x)}{g'(x)} .$$

Beweis. (i) Es gelte (4) und $x_0 \in \mathbb{R}$. Dann können wir $f(x)$ und $g(x)$ stetig fortsetzen vermöge $f(x_0) := 0$, $g(x_0) := 0$. Nach Lemma 1 folgt für $x = x_0 + h \in I'$

$$\frac{f(x)}{g(x)} = \frac{f(x) - f(x_0)}{g(x) - g(x_0)} = \frac{f'(x_0 + \vartheta h)}{g'(x_0 + \vartheta h)} \qquad \text{für ein } \vartheta \text{ mit } 0 < \vartheta < 1 .$$

Mit $h \to 0$ folgt die Behauptung.

(ii) Gilt (4) und ist $x_0 = \infty$, so bilden wir φ und ψ durch

$$\varphi(0) := 0 , \ \psi(0) := 0 , \ \varphi(t) := f(1/t) , \ \psi(t) := g(1/t) , \ 0 < t << 1 .$$

Damit existiert

$$\lim_{t \to +0} \frac{\varphi'(t)}{\psi'(t)} = \lim_{t \to +0} \frac{-t^{-2} f'(t^{-1})}{-t^{-2} g'(t^{-1})} = \lim_{x \to \infty} \frac{f'(x)}{g'(x)} ,$$

und folglich erhalten wir wegen (i):

$$\lim_{x \to \infty} \frac{f'(x)}{g'(x)} = \lim_{t \to +0} \frac{\varphi'(t)}{\psi'(t)} = \lim_{t \to +0} \frac{\varphi(t)}{\psi(t)} = \lim_{x \to \infty} \frac{f(x)}{g(x)} .$$

Ähnlich verfährt man für $x_0 = -\infty$.

(iii) Sei $x_0 \in \mathbb{R}$, $I' = (x_0, b)$, und es gelte

$$f(x) \to \infty , \ g(x) \to \infty \ \text{für} \ x \to x_0 + 0$$

sowie $g'(x) \neq 0$ auf I' und

$$\frac{f'(x)}{g'(x)} \ \to \ A \ \text{für} \ x \to x_0 ,$$

wobei $A \in \mathbb{R}$ oder $A = \pm\infty$ ist. Nun wählen wir x und c mit $x_0 < x < c < b$. Dann existiert aufgrund des verallgemeinerten Mittelwertsatzes ein $\xi \in (x, c)$ derart, daß

$$\frac{f'(\xi)}{g'(\xi)} = \frac{f(x) - f(c)}{g(x) - g(c)} = \frac{f(x)}{g(x)} \cdot m(x)$$

mit

$$m(x) := \frac{1 - f(c)/f(x)}{1 - g(c)/g(x)}$$

gilt. Wir haben

$$m(x) \to 1 \quad \text{für} \quad x \to x_0 + 0$$

bei festgehaltenem c. Hieraus ergibt sich

$$\frac{f(x)}{g(x)} \to A \quad \text{für} \quad x \to x_0 \,.$$

Um dies einzusehen, betrachten wir zunächst den Fall $A \in \mathbb{R}$. Zu vorgegebenem $\epsilon > 0$ wählen wir als erstes c so nahe an x_0, daß

$$\left| A - \frac{f'(t)}{g'(t)} \right| < \epsilon$$

ist für alle $t \in (x_0, c)$, insbesondere für $t = \xi \in (x, c)$. Weiter haben wir

$$\left| \frac{f(x)}{g(x)} - A \right| = \left| \frac{1}{m(x)} \frac{f'(\xi)}{g'(\xi)} - A \right|$$

$$\leq \frac{1}{m(x)} \left| \frac{f'(\xi)}{g'(\xi)} - A \right| + \left| \frac{1}{m(x)} - 1 \right| \cdot |A| \,.$$

Nun wählen wir $\delta > 0$ so klein, daß

$$\frac{1}{m(x)} < 1 + \epsilon \quad \text{und} \quad \left| \frac{1}{m(x)} - 1 \right| < \epsilon$$

für $0 < x - x_0 < \delta$ gilt. Dann folgt

$$\left| \frac{f(x)}{g(x)} - A \right| \leq (1 + \epsilon) \cdot \epsilon + \epsilon |A| = \epsilon \cdot (1 + \epsilon + |A|)$$

für $0 < x - x_0 < \delta$, und dies liefert die Behauptung.

Nun wollen wir beispielsweise den Fall $A = \infty$ untersuchen. Zu vorgegebenem $k > 0$ können wir zunächst c so nahe an x_0 rücken, daß

$$\frac{f'(t)}{g'(t)} > 2k$$

ist für alle $t \in (x_0, c)$, insbesondere für $t = \xi \in (x, c)$. Dann wählen wir $\delta > 0$ so klein, daß $m(x) < 2$ ist für $0 < x - x_0 < \delta$. Wir erhalten dann

$$\frac{f(x)}{g(x)} = \frac{1}{m(x)} \frac{f'(\xi)}{g'(\xi)} > \frac{1}{2} \cdot 2k = k \quad \text{für} \quad 0 < x - x_0 < \delta \,,$$

also

$$\lim_{x \to x_0 + 0} \frac{f(x)}{g(x)} = \infty \,.$$

Analog verfahren wir für $A = -\infty$.

(iv) Die übrigen Fälle beweist man ähnlich. $\square$

Bemerkung 1. Wenn f und g von der Klasse $C^k(I')$ und alle Brüche

$$\frac{f}{g}, \frac{f'}{g'}, \dots, \frac{f^{(k-1)}}{g^{(k-1)}} \quad \text{vom Typ} \quad \frac{0}{0} \quad \text{bzw.} \quad \frac{\infty}{\infty}$$

sind, und wenn ferner $\lim_{x \to x_0} f^{(k)}(x)/g^{(k)}(x)$ als eigentlicher oder uneigentlicher Grenzwert existiert, so gilt das gleiche für $\lim_{x \to x_0} f(x)/g(x)$, und wir haben

$$(7) \qquad \lim_{x \to x_0} \frac{f(x)}{g(x)} = \lim_{x \to x_0} \frac{f'(x)}{g'(x)} = \lim_{x \to x_0} \frac{f''(x)}{g''(x)} = \dots = \lim_{x \to x_0} \frac{f^{(k)}(x)}{g^{(k)}(x)},$$

wobei diese logische Kette zu ihrer Begründung von rechts nach links zu lesen ist. Der Beweis ergibt sich durch k-fache Anwendung von Satz 3. Wir brauchen für die Gültigkeit dieses Schlusses die Voraussetzung $g^{(k)}(x) \neq 0$ nahe x_0, weil dies

$$g^{(\nu)}(x) \neq 0 \quad \text{für } x \text{ nahe } x_0 \text{ und } 0 \leq \nu < k$$

impliziert, wie man vermöge des Mittelwertsatzes sieht.

[4] Um $\lim_{x \to 0} \dfrac{x - \sin x}{x^3}$ zu bestimmen, bilden wir die Quotienten

$$\frac{1 - \cos x}{3x^2}, \quad \frac{\sin x}{6x}, \quad \frac{\cos x}{6}$$

und erhalten

$$\lim_{x \to 0} \frac{x - \sin x}{x^3} = \frac{1}{6}.$$

Bemerkung 2. Andere „*unbestimmte Ausdrücke*" vom Typ $0 \cdot \infty$, 0^0, ∞^0 kann man hierauf zurückführen. *Beispiele*:

[5] $\lim\limits_{x \to +0} x \log x = \lim\limits_{x \to +0} \dfrac{\log x}{1/x} = \lim\limits_{x \to +0} \dfrac{1/x}{-1/x^2} = \lim\limits_{x \to +0} (-x) = 0.$

[6] $\lim\limits_{x \to +0} x^x = \lim\limits_{x \to +0} e^{x \log x} = e^0 = 1.$

[7] $\lim\limits_{x \to \infty} x^{1/x} = \lim\limits_{x \to \infty} e^{x^{-1} \log x} = e^0 = 1.$

[8] Das folgende Beispiel zeigt, daß die Voraussetzung $g'(x) \neq 0$ auf I' in Satz 3 wesentlich ist. Dazu betrachten wir auf $I' = (1, \infty)$ die Funktionen $f(x) := x + \sin x \cos x$ und $g(x) := f(x) e^{\sin x}$.
Aus $f(x)/g(x) = e^{-\sin x}$ sehen wir, daß $\lim_{x \to \infty} f(x)/g(x)$ nicht existiert. Andererseits gilt

$$f'(x) = 2 \cos^2 x,$$

$$g'(x) = [f'(x) + f(x) \cos x] e^{\sin x}$$

$$= [2 \cos^2 x + x \cos x + \sin x \cos^2 x] e^{\sin x},$$

und folglich ist

$$\frac{f'(x)}{g'(x)} = \frac{2(\cos x)e^{-\sin x}}{x + 2\cos x + \sin x \cos x} .$$

Somit erhalten wir

$$\lim_{x \to \infty} \frac{f'(x)}{g'(x)} = 0 .$$

Dies zeigt, daß die Formel (6) im vorliegenden Falle nicht gilt.

Aufgaben.

1. Man berechne

$$\lim_{x \to 0} \frac{1 - \cos(x/2)}{1 - \cos x} \;,\quad \lim_{x \to 0} \frac{\sin x - x \cos x}{x \sin x} \;,\quad \lim_{x \to 0} \frac{e^x + e^{-x} - 2}{1 - \cos x} \;,$$

$$\lim_{x \to 0} \left(\frac{\sin x}{x} \right)^{3x^{-2}} \;,\quad \lim_{x \to 0} \frac{x}{\operatorname{tg} x} \;,\quad \lim_{x \to 0} \frac{1 - \cos^2 x}{\operatorname{tg} x} \;,\quad \lim_{x \to 0} (1 + \sin x)^{\frac{1}{\sin x}} \;.$$

2. Man berechne

$$\lim_{x \to \infty} x \log(1 + 1/x) \;,\quad \lim_{x \to \infty} \frac{(x+1)^{1/4} - x^{1/4}}{(x+1)^{1/3} - x^{1/3}} \cdot x^{1/12} \;,\quad \lim_{x \to \infty} \frac{\operatorname{arc\,ctg} x}{\operatorname{Ar\,ctgh} x} \;,$$

$$\lim_{x \to \infty} x \log \frac{x+1}{x-1} \;,\quad \lim_{x \to \infty} \frac{x^n}{a^x} \;\text{für}\; n \in \mathbb{N} \;\text{und}\; a > 1 \;,$$

$$\lim_{x \to \infty} (a^x + b^x)^{1/x} \;\text{und}\; \lim_{x \to -\infty} (a^x + b^x)^{1/x} \;\text{für}\; a > 1, \; b > 1 \;.$$

3. Ist $f : (x - \delta, x + \delta) \to \mathbb{R}$ differenzierbar, $\delta > 0$, und ist f' im Punkte x differenzierbar, so gilt (Beweis?):

$$\lim_{h \to 0} h^{-2} [f(x + h) - 2f(x) + f(x - h)] = f''(x) \;.$$

4. Man beweise: Ist $f : [a, b] \to \mathbb{R}$ stetig und gilt $\lim_{h \to 0} h^{-2} [f(x+h) - 2f(x) + f(x-h)] = 0$, so ist f ein Polynom vom Grade ≤ 1. (*Bemerkung:* Die Differenzierbarkeit von f wird nicht vorausgesetzt!)

15 Gliedweise Differentiation von Reihen

In diesem Abschnitt wollen wir ein hinreichendes Kriterium für die gliedweise Differenzierbarkeit einer Funktionenreihe $\sum_{n=0}^{\infty} \varphi_n(t)$ angeben. Es genügt hierfür, daß die Reihe in einem Punkt konvergiert und daß die „gliedweise" abgeleitete Reihe $\sum_{n=0}^{\infty} \dot{\varphi}_n(t)$ gleichmäßig konvergiert. Ein entsprechendes Kriterium garantiert, daß man bei einer Funktionenfolge $\{f_n(x)\}$ Grenzübergang und Ableitung vertauschen kann.

In Abschnitt 3.6 hatten wir das Anfangswertproblem

(1) $$\dot{X}(t) = AX(t) \;\text{auf}\; \mathbb{R} \;,\quad X(0) = X_0$$

für ein lineares Differentialgleichungssystem mit konstanter Koeffizientenmatrix $A \in M(d, \mathbb{R})$ bzw. $M(d, \mathbb{C})$ gelöst. Die Lösung $X(t)$ ergab sich in der expliziten Form

$$(2) \qquad\qquad X(t) = e^{tA} X_0$$

und beruhte auf der Tatsache, daß die matrixwertige Funktion e^{tA}, die durch einen Grenzprozeß definiert ist, nämlich als Summe der unendlichen Reihe

$$(3) \qquad I + tA + \frac{1}{2!} t^2 A^2 + \frac{1}{3!} t^3 A^3 + \ldots + \frac{1}{n!} t^n A^n + \ldots \,,$$

differenzierbar ist, und daß ihre Ableitung durch gliedweise Differentiation der Reihe (3) entsteht. Mit anderen Worten:

Man darf in (3) Differentiation mit unendlicher Summation vertauschen.

Führen wir die Partialsummen $S_n(t)$ ein als

$$(4) \qquad\qquad S_n(t) := \sum_{k=0}^{n} \frac{1}{k!} t^k A^k \,,$$

so läßt sich diese Tatsache auch in der folgenden Form ausdrücken:

$$(5) \qquad\qquad \frac{d}{dt} \lim_{n\to\infty} S_n(t) = \lim_{n\to\infty} \frac{d}{dt} S_n(t) \,.$$

Dies ist nun keineswegs für eine beliebige Funktionenfolge $\{S_n(t)\}$ richtig, wie das folgende Beispiel zeigt.

$\boxed{1}$ Für $n \in \mathbb{N}$ sei

$$f_n(t) := \frac{1}{\sqrt{n}} \sin nt \,, \quad t \in \mathbb{R} \,.$$

Wegen $|\sin nt| \leq 1$ gilt $|f_n(t)| \leq n^{-1/2}$, also $f_n(t) \to f(t) := 0$ für $n \to \infty$ und sogar $f_n(t) \rightrightarrows f(t)$ auf $\mathbb{R}$. Hingegen ist

$$\frac{df_n}{dt}(t) = \sqrt{n} \cos nt \,,$$

und daher gilt nicht

$$\dot{f}_n(t) \to \dot{f}(t) = 0 \quad \text{für } n \to \infty \,,$$

denn wir haben beispielsweise

$$\dot{f}_n(0) = \sqrt{n} \to \infty \quad \text{für } n \to \infty \,.$$

Wir wollen nun eine hinreichende Bedingung für die Vertauschbarkeit von Differentiation und Grenzübergang bei konvergenten Funktionenfolgen angeben.

Satz 1. *Sei* $\{f_n\}$ *eine Folge von Funktionen* $f_n \in C^1(I,\mathbb{R}^l)$ *auf dem Intervall* $I = [a,b]$, *und es gelte*

(6) $f_n(a) \to \alpha$ *sowie* $\dot{f}_n(t) \rightrightarrows g(t)$ *auf* I *für* $n \to \infty$.

Dann ergibt sich für

(7) $$f(t) := \alpha + \int_a^t g(\tau)d\tau \ , \quad t \in I \ ,$$

daß $f \in C^1(I,\mathbb{R}^l)$ *ist und*

(8) $f_n(t) \rightrightarrows f(t)$ *auf* I *sowie* $\dot{f}_n(t) \rightrightarrows \dot{f}(t) = g(t)$ *auf* I *für* $n \to \infty$

gilt.

Beweis. Wegen $\dot{f}_n \in C^0(I,\mathbb{R}^l)$ und $\dot{f}_n(t) \rightrightarrows g(t)$ auf I ist $g \in C^0(I,\mathbb{R}^l)$, und es gilt

$$\lim_{n\to\infty} \int_a^t \dot{f}_n(\tau)d\tau = \int_a^t g(\tau)d\tau \ .$$

Weiterhin haben wir

$$f_n(t) = f_n(a) + \int_a^t \dot{f}_n(\tau)d\tau \ .$$

Damit folgt $f_n(t) \to f(t)$ für $n \to \infty$ und $\dot{f}(t) = g(t)$, also $\dot{f}_n(t) \rightrightarrows \dot{f}(t)$. Schließlich ergibt sich

$$|f(t) - f_n(t)| \leq |\alpha - f_n(a)| + \int_a^t |g(\tau) - \dot{f}_n(\tau)|d\tau$$
$$\leq |\alpha - f_n(a)| + |b - a| \cdot \sup_I |g - \dot{f}_n| \ ,$$

und aus $\dot{f}_n(t) \rightrightarrows g(t)$ auf I folgt $\sup_I |g - \dot{f}_n| \to 0$ für $n \to \infty$. Somit erhalten wir

$$\sup_I |f - f_n| \leq |\alpha - f_n(a)| + |b - a| \sup_I |g - \dot{f}_n| \to 0 \ \text{ für } \ n \to \infty \ ,$$

und daher gilt $f_n(t) \rightrightarrows f(t)$ auf I.

$\square$

Meistens benutzen wir das Resultat von Satz 1 in der folgenden Form:

Korollar 1. *Sei* $\{f_n\}$ *eine Folge von Funktionen* $f_n \in C^1(I,\mathbb{R}^l)$, $I = [a,b]$, *mit*

$$f_n(t) \to f(t) \text{ auf } I \ , \ \dot{f}_n(t) \rightrightarrows g(t) \text{ auf } I$$

für $n \to \infty$. *Dann gilt* $f \in C^1(I,\mathbb{R}^l)$ *und* $\dot{f} = g$.

Für Reihen lautet das entsprechende Ergebnis:

Korollar 2. *Sei $\sum_{n=0}^{\infty} \varphi_n(t)$ eine auf $I = [a, b]$ konvergente Reihe von Funktionen $\varphi_n \in C^1(I, \mathbb{R}^l)$ mit der Summe $\varphi(t)$. Dann ist auch $\varphi \in C^1(I, \mathbb{R}^l)$ und es gilt*

$$(9) \qquad \dot{\varphi}(t) = \sum_{n=0}^{\infty} \dot{\varphi}_n(t) \,,$$

sofern die „gliedweise abgeleitete" Reihe $\sum_{n=0}^{\infty} \dot{\varphi}_n(t)$ gleichmäßig auf I konvergiert.

Wir schreiben (9) in der Form

$$(10) \qquad \frac{d}{dt} \left(\sum_{n=0}^{\infty} \varphi_n(t) \right) = \sum_{n=0}^{\infty} \frac{d}{dt} \varphi_n(t)$$

und sagen, die Ableitung $\dot{\varphi}(t)$ der Summe $\varphi(t)$ entstehe durch *gliedweise Differentiation* der Reihe $\sum_{0}^{\infty} \varphi_n(t)$.

[2] Wir benutzen diese Resultate zunächst, um die Formel

$$(11) \qquad \lim_{n \to \infty} \left(1 + \frac{x}{n} \right)^n = e^x$$

zu beweisen. Dazu setzen wir

$$f_n(x) := n \log \left(1 + \frac{x}{n} \right) \quad \text{und} \quad f(x) := x$$

für $|x| \leq N \in \mathbb{N}$ und $n > N$. Dann ist $f_n(0) = 0 = f(0)$ sowie

$$f_n'(x) = \frac{1}{1 + x/n} \,, \quad f'(x) = 1 \,,$$

und es gilt $f_n'(x) \rightrightarrows f'(x)$ auf $[-N, N]$ für $n \to \infty$.

Nach Satz 1 folgt $f_n(x) \rightrightarrows f(x)$ auf $[-N, N]$ für $n \to \infty$ und daher auch

$$\exp(f_n(x)) \rightrightarrows \exp(f(x)) \quad \text{auf} \; [-N, N] \; \text{für} \; n \to \infty \,,$$

weil die Exponentialfunktion exp auf jeder kompakten Menge Lipschitzstetig ist.

Dies bedeutet: Für jedes $N \in \mathbb{N}$ und $n > N$ gilt

$$(12) \qquad \left(1 + \frac{x}{n} \right)^n \rightrightarrows e^x \quad \text{auf} \; [-N, N] \quad \text{für} \; n \to \infty \,,$$

womit insbesondere (11) gezeigt ist.

Aus (12) ergibt sich ohne Mühe das folgende schärfere Ergebnis:

Ist $\{x_n\}$ eine Folge reeller Zahlen mit $\lim_{n\to\infty} x_n = x$, *so gilt*

$$(13) \qquad\qquad \lim_{n\to\infty} \left(1 + \frac{x_n}{n}\right)^n = e^x \, .$$

3 Nun wollen wir Korollar 1 verwenden, um die Relation (5) für die durch (4) definierte Folge $\{S_n(t)\}$ zu beweisen. Dies liefert einen neuen – und sehr kurzen – Beweis für den grundlegenden Satz 1 von 3.6 und die entsprechenden Ergebnisse aus 3.4 und 3.5, auf denen all unsere bisher gewonnenen Ergebnisse für $\exp(tA)$, e^x und $e^{i\varphi} = \cos\varphi + i\sin\varphi$ beruhen. Wir haben nämlich $S_n(t) \rightrightarrows \exp(tA)$ auf $[-R, R]$ für jedes $R > 0$ und daher

$$\frac{d}{dt} S_n(t) = A S_{n-1}(t) \rightrightarrows A \exp(tA) \ \text{ auf } \{t : -R \le t \le R\} \, .$$

Nach Korollar 1 ist dann die Funktion $t \mapsto \exp(tA)$ von der Klasse C^1 auf $[-R, R]$ für jedes $R > 0$, also auch auf $\mathbb{R}$, und es gilt

$$\frac{d}{dt} \exp(tA) = A \exp(tA) \ \text{ für jedes } t \in \mathbb{R} \, ,$$

womit (2) erneut bewiesen ist.

Diese Formel ist kein glücklicher Zufall, sondern Spezialfall eines tiefer liegenden Resultates. Es gilt nämlich:

Satz 2. *Sei $\sum_{n=0}^{\infty} A_n x^n$, $A_n \in \mathbb{R}$ (oder allgemeiner $A_n \in M(d, \mathbb{C})$) eine Potenzreihe in $x \in \mathbb{R}$ mit dem Konvergenzradius $R > 0$. Dann ist ihre Summe*

$$f(x) := \sum_{n=0}^{\infty} A_n x^n \, , \quad x \in (-R, R) \, ,$$

eine auf $(-R, R)$ differenzierbare Funktion, und ihre Ableitung ist

$$f'(x) = \sum_{n=1}^{\infty} n A_n x^{n-1} \, , \quad x \in (-R, R) \, .$$

Beweis. Sei $\varphi_n(x) := A_n x^n$. Nach 1.20, Satz 5 konvergiert die Reihe $\sum_{n=0}^{\infty} \varphi_n'(x)$ auf $(-R, R)$ und ist folglich auf jedem Intervall $[-r, r]$ mit $0 < r < R$ gleichmäßig konvergent. Mit Hilfe von Korollar 2 ergibt sich nunmehr die Behauptung. $\square$

Aufgaben.

1. Für $A \in M(d, \mathbb{R})$ beweise man: $e^A := \lim_{n\to\infty} (E + \frac{1}{n}A)^n$.
   (Hinweis: $\left| e^A - (E + \frac{1}{n}A)^n \right| \le e^{|A|} - (1 + \frac{1}{n}|A|)^n$.)

2. Für $f_n : I \to \mathbb{R}$ mit $f_n(x) := \frac{x}{1+n^2 x^2}$ und $I := [-a, a]$, $a > 0$, bestimme man $f(x) := \lim_{n \to \infty} f_n(x)$. Gilt $f_n(x) \rightrightarrows f(x)$ auf I und $f_n'(x) \to f'(x)$ für $n \to \infty$?

3. Für $f_n : [-1, 1] \to \mathbb{R}$ mit $f_n(x) := \sqrt{n^{-2} + x^2}$ bestimme man $f(x) := \lim_{n \to \infty} f_n(x)$. (i) Gilt $f_n(x) \rightrightarrows f(x)$ für $n \to \infty$ auf $[-1, 1]$? (ii) Wo ist f differenzierbar, und für welche x gilt $f_n'(x) \to f'(x)$?

4. Man beweise: (i) Die durch $f(x) := \sum_{n=1}^{\infty} \frac{1}{n!} \cos(2^n x)$ definierte Funktion $f : \mathbb{R} \to \mathbb{R}$ ist von der Klasse $C^{\infty}(\mathbb{R})$. (ii) Ihre Taylorreihe im Ursprung divergiert für alle $x \neq 0$.

5. Man bestimme $f(x) := \lim_{n \to \infty} f_n(x)$ für $x \in \mathbb{R}$, wobei $f_n(x) := \lim_{k \to \infty} \left[\cos^2(n! \pi x) \right]^k$ gesetzt ist.

6. Sei $f : \mathbb{R} \to \mathbb{R}$ definiert durch $f(x) := \sum_{n=1}^{\infty} n^{-3} \sin nx$. Man zeige: $f \in C^1(\mathbb{R})$ und $f'(x) = \sum_{n=1}^{\infty} n^{-2} \cos nx$.

7. Sei $\zeta : (0, \infty) \to \mathbb{R}$ definiert durch $\zeta(x) := \sum_{n=1}^{\infty} \frac{1}{n^x}$. Man beweise $\zeta \in C^{\infty}((0, \infty))$ und bestimme $\zeta', \zeta'', \ldots, \zeta^{(\nu)}, \ldots$.

8. Gegeben sei eine Folge von Funktionen $\varphi_n : I \to \mathbb{R}^d$ auf einem Intervall I, die im Punkte $x_0 \in I$ differenzierbar sind. Die Reihe $\sum_{n=1}^{\infty} \varphi_n(x)$ sei für alle $x \in I$ konvergent, und es konvergiere $\sum_{n=1}^{\infty} \varphi_n'(x_0)$. Schließlich gebe es Zahlen $a_n > 0$ mit $\sum_{n=1}^{\infty} a_n < \infty$ und $|\varphi_n(x) - \varphi_n(y)| \leq a_n |x - y|$ für $n \in \mathbb{N}$ und $x, y \in I$. Zu zeigen ist: Die Funktion $f := \sum_{n=1}^{\infty} \varphi_n$ ist in x_0 differenzierbar, und es gilt $f'(x_0) = \sum_{n=1}^{\infty} \varphi_n'(x_0)$.

9. Man beweise, daß $\sum_{n=1}^{\infty} n^{-x} (\log n) a_n$ für jedes $x > \xi$ konvergiert, falls $\sum_{n=1}^{\infty} n^{-\xi} a_n$ konvergiert.

Kapitel 4

Differentialgleichungen und Fourierreihen

1 Das Anfangswertproblem für Systeme gewöhnlicher Differentialgleichungen II

In diesem Abschnitt werden wir das Anfangswertproblem

$$\dot{X} = F(t, X), \quad X(t_0) = X_0$$

für Systeme gewöhnlicher Differentialgleichungen mit Hilfe des *Picardschen Iterationsverfahrens* lösen. Um die zugrunde liegende Idee zu verstehen, wollen wir zunächst die Formel

$$X(t) = e^{tA} X_0$$

aus 3.15 für die Lösung $X(t)$ des linearen Anfangswertproblems

(1) $$\dot{X}(t) = A X(t) \text{ auf } \mathbb{R}, \quad X(0) = X_0$$

noch mit einer anderen Methode gewinnen, die sich dann auf allgemeinere Systeme von Differentialgleichungen übertragen läßt. Dazu integrieren wir die Gleichung

(2) $$\dot{X}(\tau) = AX(\tau), \quad \tau \in \mathbb{R},$$

$A \in M(d, \mathbb{R})$, bezüglich τ von 0 bis t. Unter Berücksichtigung der Anfangsbedingung $X(0) = X_0$ ergibt sich die *Integralgleichung*

(3) $$X(t) = X_0 + \int_0^t AX(\tau)d\tau, \quad t \in \mathbb{R},$$

für die gesuchte Lösung $X(t)$ von (1). Wir versuchen, diese Gleichung durch ein *Iterationsverfahren* zu lösen. Dazu konstruieren wir eine Folge $\{X_n\}$ von Funktionen $X_n \in C^1(\mathbb{R}, \mathbb{R}^d)$, indem wir setzen:

$$(4) \qquad X_n(t) := X_0 + \int_0^t AX_{n-1}(\tau)d\tau \ , \quad t \in \mathbb{R} ,$$

wobei $X_0(t)$ die konstante Funktion $\mathbb{R} \to \mathbb{R}^d$ mit dem Werte X_0 aus (1) sei. Es ergibt sich für X_n die Darstellung

$$(5) \qquad X_n(t) = \left(E + At + \frac{1}{2!}t^2 A^2 + \ldots + \frac{1}{n!}t^n A^n \right) X_0 ,$$

wie sich sofort durch einen einfachen Induktionsbeweis ergibt. Für $n = 1$ folgt nämlich aus (4), daß

$$X_1(t) = X_0 + \int_0^t AX_0 \, d\tau = \left(E + \int_0^t A \, d\tau \right) X_0 = (E + tA)X_0$$

ist.

Denken wir uns nunmehr (5) für $n = k$ bewiesen. Dann ist

$$X_{k+1}(t) = X_0 + \int_0^t A \left(\sum_{\nu=0}^k \frac{1}{\nu!} \tau^\nu A^\nu X_0 \right) d\tau$$

$$= \left(E + \sum_{\nu=0}^k \frac{1}{\nu!} \int_0^t \tau^\nu A^{\nu+1} d\tau \right) X_0$$

$$= \left(E + \sum_{\nu=0}^k \frac{1}{\nu!} \left[\frac{1}{\nu+1} \tau^{\nu+1} A^{\nu+1} \right]_0^t \right) X_0$$

$$= \left(E + \sum_{\nu=0}^k \frac{1}{(\nu+1)!} t^{\nu+1} A^{\nu+1} \right) X_0$$

$$= \left(E + tA + \frac{1}{2!} t^2 A^2 + \ldots + \frac{1}{(k+1)!} t^{k+1} A^{k+1} \right) X_0 .$$

Also ist die Formel (5) auch für $n = k + 1$ und somit allgemein bewiesen.

Aus $S_n(t) := \sum_{k=0}^n \frac{1}{k!} t^k A^k$ ergibt sich

$$(6) \qquad X_n(t) = S_n(t)X_0 .$$

Da $S_n(t)$ auf jedem kompakten t-Intervall gleichmäßig gegen e^{tA} konvergiert, so folgt aus (4) die *Integralgleichung* (3) mit $X(t) = e^{tA}X_0$. Weil der Integrand $AX(\tau)$ auf der rechten Seite von (3) auf $\mathbb{R}$ stetig ist, so ist das Integral

$\int_0^t AX(\tau)d\tau$ eine stetig differenzierbare Funktion der oberen Grenze t, und es gilt $\dot{X} = AX$ sowie $X(0) = X_0$.

Rekapitulieren wir unsere Überlegungen. Wir haben zunächst die ursprüngliche Aufgabe, eine C^1-Lösung des Anfangswertproblems (1) zu finden, durch die Aufgabe ersetzt, eine Lösung der Integralgleichung (3) zu bestimmen. Zur Lösung dieses Problems haben wir uns des sogenannten *Picard-Lindelöfschen Iterationsverfahrens* bedient. Hierbei wird durch (4) sukzessive eine Folge von Funktionen $X_1, X_2, X_3, \ldots$ konstruiert, die gleichmäßig auf jedem Kompaktum von $\mathbb{R}$ gegen eine Funktion $X \in C^0(\mathbb{R}, \mathbb{R}^d)$ konvergiert. Durch den Grenzübergang $n \to \infty$ folgt aus der Rekursionsgleichung (4) für $X = \lim X_n$ die Integralgleichung (3), und eine Betrachtung dieser Gleichung zeigte, daß eine stetige Lösung von (3) von selbst eine Lösung des Anfangswertproblems (1) ist. Mit anderen Worten: *Das Anfangswertproblem* (1) *in der Klasse* $C^1(\mathbb{R}, \mathbb{R}^d)$ *und die Integralgleichung* (3) *in der Klasse* $C^0(\mathbb{R}, \mathbb{R}^d)$ *sind äquivalente Probleme.*

Diese Idee, das Anfangswertproblem für $\dot{X} = AX$ in eine Integralgleichung zu verwandeln, wollen wir jetzt benutzen, um das Anfangswertproblem für ein System $\dot{X} = F(X)$ zu lösen.

Wir treffen die folgende **Generalvoraussetzung (GV)**.

Sei Ω eine offene Menge des $\mathbb{R}^d$, und sei $F : \Omega \to \mathbb{R}^d$ ein vorgegebenes stetiges Vektorfeld auf Ω.

Satz 1. *Sei $K_r(X_0)$ eine in Ω gelegene abgeschlossene Kugel mit dem Mittelpunkt X_0 und dem Radius $r > 0$. Weiterhin sei das Vektorfeld F Lipschitzstetig auf $K_r(X_0)$, und es bezeichne $m > 0$ eine Konstante, so daß*

$$(7) \qquad\qquad |F(x)| \leq m \quad \text{für alle } x \in K_r(X_0)$$

erfüllt ist. Dann gilt für $\delta := r/m$:

Es gibt genau eine Funktion $X \in C^1([-\delta, \delta], \mathbb{R}^d)$ mit den Eigenschaften

$$(8) \qquad\qquad X(t) \in K_r(X_0) \quad \text{für } |t| < \delta$$

und

$$(9) \qquad\qquad \dot{X} = F(X) \ \text{auf} \ [-\delta, \delta] \ , \ X(0) = X_0 \ .$$

Beweis. (i) Zunächst beweisen wir die Existenz einer Lösung. Dazu formen wir (9) durch Integration um in die Gleichung

$$(10) \qquad\qquad X(t) = X_0 + \int_0^t F(X(\tau))d\tau \ , \quad |t| \leq \delta \ .$$

Aus dem ersten Hauptsatz der Differential- und Integralrechnung ergibt sich, daß jede stetige Lösung X von (10) mit der Eigenschaft (8) automatisch eine C^1-Lösung von (9) ist. Es genügt also, die Integralgleichung (10) unter der

Nebenbedingung (8) zu lösen. Wir wollen eine Lösung X als Limes einer Folge $\{X_n\}$ gewinnen, die wir mit dem Picard-Lindelöfschen Iterationsverfahren konstruieren. Wir setzen

$$(11) \qquad X_n(t) := X_0 + \int_0^t F(X_{n-1}(\tau))d\tau \ , \ |t| \le \delta \ , \ n \in \mathbb{N} \ ,$$

wobei $X_0(\tau)$ der konstante Anfangswert X_0 sei.
Damit das Verfahren nicht abbricht, müssen wir induktiv zeigen, daß stets

$$(12) \qquad X_n(t) \in K_r(X_0) \quad \text{für } |t| \le \delta$$

gilt. Dies ist jedenfalls für $n = 1$ richtig, denn es ist

$$|X_1(t) - X_0| \ = \ \left| \int_0^t F(X_0)d\tau \right| \ \le \ |F(X_0)| \cdot |t|$$
$$\le m \cdot \delta = r \quad \text{für } |t| \le \delta \ .$$

Nun wollen wir annehmen, daß (12) für $n \le k$ gilt. Dann kann X_{k+1} gemäß (11) gebildet werden, und es folgt

$$|X_{k+1}(t) - X_0| = \left| \int_0^t F(X_k(\tau))d\tau \right|$$
$$\le |t| \cdot \sup_{[-\delta,\delta]} |F \circ X_k| \ \le \delta \cdot m = r \ ,$$

also $X_{k+1}([-\delta,\delta]) \subset K_r(X_0)$. Also kann X_n für jedes $n \in \mathbb{N}$ gebildet werden, und es gilt (12) für alle $n \in \mathbb{N}$. Nun wollen wir zeigen, daß die Folge $\{X_n(t)\}$ gleichmäßig auf $[-\delta,\delta]$ konvergiert. Dazu schreiben wir X_n als n-te Partialsumme der unendlichen Reihe

$$(13) \qquad X_0 + \sum_{\nu=1}^{\infty} [X_\nu(t) - X_{\nu-1}(t)] \ ,$$

nämlich

$$(14) \qquad X_n = X_0 + (X_1 - X_0) + (X_2 - X_1) + \ldots + (X_n - X_{n-1}) \ .$$

Um zu zeigen, daß die Reihe (13) auf $[-\delta,\delta]$ gleichmäßig konvergiert, verwenden wir nunmehr die Voraussetzung, daß F auf $K_R(X_0)$ Lipschitzstetig ist. Es gibt also eine Konstante $L > 0$, so daß

$$(15) \qquad |F(x) - F(y)| \le L|x - y| \quad \text{für alle } x, y \in K_R(X_0)$$

gilt.
Wir behaupten nun, daß für jedes $n \in \mathbb{N}$ die Ungleichung

$$(16) \qquad |X_n(t) - X_{n-1}(t)| \ \le \ \frac{1}{n!} \, mL^{n-1}|t|^n \quad \text{für } |t| \le \delta$$

gilt. Dies gilt jedenfalls für $n = 1$, denn es ist

$$|X_1(t) - X_0| = \left| \int_0^t F(X_0) d\tau \right| = |t \cdot F(X_0)| \leq m|t| .$$

Sei (16) für $n = k$ bewiesen. Dann folgt, wenn wir die Gleichung (11) für $n = k+1$ und $n = k$ bilden und die resultierenden Gleichungen voneinander abziehen:

$$
\begin{aligned}
|X_{k+1}(t) - X_k(t)| &= \left| \int_0^t [F(X_k(\tau)) - F(X_{k-1}(\tau))] d\tau \right| \\
&\leq \left| \int_0^t |F(X_k(\tau)) - F(X_{k-1}(\tau))| d\tau \right| \\
&\leq \left| \int_0^t L \cdot |X_k(\tau) - X_{k-1}(\tau)| d\tau \right| \\
&\leq \frac{1}{k!} mL^k \left| \int_0^t |\tau|^k d\tau \right| = \frac{1}{k!} mL^k \cdot \frac{1}{k+1} |t|^{k+1} = \frac{1}{(k+1)!} mL^k |t|^{k+1} .
\end{aligned}
$$

Damit ist (16) bewiesen. Folglich hat die unendliche Reihe (13) auf $[-\delta, \delta]$ die konvergente Majorante

$$|X_0| + (m/L) \sum_{n=0}^{\infty} \frac{1}{n!} L^n \delta^n .$$

Also ist die Reihe (13) auf $[-\delta, \delta]$ gleichmäßig konvergent und besitzt dort eine stetige Summe X. Wegen (14) folgt, wie behauptet, daß

$$X_n(t) \rightrightarrows X(t) \text{ auf } [-\delta, \delta] \text{ für } n \to \infty$$

gilt, und wegen (12) und (15) ergibt sich auch (8) sowie

$$F(X_n(t)) \rightrightarrows F(X(t)) \text{ auf } [-\delta, \delta] \text{ für } n \to \infty .$$

Aus (11) folgt dann für $n \to \infty$, daß X die Gleichung (10) löst, womit die Existenz einer Lösung X von (9) mit der Eigenschaft (8) bewiesen ist.
(ii) Nun wollen wir zeigen, daß es keine weitere Lösung von (9) mit der Eigenschaft (8) gibt. Gälte nämlich

$$\tilde{X}(0) = X_0 , \ \tilde{X}(t) \in K_r(X_0) \text{ und } \frac{d}{dt}\tilde{X} = F(\tilde{X}) \text{ auf } [-\delta, \delta] ,$$

so ergäbe sich für $Y := X - \tilde{X}$, daß $Y(0) = 0$ wäre, und wir hätten zudem

$$|\dot{Y}| = |F(X) - F(\tilde{X})| \leq L|X - \tilde{X}| = L|Y| .$$

Also bekämen wir für $v(t) := |Y(t)|^2$, $t \in [-\delta, \delta]$, die Ungleichungen

(17) $$-2Lv \leq \dot{v} \leq 2Lv \text{ auf } [-\delta, \delta] ,$$

denn aus $\dot{v} = 2\langle Y, \dot{Y} \rangle$ folgte vermöge der Schwarzschen Ungleichung

$$|\dot{v}| \le 2|Y||\dot{Y}| \le 2|Y| \cdot L|Y| = 2Lv \ .$$

Aus (17) und $v(0) = 0$ ergäbe sich nun wie im Beweis von Satz 3 des Abschnitts 3.6, daß $v(t) \equiv 0$ auf $[-\delta, \delta]$ gilt. Folglich gälte $Y(t) \equiv 0$ und $X(t) \equiv \tilde{X}(t)$.

$\square$

Bemerkung 1. Möglicherweise existiert die in Satz 1 gewonnene Lösung $X(t)$ des Anfangswertproblems

$$(18) \qquad\qquad \dot{X} = F(X) \ , \ \ X(0) = X_0$$

„für eine längere Zeit" als bloß für $|t| \le \delta$; sie ist darum nur eine *lokale Lösung* des betrachteten Anfangswertproblems. Man bezeichnet jede Lösung $X : I \to \mathbb{R}^d$ von (18) mit $X(I) \subset \Omega$ als **Kurzzeitlösung**, wenn nicht sicher ist, daß sie nicht auf ein größeres Intervall als Lösung ausgedehnt werden kann. Später werden wir zeigen, daß jede Kurzzeitlösung zu einer Maximallösung von (18) fortgesetzt werden kann, wenn das Vektorfeld F auf Ω lokal Lipschitzstetig ist (vgl. den nachstehenden Satz 4). Anders als bei linearen Gleichungen kann man aber bei nichtlinearen Gleichungen $\dot{X} = F(X)$ im allgemeinen nicht erwarten, daß die Lösung von (18) für alle Zeiten existiert, selbst wenn F auf ganz $\mathbb{R}^d$ definiert ist. Dies lehrt folgendes Beispiel.

$\boxed{1}$ Wir betrachten die skalare Differentialgleichung

$$\dot{u}(t) = f(u(t))$$

mit der Anfangsbedingung $u(0) = 0$, wobei $f(x)$ definiert ist als

$$f(x) := 1 + x^2 \quad \text{für} \ \ x \in \mathbb{R} \ .$$

Die eindeutig bestimmte C^1-Lösung dieses Anfangswertproblems ist die Funktion $u(t) := \operatorname{tg} t \ , \ -\pi/2 < t < \pi/2$, deren Definitionsbereich nicht ausgedehnt werden kann, denn die Lösung entschwindet für $t \to \pm\pi/2$ ins Unendliche. Somit ist $u(t)$ die maximale Lösung des Problems.

Man überzeugt sich leicht, daß $f(x)$ auf jedem kompakten Intervall beschränkt und Lipschitzstetig ist.

Bemerkung 2. Interessanterweise hängt die Größe $\delta = r/m$ in Satz 1, welche die „Mindestgröße" des Existenzintervalles I liefert, nur von m und r, nicht aber von der Lipschitzkonstanten L ab. Die Lipschitzbedingung (15) tritt also nur qualitativ und nicht quantitativ in Erscheinung. Dies läßt vermuten, daß die Existenz einer „Kurzzeitlösung" von (18) sogar für nur stetige Vektorfelder bewiesen werden kann. Dies ist in der Tat der Fall, wie der *Existenzsatz von Peano zeigt*, den wir in Band 2 formulieren und beweisen wollen.

Die Eindeutigkeit der Lösung ist freilich für beliebige stetige Vektorfelder nicht mehr gesichert, wie wir aus dem nächsten Beispiel ersehen.

$\boxed{2}$ Das Anfangswertproblem

(19) $$\dot{u} = 2\sqrt{|u|} \text{ auf } \mathbb{R} , \ u(0) = 0$$

hat neben $u(t) \equiv 0$ noch die einparametrige Schar von C^1-Lösungen

$$u(t) := \begin{cases} 0 & \text{für} \quad t < \epsilon , \\ (t - \epsilon)^2 & \text{für} \quad t \geq \epsilon , \end{cases}$$

wobei der Scharparameter ϵ beliebig in $[0, \infty)$ gewählt werden kann. Die Menge der Lösungen von (19) hat also mindestens die Mächtigkeit des Kontinuums. Neben den bereits genannten gibt es noch viele andere Lösungen, beispielsweise

$$u(t) := \begin{cases} t^2 & \text{für} \quad t \geq 0 , \\ -t^2 & \text{für} \quad t \leq 0 . \end{cases}$$

Wir überlassen es dem Leser, dieses instruktive Beispiel weiter zu untersuchen.

Nun soll dem Satz 1 eine globale Fassung gegeben werden. Zu diesem Zwecke führen wir die Klasse der lokal Lipschitzstetigen Vektorfelder $F : \Omega \to \mathbb{R}^d$ ein.

Definition 1. *Ein auf einer offenen Menge Ω des $\mathbb{R}^d$ definiertes Vektorfeld $F : \Omega \to \mathbb{R}^d$ heißt* lokal Lipschitzstetig *(in Ω), wenn es zu jedem Punkt $P \in \Omega$ eine abgeschlossene Kugel $K_{r(P)}(P)$ in Ω mit dem Radius $r(P) > 0$ gibt, so daß F in $K_{r(P)}(P)$ Lipschitzstetig ist, d.h. wenn es eine Zahl $L(P) > 0$ gibt derart, daß*

$$|F(x') - F(x'')| \leq L(P)|x' - x''|$$

für alle $x', x'' \in K_{r(P)}(P)$ gilt.

Einem lokal Lipschitzstetigen Vektorfeld $F : \Omega \to \mathbb{R}^d$ mit einer *Radiusfunktion* $r : \Omega \to \mathbb{R}$ wie in Definition 1 ordnen wir die beiden Funktionen $m : \Omega \to \mathbb{R}$ und $\delta : \Omega \to \overline{\mathbb{R}} := \mathbb{R} \cup \{\infty\}$ zu vermöge

$$m(P) := \max\{F(x) : x \in K_{r(P)}(P)\}$$

und

$$\delta(P) := \begin{cases} r(P)/m(P) , & \text{falls } m(P) > 0 \text{ ist} ; \\ \infty & \text{für } m(P) = 0 . \end{cases}$$

Die positive Funktion $\delta : \Omega \to \overline{\mathbb{R}}$ wollen wir eine *Wachstumsfunktion* von F nennen. Sie ist im allgemeinen nicht eindeutig bestimmt durch F, denn verschiedene Radiusfunktionen $r : \Omega \to \mathbb{R}$ können zu verschiedenen Wachstumsfunktionen $\delta : \Omega \to \mathbb{R}$ führen.

Aus Satz 1 gewinnen wir nunmehr sofort das folgende Resultat:

Korollar 1. *Sei $F : \Omega \to \mathbb{R}^d$ ein lokal Lipschitzstetiges Vektorfeld auf der offenen Menge Ω des $\mathbb{R}^d$ mit einer Wachstumsfunktion $\delta : \Omega \to \overline{\mathbb{R}}$. Dann gilt: Sind (t_0, X_0) beliebige Anfangsdaten aus $\mathbb{R} \times \Omega$ und bezeichnet I das Intervall $[t_0 - \delta(X_0) \,, \; t_0 + \delta(X_0)]$ bzw. das uneigentliche Intervall $\mathbb{R} = (-\infty, \infty)$, falls $\delta(X_0) < \infty$ bzw. $= \infty$ ist, so gibt es genau eine Lösung $X \in C^1(I, \mathbb{R}^d)$ mit $X(I) \subset \Omega$ für das Anfangswertproblem*

$$(20) \qquad\qquad \dot{X} = F(X) \; \text{ in } \; I \,, \; X(t_0) = X_0 \,.$$

Beweis. Nach Satz 1 gibt es genau eine Lösung $Y \in C^1(I_0, \mathbb{R}^d)$ von

$$(21) \qquad\qquad \dot{Y} = F(Y) \; \text{ in } \; I_0 \,, \; Y(0) = X_0$$

mit $I_0 = [-\delta(X_0), \delta(X_0)]$ (bzw. $I_0 = \mathbb{R}$, falls $\delta(X_0) = \infty$) und $Y(I_0) \subset \Omega$. Dann ist $X(t) := Y(t - t_0) \,, \; t \in I$, eine Lösung von (20), und diese ist eindeutig bestimmt, weil jede Lösung X von (20) auf dieselbe Lösung Y von (21) führt. $\qquad\square$

Satz 2. (Eindeutigkeitssatz). *Sei $F : \Omega \to \mathbb{R}^d$ lokal Lipschitzstetig auf der offenen Menge Ω des $\mathbb{R}^d$, und bezeichne I ein (verallgemeinertes) Intervall mit $t_0 \in I$. Dann sind je zwei C^1-Lösungen $X : I \to \mathbb{R}^d$ von (20) notwendig identisch.*

Beweis. Sind $X_1 : I \to \mathbb{R}^d$ und $X_2 : I \to \mathbb{R}^d$ zwei C^1-Lösungen von (20) und ist $\delta : \Omega \to \overline{\mathbb{R}}$ eine Wachstumsfunktion von F, so zeigt Korollar 1, daß $X_1(t)$ und $X_2(t)$ jedenfalls auf $I \cap (t_0 - \delta(X_0) \,, \; t_0 + \delta(X_0))$ übereinstimmen müssen. Also gilt $X_1(t) = X_2(t)$ für alle t-Werte nahe t_0. Wir behaupten, daß $X_1(t) = X_2(t)$ für alle $t \in I$ mit $t > t_0$ gilt. Wäre dies nicht richtig, so gäbe es ein $t \in I$ mit $t > t_0$ und $X_1(t) \neq X_2(t)$; bezeichne t^* das Infimum solcher t-Werte:

$$t^* := \inf\{t \in I : t > t_0 \text{ und } X_1(t) \neq X_2(t)\} \,.$$

Dann folgt $t^* \in I$ und $t^* > t_0$ sowie $X_1(t) = X_2(t)$ für $t_0 \leq t < t^*$. Da $X_1 - X_2$ stetig ist, ergibt sich $X_1(t^*) = X_2(t^*)$, und ferner liegt t^* im Inneren von I, da $t^* > t_0$ ist und rechts von t^* ein Punkt $t \in I$ liegt. Nach Korollar 1 gibt es ein $\delta^* > 0$, so daß $I^* := [t^*, t^* + \delta^*]$ in I liegt und das Anfangswertproblem

$$\dot{Y} = F(Y) \; \text{ auf } \; I^* \,, \; Y(t^*) = X_1(t^*)$$

eine Lösung $Y \in C^1(I^*, \mathbb{R}^d)$ besitzt. Wegen Korollar 1 gilt dann für alle $t \in I^*$ sowohl $X_1(t) = Y(t)$ als auch $X_2(t) = Y(t)$, also auch

$$X_1(t) = X_2(t) \; \text{ für } \; t^* \leq t \leq t^* + \delta^* \,,$$

was einen Widerspruch zur Definition von t^* liefert. Damit ist $X_1(t) = X_2(t)$ für alle $t \in I$ mit $t > t_0$ bewiesen.

Analog zeigt man $X_1(t) = X_2(t)$ für alle $t \in I$ mit $t < t_0$. $\qquad\square$

Nun wollen wir beweisen, daß für jedes lokal Lipschitzstetige Vektorfeld $F : \Omega \to \mathbb{R}^d$ und für beliebig gewählte Anfangsdaten $(t_0, X_0) \in \mathbb{R} \times \Omega$ das Anfangswertproblem

$$\dot{X} = F(X) , \ X(t_0) = X_0$$

eine maximale Lösung $X \in C^1(I, \mathbb{R}^d)$ auf einem offenen (verallgemeinerten) Intervall $I = (\alpha, \omega)$ mit $t_0 \in I$ besitzt. Der Begriff „maximale Lösung" ist wie folgt definiert.

Definition 2. *Eine Lösung* $X \in C^1(I, \mathbb{R}^d)$ *von* $\dot{X} = F(X)$ *heißt* **maximal***, wenn es keine Lösung* $Z \in C^1(J, \mathbb{R}^d)$ *von* $\dot{Z} = F(Z)$ *gibt, die auf einem Intervall* J *mit* $I \subset J$ *und* $I \neq J$ *definiert ist.*

Eine maximale Lösung von $\dot{X} = F(X)$ besitzt also keine echte Fortsetzung als Lösung. Erfüllt eine maximale Lösung $X : I \to \mathbb{R}^d$ außerdem $t_0 \in I$ und $X(t_0) = X_0$, so nennt man sie entsprechend eine maximale Lösung des Anfangswertproblems $\dot{X} = F(X) , \ X(t_0) = X_0$. Die folgenden zwei Hilfssätze sind nützlich, um „globale" Existenzsätze aufzustellen.

Lemma 1. *Sei* $F : \Omega \to \mathbb{R}^d$ *ein lokal Lipschitzstetiges Vektorfeld auf der offenen Menge* Ω *in* $\mathbb{R}^d$. *Dann kann jede auf einem abgeschlossenen Intervall* $[a, b]$ *definierte* C^1-*Lösung von* $\dot{X} = F(X)$ *mit* $X([a, b]) \subset \Omega$ *zu einer* C^1-*Lösung auf einem größeren Intervall* $[a-\delta_1, b+\delta_2], \delta_1, \delta_2 > 0$, *fortgesetzt werden, deren Spur in* Ω *liegt.*

Beweis. Setze $P_1 := X(a)$ und $P_2 := X(b)$. Nach Korollar 1 gibt es Kurzzeitlösungen X_1 und X_2 von

$$\dot{X}_1 = F(X_1) \text{ in } I_1 , \ X_1(a) = P_1 , \ X_1(I_1) \subset \Omega ,$$

und

$$\dot{X}_2 = F(X_2) \text{ in } I_2 , \ X_2(b) = P_2 , \ X_2(I_2) \subset \Omega ,$$

wobei $I_1 = [a-\delta_1, a+\delta_1]$ und $I_2 = [b-\delta_2, b+\delta_2]$ gesetzt ist und δ_1, δ_2 hinreichend kleine positive Zahlen bezeichnen. Dann stimmen X und X_1 in $I \cap I_1$ überein, und X, X_2 fallen in $I \cap I_2$ zusammen. Also können wir links von a die Kurzzeitlösung X_1 an X anstückeln, und rechts von b können wir X_2 ankleben und erhalten so eine C^1-Fortsetzung Y von X, die eine Lösung von $\dot{Y} = F(Y)$ auf $[a - \delta_1, b + \delta_2]$ bildet.

$\square$

Lemma 2. *Sei* $F : \Omega \to \mathbb{R}^d$ *ein beschränktes stetiges Vektorfeld auf* $\Omega \subset \mathbb{R}^d$, *und bezeichne* $X : (a, b) \to \mathbb{R}^d$ *eine* C^1-*Lösung von* $\dot{X} = F(X)$ *in* (a, b) *mit* $X(t) \in \Omega$ *für* $a < t < b$. *Dann existieren die Grenzwerte*

$$(22) \qquad P_* := \lim_{t \to a+0} X(t) \quad und \quad P^* := \lim_{t \to b-0} X(t)$$

in $\overline{\Omega}$.

Beweis. Für $t, s \in (a, b)$ gilt wegen $\dot{X} = F(X)$ die Beziehung

$$X(t) - X(s) = \int_s^t F(X(\tau))d\tau \ .$$

Da es eine Konstante $m > 0$ gibt, so daß $F(x)$ durch

$$|F(x)| \leq m \ \text{ für alle } \ x \in \Omega$$

beschränkt wird, erhalten wir wegen

$$|X(t) - X(s)| \ = \ \left| \int_s^t F(X(\tau))d\tau \right| \ \leq \ \left| \int_s^t |F(X(\tau))|d\tau \right|$$

die Abschätzung

$$|X(t) - X(s)| \leq m|t - s| \quad \text{für alle } \ t, s \in (a, b) \ .$$

Bezeichnet nun $\{t_n\}$ eine Folge von Werten $t_n \in (a, b)$ mit $t_n \to b$, so ergibt sich $|X(t_n) - X(t_k)| \leq m|t_n - t_k|$ für alle $n, k \in \mathbb{N}$. Daher ist die Folge der Punkte $X(t_n) \in \Omega$ eine Cauchyfolge in $\mathbb{R}^d$ und konvergiert somit gegen einen Punkt $P^* \in \overline{\Omega}$. Aus der Abschätzung

$$|X(t) - X(t_k)| \leq m|t - t_k| \quad \text{für } t \in (a, b) \ , \ k \in \mathbb{N}$$

erhalten wir mit $k \to \infty$ die Ungleichung

$$|X(t) - P^*| \leq m|t - b| \quad \text{für } \ a < t < b \ ,$$

aus der sich $\lim_{t \to b-0} X(t) = P^* \in \overline{\Omega}$ ergibt.
Die zweite Behauptung wird ganz analog bewiesen.

$\square$

Satz 3. *(i) Das Vektorfeld $F : \Omega \to \mathbb{R}^d$ sei beschränkt und lokal Lipschitzstetig. Dann gibt es zu beliebigen Daten $(t_0, X_0) \in \mathbb{R} \times \Omega$ eine eindeutig bestimmte maximale C^1-Lösung $X : (\alpha, \omega) \to \mathbb{R}^d$ des Anfangswertproblems*

$$(23) \qquad\qquad \dot{X} = F(X) \ , \ X(t_0) = X_0$$

mit $-\infty \leq \alpha < t_0 < \omega \leq \infty$ und $X(t) \in \Omega$ für $t \in (\alpha, \omega)$.

(ii) Ferner gilt:

$$(24) \qquad X(t) \to P^* \in \partial\Omega \ \textit{für } t \to \omega - 0 \ , \textit{ falls } \omega < \infty \textit{ ist} \ ,$$

und

$$(25) \qquad X(t) \to P_* \in \partial\Omega \ \textit{für } t \to \alpha + 0 \ , \textit{ falls } \alpha > -\infty \textit{ ist} \ .$$

Beweis. Bezeichne $\mathcal{J}$ die Menge aller Intervalle $[a, b]$ mit $t_0 \in (a, b)$, für die es eine C^1-Lösung $X : [a, b] \to \mathbb{R}^d$ des Anfangswertproblems (23) mit $X([a, b]) \subset \Omega$ gibt. Da $\mathcal{J}$ nach Korollar 1 nichtleer ist, können wir

$$\alpha := \inf\{a : [a, b] \in \mathcal{J}\} \,, \quad \omega := \sup\{b : [a, b] \in \mathcal{J}\}$$

definieren. Es gilt $-\infty \leq \alpha < t_0 < \omega \leq \infty$. Für $I_1, I_2 \in \mathcal{J}$ mit den C^1-Lösungen $X_1 : I_1 \to \mathbb{R}^d$ und $X_2 : I_2 \to \mathbb{R}^d$ gilt nach Satz 1

$$X_1(t) = X_2(t) \ \text{ für alle } \ t \in I_1 \cap I_2 \,,$$

und nach Definition von $\mathcal{J}$ liegt t_0 im Inneren von $I_1 \cap I_2$. Also wird durch

$$Z(t) := \left\{ \begin{array}{lll} X_1(t) & \text{für} & t \in I_1 \\ X_2(t) & \text{für} & t \in I_2 \end{array} \right.$$

eine C^1-Lösung $Z : I \to \mathbb{R}^d$ von (23) auf dem Intervall $I := I_1 \cup I_2$ definiert. Damit ist naheliegend, wie man eine maximale Lösung $X : (\alpha, \omega) \to \mathbb{R}^d$ von (23) bekommt. Ist nämlich t ein beliebiger Punkt aus (α, ω), so wählen wir ein Intervall $J \in \mathcal{J}$ mit der C^1-Lösung $Y : J \to \mathbb{R}^d$ von $\dot{Y} = F(Y), Y(t_0) = X_0$ und setzen $X(t) := Y(t)$. Dann ist $X(t)$ auf (α, ω) eindeutig definiert und liefert nach dem zuvor Gesagten eine C^1-Lösung $X : (\alpha, \omega) \to \mathbb{R}^d$ von (23). Ist $\omega = \infty$, so kann $X(t)$ gewiß nicht nach rechts als Lösung fortgesetzt werden. Falls aber $\omega < \infty$ ist, existiert nach Lemma 2 der Grenzwert

$$P^* := \lim_{t \to \omega - 0} X(t) \,,$$

und es gilt $P^* \in \overline{\Omega}$.

Läge P^* in Ω, so könnten wir $X(t)$ zu einer stetigen Funktion auf $(\alpha, \omega]$ fortsetzen, indem wir $X(\omega) := P^*$ definieren. Wegen $\dot{X}(t) = F(X(t))$ für $\alpha < t < \omega$ läßt sich dann auch $\dot{X}(t)$ zu einer stetigen Funktion $\Phi(t)$ auf $(\alpha, \omega]$ fortsetzen, indem wir

$$\Phi(t) := \dot{X}(t) \ \text{ für } \ \alpha < t < \omega \,, \ \ \Phi(\omega) = F(P^*)$$

definieren. Aus Korollar 6 in 3.3 folgt nunmehr

$$X \in C^1((\alpha, \omega], \mathbb{R}^d) \ \text{ und } \ \dot{X}(\omega - 0) = \dot{X}_-(\omega) = F(P^*) \,.$$

Wegen Lemma 1 könnten wir dann $X(t)$ über den Punkt $t = \omega$ hinaus als C^1-Lösung von (23) auf ein Intervall $(\alpha, \omega + \delta^*)$ mit einem Wert $\delta^* > 0$ fortsetzen, was der Definition von ω widerspräche. Also muß P^* auf $\partial\Omega$ liegen, was zeigt, daß $X : (\alpha, \omega) \to \mathbb{R}^d$ nicht nach rechts als Lösung von (23) fortgesetzt werden kann, und ferner haben wir (24) bewiesen.

Ähnlich zeigt man, daß (25) gilt und daß $X(t)$ nicht „nach links" als Lösung fortgesetzt werden kann. Also ist $X : (\alpha, \omega) \to \mathbb{R}^d$ maximale Lösung von (23). Die Eindeutigkeit der soeben gewonnenen Maximallösung von (23) folgt aus Satz 2. $\qquad\square$

Nun wollen wir beweisen, daß die Behauptung (i) von Satz 3 auch dann gilt, wenn das Vektorfeld $F : \Omega \to \mathbb{R}^d$ nicht als beschränkt vorausgesetzt wird.

Satz 4. *Sei $F : \Omega \to \mathbb{R}^d$ lokal Lipschitzstetig auf der offenen Menge Ω des $\mathbb{R}^d$. Dann gibt es zu beliebigen Daten $(t_0, X_0) \in \mathbb{R} \times \Omega$ eine eindeutig bestimmte maximale C^1-Lösung $X : (\alpha, \omega) \to \mathbb{R}^d$ des Anfangswertproblems (23) mit $-\infty \leq \alpha < t_0 < \omega \leq \infty$ und $X(t) \in \Omega$ für $t \in (\alpha, \omega)$.*

Mit dem folgenden Hilfssatz werden wir dieses Ergebnis aus Satz 3 herleiten.

Lemma 3. *Zu jeder nichtleeren offenen Menge Ω des $\mathbb{R}^d$ gibt es eine Folge $\{\Omega_j\}$ von nichtleeren offenen und beschränkten Teilmengen Ω_j von Ω mit den folgenden Eigenschaften:*

(i) $\overline{\Omega}_j \subset \Omega_{j+1}$ für $j = 1, 2, \ldots$;

(ii) $\Omega = \bigcup_{j=1}^{\infty} \Omega_j$;

(iii) Zu jeder kompakten Teilmenge K von Ω gibt es einen Index $k \in \mathbb{N}$ mit $K \subset \Omega_k$.

(Jede Folge $\{\Omega_j\}$ mit diesen Eigenschaften wollen wir eine strikte Ausschöpfung *von Ω nennen.)*

Beweis. Ist $\Omega = \mathbb{R}^d$, so liefert die Folge $\{B_j(0)\}$ der Kugeln

$$B_j(0) = \{x \in \mathbb{R}^d : |x| < j\}$$

eine strikte Ausschöpfung von $\mathbb{R}^d$.

Für $\Omega \neq \mathbb{R}^d$ ist $\partial\Omega$ nichtleer. Für hinreichend großes $n \in \mathbb{N}$ liefert dann die Folge der offenen Mengen

$$\Omega_j := \left\{ x \in \Omega : \operatorname{dist}(x, \partial\Omega) > \frac{1}{n+j} \right\} \cap B_{j+n}(0)$$

eine strikte Ausschöpfung von Ω.

$\square$

Mit Hilfe des Satzes von Heine–Borel (vgl. Band 2) kann man zeigen, daß die Eigenschaft (iii) von Lemma 3 aus (i) und (ii) folgt; eine Folge $\{\Omega_j\}$ von nichtleeren, offenen, beschränkten Teilmengen von Ω ist also bereits dann eine strikte Ausschöpfung von Ω, wenn (i) und (ii) gelten.

Beweis von Satz 4. Wir können annehmen, daß Ω nichtleer ist, denn sonst ist nichts zu beweisen. Nach Lemma 3 können wir eine strikte Ausschöpfung $\{\Omega_j\}$ von Ω finden. Wir setzen $F_j := F|_{\Omega_j}$. Die Vektorfelder F_j sind Lipschitzstetig und beschränkt auf Ω_j, weil F auf Ω lokal Lipschitzstetig und somit auf der kompakten Menge $\overline{\Omega}_j$ Lipschitzstetig, also auch beschränkt ist.

Ohne Beschränkung der Allgemeinheit dürfen wir $X_0 \in \Omega_1$ annehmen (denn jedenfalls gilt $X_0 \in \Omega_p$ für ein $p \in \mathbb{N}$; wir benennen Ω_{p+j-1} in Ω_j um und erhalten so eine strikte Ausschöpfung mit $X_0 \in \Omega_1$).

Aufgrund von Satz 3 gibt es eine maximale Lösung $X_j \in C^1(I_j, \mathbb{R}^d)$ von

$$\dot{X}_j = F_j(X_j) \quad , \quad X_j(t_0) = X_0 \, ,$$

$t_0 \in I_j = (\alpha_j, \omega_j)$, mit $-\infty \le \alpha_j < \omega_j \le \infty$ und $X_j(I_j) \subset \Omega_j$, $j = 1, 2, \dots$. Wegen Satz 2 ist für jedes $j \in \mathbb{N}$ die Lösung X_{j+1} der Gleichung $\dot{X} = F(X)$ eine Fortsetzung der Lösung X_j dieser Gleichung. Es gilt also $I_j \subset I_{j+1}$ für jedes $j \in \mathbb{N}$, d.h.

$$\dots \le \alpha_3 \le \alpha_2 \le \alpha_1 < t_0 < \omega_1 \le \omega_2 \le \omega_3 \le \dots \, .$$

Wir setzen

$$\alpha := \inf_{j \in \mathbb{N}} \alpha_j \quad , \quad \omega := \sup_{j \in \mathbb{N}} \omega_j \, ;$$

es gilt $-\infty \le \alpha < t_0 < \omega \le \infty$. Anschließend definieren wir $X : (\alpha, \omega) \to \mathbb{R}^d$ vermöge

$$X(t) := X_j(t) \quad \text{für } t \in I_j \, .$$

Nach dem oben Gesagten ist X wohldefiniert, von der Klasse $C^1(I, \mathbb{R}^d)$ mit $I = (\alpha, \omega)$ und $X(I) \subset \Omega$, und erfüllt

$$\dot{X} = F(X) \, , \; X(t_0) = X_0 \, .$$

Wir zeigen nun, daß X eine maximale Lösung dieses Anfangswertproblems ist. Es genügt zu beweisen, daß $X(t)$ nicht nach rechts fortgesetzt werden kann; der Beweis, daß X nicht nach links ausgedehnt werden kann, verläuft ähnlich.

Für $\omega = \infty$ ist nichts zu beweisen. Sei also $\omega < \infty$, und nehmen wir an, daß es eine Lösung $Z : (\alpha, \sigma] \to \mathbb{R}^d$ von $\dot{Z} = F(Z), Z(t_0) = X_0$ mit $\sigma \ge \omega$ und $Z(t) \in \Omega$ für $t \in (\alpha, \sigma]$ gibt. Dann gilt insbesondere

$$Z(t) \in \Omega \; \text{für } t \in I^* := [t_0, \omega] \, ,$$

und somit ist $K := Z(I^*)$ eine kompakte Menge in Ω. Also existiert ein $k \in \mathbb{N}$ derart, daß $K \subset \Omega_k$ gilt. Somit liefert Z eine echte Fortsetzung der maximalen Lösung $X_k : I_k \to \mathbb{R}^d$ von $\dot{X}_k = F_k(X_k) \, , \; X_k(t_0) = X_0$ nach rechts, Widerspruch.

$\square$

Definition 3. *Ein Punkt Q^* (bzw. Q_*) von $\mathbb{R}^d$ heißt* **rechtsseitiger** *(bzw.* **linksseitiger) Grenzpunkt** *einer C^1-Lösung $X : (\alpha, \omega) \to \mathbb{R}^d$ von $\dot{X} = F(X)$, wenn es eine Folge $\{t_j\}$ von Werten $t_j \in (\alpha, \omega)$ mit $t_j \to \omega$ (bzw. $t_j \to \alpha$) gibt, so daß*

$$\lim_{j \to \infty} X(t_j) = Q^* \; (\textit{bzw. } Q_*)$$

*gilt. Die Menge K^* der rechtsseitigen Grenzpunkte Q^* von X heißt $\boldsymbol{\omega}$-**Grenzmenge**, und die Menge K_* der linksseitigen Grenzpunkte Q_* wird $\boldsymbol{\alpha}$-**Grenzmenge** genannt.*

Korollar 2. *Unter der Voraussetzung von Satz 4 gilt für die maximale Lösung $X : (\alpha, \omega) \to \mathbb{R}^d$ des Anfangswertproblems (23) das folgende:*

(i) *Entweder ist die ω-Grenzmenge K^* von X nichtleer, oder*

$$\lim_{t \to \omega - 0} |X(t)| = \infty .$$

(ii) *Entweder ist die α-Grenzmenge K_* von X nichtleer, oder*

$$\lim_{t \to \alpha + 0} |X(t)| = \infty .$$

(iii) $K^* \subset \partial\Omega$, *falls* $\omega < \infty$;
$K_* \subset \partial\Omega$, *falls* $\alpha > -\infty$.

Beweis. (i) Wenn $|X(t)| \to \infty$ für $t \to \omega - 0$ gilt, so ist K^* leer. Strebt aber $|X(t)|$ nicht gegen Unendlich für $t \to \omega - 0$, so existiert eine Folge $\{t_j\}$ mit $t_j \in (\alpha, \omega)$ und $t_j \to \omega$, so daß die Folge $\{|X(t_j)|\}$ beschränkt ist. Also kann man aus $\{X(t_j)\}$ eine in $\mathbb{R}^d$ konvergente Teilfolge auswählen, und somit ist K^* nichtleer.

(ii) wird analog bewiesen.

(iii) Sei $\omega < \infty$ und $Q^* \in K^*$. Dann gibt es eine Folge von $t_j \in (\alpha, \omega)$ mit $t_j \to \omega$ und $X(t_j) \to Q^*$. Wegen $X(t_j) \in \Omega$ folgt $Q^* \in \overline{\Omega}$. Läge Q^* nicht in $\partial\Omega$, so gälte $Q^* \in \Omega$, und wir könnten ein $r > 0$ finden, so daß die abgeschlossene Kugel $K_{2r}(Q^*)$ in Ω liegt und daß F auf $K_{2r}(Q^*)$ Lipschitzstetig und folglich auch beschränkt ist. Sei

$$m := \max\{|F(x)| : x \in K_{2r}(Q^*)\}$$

und $\delta^* := r/m$. Dann wählen wir den Index j so groß, daß zum einen $\omega - t_j < \delta^*$ gilt und zum anderen $Q_j := X(t_j)$ in $K_r(Q^*)$ enthalten ist. Nach Satz 1 gibt es eine Funktion Y der Klasse $C^1(I^*, \mathbb{R}^d)$ mit $I^* := [t_j - \delta^*, t_j + \delta^*]$ und $Y(I^*) \subset K_r(Q_j)$, die das Anfangswertproblem

$$\dot{Y} = F(Y) , \quad Y(t_j) = Q_j$$

löst. Nach Satz 2 gilt dann

$$X(t) = Y(t) \text{ für alle } t \in (\alpha, \omega) \cap I^* .$$

Wegen $\omega - t_j < \delta^*$ ist das Intervall $[t_j, \omega]$ in int I^* enthalten, und es gilt

$$X(t) = Y(t) \text{ für } t_j \leq t < \omega .$$

Also könnten wir $X(t)$ mittels $Y(t)$ über ω hinaus als Lösung von (23) fortsetzen, was ein Widerspruch zur Maximalität von X ist.

$\square$

Offensichtlich ist Teil (iii) von Korollar 2 eine Abschwächung der Aussage (ii) von Satz 3, die dann noch gilt, wenn das Vektorfeld $F : \Omega \to \mathbb{R}^d$ nicht mehr als beschränkt vorausgesetzt wird.

Bemerkung 3. Die „Endpunkte" α und ω des (verallgemeinerten) Intervalles, auf dem die maximale Lösung von (23) definiert ist, hängen im allgemeinen von t_0 und X_0 ab.

Bemerkung 4. Die Lipschitzbedingung ist nur eine hinreichende und keineswegs eine notwendige Bedingung für die eindeutige Lösbarkeit des Anfangswertproblems. Betrachten wir nämlich für $d = 1$ das eindimensionale Vektorfeld $f : \mathbb{R} \to \mathbb{R}$, das durch

$$f(0) := 0 \quad , \quad f(x) := [x^2(1 + (\log |x|)^2)]^{1/2} \text{ für } x \neq 0$$

definiert ist, so ist dies nahe Null nicht Lipschitzstetig. Trotzdem ist das Anfangswertproblem

$$\dot{u} = f(u) \text{ auf } \mathbb{R} \quad , \quad u(t_0) = x_0$$

für beliebige $(t_0, x_0) \in \mathbb{R} \times \mathbb{R}$ eindeutig lösbar, denn die Differentialgleichung $\dot{u} = f(u)$ hat nur die Kurven $u(t) = 0$ und $u(t) = \exp(\sinh(t - t_0))$ sowie $u(t) = -\exp(-\sinh(t - t_0))$ als Lösung (Übungsaufgabe!).

Man kann die bislang gewonnenen Resultate auch auf Systeme der Form

$$(26) \qquad\qquad \dot{X}(t) = F(t, X(t))$$

übertragen, deren rechte Seiten durch Vektorfelder $F : \mathbb{R} \times \Omega \to \mathbb{R}^d$ definiert werden, die lokal einer partiellen Lipschitzbedingung der Form

$$(27) \qquad\qquad |F(t, x) - F(t, y)| \leq L \cdot |x - y|$$

genügen.

Sei Ω eine offene Menge in $\mathbb{R}^d$, und sei eine stetige Abbildung $F : \mathbb{R} \times \Omega \to \mathbb{R}^d$ gegeben, die eine Zuordnung $(t, x) \mapsto F(t, x)$ vermittelt. Wir können die Funktion $F(t, x)$ als ein *zeitabhängiges Vektorfeld*

$$F(t, \cdot) : \Omega \to \mathbb{R}^d$$

interpretieren.

Definition 4. *Wir nennen F lokal Lipschitzstetig bezüglich der Raumvariablen $x \in \Omega$, wenn es zu jedem $t_0 \in \mathbb{R}$ und jedem $P \in \Omega$ Zahlen $r_0 > 0, r > 0$ und $L > 0$ gibt, so daß $K_r(P)$ in Ω liegt und*

$$|F(t, x') - F(t, x'')| \leq L|x' - x''|$$

für alle $t \in [t_0 - r_0, t_0 + r_0]$ und alle $x', x'' \in K_r(P)$ erfüllt ist.

Analog zu Satz 4 beweist man mutatis mutandis das folgende Ergebnis.

Satz 5. *Sei $F : \mathbb{R} \times \Omega \to \mathbb{R}^d$ ein zeitabhängiges Vektorfeld $F(t,x)$ auf der offenen Menge Ω, das bezüglich (t,x) stetig und bezüglich der Raumvariablen $x \in \Omega$ lokal Lipschitzstetig ist. Dann gibt es zu beliebigen Daten $(t_0, X_0) \in \mathbb{R} \times \Omega$ eine eindeutig bestimmte maximale Lösung $X : (\alpha, \omega) \to \mathbb{R}^d$ des Anfangswertproblems*

$$\dot{X}(t) = F(t, X(t)) \,, \ X(t_0) = X_0$$

mit $-\infty \leq \alpha < t_0 < \omega \leq \infty$ und $X(t) \in \Omega$ für $t \in (\alpha, \omega)$.

Ohne Mühe kann man auch die Aussagen (ii) von Satz 3 und (i)–(iii) von Korollar 2 übertragen.

Wenn wir in Satz 5 die etwas einschneidendere Voraussetzung machen, daß $F(t,x)$ als Funktion von (t,x) auf $\mathbb{R} \times \Omega$ lokal Lipschitzstetig sei, so läßt sich Satz 5 durch einen einfachen Kunstgriff auf Satz 4 reduzieren. Wir erweitern den Raum um eine Dimension und betrachten das System

$$\dot{T} = 1 \,, \ \dot{X} = F(T, X)$$

für $T(t), X(t)$ zusammen mit den Anfangsbedingungen

$$T(t_0) = t_0 \,, \ X(t_0) = X_0 \,.$$

Jede Lösung $T(t), X(t)$ hiervon erfüllt $T(t) \equiv t$, und folglich gilt

$$\dot{X}(t) = F(t, X(t)) \,,$$

d.h. $X(t)$ löst wie gewünscht das nichtautonome System (26). Weiterhin bemerken wir, daß $F : \Omega \to \mathbb{R}^d$ bzw. $F : \mathbb{R} \times \Omega \to \mathbb{R}^d$ lokal Lipschitzstetig ist, wenn F von der Klasse C^1 ist (vgl. Band 2).

Differentialgleichungen der Form

$$\dot{X} = F(X)$$

heißen *autonom*, während Gleichungen der Form

(28) $$\dot{X} = F(t, X)$$

als *nichtautonome* Differentialgleichungen bezeichnet werden.

Aufgaben.

1. Man zeige, daß die Funktion $f : [-1, 1] \to \mathbb{R}$ mit $f(x) := |x|^{1/2}$ nicht Lipschitzstetig ist.
2. Das Anfangswertproblem

$$\dot{u}(t) = 3|u(t)|^{2/3} \,, \ u(0) = 0$$

besitzt die Lösung $u(t) := t^3$. Ist sie eindeutig bestimmt?

3. Sei $Q := \{(t,x) \in \mathbb{R}^2 : 0 < t \leq a,\ |x-x_0| \leq b\}$, und $f \in C^0(\overline{Q}, \mathbb{R})$ genüge der Voraussetzung

$$(*) \qquad \left| f(t,x_1) - f(t,x_2) \right| \leq \frac{1}{t} \cdot |x_1 - x_2| \quad \text{für } (t,x_1),\ (t,x_2) \in Q .$$

Für $\epsilon \in (0, a]$ gibt es dann höchstens eine C^1-Lösung $u : [0, \epsilon] \to \mathbb{R}$ von $\dot{u}(t) = f(t, u(t))$ mit $u(0) = x_0$. Beweis? (Für zwei Lösungen u_1, u_2 bildet man $v := u_2 - u_1$ und erhält für $0 < \tau < t \leq \epsilon$ die Abschätzung $|v(t) - v(\tau)| \leq \int_\tau^t \frac{1}{s}|v(s)|ds$, und die l'Hospitalsche Regel liefert $v(s)/s \to 0$ für $s \to +0$. Mit $w(t) := |v(t)|/t$ folgt $w(t) \leq \int_0^t w(s)ds$. Man zeige: $w(t) = 0$ für $t \in [0, \epsilon]$.)

4. Man zeige, daß das in Aufgabe 3 formulierte Eindeutigkeitsergebnis nicht mehr zu gelten braucht, wenn man statt $(*)$ voraussetzt, daß es ein $L > 1$ mit $\left| f(t,x_1) - f(t,x_2) \right| \leq Lt^{-1}|x_1 - x_2|$ gibt, $t > 0$, $x_1, x_2 \in [x_0 - b, x_0 + b]$. (Beispiel: Wähle $f(t,x) := 0$ bzw. $(1+\epsilon)(x/t)$ bzw. $(1+\epsilon)t^\epsilon$ für $x \leq 0$ bzw. $0 < x < t^{1+\epsilon}$ bzw. $t^{1+\epsilon} \leq x$.)

2 Phasenfluß von Vektorfeldern

Im folgenden wollen wir autonome Differentialgleichungen und ihre Lösungen als *Evolutionsprozesse* interpretieren. Unter geeigneten Voraussetzungen an das definierende Vektorfeld $F : \Omega \to \mathbb{R}^d$ definieren solche Prozesse einen *Fluß* in Ω, der sich als einparametrige Transformationsgruppe auf Ω deuten läßt.

Es ist üblich geworden, den Definitionsbereich Ω des Vektorfeldes $F : \Omega \to \mathbb{R}^d$ als *Phasenraum* des *deterministischen* Prozesses zu bezeichnen, der im Falle eines lokal Lipschitzstetigen Vektorfeldes F durch das Anfangswertproblem

$$(1) \qquad \dot{X} = F(X) \quad , \quad X(0) = x_0$$

beschrieben wird (die Anfangslage eines Punktes aus $\mathbb{R}^d$ zur Zeit $t = 0$ sei jetzt mit x_0 bezeichnet statt – wie bisher – mit X_0). Wir nehmen an, daß die Lösung $X(t)$ von (1) für $-\infty < t < \infty$ definiert ist. Dann können wir uns vorstellen, daß durch $X(t)$ eine *Bewegung* eines Punktes P beschrieben wird, der sich zur Zeit $t = 0$ an der Stelle x_0 befunden hat. Für $t > 0$ erhalten wir die Bewegung in der *Zukunft* und für $t < 0$ die Bewegung in der *Vergangenheit*. Die Kurve $t \mapsto X(t)$ heißt **Phasenkurve** der Bewegung von P oder *Integralkurve des Vektorfeldes* F mit der Anfangslage x_0 zur Zeit $t = 0$; die Spur $\Gamma = \{X(t) : t \in \mathbb{R}\}$ der Phasenkurve wollen wir als die **Trajektorie** oder den **Orbit** dieser Bewegung bezeichnen. Der Phasenraum Ω ist also der geometrische Ort, wo die von (1) erzeugten Phasenkurven $X(t)$ verlaufen. Die Gesamtheit der Phasenkurven zu (1) heißt **Phasenfluß** des Vektorfeldes F (sprachlich genauer: *der vom Vektorfeld F erzeugte Phasenfluß der Differentialgleichung $\dot{X} = F(X)$*) und sei mit $\Phi(t, x_0)$ bezeichnet. Wir denken uns hierbei, daß für festes $x_0 \in \Omega$ durch $X = \Phi(\cdot, x_0)$ die Lösung X von (1) geliefert wird. Frieren wir t ein und setzen wir voraus, daß $\Phi(t, x)$ für alle $x \in \Omega$ definiert ist, so wird durch $\Phi^t := \Phi(t, \cdot)$ eine Abbildung von Ω in sich geliefert, und die Einparameterschar $\{\Phi^t\}_{t \in \mathbb{R}}$ von Abbildungen $\Phi^t : \Omega \to \Omega$ beschreibt den gesamten Phasenfluß Φ. Jede einzelne Abbildung Φ^t ist gleichsam eine „Momentaufnahme" des Flusses Φ zur Zeit t.

Im allgemeinen ist die Bahnkurve $X(t) = \Phi(t, x_0)$ bei fixiertem x_0 nicht für alle $t \in \mathbb{R}$, sondern nur auf einem Intervall $\{t : \alpha(x_0) < t < \omega(x_0)\}$ definiert; man spricht dann auch von einem *lokalen Phasenfluß* Φ. Um die komfortable Situation $\alpha(x_0) = -\infty$, $\omega(x_0) = \infty$ herbeizuführen, behelfen wir uns zunächst mit einer Definition.

Definition 1. *Ein Vektorfeld* $F : \Omega \to \mathbb{R}^d$ *heißt* **vollständig**, *wenn für jedes* $x_0 \in \Omega$ *die Lösung* $X(t)$ *von (1) für alle* $t \in \mathbb{R}$ *existiert.*

Kriterien für die Vollständigkeit von Vektorfeldern auf Mannigfaltigkeiten wollen wir später angeben (vgl. Band 2). Die Ergebnisse von 3.6 zeigen jedenfalls, daß lineare Vektorfelder $F : \mathbb{R}^d \to \mathbb{R}^d$, $F(x) = Ax$ mit $A \in M(d)$, vollständig sind. Aus Satz 3 von 4.1 folgt weiterhin, *daß jedes beschränkte, lokal Lipschitzstetige Vektorfeld* $F : \mathbb{R}^d \to \mathbb{R}^d$ *vollständig ist.*

Nun können wir das folgende fundamentale Ergebnis über den Phasenfluß herleiten.

Satz 1. *Der Phasenfluß* $\Phi : \mathbb{R} \times \Omega \to \Omega$ *eines vollständigen, lokal Lipschitzstetigen Vektorfeldes* $F : \Omega \to \mathbb{R}^d$ *ist stetig, und die einparametrige Schar der Abbildungen* $\Phi^t := \Phi(t, \cdot)$, $t \in \mathbb{R}$, *hat die Eigenschaft*

$$(2) \qquad \Phi^{t+s} = \Phi^t \circ \Phi^s \quad \text{für alle } t, s \in \mathbb{R}$$

und liefert daher eine einparametrige Gruppe von Homöomorphismen des Phasenraumes auf sich.

Beweis. (i) Um (2) zu beweisen, fixieren wir einen beliebigen Punkt $x_0 \in \Omega$ sowie einen Parameterwert $s \in \mathbb{R}$ und betrachten die beiden durch

$$u(t) := \Phi(t + s, x_0), \quad v(t) := \Phi(t, \Phi(s, x_0)), \quad t \in \mathbb{R},$$

definierten Abbildungen $u, v : \mathbb{R} \to \Omega$. Es gilt

$$\dot{u}(t) = \dot{\Phi}(t + s, x_0) = F(\Phi(t + s, x_0)) = F(u(t)) \text{ für } t \in \mathbb{R},$$
$$u(0) = \Phi(s, x_0),$$

und

$$\dot{v}(t) = \dot{\Phi}(t, \Phi(s, x_0)) = F(\Phi(t, \Phi(s, x_0))) = F(v(t)) \text{ für } t \in \mathbb{R},$$
$$v(0) = \Phi(0, \Phi(s, x_0)) = \Phi(s, x_0).$$

Also lösen u und v das gleiche Anfangswertproblem, und folglich gilt $u = v$. Dies bedeutet, daß

$$\Phi(t + s, x_0) = \Phi(t, \Phi(s, x_0))$$

für beliebige $s, t \in \mathbb{R}$ und $x_0 \in \Omega$ gilt, womit (2) bewiesen ist. Ferner folgt aus $\Phi(0, x_0) = x_0$ für alle $x_0 \in \Omega$ die Beziehung

$$\Phi^0 = \mathrm{id}_\Omega \, ,$$

und daher gilt

$$\Phi^t \Phi^{-t} = \Phi^{-t} \Phi^t = \mathrm{id}_\Omega$$

für beliebige $t \in \mathbb{R}$. Also liefert Φ^t für jedes t eine bijektive Abbildung von Ω auf sich mit der Inversen Φ^{-t}. Wegen $\Phi^s \Phi^t = \Phi^t \Phi^s$ für beliebige $t, s \in \mathbb{R}$ bilden also die Φ^t eine einparametrige **Transformationsgruppe auf Ω**, d.h. eine Gruppe bijektiver Abbildungen von Ω auf sich.

(ii) Nun zeigen wir, daß jede der Abbildungen $\Phi^t : \Omega \to \Omega$ stetig ist. Zu diesem Zwecke fixieren wir einen beliebigen Wert $T > 0$ sowie ein $x_0 \in \Omega$ und betrachten das Kompaktum $\Gamma := \Phi(I, x_0)$, wobei I das Intervall $[-T, T]$ bezeichnet. Wir führen für $r > 0$ die Schar der offenen Mengen $\Omega(r) := \{x \in \mathbb{R}^d : \mathrm{dist}\,(x, \Gamma) < r\}$ mit $\partial \Omega(r) = \{x \in \mathbb{R}^d : \mathrm{dist}\,(x, \Gamma) = r\}$ ein. Die Mengen $K(r) := \overline{\Omega(r)}$ sind kompakt. Dann können wir ein $R > 0$ so klein wählen, daß $K(R)$ in Ω liegt. Nun setzen wir zusätzlich voraus, daß F auf dem Phasenraum Lipschitzstetig ist mit einer Lipschitzkonstanten $L > 0$. Dann gilt insbesondere

$$(3) \qquad |F(x) - F(y)| \le L|x - y| \text{ für alle } x, y \in K(R) \, .$$

Wir bilden dann die Kurven $X : I \to \mathbb{R}^d$, $Y : I \to \mathbb{R}^d$ als

$$X(t) = \Phi(t, x_0) \, , \; Y(t) = \Phi(t, \xi) \, , \; |t| \le T \, ,$$

mit zunächst beliebigen Anfangswerten ξ, die $|\xi - x_0| < R$ erfüllen.
Als nächstes wählen wir ein beliebiges $\epsilon \in (0, R)$ und danach ein $\rho > 0$ mit $\rho < \epsilon e^{-LT}$.
Wie im Beweis von Satz 1 von 4.1 (vgl. Formel (17)) erhalten wir für $v := |X - Y|^2$ die Abschätzung

$$-2Lv \le \dot{v} \le 2Lv \, .$$

Dann folgt wie in Abschnitt 3.6, Bemerkung 1, daß für jedes Intervall $I' \subset I$ mit $Y(I') \subset K(R)$ die Abschätzung

$$(4) \qquad |Y(t) - X(t)| \le |\xi - x_0| \, e^{L|t|} \, , \; t \in I' \, ,$$

gilt. Wählen wir nun $\xi \in \mathbb{R}^d$ mit $|\xi - x_0| < \rho$, so muß $Y(t)$ für alle $t \in I$ in $\Omega(R)$ bleiben. Gäbe es nämlich ein $t^* \in (0, T]$ mit

$$Y(s) \in \Omega(R) \text{ für } 0 \le s < t^* \, , \; Y(t^*) \in \partial \Omega(R) \, ,$$

so folgte aus (4) die Abschätzung

$$|Y(s) - X(s)| \le \rho e^{LT} < \epsilon \qquad \text{für } 0 \le s \le t^*$$

und insbesondere

$$|Y(t^*) - X(t^*)| < \epsilon < R \, , \; X(t^*) \in \Gamma \, ,$$

was der Annahme $Y(t^*) \in \partial\Omega(R)$ widerspricht. Daher folgt für $|\xi - x_0| < \rho$ die Abschätzung

$$|Y(s) - X(s)| < \epsilon$$

für alle $s \in [0, T]$, und Gleiches folgt für alle $s \in [-T, 0]$. Dies liefert zusammen mit der Stetigkeit von X die Stetigkeit von Φ (Beweis!) und insbesondere von Φ^t für jedes $t \in \mathbb{R}$. Wegen $\Phi^{-t} = (\Phi^t)^{-1}$ ist jedes Φ^t ein Homöomorphismus von Ω auf sich. Nun müssen wir noch die „Zusatzannahme" loswerden, daß $F : \Omega \to \mathbb{R}^d$ Lipschitzstetig ist. In der Tat benötigen wir ja nur die schwächere Abschätzung (3), die wir aus folgendem Hilfssatz gewinnen.

Lemma 1. *Wenn* $F : \Omega \to \mathbb{R}^d$ *lokal Lipschitzstetig ist, so ist* F *auf jedem Kompaktum* $K \subset \Omega$ *Lipschitzstetig.*

Dieses Resultat wird mit dem *Satz von Heine-Borel* bewiesen, den wir aber erst später (in Band 2) herleiten wollen, so daß Satz 1 zunächst nur unter der stärkeren Annahme „$F : \Omega \to \mathbb{R}^d$ ist Lipschitzstetig" bewiesen ist.

$\square$

Die Interpretation des Phasenflusses eines (vollständig) Vektorfeldes als *Einparametergruppe von Transformationen* stammt von Sophus Lie. Das Vektorfeld F hat Lie als die *infinitesimale Transformation* der Einparametergruppe $\{\Phi^t\}_{t \in \mathbb{R}}$ bezeichnet.

Betrachten wir nun ein nicht notwendig vollständiges Vektorfeld $F : \Omega \to \mathbb{R}^d$ auf dem Phasenraum Ω, das lokal Lipschitzstetig ist, und bezeichne $\Phi : G \to \mathbb{R}^d$ den zugehörigen Phasenfluß, der auf

$$(5) \qquad\qquad G := \{(t, x_0) \in \mathbb{R} \times \Omega : \alpha(x_0) < t < \omega(x_0)\}$$

definiert ist. Es gilt $\alpha(x_0) < 0 < \omega(x_0)$, da der Fluß Φ die „Anfangszeit" $t_0 = 0$ hat.

Definition 2. *Ein Punkt* $x_0 \in \Omega$ *heißt* **Fixpunkt** *oder* **Gleichgewichtspunkt** *des Phasenflusses* $\Phi : G \to \mathbb{R}^d$, *wenn* $F(x_0) = 0$ *ist.*

Man nennt eine Nullstelle von F *auch einen* singulären *Punkt von* F.

Proposition 1. *(i) Aus* $F(x_0) = 0$ *folgt* $\alpha(x_0) = -\infty$, $\omega(x_0) = \infty$ *und* $\Phi(t, x_0) = x_0$ *für alle* $t \in \mathbb{R}$.

(ii) Gibt es zwei Punkte $t_1, t_2 \in (\alpha(x_0), \omega(x_0))$, *so daß* $t_1 < t_2$ *und* $\Phi(t, x_0) \equiv$ const *für* $t_1 < t < t_2$ *gilt, so folgt* $F(x_0) = 0$.

Beweis. Die Behauptung (i) ist evident, weil $X(t) \equiv x_0$, $t \in \mathbb{R}$, die eindeutig bestimmte Lösung von

$$\dot{X} = 0 \quad \text{auf } \mathbb{R} \quad , \quad X(0) = x_0$$

und somit wegen $F(x_0) = 0$ die eindeutig bestimmte Lösung von (1) ist.

(ii) Gilt $\Phi(t, x_0) = \xi \in \Omega$ für alle $t \in (t_1, t_2)$, so folgt aus $\dot{\Phi}(t, x_0) = F(\Phi(t, x_0))$ die Beziehung $F(\xi) = 0$. Damit ist $Y : \mathbb{R} \to \mathbb{R}^d$ mit $Y(t) \equiv \xi$ Lösung von $\dot{Y} = F(Y)$ auf $\mathbb{R}$ mit $Y(0) = \xi$, und wir haben $\Phi(t, x_0) = Y(t)$ für $t_1 < t < t_2$. Wegen Satz 2 von 4.1 stimmen Y und $\Phi(\cdot, x_0)$ auf dem Definitionsbereich von $\Phi(\cdot, x_0)$ überein, der den Punkt $t = 0$ enthält. Also gilt insbesondere $\xi = Y(0) = \Phi(0, x_0) = x_0$, und wir erhalten $F(x_0) = 0$. $\qquad \square$

Hat also das Vektorfeld $F : \Omega \to \mathbb{R}^d$ keine Nullstellen, so besitzt der zugehörige Phasenfluß keine Fixpunkte.

Nun stellen wir uns die Frage, ob sich eine nichtkonstante (maximale) Phasenkurve $X := \Phi(\cdot, x_0)$ selbst schneiden kann. Nehmen wir also an, daß es Punkte $t_1, t_2 \in I := (\alpha(x_0), \omega(x_0))$ gibt, so daß $X(t_1) = X(t_2)$ und etwa $t_1 < t_2$ ist, also $p := t_2 - t_1 > 0$. Dann gilt

$$X(t_1 + p) = X(t_1) \, .$$

Wir definieren nun eine mit der Periode p periodische und stetige Funktion $\Xi : \mathbb{R} \to \mathbb{R}^d$, die auf $[t_1, t_1 + p]$ mit X übereinstimmt, indem wir

$$\Xi(t_1 + \tau + kp) := X(t_1 + \tau)$$

für $0 \leq \tau < p$ und $k \in \mathbb{Z}$ setzen. Die Funktion $\Xi(t)$ ist auf jedem der Intervalle $(t_1 + kp , \, t_1 + (k+1)p)$, $k \in \mathbb{Z}$, von der Klasse C^1 und genügt dort der Gleichung

$$(6) \qquad \dot{\Xi} = F(\Xi) \, .$$

Aus Korollar 6 in 3.3 folgt wegen $\Xi \in C^0(\mathbb{R}, \mathbb{R}^d)$, daß Ξ auf $\mathbb{R}$ von der Klasse C^1 ist und dort (6) erfüllt. Satz 2 und Satz 5 von 4.1 liefern dann $I = \mathbb{R}$ und $X = \Xi$. Wir haben also bewiesen:

Proposition 2. *Schneidet sich eine Phasenkurve $X(t)$ selbst, so ist sie auf $\mathbb{R}$ definiert, und es gibt ein $p > 0$, so daß $X(t + p) = X(t)$ für alle $t \in \mathbb{R}$ gilt.*

Kurzum: Eine sich selbst schneidende Phasenkurve ist **periodisch** (und könnte freilich konstant sein). Jede Zahl $p \in \mathbb{R}$ mit der Eigenschaft

$$(7) \qquad X(t + p) = X(t) \quad \text{für alle } t \in \mathbb{R}$$

heiße *verallgemeinerte Periode* von X. (Ist $p > 0$, so heißt p *Periode von X. Das* Epitheton „verallgemeinert" bezieht sich darauf, daß wir sowohl $p = 0$ als auch negative p-Werte zulassen wollen.) Bezeichne $\mathcal{P}$ die Menge der verallgemeinerten Perioden von X.

Aus (7) ergibt sich sofort:

(i) $\mathcal{P}$ *ist eine additive Untergruppe von* $\mathbb{R}$.

(ii) $\mathcal{P}$ *ist eine abgeschlossene Teilmenge von* $\mathbb{R}$.

Proposition 3. *Die Menge* $\mathcal{P}$ *ist entweder gleich* $\{0\}$ *oder* $\mathbb{R}$, *oder sie wird von einer einzigen Periode* $p_0 > 0$ *erzeugt, d.h.* $\mathcal{P} = \{kp_0 : k \in \mathbb{Z}\}$.

Beweis. Sei $\mathcal{P} \neq \{0\}$. Dann ist die Menge $\mathcal{P}^+$ der positiven p mit der Eigenschaft (7) nichtleer. Folglich ist $p_0 := \inf \mathcal{P}^+$ nichtnegativ.
Fall 1. Sei $p_0 > 0$. Dann ist $p_0 \in \mathcal{P}^+$ und damit auch $kp_0 \in \mathcal{P}$ für alle $k \in \mathbb{Z}$. Angenommen, es gäbe ein $p \in \mathcal{P}$, so daß $p \not\equiv 0 \pmod{p_0}$ wäre. Dann gälte auch $-p \not\equiv 0 \pmod{p_0}$, und somit dürfen wir erstens $p > 0$ annehmen, und zweitens gäbe es ein $k \in \mathbb{N}_0$, so daß $0 < p - kp_0 < p_0$ wäre. Dies liefert einen Widerspruch wegen $p - kp_0 \in \mathcal{P}^+$ und $p_0 = \inf \mathcal{P}^+$. Also gilt $\mathcal{P} = \{kp_0 : k \in \mathbb{Z}\}$.
Fall 2. Sei $p_0 = 0$. Dann gibt es zu jedem $\epsilon > 0$ ein $p \in \mathcal{P}^+$, so daß $0 < p < \epsilon$ ist. Ferner können wir für jedes $r \in \mathbb{R}$ ein $k \in \mathbb{Z}$ finden, so daß $|r - kp| < p$ ist, woraus $|r - kp| < \epsilon$ folgt. Also liegt $\mathcal{P}$ dicht in $\mathbb{R}$, und wegen $\overline{\mathcal{P}} = \mathcal{P}$ ergibt sich $\mathcal{P} = \mathbb{R}$.

$\square$

Wir bemerken, daß $X(t) \equiv$ const gilt, falls $\mathcal{P} = \mathbb{R}$ ist. Somit ergibt sich aus den Propositionen 2 und 3 das folgende Resultat.

Satz 2. *Wenn sich eine Phasenkurve* $X = \Phi(\cdot, x_0)$ *selbst schneidet, so ist sie auf ganz* $\mathbb{R}$ *definiert, und sie ist entweder eine Gleichgewichtslösung (d.h.* $X(t) \equiv$ const*) oder periodisch mit einer kleinsten positiven Periode* p. *In letzterem Falle ist jede Periode von* X *ein ganzzahliges Vielfaches von* p, *und es gilt*

$$|X(t) - X(t')| \neq 0 , \quad \text{falls } 0 < |t - t'| < p \text{ ist.}$$

Abschließend werfen wir noch einen ersten Blick auf Systeme gewöhnlicher Differentialgleichungen *zweiter Ordnung* vom Typus

$$(8) \qquad\qquad\qquad \ddot{x} = f(x, \dot{x})$$

für gesuchte Funktionen $x : I \to \mathbb{R}^d$ der Klasse C^2. Hierbei nehmen wir an, daß $f : G \times \mathbb{R}^d \to \mathbb{R}^d$ ein zumindest stetiges d-dimensionales Vektorfeld auf $G \times \mathbb{R}^d$ ist, wobei G eine offene Menge in $\mathbb{R}^d$ bezeichnet. Wir suchen Kurven $x(t)$, die in G verlaufen. Man nennt G den *Konfigurationsraum* des Systems (8), während die $2d$-dimensionale Menge $\Omega := G \times \mathbb{R}^d$ als *Phasenraum* des Systems (8) bezeichnet wird. (Diese Bezeichnungen gehen auf den amerikanischen Physiker J.W. Gibbs zurück, der sich große Verdienste um den Ausbau der Thermodynamik erworben hat.)

Nun führen wir die Geschwindigkeit $\dot{x}$ als weitere abhängige Variable v ein, also $v(t) := \dot{x}(t)$, und verwandeln (8) in ein System von $2d$ skalaren Gleichungen erster Ordnung:

$$(9) \qquad\qquad \dot{x} = v \,, \quad \dot{v} = f(x, v) \,.$$

Hierauf können wir die zuvor behandelte Theorie anwenden und erhalten unter geeigneten Voraussetzungen an f einen maximalen Phasenfluß

$$x = x(t, x_0, v_0) \,, \quad v = v(t, x_0, v_0) \,,$$

wobei $x(0, x_0, v_0) = x_0$, $v(0, x_0, v_0) = v_0$ ist. Wir bemerken noch, daß die *Newtonschen Bewegungsgleichungen* vom Typ (8) sind.

Aufgaben.

1. Man zeige: Ein Vektorfeld $F : \Omega \to \mathbb{R}^d$ auf der Kugel $\Omega := \{x \in \mathbb{R}^d : |x| < R\}$ ist vollständig, wenn es lokal Lipschitzstetig ist und wenn ein $\epsilon > 0$ existiert mit $\langle x, F(x) \rangle \leq 0$ für $R - \epsilon \leq |x| < R$.
2. Man beweise: Ist $X : [0, \infty) \to \mathbb{R}^d$ eine Lösung von $\dot{X} = F(X)$ und existiert $x^* := \lim_{t \to \infty} X(t)$, so gilt $F(x^*) = 0$.
3. Man transformiere das lineare System $\ddot{x}_1 + \omega_1^2 x_1 = 0$, $\ddot{x}_2 + \omega_2^2 x_2 = 0$ zweiter Ordnung in $\mathbb{R}^2$ mit Konstanten $\omega_1, \omega_2 > 0$ in ein System der Form $\dot{X} = AX$, indem man $y_1 := \dot{x}_1$ und $y_2 := \dot{x}_2$ setzt. Unter welchen Voraussetzungen an ω_1, ω_2 sind sämtliche Lösungen $X(t) \not\equiv 0$ von $\dot{X} = AX$ periodisch?

3   Zwei Modelle des Anfangswertproblems

In diesem Abschnitt beschreiben wir zwei Modelle für das Anfangswertproblem, ein physikalisches und ein biologisches. (Physiker und Biologen würden den Spieß herumdrehen und sagen, das Anfangswertproblem (1) *modelliere* gewisse physikalische bzw. biologische Prozesse.)

Wir wollen uns zunächst etwas näher mit der **strömungsmechanischen Deutung des Anfangswertproblems**

$$(1) \qquad\qquad \dot{x} = v(t, x) \,, \quad x(t_0) = x_0$$

befassen, die auf Euler sowie Johann und Daniel Bernoulli zurückgeht.

In einem Gebiet Ω des $\mathbb{R}^d$, speziell des $\mathbb{R}^3$, möge eine Flüssigkeit strömen. Wir nehmen an, daß wir zu jedem Zeitpunkt t in einem Zeitintervall I und an jeder Stelle x des Gebietes den Geschwindigkeitsvektor kennen, der mit $v(t, x)$ bezeichnet werde. Die strömende Flüssigkeit ist also durch ein Vektorfeld $v : I \times \Omega \to \mathbb{R}^d$, ihr *Geschwindigkeitsfeld*, beschrieben.

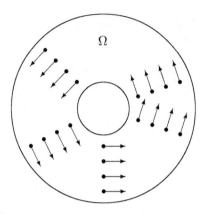

Dieses Bild einer Strömung, bei der man vergißt, wo sich das einzelne Flüssigkeitsteilchen eigentlich befindet, nennt man die *Eulersche Beschreibung einer* Strömung, und x, t, v heißen *Eulersche Variable*. Nun gehen wir zur *Lagrangeschen Beschreibung* über, die sich freilich ebenfalls bei Euler findet. Zu diesem Zwecke fassen wir zu einem bestimmten Zeitpunkt $t_0 \in I$, etwa $t_0 = 0$, ein Flüssigkeitsteilchen ins Auge, welches sich zu dieser Zeit an der Stelle $x_0 \in \Omega$ befinden möge, und verfolgen den weiteren Lauf dieses Teilchens mit fortschreitender Zeit (experimentell etwa dadurch, daß wir ein einziges Kügelchen von anderer Farbe in die strömende Flüssigkeit einbringen, das dann von dieser hinweggetragen wird). Mathematisch wird die Bewegung („Bahnkurve") dieses Teilchens durch eine Funktion $t \mapsto x = X(t, x_0)$ beschrieben, die angibt, an welcher Stelle x das Flüssigkeitsteilchen zur Zeit t angekommen ist, das zum Zeitpunkt t_0 an der Stelle x_0 war. Man nennt x_0, t, x die *Lagrangeschen Variablen* der Strömung. Der Übergang von den Eulerschen zu den Lagrangeschen Variablen bedeutet, daß man das Anfangswertproblem löst. Denken wir uns umgekehrt die Strömung in der Lagrangeschen Form

$$(t, x_0) \;\mapsto\; x = X(t, x_0)$$

gegeben; dann ist $\dot{X}(t, x_0)$ das Geschwindigkeitsfeld zum Zeitpunkt t in den Lagrangeschen Variablen. Um das Eulersche Bild zu gewinnen, müssen wir bei festgehaltenem t die Gleichung

(2) $$x = X(t, x_0)$$

nach x_0 auflösen; die Lösung sei

(3) $$x_0 = Y(t, x) \quad \text{mit} \quad x_0 = Y(t_0, x_0) \,,$$

also

(4) $$x_0 = Y(t, X(t, x_0)) \,, \qquad x = X(t, Y(t, x)) \,.$$

Setzen wir

(5) $$v(t, x) := \dot{X}(t, Y(t, x))$$

so gilt in der Tat $\dot{X}(t, x_0) = v(t, X(t, x_0))$, $X(t_0, x_0) = x_0$. Folglich liefern x, t, v in der Tat das Eulersche Bild, das zur Lagrangeschen Beschreibung x_0, t, x gehört. Allerdings ist an dieser Stelle noch unklar, ob der oben beschriebene Auflösungsprozeß wirklich ausgeführt werden kann, zumindest „lokal", d.h. in einer Umgebung von t_0, x_0 im t, x-Raum. Dies garantiert uns der *Satz über implizite Funktionen*, den wir in Band 2 formulieren werden. Hier vermerken wir noch, daß eine Strömung *stationär* heißt, wenn ihr Geschwindigkeitsfeld v zeitunabhängig ist; anderenfalls nennt man die Strömung *instationär*. Durch die Gleichung $\dot{x} = v(x)$ werden also stationäre Strömungen beschrieben, während $\dot{x} = v(t, x)$ im allgemeinen instationäre Strömungen liefert.

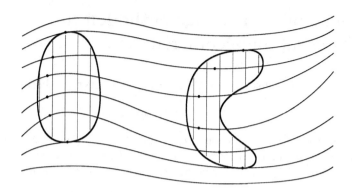

Nach dem soeben besprochenen *kinematischen Modell einer* Strömung wollen wir ein weiteres deterministisches Modell untersuchen, das die Entwicklung von Populationen beschreibt. Um ein einfach verständliches Beispiel vor Augen zu haben, betrachten wir ein **Populationsmodell**, wie es etwa von Biologen untersucht wird. Denken wir uns dazu eine *Zellkultur*, die in einem Laboratorium gezüchtet wird. Eine solche Kultur ist eine Kolonie von zahlreichen Mikroorganismen oder „Mikroben". Biologen interessieren sich üblicherweise mehr für die Veränderung der Anzahl der lebenden Mikroben als für das Schicksal einer einzelnen Mikrobe, da die Anzahl ein guter Indikator für die biologische Aktivität der betrachteten Zellkultur ist.

Denken wir uns, daß die Zellkultur N verschiedene Typen $\mathcal{M}_1, \mathcal{M}_2, \ldots, \mathcal{M}_N$ von Mikroben enthält, die untereinander in Wechselwirkung stehen, etwa, daß der Typ $\mathcal{M}_1$ alle anderen Typen frißt, $\mathcal{M}_2$ von allen anderen Typen gefressen wird, $\mathcal{M}_3$ alle Typen außer $\mathcal{M}_i$ frißt, etc., und sich außerdem alle Typen durch Zellteilung vermehren. Bezeichne $X_i(t)$ die Anzahl der Mikroben vom Typ $\mathcal{M}_1$, die zur Zeit t in der betrachteten Kultur leben. Um ein deterministisches Modell für die Veränderung der Anzahlfunktionen $X(t) = (X_1(t), \ldots, X_N(t))$ mit sich ändernder Zeit aufzustellen, scheinen Differentialgleichungen zunächst gänzlich ungeeignet zu sein, da die X_i nur natürliche Zahlen als Werte annehmen können, also i.a. durchaus nichtdifferenzierbar sind. Korrekterweise müßte man vielmehr Differenzengleichungen zur Beschreibung der Entwicklung von Zellkulturen benutzen. Da man es aber mit Zellkulturen mit sehr vielen Organismen zu tun hat, ist die Veränderung der Population vom Typ $\mathcal{M}_i$ um eine Mikrobe „sehr klein" im Vergleich zur Gesamtzahl X_i. Daher nimmt man als meist recht gute Approximation an die wirklichen Verhältnisse an, daß die Anzahlfunktionen $X_i(t)$ stetige und sogar differenzierbare Funktionen der Zeit sind und daß man das Entwicklungsgesetz der Mikrobenkolonie durch ein System $\dot{x} = F(t, x)$ von Differentialgleichungen beschreiben kann. Das Problem des Biologen besteht nun darin, durch „Erraten" einer geeigneten Funktion F ein Modell für die Entwicklung der Kultur zu geben, das mit den bekannten empirischen Werten in guter Übereinstimmung ist.

Beschreibt also $x_0 = (x_{01}, x_{02}, \ldots, x_{0N})$, wieviel Mikroben vom Typ $\mathcal{M}_1, \ldots, \mathcal{M}_N$ zur Zeit t_0 in der Kultur gelebt haben und lösen wir die Anfangswertaufgabe

$$\dot{x} = F(t, x) , \qquad X(t_0) = x_0 ,$$

so soll die Lösung $X(t) = \bigl(X_1(t), X_2(t), \ldots, X_N(t)\bigr)$ in guter Übereinstimmung mit den tatsächlichen Messungen der Anzahl der Mikroben von den N verschiedenen Typen sein. Im Abschnitt 4.4 werden wir zwei sehr einfache Populationsmodelle für den Fall $N = 1$ betrachten. Der Eindeutigkeitssatz bejaht die fundamentale Frage, ob durch das Modell (gegeben in Form einer Differentialgleichung $\dot{x} = F(t, x)$) und die Anfangsbedingungen $X(t_0) = x_0$, die Entwicklung des Systems für alle Zeiten *determiniert* ist. Wenn ein Modell keine Lösungen zuließe, wäre es sicherlich unbrauchbar, und wenn es mehrere Lösungen besäße, paßte es auch nicht in ein deterministisches Bild, das sich Wissenschaftler gerne von der Welt machen, auch wenn es in manchen Bereichen nicht zutrifft, wie die Quantenmechanik lehrt.

4   Elementare Lösungsmethoden für Differentialgleichungen

Wir betrachten zunächst skalare Differentialgleichungen der Form

$$(1) \qquad\qquad \dot{x} = f(t, x)$$

für eine gesuchte reelle Funktion $x(t)$, wobei $f(t, x)$ auf einer Menge G des $\mathbb{R}^2$ definiert sei. Wir benutzen jetzt eine etwas andere geometrische Interpretation von (1) als im vorangehenden Abschnitt. Dazu betrachten wir die Abbildung

$$(t, x) \mapsto (t, x, f(t, x)) \quad , \quad (t, x) \in G \,,$$

und interpretieren sie als ein **Richtungsfeld auf G** mit der **Gefällefunktion** $f(t, x)$, das von den *Linienelementen* $(t, x, f(t, x))$ gebildet wird.

Unter einem *Linienelement in der Ebene* versteht man üblicherweise ein Zahlen-tripel (t, x, p), das aus den kartesischen Koordinaten (t, x) eines Punktes aus $\mathbb{R}^2$ und der Steigung $p = \operatorname{tg} \alpha$ einer durch (t, x) gehenden Geraden besteht.

Die Differentialgleichung (1) zu lösen heißt dann, eine Funktion $x(t), t \in I$, zu finden, deren Graph *in das Richtungsfeld paßt*, d.h. dessen Tangente in (t, x) die Steigung $p = f(t, x(t))$ hat.

$\boxed{1}$ *Die homogene lineare Differentialgleichung*

$$(2) \qquad\qquad \dot{x} = a(t)x \quad \text{auf } \mathbb{R}$$

mit einer vorgegebenen Funktion $a \in C^0(\mathbb{R})$. Die Gleichung (2) hat offensicht-lich die triviale Lösung $x(t) \equiv 0$. Jede andere Lösung von (2) kann wegen des Eindeutigkeitssatzes („einmal Null, immer Null") nirgends verschwinden. Also kann man für sie die Gleichung (2) umschreiben in

$$\frac{\dot{x}}{x} = a(t) \,,$$

und dies ist gleichbedeutend mit

$$\frac{d}{dt}\, \log |x(t)| = a(t) \,.$$

Damit erhalten wir für ein beliebig gewähltes $t_0 \in \mathbb{R}$ die Gleichung

$$\log \frac{x(t)}{x(t_0)} = \int_{t_0}^{t} a(\tau) d\tau \,.$$

Folglich ist

$$(3) \qquad\qquad x(t) = x(t_0) \exp\left(\int_{t_0}^{t} a(\tau) d\tau \right) \,,$$

und Differentiation von (3) liefert wieder (2). Übrigens liefert (3) auch die triviale Lösung, wenn wir $x(t_0) = 0$ setzen. Die „*allgemeine Lösung*" von (2) hat also die Form

$$(4) \qquad\qquad x(t) = c\,\varphi(t)$$

mit einer beliebigen reellen Konstanten c, wobei

$$(5) \qquad\qquad \varphi(t) := \exp\left(\int_{t_0}^{t} a(\tau)d\tau\right) \ , \ -\infty < t < \infty \ ,$$

gesetzt ist.

Mit anderen Worten: Der Raum der Lösungen $x(t)$ der homogenen linearen Gleichung (2) ist eindimensional und wird von der Lösung φ aufgespannt.

2 *Die inhomogene lineare Differentialgleichung*

$$(6) \qquad\qquad \dot{x} = a(t)x + b(t) \quad \text{auf } \mathbb{R}$$

mit vorgegebenen Funktionen $a, b \in C^0(\mathbb{R})$. Zwei Lösungen von (6) unterscheiden sich offenbar nur um eine Lösung von (2). Umgekehrt ist die Summe einer Lösung von (6) und einer Lösung von (2) wiederum Lösung von (6). Damit erhalten wir das folgende allgemeine **Superpositionsprinzip**:

Die allgemeine Lösung der inhomogenen linearen Gleichung $Lx = b$ mit $L = d/dt - a$ ist die Summe irgendeiner Lösung von $Lx = b$ (man nennt sie auch „spezielle Lösung") und der allgemeinen Lösung von $Lx = 0$.

Dieses Prinzip gilt für jede lineare Abbildung $L : E_1 \to E_2$ zwischen zwei Vektorräumen E_1 und E_2 und nicht nur für den hier betrachteten Operator $L = d/dt - a(t)$.

Kennen wir also eine spezielle Lösung $\psi(t)$ von (6), also

$$(7) \qquad\qquad \dot{\psi} = a(t)\psi + b(t) \ ,$$

so hat die allgemeine Lösung $x(t)$ von (6) die Form

$$x(t) = c\varphi(t) + \psi(t) \ , \ t \in \mathbb{R} \ ,$$

wobei c eine beliebige reelle Konstante bezeichnet und $\varphi(t)$ durch (5) gegeben ist.

Um eine spezielle Lösung $\psi(t)$ von (7) zu bestimmen, bedient man sich nach dem Vorbild von Lagrange der Methode der **Variation der Konstanten**. Dazu nimmt man die allgemeine Lösung (4) der homogenen Gleichung (2) und ersetzt die Konstante c durch eine – noch zu bestimmende – Funktion $\xi(t)$; für die zu bestimmende Lösung ψ von (7) machen wir also folgenden Ansatz:

$$(8) \qquad\qquad \psi(t) := \xi(t)\varphi(t) \ .$$

Soll ψ die Gleichung (7) lösen, so muß

$$\dot{\xi}\varphi + \xi\dot{\varphi} = a\xi\varphi + b$$

gelten, und wegen $\dot{\varphi} = a\varphi$ folgt

$$\dot{\xi}\varphi = b \ .$$

Damit muß ξ der Gleichung

$$\dot{\xi}(t) = \frac{b(t)}{\varphi(t)}$$

genügen, woraus

(9) $$\xi(t) = \int_{t_0}^{t} \frac{b(\tau)}{\varphi(\tau)} \, d\tau \ + \text{const}$$

folgt. Umgekehrt prüft man sofort nach, daß durch (8) & (9) für jede Konstante
eine Lösung geliefert wird, insbesondere für const = 0. Daher ist die allgemeine
Lösung $x(t)$ der Gleichung (6) von der Form

(10) $$x(t) := \left[x_0 + \int_{t_0}^{t} b(\tau) \exp(- \int_{t_0}^{\tau} a(s)ds) d\tau \right] \cdot \exp(\int_{t_0}^{t} a(\tau)d\tau) \ ,$$

wobei die Konstanten t_0 und x_0 beliebig gewählt werden dürfen. Die durch (10)
gegebene Lösung $x(t)$ erfüllt offenbar die Anfangsbedingung $x(t_0) = x_0$. Insbesondere hat die Anfangswertaufgabe

(11) $$\dot{x} = ax + b(t) \ \text{auf} \ \mathbb{R} \ , \quad x(t_0) = x_0$$

mit konstantem a die Lösung

(12) $$x(t) = x_0 e^{a(t-t_0)} + e^{at} \int_{t_0}^{t} e^{-a\tau} b(\tau) d\tau \ .$$

Ist zusätzlich $b = $ const, so gilt

(13) $$x(t) = x_0 e^{a(t-t_0)} + \frac{b}{a} \cdot [e^{a(t-t_0)} - 1] \ .$$

[3] *Die Bernoullische Differentialgleichung*

(14) $$\dot{x} = a(t)x + b(t)x^n \ \text{auf} \, \mathbb{R} \ , \ n \in \mathbb{R} \ , \ n \neq 0, 1,$$

ist eine nichtlineare Differentialgleichung, die durch einen Kunstgriff auf eine
inhomogene lineare Differentialgleichung zurückgeführt werden kann.

Zunächst bemerken wir, daß (14) die triviale Lösung $x(t) \equiv 0$ hat und daß – wegen des Eindeutigkeitssatzes – jede andere Lösung $x(t)$ von (14) nirgendwo verschwindet. Um diese Lösungen zu bestimmen, führen wir statt $x(t)$ die neue Funktion

$$(15) \qquad y(t) := [x(t)]^{1-n}$$

ein. Dann ist

$$\dot{y} = (1-n)x^{-n}\dot{x} \, ,$$

und aus (14) folgt die inhomogene lineare Gleichung

$$(16) \qquad \dot{y} = (1-n)a(t)y + (1-n)b(t) \, ,$$

deren allgemeine Lösung wir in $\boxed{2}$ bestimmt haben. Ist nun umgekehrt $y(t)$ eine Lösung von (16), so ist zunächst nicht klar, daß durch Auflösung von (15) nach $x(t)$, also durch

$$(17) \qquad x(t) = \frac{1}{[y(t)]^{\frac{1}{n-1}}}$$

für $n > 1$ eine Lösung von (14) geliefert wird. Beschränken wir uns aber auf Intervalle I, wo $y(t)$ positiv ist, so ist dort $x(t)$ positiv, und zwischen zwei aufeinander folgenden Nullstellen von $y(t)$ ist $x(t)$ maximal. Allgemeiner: Die Lösung $x(t)$ entschwindet im Unendlichfernen, wenn $y(t)$ sich einer seiner Nullstellen nähert, und die Lösung $x(t)$ kann nicht weiter fortgesetzt werden. Wir bemerken noch, daß positiven Anfangswerten x_0 für $x(t)$ die positiven Anfangswerte $y_0 = x_0^{1-n}$ für $y(t)$ entsprechen. Also ist das Anfangswertproblem $x(t_0) = x_0$ mit $x_0 > 0$ für die Gleichung (14) stets (lokal) lösbar.

Für Anwendungen besonders interessant ist die Gleichung

$$(18) \qquad \dot{x} = a(t)x + b(t)x^2 \, ,$$

für die sich (15) auf die Relation $y = 1/x$ reduziert. Von diesem Typ ist die *Verhulstgleichung*

$$(19) \qquad \dot{x} = kx - \beta x^2 \, , \qquad k > 0 \, , \ \beta > 0 \, ,$$

die Wachstumsprozesse modelliert. Beschreibt etwa $x(t) > 0$ die Anzahl der Mikroben in einem Behälter, die sich ungestört vermehren können, so kann man in vielen Fällen für kleine Werte von $x(t)$ eine konstante Wachstumsrate $k > 0$ annehmen, d.h.

$$\frac{\dot{x}}{x} \ = \ k \, ,$$

und die Population entwickelt sich exponentiell,

$$x(t) = x_0 e^{kt} \, ,$$

wenn $x(0) = x_0$ ist. In sehr großen Kolonien wird aber der Wettbewerb um die Resourcen schärfer, was das Wachstum dämpft. Um dieses Phänomen zu modellieren, fügt man in der Gleichung $\dot{x} = kx$ dem Term kx, der das Wachstum antreibt, einen weiteren Term hinzu, der wenig ins Gewicht fällt, wenn x klein ist, aber sehr stark hemmend wirkt, wenn x groß ist. Ein sehr einfacher und zugleich einleuchtender Ansatz für $f(x)$ in dem Wachstumsgesetz $\dot{x} = f(x)$ ist

$$f(x) = kx - \beta x^2 \qquad \text{mit } \beta > 0 \, ,$$

was auf (19) führt. Diese Gleichung hat die positive Gleichgewichtslösung $x(t) \equiv \xi$ mit $\xi = k/\beta$, und für den Anfangswert $x(0) = x_0 > 0$ erhalten wir die Lösung

$$(20) \qquad x(t) = \frac{x_0 \xi}{x_0 + (\xi - x_0)e^{-kt}} \, ,$$

die für $t \to \infty$ gegen ξ strebt. Die Funktion $x(t)$ wächst monoton für $0 < x_0 < \xi$ und fällt für $x_0 > \xi$.

4 **Separation der Variablen**. Dies ist eine Methode, die sich auf Differentialgleichungen der Form

$$(21) \qquad\qquad \frac{dx}{dt} = \frac{f(t)}{g(x)}$$

mit $g(x) \neq 0$ anwenden läßt. Hierbei seien f und g als stetige Funktionen vorausgesetzt. Formal integriert man (21), indem man zunächst die Variablen x und
t trennt, also

$$g(x)dx = f(t)dt$$

schreibt, und dann beide Seiten zwischen einander entsprechenden Grenzen x_0
und x bzw. t_0 und t integriert. (Damit ist gemeint, daß die gesuchte Lösung von
(21) zum Zeitpunkt t_0 bzw. t den Wert x_0 bzw. x hat.) Dann folgt

$$(22) \qquad\qquad \int_{x_0}^{x} g(\xi)d\xi = \int_{t_0}^{t} f(\tau)d\tau \ .$$

Ist nun $G' = g$ und $F' = f$, so führt (22) auf die implizite Gleichung

$$(23) \qquad\qquad G(x) = F(t) + c$$

mit der Konstanten $c := G(x_0) - F(t_0)$. Wenn G monoton ist, kann man (23)
nach x auflösen und erhält x als Funktion von t und c:

$$(24) \qquad\qquad x = \varphi(t,c) \ .$$

Ist hingegen F monoton, so löst man nach t auf und erhält

$$(25) \qquad\qquad t = \psi(x,c) \ .$$

Hieraus versucht man durch Auflösung nach x auf die Form (24) zu kommen.

Wie kann diese „Methode" gerechtfertigt werden? Und: Warum erhält man so die Lösungen
von (21)? Um diese Fragen zu beantworten, führen wir zunächst die Funktion $\Phi(t,x)$ ein durch

$$(26) \qquad\qquad \Phi(t,x) := G(x) - F(t) \ .$$

Diese Funktion heißt *Integral* (oder auch: *erstes Integral*) der Differentialgleichung (21). Dies
soll – nach einem etwas altertümlichen Sprachgebrauch – bedeuten, daß $\Phi(t,x(t))$ auf dem
Graphen einer jeden Lösungskurve $t \mapsto x(t)$ konstant ist:

$$(27) \qquad\qquad \Phi(t,x(t)) = c \ .$$

In der Tat gilt wegen (21)

$$\frac{d}{dt}\,\Phi(t,x(t)) = \frac{d}{dt}\,G(x(t)) - \frac{d}{dt}\,F(t) = G'(x(t))\frac{dx}{dt} - F'(t)$$

$$= g(x(t))\frac{dx}{dt} - f(t) = 0 \ .$$

Damit ist gerechtfertigt, daß auf jedem Intervall I, wo die Lösung $x(t)$ existiert, die Gleichung
(27) erfüllt ist, und wenn zu $x = x(t)$ die Umkehrfunktion $t = t(x)$ existiert, so kann man statt
(27) auch

$$(28) \qquad\qquad \Phi(t(x),x) = c$$

schreiben mit $c = \Phi(t_0, x_0)$, falls $x(t_0) = x_0$ bzw. $t(x_0) = t_0$ ist. Es ist also gerechtfertigt, für die Lösungen $x(t)$ von (21) bzw. $t(x)$ von

$$(29) \qquad \frac{dt}{dx} = \frac{g(x)}{f(t)}$$

die Gleichung (28) hinzuschreiben.

Nun zur zweiten Frage: Warum gewinnt durch Auflösung von $\Phi(t, x) = c$ nach x bzw. t eine Lösung $x = x(t)$ von (21) bzw. eine Lösung $t = t(x)$ von (29)? Betrachten wir also die Gleichung $\Phi(t, x) = c$ oder, äquivalent dazu,

$$(30) \qquad G(x) = F(t) + c \,.$$

Nehmen wir etwa an, daß $G(x_0) = F(t_0) + c$ gilt und daß $G'(x) = g(x)$ in einer Umgebung U von x_0 auf der x-Achse ungleich Null und daher G invertierbar ist. Wenn wir die (lokale) Inverse von $G : U \to \mathbb{R}$ mit G^{-1} bezeichnen und $U^* := G(U)$ setzen, so gibt es ein Intervall I auf der t-Achse, das t_0 im Inneren enthält und

$$F(t) + c \in U^* \text{ für alle } t \in I$$

erfüllt. Damit ist

$$\varphi(t) := G^{-1}(F(t) + c) \text{ für } t \in I$$

wohldefiniert, und es folgt wegen

$$(G^{-1})'(y) = \frac{1}{G'(G^{-1}(y))} = \frac{1}{g(G^{-1}(y))} \,,$$

daß

$$\dot{\varphi}(t) = (G^{-1})'(F(t) + c)\dot{F}(t) = \frac{f(t)}{g(G^{-1}(F(t) + c))} = \frac{f(t)}{g(\varphi(t))}$$

ist, und somit ist $x = \varphi(t)$ eine lokale Lösung von (21), welche die Anfangsbedingung $\varphi(t_0) = x_0$ erfüllt. Entsprechend können wir argumentieren, wenn (30) nach t aufgelöst wird; die Auflösung $t = \psi(x)$ mit $t_0 = \psi(x_0)$ erfüllt (29).

Im Einzelfall muß dann untersucht werden, was das maximale Definitionsintervall von $x = \varphi(t)$ bzw. $t = \varphi(x)$ ist.

⑤ **Bewegung des eindimensionalen Massenpunktes.** Die Bewegung $t \mapsto x(t)$ eines eindimensionalen Massenpunktes der Masse 1 auf der x-Achse unter dem Einfluß der Kraft $f(x)$ wird durch die *Newtonsche Bewegungsgleichung*

$$(31) \qquad \ddot{x} = f(x)$$

beschrieben. Wir führen die (bis auf eine additive Konstante eindeutig definierte) *potentielle Energie* $V(x)$ dieser Kraft ein als

$$(32) \qquad V(x) := -\int_{x_0}^{x} f(\xi)d\xi \,,$$

wobei x_0 irgendein Wert aus dem Definitionsbereich von f ist. Dann schreibt sich (31) als

$$(33) \qquad \ddot{x} = -V'(x) \,.$$

Multiplizieren wir (33) mit $\dot{x}$ und addieren auf beiden Seiten $V'(x)\dot{x}$, so folgt

$$\dot{x}\ddot{x} + V'(x)\dot{x} = 0 ,$$

was gleichbedeutend mit

$$\frac{d}{dt}\left[\frac{1}{2}\dot{x}^2 + V(x)\right] = 0$$

ist. Also gilt für jede Lösung $x : I \to \mathbb{R}$ von (31) der *Energiesatz*:

(34) $$\frac{1}{2}\dot{x}^2 + V(x) = \text{const} =: E .$$

Der Ausdruck $T = \frac{1}{2}\dot{x}^2$ heißt *kinetische Energie* des Massenpunktes zur Zeit t, und $T + V$ heißt *Gesamtenergie*.

Nach (34) bleibt also die Gesamtenergie $T + V$ bei einer durch (31) beschriebenen Bewegung für alle Zeiten konstant. Damit haben wir die Bewegungsgleichung (31), die von zweiter Ordnung ist, auf (34) reduziert, also auf eine Bewegungsgleichung erster Ordnung. Diese können wir umschreiben in

(35) $$\dot{x} = \sqrt{2(E - V(x))} \quad \text{oder} \quad \dot{x} = -\sqrt{2(E - V(x))} ,$$

je nachdem, ob $\dot{x}(t) > 0$ oder < 0 im betrachteten Zeitraum ist. Wegen (34) gilt $E - V(x) \geq 0$, und unter der Annahme $E - V(x) > 0$ folgt mit Separation der Variablen

$$\frac{dx}{\pm\sqrt{2(E - V(x))}} = dt ,$$

und Integration liefert

(36) $$t = t_0 \pm \int_{x_0}^{x} \{2[E - V(\xi)]\}^{-1/2} d\xi =: \psi(x) .$$

Wegen $\psi'(x) = \pm\{2[E - V(x)]\}^{-1/2} \neq 0$ kann man also die Gleichung $t = \psi(x)$ zwischen zwei Nullstellen von $E - V(x)$ nach x auflösen; die Inverse $x = \varphi(t)$ erfüllt dann (35) und somit (34). Differentiation von (34) liefert dann wegen $\dot{x}(t) \neq 0$ im betrachteten Definitionsbereich von $x(t)$ die Newtonsche Gleichung (31).

Die Energiekonstante E berechnet sich aus den Anfangsdaten x_0 und v_0 für Ort und Geschwindigkeit:

(37) $$x(t_0) = x_0 \quad , \quad \dot{x}(t_0) = v_0 .$$

Wegen (34) folgt

(38) $$E = \frac{1}{2} v_0^2 + V(x_0) .$$

Es bleibt im Einzelfall zu klären, welche der beiden Wurzeln in (35) zu wählen ist. Dies hängt ganz wesentlich von der Gestalt der potentiellen Energie $V(x)$ ab.

Betrachten wir einen einfachen, aber sehr wichtigen Fall, den eines *Potentialtopfes*. Hier nehmen wir an, daß die potentielle Energie ein isoliertes Minimum hat, etwa an der Stelle $x = 0$, und daß $V'(x) < 0$ ist für $x < 0$ und $V'(x) > 0$ gilt für $x > 0$. Ein typisches Beispiel ist $V(x) = \frac{1}{2}kx^2$, $k > 0$, das Potential der Hookeschen Kraft $f(x) = -kx$.

Wir setzen $v = \dot{x}$ und gehen von (31) zu den Differentialgleichungen

(39)
$$\dot{x} = v$$
$$\dot{v} = -V'(x)$$

im Phasenraum über. Dort definieren wir die Funktion

(40)
$$\Psi(x, v) := \frac{1}{2} v^2 + V(x)\,.$$

Aus (34) folgt, daß Ψ ein erstes Integral des durch (39) definierten Phasenflusses $(x(t), v(t))$ ist. Dieser hat als einzige Gleichgewichtslösung die Phasenkurve

$$x(t) \equiv 0 \quad, \quad v(t) \equiv 0 \quad, \quad t \in \mathbb{R}\,.$$

Falls $E > V(0)$ ist, folgt nach (34)

$$\Psi(x(t), v(t)) = E > 0\,,$$

d.h. jede zu einem Energiewert $E > V(0)$ gehörende Phasenkurve hat als Orbit eine Niveaulinie der Funktion $\Psi(x, v)$, und eine einfache Diskussion zeigt, daß diese Niveaulinien glatte geschlossene Kurven um den Gleichgewichtspunkt $0 = (0, 0)$ herum sind, die spiegelsymmetrisch zur x-Achse verlaufen.

Strebt nun $v = \dot{x} = \sqrt{2(E - V(x))}$ dem Werte Null zu, so konvergiert x wegen (34) gegen einen Wert ungleich Null, und das Gleiche gilt wegen $\dot{v} = -V'(x)$ dann auch für $\dot{v}$. Also wechselt $v(t) = \dot{x}(t)$ das Vorzeichen. Hieraus schließen wir, daß abwechselnd $\dot{x} = \sqrt{2(E - V(x))}$ und $\dot{x} = -\sqrt{2(E - V(x))}$ für $\dot{x}$ zu nehmen ist. Dies führt zu einer periodischen Bewegung $x(t), v(t)$ im Phasenraum, die den Gleichgewichtspunkt umläuft, und damit auch zu einer periodischen Bewegung $x(t)$ im Konfigurationsraum, zu einer *Schwingung*. Der harmonische Oszillator

$$\ddot{x} = -kx$$

liefert hierfür ein typisches Beispiel.

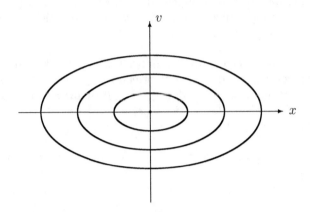

6 *Das mathematische Pendel* liefert ein anderes klassisches Beispiel einer Schwingung. Dabei ist P ein Massenpunkt der Masse m, der an einer gewichtslosen Stange befestigt sei, die in einem Punkt P_0 aufgehängt ist und in einer vertikalen Ebene schwingen kann.

Es sei l die Länge der Pendelstange und θ der Auslenkungswinkel zur Vertikalen, der negativen y-Achse. Auf P wirkt die Schwerkraft $F = (0, -mg)$. Diese werde zerlegt in eine Komponente, die in Richtung der Stange wirkt, und in eine senkrecht dazu wirkende Komponente. Erstere wird von einer Gegenkraft im Aufhängungspunkt P_0 aufgehoben, und daher ist letztere allein wirksam. Dies führt zur Pendelgleichung $(g = 9,81 m/s^2)$

$$m\,l\,\ddot{\theta} = -mg\,\sin\theta$$

für den Auslenkungswinkel $\theta(t)$, aufgefaßt als Funktion der Zeit t, und diese Gleichung läßt sich schreiben als

(41) $$\ddot{\theta} = -\omega^2 \sin\theta$$

mit $\omega^2 = g/l$, $\omega > 0$, und die Kraft $f(\theta) = -\omega^2 \sin\theta$ hat die potentielle Energie $V(\theta) = -\omega^2 \cos\theta$, denn $-V' = f$, und der Energiesatz liefert

$$\frac{1}{\sqrt{2}\omega} \frac{d\theta}{\pm\sqrt{\cos\theta - \cos\theta_0}} = dt,$$

wobei $\theta_0 > 0$ einen Auslenkungswinkel bezeichnet, bei dem das Pendel die Winkelgeschwindigkeit $\dot{\theta} = 0$ hat. Dann folgt

$$t(\theta) - t_0 = \frac{1}{\sqrt{2}\omega} \int_{\theta_0}^{\theta} \frac{d\vartheta}{\pm\sqrt{\cos\vartheta - \cos\theta_0}} \quad , \text{ wenn } \theta_0 = \theta(t_0) \text{ ist.}$$

Wegen $\cos\varphi = 1 - 2\sin^2(\varphi/2)$ ergibt sich

$$t_0 - t(\theta) = \frac{1}{2\omega} \int_{\theta}^{\theta_0} \frac{d\vartheta}{\pm\sqrt{\sin^2(\theta_0/2) - \sin^2(\vartheta/2)}}$$

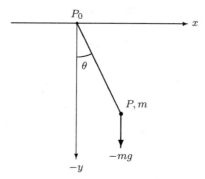

als Beschreibung für die Pendelschwingung. Dem Winkel $\theta = 0$ möge der Zeitpunkt $t(\theta) = 0$ entsprechen. Dann ist $t_0 = T/4$, wobei T die Zeit beschreibt, in der das Pendel eine volle Schwingung ausführt. Somit ist

$$T = \frac{2}{\omega} \int_0^{\theta_0} \frac{d\vartheta}{\sqrt{\sin^2(\theta_0/2) - \sin^2(\vartheta/2)}} \,.$$

Setzen wir $k := \sin(\theta_0/2)$ und führen φ ein durch

$$k \sin \varphi = \sin \vartheta/2 \,,$$

so erhalten wir

$$d\vartheta = \frac{2k \cos \varphi}{\sqrt{1 - k^2 \sin^2 \varphi}} \, d\varphi$$

und daher

(42) $$T = \frac{4}{\omega} \int_0^{\pi/2} \frac{d\varphi}{\sqrt{1 - k^2 \sin^2 \varphi}} \,, \quad \frac{1}{\omega} = \sqrt{l/g} \,, \quad k = \sin(\theta_0/2) \,.$$

Dieses Integral kann nicht mehr elementar berechnet werden; es ist ein sogenanntes elliptisches Integral erster Gattung zum Modul k.

$\boxed{7}$ **Homogene Differentialgleichungen n-ter Ordnung mit konstanten Koeffizienten** für eine gesuchte skalare Funktion $x \in C^n(\mathbb{R}, \mathbb{K})$, $\mathbb{K} = \mathbb{R}$ oder $\mathbb{C}$:

(43) $$D^n x + a_{n-1} D^{n-1} x + \ldots + a_1 Dx + a_0 x = 0 \,,$$

$a_0, a_1, \ldots, a_{n-1} \in \mathbb{K}$, $n \in \mathbb{N}$, $D = d/dt$.

Wir setzen

(44) $$X = \begin{pmatrix} X_1 \\ X_2 \\ \vdots \\ X_n \end{pmatrix} \,, \quad X_1 := x, \; X_2 := Dx, \; \ldots, \; X_n := D^{n-1} x$$

und verwandeln damit (43) in ein System von n Differentialgleichungen erster Ordnung

(45) $$\dot{X}_1 = X_2 \,, \; \dot{X}_2 = X_3, \ldots, \dot{X}_{n-1} = X_n \,, \; \dot{X}_n = -\sum_{\nu=1}^n a_{\nu-1} X_\nu$$

für n gesuchte Funktionen $X_1, \ldots, X_n \in C^1(\mathbb{R}, \mathbb{K})$. Ist umgekehrt $X \in C^1(\mathbb{R}, \mathbb{K}^n)$ mit den Komponenten $X_1, \ldots, X_n$ eine Lösung von (45), so ist $x := X_1 \in C^n(\mathbb{R}, \mathbb{K})$ und erfüllt (43).

Also ist die skalare Gleichung (43) äquivalent zur vektoriellen Gleichung (45). Letztere schreiben wir als

$$(46) \qquad\qquad \dot{X} = AX$$

mit

$$(47) \qquad A = \begin{pmatrix} 0 & 1 & 0 & 0 & \cdots & 0 & 0 \\ 0 & 0 & 1 & 0 & \cdots & 0 & 0 \\ \vdots & \vdots & \vdots & \vdots & \ddots & \vdots & \vdots \\ 0 & 0 & 0 & 0 & \cdots & 0 & 1 \\ -a_0 & -a_1 & -a_2 & -a_3 & \cdots & -a_{n-2} & -a_{n-1} \end{pmatrix} .$$

Bezeichne $N(\mathcal{L})$ den Nullraum des durch

$$(48) \qquad \mathcal{L} := D^n + a_{n-1} D^{n-1} + \ldots + a_1 D + a_0$$

definierten linearen Operators $\mathcal{L} : C^n(\mathbb{R}, \mathbb{K}) \to C^0(\mathbb{R}, \mathbb{K})$, und $N(L)$ sei der Nullraum des durch $L := D - A$ gegebenen linearen Operators $C^1(\mathbb{R}, \mathbb{K}^n) \to C^0(\mathbb{R}, \mathbb{K}^n)$. Dann liefert die durch (44) definierte Abbildung $E : N(\mathcal{L}) \to N(L)$ mit

$$(49) \qquad x \mapsto Ex := X \quad , \quad x \in N(\mathcal{L}) ,$$

eine bijektive Abbildung von $N(\mathcal{L})$ auf $N(L)$, und wegen $\dim N(L) = n$ ergibt sich

$$(50) \qquad\qquad \dim N(\mathcal{L}) = n .$$

Weiterhin bilden die ersten Komponenten $x_1, x_2, \ldots, x_n$ der Spaltenvektoren $Z_1, \ldots, Z_n$ einer Fundamentalmatrix Z des Systems (46) eine Basis von $N(\mathcal{L})$. Damit ist die Gleichung (43) auf die in Abschnitt 3.6 entwickelte Theorie zurückgeführt. Wir wollen aber von diesen Ergebnissen nur die Gleichung (50) benutzen, die folgendes besagt:

Sind $x_1, \ldots, x_n \in N(\mathcal{L})$ linear unabhängig über $\mathbb{K}$, so bildet $\{x_1, \ldots, x_n\}$ eine Basis von $N(\mathcal{L})$, und jede Lösung $x \in C^n(\mathbb{R}, \mathbb{K})$ von $\mathcal{L}x = 0$ läßt sich in der Form

$$x = c_1 x_1 + \ldots + c_n x_n$$

mit eindeutig bestimmten Koeffizienten $c_1, \ldots, c_n \in \mathbb{K}$ darstellen.

Um $\mathcal{L}x = 0$ allgemein zu lösen, brauchen wir also nur n linear unabhängige Lösungen $x_1, \ldots, x_n$ von (43) zu bestimmen.

(i) Wir beginnen mit dem **komplexen Fall** $\mathbb{K} = \mathbb{C}$ und machen folgenden *Ansatz*:

$$(51) \qquad\qquad x(t) = e^{\lambda t} , \ \lambda \in \mathbb{C} .$$

Führen wir das Polynom $p : \mathbb{C} \to \mathbb{C}$ n-ten Grades ein durch

$$(52) \qquad p(\lambda) := \lambda^n + a_{n-1} \lambda^{n-1} + \ldots + a_1 \lambda + a_0 ,$$

so folgt für die „Ansatzfunktion" $x(t)$ die Identität

$$(53) \qquad (\mathcal{L}x)(t) = p(\lambda) \cdot x(t) \quad \text{für alle } t \in \mathbb{R} .$$

Formal entsteht $p(\lambda)$ dadurch, daß man in (48) den Operator D durch die Variable λ ersetzt, und man überzeugt sich auch, daß

$$\det(A - \lambda I) = (-1)^n p(\lambda)$$

ist, d.h. *die Nullstellen von $p(\lambda)$ sind gerade die Eigenwerte der Matrix A.*

Aus (53) sehen wir, daß der Ansatz (51) genau dann eine Lösung von $\mathcal{L}x = 0$ liefert, wenn λ eine Wurzel von $p(\lambda) = 0$ ist. Nach dem Fundamentalsatz der Algebra besitzt die Gleichung $p(\lambda) = 0$ genau n ihrer Vielfachheit nach gezählte Wurzeln. Man nennt die Gleichung $p(\lambda) = 0$ die *charakteristische Gleichung von $\mathcal{L}$ bzw. von* (43).

Fall 1. *Alle Wurzeln von* $p(\lambda) = 0$ *seien einfach.* Dann gibt es n verschiedene Wurzeln $\lambda_1, \ldots, \lambda_n$ von $p(\lambda) = 0$ und dazu n Lösungen $x_1, \ldots, x_n$ der Gleichung (43) von der Form

$$(54) \qquad\qquad x_1(t) = e^{\lambda_1 t} \ , \ldots , \ x_n(t) = e^{\lambda_n t} \ .$$

Wären diese Funktionen linear abhängig über $\mathbb{C}$, so gälte dies auch für $Z_1 = Ex_1, \ldots, Z_n = Ex_n$, und somit wäre

$$W(t) := \det(Z_1(t), \ldots, Z_n(t)) \equiv 0 \text{ auf } \mathbb{R} \,.$$

Andererseits ist

$$W(t) = W(0)e^{t \operatorname{spur}(A)} = W(0)e^{-t a_{n-1}} \,,$$

und die Vandermonde–Determinante

$$W(0) = \begin{vmatrix} 1 & 1 & \cdots & 1 \\ \lambda_1 & \lambda_2 & \cdots & \lambda_n \\ \lambda_1^2 & \lambda_2^2 & \cdots & \lambda_n^2 \\ \vdots & \vdots & \ddots & \vdots \\ \lambda_1^{n-1} & \lambda_2^{n-1} & \cdots & \lambda_n^{n-1} \end{vmatrix} = \prod_{j<l}(\lambda_j - \lambda_l)$$

ist ungleich Null, folglich $W(t) \neq 0$ für alle $t \in \mathbb{R}$, Widerspruch. Also bilden die Funktionen (54) eine Basis von $N(\mathcal{L})$, und *daher liefert*

$$x(t) = c_1 e^{\lambda_1 t} + \ldots + c_n e^{\lambda_n t} \ , \quad c_1, \ldots, c_n \in \mathbb{C} \,,$$

die allgemeine Lösung von $\mathcal{L}x = 0$ *auf* $\mathbb{R}$.

Fall 2. Sei λ_0 eine k-fache Wurzel der Gleichung $p(\lambda) = 0$, $k > 1$. Dann können wir von $p(\lambda)$ den Faktor $(\lambda - \lambda_0)^k$ abspalten und erhalten

$$p(\lambda) = (\lambda - \lambda_0)^k q(\lambda) \,,$$

wobei $q(\lambda)$ ein Polynom vom Grade $n - k$ in λ ist.

Wir behaupten, daß jede der k Funktionen

$$x(t) = t^\nu e^{\lambda_0 t} \ , \quad t \in \mathbb{R} \ , \quad \nu = 0, 1, \ldots, k - 1 \,,$$

eine Lösung von $\mathcal{L}x = 0$ ist. Zum Beweis dieser Aussage vermerken wir zunächst, daß für jede Linearkombination $f(\lambda, t)$ von Funktionen des Typs $t^\nu e^{\lambda t}$ die Vertauschbarkeitsrelation

$$\frac{d}{d\lambda}\left(\frac{d}{dt}f(\lambda, t)\right) = \frac{d}{dt}\left(\frac{d}{d\lambda}f(\lambda, t)\right)$$

gilt, wie man sofort nachrechnet, und ferner gilt

$$\frac{d^\nu}{d\lambda^\nu}e^{\lambda t} = t^\nu e^{\lambda t} \,.$$

Somit folgt für $z(t, \lambda) = t^\nu e^{\lambda t}$, daß

$$\mathcal{L}z(t, \lambda) = \mathcal{L}\left(\frac{d^\nu}{d\lambda^\nu}e^{\lambda t}\right) = \frac{d^\nu}{d\lambda^\nu}[\mathcal{L}e^{\lambda t}]$$

$$= \frac{d^\nu}{d\lambda^\nu}[p(\lambda)e^{\lambda t}] = \frac{d^\nu}{d\lambda^\nu}[(\lambda - \lambda_0)^k q(\lambda)e^{\lambda t}]$$

ist. Also gibt es ein Polynom $r(\lambda)$ in der Variablen λ, so daß

$$\mathcal{L}z(t, \lambda) = (\lambda - \lambda_0)r(\lambda)e^{\lambda t} \,.$$

Weiterhin prüft man nach, daß

$$\mathcal{L}z(t, \lambda_0) = \lim_{\lambda \to \lambda_0}[\mathcal{L}z(t, \lambda)]$$

gilt. Damit ergibt sich wie behauptet, daß die Gleichungen

$$\mathcal{L}z(t, \lambda_0) = 0 \quad \text{für} \quad z(t, \lambda_0) = t^\nu e^{\lambda_0 t} \,, \ 0 \leq \nu < k \,,$$

erfüllt sind.

Hat also $p(\lambda) = 0$ die s verschiedenen Wurzeln $\lambda_1, \ldots, \lambda_s$ mit den Vielfachheiten $k_1, \ldots, k_s$, also $n = k_1 + \ldots + k_s$, so bekommen wir mit $t^\nu e^{\lambda_j t}$, $0 \leq \nu \leq k_j - 1$ und $1 \leq j \leq s$ gerade n Lösungen von $\mathcal{L}x = 0$ auf $\mathbb{R}$, die wir mit $x_1, \ldots, x_n$ bezeichnen wollen. Sobald wir gezeigt haben, daß diese Funktionen linear unabhängig sind, wissen wir, daß sie eine Basis von $N(\mathcal{L})$ bilden und somit die allgemeine Lösung x von $\mathcal{L}x = 0$ auf $\mathbb{R}$ in der Form

$$(55) \qquad\qquad x(t) = \sum_{j=1}^{s} \sum_{\nu=0}^{k_j - 1} c_{j\nu} t^\nu e^{\lambda_j t}$$

mit $c_{j\nu} \in \mathbb{C}$ geschrieben werden kann.

Wären nun $x_1, \ldots, x_n$ linear abhängig, so gäbe es Polynome $p_1(t), \ldots, p_s(t)$ vom Grade $\leq k_1, \ldots,$ bzw. $\leq k_s$ mit

$$(56) \qquad\qquad \sum_{j=1}^{s} p_j(t) e^{\lambda_j t} = 0 \,,$$

und nicht alle $p_j(t)$ sind das Nullpolynom. Wäre $s = 1$, so folgte aus (56) $p_1(t) \equiv 0$, und dies lieferte bereits einen Widerspruch. Für $s \geq 2$ folgte aus (56)

$$\sum_{j=1}^{s-1} p_j(t) e^{(\lambda_j - \lambda_s) t} + p_s(t) = 0 \,.$$

Wenden wir hierauf D^{k_s} an, so folgt

$$\sum_{j=1}^{s-1} \tilde{p}_j(t) e^{(\lambda_j - \lambda_s) t} = 0 \,,$$

wobei $\tilde{p}_j(t)$ ein Polynom vom Grade $\operatorname{grad} p_j$ ist, $1 \leq j \leq s - 1$. (Vereinbarung: Der Grad des Nullpolynoms sei -1.)

So fahren wir fort und erhalten nach $s - 1$ Schritten eine Gleichung der Form

$$Q_j(t) e^{(\lambda_1 - \lambda_2 - \cdots - \lambda_s) t} = 0 \quad \text{für alle } t \in \mathbb{R} \,,$$

wobei $Q_1(t)$ ein Polynom in t mit $\operatorname{grad} Q_1 = \operatorname{grad} p_1$ ist. Hieraus folgt $Q_1(t) \equiv 0$, d.h. $\operatorname{grad} Q_1 = -1$ und daher $\operatorname{grad} p_1 = -1$. Also ist $p_1(t)$ in jedem Fall das Nullpolynom. Analog sehen wir, daß $p_2(t), \ldots, p_s(t)$ mit dem Nullpolynom zusammenfallen. Folglich können $x_1, \ldots, x_s$ über $\mathbb{C}$ nicht linear abhängig sein, und das Gewünschte ist bewiesen.

(ii) Nun betrachten wir den **reellen Fall** $\mathbb{K} = \mathbb{R}$, wo sämtliche Koeffizienten $a_0, a_1, \ldots, a_{n-1}$ von $\mathcal{L}$ reell sind. Jetzt ist die reelle Dimension des Nullraumes $N(\mathcal{L})$ gleich n. Wir brauchen die Diskussion von (i) nicht zu wiederholen, sondern wir können den reellen Fall sehr einfach auf den komplexen Fall zurückführen. Dazu beachten wir, daß sich jede reelle Lösung von $\mathcal{L}x = 0$ als eine „spezielle" komplexe Lösung auffassen läßt. Es gibt also $c_1, \ldots, c_n \in \mathbb{C}$, so daß sich x in der Form

$$x = c_1 x_1 + c_2 x_2 + \ldots + c_n x_n$$

schreiben läßt, wobei die $x_1, \ldots, x_n$ Funktionen der Form $t^\nu e^{\lambda_j t}$ sind, so wie in (i) beschrieben. Wegen $x = \operatorname{Re} x$ folgt dann

$$x = \sum_{j=1}^{n} (\operatorname{Re} c_j \cdot \operatorname{Re} x_j - \operatorname{Im} c_j \cdot \operatorname{Im} x_j) \,.$$

und $\mathrm{Re}\,x_j$, $\mathrm{Im}\,x_j$ sind $2n$ reelle Lösungen von (43).

Diese Lösungen sind nicht linear unabhängig; wir können aber n linear unabhängige Lösungen aussondern. Dies geschieht auf die folgende Weise: Ist λ_j eine reelle Wurzel der Vielfachheit k_j, so verwenden wir alle Lösungen der Form $t^\nu e^{\lambda_j t}$, $0 \leq \nu \leq k_j - 1$. Ist hingegen λ_j eine komplexe Wurzel $\lambda_j = \alpha_j + i\beta_j$ mit $\beta_j \neq 0$, so ist auch $\overline{\lambda}_j = \alpha_j - i\beta_j \neq \lambda_j$ Wurzel von $p(\lambda) = 0$ mit derselben Vielfachheit wie λ_j. Wir haben dann

$$\mathrm{Re}\,(t^\nu e^{\lambda_j t}) \quad = \quad \mathrm{Re}\,(t^\nu e^{\overline{\lambda}_j t}) \quad = \quad t^\nu e^{\alpha_j t} \cos\beta_j t \,,$$
$$\mathrm{Im}\,(t^\nu e^{\lambda_j t}) \quad = \quad -\mathrm{Im}\,(t^\nu e^{\overline{\lambda}_j t}) \quad = \quad t^\nu e^{\alpha_j t} \sin\beta_j t \,.$$

Folglich läßt sich jede reelle Lösung x von (42) als reelle Linearkombination der n reellen Lösungen

$$t^\nu e^{\lambda_j t} \,,\ 0 \leq \nu < k_j \,, \qquad \lambda_j \text{ reeller Eigenwert der Vielfachheit } k_j \,,$$
$$t^\nu e^{\alpha_j t} \cos\beta_j t \,,\ t^\nu e^{\alpha_j t} \sin\beta_j t \,, \qquad \lambda_j = \alpha_j + i\beta_j \text{ komplexer Eigenwert}$$
$$\text{der Vielfachheit } k_j, \beta_j \neq 0 \,,$$

darstellen, wobei in der zweiten Gruppe nur einer der beiden Eigenwerte λ_j und $\overline{\lambda}_j$ genommen werden darf. Da die reelle Dimension von $N(L)$ gleich n ist, sind diese n Lösungen von (57) linear unabhängig.

$\boxed{8}$ *Die inhomogene Differentialgleichung n-ter Ordnung mit konstanten Koeffizienten ist gegeben durch*

$$(57) \qquad D^n x + a_{n-1} D^{n-1} x + \ldots + a_1 Dx + a_0 x = b(t) \,,\ t \in \mathbb{R} \,,$$

wobei $a_0, a_1, \ldots, a_{n-1} \in \mathbb{R}$ bzw. $\mathbb{C}$ seien und $b(t)$ eine vorgegebene stetige (reell- oder komplexwertige) Funktion auf $\mathbb{R}$ sei.

Die allgemeine Lösung von (57) ist die Summe der allgemeinen Lösung der homogenen Gleichung (43) und einer speziellen Lösung von (57).

Wegen $\boxed{7}$ müssen wir also nur *eine* Partikulärlösung von (57) bestimmen. Dies gelingt dadurch, daß (57) in ein System erster Ordnung umgewandelt und auf dieses die *Methode der Variation der Konstanten* angewendet wird. In vielen Fällen läßt sich eine spezielle Lösung auch erraten. In den nächsten Beispielen betrachten wir einige Spezialfälle.

$\boxed{9}$ **Gedämpfte Schwingungen.** Der eindimensionale harmonische Oszillator wird beschrieben durch

$$m\ddot{x} + kx = 0 \quad ,\quad m > 0 \,,\ k > 0 \,.$$

Oft ist es realistisch, zur rücktreibenden elastischen Kraft $-kx$ eine „dämpfende Kraft" $-r\dot{x}$ mit $r > 0$ hinzuzufügen, welche die *Reibung* des schwingenden Systems berücksichtigt. Dann lautet die Newtonsche Bewegungsgleichung

$$(58) \qquad m\ddot{x} + r\dot{x} + kx = 0$$

oder

$$(59) \qquad \ddot{x} + 2\rho\dot{x} + \omega^2 x = 0 \quad \text{mit } \rho := \frac{r}{2m} \,,\ \omega^2 := \frac{k}{m} \,,\ \omega > 0 \,.$$

Die charakteristische Gleichung von (59) lautet

(60) $$\lambda^2 + 2\rho\lambda + \omega^2 = 0 \; ,$$

und deren Wurzeln sind

$$\lambda_1 = -\rho + \sqrt{\rho^2 - \omega^2} \; , \; \lambda_2 = -\rho - \sqrt{\rho^2 - \omega^2} \; .$$

Fall (i): $r^2 - 4mk > 0 \; \Leftrightarrow \; \omega < \rho$ *(Kriechfall)*.

Dann hat man zwei verschiedene reelle Wurzeln λ_1, λ_2, und jede Lösung $x(t)$ von (58) läßt sich in der Form

(61) $$x(t) = c_1 e^{\lambda_1 t} + c_2 e^{\lambda_2 t}$$

mit $c_1, c_2 \in \mathbb{R}$ schreiben. Wegen $\lambda_2 < \lambda_1 < 0$ liegt eine exponentiell abklingende „aperiodische" Lösung vor. Der Einfluß der Reibung überspielt die elastische Kraft bei weitem; es kommt zu keiner Schwingung, sondern die Lösung $x(t)$ strebt sehr schnell der Ruhelage $x = 0$ zu.

Fall (ii): $r^2 - 4mk = 0 \; \Leftrightarrow \; \omega = \rho$ *(Aperiodischer Grenzfall)*.

Hier ist $\lambda_1 = \lambda_2 = -\rho$ eine reelle Doppelwurzel. Somit hat jede Lösung von (58) die Gestalt

(62) $$x(t) = c_1 e^{-\rho t} + c_2 t e^{-\rho t} = (c_1 + c_2 t) e^{-\rho t} \; .$$

Der Bewegungsablauf ist also wie im Fall (i) aperiodisch und exponentiell abklingend.

Fall (iii): $r^2 - 4mk \; \Leftrightarrow \; \omega > \rho$ *(Schwingungsfall)*.

Jetzt liegen zwei konjugiert komplexe Wurzeln

$$\lambda_1 = -\rho + i\omega_0 \; , \; \lambda_2 = -\rho - i\omega_0$$

mit

(63) $$\omega_0 := \sqrt{\omega^2 - \rho^2} \; = \; \left[\frac{k}{m} - \left(\frac{r}{2m} \right)^2 \right]^{1/2}$$

vor, und jede Lösung von (58) ist von der Form

(64) $$x(t) = (c_1 \cos \omega_0 t + c_2 \sin \omega_0 t) e^{-\rho t} \; ,$$

und dies ist gleichbedeutend mit

(65) $$x(t) = a \cos(\omega_0 t + \varphi) e^{-\rho t} \; ,$$

wenn wir $a := \sqrt{c_1^2 + c_2^2}$ setzen und $\varphi \in [0, 2\pi)$ so wählen, daß $(\cos \varphi, \sin \varphi) = (c_1/a, -c_2/a)$ gilt.

Die Funktion $a\cos(\omega_0 t + \varphi)$ beschreibt einen harmonischen Oszillator, d.h. eine ungedämpfte eindimensionale Schwingung mit der *Amplitude a*, der *Kreisfrequenz* ω_0 und der *Phasenverschiebung* φ ; $\nu_0 := \omega_0/(2\pi)$ ist die *Frequenz* der harmonischen Schwingung $a\cos(\omega_0 t + \varphi)$ und $T_0 = 1/\nu_0 = 2\pi/\omega_0$ ihre *Schwingungszeit*.

Durch (65) wird also eine *gedämpfte Schwingung* beschrieben, deren „Amplitude" $ae^{-\rho t}$ exponentiell gegen Null strebt mit $t \to \infty$. Die Größe ρ heißt *logarithmisches Dekrement*, weil der Logarithmus der Amplitude mit der Geschwindigkeit ρ abnimmt.

[10] **Erzwungene Schwingungen (mit Dämpfung).**

Wir nehmen an, daß auf ein schwingungsfähiges System eine periodische Kraft $f(t)$ der Form $\alpha\cos\theta t$ einwirkt. Dann ist die Gleichung (58) durch die inhomogene Gleichung

$$(66) \qquad m\ddot{x} + r\dot{x} + kx = \alpha\cos\theta t \quad , \quad \alpha > 0 \,, \; \theta > 0 \,,$$

zu ersetzen. Wir behandeln statt (66) die komplexe Form:

$$(67) \qquad m\ddot{x} + r\dot{x} + kx = \alpha e^{i\theta t} \,.$$

Um eine spezielle Lösung zu gewinnen, machen wir den Lösungsansatz

$$(68) \qquad x(t) = \sigma e^{i\theta t}$$

mit einer Konstanten $\sigma \in \mathbb{C}$. Dazu muß

$$-m\theta^2\sigma + ir\theta\sigma + k\sigma = \alpha$$

erfüllt sein, woraus sich

$$\sigma = \frac{\alpha}{-m\theta^2 + ir\theta + k} = \frac{k - m\theta^2 - ir\theta}{(k - m\theta^2)^2 + r^2\theta^2}\,\alpha$$

ergibt, und umgekehrt folgt bei dieser Wahl von σ, daß (68) eine partikuläre Lösung von (67) liefert. Setzen wir

$$\gamma := [(k - m\theta^2)^2 + r^2\theta^2]^{1/2}$$

und bestimmen τ mit

$$\sin\theta\tau = \frac{r\theta}{\gamma} \quad , \quad \cos\theta\tau = \frac{k - m\theta^2}{\gamma} \,,$$

so ist

$$(69) \qquad \sigma = \frac{\alpha e^{-i\theta\tau}}{\gamma} \,,$$

und wir erhalten aus (68) und (69) die spezielle Lösung

$$(70) \qquad x(t) = \frac{\alpha}{\gamma}\, e^{i\theta(t-\tau)} \,.$$

Nehmen wir hiervon den Realteil, so erhalten wir

$$(71) \qquad x(t) = \frac{\alpha}{\gamma}\, \cos\theta(t - \tau)$$

als spezielle Lösung von (66). Sie schwingt wie die aufgeprägte äußere Kraft $f(t) = \alpha\cos\theta t$, allerdings verschoben um den Phasenwinkel $-\theta\tau$, und die Amplitude α von f ist um den *Verzerrungsfaktor*

$$R(\theta) := \frac{1}{\gamma(\theta)} = \frac{1}{\sqrt{(k - m\theta^2)^2 + r^2\theta^2}}$$

verändert. Fassen wir $R(\theta)$ als Funktion von $\theta \in (-\infty, \infty)$ auf, so gilt $R(\theta) = R(-\theta)$ und $R(\theta) \to 0$ für $\theta \to \pm\infty$ sowie $R(\theta) > 0$.

Die Funktion $R(\theta)$ kann nur dort ein Maximum haben, wo $R'(\theta) = 0$ ist, d.h., wo

$$[-4m(k - m\theta^2) + 2r^2]\theta = 0$$

ist. Diese Gleichung hat die Lösungen $\theta = 0$ und $\theta = \theta_0$,

$$\theta_0 := \pm\sqrt{\frac{k}{m} - \frac{r^2}{2m^2}} = \pm\sqrt{\omega^2 - 2\rho^2} \quad , \quad \omega^2 = k/m \; , \; \rho = r/(2m) \; .$$

Damit es eine positive *reelle* Lösung

$$(72) \qquad\qquad\qquad\qquad \theta_0 = \sqrt{\omega^2 - 2\rho^2}$$

gibt, muß $\omega^2 > 2\rho^2$ sein, d.h. $2km > r^2$. Da $R'(\theta)$ für kleine $\theta > 0$ positiv ist, wenn $2km - r^2 > 0$ gilt, so ist $R(\theta)$ monoton wachsend für $0 < \theta << 1$. Wegen $\lim_{\theta\to\infty} R(\theta) = 0$ ist also $\theta = \theta_0$ eine Maximumstelle, außer für $r = 0$, denn hier gilt sogar $R(\theta) \to \infty$ für $\theta \to \theta_0 = \omega = k/m$.

Der maximale Wert $R_0 := R(\theta_0)$ von $R(\theta)$ berechnet sich für $r > 0$ zu

$$(73) \qquad\qquad\qquad\qquad R_0 = \frac{1}{r\omega_0}$$

mit

$$(74) \qquad\qquad\qquad \omega_0 = \sqrt{\omega^2 - \rho^2} = \left[\frac{k}{m} - \frac{r^2}{4m^2}\right]^{1/2} \; .$$

Wenn also die Frequenz θ der äußeren Kraft $f(t) = \alpha\cos\theta t$ an die in ⑨, Fall (iii) bestimmte „Eigenfrequenz" ω_0 heranrückt, verstärkt sich die Amplitude α/γ der *erzwungenen Schwingung* immer mehr, und für $\theta = \theta_0$ erhält sie ihren größten Wert, nämlich

$$(75) \qquad\qquad\qquad\qquad \alpha R_0 = \frac{\alpha}{r\omega_0} \; .$$

Dies ist das *Resonanzphänomen*. Für kleine Dämpfung $(0 < r << 1)$ ist also die Amplitude αR_0 ganz wesentlich verstärkt; es muß damit gerechnet werden, daß das schwingende System auseinanderfliegt; für $r = 0$ (ungedämpftes System) ist dies ohnehin der Fall. Um Resonanz zu verhindern, muß die Dämpfung r soweit vergrößert werden, daß $\omega^2 \leq 2\rho^2$ ist, also $2km \leq r^2$ gilt. Dann verschwindet das Resonanzphänomen.

Während es beim Bau mechanischer Geräte (Maschinen, Brücken, Autos) darauf ankommt, Resonanz zu verhindern, legt man umgekehrt beim Bau *elektrischer Schwingkreise* oft Wert darauf, Resonanz zu erzeugen. Um anzudeuten, wie sich solche Schwingkreise mathematisch behandeln lassen, betrachten wir ein sehr einfaches Beispiel. Der Schwingkreis bestehe aus einem Kondensator der Kapazität C, einer Spule mit der Selbstinduktion μ, einem Widerstand ρ und einer bekannten Spannung $f(t)$, die von einem Generator oder von elektromagnetischen Wellen geliefert wird. Dann genügt die Stromstärke $I(t)$ der Differentialgleichung

$$(76) \qquad\qquad\qquad \mu\ddot{I} + \rho\dot{I} + (1/C)I = \dot{f}(t) \; .$$

Diese leitet sich aus dem Ohmschen Gesetz ab:

Stromstärke · Widerstand = wirkende elektromotorische Kraft
= Spannung am Kondensator minus Selbstinduktion plus äußere Spannung.

Zwischen der Ladung Q des Kondensators und der Spannung U am Kondensator besteht die Beziehung $Q = UC$. Die Stromstärke I ist die Geschwindigkeit, mit der sich die Kondensatorladung verringert, also $I = \dot{Q} = -\dot{U}C$.

Somit gilt nach Ohm

$$(77) \qquad\qquad\qquad\qquad \rho I = U - \mu\dot{I} + f(t) \; .$$

Differenzieren wir nach t, so folgt (76). Die Spannung U am Kondensator genügt wegen (76) der Gleichung

$$\mu\ddot{U} + \rho\dot{U} + C^{-1}U = -C^{-1}f(t)\,.$$

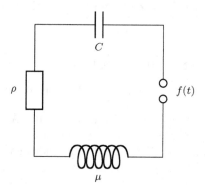

[11] **Lineare Systeme erster Ordnung mit variablen Koeffizienten.** Wir betrachten jetzt die Verallgemeinerung von [2] auf den vektorwertigen Fall. Gesucht ist $X \in C^1(\mathbb{R}, \mathbb{K}^d)$, $\mathbb{K} = \mathbb{R}$ oder $\mathbb{C}$, so daß

(78) $\dot{X} = A(t)X + B(t)$

gilt, wobei

$$A \in C^0(\mathbb{R}, M(d, \mathbb{K}))\ ,\quad B \in C^0(\mathbb{R}, \mathbb{K}^d)$$

gewählt seien. Mit den Methoden von 4.1 läßt sich leicht das folgende Resultat herleiten:

Zu jedem $X_0 \in \mathbb{K}^d$ gibt es genau eine Lösung $X \in C^1(\mathbb{R}, \mathbb{K}^d)$ von (78) auf $\mathbb{R}$, die die Anfangsbedingung $X(t_0) = X_0$ erfüllt.

Wir skizzieren den *Beweisgang*. Das durch

$$F(t, x) := A(t)\,x\, +\, B(t)\, ,\ (t, x) \in \mathbb{R} \times \mathbb{R}^d,$$

definierte Vektorfeld $F : \mathbb{R} \times \mathbb{R}^d \to \mathbb{R}^d$ erfüllt die Voraussetzung von Satz 5 in 4.1; somit gibt es eine maximale und eindeutig bestimmte C^1-Lösung $X :$ $(\alpha, \omega) \to \mathbb{R}^d$ von (78) mit $X(0) = X_0$. Wir wollen zeigen, daß $\alpha = -\infty$, $\omega = \infty$ ist. Wäre etwa $\omega < \infty$, so setzen wir $I = [0, \omega]$, $a := \sup_I |A(t)|$, $b := \sup_I |B(t)|$, $c := a + b^2 + 1$ und $\rho := (1 + |X_0|^2)^{1/2}$. Aus (78) folgt

$$|\dot{X}| \le a|X| + b\ \text{auf}\ [0, \omega),$$

und für $u := |X|^2$ ergibt sich

$$\dot{u} = 2\langle X, \dot{X}\rangle \le 2au + 2b\sqrt{u} \le 2(a + 1)u + 2b^2\,.$$

Dann erfüllt $v := 1 + u$ auf $[0, \omega)$ die Ungleichung

$$\dot{v} \le 2cv \iff \frac{d}{dt} \log |v(t)| \le 2c.$$

Integration zwischen den Grenzen 0 und t sowie „Exponenzieren" liefern

$$v(t) \le v(0)\, e^{2ct} \quad \text{für } 0 \le t < \omega,$$

woraus $\sqrt{u(t)} \le \sqrt{v(t)} \le \sqrt{v(0)}\, e^{ct}$ folgt und damit

$$|X(t)| \le \rho\, e^{ct} < \rho\, e^{c\omega} =: R \quad \text{für } 0 \le t < \omega.$$

Nunmehr kann man wie im Beweis von Lemma 2 des Abschnitts 4.1 zeigen, daß $P^* := \lim_{t \to \omega - 0} X(t)$ existiert. Hieraus ergibt sich ähnlich wie in 4.1 (vgl. die Lemmata 1 und 2), daß man $X(t)$ über $t = \omega$ hinaus nach rechts als Lösung von (78) fortsetzen kann, ein Widerspruch. Ganz ähnlich folgt $\alpha = -\infty$.

Wir betrachten zunächst die Menge der Lösungen $X \in C^1(\mathbb{R}, \mathbb{K}^d)$ des homogenen Systems

$$(79) \qquad\qquad \dot{X} = A(t)X \quad \text{auf } \mathbb{R}.$$

Diese Menge ist der Nullraum $N(L)$ des linearen Operators

$$(80) \qquad L = \frac{d}{dt} - A(t) \quad, \quad L : C^1(\mathbb{R}, \mathbb{K}^d) \to C^0(\mathbb{R}, \mathbb{K}^d),$$

und damit ein linearer Unterraum von $C^1(\mathbb{R}, \mathbb{K}^d)$. Es gilt

$$(81) \qquad\qquad \dim_{\mathbb{K}} N(L) = d.$$

Der Beweis dieser Aussage wird in der gleichen Weise geführt wie der von Satz 7 in 3.6.

Wie in Definition 4 von 3.6 bezeichnen wir eine Basis $Z_1, \dots, Z_d$ von $N(L)$ als ein **Fundamentalsystem von Lösungen (FSL)** für (79) bzw. (80), und die $d \times d$-Matrixfunktion $Z = (Z_1, \dots, Z_d)$ mit den Spalten $Z_1, \dots, Z_d$ heißt **Fundamentalmatrix** für L bzw. für die Gleichung $\dot{X} = A(t)X$. Wir wissen, daß

$$(82) \qquad \det Z(t) = \det Z(t_0) \exp \left(\int_{t_0}^{t} \operatorname{spur} A(\tau)d\tau \right)$$

für jede Matrixfunktion $Z(t)$ mit $\dot{Z} = A(t)Z$ gilt, d.h.

$$\det Z(t) \equiv 0 \quad \text{oder} \quad \det Z(t) \ne 0 \quad \text{für alle } t \in \mathbb{R}.$$

Kennt man ein FSL für (79), etwa $Z_1, \dots, Z_d$, so ist

$$(83) \qquad X = c_1 Z_1 + \dots + c_d Z_d \quad \text{mit } c_1, \dots, c_d \in \mathbb{K}$$

die *allgemeine Lösung des homogenen Systems* (79), und

$$(84) \qquad X = Y + c_1 Z_1 + \ldots + c_d Z_d \quad \Leftrightarrow \quad X = Y + Zc$$

liefert die *allgemeine Lösung des inhomogenen Systems* (78), wenn Y eine spezielle Lösung von (78) bezeichnet. Eine solche bekommt man durch folgenden *Ansatz* („Variation der Konstanten"):

$$(85) \qquad Y(t) := Z(t)\xi(t) \quad , \quad \xi \in C^1(\mathbb{R}, \mathbb{K}^d) \,.$$

Dann ist

$$LY = \dot{Z}\xi + Z\dot{\xi} - AZ\xi = (\dot{Z} - AZ)\xi + Z\dot{\xi} = Z\dot{\xi} \,.$$

Folglich gilt $LY = B$, wenn wir $\xi(t)$ als Lösung von

$$\dot{\xi} = Z^{-1}B$$

bestimmen, was durch die einfache „Quadratur" (d.h. Integration)

$$(86) \qquad \xi(t) = \xi_0 + \int_{t_0}^{t} Z^{-1}(\tau)B(\tau)d\tau$$

geleistet wird.

Damit bleibt die Aufgabe, eine Fundamentalmatrix $Z(t)$ für das homogene System (79) zu bestimmen. Man könnte auf die Idee kommen, daß eine solche durch

$$Z(t) = \exp\left(\int_0^t A(\tau)d\tau\right) \quad , \quad t \in \mathbb{R} \,,$$

gebildet wird, doch ist dies im allgemeinen nicht richtig (vgl. Bemerkung 4 von 3.6). Eine hinreichende Bedingung dafür, daß diese Formel eine Fundamentalmatrix liefert, ist $[A(t), A(s)] = 0$ für alle $t, s \in \mathbb{R}$, denn dann folgt

$$[A(t), B(s)] = 0 \quad \text{für} \quad B(s) := \int_0^s A(\tau)d\tau$$

und damit

$$\frac{d}{dt}[B(t)]^n = nA(t) \cdot [B(t)]^{n-1}.$$

Aufgaben.

1. Bezeichne $F : \mathbb{R}^3 \to \mathbb{R}^3$ das Vektorfeld $F(x) := (x_2 x_3, -x_1 x_3, 2)$, $x = (x_1, x_2, x_3) \in \mathbb{R}^3$.
   (i) Ausgehend von $X_0 := (0, 1, 0)$ berechne man das n-te Folgenglied $X_n(t)$ der Picard-Lindelöf-Iteration zum Anfangswertproblem $(*)$ $\dot{X} = F(X), X(0) = X_0$.
   (ii) Wie lautet die Lösung von $(*)$?
2. Man löse die folgenden Anfangswertprobleme:

    (i) $\dot{x} = (\sin t)x$, $x(0) = 1$;
    (ii) $\dot{x} = (\sin t)x + t^2 \exp(-\cos t)$, $x(0) = 1$;
    (iii) $\dot{x} = -\frac{1}{2}tx - \frac{3}{2}t^2 \left[\exp\left(t^3 + \frac{1}{2}t^2\right)\right] x^3$, $x(0) = 1$;
    (iv) $t\dot{x} + x = (\log t)x^2$, $x(1) = 1$.

3. Sei $T(\theta_0) = 4\sqrt{\frac{\ell}{g}} \int_0^{\pi/2} \frac{d\varphi}{\sqrt{1-k^2\sin^2\varphi}}$, $k := \sin\left(\frac{\theta_0}{2}\right)$, die Schwingungsdauer des mathematischen Pendels zur Auslenkung θ_0. Man zeige:

    (i) $\lim_{\theta_0 \to +0} T(\theta_0) = 2\pi\sqrt{\frac{\ell}{g}}$, (ii) $\lim_{\theta_0 \to \pi - 0} T(\theta_0) = \infty$,

    (iii) $T(\theta_0) = 2\pi\sqrt{\frac{\ell}{g}} \left\{ 1 + \frac{1}{4}\sin^2\left(\frac{\theta_0}{2}\right) + \frac{9}{64}\sin^4\left(\frac{\theta_0}{2}\right) + R(\theta_0) \right\}$,

wobei $R(\theta_0) = O(\theta_0^6)$ für $\theta_0 \to +0$. Man schätze $|R(\theta_0)|$ mit Hilfe der Taylorschen Formel
ab.

4. Eine Bewegung $x(t)$ werde für $t \geq 0$ durch die Differentialgleichung $m\ddot{x} = -mg + a\dot{x}^2$ (mit
positiven Konstante m, g, a) bestimmt. Man berechne $v(t) := \dot{x}(t)$ unter der Anfangsbedingung $v(0) = 0$ (freier Fall mit Luftwiderstand) und zeige

$$v(t) = -gt\left[1 - \frac{1}{3}(bgt)^2 + O(t^4)\right] \quad \text{für } t \to 0,$$

wobei $b := \left(\frac{a}{mg}\right)^{1/2}$ gesetzt ist. Wie verhält sich $v(t)$ für $t \to \infty$ bzw. $t \gg 1$?

5. Man bestimme die Lösung $x(t)$ von

$$m\ddot{x} = -\gamma\frac{mM}{x^2}, \; x(0) = a + h, \; \dot{x}(0) = 0 \text{ für } t \geq 0$$

bis zu dem Zeitpunkt T, wo $x(T) = a$ ist. Hierbei seien γ, m, M, a, h positive Konstanten.
(Man führe die Konstante g ein durch $g := \gamma M a^{-2}$ und schreibe die Gleichung als $\ddot{x} = -cx^{-2}$ mit $c := ga^2$.) Man berechne $\omega(h) := \dot{x}(T)$ und zeige: $\lim_{h \to \infty} \omega(h) = -\sqrt{2ga}$ sowie

$$|\omega(h)| = \sqrt{2gh}\left[1 - \frac{h}{2a} + o\left(\frac{h}{a}\right)\right] \text{ für } h/a \to 0.$$

6. Man löse das Anfangswertproblem

$$\ddot{x} = -\frac{c}{x^2}, \; x(0) = x_0 > 0, \; \dot{x}(0) = v_0 > 0$$

für $t \geq 0$, wobei c eine positive Konstante sei, und zeige: Es gibt ein $w > 0$, so daß $x(t)$
monoton wächst, falls $v_0 \geq w$ ist, während es für $v_0 < w$ ein T gibt, so daß $\dot{x}(t) > 0$ für
$0 \leq t < T$ und $\dot{x} < 0$ für $t > T$ ist.

7. Man zeige: Wenn $J : \mathbb{R} \to \mathbb{C}$ eine Lösung von

$$(*) \qquad\qquad \ddot{J} + r\dot{J} + dJ = \frac{1}{\mu}\dot{U}(t)$$

mit $r := \rho/\mu$, $d := 1/(\mu C)$, $U(t) := U_0 e^{i\omega t}$ ist, so löst $I := \text{Im } J$ bzw. $Re\, J$ die Differentialgleichung

$$\ddot{I} + r\dot{I} + dI = \frac{\omega}{\mu}U_0 \cos\omega t \quad \text{bzw.} \quad -\frac{\omega}{\mu}U_0 \sin\omega t,$$

und der *Ansatz* $J(t) = J_0 e^{i\lambda t}$ liefert genau dann eine Lösung, wenn

$$\lambda = \omega \quad \text{und} \quad J_0 = \frac{U_0}{\rho + i[\omega\mu - 1/(\omega C)]}$$

ist. Man nennt $z := \rho + i(\omega\mu - \frac{1}{\omega C})$ wegen $U_0 = zJ_0$ den *komplexen Widerstand* (oder
Impedanz). Wann ist der *Wechselstromwiderstand* $|z|$ Null? Mit $z = |z|e^{i\eta}$, $\eta \in \mathbb{R}$, folgt
$J(t) = |z|^{-1}U_0 e^{i(\omega t - \eta)}$, und daher löst

$$I(t) = \text{Im } J(t) = \frac{U_0}{|z|}\sin(\omega t - \eta) = \frac{U_0}{\rho}\cos\eta \cdot \sin(\omega t - \eta)$$

die Schwingungsgleichung

$$\ddot{I} + r\dot{I} + dI = \frac{1}{\mu}\frac{d}{dt}(U_0 \sin\omega t).$$

Für jedes $\rho > 0$ ist bei $\omega_0 = \frac{1}{\sqrt{\mu C}}$ der Wechselstromwiderstand $|z|$ minimal und die *Verstärkung* $|z|^{-1}$ maximal. Es gilt: $|z| = \sqrt{\rho^2 + (\omega\mu - \frac{1}{\omega C})^2}$. Wie verhält sich $|z|^{-1}$ für $\omega \to 0$ und $\omega \to \infty$? Skizze von graph $|z|^{-1}$?

8. Ein Ion (= Massenpunkt der Masse m und der Ladung q) führt eine Bewegung $t \mapsto X(t) \in \mathbb{R}^3$ aus, die der Differentialgleichung

$$m\ddot{X} = q[AX + \dot{X} \wedge B]$$

genügt. Hierbei ist $A \in M(3, \mathbb{R})$, $A = A^T$, spur $(A) = 0$ und $B \in \mathbb{R}^3$ (Deutung: A ist ein Quadrupelpolfeld und B ein Magnetfeld). Sind A, B zeitperiodisch, so heißt (A, B) *Paulfalle*, und man spricht von einer *Penningfalle*, wenn A, B konstant sind. Man zeige: Eine Penningfalle kann als Ionenkäfig dienen (bei geeigneter Wahl von A und B), wenn $A \neq 0$ und $B \neq 0$ sind, nicht aber, wenn $A \neq 0$, $B = 0$ oder $A = 0$, $B \neq 0$.

9. Man zeige: (i) Aus $f, g \in C^0([0, a]) \cap C^1((0, a))$ und $f'(x) < g'(x)$ für $0 < x < a$, $f(0) \leq g(0)$ folgt $f(x) < g(x)$ für $0 < x \leq a$. (ii) Für $x > 0$ gilt $\sin x < x$ und $\cos x > 1 - x^2/2$.

10. Zu zeigen ist: Aus $\varphi \in C^1((0, R])$ und $r^{-1}\varphi(r) \leq c\varphi'(r)$ für $0 < r \leq R$ folgt

$$\varphi(r) \leq (r/R)^\mu \varphi(R) \quad \text{für} \quad 0 < r \leq R \quad \text{mit} \quad \mu := 1/c\,.$$

11. Man zeige: (i)Ist $z : I = [t_0, t_0 + a] \to \mathbb{R}$ stetig und gilt $z(t) \leq \alpha + \beta \int_{t_0}^t z(s)ds$ mit $\alpha > 0$, $\beta > 0$ für alle $t \in I$, so folgt $z(t) \leq \alpha e^{\beta(t-t_0)}$ für $t \in I$.
(ii) Aus $|F(t, x) - F(t, y)| \leq L|x - y|$ für $t \in I$, $x, y \in \Omega$, und $\Omega \subset \mathbb{R}^d$, $X, Y \in C^1(I, \mathbb{R}^d)$, $X(I) \subset \Omega$, $Y(I) \subset \Omega$, $I = [t_0, t_0 + a]$, $\dot{X}(t) = F(t, X(t))$ und $|\dot{Y}(t) - F(t, Y(t))| < \epsilon$ auf I, $|X(t_0) - Y(t_0)| < \epsilon_0$ folgt $|X(t) - Y(t)| < (\epsilon_0 + a\epsilon)e^{L(t-t_0)}$.
(iii) Welche Folgerungen kann man aus (ii) für die Lösungen X der Anfangswertaufgabe $\dot{X}(t) = F(t, X(t))$, $X(t_0) = X_0$ ziehen?

5 Strömungsbilder linearer autonomer Systeme

In diesem Abschnitt wollen wir die geometrische Gestalt der Strömungsbilder von Systemen der Form

$$(1) \qquad\qquad \dot{x} = Ax$$

betrachten, wo A eine konstante $n \times n$-Matrix mit reellen Matrixelementen a_{jk} und $t \mapsto x(t)$ eine stetig differenzierbare Spaltenmatrix bezeichne, die wir als *Kurve* in $\mathbb{R}^n$ deuten. Wir wissen bereits, daß es für vorgegebene Anfangswerte $x(0) = x_0$ eine eindeutig bestimmte Lösung $x(t)$ gibt, die für alle Zeiten existiert und die Form

$$(2) \qquad\qquad x(t) = e^{tA}x_0$$

hat. Wie sieht die Gesamtheit der zugehörigen Trajektorien

$$\mathcal{T}(x_0) := \{e^{tA}x_0 : t \in \mathbb{R}\}$$

aus? Wir wollen uns ein qualitatives Bild verschaffen, mit dessen Hilfe wir das Strömungsverhalten des zu (1) gehörigen Flusses mit einem Blick erfassen können, obgleich über die zeitliche Durchlaufung der einzelnen Trajektorien nichts ausgesagt wird.

Im allgemeinen sind die Nullstellen eines Vektorfeldes $f : \mathbb{R}^n \to \mathbb{R}^n$ die *Ruhepunkte* (oder *Gleichgewichtsstellen*) des zugehörigen dynamischen Systems $\dot{x} = f(x)$, d.h. aus $x(0) = x_0$ und $f(x_0) = 0$ folgt $x(t) \equiv x_0$. Es kommt darauf an, das Strömungsbild von $\dot{x} = f(x)$ in der Nähe der Nullstellen von $f(x)$ zu erfassen. Ist nämlich x_0 keine Nullstelle von f, so ist $f(x)$ in der Nähe von x_0 ein nahezu paralleles Vektorfeld, die Strömungslinien verlaufen also in einer genügend kleinen Umgebung von x_0 nahezu parallel (vgl. Band 2 für eine Präzisierung dieses Arguments). Somit kann das Strömungsbild höchstens in der Nähe der singulären Punkte, also der Nullstellen von f, ein „interessantes Verhalten" zeigen.

Im Spezialfall (1), den wir hier betrachten wollen, hat das Vektorfeld $f(x)$ die Gestalt $f(x) := Ax$. Ist $\det A \neq 0$, so hat $f(x)$ nur die Nullstelle $x = 0$. Hingegen ist für $\det A = 0$ Null Eigenwert von A, und in diesem Fall ist neben $x = 0$ jeder Eigenvektor von A zum Eigenwert $\lambda = 0$ Nullstelle von $f(x)$; weitere Nullstellen von f gibt es nicht.

Wir unterscheiden also die beiden *Hauptfälle* (I): $\det A \neq 0$ und (II): $\det A = 0$.

$\boxed{1}$ *Zweidimensionale Strömungsbilder* ($n = 2$). Wir schreiben die Matrix A in der Form

$$A = \begin{pmatrix} a & b \\ c & d \end{pmatrix}$$

mit $a, b, c, d \in \mathbb{R}$. Damit erhält (1) die Gestalt

$$\begin{pmatrix} \dot{x} \\ \dot{y} \end{pmatrix} = \begin{pmatrix} a & b \\ c & d \end{pmatrix} \begin{pmatrix} x \\ y \end{pmatrix} \Leftrightarrow \dot{X} = AX$$

und dies bedeutet

$$(3) \qquad \begin{aligned} \dot{x} &= ax + by \\ \dot{y} &= cx + dy \end{aligned} \qquad \text{mit } X(t) = \big(x(t), y(t)\big) \ , \ t \in \mathbb{R} \ .$$

Wir betrachten das Anfangswertproblem

$$(4) \qquad\qquad \dot{X}(t) = AX(t) \ , \qquad X(0) = X_0 \ .$$

Die Eigenwerte von A sind die Nullstellen von $\lambda^2 - (a + d)\lambda + (ad - bc)$, also

$$\lambda_1 = \frac{1}{2}\left(a + d + \sqrt{\Delta}\right) \ , \quad \lambda_2 = \frac{1}{2}\left(a + d - \sqrt{\Delta}\right)$$

mit $\Delta := (a - d)^2 + 4bc$.

Hauptfall I: $ad - bc \neq 0 \Leftrightarrow \lambda_1 \neq 0, \ \lambda_2 \neq 0$

(I.1) Sei $\quad \Delta > 0 \Leftrightarrow \lambda_1, \lambda_2 \in \mathbb{R}$ und $\quad \lambda_1 \neq \lambda_2$.

Wir wählen zwei reelle Eigenvektoren $v_1, v_2 \in \mathbb{R}^2$ zu den Eigenwerten λ_1, λ_2 als neue Basis und führen ξ, η als Koordinaten eines Vektors $X = xe_1 + ye_2$ bezüglich der neuen Basis ein, also $X = \xi v_1 + \eta v_2$ und insbesondere $X_0 = \xi_0 v_1 + \eta_0 v_2$. Dann ist

$$X(t) = \xi_0 e^{\lambda_1 t} v_1 + \eta_0 e^{\lambda_2 t} v_2$$

die Lösung von (4). Die Koordinaten $\xi(t), \eta(t)$ von $X(t)$ im neuen Koordinatensystem können also geschrieben werden als

$$\xi(t) = \xi_0 e^{\lambda_1 t} \ , \qquad \eta(t) = \eta_0 e^{\lambda_2 t} \ .$$

(I.1.A) Sei $\lambda_1 < 0$ und $\lambda_2 < 0$. In diesem Fall liegt ein *Knotenpunkt* im Ursprung vor. Für $t \to \infty$ läuft jede Integralkurve $X(t)$ in den Ursprung, ohne ihn je zu erreichen, und für

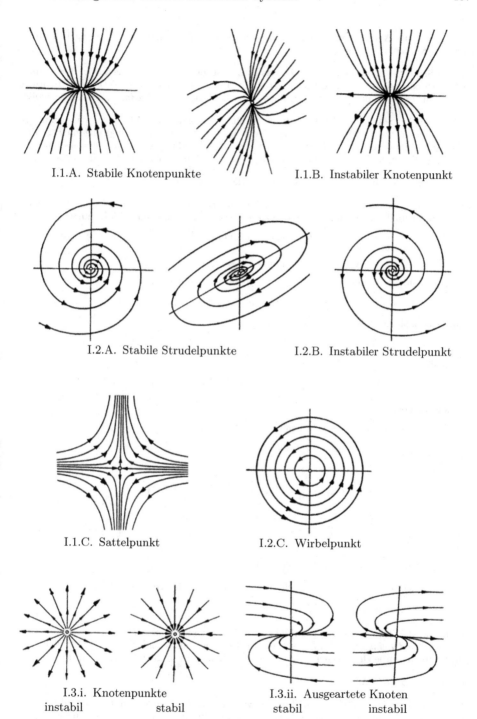

I.1.A. Stabile Knotenpunkte   I.1.B. Instabiler Knotenpunkt

I.2.A. Stabile Strudelpunkte   I.2.B. Instabiler Strudelpunkt

I.1.C. Sattelpunkt   I.2.C. Wirbelpunkt

I.3.i. Knotenpunkte
instabil   stabil

I.3.ii. Ausgeartete Knoten
stabil   instabil

$t \to -\infty$ läuft $X(t)$ exponentiell vom Ursprung weg. Man nennt den Ursprung hier einen *stabilen Knoten*.

(I.1.B) Sei $\lambda_1 > 0$ und $\lambda_2 > 0$. Hier ist das Strömungsbild das gleiche wie zuvor, doch haben jetzt $t \to \infty$ und $t \to -\infty$ die Rollen getauscht: Für $t \to \infty$ läuft jedes $X(t)$ vom Ursprung hinweg für $t \to -\infty$ in den Ursprung hinein. Hier heißt der Ursprung *instabiler Knotenpunkt*.

(I.1.C) Sei $\lambda_1 > 0 > \lambda_2$. Ist $\xi_0 = 0$, so verläuft die Bewegung auf der η-Achse zum Ursprung hin; für $\eta_0 = 0$ verläuft sie auf der ξ-Achse, und zwar vom Ursprung hinweg. Für $\xi_0 \neq 0$, $\eta_0 \neq 0$ interpoliert die Bewegung diese beiden Spezialfälle. Man erhält hyperbelähnliche Strömungslinien, und der Ursprung spielt in diesem Bild die Rolle eines *Sattelpunktes*.

(I.2) Es gelte $\Delta < 0 \iff \lambda_1 = \beta + i\omega = \overline{\lambda}_2$; $\beta, \omega \in \mathbb{R}$; $\omega \neq 0$.

Sei $v = v_1 + iv_2$ mit $v_1, v_2 \in \mathbb{R}^2$ Eigenvektor zum Eigenwert $\lambda := \lambda_1 = \beta + i\omega$. Dann sind v_1, v_2 linear unabhängig und wir haben das reelle Fundamentalsystem von Lösungen

$$X_1(t) := (v_1 \cos \omega t - v_2 \sin \omega t)\, e^{\beta t} = Re(e^{\lambda t}v) \,,$$

$$X_2(t) := (v_1 \sin \omega t + v_2 \cos \omega t)\, e^{\beta t} = Im(e^{\lambda t}v) \,,$$

aus dem sich jede Lösung $X(t)$ von (4) als reelle Linearkombination

$$X(t) = c_1 X_1(t) - c_2 X_2(t) \,, \qquad c_1, c_2 \in \mathbb{R} \,,$$

darstellen läßt, also

$$X(t) = [(c_1 v_1 - c_2 v_2) \cos \omega t - (c_2 v_1 + c_1 v_2) \sin \omega t]\, e^{\beta t}$$

und daher

$$X(t) = \frac{1}{2}\, (c_1 + ic_2)(v_1 + iv_2)e^{\lambda t} + \frac{1}{2}\, (c_1 - ic_2)(v_1 - iv_2)e^{\overline{\lambda} t} \,.$$

Setzen wir noch

$$c_1 + ic_2 := re^{i\alpha} \quad \text{mit} \quad r \geq 0 \,, \ \alpha \in \mathbb{R} \,,$$

$$\xi(t) := re^{\beta t}\, \cos(\omega t + \alpha) \,, \quad \eta(t) := re^{\beta t}\, \sin(\omega t + \alpha) \,,$$

so folgt

$$X(t) = \frac{1}{2}\, re^{\beta t} \left[e^{i(\omega t + \alpha)}v + e^{-i(\omega t + \alpha)}\, \overline{v} \right]$$

$$= \xi(t)v_1 - \eta(t)v_2 \,.$$

Bezüglich der neuen Basis $(v_1, -v_2)$ hat $X(t)$ also die Koordinaten $\xi(t), \eta(t)$ oder, in komplexer Schreibweise,

$$\zeta(t) := \xi(t) + i\eta(t) = re^{\beta t}e^{i(\omega t + \alpha)} \,.$$

Diese Formel liefert uns den gewünschten Überblick über die Strömungslinien:

(I.2.A) $\beta := Re\,\lambda < 0$.

Hier sind die Trajektorien „logarithmische Spiralen", und man nennt den Ursprung einen *stabilen Strudelpunkt*, denn für $t \to \infty$ läuft die Bewegung auf jedem Orbit in den Strudelpunkt hinein (ohne ihn je zu erreichen), für $t \to -\infty$ verläuft sie vom Strudelpunkt hinweg.

(I.2.B) $\beta := Re\,\lambda > 0$.

Wieder sind die Trajektorien logarithmische Spiralen, aber die Rollen von $t \to \infty$ und $t \to -\infty$ sind vertauscht: für $t \to \infty$ entfernt sich $X(t)$ vom Ursprung. Daher heißt der Ursprung jetzt *instabiler Strudelpunkt*.

(I.2.C) $\beta := Re\,\lambda = 0$.

Jetzt ist jede Trajektorie geschlossen, und zwar in unserer affin verzerrten Darstellung ist sie ein Kreis, im ursprünglichen Koordinatensystem in Wahrheit eine *Ellipse*. Hier nennt man den Ursprung einen *Wirbelpunkt*. Die Bewegung ist also eine periodische mit einer elliptischen Bahn um den Ruhepunkt.

Die Fälle (I.1 A, B, C) und (I.2 A, B) sind offenbar unempfindlich gegen kleine Störungen der Konstanten a, b, c, d, d.h. das Phasenbild bleibt qualitativ unverändert. Dagegen ist das Bild (2C) höchst sensitiv; beliebig kleine Störungen schon können (2C) in (2A) oder (2B) überführen.

(I.3) Sei $\qquad \Delta = 0 \iff \lambda_1 = \lambda_2 = \frac{1}{2}(a+d) \neq 0$

In diesem Fall ist $\lambda := (1/2) \cdot (a+d)$ der einzige Eigenwert von A, und zwar ist λ die von Null verschiedene Doppelwurzel der charakteristischen Gleichung von A. Sie ist entweder (i) Eigenwert der Vielfachheit 2 oder (ii) Eigenwert der Vielfachheit Eins.

(I.3.i) $\qquad \lambda$ ist Eigenwert der Vielfachheit 2.

In diesem Fall gibt es zwei linear unabhängige reelle Eigenvektoren v_1 und v_2 von A, und die Lösung $X(t)$ von (4) hat die Form

$$X(t) = \xi_0 e^{\lambda t} v_1 + \eta_0 e^{\lambda t} v_2 \,.$$

Hier liegt also die Situation von (I.1 A) bzw. (I.1 B) vor, je nachdem ob $\lambda < 0$ oder $\lambda > 0$ ist, d.h., der Ursprung ist wieder ein stabiler oder ein instabiler *Strudelpunkt*; die Trajektorien sind jetzt aber Halbgeraden, die strahlenförmig zum Strudelpunkt laufen.

(I.3.ii) $\qquad \lambda$ ist Eigenwert der Vielfachheit 1.

In diesem Fall gibt es einen Hauptvektor v_1 und einen Eigenvektor v_2 zum Eigenwert λ, so daß gilt:

$$Av_1 = \lambda v_1 + v_2 \,, \quad Av_2 = \lambda v_2 \,,$$

$v_1, v_2 \in \mathbb{R}^2$. Hier ist

$$X(t) = [\xi_0(v_1 + tv_2) + \eta_0 v_2] e^{\lambda t}$$

die Lösung von (4), und wir können sie in der Form

$$X(t) = \xi(t)v_1 + \eta(t)v_2$$

schreiben mit

$$\xi(t) := \xi_0 e^{\lambda t} \,, \qquad \eta(t) := (\xi_0 t + \eta_0) e^{\lambda t} \,.$$

Hier bekommt man wieder das Strömungsbild eines stabilen ($\lambda < 0$) oder instabilen *Knotens* ($\lambda > 0$): Für $\xi_0 = 0$ sind die Trajektorien die positive oder negative Halbachse, während für $\eta_0 = 0$ die Bahnkurven die Gestalt $\xi(t) = \xi_0 e^{\lambda t}$, $\eta(t) = \xi_0 t e^{\lambda t}$ haben.

Durchläuft ξ_0 alle reellen Zahlen ungleich Null, so entsteht eine einparametrige Schar hakenförmiger Kurven, die – vom Ursprung ausgehend – sich nicht schneiden und ganz $\mathbb{R}^2 \setminus \{0\}$ überdecken.

Wegen der speziellen Form der in (3.i bzw. ii) auftretenden Strömungslinien spricht man auch von einem *ausgearteten Knotenpunkt im Ursprung*.

Hauptfall II: Sei $\qquad ad - bc = 0 \iff \lambda_1 \lambda_2 = 0$.

(II.1) $\qquad \lambda := \lambda_1 > 0, \ \lambda_2 = 0$.

Hier finden wir zwei reelle Eigenvektoren $v_1, v_2 \in \mathbb{R}^2$ zu den Eigenwerten $\lambda_1 \neq 0$ und $\lambda_2 = 0$; die Lösung von (4) ist wieder durch

$$X(t) = \xi(t)v_1 + \eta(t)v_2$$

mit

$$\xi(t) \; := \; \xi_0 e^{\lambda t}, \qquad \eta(t) \; := \; \eta_0$$

gegeben. In dem ξ, η-Koordinatensystem sind also alle Punkte auf der η-Achse Ruhepunkte. Die Strömungslinien sind von der η-Achse ausgehende Halbgeraden parallel zur ξ-Achse. Die Bewegung läuft für $t \to \infty$ von der η-Achse hinweg.

(II.2) $\lambda_1 = 0, \; \lambda := \lambda_2 < 0$.

Hier sind alle Punkte der ξ-Achse Ruhepunkte; die übrigen Trajektorien sind Halbgeraden parallel zur η-Achse, auf denen für $t \to \infty$ die Bewegung zur ξ-Achse hin verläuft.

(II.3) Sei $\lambda_1 = \lambda_2 = 0 \; \Leftrightarrow \; a = b = c = d = 0$

Hier sind alle Punkte von $\mathbb{R}^2$ Ruhepunkte.

Unsere Abbildungen der verschiedenen Strömungen zeigen die Strömungsbilder stets in speziell gewählten, der jeweiligen Situation angepaßten affinen Koordinatensystemen. Um die allgemeine Gestalt zu erhalten, muß man das Bild einer geeigneten affinen Transformation unterwerfen, die den Ursprung festhält und die neuen in die alten Achsen überführt. Dabei werden die Strömungsbilder affin verzerrt, aber qualitativ ändert sich an der Gestalt nichts.

Im $\mathbb{R}^3$ (d.h. für $n = 3$) werden die Strömungsbilder schon wesentlich komplizierter, aber es ist klar, daß die Diskussion der verschiedenen möglichen Fälle in ähnlicher Weise wie im Falle $n = 2$ ausgeführt werden kann. Man überzeugt sich ohne Mühe, daß auch hier und ebenso in den Fällen $n > 3$ das Auftreten geschlossener Trajektorien und daher von periodischen Bewegungen ein seltenes Ereignis ist, höchst empfindlich gegenüber kleinen Störungen von $A = (a_{jk})$. Damit leuchtet ein, daß erst recht die Bestimmung periodischer Lösungen eines allgemeinen dynamischen Systems $\dot{x} = f(x)$ ein schwieriges Geschäft ist, das Mathematiker und Astronomen von alters her fasziniert hat.

6   Fourierreihen

Neben den Potenzreihen $\sum_{n=0}^{\infty} a_n x^n$ spielen die von J.B.J. Fourier in seinen Untersuchungen zur Wärmeausbreitung verwendeten *Fourierreihen* eine fundamentale Rolle. Dies sind *trigonometrische Reihen* der Form

(1) $$\frac{a_0}{2} + \sum_{n=1}^{\infty} (a_n \cos nx + b_n \sin nx), \quad a_n, b_n \in \mathbb{R} \text{ oder } \mathbb{C},$$

oder ihre komplexen Anverwandten

(2) $$\sum_{n=-\infty}^{\infty} c_n e^{inx}, \quad c_n \in \mathbb{C},$$

wobei x eine reelle Variable bezeichnet. Bei diesen Reihen treten ganz unerwartete Phänomene auf, die den Mathematikern lange Zeit große Schwierigkeiten bereiteten und die die Fourierreihen wesentlich von den Potenzreihen unterscheiden. Die Beschäftigung mit trigonometrischen Reihen führte zur Präzisierung des Funktionsbegriffs und zur Definition angemessener Konvergenzbegriffe. Für Georg Cantor war sie der Ausgangspunkt zur Schöpfung der Mengenlehre, und

Henri Lebesgue führte sie, zusammen mit den Problemen der Variationsrechnung, zu einer modernen Maß- und Integrationstheorie, die heute in der reellen Analysis unentbehrlich ist. Das wichtigste Ziel des vorliegenden Abschnittes ist es, eine für einfache Anwendungen genügend allgemeine Klasse von Funktionen anzugeben, die sich durch punktweise konvergente bzw. gleichmäßig konvergente Fourierreihen darstellen lassen (Satz 2 und 3). Die sogenannte Besselsche Ungleichung für die *Fourierkoeffizienten* bildet ein nützliches Hilfsmittel dabei.

Als Folgerung aus diesen Entwicklungssätzen erhalten wir den *Weierstraßschen Approximationssatz*, wonach sich jede stetige Funktion auf einem kompakten Intervall beliebig genau in der Maximumsnorm durch ein Polynom approximieren läßt. Zum Schluß beschreiben wir noch einige etwas subtilere Ergebnisse über die Entwicklung in Fourierreihen, die Sätze von Lipschitz und von Dirichlet-Jordan.

Zunächst betrachten wir *trigonometrische Polynome* vom Grade $\leq N$. Darunter versteht man Funktionen $f : \mathbb{R} \to \mathbb{C}$ der Gestalt

$$(3) \qquad f(x) \ = \ \sum_{n=-N}^{N} c_n e^{inx} \,, \quad c_n \in \mathbb{C} \,.$$

Jedes solche Polynom ist periodisch mit der Periode 2π, d.h. es gilt

$$(4) \qquad f(x + 2\pi) \ = \ f(x) \,, \quad x \in \mathbb{R} \,.$$

Hierfür sagen wir auch, f sei 2π-*periodisch*. Jede 2π-periodische Funktion kann man als Funktion auf dem Einheitskreis $C = S^1(0)$ ansehen, indem man x als Winkelvariable auf C deutet.

Die trigonometrischen Polynome (3) bilden einen linearen Raum U_N der Dimension $2N + 1$ über $\mathbb{C}$, denn U_N wird von den Funktionen e^{inx} mit $|n| \leq N$ aufgespannt, und diese sind wegen des Fundamentalsatzes der Algebra linear unabhängig.

Setzen wir

$$(5) \qquad a_0 := 2c_0, \quad a_n := c_n + c_{-n}, \quad b_n := i(c_n - c_{-n}) \,,$$

so können wir (3) in die Form

$$(6) \qquad f(x) \ = \ \frac{a_0}{2} + \sum_{n=1}^{N} (a_n \cos nx + b_n \sin nx)$$

bringen, und umgekehrt können wir von (6) zur (3) übergehen, wenn wir die Koeffizienten c_n durch

$$(7) \qquad c_0 := \frac{a_0}{2} \,, \quad c_n := \frac{a_n - ib_n}{2} \,, \quad c_{-n} := \frac{a_n + ib_n}{2}$$

einführen. Die beiden Formen (3) und (6) eines trigonometrischen Polynoms N-ten Grades sind also äquivalent. Man rechnet sie durch (5) bzw. (7) ineinander

um. Multiplizieren wir (6) mit $\cos kx$ bzw. $\sin kx$, $k \in \mathbb{N}_0$, und integrieren von
0 bis 2π, so folgen wegen

$$
\int_0^{2\pi} \cos kx \cos nx \, dx
$$

(8)
$$
= \int_0^{2\pi} \sin kx \sin nx \, dx \;=\; \pi \delta_{kn} \quad \text{für } k^2 + n^2 > 0 \,,
$$

$$
\int_0^{2\pi} \cos kx \sin nx \, dx \;=\; 0
$$

die Formeln

$$
a_n \;=\; \frac{1}{\pi} \int_0^{2\pi} f(x) \cos nx \, dx \,, \quad n = 0, 1, 2, \dots \,,
$$

(9)

$$
b_n \;=\; \frac{1}{\pi} \int_0^{2\pi} f(x) \sin nx \, dx \,, \quad n = 1, 2, \dots \,,
$$

wenn wir noch $a_n := 0$ und $b_n := 0$ für $n > N$ setzen. Hieraus und aus (6) liest
man ab: *f ist genau dann reellwertig, wenn alle Koeffizienten a_n, b_n reell sind.*
Vermöge (6) ergibt sich ferner: *f ist genau dann reellwertig, wenn für alle $n \in \mathbb{Z}$
mit $|n| \leq N$ gilt:*

(10)
$$
\overline{c}_n \;=\; c_{-n} \,.
$$

Wegen

$$
\int_0^{2\pi} e^{imx} dx \;=\; \begin{cases} 2\pi & m = 0 \\ & \text{für} \\ 0 & m = \pm 1, \pm 2, \dots \end{cases}
$$

ergibt sich

(11)
$$
\int_0^{2\pi} e^{inx} e^{-ikx} \, dx \;=\; 2\pi \delta_{nk} \,,
$$

wobei δ_{nk} das Kroneckersymbol bezeichnet, also $= 1$ bzw. 0 ist, wenn $n = k$ bzw.
$n \neq k$ gilt. Aus (11) folgt (9); multiplizieren wir (3) mit e^{-ikx} und integrieren
von 0 bis 2π, so erhalten wir

(12)
$$
c_n \;=\; \frac{1}{2\pi} \int_0^{2\pi} f(x) e^{-inx} \, dx \,.
$$

Nun wollen wir von den trigonometrischen Polynomen (1) bzw. (2) zu den *trigonometrischen Reihen*

(13)
$$
\frac{a_0}{2} + \sum_{n=1}^{\infty} (a_n \cos nx + b_n \sin nx) \,, \qquad a_n, b_n \in \mathbb{C} \,,
$$

bzw.

$$(14) \qquad \sum_{n=-\infty}^{\infty} c_n e^{inx}, \qquad c_n \in \mathbb{C},$$

übergehen.

Eine Reihe (13) definieren wir wieder als die Folge der Partialsummen

$$(15) \qquad s_N(x) := \frac{a_0}{2} + \sum_{n=1}^{N} (a_n \cos nx + b_n \sin nx), \quad N \in \mathbb{N}_0.$$

Über die Konvergenz der Reihe ist damit nichts ausgesagt; wenn $\{s_N(x)\}$ in einem Punkte $x \in \mathbb{R}$ konvergiert, definieren wir $s(x)$ als die *Summe der Reihe,* d.h. als

$$(16) \qquad s(x) := \lim_{N \to \infty} s_N(x).$$

Mittels der Formeln (7) kann man $s_N(x)$ umschreiben in

$$(17) \qquad s_N(x) := \sum_{n=-N}^{N} c_n e^{-inx}, \quad N \in \mathbb{N}_0,$$

und umgekehrt kann man von (17) zu (15) übergehen vermöge der Gleichungen (5). Dementsprechend definieren wir die trigonometrische Reihe (14) als die Folge der Partialsummen (17), und Konvergenz der Reihe (14) bedeutet, daß $\lim_{N \to \infty} \sum_{n=-N}^{N} c_n e^{inx}$ existiert; wenn dies der Fall ist, wird die Summe $s(x)$ wieder durch (16) definiert, also

$$(18) \qquad s(x) = \sum_{n=-\infty}^{\infty} c_n e^{-inx} := \lim_{N \to \infty} \sum_{n=-N}^{N} c_n e^{-inx}.$$

Da die durch (5) bzw. (7) einander zugeordneten Partialsummen (15) bzw. (17) dieselben sind, ist es gleichbedeutend, ob wir den Prozeß der Reihenbildung im Sinne von (13) oder von (14) auffassen, sofern wir die Partialsummen nach (5) bzw. (7) ineinander umrechnen, und Entsprechendes gilt für Konvergenz und Summenbildung. Wir werden abwechselnd die eine oder die andere Form verwenden; wir bevorzugen die Form (14), wenn wir eine komplexwertige Funktion als Summe einer trigonometrischen Reihe darstellen wollen, und (13), wenn eine reellwertige Funktion in eine solche Reihe „entwickelt" werden soll. Da die Schreibarbeit bei der Form (14) geringer ist, werden wir sie bei der Formulierung allgemeiner Sätze benutzen; für (13) gelten dann die entsprechenden Aussagen.

Satz 1. *Wenn eine trigonometrische Reihe (14) gleichmäßig auf $[0, 2\pi]$ (und damit auf $\mathbb{R}$) konvergiert, so ist ihre Summe $s(x)$ eine 2π-periodische, stetige Funktion $s : \mathbb{R} \to \mathbb{C}$, und die Koeffizienten c_n in (14) berechnen sich aus s durch*

$$(19) \qquad c_n = \frac{1}{2\pi} \int_0^{2\pi} s(x) e^{-inx} \, dx.$$

Beweis. Da die durch (17) definierten Partialsummen s_N stetige, 2π-periodische Funktionen $s_N : \mathbb{R} \to \mathbb{C}$ sind, folgt der erste Teil der Behauptung nach Weierstraß aus

$$(20) \qquad\qquad s_N(x) \;\rightrightarrows\; s(x) \quad \text{auf } \mathbb{R} .$$

Wegen (20) und (12) ergibt sich ferner

$$\int_0^{2\pi} s(x)e^{-inx}\,dx \;=\; \lim_{N\to\infty} \int_0^{2\pi} s_N(x)e^{-inx}\,dx \;=\; 2\pi c_n .$$

□

Um dieses Resultat geeignet zu interpretieren, führen wir folgende Redeweise ein: *Eine mit der Periode p periodische Funktion $f : \mathbb{R} \to \mathbb{C}$ heißt integrierbar, wenn sie auf jedem kompakten Intervall integrierbar ist.* Man überzeugt sich leicht, daß jede mit p periodische Funktion integrierbar ist, wenn sie auf *einem* kompakten Intervall der Länge p integrierbar ist (vgl. 3.9, Satz 2).

Lemma 1. *Ist $f : \mathbb{R} \to \mathbb{C}$ eine mit p periodische, integrierbare Funktion, so hat das Integral $\int_I f(x)dx$ über jedes kompakte Intervall I der Länge p denselben Wert.*

Beweis. Für beliebige $a, b \in \mathbb{R}$ folgt bei der Substitution $u \mapsto \varphi(u) := u - p$ nach 3.9, Satz 3, daß

$$\int_a^b f(x)dx \;=\; \int_{a+p}^{b+p} f(u-p)du \;=\; \int_{a+p}^{b+p} f(u)du$$

ist. Speziell für $b = 0$ ergibt sich

$$\int_a^0 f(x)dx \;=\; \int_{a+p}^p f(x)dx$$

und damit

$$\int_a^{a+p} f(x)dx \;=\; \int_a^0 f(x)dx + \int_0^{a+p} f(x)dx$$

$$=\; \int_{a+p}^p f(x)dx + \int_0^{a+p} f(x)dx \;=\; \int_0^p f(x)dx .$$

□

Definition 1. *Jeder 2π-periodischen integrierbaren Funktion $f : \mathbb{R} \to \mathbb{C}$ ordnen wir komplexe Zahlen $\hat{f}_n$ zu, die durch*

$$(21) \qquad\qquad \hat{f}_n \;:=\; \frac{1}{2\pi} \int_0^{2\pi} f(x)e^{-inx}\,dx \;, \quad n \in \mathbb{Z} ,$$

definiert sind und die **Fourierkoeffizienten von f** *genannt werden. Die trigonometrische Reihe*

$$(22) \qquad\qquad \sum_{n=-\infty}^{\infty} \hat{f}_n \, e^{inx} \,, \qquad x \in \mathbb{R} \,,$$

heißt **Fourierreihe der Funktion f.**

Es stellen sich nun die folgenden grundlegenden Fragen:

(I)   *In welchen Punkten $x \in \mathbb{R}$ konvergiert die Fourierreihe einer gegebenen 2π-periodischen, integrierbaren Funktion $f : \mathbb{R} \to \mathbb{C}$?*

(II)   *Was ist der Wert $s(x)$ der Summe der Fourierreihe (22) in einem Konvergenzpunkt?*

(III)   *In welchen ihrer Konvergenzpunkte x stimmt die Summe $s(x)$ der Fourierreihe von f mit dem Wert $f(x)$ von f an der Stelle x überein?*

(IV)   *Kann man eine gegebene 2π-periodische Funktion $f : \mathbb{R} \to \mathbb{C}$ als Summe einer trigonometrischen Reihe darstellen und, wenn ja, ist dies auf mehrfache Weise möglich?*

(V)   *Unter welchen Bedingungen ist eine trigonometrische Reihe die Fourierreihe der dargestellten Funktion? (Hier wäre noch zu präzisieren, ob die trigonometrische Reihe überall konvergieren soll oder ob – und „wieviele" – Ausnahmepunkte zugelassen werden.)*

Offenbar konnten all diese Fragen erst dann gestellt werden, als man erkannt hatte, daß nicht jede konvergente Reihe gliedweise integriert werden darf und daß nicht jede konvergente Reihe auch gleichmäßig konvergiert. *Satz 1 besagt ja, daß eine gleichmäßig konvergente trigonometrische Reihe die Fourierreihe der stetigen Funktion ist, die sie darstellt.* Eine stetige Funktion f mit der Periode 2π kann also höchstens auf eine Weise als Summe einer gleichmäßig konvergenten trigonometrischen Reihe geschrieben werden. Es ist aber keineswegs richtig, daß der einzig mögliche Kandidat, nämlich die Fourierreihe der stetigen Funktion f, auch gleichmäßig konvergiert. DuBois-Reymond hat 1873 stetige Funktionen konstruiert, deren Fourierreihe nicht einmal in allen Punkten konvergiert, geschweige denn gleichmäßig konvergiert. Trotzdem legt Satz 1 die Vermutung nahe,

(i)   *daß eine Funktion $f : \mathbb{R} \to \mathbb{C}$, wenn überhaupt, auf höchstens eine Weise als Summe einer überall konvergenten trigonometrischen Reihe dargestellt werden kann,*

und

(ii)   *daß eine überall konvergente trigonometrische Reihe, deren Summe f eine integrierbare Funktion ist, notwendig die Fourierreihe von f ist.*

Beides ist richtig; ersteres wurde 1870 von Cantor, letzteres 1875 von DuBois-Reymond bewiesen. Diese beiden Ergebnisse, deren Beweis wir übergehen, erklären, warum wir uns im folgenden in der Regel nur mit Fourierreihen befassen wollen. Später wird, wenn wir uns mit der Approximation einer gegebenen 2π-periodischen, integrierbaren Funktion „*im quadratischen Mittel*" durch trigonometrische Polynome befassen, noch ein wichtiger Grund hinzutreten: Die Fourierpolynome approximieren in diesem Sinne am besten.

Es sei noch bemerkt, daß Cantor durch seine Untersuchungen über trigonometrische Reihen zur Mengenlehre geführt wurde. Der Versuch, seinen Eindeutigkeitssatz auch auf den Fall auszudehnen, wo die vorgegebene Funktion nur bis auf gewisse „dünne" Ausnahmemengen von trigonometrischen Reihen dargestellt werden, zwang ihn geradezu, sich genauer mit Zahlenmengen zu befassen. Insbesondere entwickelte er hierfür die Theorie der reellen Zahlen und führte das Vollständigkeitsaxiom ein in der Form, daß jede Cauchyfolge reeller Zahlen einen Limes besitzt. Kronecker andererseits faßte eine solche Abneigung gegen die Ideen seines früheren Schülers Cantor, daß er in seinen Berliner Vorlesungen über die Theorie der Integrale (die er zwischen 1883 und 1891 fünfmal hielt) die Vermutung (i) als nicht bewiesen hinstellte und mit keinem Wort auf Cantors Arbeiten zu diesem Thema einging.

Die Beschäftigung mit den Fourierreihen führte also zu einer Revolution des mathematischen Denkens durch Cantor und später durch Lebesgue, dessen 1901 publizierte neue Integrationstheorie es ihm erlaubte, das DuBois-Reymondsche Ergebnis auf die Klasse $\mathcal{L}^1$ der 2π-periodischen, auf $[0, 2\pi]$ Lebesgue-integrierbaren Funktionen zu verallgemeinern. Von hier aus war es nur noch ein Schritt zum fundamentalen Satz von Riesz-Fischer über die Vollständigkeit der Räume $\mathcal{L}^p$.

Fassen wir jetzt also die Fouriersche Reihe $\sum_{n=-\infty}^{\infty} \hat{f}_n e^{inx}$ einer 2π-periodischen, integrierbaren Funktion $f : \mathbb{R} \to \mathbb{C}$ mit den durch (21) definierten Fourierkoeffizienten $\hat{f}_n$ ins Auge. Nach den eingangs gemachten Bemerkungen können wir diese auch in der sogenannten „reellen Form" schreiben als

$$\frac{a_0}{2} + \sum_{n=1}^{\infty} (a_n \cos nx + b_n \sin nx) \,,$$

wobei a_n, b_n durch (9) gegeben sind. Es ist zu beachten, daß für eine überall konvergente Fourierreihe $\sum_{n=-\infty}^{\infty} \hat{f}_n e^{inx}$ im allgemeinen nicht die Reihe

$$\sum_{n=-\infty}^{\infty} |\hat{f}_n|$$

oder, was äquivalent ist, die Reihe

$$\sum_{n=1}^{\infty} (|a_n| + |b_n|)$$

konvergiert. Anderenfalls wäre die Fourierreihe ja gleichmäßig konvergent und ihre Summe s folglich eine stetige Funktion. Wir werden aber in Kürze unstetige Funktionen $f : \mathbb{R} \to \mathbb{C}$ angeben, deren Fourierreihen überall konvergieren und die überall die Summe ihrer Fourierreihen sind. Demgemäß sind solche Reihen also nur bedingt konvergent und dürfen folglich nicht umgeordnet werden. Es ist also streng zu beachten, wie man die Partialsummen von $\sum_{n=-\infty}^{\infty} \hat{f}_n e^{inx}$ bildet, nämlich durch (17) bzw. (15). Anderenfalls ergäbe sich etwas völlig Unsinniges, wie das von Riemann und Dirichlet entdeckte Phänomen lehrt (vgl. 1.19), das bei der Untersuchung von Fourierreihen gefunden wurde. Die Fourierreihen und allgemeiner die harmonische Analysis gehören – damals wie heute – zum Subtilsten, das die Analysis zu bieten hat.

Hier müssen wir uns darauf beschränken, einige wesentliche Eigenschaften der Fourierreihen darzustellen. Zunächst einige Verabredungen zur Schreibweise:

$\mathcal{R}_p$ bezeichne die Klasse der p-periodischen, integrierbaren Funktionen $f : \mathbb{R} \to \mathbb{C}$. Offenbar ist $\mathcal{R}_p$ eine Algebra über $\mathbb{C}$. Weiter liegen mit f auch $|f|$ und somit f^+ und f^- in $\mathcal{R}_p$, wobei $f^+ := \frac{1}{2}(|f| + f)$, $f^- := \frac{1}{2}(|f| - f)$ gesetzt sind.

Wir betrachten zunächst stets Funktionen $f \in \mathcal{R}_{2\pi}$ und bezeichnen die Fourierreihe einer solchen Funktion mit

$$(23) \qquad \mathcal{T}f(x) = \sum_{n=-\infty}^{\infty} c_n e^{inx} , \quad c_n := \frac{1}{2\pi} \int_0^{2\pi} f(x) e^{-inx} dx = \hat{f}_n$$

bzw.

$$\mathcal{T}f(x) = \frac{a_0}{2} + \sum_{n=1}^{\infty} (a_n \cos nx + b_n \sin nx) ,$$
(24)
$$a_n := \frac{1}{\pi} \int_0^{2\pi} f(x) \cos nx \, dx , \quad b_n := \frac{1}{\pi} \int_0^{2\pi} f(x) \sin nx \, dx .$$

Wir erinnern daran, daß für reellwertige Funktionen $f \in \mathcal{R}_{2\pi}$ $a_n, b_n \in \mathbb{R}$ gilt oder, was dazu äquivalent ist,

$$\overline{c}_n = c_{-n} .$$

Ferner sind $\{c_n\}_{n \in \mathbb{Z}}$ und $\{a_n, b_n\}_{n \in \mathbb{N}_0}$ durch (5) und (7) miteinander verbunden. Wegen Lemma 1 gilt auch

$$(25) \qquad c_n = \frac{1}{2\pi} \int_{-\pi}^{\pi} f(x) e^{-inx} dx$$

bzw.

$$(26) \qquad a_n = \frac{1}{\pi} \int_{-\pi}^{\pi} f(x) \cos nx \, dx , \quad b_n = \frac{1}{\pi} \int_{-\pi}^{\pi} f(x) \sin nx \, dx .$$

Wenn $f(x)$ eine *gerade Funktion* ist, also $f(x) = f(-x)$ gilt, so folgt

(27) $$a_n = \frac{2}{\pi} \int_0^\pi f(x) \cos nx \, dx \, , \quad b_n = 0 \, , \quad n \in \mathbb{N}_0 \, ,$$

d.h. $\mathcal{T}f(x)$ ist eine reine *Cosinusreihe*. Gleichbedeutend ist

(28) $$c_n = c_{-n} \quad \text{für alle } n \in \mathbb{Z} \, .$$

Ist hingegen $f(x)$ ungerade, also $f(x) = -f(-x)$, so gilt

(29) $$a_n = 0 \, , \quad b_n = \frac{2}{\pi} \int_0^\pi f(x) \sin nx \, dx \, , \quad n \in \mathbb{N}_0 \, ,$$

d.h. $\mathcal{T}f(x)$ ist eine reine *Sinusreihe*. Äquivalent ist

(30) $$c_n = -c_{-n} \quad \text{für alle } n \in \mathbb{N}_0 \, .$$

Nun wollen wir die Fragen (I)–(III) für eine umfangreiche Klasse 2π-periodischer Funktionen beantworten.

Definition 2. *Eine 2π-periodische Funktion $f : \mathbb{R} \to \mathbb{C}$ nennen wir* **stückwei-se glatt** *(Symbol: $f \in SC_{2\pi}^1$), wenn es eine Zerlegung*

$$0 = x_0 < x_1 < x_2 < \ldots < x_m = 2\pi$$

von $[0, 2\pi]$ in endlich viele Intervalle $I_j = [x_{j-1}, x_j]$ und dazu Funktionen φ_j aus $C^1(I_j, \mathbb{C})$ gibt, so daß $f(x) = \varphi_j(x)$ für $x_{j-1} < x < x_j$ und $1 \leq j \leq m$ gilt.

Stückweise glatte, 2π-periodische Funktionen $f : \mathbb{R} \to \mathbb{C}$ sind also möglicherweise nur stückweise stetig und haben höchstens die Punkte $x_j + 2\nu\pi, \nu \in \mathbb{Z}$, als Sprungstellen von f und f', und bei Annäherung von x an x_j existieren die linksseitigen Grenzwerte $f(x_j - 0), f'(x_j - 0)$ und die rechtsseitigen Grenzwerte $f(x_j + 0), f'(x_j + 0)$. Weiterhin gilt

$$f'(x_j - 0) = \lim_{t \to -0} \frac{f(x_j + t) - f(x_j - 0)}{t} = \varphi_j'(x_j) \, ,$$

$$f'(x_j + 0) = \lim_{t \to +0} \frac{f(x_j + t) - f(x_j + 0)}{t} = \varphi_{j+1}'(x_j) \, .$$

Jeder stückweise stetigen Funktion $f : \mathbb{R} \to \mathbb{C}$ können wir eine Art gemittelter Funktion $f^\sharp : \mathbb{R} \to \mathbb{C}$ zuordnen, indem wir

(31) $$f^\sharp(x) := \frac{1}{2} \left[f(x + 0) + f(x - 0) \right]$$

setzen. In allen Stetigkeitspunkten von f stimmen f und $f^\sharp$ überein, und nur an den Sprungstellen x von f ist der Funktionswert $f(x)$ durch den Mittelwert $f^\sharp(x)$ der beiden einseitigen Grenzwerte $f(x + 0)$ und $f(x - 0)$ ersetzt. Hieraus ergibt sich sofort, daß mit f auch $f^\sharp$ in $SC_{2\pi}^1$ liegt und daß sich f und $f^\sharp$ höchstens in den Sprungstellen von f unterscheiden.

Wir wollen nun die folgenden beiden Sätze beweisen:

Satz 2. *Ist $f : \mathbb{R} \to \mathbb{C}$ eine 2π-periodische, stückweise glatte Funktion, so konvergiert ihre durch (23) oder (24) definierte Fourierreihe $\mathcal{T}f$ in allen Punkten $x \in \mathbb{R}$ gegen die Funktion $f^\sharp$. Bezeichnen wir die Summe der Fourierreihe von f an der Stelle x wie üblich mit $\mathcal{T}f(x)$, so gilt also*

$$\mathcal{T}f(x) \;=\; f^\sharp(x) \,.$$

Da $f = f^\sharp$ für jede stetige Funktion $f \in SC^1_{2\pi}$ gilt, erhalten wir insbesondere

Korollar 1. *Jede stetige Funktion $f \in SC^1_{2\pi}$ wird durch ihre Fourierreihe $\mathcal{T}f(x)$ dargestellt.*

Die Konvergenz der Fourierreihe $\mathcal{T}f(x)$ in Satz 2 ist als *punktweise Konvergenz zu verstehen*. Gleichmäßige Konvergenz ist nicht zu erwarten, weil der gleichmäßige Limes stetiger Funktionen stetig ist. Andererseits ist auch nicht unbedingt zu hoffen, daß für stetige Funktionen die zugehörige Fourierreihe gleichmäßig konvergiert, denn wir kennen eine Folge stetiger Funktionen, die punktweise gegen eine stetige Funktion konvergieren, ohne daß die Konvergenz gleichmäßig wäre (vgl. 2.8, [7]), und der Satz von Dini läßt sich gewiß nicht auf Fourierreihen anwenden. So mag es denn doch überraschen, daß in der Situation von Korollar 1 die Konvergenz der Fourierreihe $\mathcal{T}f(x)$ gegen $f(x)$ eine *gleichmäßige* ist. Es gilt nämlich:

Satz 3. (i) *Die Fourierreihe einer stetigen und stückweise glatten, 2π-periodischen Funktion konvergiert absolut und gleichmäßig.*

(ii) *Die Fourierreihe einer beliebigen, stückweise glatten, 2π-periodischen Funktion $f : \mathbb{R} \to \mathbb{C}$ konvergiert gleichmäßig auf jedem kompakten Intervall, wo keine Unstetigkeitspunkte von f liegen.*

Damit haben wir eine erste befriedigende Antwort auf die Fragen (I)–(III) gefunden.

Den Beweis von Satz 2 stützen wir auf

Lemma 2. (Riemannsches Lemma). *Wenn $g : [a, b] \to \mathbb{C}$ stückweise stetig ist, so gilt*

(32)

$$\lim_{\lambda \to \infty} \int_a^b g(t) \sin \lambda t \, dt \;=\; 0 \,,$$

$$\lim_{\lambda \to \infty} \int_a^b g(t) \cos \lambda t \, dt \;=\; 0 \,.$$

Beweis. (i) Wir nehmen zunächst an, daß g stetig ist. Mit der Substitution $\tau \mapsto t = \tau + h, \; h := \pi/\lambda$, folgt

$$\sin \lambda t \;=\; \sin(\lambda \tau + \pi) \;=\; -\sin \lambda \tau \,.$$

Damit können wir

$$J_\lambda := \int_a^b g(t) \sin \lambda t \, dt$$

umformen in

$$J_\lambda = - \int_{a-h}^{b-h} g(\tau + h) \sin \lambda \tau \, d\tau \; .$$

Addition der beiden Gleichungen liefert, wenn wir statt τ wieder t schreiben und λ so groß wählen, daß $a < b - h < b$ ist,

$$2J_\lambda = \int_{b-h}^b g(t) \sin \lambda t \, dt - \int_{a-h}^a g(t + h) \sin \lambda t \, dt$$
$$+ \int_a^{b-h} [g(t) - g(t + h)] \sin \lambda t \, dt \; .$$

Mit

$$\omega(h) := \sup \left\{ |g(t) - g(t')| \; : \; t, t' \in [a, b], \; |t - t'| \le h \right\} ,$$
$$m := \sup \left\{ |g(t)| \; : \; t \in [a, b] \right\}$$

folgt

$$2|J_\lambda| \le 2mh + (b - a)\omega(h) \; , \qquad h = \pi/\lambda \; ,$$

und hieraus ergibt sich $J_\lambda \to 0$ mit $\lambda \to \infty$.

Ganz ähnlich beweist man die zweite Formel von (32).

(ii) Wenn g nur stückweise stetig ist, so gibt es eine Zerlegung $\mathcal{Z}$ von $[a, b]$ der Form $a = t_0 < t_1 < t_2 < \ldots < t_k = b$ derart, daß sich g auf jedem Teilintervall $I_\nu = [t_{\nu-1}, t_\nu]$ zu einer stetigen Funktion $g_\nu : I \to \mathbb{C}$ fortsetzen läßt. Nach (i) folgt

$$\lim_{\lambda \to \infty} \int_{t_{\nu-1}}^{t_\nu} g_\nu(t) \sin \lambda t \, dt = 0$$

und damit

$$\lim_{\lambda \to \infty} \int_a^b g(t) \sin \lambda t \, dt = \sum_{\nu=1}^k \lim_{\lambda \to \infty} \int_{t_{\nu-1}}^{t_\nu} g_\nu(t) \sin \lambda t \, dt = 0 \; .$$

Entsprechend verfährt man bei der zweiten Formel (32).   □

Nun betrachten wir die geraden Funktionen $\sigma_N : \mathbb{R} \to \mathbb{R}$, die durch

$$(33) \qquad \sigma_N(t) := \begin{cases} \dfrac{\sin(N + 1/2)t}{2 \sin \frac{t}{2}} & t \ne 2\pi k \; , \\ & \text{für} \qquad\qquad k \in \mathbb{Z} \; , \\ N + 1/2 & t = 2\pi k \; , \end{cases}$$

definiert sind. Sie sind, wie man mit der l'Hospitalschen Regel erkennt, stetig und lassen sich, wie in 3.5, (30) gezeigt, in der Form

$$(34) \qquad \sigma_N(t) = \frac{1}{2} + \sum_{n=1}^{N} \cos nt = \frac{1}{2} \sum_{n=-N}^{N} e^{int}$$

schreiben. Hieraus folgt

$$(35) \qquad \int_0^\pi \sigma_N(t)dt = \int_{-\pi}^0 \sigma_N(t)dt = \frac{\pi}{2} .$$

Beweis von Satz 2. Bezeichne $\mathcal{T}_N f(x)$ die N-te Partialsumme der Fourierreihe $\mathcal{T} f(x)$ von f, also

$$(36) \qquad \mathcal{T}_N f(x) := \sum_{n=-N}^{N} c_n e^{inx} , \qquad c_n := \frac{1}{2\pi} \int_{-\pi}^{\pi} f(t)e^{-int} \, dt .$$

Dann können wir schreiben:

$$\mathcal{T}_N f(x) = \frac{1}{2\pi} \int_{-\pi}^{\pi} f(t) \sum_{n=-N}^{N} e^{in(x-t)} \, dt .$$

Wegen (34) und (36) sowie $\sigma_N(t) = \sigma_N(-t)$ erhalten wir

$$\mathcal{T}_N f(x) = \frac{1}{\pi} \int_{-\pi}^{\pi} f(t)\sigma_N(t-x) \, dt = \frac{1}{\pi} \int_{-\pi-x}^{\pi-x} f(\tau + x)\sigma_N(\tau) \, d\tau$$

$$= \frac{1}{\pi} \int_{-\pi}^{\pi} f(\tau + x)\sigma_N(\tau) \, d\tau ,$$

wenn wir noch Lemma 1 berücksichtigen und beachten, daß σ_N periodisch mit der Periode 2π ist. Schreiben wir wieder t statt τ, so folgt

$$(37) \qquad \mathcal{T}_N f(x) = \frac{1}{\pi} \int_0^\pi f(x+t)\sigma_N(t) \, dt + \frac{1}{\pi} \int_{-\pi}^0 f(x+t)\sigma_N(t) \, dt .$$

Andererseits ergibt sich aus

$$f^\sharp(x) = \frac{1}{2} \left[f(x+0) + f(x-0) \right]$$

wegen (35) die Formel

$$(38) \qquad f^\sharp(x) = \frac{1}{\pi} \int_0^\pi f(x+0)\sigma_N(t) \, dt + \frac{1}{\pi} \int_{-\pi}^0 f(x-0)\sigma_N(t) \, dt .$$

Setzen wir nun

$$g(t) := \begin{cases} \dfrac{f(x+t) - f(x+0)}{2 \sin \frac{t}{2}} & 0 < t \le \pi , \\[2mm] & \text{für} \\[2mm] f'(x+0) & t = 0 , \end{cases}$$

$$h(t) := \begin{cases} \dfrac{f(x+t) - f(x-0)}{2 \sin \frac{t}{2}} & -\pi \le t < 0\,, \\[2ex] & \text{für} \\[1ex] f'(x-0) & t = 0\,, \end{cases}$$

so erhalten wir aus (37), (38) und (33) die Darstellung

$$\mathcal{T}_N f(x) - f^\sharp(x)$$

(39)

$$= \frac{1}{\pi} \int_0^\pi g(t) \sin\left(N + \frac{1}{2}\right) t \, dt + \frac{1}{\pi} \int_{-\pi}^0 h(t) \sin\left(N + \frac{1}{2}\right) t \, dt\,.$$

Da f stückweise glatt ist, folgt

$$g(t) \to f'(x+0) \text{ für } t \to +0\,, \quad h(t) \to f'(x-0) \text{ für } t \to -0\,.$$

Also sind die Funktionen $g : [0, \pi] \to \mathbb{C}$ und $h : [-\pi, 0] \to \mathbb{C}$ stückweise stetig, und das Riemannsche Lemma liefert

$$\lim_{N \to \infty} \int_0^\pi g(t) \sin\left(N + \frac{1}{2}\right) t \, dt = 0\,, \quad \lim_{N \to \infty} \int_{-\pi}^0 h(t) \sin\left(N + \frac{1}{2}\right) t \, dt = 0\,.$$

Damit erhalten wir aus (39) die gewünschte Beziehung

$$\lim_{N \to \infty} \mathcal{T}_N f(x) = f^\sharp(x) \quad \text{für alle } x \in \mathbb{R}\,.$$

$\square$

Aus dem Riemannschen Lemma folgt übrigens sehr schnell die uns schon bekannte Formel

(40)
$$\int_0^\infty \frac{\sin x}{x} \, dx = \frac{\pi}{2}$$

für das bedingt konvergente Integral $\int_0^\infty \frac{\sin x}{x} \, dx$.

Für beliebige $\lambda > 0$ und $b > 0$ haben wir nämlich

$$\int_0^{\lambda b} \frac{\sin x}{x} \, dx = \int_0^b \frac{\sin \lambda u}{u} \, du$$

und damit

$$\int_0^\infty \frac{\sin x}{x} \, dx = \lim_{\lambda \to \infty} \int_0^b \frac{\sin \lambda u}{u} \, du\,.$$

Andererseits sieht man ohne Mühe, daß die Funktion

$$g(x) := \begin{cases} \dfrac{1}{x} - \dfrac{1}{2 \sin \frac{x}{2}} & 0 < |x| < 2\pi \\[2ex] & \text{für} \\[1ex] 0 & x = 0 \end{cases}$$

in $(-2\pi, 2\pi)$ stetig ist. Also gilt

$$\lim_{\lambda \to \infty} \int_0^\pi g(x) \sin \lambda x \, dx = 0 \, ,$$

und wir bekommen

$$\lim_{\lambda \to \infty} \int_0^\pi \frac{\sin \lambda u}{u} \, du = \lim_{\lambda \to \infty} \int_0^\pi \frac{\sin \lambda u}{2 \sin \frac{u}{2}} \, du \, .$$

Somit folgt, wie behauptet,

$$\int_0^\infty \frac{\sin x}{x} \, dx = \lim_{N \to \infty} \int_0^\pi \sigma_N(u) du = \int_0^\pi \sigma_N(u) du = \frac{\pi}{2} \, .$$

Zum Beweis von Satz 3 benötigen wir eine wichtige Abschätzung der Fourierkoeffizienten.

Lemma 3. *Für die Fourierkoeffizienten (25) bzw. (26) einer integrierbaren, 2π-periodischen Funktion $f : \mathbb{R} \to \mathbb{C}$ gilt die **Besselsche Ungleichung***

$$(41) \qquad \sum_{n=-N}^{N} |c_n|^2 \leq \frac{1}{2\pi} \int_0^{2\pi} |f(x)|^2 \, dx$$

bzw.

$$(42) \qquad \frac{1}{2} |a_0|^2 + \sum_{n=1}^{N} (|a_n|^2 + |b_n|^2) \leq \frac{1}{\pi} \int_0^{2\pi} |f(x)|^2 \, dx \, ,$$

wobei N eine beliebige, nichtnegative ganze Zahl bezeichnet.

Beweis. Mit $\varphi_N(x) := \mathcal{T}_N f(x)$ folgt

$$0 \leq \int_0^{2\pi} |f(x) - \varphi_N(x)|^2 \, dx$$

$$= \int_0^{2\pi} |f(x)|^2 \, dx + \int_0^{2\pi} \varphi_N(x) \, \overline{\varphi_N(x)} \, dx$$

$$- \int_0^{2\pi} f(x) \, \overline{\varphi_N(x)} \, dx - \int_0^{2\pi} \varphi_N(x) \, \overline{f(x)} \, dx \, .$$

Wegen (11) und (12) ergibt sich

$$0 \leq \int_0^{2\pi} |f(x)|^2 \, dx - 2\pi \sum_{n=-N}^{N} |c_n|^2$$

und damit (41). Analog bekommen wir wegen (9) die Ungleichung (42).

$\square$

Lemma 4. *Die Fourierkoeffizienten*

$$(43) \qquad\qquad c_n' := \frac{1}{2\pi} \int_0^{2\pi} f'(x)e^{-inx}\, dx$$

der Ableitung f' einer 2π-periodischen, stetigen und stückweise glatten Funktion $f : \mathbb{R} \to \mathbb{C}$ mit den Fourierkoeffizienten

$$(44) \qquad\qquad c_n := \frac{1}{2\pi} \int_0^{2\pi} f(x)e^{-inx}\, dx$$

berechnen sich aus

$$(45) \qquad\qquad c_n' = in\, c_n \,,$$

und daher gilt

$$(46) \qquad 2\pi \sum_{n=-N}^{N} n^2 |c_n|^2 \le \int_0^{2\pi} |f'(x)|^2\, dx \quad \text{für alle } N \in \mathbb{N}\,.$$

Beweis. Wegen

$$f'(x)e^{-inx} = \frac{d}{dx}\left[\, f(x)e^{-inx}\,\right] + in\, f(x)e^{-inx}$$

und

$$\int_0^{2\pi} \frac{d}{dx}\left[\, f(x)e^{-inx}\,\right]\, dx = \left[\, f(x)e^{-inx}\,\right]_0^{2\pi} = 0$$

folgt (45).
Die Besselsche Ungleichung (41), angewandt auf die Funktion f', liefert

$$2\pi \sum_{n=-N}^{N} |c_n'|^2 \le \int_0^{2\pi} |f'(x)|^2\, dx \,,$$

und wegen $|c_n'|^2 = n^2 |c_n|^2$ folgt (46).

$$\square$$

Bemerkung 1. Entsprechend zeigt man für die durch (26) definierten Fourierkoeffizienten a_n, b_n die Abschätzung

$$(47) \qquad\qquad \pi \sum_{n=1}^{N} n^2(a_n^2 + b_n^2) \le \int_0^{2\pi} |f'(x)|^2\, dx \,.$$

Beweis von Satz 3. (i) Seien c'_n und c_n durch (43) und (44) definiert. Dann folgt

(48)

$$\left|c_n e^{inx}\right| \;=\; |c_n| \;=\; \frac{1}{n} \cdot n|c_n| \;\leq\; \frac{1}{2}\left(\frac{1}{n^2} + n^2|c_n|^2\right) \quad \text{für } n \neq 0\,.$$

Also hat die Fourierreihe $\mathcal{T}f(x)$ für alle $x \in \mathbb{R}$ die nach (46) konvergente Majorante

$$\frac{1}{2}\sum_{n=1}^{\infty}\left(\frac{2}{n^2} + n^2|c_n|^2 + n^2|c_{-n}|^2\right)$$

und ist somit absolut und gleichmäßig konvergent.

(ii) Wir betrachten die stückweise glatte, 2π-periodische Hilfsfunktion $\varphi(x)$, die wir auf $[-\pi, \pi)$ durch $\varphi(x) := x$ definieren und dann auf $\mathbb{R}$ periodisch fortsetzen. An den Stellen $x_k = k\pi$, $k = \pm 1, \pm 3, \pm 5, \ldots$, springt die Funktion um den Wert 2π, und es gilt $\varphi^\sharp(x_k) = 0$. Die Funktion $\varphi^\sharp$ ist ungerade, ihre Fourierreihe ist also eine reine Sinusreihe. Es gilt $\mathcal{T}\varphi(x) = \mathcal{T}\varphi^\sharp(x)$ und

(49)
$$\mathcal{T}\varphi^\sharp(x) \;=\; \sum_{n=1}^{\infty} b_n \sin nx$$

mit

$$b_n \;=\; \frac{2}{\pi}\int_0^\pi x \sin nx\, dx$$

$$=\; \frac{2}{\pi}\left[-\frac{1}{n} x \cos nx\right]_0^\pi \;+\; \frac{2}{\pi n}\int_0^\pi \cos nx\, dx \;=\; (-1)^{n+1}\frac{2}{n}\,.$$

Damit folgt nach Satz 2

(50) $\varphi^\sharp(x) \;=\; 2\left(\sin x - \frac{1}{2}\sin 2x + \frac{1}{3}\sin 3x - \ldots\right)$ für alle $x \in \mathbb{R}$.

Die n-te Partialsumme dieser Reihe ist

$$s_n(x) := 2\sum_{\nu=1}^{n}(-1)^{\nu+1}\frac{1}{\nu}\sin \nu x\,.$$

Wir multiplizieren $|s_{n+p}(x) - s_n(x)|$ mit $|\cos\frac{x}{2}|$ und beachten die Formel

$$2\sin\alpha\cos\beta \;=\; \sin(\alpha+\beta) + \sin(\alpha-\beta)\,.$$

Dann ergibt sich für $N = n + p$

$$\left|\cos\frac{x}{2}\right| \cdot |s_{n+p}(x) - s_n(x)|$$

$$=\; \left|\;\frac{\sin(n+1/2)x}{n+1} \;+\; \frac{\sin(n+3/2)x}{(n+1)(n+2)} \;-\; \frac{\sin(n+5/2)x}{(n+2)(n+3)} \;+\; \ldots\right.$$

$$\left.+\; (-1)^p\frac{\sin(N-1/2)x}{(N-1)N} \;+\; (-1)^{p+1}\frac{\sin(N+1/2)x}{N}\;\right|.$$

Wählen wir $r \in (0, \pi)$, so folgt für alle $x \in [-r, r]$ die Abschätzung

$$|s_{n+p}(x) - s_n(x)| \leq \frac{1}{\cos \frac{r}{2}} \left[\frac{1}{n+1} + \frac{1}{n+p} + \sum_{\nu=n+2}^{n+p} \frac{1}{(\nu-1)\nu} \right].$$

Also ist die Reihe

$$2 \sum_{\nu=1}^{\infty} (-1)^{\nu+1} \frac{1}{\nu} \sin \nu x$$

auf jedem Intervall $[-r, r]$ mit $0 < r < \pi$ gleichmäßig konvergent gegen $\varphi(x)$. Dementsprechend wird durch

$$\varphi_\tau(x) := 2 \sum_{\nu=1}^{\infty} (-1)^{\nu+1} \frac{1}{\nu} \sin \nu(x - \tau)$$

eine 2π-periodische, stückweise glatte Funktion geliefert, die außer an den Stellen $\tau + (2k-1)\pi$, $k \in \mathbb{Z}$, stetig ist und dort von π auf $-\pi$ springt, also den Sprung $\delta = -2\pi$ erleidet und $\varphi_\tau^\sharp((2k-1)\pi + \tau) = 0$ erfüllt.

Sei nun f eine 2π-periodische, stückweise glatte Funktion mit den Sprungstellen $\tau_1, \tau_2, \ldots, \tau_m$ in $[-\pi, \pi)$ und den Sprüngen

$$\Delta_j := f(\tau_j + 0) - f(\tau_j - 0).$$

Dann hat die modifizierte Funktion

$$g(x) := f^\sharp(x) + \sum_{j=1}^{m} \frac{\Delta_j}{2\pi} \varphi_{\tau_j}^\sharp (x + \pi)$$

keine Sprünge in τ_j und erfüllt somit $g(\tau_j) = g(\tau_j + 0) = g(\tau_j - 0)$, ist also stetig. Somit konvergiert ihre Fourierreihe gleichmäßig. Hieraus sehen wir, daß die Fourierreihe von f in jedem kompakten Intervall gleichmäßig konvergiert, das keine Sprungstellen von f enthält.

$\square$

Betrachten wir einige Beispiele von Fourierreihen 2π-periodischer, stückweise glatter Funktionen $f : \mathbb{R} \to \mathbb{C}$. Im folgenden setzen wir stets $f \in SC_{2\pi}^1$ voraus und geben deshalb $f(x)$ nur auf $[0, 2\pi)$ oder auf $[-\pi, \pi)$ vor. An den Sprungstellen von f definieren wir die Funktion durch den Mittelwert $\frac{1}{2}[f(x+0) + f(x-0)]$, so daß $f = f^\sharp$ ist.

$\boxed{1}$ $f(x) := x$ für $-\pi < x < \pi$, $f(x) := 0$ für $x = k\pi$, $k \in \mathbb{Z}$.

Dieses Beispiel haben wir bereits im Beweis von Satz 3 behandelt; es gilt

$$f(x) = 2 \left[\sin x - \frac{1}{2} \sin 2x + \frac{1}{3} \sin 3x - \ldots \right].$$

Die Konvergenz ist eine punktweise, aber keine gleichmäßige. Für $x = \pi/2$ folgt

$$\frac{\pi}{4} = 1 - \frac{1}{3} + \frac{1}{5} - \frac{1}{7} + \dots.$$

Dies ist der wohlbekannte Wert für die Leibnizsche Reihe $1 - 1/3 + 1/5 - \dots$.

$\boxed{2}$ $f(x) := -1$ für $-\pi < x < 0$, $f(x) := 1$ für $0 < x < \pi$, $f(x) := 0$ für $x = k\pi$, $k \in \mathbb{Z}$. Diese Funktion ist ungerade, die Fourierreihe also wieder eine Sinusreihe. Wir bekommen

$$b_n = \frac{2}{\pi} \int_0^\pi \sin nx \, dx = \begin{cases} 0 & n = 2k \\ \dfrac{4}{\pi n} & n = 2k + 1 \end{cases} \quad \text{für} \quad , \; k \in \mathbb{Z}.$$

Wieder liegt punktweise, aber keine gleichmäßige Konvergenz vor, und wir erhalten

$$f(x) = \frac{4}{\pi} \left(\sin x + \frac{1}{3} \sin 3x + \frac{1}{5} \sin 5x + \dots \right).$$

Für $x = \pi/2$ erhalten wir erneut die Formel $\pi/4 = 1 - 1/3 + 1/5 - \dots$.

$\boxed{3}$ $f(x) := |x|$ für $|x| \leq \pi$. Diese Zackenfunktion ist stetig, stückweise glatt und gerade, wird also durch eine reine Cosinusreihe dargestellt, die gleichmäßig konvergiert. Wir erhalten $a_0 = (2/\pi) \int_0^\pi x \, dx = \pi$ und

$$a_n = \frac{2}{\pi} \int_0^\pi x \cos nx \, dx = \begin{cases} 0 & n = 2k \neq 0 \\ -4/(\pi n^2) & n = 2k + 1 \end{cases} \quad \text{für} \quad , \; k \in \mathbb{Z}.$$

Damit ergibt sich

$$f(x) = \frac{\pi}{2} - \frac{4}{\pi} \left[\cos x + \frac{1}{3^2} \cos 3x + \frac{1}{5^2} \cos 5x + \dots \right].$$

Für $x = 0$ bekommen wir die Formel

$$1 + \frac{1}{3^2} + \frac{1}{5^2} + \frac{1}{7^2} + \dots = \frac{\pi^2}{8}.$$

$\boxed{4}$ $f(x) := x^2$ für $|x| \leq \pi$. Diese Funktion ist stetig, gerade und stückweise glatt, ihre Fourierreihe also eine gleichmäßig konvergente Reihe, und zwar eine reine Cosinusreihe. Es gilt $a_0 = (2/\pi) \int_0^\pi x^2 \, dx = 2\pi^2/3$ und

$$a_n = \frac{2}{\pi} \int_0^\pi x^2 \cos nx \, dx = (-1)^n 4n^{-2} \quad \text{für } n > 0,$$

also

$$f(x) = \frac{\pi^2}{3} + 4 \sum_{n=1}^{\infty} (-1)^n \frac{1}{n^2} \cos nx$$

und somit

$$\frac{\pi^2}{12} - \frac{x^2}{4} = \cos x - \frac{\cos 2x}{2^2} + \frac{\cos 3x}{3^2} - \frac{\cos 4x}{4^2} + \ldots \quad \text{für } |x| \leq \pi.$$

Für $x = 0$ ergibt sich

$$1 - \frac{1}{2^2} + \frac{1}{3^2} - \frac{1}{4^2} + \ldots = \frac{\pi^2}{12}.$$

Subtrahieren wir diese Formel von der letzten Formel in $\boxed{3}$, so entsteht

$$\frac{1}{2^2} + \frac{1}{4^2} + \frac{1}{6^2} + \frac{1}{8^2} + \ldots = \frac{\pi^2}{24}.$$

Multiplizieren wir diese Gleichung mit 4, so bekommen wir *Eulers Formel*

$$1 + \frac{1}{2^2} + \frac{1}{3^2} + \frac{1}{4^2} + \ldots = \frac{\pi^2}{6}.$$

Bemerkung 2. Für viele Untersuchungen reichen die in den Sätzen 1 und 2 beschriebenen Eigenschaften von Fourierreihen völlig aus. Freilich lassen sich diese Resultate wesentlich verschärfen, was wir im folgenden kurz andeuten wollen.

Zunächst definieren wir für jedes $N \in \mathbb{N}_0$ den **Dirichletschen Kern** $D_N : \mathbb{R} \to \mathbb{R}$ durch

$$(51) \qquad D_N(t) := \begin{cases} \dfrac{1}{2\pi} \cdot \dfrac{\sin(N+1/2)t}{\sin \frac{t}{2}} & t \neq 2\pi k, \\[2mm] \qquad\qquad \text{für} \qquad\qquad k \in \mathbb{Z}. \\[2mm] \dfrac{1}{2\pi} \cdot (2N+1) & t = 2\pi k, \end{cases}$$

Er ist bis auf den Faktor $1/\pi$ nichts anderes als die durch (33) definierte Funktion $\sigma_N(t)$; es gilt also

$$(52) \qquad D_N(t) = \frac{1}{\pi} \sigma_N(t) = \frac{1}{2\pi} \sum_{n=-N}^{N} e^{int}.$$

Nach (37) läßt sich die Partialsumme $T_N f(x)$ der Fourierreihe von f in der Form

$$(53) \qquad T_N f(x) = \int_{-\pi}^{\pi} f(x+t) D_N(t) dt = \int_{-\pi}^{\pi} f(t) D_N(x-t) dt$$

schreiben. Für $f(x) \equiv 1$ gilt $T_N f(x) \equiv 1$ und somit

$$(54) \qquad \int_{-\pi}^{\pi} D_N(t) dt = 1.$$

Der Kern D_N ist nach (52) eine gerade, 2π-periodische Funktion der Klasse C^∞. Ein Integral der Form (53) bezeichnen wir als *Faltungsintegral* (vgl. Band 2); die N-te Partialsumme der Fourierreihe von f entsteht also durch *Faltung* von f mit dem Dirichletschen Kern D_N. Damit folgt:

Die Fourierreihe $\mathcal{T}f(x)$ einer Funktion $f \in \mathcal{R}_{2\pi}$ konvergiert genau dann an der Stelle $x \in \mathbb{R}$, wenn die durch (53) definierte Folge $\{\mathcal{T}_N f(x)\}_{N \in \mathbb{N}}$ konvergiert, und im Falle der Konvergenz ergibt sich die Summe $\mathcal{T}f(x)$ der Fourierreihe als

$$
\begin{aligned}
\mathcal{T}f(x) &= \lim_{N \to \infty} \int_{-\pi}^{\pi} f(x+t)D_N(t)dt \\
(55) \qquad &= \lim_{N \to \infty} \int_{0}^{\pi} [f(x+t) + f(x-t)]D_N(t)dt .
\end{aligned}
$$

Bezeichne nun $\mathcal{R}'_{2\pi}$ die Teilmenge der Funktionen $f \in \mathcal{R}_{2\pi}$, für die $f|_{[0,2\pi]}$ eine Regelfunktion ist. Diese Funktionen lassen sich, wie wir wissen, als diejenigen Elemente von $\mathcal{R}_{2\pi}$ charakterisieren, für die an jeder Stelle $x \in \mathbb{R}$ die einseitigen Grenzwerte $f(x+0)$ und $f(x-0)$ existieren. Für $f \in \mathcal{R}'_{2\pi}$ ist also die gemittelte Funktion $f^\sharp : \mathbb{R} \to \mathbb{C}$ mit

$$
f^\sharp(x) := \frac{1}{2}[f(x+0) + f(x-0)] , \quad x \in \mathbb{R} ,
$$

wohldefiniert. Wegen (54) gilt

$$
\frac{1}{2}f(x+0) = \int_{0}^{\pi} f(x+0)D_N(t)dt , \quad \frac{1}{2}f(x-0) = \int_{0}^{\pi} f(x-0)D_N(t)dt .
$$

Aus dem obigen Resultat folgt also, da $D_N(t)$ gerade ist:

Satz 4. *Die Fourierreihe $\mathcal{T}f(x)$ von $f \in \mathcal{R}'_{2\pi}$ an der Stelle $x \in \mathbb{R}$ hat genau dann die Summe $f^\sharp(x)$, wenn*

$$
(56) \qquad \lim_{N \to \infty} \int_{0}^{\pi} \left\{ \frac{1}{2}[f(x+t) + f(x-t)] - f^\sharp(x) \right\} D_N(t)dt = 0
$$

gilt. Allgemeiner gilt diese Behauptung für eine beliebige Funktion $f \in \mathcal{R}_{2\pi}$, für welche die einseitigen Grenzwerte $f(x+0)$ und $f(x-0)$ an der Stelle x existieren.

Nun formulieren wir eine Verschärfung des Riemannschen Lemmas.

Lemma 5. *Ist $g \in \mathcal{R}(I, \mathbb{C})$, $I = [a,b]$, so gilt für $n \to \infty$:*

$$
A_n := \int_{a}^{b} g(t) \cos nt \, dt \to 0 \qquad und \qquad B_n := \int_{a}^{b} g(t) \sin nt \, dt \to 0 .
$$

Beweis. Liegen a,b in ein und demselben Intervall $I_k := [2k\pi, 2(k+1)\pi]$, $k \in \mathbb{Z}$, so definieren wir $f \in \mathcal{R}_{2\pi}$, indem wir $f(t) := g(t)$ für $t \in I$ und $f(t) := 0$ für $t \in I_k \backslash I$ setzen und dann f periodisch fortsetzen. Dann gilt für die „reellen" Fourierkoeffizienten a_n, b_n von f die Besselsche Ungleichung

$$
\pi \sum_{n=1}^{N} (|a_n|^2 + |b_n|^2) \leq \int_{0}^{2\pi} |f(t)|^2 dt = \int_{a}^{b} |g(t)|^2 dt .
$$

Wegen $A_n = \pi a_n$, $B_n = \pi b_n$ folgt

$$
\sum_{n=1}^{N} (|A_n|^2 + |B_n|^2) \leq \pi \int_{a}^{b} |g(t)|^2 dt , \quad N \in \mathbb{N} ,
$$

und somit

$$
\sum_{n=1}^{\infty} (|A_n|^2 + |B_n|^2) < \infty .
$$

Hieraus ergibt sich $|A_n|^2 + |B_n|^2 \to 0$.
Im allgemeinen Fall zerlegen wir I in endlich viele Intervalle, die in einem der I_k liegen, und wenden obige Betrachtung auf jedes dieser Intervallstücke an.

$\square$

Die Funktion

$$\gamma(t) := \begin{cases} \dfrac{1}{t} - \dfrac{1}{2\sin(t/2)} & 0 < |t| < 2\pi \\[2mm] & \text{für} \\[1mm] 0 & t = 0 \end{cases}$$

ist stetig, und daher ist γf auf $[0, \pi]$ integrierbar für jede Funktion $f \in \mathcal{R}([0, \pi], \mathbb{C})$. Setzen wir

$$k(t, x) := \frac{1}{2}\,[f(x + t) + f(x - t)] - f^\sharp(x)\,,$$

so ergibt sich aus Lemma 5 die Formel

$$\int_0^\pi k(t, x)\gamma(t)\sin(N + 1/2)t\,dt = 2\int_0^{\pi/2} k(2t, x)\gamma(2t)\sin(2N + 1)t\,dt \;\to\; 0$$

mit $N \to \infty$. Also ist die Bedingung (56) äquivalent zu

$$(57) \qquad \lim_{N\to\infty} \int_0^\pi \left\{ \frac{1}{2}\,[f(x + t) + f(x - t)] - f^\sharp(x) \right\} \frac{\sin(N + 1/2)t}{t}\,dt = 0$$

und es folgt

Satz 5. *Die Fourierreihe $\mathcal{T}f(x)$ von $f \in \mathcal{R}'_{2\pi}$ hat genau dann die Summe $f^\sharp(x)$, wenn (57) erfüllt ist, und dies ist äquivalent zu folgender Bedingung: Für ein $\delta \in (0, \pi]$ gilt*

$$(58) \qquad \lim_{N\to\infty} \int_0^\delta \left\{ \frac{1}{2}\,[f(x + t) + f(x - t)] - f^\sharp(x) \right\} \frac{\sin(N + 1/2)t}{t}\,dt = 0\,.$$

Beweis. Die Bedingungen (57) und (58) sind äquivalent, denn aus Lemma 5 folgt

$$(59) \qquad \lim_{N\to\infty} \int_\delta^\pi k(t, x)\frac{\sin(N + 1/2)t}{t}\,dt = 0\,.$$

$\square$

Entsprechend schließt man von (55) auf das folgende Resultat:

Die Fourierreihe $\mathcal{T}f(x)$ einer Funktion $f \in \mathcal{R}_{2\pi}$ konvergiert an der Stelle $x \in \mathbb{R}$ gegen den Wert $S(x)$, wenn für ein $\delta \in (0, \pi]$ gilt:

$$(60) \qquad \lim_{N\to\infty} \int_0^\delta \left\{ \frac{1}{2}\,[f(x + t) + f(x - t)] - S(x) \right\} \frac{\sin(N + 1/2)t}{t}\,dt = 0\,.$$

Dies ist der *Riemannsche Lokalisationssatz.* Er besagt, daß das Konvergenzverhalten einer Fourierreihe und, falls vorhanden, ihr Summenwert nur von den Funktionswerten von f in einer Umgebung von x abhängen, wobei man diese Umgebung beliebig klein wählen kann.

Satz 6. (*Lipschitzsche Regel*). *Die Fourierreihe $\mathcal{T}f(x)$ einer Funktion $f \in \mathcal{R}_{2\pi}$ hat an der Stelle $x \in \mathbb{R}$ den Summenwert $f(x)$, falls es Konstanten $r > 0, c > 0$ und $\alpha \in (0, 1]$ gibt, so daß*

$$(61) \qquad |f(x + t) - f(x)| \leq c|t|^\alpha \qquad \text{für alle } t \text{ mit } |t| \leq r$$

gilt.

Beweis. Wegen (61) ist f an der Stelle x stetig; also ist zu erwarten, daß $\mathcal{T}f(x)$ gegen $f(x)$ konvergiert, und dies ist nach Satz 4 genau dann der Fall, wenn

$$\lim_{N\to\infty} \int_0^\pi \left\{ \frac{1}{2}\,[f(x + t) + f(x - t)] - f(x) \right\} D_N(t)dt = 0$$

gilt, und wie oben zeigt man, daß dies zur Bedingung

$$\lim_{N\to\infty} \int_0^\pi k(x, t)\frac{\sin(N + 1/2)t}{t}\,dt = 0$$

äquivalent ist, wenn wir

$$k(x,t) := \frac{1}{2}[f(x+t) + f(x-t)] - f(x)$$

setzen. Aus (61) folgt

$$|k(x,t)| \leq \frac{1}{2}|f(x+t) - f(x)| + \frac{1}{2}|f(x-t) - f(x)| \leq ct^\alpha$$

für $0 \leq t \leq r$ und damit

$$\left| \int_0^\delta k(x,t) \frac{1}{t} \sin(N+1/2)t\, dt \right| \leq c \int_0^\delta t^{\alpha-1}\, dt = (c/\alpha)\delta^\alpha$$

für $\delta \in (0, r]$. Zu beliebig vorgegebenem $\epsilon > 0$ können wir also ein $\delta > 0$ finden, so daß

$$\left| \int_0^\delta k(x,t) \frac{1}{t} \sin(N+1/2)t\, dt \right| < \frac{\epsilon}{2} \quad \text{für alle } N \in \mathbb{N}$$

erfüllt ist. Wiederum gilt (59), und somit existiert ein $N_0 \in \mathbb{N}$, so daß

$$\left| \int_\delta^\pi k(x,t) \frac{1}{t} \sin(N+1/2)t\, dt \right| < \frac{\epsilon}{2} \quad \text{für alle } N > N_0$$

und damit

$$\left| \int_0^\pi k(x,t) \frac{1}{t} \sin(N+1/2)t\, dt \right| < \epsilon \quad \text{für alle } N > N_0$$

ist.

$\square$

Falls die Hölder-Lipschitz-Bedingung (61) für alle $x \in [0, 2\pi]$ gilt, stellt $\mathcal{T}f(x)$ die Funktion auf ganz $\mathbb{R}$ dar, und man kann überdies beweisen, daß die Fourierreihe $\mathcal{T}f(x)$ gleichmäßig auf $\mathbb{R}$ konvergiert.

Schließlich betrachten wir 2π-periodische Funktionen $f : \mathbb{R} \to \mathbb{C}$, für die $f|_{[0,2\pi]}$ von beschränkter Variation ist. Diese Funktionen sind auf $[0, 2\pi]$ Regelfunktionen und damit integrierbar; bezeichne $BV_{2\pi}$ die Klasse solcher Funktionen. Es gilt also

$$BV_{2\pi} \subset \mathcal{R}'_{2\pi} \subset \mathcal{R}_{2\pi}.$$

Damit ist für jede Funktion $f \in BV_{2\pi}$ die gemittelte Funktion $f^\sharp$ definiert.

Ohne Beweis vermerken wir das folgende Resultat:

Satz 7. (Dirichlet-Jordan). *Für jede Funktion $f \in BV_{2\pi}$ ist die Fourierreihe $\mathcal{T}f(x)$ punktweise auf $\mathbb{R}$ konvergent, und für ihren Summenwert gilt*

$$\mathcal{T}f(x) = f^\sharp(x) \qquad \text{für alle } x \in \mathbb{R}.$$

Ist f überdies stetig auf $\mathbb{R}$, so konvergiert $\mathcal{T}f(x)$ gleichmäßig auf $\mathbb{R}$ gegen $f(x)$.

Bemerkung 3. Trigonometrische Reihen und Fourierreihen tauchten schon weit vor Fourier auf, beispielsweise in den Untersuchungen von D'Alembert, Euler, Daniel Bernoulli und Lagrange über schwingende Saiten. Hinsichtlich der Gültigkeit ihrer Resultate hatten diese Mathematiker durchaus divergierende Meinungen; den Streit zwischen Euler und D'Alembert hat Truesdell in seinem Beitrag zu Eulers *Opera omnia* (Series secunda, vol. XI/2 und XII) eingehend beschrieben. Ein halbes Jahrhundert lang wurde kein wesentlicher Fortschritt erzielt, bis, wie Riemann schrieb, eine *Bemerkung Fouriers neues Licht auf diesen Gegenstand [warf] ... Als Fourier in einer seiner ersten Arbeiten über die Wärme ... zuerst den Satz aussprach, dass eine ganz willkürlich (graphisch) gegebene Function sich durch eine trigonometrische Reihe ausdrücken lasse, war diese Behauptung dem greisen Lagrange so unerwartet, dass er ihr auf das Entschiedenste entgegentrat ... .*

*Durch Fourier war nun zwar die Natur der trigonometrischen Reihen vollkommen richtig er-
kannt; sie wurden seitdem in der mathematischen Physik zur Darstellung willkürlicher Functionen vielfach angewandt, und in jedem einzelnen Falle überzeugte man sich leicht, dass die
Fourier'sche Reihe wirklich gegen den Werth der Function convergire; aber es dauerte lange,
ehe dieser wichtige Satz allgemein bewiesen wurde.*
*Der Beweis, welchen Cauchy in einer der Pariser Akademie am 27. Februar 1826 vorgelese-
nen Abhandlung gab, ist unzureichend, wie Dirichlet gezeigt hat ...   Erst im Januar 1829
erschien im Journal von Crelle [Bd. 4, S. 157–169; Werke, Bd. I. S. 117–132] eine Abhandlung
von Dirichlet, worin für Functionen, die durchgehends eine Integration zulassen und nicht
unendlich viele Maxima und Minima haben, die Frage ihrer Darstellbarkeit durch trigonometrische Reihen in aller Strenge entschieden wurde.*

Der oben formulierte Satz 7 ist der Dirichletsche Satz in der erweiterten Fassung, die ihm
Jordan (1881) gegeben hat. Riemann hat seine Habilitationsschrift *Ueber die Darstellbarkeit
einer Function durch eine trigonometrische Reihe* (Göttingen 1854), aus der wir oben zitiert
haben, diesem Thema gewidmet und dabei en passant die Theorie des Riemannschen Integrals
entwickelt. Das Riemannsche Lemma findet sich ebenfalls in dieser Arbeit, die erst 1867, nach
Riemanns Tod, von Dedekind publiziert wurde.

Nun liefern wir mit Hilfe von Satz 2 einen neuen Beweis des *Weierstraßschen Approximati-
onssatzes.*

Um Satz 2 anwenden zu können, benötigen wir noch das folgende, nahezu evidente Resultat.

Lemma 6. *Sei $f : I \to \mathbb{C}$ stetig auf $I = [a, b]$. Dann gibt es zu jedem $\epsilon > 0$ eine stetige,
stückweise lineare Funktion $g : I \to \mathbb{C}$ mit $|f(x) - g(x)| < \epsilon$ für alle $x \in I$, d.h.*

$$\|f - g\| := \max \{ \, |f(x) - g(x)| : x \in I \, \} < \epsilon \, .$$

Beweis. Da f auf I gleichmäßig stetig ist, gibt es ein $\delta > 0$, so daß $|f(x) - f(x')| < \epsilon$ für alle
$x, x' \in I$ mit $|x - x'| < \delta$ gilt. Wir wählen $n \in \mathbb{N}$ so groß, daß

$$h := \frac{b - a}{n} < \delta$$

ist und setzen $x_j := a + jh$, $j = 0, 1, \dots, n$. Mit Hilfe dieser „Stützpunkte" definieren wir
$g : I \to \mathbb{C}$ durch

$$g(x) := \frac{x_j - x}{h} \, f(x_{j-1}) + \frac{x - x_{j-1}}{h} \, f(x_j) \quad \text{für } x_{j-1} \leq x \leq x_j \, .$$

Diese Funktion ist stetig und stückweise linear, und wegen

$$f(x) = \frac{x_j - x}{h} \, f(x) + \frac{x - x_{j-1}}{h} \, f(x)$$

folgt für $x \in [x_{j-1}, x_j]$

$$|f(x) - g(x)| \leq \frac{x_j - x}{h} \, |f(x_{j-1}) - f(x)| + \frac{x - x_{j-1}}{h} \, |f(x_j) - f(x)|$$

$$< \frac{x_j - x}{h} \, \epsilon + \frac{x - x_{j-1}}{h} \, \epsilon = \epsilon \, .$$

$\square$

Satz 8. (Weierstraß, 1885). *Jede auf einem kompakten Intervall $I = [a, b]$ stetige Funktion
$f : I \to \mathbb{R}$ kann dort beliebig genau in der Maximumsnorm durch Polynome approximiert
werden. Anders gesagt: Zu jedem $f \in C^0(I)$ und zu jedem $\epsilon > 0$ existiert ein reelles Polynom
p derart, daß*

$$|f(x) - p(x)| < \epsilon \quad \text{für alle } x \in I$$

gilt.

Beweis. (i) Wir bestimmen g zu f und ϵ wie in Lemma 6 und bekommen so

$$\|f - p\| \leq \|f - g\| + \|g - p\| < \epsilon + \|g - p\| .$$

Daher genügt es, wenn wir im folgenden die stetige Funktion f noch zusätzlich als stückweise linear annehmen.

(ii) Wir nehmen zunächst an, daß $I = [0, \pi]$ ist und setzen f zu einer geraden, 2π-periodischen, stetigen Funktion $f : \mathbb{R} \to \mathbb{R}$ fort, indem wir f auf $[-\pi, 0]$ durch $f(x) := f(-x), x \in [-\pi, 0]$ definieren und dann 2π-periodisch auf ganz $\mathbb{R}$ ausdehnen. Bezeichnet dann

$$\mathcal{T}_N f(x) = \frac{a_0}{2} + \sum_{n=1}^{N} a_n \cos nx , \quad a_n \in \mathbb{R} ,$$

die N-te Partialsumme der Fourierreihe von f, so gilt nach Satz 2 und Satz 3

$$\mathcal{T}_N f(x) \rightrightarrows f(x) \quad \text{auf } \mathbb{R} \quad \text{für } N \to \infty .$$

Also existiert zu beliebig vorgegebenem $\epsilon > 0$ ein $N \in \mathbb{N}$, so daß

$$|f(x) - \mathcal{T}_N f(x)| < \epsilon/2 \quad \text{für alle } x \in \mathbb{R}$$

ist. Ferner ist $\cos x$ als Summe einer reellen Potenzreihe gegeben, die auf jedem Intervall gleichmäßig konvergiert. Also gibt es ein reelles Polynom p, so daß

$$|\mathcal{T}_N f(x) - p(x)| < \epsilon/2 \quad \text{für alle } x \in [0, \pi]$$

gilt, und dies liefert

$$|f(x) - p(x)| < \epsilon \quad \text{für alle } x \in [0, \pi] ,$$

was gleichbedeutend mit

$$\|f - p\| := \max_I |f - p| < \epsilon$$

ist.

(iii) Ist $I = [a, b]$, so setzen wir

$$g(x) := f\left(a + \frac{b - a}{\pi} x \right) \quad \text{für } 0 \leq x \leq \pi .$$

Nach (ii) gibt es zu jedem $\epsilon > 0$ ein reelles Polynom q mit

$$|g(x) - q(x)| < \epsilon \quad \text{für alle } x \in [0, \pi] .$$

Dann erfüllt das Polynom

$$p(x) := q(\varphi(x)) \quad \text{mit} \quad \varphi(x) := \pi \frac{x - a}{b - a}$$

die Abschätzung

$$|f(x) - p(x)| < \epsilon \quad \text{für alle} \quad x \in [a, b] .$$

$\square$

Nun wollen wir noch das überraschende Ergebnis festhalten, daß man die Fourierreihe einer 2π-periodischen, integrierbaren Funktion f gliedweise integrieren kann, gleichgültig, ob sie punktweise konvergiert oder nicht, und daß das Integral der Reihe gerade das Integral von f liefert.

Satz 9. *Ist $\mathcal{T}f(x) = \sum_{n=-\infty}^{\infty} c_n e^{inx}$ die Fourierreihe einer Funktion $f \in \mathcal{R}_{2\pi}$, so gilt für jedes Intervall $[a, b]$ in $\mathbb{R}$*

$$\int_a^b f(x)dx = \sum_{n=-\infty}^{\infty} \int_a^b c_n e^{inx} \, dx .$$

Wir verschieben den Beweis dieses Ergebnisses auf den nächsten Abschnitt, weil wir ihn dann in drei Zeilen führen können.

Abschließend bemerken wir noch, daß sich die vorangehenden Ergebnisse mühelos auf periodische Funktionen mit der Periode $p = 2l$ übertragen lassen, indem man das Intervall $[0, 2\pi]$ geeignet transformiert. Dann ist die Fourierreihe einer $2l$-periodischen Funktion $f : \mathbb{R} \to \mathbb{C}$ durch

$$\mathcal{T}f(x) := \sum_{n=-\infty}^{\infty} c_n e^{in\pi x/l} \,, \quad c_n := \frac{1}{2l} \int_0^{2l} f(t) e^{-in\pi t/l} \, dt$$

bzw.

$$\mathcal{T}f(x) = \frac{a_0}{2} + \sum_{n=1}^{\infty} \left(a_n \cos \frac{n\pi x}{l} + b_n \sin \frac{n\pi x}{l} \right) ,$$

$$a_n := \frac{1}{l} \int_0^{2l} f(t) \cos \frac{n\pi t}{l} \, dt \,, \quad b_n := \frac{1}{l} \int_0^{2l} f(t) \sin \frac{n\pi t}{l} \, dt$$

gegeben. Die Reihe $\mathcal{T}f(x)$ konvergiert punktweise gegen $f^\sharp$, falls f stückweise glatt ist, und sie konvergiert sogar gleichmäßig gegen f, wenn f stetig und stückweise glatt ist.

Aufgaben.

1. Man bestimme die Fourierreihen in reeller Form der 2π-periodischen Funktionen $f : \mathbb{R} \to \mathbb{R}$, die auf $(-\pi, \pi]$ folgendermaßen definiert sind:
   (i) $f(x) := x \cos x$,
   (ii) $f(x) := |\sin x|$,
   (iii) $f(x) := \cos \mu x$ mit $\mu \notin \mathbb{Z}$,
   (iv) $f(x) := \sin \mu x$ mit $\mu \notin \mathbb{Z}$.
2. Aus der in Aufgabe 1, (iii) gewonnenen Entwicklung ist die Partialbruchzerlegung des Cotangens herzuleiten, nämlich

$$\mathrm{ctg}\,\pi x - \frac{1}{\pi x} = -\frac{2x}{\pi} \left[\sum_{n=1}^{\infty} \frac{1}{n^2 - x^2} \right] .$$

Für $x \in [0, q]$ mit $q < 1$ gewinne man hieraus durch Integration

$$\log \left(\frac{\sin \pi x}{\pi x} \right) = \sum_{n=1}^{\infty} \log \left(1 - \frac{x^2}{n^2} \right)$$

und

$$\frac{\sin \pi x}{\pi x} = \lim_{N \to \infty} \prod_{n=1}^{N} \left(1 - \frac{x^2}{n^2} \right) .$$

3. Wie folgt aus der letzten Formel von Aufgabe 2 die Wallische Produktentwicklung von $\pi/2$?
4. Man bestimme die Fourierreihe der 2π-periodischen Funktion $f : \mathbb{R} \to \mathbb{R}$ mit $f(x) := e^{ax}$ für $x \in [0, 2\pi)$ und berechne die Summe von $\sum_{n=1}^{\infty} \frac{1}{a^2 + n^2}$.
5. Man untersuche die Konvergenz der Fourierreihe der 2π-periodischen Funktion $f : \mathbb{R} \to \mathbb{R}$ mit

$$f(x) := -\log \left(2 \left| \sin \frac{x}{2} \right| \right) \quad \text{für} \quad -\pi \leq x < \pi \,.$$

7 Konvergenz im quadratischen Mittel

Das Hauptziel dieses Abschnitts ist es zu zeigen, daß sich jede Funktion f der Klasse $\mathcal{R}_{2\pi}$ *im quadratischen Mittel* beliebig genau durch ihre Fourierpolynome $\mathcal{T}_N f$ approximieren läßt, d.h. es gilt

$$\lim_{N\to\infty} \int_0^{2\pi} |f(x) - \mathcal{T}_N f(x)|^2 \, dx \;=\; 0 \,.$$

Als damit gleichwertig erweist sich die sogenannte *Parsevalsche Gleichung*, d.h. das Bestehen der Vollständigkeitsrelation $2\pi \sum_{n=-\infty}^{\infty} |c_n|^2 = \int_0^{2\pi} |f(x)|^2 dx$ für alle $f \in \mathcal{R}_{2\pi}$.

Wir betrachten eine beliebige Funktion $f \in \mathcal{R}_{2\pi}$, d.h. eine Funktion $f : \mathbb{R} \to \mathbb{C}$, die periodisch mit der Periode 2π und auf $[0, 2\pi]$ integrierbar ist, und stellen uns die Aufgabe, sie „möglichst gut" durch ein trigonometrisches Polynom

$$(1) \qquad\qquad p(x) \;=\; \sum_{n=-N}^{N} c_n e^{inx} \,, \quad c_n \in \mathbb{C} \,,$$

von höchstens N-tem Grade zu approximieren. Hierbei denken wir uns $N \in \mathbb{N}_0$ fest gewählt. Was soll „möglichst gut" bedeuten? Um dies festzulegen, müssen wir uns für ein „akzeptables Maß" der Güte der Approximation p an die vorgegebene Funktion f entscheiden. Es steht in unserem Belieben, wie wir dieses Maß wählen. Beispielsweise könnten wir die Supremumsnorm

$$(2) \qquad\qquad \|f - p\| \;:=\; \sup \{ \,|f(x) - p(x)| : x \in \mathbb{R} \,\}$$

als Approximationsmaß benutzen. Wenn wir diesen Ausdruck möglichst klein machen, bedeutet dies, daß wir $p(x)$ gleichmäßig nahe an f heranrücken lassen wollen. Diese Wahl ist in vielen Fällen einleuchtend, kann sich aber manchmal als ungünstig erweisen, und so hat F.W. Bessel vorgeschlagen, eine Art „mittlerer Abweichung" als Fehlermaß zu verwenden. Man könnte hierbei an das Integral

$$\int_0^{2\pi} |f(x) - p(x)| \, dx$$

denken, doch erweist sich das „quadratische Mittel"

$$\int_0^{2\pi} |f(x) - p(x)|^2 \, dx$$

als geeigneter, weil es rechnerisch leichter zu handhaben ist. Aus dem gleichen Grunde haben sich Gauß und Legendre der *Methode der kleinsten Quadrate* in der Ausgleichs- und Wahrscheinlichkeitsrechnung bedient.

Wenn wir den unwichtigen Faktor $\frac{1}{2\pi}$ weglassen, lautet die oben gestellte Approximationsaufgabe also folgendermaßen:

*Zu vorgegebenem $f \in \mathcal{R}_{2\pi}$ bestimme man im $(2N+1)$-dimensionalen Raum U_N
der trigonometrischen Polynome p vom Grade $\leq N$ ein solches, daß die durch*

$$(3) \qquad\qquad Q(p) := \int_0^{2\pi} |f(x) - p(x)|^2 \, dx$$

definierte Funktion $Q : U_N \to \mathbb{R}$ einen möglichst kleinen Wert hat.

Wir werden sehen, daß diese *Minimumaufgabe* eine eindeutig bestimmte Lösung
hat, nämlich das *N-te Fourierpolynom* $\mathcal{T}_N f$ der Funktion f, das durch

$$(4) \qquad \mathcal{T}_N f(x) := \sum_{n=-N}^{N} c_n e^{inx} \qquad \text{mit} \quad c_n := \int_0^{2\pi} f(x) e^{-inx} \, dx$$

gegeben ist. Bevor wir dieses Ergebnis beweisen, wollen wir die Situation „geometrisieren", indem wir einige geometrische Bezeichnungen einführen. Zunächst
definieren wir die beiden „Integralnormen"

$$(5) \qquad\qquad \|f\|_1 := \int_0^{2\pi} |f(x)| \, dx \, ,$$

$$(6) \qquad\qquad \|f\|_2 := \left(\int_0^{2\pi} |f(x)|^2 \, dx \right)^{1/2}$$

und die Supremumsnorm

$$(7) \qquad\qquad \|f\| := \sup \{ |f(x)| : x \in \mathbb{R} \}$$

auf $\mathcal{R}_{2\pi}$. Die Funktion $\|\cdot\| : \mathcal{R}_{2\pi} \to \mathbb{R}$ ist in der Tat eine Norm auf $\mathcal{R}_{2\pi}$, während
$\|\cdot\|_1$ und $\|\cdot\|_2$ nur Halbnormen sind, d.h. es gilt für $p = 1$ oder 2:

   (i) $\|f\|_p \geq 0$,

   (ii) $\|\lambda f\|_p = |\lambda| \cdot \|f\|_p$ für $\lambda \in \mathbb{C}$,

   (iii) $\|f + g\|_p \leq \|f\|_p + \|g\|_p$.

Die Eigenschaften (i) und (ii) sind leicht zu sehen. Für $p = 1$ erhalten wir auch
(iii) ohne Mühe, denn es gilt

$$\int_0^{2\pi} |f(x) + g(x)| dx \leq \int_0^{2\pi} (|f(x)| + |g(x)|) \, dx$$

$$= \int_0^{2\pi} |f(x)| dx + \int_0^{2\pi} |g(x)| \, dx \, .$$

Für $p = 2$ schicken wir die Schwarzsche Ungleichung voraus. Dazu definieren wir
auf $\mathcal{R}_{2\pi}$ das „Skalarprodukt" $\langle f, g \rangle$ durch

$$(8) \qquad\qquad \langle f, g \rangle := \int_0^{2\pi} f(x) \overline{g(x)} \, dx \, .$$

Es gilt

(9) $$\|f\|_2 := \langle f, f \rangle^{1/2} .$$

Ferner ist $\langle f, g \rangle$ eine *hermitesche Bilinearform* (oder *Sesquilinearform*) auf $\mathcal{R}_{2\pi}$, d.h. es gilt

(10) $$\langle f, g \rangle = \overline{\langle g, f \rangle}$$

sowie

(11)
$$\langle f + g, h \rangle = \langle f, h \rangle + \langle g, h \rangle$$
$$\langle \lambda f, g \rangle = \lambda \langle f, g \rangle$$

und

(12)
$$\langle f, g + h \rangle = \langle f, g \rangle + \langle f, h \rangle$$
$$\langle f, \lambda g \rangle = \overline{\lambda} \langle f, g \rangle .$$

Weiterhin ist die zugeordnete quadratische Form $\langle f, f \rangle$ reellwertig und nichtnegativ:

(13) $$\langle f, f \rangle \geq 0 .$$

Hieraus folgt die *Schwarzsche Ungleichung*

(14) $$|\langle f, g \rangle| \leq \|f\|_2 \|g\|_2 .$$

Beweis. Für beliebige $\lambda \in \mathbb{C}$ und $f, g \in \mathcal{R}_{2\pi}$ gilt

(15) $$0 \leq \|f + \lambda g\|_2^2 = \|f\|_2^2 + |\lambda|^2 \|g\|_2^2 + \lambda \overline{\langle f, g \rangle} + \overline{\lambda} \langle f, g \rangle .$$

Setzen wir

$$A := \|f\|_2^2 , \quad B := \langle f, g \rangle , \quad C := \|g\|_2^2 ,$$

so ergibt sich

$$0 \leq A + |\lambda|^2 C + \lambda \overline{B} + \overline{\lambda} B .$$

Ist $C > 0$, so wählen wir $\lambda := -B/C$ und erhalten $0 \leq A - |B|^2/C$, also

$$0 \leq AC - |B|^2 .$$

Falls $C = 0$ ist, nehmen wir $\lambda := -B/\epsilon$ mit $\epsilon > 0$ und bekommen

$$0 \leq A - 2\epsilon^{-1}|B|^2 , \quad \text{also} \quad |B|^2 \leq 2\epsilon A ,$$

und mit $\epsilon \to +0$ folgt $|B|^2 = 0$, d.h. $B = 0 = AC$.

$\square$

Dann ergibt sich

$$\|f+g\|_2^2 \underset{(15)}{=} \|f\|_2^2 + \|g\|_2^2 + 2\mathrm{Re}\,\langle f,g\rangle$$

$$\underset{(14)}{\leq} \|f\|_2^2 + \|g\|_2^2 + 2\,\|f\|_2\|g\|_2 = [\,\|f\|_2 + \|g\|_2\,]^2\,,$$

womit die Dreiecksungleichung (iii) auch für $p = 2$ bewiesen ist.

Wir vermerken noch, daß $\|\cdot\|_p$ zwar nicht auf $\mathcal{R}_{2\pi}$, wohl aber auf dem Unterraum $C_{2\pi}^0$ der stetigen, 2π-periodischen Funktionen $f : \mathbb{R} \to \mathbb{C}$ eine Norm ist, denn für $f \in C_{2\pi}^0$ folgt aus $\|f\|_p = 0$, $p = 1$ oder 2, notwendig $f(x) \equiv 0$.

Nun definieren wir die Folge $\{e_n\}$ der Funktionen

$$(16) \qquad\qquad e_n(x) := \frac{1}{\sqrt{2\pi}}\, e^{inx}\,, \quad x \in \mathbb{R}\,,$$

die die Orthonormalitätsrelationen

$$(17) \qquad\qquad\qquad \langle e_n, e_k\rangle = \delta_{nk}$$

erfüllen, wobei δ_{nk} das Kroneckersymbol bedeute, also

$$\delta_{nk} = 1 \;\text{ bzw. } 0 \quad \text{für } n = k \;\text{ bzw. } n \neq k\,.$$

Die Funktionen e_n mit $|n| \leq N$ spannen den linearen Unterraum U_N von $\mathcal{R}_{2\pi}$ auf und bilden eine Orthonormalbasis von U_N. Wir betrachten die *Orthogonalprojektion* $P_N : \mathcal{R}_{2\pi} \to U_N$ von $\mathcal{R}_{2\pi}$ auf U_N, die durch

$$(18) \qquad\qquad P_N f = \sum_{n=-N}^{N} \alpha_n e_n \quad \text{mit } \alpha_n := \langle f, e_n\rangle$$

definiert ist. Wegen

$$(19) \qquad\qquad \alpha_n = \frac{1}{\sqrt{2\pi}} \int_0^{2\pi} f(x) e^{-inx}\, dx = \sqrt{2\pi}\, c_n$$

stimmt α_n bis auf den Faktor $\sqrt{2\pi}$ mit den in 4.6 definierten Fourierkoeffizienten $c_n = (2\pi)^{-1} \int_0^{2\pi} f(x) e^{-inx}\, dx$ überein; somit ist $\mathcal{P}_N f$ nichts anderes als das N-te Fourierpolynom $\mathcal{T}_N f$ von f aus dem vorigen Abschnitt. In der Folge wollen wir nunmehr die Zahlen $\alpha_n \in \mathbb{C}$ als die *Fourierkoeffizienten von f* bezeichnen. Setze

$$(20) \qquad\qquad p_N := P_N f = \sum_{n=-N}^{N} \langle f, e_n\rangle e_n\,.$$

Dann folgt für $|k| \leq N$:

$$(21) \qquad\qquad\qquad \langle p_N, e_k\rangle = \langle f, e_k\rangle\,,$$

woraus sich $P_N p_N = P_N f$ ergibt, d.h. die lineare Abbildung $P_N : \mathcal{R}_{2\pi} \to U_{2N+1}$ ist idempotent:

$$(22) \qquad\qquad P_N^2 := P_N P_N = P_N .$$

Ferner gilt

$$\|p_N\|_2^2 = \|P_N f\|_2^2 = \sum_{n=-N}^{N} |\alpha_n|^2 , \quad \alpha_n = \langle f, e_n \rangle$$

und

$$\langle P_N f, g \rangle = \left\langle \sum_{n=-N}^{N} \langle f, e_n \rangle e_n, g \right\rangle$$
$$= \sum_{n=-N}^{N} \langle f, e_n \rangle \overline{\langle g, e_n \rangle} = \langle f, P_N g \rangle ,$$

also

$$(23) \qquad\qquad \langle P_N f, g \rangle = \langle f, P_N g \rangle .$$

Nun zerlegen wir ein beliebiges Element $f \in \mathcal{R}_{2\pi}$ in seine Projektion $p_N = P_N f$ und in die Komponente $q_N := f - p_N = (1 - P_N)f$, wobei 1 die Identität auf $\mathcal{R}_{2\pi}$ bezeichnet. Dann gilt

$$(24) \qquad\qquad \langle p_N, q_N \rangle = 0$$

und

$$(25) \qquad\qquad \|f\|_2^2 = \|p_N\|_2^2 + \|q_N\|_2^2 .$$

Zum Beweis beachten wir zunächst, daß für $|k| \leq N$

$$\langle q_N, e_k \rangle = \langle f - p_N, e_k \rangle = \langle f, e_k \rangle - \langle p_N, e_k \rangle \underset{(21)}{=} 0$$

und damit

$$(26) \qquad\qquad \langle q_N, p \rangle = 0 \quad \text{für alle } p \in U_N$$

gilt; insbesondere folgt (24) und damit

$$\|f\|_2^2 = \|p_N + q_N\|_2^2 = \|p_N\|_2^2 + \|q_N\|_2^2 + 2\mathrm{Re}\,\langle p_N, q_N \rangle$$
$$= \|p_N\|_2^2 + \|q_N\|_2^2 .$$

Nun können wir ohne Mühe die angekündigte Minimaleigenschaft des N-ten Fourierpolynoms $P_N f = T_N f$ beweisen.

Satz 1. *Sei $p_N = P_N f$ die Orthogonalprojektion von $f \in \mathcal{R}_{2\pi}$ auf den Unterraum U_N der trigonometrischen Polynome (1) vom Grade $\leq N$. Dann gilt*

$$\|f - p_N\|_2 < \|f - p\|_2 \quad \text{für alle } p \in U_N \text{ mit } p \neq p_N .$$

Gleichbedeutend ist:

$$\int_0^{2\pi} |f(x) - T_N f(x)|^2 dx \leq \int_0^{2\pi} |f(x) - p(x)|^2 \, dx$$

für alle $p \in U_N$, wobei das Gleichheitszeichen nur dann eintritt, wenn p mit dem N-ten Fourierpolynom $T_N f$ zusammenfällt.

Beweis. Setze $p_N := P_N f$ und $q_N := f - p_N$. Dann folgt für ein beliebiges $p \in U_N$, daß

$$\|f - p\|_2^2 = \|(f - p_N) - (p - p_N)\|_2^2 = \|q_N - (p - p_N)\|_2^2$$
$$= \|q_N\|_2^2 + \|p - p_N\|_2^2 - 2\mathrm{Re}\,\langle q_N, p - p_N \rangle$$

ist. Da $p - p_N$ ein Element von U_N ist, gilt nach (26)

$$\langle q_N, p - p_N \rangle = 0 \,,$$

und somit erhalten wir

$$\|f - p\|_2^2 = \|f - p_N\|_2^2 + \|p - p_N\|_2^2 .$$

Also gilt

$$\|f - p\|_2^2 \geq \|f - p_N\|_2^2$$

wobei das Gleichheitszeichen genau dann eintritt, wenn $\|p - p_N\|_2^2 = 0$ ist. Da p, p_N und folglich auch $p - p_N$ stetig sind, gilt genau dann $\|p - p_N\|_2^2 = 0$, wenn $p - p_N = 0$ ist. Diese Aussage kann man auch so bekommen: Sei

$$p = \sum_{n=-N}^{N} \gamma_n e_n, \quad p_N = \sum_{n=-N}^{N} \alpha_n e_n .$$

Dann folgt

$$\|p - p_N\|_2^2 = \| \sum_{n=-N}^{N} (\gamma_n - \alpha_n) e_n \|_2^2 = \sum_{n=-N}^{N} |\gamma_n - \alpha_n|^2$$

und somit

$$\|p - p_N\|_2 = 0 \quad \Leftrightarrow \quad \gamma_n = \alpha_n \text{ für } |n| \leq N \quad \Leftrightarrow \quad p = p_N .$$

$\square$

Nun wollen wir uns der wichtigen *Vollständigkeitsrelation* für die trigonometrischen Polynome zuwenden (vgl. Satz 3).

Lemma 1. *Sei* $f \in \mathcal{R}_{2\pi}$. *Dann gibt es zu jedem* $\epsilon > 0$ *eine stetige und auf* $[0, 2\pi]$ *stückweise lineare,* 2π-*periodische Funktion* $g : \mathbb{R} \to \mathbb{C}$ *mit* $\|g\| \leq \sqrt{2} \|f\|$ *und* $\|f - g\|_1 < \epsilon$.

Beweis. (i) Sei f zunächst als reellwertig angenommen. Da $f|_{[0, 2\pi]}$ integrierbar ist, gilt mit den Bezeichnungen von 3.7, (1)–(6): Zu jedem $\epsilon > 0$ existiert ein $\delta > 0$, so daß für jede Zerlegung $\mathcal{Z}$ von $[0, 2\pi]$ mit $\Delta(\mathcal{Z}) < \delta$ die folgende Abschätzung gilt:

$$\overline{S}_{\mathcal{Z}}(f) - \underline{S}_{\mathcal{Z}}(f) = \sum_{j=1}^{k} (\overline{m}_j - \underline{m}_j) \Delta x_j < \epsilon \,.$$

Wir definieren $g : [0, 2\pi] \to \mathbb{R}$ mit $g(0) = g(2\pi)$ durch

$$g(t) := \frac{x_j - t}{\Delta x_j} f(x_{j-1}) + \frac{t - x_{j-1}}{\Delta x_j} f(x_j) \quad \text{für } x_{j-1} \leq t \leq x_j \,,$$

wobei $0 = x_0 < x_1 < x_2 < \ldots < x_k = 2\pi$ und $\Delta x_j = x_j - x_{j-1}$ ist. Offenbar ist g stetig und stückweise linear, und ferner gilt

$$\underline{m}_j \leq f(t) \leq \overline{m}_j \quad \text{sowie} \quad \underline{m}_j \leq g(t) \leq \overline{m}_j \quad \text{für } x_{j-1} \leq t \leq x_j \,,$$

daher auch

$$|f(t) - g(t)| \leq \overline{m}_j - \underline{m}_j \quad \text{für } x_{j-1} \leq t \leq x_j \,.$$

Hieraus ergibt sich

$$\int_0^{2\pi} |f(t) - g(t)| \, dt = \sum_{j=1}^{k} \int_{x_{j-1}}^{x_j} |f(t) - g(t)| \, dt \leq \sum_{j=1}^{k} (\overline{m}_j - \underline{m}_j) \Delta x_j < \epsilon \,,$$

d.h. $\|f - g\|_1 < \epsilon$. Nun setzen wir g zu einer stetigen, 2π-periodischen Funktion $\mathbb{R} \to \mathbb{R}$ fort. Wegen $|\underline{m}_j|, |\overline{m}_j| \leq \|f\|$ folgt dann noch $\|g\| \leq \|f\|$.

(ii) Ist f komplexwertig, so wenden wir die Konstruktion von (i) auf $\mathrm{Re}\, f$ und $\mathrm{Im}\, f$ an, wobei ϵ durch $\epsilon/2$ ersetzt sei. Dann folgt ohne Mühe die Behauptung. $\square$

Lemma 2. *Sei* $f \in \mathcal{R}_{2\pi}$. *Dann gibt es zu jedem* $\epsilon > 0$ *eine stetige, auf* $[0, 2\pi]$ *stückweise lineare,* 2π-*periodische Funktion* $g : \mathbb{R} \to \mathbb{C}$ *derart, daß* $\|f - g\|_2 < \epsilon$ *erfüllt ist.*

Beweis. Sei irgendein $\epsilon > 0$ vorgegeben. Wir wählen zunächst ein $\epsilon_0 > 0$ mit $(1 + \sqrt{2}) \|f\| \epsilon_0 < \epsilon$ und dann nach Lemma 1 eine stetige, 2π-periodische und auf $[0, 2\pi]$ stückweise lineare Funktion $g : \mathbb{R} \to \mathbb{C}$ mit

$$\|g\| \leq \sqrt{2} \|f\| \quad \text{und} \quad \|f - g\|_1 < \epsilon_0 \,.$$

Dann folgt

$$\int_0^{2\pi} |f(t) - g(t)|^2 \, dt \; \leq \; \int_0^{2\pi} (|f(t)| + |g(t)|) \cdot |f(t) - g(t)| \, dt$$

$$\leq \; (1 + \sqrt{2}) \, \|f\| \int_0^{2\pi} |f(t) - g(t)| \, dt \; \leq \; (1 + \sqrt{2}) \, \|f\| \, \epsilon_0 \; < \; \epsilon \, .$$

$\square$

Definition 1. *Wir sagen, eine Folge* $\{f_n\}$ *von Funktionen* $f_n \in \mathcal{R}_{2\pi}$ **konvergiere im quadratischen Mittel** *gegen* $f \in \mathcal{R}_{2\pi}$, *wenn* $\|f - f_n\|_2 \to 0$ *für* $n \to \infty$ *gilt, d.h. wenn*

(27) $$\lim_{n \to \infty} \int_0^{2\pi} |f(x) - f_n(x)|^2 \, dx \; = \; 0$$

ist.

Bemerkung 1. Gilt für $f, f_n \in \mathcal{R}_{2\pi}$ die Relation (27), so nennen wir f einen **Limes von** $\{f_n\}$ **im quadratischen Mittel** und schreiben

(28) $$f \; = \; L^2 - \lim_{n \to \infty} f_n \, .$$

Ein solcher „Limes" ist nicht eindeutig bestimmt. Vielmehr gilt für $f, g \in \mathcal{R}_{2\pi}$ mit $f = L^2 - \lim_{n \to \infty} f_n$

$$g \; = \; L^2 - \lim f_n \quad \Leftrightarrow \quad \int_0^{2\pi} |f(t) - g(t)|^2 dt \; = \; 0 \, .$$

Dies ergibt sich sofort aus den Ungleichungen

$$\|f - g\|_2 \; \leq \; \|f - f_n\|_2 + \|f_n - g\|_2$$

und

$$\|g - f_n\|_2 \; \leq \; \|f - f_n\|_2 + \|g - f\|_2 \, .$$

Wünscht man also die Eindeutigkeit des „Limes im quadratischen Mittel" zu erhalten, muß man alle $f \in \mathcal{R}_{2\pi}$ „identifizieren", die sich voneinander um einen additiven Term $\varphi \in \mathcal{R}_{2\pi}$ mit $\|\varphi\|_2 = 0$ unterscheiden. Dies bedeutet, daß man von $\mathcal{R}_{2\pi}$ zum Quotientenraum $\mathcal{R}_{2\pi}/\sim$ bezüglich der Äquivalenzrelation $\sim$ in $\mathcal{R}_{2\pi}$ übergeht, die folgendermaßen definiert ist:

$$f \sim g \quad \Leftrightarrow \quad \|f - g\|_2 \; = \; 0 \, .$$

Die Elemente von $\mathcal{R}_{2\pi}/\sim$ sind die Restklassen $F = [f]$ bezüglich $\sim$, und man setzt

$$\|F\|_2 \; := \; \|f\|_2 \qquad \text{für } F = [f] \, .$$

Bemerkung 2. Wegen Lemma 2 folgt aus $f = L^2 - \lim f_n$ gewiß nicht die Relation $f_n(x) \rightrightarrows f(x)$, und es braucht nicht einmal $f_n(x) \to f(x)$ für alle $x \in \mathbb{R}$ zu gelten, wie man am Beispiel $f_n(x) \equiv 0$ und

$$f(x) := \begin{cases} 1 & x = 2k\pi \\ & \text{für} \\ 0 & x \neq 2k\pi \end{cases} \quad , \quad k \in \mathbb{Z} \, ,$$

sieht.

Nun kommen wir zum Hauptergebnis dieses Abschnitts.

Satz 2. *Sei* $f : \mathbb{R} \to \mathbb{C}$ *eine* 2π-*periodische Funktion mit der Fourierreihe*

$$\mathcal{T}f(x) = \sum_{n=-\infty}^{\infty} c_n e^{inx} \, , \qquad c_n = \frac{1}{2\pi} \int_0^{2\pi} f(x) e^{-inx} \, dx \, ,$$

und dem N-*ten Fourierpolynom*

$$\mathcal{T}_N f(x) = \sum_{n=-N}^{N} c_n e^{inx} \, .$$

Dann gilt

(29) $$\int_0^{2\pi} |f(x) - \mathcal{T}_N f(x)|^2 dx \to 0 \quad \text{für } N \to \infty \, .$$

Hierfür sagt man, die Fourierreihe $\mathcal{T}f(x)$ *konvergiere im quadratischen Mittel gegen die Funktion* f *und schreibt*

(30) $$f(x) = \sum_{n=-\infty}^{\infty} c_n e^{inx} \quad \text{i.q.M. (oder: in } L^2) \, .$$

Beweis. Sei $\epsilon > 0$ vorgegeben. Dann bestimmen wir zunächst nach Lemma 2 eine stetige, stückweise glatte, 2π-periodische Funktion $g : \mathbb{R} \to \mathbb{C}$ mit

$$\|f - g\|_2 < \epsilon/3 \, .$$

Seien $\mathcal{T}_N f(x)$ und $\mathcal{T}_N g(x)$ die Fourierpolynome von f und g. Nach 4.6, 3 gilt

$$\mathcal{T}_N g(x) \rightrightarrows g(x) \quad \text{auf } \mathbb{R} \text{ mit } N \to \infty \, ,$$

und es ist

$$\|g - \mathcal{T}_N g\|_2 = \left(\int_0^{2\pi} |g(x) - \mathcal{T}_N g(x)|^2 \, dx \right)^{1/2}$$

$$\leq \left(\int_0^{2\pi} \|g - \mathcal{T}_N g\|^2 \, dx \right)^{1/2} = \sqrt{2\pi} \, \|g - \mathcal{T}_N g\| \, .$$

Also gibt es ein $N_0 \in \mathbb{N}$, so daß

$$\|g - \mathcal{T}_N g\|_2 < \epsilon/3 \quad \text{für } N > N_0$$

ist.

Schließlich folgt aus (25) für jedes $h \in \mathcal{R}_{2\pi}$ die Abschätzung

$$\|P_N h\|_2 \leq \|h\|_2 .$$

Wegen $\mathcal{T}_N f - \mathcal{T}_N g = P_N f - P_N g = P_N(f - g)$ ergibt sich dann

$$\|\mathcal{T}_N f - \mathcal{T}_N g\|_2 \leq \|f - g\|_2 < \epsilon/3 .$$

Mit der Dreiecksungleichung erhalten wir dann für $N > N_0$:

$$\|f - \mathcal{T}_N f\|_2$$
$$\leq \|f - g\|_2 + \|g - \mathcal{T}_N g\|_2 + \|\mathcal{T}_N g - \mathcal{T}_N f\|_2 < \frac{\epsilon}{3} + \frac{\epsilon}{3} + \frac{\epsilon}{3} = \epsilon .$$

$\square$

Satz 3. *Die Relation (30) ist äquivalent zur Relation*

$$(31) \qquad \sum_{n=-\infty}^{\infty} |c_n|^2 = \frac{1}{2\pi} \int_0^{2\pi} |f(x)|^2 \, dx ,$$

die als **Parsevalsche Gleichung** *oder* **Vollständigkeitsrelation** *bezeichnet wird.*

Beweis. Nach (25) gilt

$$\|f\|_2^2 = \|P_N f\|_2^2 + \|f - P_N f\|_2^2 ,$$

und aus $P_N f = \sum_{n=-N}^{N} \alpha_n e_n$ mit $\alpha_n = \langle f, e_n \rangle = \sqrt{2\pi}\, c_n$ folgt

$$\|P_N f\|_2^2 = \sum_{n=-N}^{N} |\alpha_n|^2 = 2\pi \sum_{n=-N}^{N} |c_n|^2 .$$

Wegen $\mathcal{T}_N f = P_N f$ erhalten wir somit

$$2\pi \sum_{n=-N}^{N} |c_n|^2 = \|f\|_2^2 - \|f - \mathcal{T}_N f\|_2^2 .$$

Hieraus ergibt sich

$$\|f - \mathcal{T}_N f\|_2 \to 0 \text{ mit } N \to \infty \quad \Leftrightarrow \quad 2\pi \sum_{n=-\infty}^{\infty} |c_n|^2 = \|f\|_2^2 .$$

$\square$

Wir bemerken noch, daß (30) bzw. (31) zur Relation

$$(32) \qquad \sum_{n=-\infty}^{\infty} |\langle f, e_n \rangle|^2 = \|f\|_2^2$$

äquivalent ist. Diese Form der Parsevalschen Gleichung können wir als „unend-lichdimensionale" Form des **Satzes von Pythagoras** ansehen.

Satz 4. *Sind* $\sum_{n=-\infty}^{\infty} c_n e^{inx}$ *und* $\sum_{n=-\infty}^{\infty} d_n e^{inx}$ *die Fourierreihen der Funktionen* $f, g \in \mathcal{R}_{2\pi}$, *so gilt*

$$(33) \qquad \sum_{n=-\infty}^{\infty} c_n \overline{d_n} = \frac{1}{2\pi} \int_0^{2\pi} f(x) \overline{g(x)} \, dx .$$

Beweis. Sei $P_N f = \sum_{n=-N}^{N} \alpha_n e_n$ und $P_N g = \sum_{n=-N}^{N} \beta_n e_n$. Wegen (22) und (23) gilt

$$\langle P_N f, g \rangle = \langle P_N P_N f, g \rangle = \langle P_N f, P_N g \rangle = \sum_{n=-N}^{N} \alpha_n \overline{\beta}_n .$$

Nach Satz 2 haben wir ferner $\|f - P_N f\|_2 \to 0$ und somit

$$|\langle f - P_N f, g \rangle| \leq \|f - P_N f\|_2 \|g\|_2 \to 0 ,$$

also

$$\langle f, g \rangle - \langle P_N f, g \rangle \to 0$$

und demgemäß

$$\langle f, g \rangle = \lim_{N \to \infty} \langle P_N f, g \rangle = \lim_{N \to \infty} \sum_{n=-N}^{N} \alpha_n \overline{\beta}_n .$$

Wegen $\alpha_n = \sqrt{2\pi} c_n$ und $\beta_n = \sqrt{2\pi} d_n$ ergibt sich

$$\langle f, g \rangle = 2\pi \lim_{N \to \infty} \sum_{n=-N}^{N} c_n \overline{d_n} ,$$

wie behauptet.

$\square$

Wir bemerken noch, daß (33) gleichbedeutend mit

$$(34) \qquad \sum_{n=-\infty}^{\infty} \langle f, e_n \rangle \overline{\langle g, e_n \rangle} = \langle f, g \rangle$$

ist.

Aus Satz 2 ergibt sich sogleich

Korollar 1. *Seien c_n und d_n die Fourierkoeffizienten von $f, g \in \mathcal{R}_{2\pi}$. Dann gilt:*

$$c_n = d_n \quad \text{für alle } n \in \mathbb{N} \quad \Leftrightarrow \quad \|f - g\|_2 = 0 \quad \Leftrightarrow \quad f \sim g .$$

Später werden wir zeigen:

$\|f - g\|_2 = 0 \Leftrightarrow f(x) = g(x)$ *für alle $x \in \mathbb{R}$ bis auf eine Nullmenge.*
Nun wollen wir noch den Beweis von Satz 9 aus 4.6 nachtragen und formulieren:

Korollar 2. *Ist $\mathcal{T}f(x) = \sum_{n=-\infty}^{\infty} c_n e^{inx}$ die Fourierreihe von $f \in \mathcal{R}_{2\pi}$, so gilt für jedes Intervall $[a, b]$ in $\mathbb{R}$ die Gleichung*

$$(35) \qquad \int_a^b f(x)dx \;=\; \sum_{n=-\infty}^{\infty} \int_a^b c_n e^{inx}\, dx .$$

Beweis. Sei zuerst $b - a \leq 2\pi$ und $g(x) := 1$ für $a \leq x \leq b$, $g(x) := 0$ für $b < x \leq a + 2\pi$, und wir denken uns g periodisch auf $\mathbb{R}$ fortgesetzt. Dann gilt mit Satz 4

$$\int_a^b f(x)dx \;=\; \int_a^{a+2\pi} f(x)g(x)dx \;=\; \int_0^{2\pi} f(x)g(x)dx$$

$$= \lim_{N \to \infty} \int_0^{2\pi} \mathcal{T}_N f(x)g(x)dx \;=\; \lim_{N \to \infty} \int_a^{a+2\pi} \sum_{n=-N}^{N} c_n e^{inx} g(x)dx$$

$$= \lim_{N \to \infty} \sum_{n=-N}^{N} \int_a^b c_n e^{inx}\, dx .$$

Ist $b - a > 2\pi$, so muß man $[a, b]$ zerstückeln und kann dann den obigen Schluß auf jedes Teilstück anwenden. □

Bemerkung 3. Schreiben wir die Fourierreihe von $f \in \mathcal{R}_{2\pi}$ in der „reellen Form"

$$\mathcal{T}f(x) \;=\; \frac{a_0}{2} + \sum_{n=1}^{\infty} (a_n \cos nx + b_n \sin nx) ,$$

so hat die Parsevalsche Gleichung die Gestalt

$$(36) \qquad \frac{1}{2}|a_0|^2 + \sum_{n=1}^{\infty} (|a_n|^2 + |b_n|^2) \;=\; \frac{1}{\pi} \int_0^{2\pi} |f(x)|^2\, dx .$$

Bemerkung 4. Ein System $\{f_\alpha\}_{\alpha \in A}$ von Funktionen $f_\alpha \in \mathcal{R}_{2\pi}$, indiziert durch Elemente α einer Indexmenge A, heißt *Orthonormalsystem* des Raumes $\mathcal{R}_{2\pi}$, versehen mit der Hermiteschen Form $\langle \cdot, \cdot \rangle$, wenn

$$\langle f_\alpha, f_\beta \rangle = \delta_{\alpha\beta} := \begin{cases} 1 & \alpha = \beta \\ & \text{für} \\ 0 & \alpha \neq \beta \end{cases}$$

gilt. Man nennt $\{f_\alpha\}_{\alpha \in A}$ ein *vollständiges Orthonormalsystem*, wenn es nicht durch Hinzufügen eines weiteren Elementes $f \in \mathcal{R}_{2\pi}$ mit $\|f\|_2 = 1$ zu einem größeren Orthonormalsystem erweitert werden kann.

In diesem Sinne liefern die durch (16) definierten Funktionen e_n ein vollständiges Orthonormalsystem $\{e_n\}_{n \in \mathbb{Z}}$. Könnte man nämlich dieses System durch Hinzunahme eines Einheitsvektors $f \in \mathcal{R}_{2\pi}$ zu einem umfassenderen Orthonormalsystem erweitern, so gälte

$$\langle f, e_n \rangle = 0 \quad \text{für alle } n \in \mathbb{Z}.$$

Wegen Korollar 1 folgte $\|f - 0\|_2 = 0$, d.h. $\int_0^{2\pi} |f(x)|^2 dx = 0$, was der Annahme $\int_0^{2\pi} |f(x)|^2 dx = 1$ widerspricht.

Ähnlich beweist man, daß das System

$$\left\{ \frac{1}{\sqrt{2\pi}}, \ \frac{1}{\sqrt{\pi}} \cos x, \ \frac{1}{\sqrt{\pi}} \sin x, \ \frac{1}{\sqrt{\pi}} \cos 2x, \ \frac{1}{\sqrt{\pi}} \sin 2x, \dots \right\}$$

ein vollständiges Orthonormalsystem von $\mathcal{R}_{2\pi}$ ist.

Bemerkung 5. Eine Teilmenge $\mathcal{M}$ von $\mathcal{R}_{2\pi}$ heißt *dicht* in $(\mathcal{R}_{2\pi}, \| \cdot \|_2)$, wenn es zu jedem $f \in \mathcal{R}_{2\pi}$ eine Folge $\{\varphi_n\}$ von Elementen $\varphi_n \in \mathcal{M}$ mit $\|f - \varphi_n\|_2 \to 0$ gibt.

Wegen Lemma 2 *ist also die Menge der 2π-periodischen, stetigen, stückweise linearen Funktionen $f : \mathbb{R} \to \mathbb{C}$ dicht in $\mathcal{R}_{2\pi}$. Insbesondere ist $C_{2\pi}^0$ dicht in $\mathcal{R}_{2\pi}$.*

Damit spielt der Raum $C_{2\pi}^0$ der stetigen, 2π-periodischen Funktionen in $\mathcal{R}_{2\pi}$ eine ähnliche Rolle wie $\mathbb{Q}$ in $\mathbb{R}$. Leider fehlt aber dem Raume $\mathcal{R}_{2\pi}$ bezüglich $\| \cdot \|_2$ eine wesentliche Eigenschaft, die $\mathbb{R}$ bezüglich der „Betragsnorm" $| \cdot |$ besitzt, die Eigenschaft der *Vollständigkeit*. In $\mathbb{R}$ besitzt nämlich jede Cauchyfolge einen Grenzwert, d.h. ist $\{x_n\}$ eine Folge von $x_n \in \mathbb{R}$ mit $|x_n - x_m| \to 0$ für $n, m \to \infty$, so folgt $|x_n - x| \to 0$ für ein $x \in \mathbb{R}$. Ist hingegen $\{f_n\}$ eine Folge von Funktionen $f_n \in \mathcal{R}_{2\pi}$ mit $\|f_n - f_m\|_2 \to 0$ für $n, m \to \infty$, so gibt es nicht notwendig ein $f \in \mathcal{R}_{2\pi}$ mit $\|f_n - f\|_2 \to 0$. Um dies zu erreichen, muß man $\mathcal{R}_{2\pi}/\sim$ durch Hinzufügen „idealer Elemente" zu einem vollständigen Raum, einem *Hilbertraum* erweitern. Wie dies in abstrakter Weise erreicht werden kann, zeigen wir im nächsten Abschnitt. Es ist darüberhinaus wünschenswert, diese idealen

Elemente als (Restklassen von) Funktionen $\mathbb{R} \to \mathbb{C}$ (bezüglich $\sim$) deuten zu können. Diesen Prozeß, der vom Prähilbertraum $\mathcal{R}_{2\pi}$ zum Hilbertraum $L^2_{2\pi}$ der „*quadratintegrablen*", 2π-periodischen Funktionen $f : \mathbb{R} \to \mathbb{C}$ führt, beschreiben wir in Band 3; er ist eng mit der *Lebesgueschen Integrationstheorie* verbunden, die wir dort darstellen werden.

Im nächsten Abschnitt werden wir zeigen, wie bequem das Leben im Hilbertraum ist, fast so bequem wie in $\mathbb{R}^n$ oder $\mathbb{C}^n$.

Aufgaben.

1. Sei $f : \mathbb{R} \to \mathbb{C}$ 2π-periodisch und von der Klasse C^k. Dann gilt für die Fourierkoeffizienten $c_n := \hat{f}_n$ von f, daß $c_n = o(n^{-k})$ für $n \to \infty$.
2. Gilt $c_n = o(n^{-k})$ auch unter der Voraussetzung, daß f nur von der Klasse C^{k-1} und $f^{(k-1)}\Big|_{[0,2\pi)}$ stückweise glatt ist?

8   Hilberträume

Der komplexe Hilbertraum ist die fundamentale mathematische Struktur der elementaren Quantenmechanik, und auch in der Analysis lassen sich viele Ideen besser verstehen und beschreiben, wenn man sie unter dem geometrischen Aspekt des Hilbertraumes betrachtet. Deshalb wollen wir den Leser schon jetzt mit der Definition solcher Räume und einigen wesentlichen Eigenschaften vertraut machen, die sich nach dem vorangehenden Abschnitt geradezu aufdrängen. Insbesondere besprechen wir die orthogonale Projektion eines Hilbertraumes auf einen seiner Unterräume. Damit gehört dieser Abschnitt eigentlich zur linearen Algebra oder, wie man früher gesagt hätte, zur analytischen Geometrie, aber es ist ja ein charakteristischer Zug der Mathematik, daß sich divergierende Entwicklungen, wenn sie nützlich sind, wieder vereinigen und zu einer neuen Stufe der Einsicht führen.

Wir werden zeigen, daß man jeden Hilbertraum H als orthogonale Summe $H = U \oplus U^\perp$ eines beliebig gewählten abgeschlossenen Unterraumes U und dessen orthogonalen Komplements $U^\perp$ schreiben kann. Anschließend beweisen wir, daß sich jedes lineare Funktional $L : H \to \mathbb{C}$ bzw. $\mathbb{R}$ als Skalarprodukt $\langle \cdot, v \rangle$ mit einem eindeutig bestimmten Element $v \in H$ schreiben läßt (Darstellungssatz von Fréchet-Riesz). Dieses Element v bestimmt sich als Lösung eines Minimumproblems auf H. Der Rieszsche Satz ermöglicht es, jedem beschränkten linearen Operator $T : H \to H$ einen *adjungierten Operator* $T^* : H \to H$ zuzuordnen. Dann deuten wir die durch die Eigenschaften $P^2 = P$ und $P = P^*$ definierten *Projektionen* $P : H \to H$ als Orthogonalprojektionen auf einen abgeschlossenen Unterraum von H. Zum Schluß definieren wir den Begriff *separabler Hilbertraum* und zeigen, daß es in jedem solchen Raum ein höchstens abzählbares *vollständiges Orthonormalsystem* gibt. Eine Orthonormalfolge in H erweist sich genau dann als *vollständig* (oder *total*), wenn die *Parsevalsche Gleichung* (d.h die Vollständigkeitsrelation) für jedes Element aus H erfüllt ist.

Im folgenden bezeichne E einen Vektorraum über $\mathbb{R}$ oder $\mathbb{C}$; $f, g, h, \ldots$ seien die Elemente von E, also die *Vektoren* oder *Punkte* in E, und $\lambda, \mu, \nu, \ldots$ seien die *Skalare*, also die Elemente des Körpers $\mathbb{R}$ bzw. $\mathbb{C}$.

Definition 1. *Unter einem* **Skalarprodukt auf einem reellen Vektorraum** *E verstehen wir eine Abbildung $\langle \cdot, \cdot \rangle : E \times E \to \mathbb{R}$ mit den folgenden Eigenschaften:*

(i) $\langle f, f \rangle > 0$ *für alle* $f \in E$ *mit* $f \neq 0$;

(ii) $\langle f, g \rangle = \langle g, f \rangle$ *für* $f, g \in E$;

(iii) $\langle \lambda f + \mu g, h \rangle = \lambda \langle f, h \rangle + \mu \langle g, h \rangle$, $f, g, h \in E$, $\lambda, \mu \in \mathbb{R}$.

Ein **Skalarprodukt auf einem komplexen Vektorraum** *E ist eine Abbildung $\langle \cdot, \cdot \rangle : E \times E \to \mathbb{C}$ mit den Eigenschaften (i) (insbesondere also: $\langle f, f \rangle \in \mathbb{R}$) und*

(ii^*) $\qquad\qquad \langle f, g \rangle = \overline{\langle g, f \rangle}$ *für* $f, g \in E$;

(iii^*) $\qquad\qquad \langle \lambda f + \mu g, h \rangle = \lambda \langle f, h \rangle + \mu \langle g, h \rangle$, $f, g, h \in E$, $\lambda, \mu \in \mathbb{C}$.

Im ersten Fall heißt E ein **reeller Skalarproduktraum**, *im zweiten ein* komplexer Skalarproduktraum. *Manchmal spricht man auch von einem* **Prähilbertraum**.

Skalarprodukte nennen wir auch *innere Produkte*. Im reellen Fall folgt aus (ii) und (iii) auch

$$\langle f, \lambda g + \mu h \rangle = \lambda \langle f, g \rangle + \mu \langle f, h \rangle,$$

während sich im komplexen Fall aus (ii^*) und (iii^*) die Relation

$$\langle f, \lambda g + \mu h \rangle = \overline{\lambda} \langle f, g \rangle + \overline{\mu} \langle f, h \rangle$$

ergibt. Insbesondere bekommen wir

$$\langle f, f \rangle = 0 \Leftrightarrow f = 0.$$

Setze

(1) $\qquad\qquad \|f\| := \langle f, f \rangle^{1/2}$ $\quad$ für $f \in E$.

Proposition 1. *Auf einem Skalarproduktraum $(E, \langle \cdot, \cdot \rangle)$ gilt die* Schwarzsche Ungleichung

(2) $\qquad\qquad |\langle f, g \rangle| \leq \|f\| \cdot \|g\|$ $\quad$ für $f, g \in E$,

wobei das Gleichheitszeichen genau dann eintritt, wenn f, g linear abhängig sind.

Beweis. Wir können (2) wie die Ungleichung (14) in 4.7 herleiten. Es sei dem Leser als Übungsaufgabe überlassen, die zweite Behauptung zu zeigen.

□

Proposition 2. *Auf einem Skalarproduktraum* $(E, \langle \cdot, \cdot \rangle)$ *wird durch (1) eine* **Norm** $\| \cdot \| : E \to \mathbb{R}$ *definiert, d.h. es gilt*

$$\|f\| > 0 \quad \text{für} \quad f \neq 0 \,;$$

$$\|\lambda f\| = |\lambda| \cdot \|f\| \,;$$

$$\|f + g\| \leq \|f\| + \|g\| \cdot$$

Beweis. Wie in 4.7 zeigt man mit Hilfe der Schwarzschen Ungleichung, daß $\| \cdot \| : E \to \mathbb{R}$ eine Norm auf E ist.

□

Mit $\|f - g\|$ bezeichnen wir den *Abstand* zweier Punkte $f, g \in E$. Wie in $\mathbb{R}^n$ und $\mathbb{C}^n$ beweist man

(3) $$\big| \|f\| - \|g\| \big| \leq \|f - g\| \cdot$$

Definition 2. *Sei* $\{f_j\}$ *eine Folge von Punkten in einem Skalarproduktraum* $(E, \langle \cdot, \cdot \rangle)$ *mit der aus dem Skalarprodukt abgeleiteten Norm* $\| \cdot \|$.

(i) Die Folge $\{f_j\}$ *heißt* **konvergent**, *wenn es ein* $f \in E$ *mit* $\|f - f_j\| \to 0$ *gibt. Dann heißt* f *Grenzwert von* $\{f_j\}$, *und wir schreiben* $f_j \to f$ *in* E.

(ii) Die Folge $\{f_j\}$ *heißt* **Cauchyfolge**, *wenn es zu jedem* $\epsilon > 0$ *ein* $N \in \mathbb{N}$ *gibt, so daß* $\|f_j - f_k\| < \epsilon$ *für alle* $j, k > N$ *gilt.*

(iii) Der Skalarproduktraum $(E, \langle \cdot, \cdot \rangle)$ *heißt* **vollständig**, *wenn jede Cauchyfolge in* E *konvergent ist.*

Der Limes einer in E konvergenten Folge $\{f_j\}$ ist eindeutig bestimmt, denn aus $f_j \to f$ und $f_j \to g$ in E folgt wegen

$$\|f - g\| \leq \|f - f_j\| + \|f_j - g\| \to 0$$

die Gleichung $\|f - g\| = 0$, d.h. $f = g$.

Die Nichteindeutigkeit des Limes im quadratischen Mittel in 4.7 ist dadurch verursacht, daß die „Norm" $\| \cdot \|_2$ auf $\mathcal{R}_{2\pi}$ in Wahrheit nur eine Halbnorm ist.

Definition 3. *Unter einem (reellen bzw. komplexen)* **Hilbertraum** *verstehen wir einen vollständigen Skalarproduktraum* $(H, \langle \cdot, \cdot \rangle)$ *(über* $\mathbb{R}$ *bzw.* $\mathbb{C}$*).*

Ein Hilbertraum ist also insbesondere ein Banachraum.

1 Der euklidische Raum $\mathbb{R}^n$ aus 1.14 ist ein reeller Hilbertraum, und der hermitesche Raum $\mathbb{C}^n$ aus 1.17 ist ein komplexer Hilbertraum.

2 Bezeichne l^2 den Raum der Folgen $x = (x_1, x_2, \ldots, x_n, \ldots) = \{x_n\}$ komplexer Zahlen x_n, für die $\sum_{n=1}^{\infty} |x_n|^2 < \infty$ gilt. Ist $y = \{y_n\}$ eine weitere Folge aus l^2, so folgt

$$\sum_{n=1}^{N} |x_n| \cdot |y_n| \leq \left(\sum_{n=1}^{N} |x_n|^2 \right)^{1/2} \left(\sum_{n=1}^{N} |y_n|^2 \right)^{1/2}$$

$$\leq \left(\sum_{n=1}^{\infty} |x_n|^2 \right)^{1/2} \left(\sum_{n=1}^{\infty} |y_n|^2 \right)^{1/2}$$

für alle $N \in \mathbb{N}$. Somit ist die Reihe $\sum_{n=1}^{\infty} x_n \overline{y_n}$ absolut konvergent, und wir können

$$(4) \qquad\qquad \langle x, y \rangle := \sum_{n=1}^{\infty} x_n \overline{y_n}$$

setzen. Die Funktion $\langle \cdot, \cdot \rangle : l^2 \times l^2 \to \mathbb{C}$ erfüllt offenbar $(i), (ii^*), (iii^*)$ von Definition 1, ist also ein Skalarprodukt auf l^2. Sei

$$\|x\|' := \langle x, x \rangle^{1/2} = \left(\sum_{n=1}^{\infty} |x_n|^2 \right)^{1/2}$$

die Norm auf l^2. Wir behaupten, daß l^2 vollständig und somit ein komplexer Hilbertraum ist. Ist nämlich $x_1, x_2, \ldots, x_j, \ldots$ eine Cauchyfolge in l^2 mit $x_j = \{x_{jn}\}$, so folgt wegen $\big| \|x_j\| - \|x_k\| \big| \leq \|x_j - x_k\|$, daß $\{\|x_j\|\}$ eine Cauchyfolge in $\mathbb{R}$ und somit beschränkt ist, d.h. es gibt eine Zahl $c \geq 0$ mit $\|x_j\| \leq c$ für alle $j \in \mathbb{N}$. Ferner gilt für jedes $n \in \mathbb{N}$ die Abschätzung

$$|x_{jn} - x_{kn}| \leq \|x_j - x_k\|, \qquad j, k \in \mathbb{N}.$$

Also sind die Folgen $\{x_{jn}\}_{j \in \mathbb{N}}$ der n-ten Komponenten Cauchyfolgen in $\mathbb{C}$ und somit konvergent, d.h. es gibt Zahlen $\xi_n \in \mathbb{C}$ derart, daß $\xi_n = \lim_{j \to \infty} x_{jn}$ ist. Dann folgt zunächst

$$\sum_{n=1}^{N} |\xi_n|^2 = \lim_{j \to \infty} \sum_{n=1}^{N} |x_{jn}|^2 \leq c^2 \quad \text{für alle } N \in \mathbb{N}.$$

Somit gilt $\sum_{n=1}^{N} |\xi_n|^2 < \infty$, d.h., $\xi = \{\xi_n\}$ ist ein Element von l^2.

Da $\{x_j\}$ eine Cauchyfolge in l^2 ist, existiert zu vorgegebenem $\epsilon > 0$ ein Index $j_0 \in \mathbb{N}$, so daß gilt:

$$\|x_j - x_k\|^2 < \epsilon^2/2 \qquad \text{für } j, k > j_0.$$

Damit erhalten wir für alle $N \in \mathbb{N}$ die Abschätzung

$$\sum_{n=1}^{N} |x_{jn} - x_{kn}|^2 < \epsilon^2/2, \qquad \text{falls } j, k > j_0 \text{ ist}.$$

Hieraus folgt für $k \to \infty$ wegen $x_{kn} \to \xi_n$ für alle n die Abschätzung

$$\sum_{n=1}^{N} |x_{jn} - \xi_n|^2 \leq \epsilon^2/2, \qquad \text{falls } j > j_0 \text{ ist}.$$

Mit $N \to \infty$ erhalten wir hieraus

$$\|x_j - \xi\| = \lim_{N \to \infty} \left(\sum_{n=1}^{N} |x_{jn} - \xi_n|^2 \right)^{1/2} < \epsilon \quad \text{für } j > j_0,$$

d.h. $\|x_j - \xi\| \to 0$ für $j \to \infty$. Also besitzt jede Cauchyfolge $\{x_j\}$ in l^2 einen Grenzwert, d.h. l^2 ist vollständig.

Der Hilbertraum l^2 ist der *Hilbertsche Folgenraum*, den Hilbert implizit in seiner Theorie der Integralgleichungen (1904–1910) eingeführt hat. Allerdings hat Hilbert den „reellen" l^2 benutzt, dessen Punkte die reellen Zahlenfolgen $x = \{x_j\}$ mit $\sum_{j=1}^{\infty} x_j^2 < \infty$ sind. Wir wollen künftig vom „komplexen" oder „reellen" l^2 sprechen, je nachdem, ob die Komponenten $x_j \in \mathbb{C}$ oder $\mathbb{R}$ sind. Wenn nichts weiter gesagt wird, meinen wir mit l^2 stets den komplexen Folgenraum. Die abstrakte Definition des Hilbertraumes aus Definition 3 stammt wohl von Johann von Neumann (vgl. insbesondere: *Mathematische Grundlagen der Quantenmechanik*, Springer, Berlin 1932).

[3] Der Raum $C^0(I, \mathbb{C})$ der stetigen Funktionen $f : I \to \mathbb{C}$ auf einem kompakten Intervall $I = [a, b]$, versehen mit dem Skalarprodukt

$$(5) \qquad \langle f, g \rangle := \int_a^b f(x)\overline{g(x)}\, dx,$$

bildet einen Skalarproduktraum über $\mathbb{C}$, der allerdings nicht vollständig ist, denn man kann jede Treppenfunktion auf I beliebig genau in der Norm

$$\|f\|_2 := \left(\int_a^b |f(x)|^2 dx \right)^{1/2}$$

durch Funktionen aus $C^0(I, \mathbb{C})$ approximieren. Gleichermaßen sind die in 4.7 betrachteten Räume $C^0_{2\pi}$ und $\mathcal{R}_{2\pi}/\sim$ unvollständige Skalarprodukträume. Erst die Lebesguesche Integrationstheorie erlaubt es, diese Räume durch Hinzufügen von im Lebesgueschen Sinne quadratintegrablen Funktionen zu vervollständigen (wobei man Funktionen identifiziert, die sich nur auf einer Menge vom Maße Null unterscheiden). Vor allem hierin liegt der Nutzen des Lebesgueschen Integrales.

Definition 4. *Eine Teilmenge A eines Skalarproduktraumes $(E, \langle \cdot, \cdot \rangle)$ mit der zugehörigen, aus dem Skalarprodukt abgeleiteten Norm $\| \cdot \|$ heißt* **abgeschlossen**, *wenn für jede konvergente Folge von Elementen f_n aus A auch deren Grenzwert in A liegt.*

Jeden Unterraum U eines Skalarproduktraumes $(E, \langle \cdot, \cdot \rangle)$ können wir als einen Skalarproduktraum mit dem Skalarprodukt $\langle \cdot, \cdot \rangle|_{U \times U}$ auffassen.

Proposition 3. *Jeder abgeschlossene Unterraum U eines Hilbertraumes H ist wiederum ein Hilbertraum.*

Beweis. Sei $\{f_n\}$ eine Cauchyfolge in U und damit in H. Da H vollständig ist, gibt es ein $f \in H$ mit $\|f_n - f\| \to 0$, und weil U abgeschlossen ist, folgt $f \in U$ und somit $f_n \to f$ in U. $\qquad \square$

Definition 5. *Zwei Vektoren f, g eines Skalarproduktraumes $(E, \langle \cdot, \cdot \rangle)$ heißen* **orthogonal** *(in Zeichen: $f \perp g$), wenn $\langle f, g \rangle = 0$ ist. Unter dem* orthogonalen Komplement $M^{\perp}$ *einer nichtleeren Teilmenge von E verstehen wir die Menge*

$$(6) \qquad M^{\perp} := \{g \in E : f \perp g \text{ für alle } f \in M\}.$$

Proposition 4. *Das orthogonale Komplement $U^{\perp}$ eines Unterraumes U eines Skalarproduktraumes E ist ein abgeschlossener Unterraum von E.*

Beweis. Aus $\langle f, g_1 \rangle = 0$ und $\langle f, g_2 \rangle = 0$ folgt

$$0 = \overline{\lambda}_1 \langle f, g_1 \rangle + \overline{\lambda}_2 \langle f, g_2 \rangle = \langle f, \lambda_1 g_1 + \lambda_2 g_2 \rangle.$$

Somit ist $U^{\perp}$ ein Unterraum von E. Dieser ist abgeschlossen, denn aus $\langle f, g_n \rangle = 0$ für alle $f \in U$ und $g_n \to g$ in E folgt $\langle f, g \rangle = 0$ für alle $f \in U$. Es gilt nämlich

$$\langle f, g \rangle = \langle f, g_n \rangle + \langle f, g - g_n \rangle = \langle f, g - g_n \rangle$$

für jedes $f \in U$ und damit

$$0 \leq |\langle f, g \rangle| \leq \|f\| \cdot \|g - g_n\| \to 0.$$

$\qquad \square$

Proposition 5. (Parallelogrammgleichung). *Für zwei beliebige Elemente f, g eines Skalarproduktraumes E gilt*

$$(7) \qquad \|f + g\|^2 + \|f - g\|^2 = 2 \|f\|^2 + 2 \|g\|^2.$$

Beweis. Addieren wir die Gleichungen

$$\|f + g\|^2 = \|f\|^2 + \|g\|^2 + \langle f, g \rangle + \langle g, f \rangle \,,$$
$$\|f - g\|^2 = \|f\|^2 + \|g\|^2 - \langle f, g \rangle - \langle g, f \rangle \,,$$

so erhalten wir (7).

$\square$

Satz 1. *Sei U ein abgeschlossener Unterraum eines Hilbertraumes H. Dann läßt sich jeder Vektor $f \in H$ in eindeutig bestimmter Weise als Summe $f = u + v$ von Vektoren $u \in U$ und $v \in U^\perp$ darstellen. Hierfür schreiben wir*

$$(8) \qquad\qquad\qquad H = U \oplus U^\perp$$

und sagen, H sei die orthogonale Summe *von U und $U^\perp$.*

Aus Satz 1 ergibt sich insbesondere:

$$H = U + V \ \text{ und } \ V \perp U \ \Rightarrow V = U^\perp$$

und

$$U^{\perp\perp} = U \,.$$

Beweis von Satz 1. (i) Angenommen, wir hätten zwei Zerlegungen $f = u_1 + v_1$ und $f = u_2 + v_2$ mit $u_1, u_2 \in U$ und $v_1, v_2 \in U^\perp$. Dann gilt für $g := u_1 - u_2$ und $h := v_2 - v_1$

$$0 = \langle g, h \rangle = \langle h, h \rangle = \|h\|^2$$

und folglich $h = 0$, also $u_1 = u_2$ und $v_1 = v_2$. Damit ist die Eindeutigkeit der Zerlegung von f bewiesen.

(ii) Um die Existenz zu beweisen, betrachten wir die durch

$$\mathcal{F}(u) := \|f - u\|^2 \,, \quad u \in U \,,$$

definierte Funktion $\mathcal{F} : U \to \mathbb{R}$ und versuchen, sie zu minimieren. Sei

$$d := \inf_U \mathcal{F} \,.$$

Dann existiert eine Folge $\{u_n\}$ von Punkten $u_n \in U$ mit $\mathcal{F}(u_n) \to d$. Aus (7) ergibt sich

$$\|2f - (u_k + u_n)\|^2 + \|u_k - u_n\|^2 = 2\|f - u_k\|^2 + 2\|f - u_n\|^2$$

und damit

$$\|u_k - u_n\|^2 = 2\,\mathcal{F}(u_k) + 2\,\mathcal{F}(u_n) - 4\,\mathcal{F}\left(\tfrac{1}{2}(u_k + u_n)\right) \,.$$

Wegen $\frac{1}{2}(u_k + u_n) \in U$ folgt $\mathcal{F}(\frac{1}{2}(u_k + u_n)) \geq d$, und hieraus erhalten wir

$$\|u_k - u_n\|^2 \leq 2\,\mathcal{F}(u_k) + 2\,\mathcal{F}(u_n) - 4d\,.$$

Für $k \to \infty$ und $n \to \infty$ strebt die rechte Seite gegen Null, und somit ist $\{u_k\}$ eine Cauchyfolge in U, besitzt also einen Grenzwert $u \in U$. Wegen

$$\sqrt{d} \leq \sqrt{\mathcal{F}(u)} = \|f - u\| \leq \|f - u_n\| + \|u_n - u\|$$
$$= \sqrt{\mathcal{F}(u_n)} + \|u_n - u\| \to \sqrt{d}$$

bekommen wir schließlich $\mathcal{F}(u) = d$. Also besitzt $\mathcal{F}$ einen Minimierer u in U. Für beliebige $g \in U$ und $\lambda \in \mathbb{C}$ ergibt sich dann $\mathcal{F}(u) \leq \mathcal{F}(u + \lambda g)$, d.h.

$$\|f - u\|^2 \leq \|f - u - \lambda g\|^2 \leq \|f - u\|^2 - 2\mathrm{Re}\,(\overline{\lambda}\langle f - u, g \rangle) + |\lambda|^2\|g\|^2\,.$$

Setzen wir $\lambda = \omega t$ mit $\omega \in \mathbb{C}$, $t \in \mathbb{R}$, $|\omega| = 1$, so folgt

$$0 \leq 2\mathrm{Re}\,(-\overline{\lambda}\langle f - u, g \rangle) + |\lambda|^2\|g\|^2 = 2t\,\mathrm{Re}\,(-\overline{\omega}\langle f - u, g \rangle) + t^2\|g\|^2\,.$$

Wir können nun ω so wählen, daß

$$-\overline{\omega}\langle f - u, g \rangle = |\langle f - u, g \rangle|$$

ist und bekommen so

$$0 \leq 2t\,|\langle f - u, g \rangle| + t^2\|g\|^2 \qquad \text{für alle } t \in \mathbb{R}\,.$$

Für $t < 0$ ergibt sich

$$0 \geq 2|\langle f - u, g \rangle| + t \cdot \|g\|^2\,,$$

und mit $t \to -0$ erhalten wir $0 \leq |\langle f - u, g \rangle| \leq 0$, d.h., es gilt $\langle f - u, g \rangle = 0$ für alle $g \in U$. Daher liegt $v := f - u$ im orthogonalen Komplement $U^\perp$ von U bezüglich H, und wir erhalten die Zerlegung

$$f = u + v \quad \text{mit} \quad u \in U \quad \text{und} \quad v \in U^\perp\,.$$

$$\square$$

Übrigens ist der Minimierer u von $\mathcal{F}$ in U eindeutig bestimmt, denn für beliebiges $g \in U$ mit $g \neq 0$ gilt

$$\mathcal{F}(u + g) = \|f - u - g\|^2 = \|v - g\|^2 = \|v\|^2 + \|g\|^2$$
$$= \|f - u\|^2 + \|g\|^2 = \mathcal{F}(u) + \|g\|^2 > \mathcal{F}(u)\,,$$

d.h. $\mathcal{F}(u + g) > \mathcal{F}(u)$.

Mit Hilfe der eindeutigen Zerlegung (8) definieren wir eine lineare Abbildung $P : H \to H$, indem wir $Pf := u$ setzen. Dann gilt $Pg = g$ für jedes $g \in U$

und folglich $P^2 := PP = P$ sowie $PU = U$ und $PH = U$. Der Nullraum $N(P) := \{h \in H : Ph = 0\}$ ist gerade das orthogonale Komplement $U^\perp$ von U.

Für beliebige $f_1, f_2 \in H$ schreiben wir $f_j = u_j + v_j$ mit $u_j \in U$, $v_j \in U^\perp$ und bekommen so

$$\langle Pf_1, f_2 \rangle = \langle u_1, u_2 + v_2 \rangle = \langle u_1, u_2 \rangle + \langle u_1, v_2 \rangle$$
$$= \langle u_1, u_2 \rangle = \langle u_1 + v_1, u_2 \rangle = \langle f_1, Pf_2 \rangle,$$

daher

$$\langle Pf_1, f_2 \rangle = \langle f_1, Pf_2 \rangle.$$

Setzen wir $1 := \mathrm{id}_H$ und $Q := 1 - P$, so folgt

(9) $$P + Q = 1, \quad P^2 = P, \quad Q^2 = Q.$$

Wegen $(U^\perp)^\perp = U$ sehen wir, daß Q zum abgeschlossenen Unterraum $U^\perp$ in der gleichen Beziehung steht wie P zum abgeschlossenen Unterraum U, und so haben wir

(10) $$\langle Pf, g \rangle = \langle f, Pg \rangle, \quad \langle Qf, g \rangle = \langle f, Qg \rangle.$$

Man nennt P bzw. Q die *Orthogonalprojektion* von H auf U bzw. $U^\perp$. Für beliebige $f \in H$ gilt nach Satz 1

(11) $$f = Pf + Qf, \quad \langle Pf, Qf \rangle = 0$$

und

(12) $$\|f\|^2 = \|Pf\|^2 + \|Qf\|^2 \quad \text{(Satz von Pythagoras)}.$$

Nun wollen wir den Spieß umdrehen und zeigen, daß jede lineare Abbildung $P : H \to H$ mit $P^2 = P$ und $\langle Pf, g \rangle = \langle f, Pg \rangle$ als Orthogonalprojektion von H auf ihr Bild $U := PH$ aufgefaßt werden kann.

Wir schicken einige Definitionen und Resultate voraus, die es gestatten, den gewünschten Satz elegant zu formulieren, und die überdies zu einem wichtigen **Darstellungssatz von M. Fréchet und F. Riesz** führen.

Definition 6. *Sei H ein Hilbertraum über $\mathbb{C}$ (bzw. $\mathbb{R}$). Eine lineare Abbildung $L : H \to \mathbb{C}$ (bzw. $\mathbb{R}$), die Lipschitzstetig ist, heißt* beschränktes lineares Funktional *auf H. Ferner wird eine Lipschitzstetige lineare Abbildung $T : H \to H$ als* beschränkter *linearer Operator auf H bezeichnet.*

Betrachten wir zunächst Abbildungen $L : H \to \mathbb{C}$ (bzw. $\mathbb{R}$). Linearität von L bedeutet

(13) $$L(\lambda f + \mu g) = \lambda L(f) + \mu L(g),$$

und Lipschitzstetigkeit von L besagt: Es gibt eine Zahl $c \geq 0$, so daß

(14) $|L(f) - L(g)| \leq c\|f - g\|$ für alle $f, g \in H$

gilt, und dies ist wegen (13) gleichwertig zu

(15) $|L(f)| \leq c\|f\|$ für alle $f \in H$.

Wir bezeichnen die kleinstmögliche Lipschitzkonstante c als *Norm von* L, in Zeichen: $\|L\|$, d.h.

$$\|L\| := \sup\{\, |L(f)| : f \in H,\ \|f\| = 1 \,\}$$

(16)

$$= \sup\left\{\, \frac{|L(f)|}{\|f\|} : f \in H,\ f \neq 0 \,\right\} .$$

Es ist leicht zu sehen, daß $\|\cdot\|$ eine Norm im Raum H^* der beschränkten linearen Abbildungen $L : H \to \mathbb{C}$ ist.

Entsprechend bedeutet

(17) $T(\lambda f + \mu g) = \lambda T f + \mu T g$

die Linearität einer Abbildung $T : H \to H$, und die Lipschitzstetigkeit von T besagt

(18) $\|Tf - Tg\| \leq c\|f - g\|$, $f, g \in H$,

für eine geeignete Konstante $c \geq 0$, was wegen (17) zu

(19) $\|Tf\| \leq c\|f\|$ für alle $f \in H$

äquivalent ist. Die kleinste Lipschitzkonstante c nennt man die *Operatornorm* von T, in Zeichen: $\|T\|$, also

$$\|T\| := \sup\{\, \|Tf\| : f \in H,\ \|f\| = 1 \,\}$$

(20)

$$= \sup\left\{\, \frac{\|Tf\|}{\|f\|} : f \in H,\ f \neq 0 \,\right\} .$$

Es ist leicht zu sehen, daß $\|\cdot\|$ auf dem Vektorraum der linearen Abbildungen $T : H \to H$ eine Norm ist.

Satz 2. (M. Fréchet, F. Riesz). *Zu jedem beschränkten linearen Funktional L auf einem Hilbertraum H gibt es genau ein $f \in H$, so daß*

(21) $L(u) = \langle u, f \rangle$ *für alle $u \in H$*

gilt. Dieses Element f ist der eindeutig bestimmte Minimierer der Funktion $\mathcal{F} : H \to \mathbb{R}$, die durch

(22) $\mathcal{F}(u) := \|u\|^2 - 2\,Re\,L(u)$

definiert ist, und es gilt $\|L\| = \|f\|$.

Beweis. (i) Wären f_1 und f_2 zwei Lösungen von (21), so folgte $\langle u, f_1 - f_2 \rangle = 0$ für alle $u \in H$, insbesondere für $u = f_1 - f_2$, und wir erhielten $\|f_1 - f_2\|^2 = 0$, also $f_1 = f_2$.

(ii) Um die Existenz eines Minimierers zu beweisen, imitieren wir den Beweis von Satz 1. Wegen $|L(u)| \leq \|L\| \cdot \|u\|$ folgt zunächst

$$\mathcal{F}(u) \geq \|u\|^2 - 2\|L\| \cdot \|u\| \geq -\|L\|^2 \quad \text{für alle } u \in H$$

und somit $d := \inf_H \mathcal{F} > -\infty$. Wir wählen eine Folge $\{u_n\}$ von Punkten $u_n \in H$ mit $\mathcal{F}(u_n) \to d$. Die Parallelogrammgleichung liefert

$$\begin{aligned}
\|u_k - u_n\|^2 &= 2\|u_k\|^2 + 2\|u_n\|^2 - 4\|\tfrac{1}{2}(u_k + u_n)\|^2 \\
&= 2\mathcal{F}(u_n) + 2\mathcal{F}(u_k) - 4\mathcal{F}(\tfrac{1}{2}(u_k + u_n)) \\
&\leq 2\mathcal{F}(u_n) + 2\mathcal{F}(u_k) - 4d \to 0 \quad \text{mit } k, n \to \infty.
\end{aligned}$$

Also ist $\{u_k\}$ eine Cauchyfolge in H und somit konvergent, d.h. es gibt ein $f \in H$ mit $\|u_n - f\| \to 0$. Es folgt

$$|L(u_n) - L(f)| \leq \|L\| \cdot \|u_n - f\| \to 0$$

und

$$\big|\, \|u_n\| - \|f\| \,\big| \leq \|u_n - f\| \to 0\,,$$

somit

$$\mathcal{F}(u_n) = \|u_n\|^2 - 2\operatorname{Re} L(u_n) \to \|f\|^2 - 2\operatorname{Re} L(f) = \mathcal{F}(f)\,,$$

und wegen $\mathcal{F}(u_n) \to d$ ergibt sich $\mathcal{F}(f) = d$. Für beliebige $t \in \mathbb{R}$, $\omega \in \mathbb{C}$ mit $|\omega| = 1$, $\lambda = \omega t$ und $u \in H$ ergibt sich dann $\mathcal{F}(f) \leq \mathcal{F}(f + \lambda u)$, d.h.

$$\begin{aligned}
\|f\|^2 - 2\operatorname{Re} L(f) &\leq \|f\|^2 + 2\operatorname{Re}(\lambda \langle u, f \rangle) + |\lambda|^2 \|u\|^2 \\
&\quad - 2\operatorname{Re}(L(f)) - 2\operatorname{Re}(\lambda L(u))\,.
\end{aligned}$$

Hieraus folgt

$$0 \leq 2\operatorname{Re}(\lambda[\langle u, f \rangle - L(u)]) + |\lambda|^2 \|u\|^2\,.$$

Wählen wir nun ω so, daß

$$\omega \cdot [\langle u, f \rangle - L(u)] = |\langle u, f \rangle - L(u)|$$

ist, so entsteht

$$0 \leq 2t|\langle u, f \rangle - L(u)| + t^2 \|u\|^2$$

und dies liefert

$$0 \geq 2|\langle u, f \rangle - L(u)| + t\|u\|^2 \quad \text{für } t < 0\,.$$

Mit $t \to -0$ erhalten wir schließlich $\langle u, f \rangle - L(u) = 0$ für alle $u \in H$. Wir überlassen es dem Leser, die eindeutige Bestimmtheit des Minimierers von $\mathcal{F}$ und die Gleichung $\|L\| = \|f\|$ zu zeigen. $\square$

Die Sätze 1 und 2 haben weitreichende Konsequenzen. Beispielsweise kann man mit ihrer Hilfe Integralgleichungen wie auch Randwertaufgaben für gewöhnliche und partielle Differentialgleichungen lösen. Hier begnügen wir uns mit einer einfachen Anwendung von Satz 2:

Proposition 6. *Zu jedem beschränkten linearen Operator* $T : H \to H$ *gibt es genau einen beschränkten linearen Operator* $T^* : H \to H$ *derart, daß*

$$(23) \qquad \langle Tu, v \rangle = \langle u, T^*v \rangle \quad \text{für alle } u, v \in H$$

gilt.

Beweis. Wir fixieren ein $v \in H$ und setzen

$$L(u) := \langle Tu, v \rangle \quad \text{für } u \in H \, .$$

Wegen

$$|L(u)| = |\langle Tu, v \rangle| \leq \|Tu\| \cdot \|v\| \leq \|T\| \cdot \|u\| \cdot \|v\|$$

ist L ein beschränktes lineares Funktional auf H. Also gibt es genau ein $f \in H$, so daß

$$L(u) = \langle u, f \rangle$$

und somit

$$(24) \qquad \langle Tu, v \rangle = \langle u, f \rangle$$

für alle $u \in H$ gilt. Wir definieren nun die Abbildung $T^* : H \to H$ durch $T^*v := f$. Aus

$$\langle Tu, v_j \rangle = \langle u, f_j \rangle \,, \qquad j = 1, 2 ,$$

folgt

$$\langle Tu, \lambda v_1 + \mu v_2 \rangle = \langle u, \lambda f_1 + \mu f_2 \rangle \,,$$

und andererseits gilt für $v = \lambda v_1 + \mu v_2$ die Darstellung

$$\langle Tu, v \rangle = \langle u, f \rangle \,, \qquad \qquad .$$

somit $f = \lambda f_1 + \mu f_2$, was

$$T^*(\lambda v_1 + \mu v_2) = \lambda T^*v_1 + \mu T^*v_2$$

bedeutet. Wegen (24) erhalten wir die Formel (23), und setzen wir hier $u := T^*v$, so folgt

$$\|T^*v\|^2 = \langle TT^*v, v \rangle \leq \|TT^*v\| \cdot \|v\| \leq \|T\| \cdot \|T^*v\| \cdot \|v\| \,.$$

Hieraus ergibt sich $\|T^*v\| \leq \|T\| \cdot \|v\|$, d.h. T^* ist ein beschränkter linearer Operator mit $\|T^*\| \leq \|T\|$. Die eindeutige Bestimmtheit von f in (24) liefert die eindeutige Bestimmtheit von T^*.

$\square$

Man nennt T^* *den zu* T **adjungierten Operator**.

Proposition 7. *Sind* T, S *beschränkte lineare Operatoren und* $\lambda, \mu \in \mathbb{C}$, *so gilt*

(i) $T^{**} := (T^*)^* = T$ *und* $1^* = 1$,

(ii) $\|T\| = \|T^*\|$,

(iii) $(\lambda T + \mu S)^* = \overline{\lambda} T^* + \overline{\mu} S^*$,

(iv) $(TS)^* = S^* T^*$.

Beweis. (i) folgt aus

$$\langle T^*u, v \rangle \;=\; \overline{\langle v, T^*u \rangle} \;=\; \overline{\langle Tv, u \rangle} \;=\; \langle u, Tv \rangle \,.$$

(ii) Wir hatten bereits $\|T^*\| \le \|T\|$ gezeigt. Wegen (i) folgt auch

$$\|T\| = \|T^{**}\| \le \|T^*\| \text{ und damit } \|T\| = \|T^*\| \,.$$

(iii)
$$\langle \lambda Tu, v \rangle \;=\; \lambda \langle Tu, v \rangle \;=\; \lambda \langle u, T^*v \rangle \;=\; \langle u, \overline{\lambda} T^*v \rangle \;;$$

$$\langle (T+S)u, v \rangle \;=\; \langle Tu, v \rangle + \langle Su, v \rangle$$
$$=\; \langle u, T^*v \rangle + \langle u, S^*v \rangle \;=\; \langle u, (T^* + S^*)v \rangle \,.$$

(iv)
$$\langle TSu, v \rangle \;=\; \langle Su, T^*v \rangle \;=\; \langle u, S^*T^*v \rangle \,.$$

$\square$

Definition 7. *Ein beschränkter linearer Operator* T *heißt* **selbstadjungiert** *oder* **hermitesch**, *wenn* $T = T^*$ *gilt, und* **unitär**, *wenn* $TT^* = T^*T = 1$ *ist.*

Man erkennt die Analogie zu Matrizen aus $M(n, \mathbb{R})$ bzw. $M(n, \mathbb{C})$, und so liegt es nahe, Potenzreihen

$$\sum\nolimits_{n=0}^{\infty} A_n z^n \,, \qquad z \in \mathbb{C}$$

mit beschränkten linearen Operatoren A_n als Koeffizienten und insbesondere für $A_n := \frac{1}{n!} A^n$ und $z = 1$ die Exponentialfunktion

$$e^A \;:=\; \sum\nolimits_{n=0}^{\infty} \frac{1}{n!} A^n \,, \qquad A : H \to H \,,$$

zu bilden, womit wir daran denken könnten, die Ergebnisse von 3.6 von $\mathbb{R}^n$ und $\mathbb{C}^n$ auf den Fall des Hilbertraumes zu übertragen.

Wir gehen jetzt aber zu den Projektionsoperatoren P, Q und den Gleichungen (10) zurück. Sie besagen, daß $P = P^*$ und $Q^* = Q$ gilt. Dies begründet die folgende

Definition 8. *Ein beschränkter linearer Operator* $P : H \to H$ *heißt* **Projektion** *(oder* **Projektor***), wenn*

$$(25) \qquad\qquad P^2 = P \qquad und \qquad P = P^*$$

gilt, d.h. wenn P *idempotent und selbstadjungiert ist.*

Wir bemerken, daß manchmal auch lineare Abbildungen P mit $P^2 = P$ als Projektionen bezeichnet werden und dementsprechend die Abbildungen P mit den Eigenschaften (25) **Orthogonalprojektionen** heißen.

Proposition 8. *Für Projektionen* $P : H \to H$ *gilt*

$$(26) \qquad\qquad \langle Pf, f \rangle = \|Pf\|^2 \qquad für\ alle\ f \in H \ .$$

Hieraus ergibt sich $\|P\| = 1$, *falls* P *nicht die Nullabbildung ist.*

Beweis. Wegen (25) gilt

$$\langle Pf, f \rangle = \langle P^2 f, f \rangle = \langle Pf, P^* f \rangle = \langle Pf, Pf \rangle = \|Pf\|^2 \ .$$

Hieraus folgt

$$\|Pf\|^2 \leq \|Pf\| \cdot \|f\|$$

und damit

$$\|Pf\| \leq \|f\| \qquad für\ alle\ f \in H \ .$$

Ist $P \neq O$, so gibt es ein $f \in H$ mit $u := Pf \neq 0$, und ferner ist $Pu = P^2 f = Pf = u$, also $\|Pu\|/\|u\| = 1$. Damit erhalten wir $\|P\| = 1$.

$\square$

Proposition 9. *Sei* $P : H \to H$ *eine Projektion mit dem Bild* $U = PH$. *Dann ist* U *ein abgeschlossener Unterraum von* H *und* P *ist die Orthogonalprojektion von* H *auf* U *im Sinne der früher angegebenen Definition. Entsprechend ist* $Q = 1 - P$ *die Orthogonalprojektion von* H *auf das orthogonale Komplement* $U^\perp$ *von* U.

Beweis. Sei $\{u_n\}$ eine Folge von Elementen $u_n \in U$, und es gelte $u_n \to u$. Es gibt dann Elemente $f_n \in H$ mit $u_n = Pf_n$, und somit folgt $Pu_n = P^2 f_n = Pf_n = u_n$. Hieraus und wegen $\|Pu - Pu_n\| \leq \|u - u_n\| \to 0$ ergibt sich $Pu = u$. Daher ist die Menge $U := PH$ ein abgeschlossener Unterraum von H (denn das Bild eines Vektorraumes unter einer linearen Abbildung ist ein Vektorraum). Weiterhin gilt $1^* = 1$ und daher

$$Q^* = (1 - P)^* = 1 - P^* = 1 - P = Q \ ,$$
$$Q^2 = (1 - P)^2 = 1 + P^2 - 2P = 1 - P = Q \ ,$$
$$PQ = P(1 - P) = P - P^2 = P - P = O \ , \qquad \text{ähnlich}: \ QP = O \ .$$

Also sind P und Q beide Projektionen mit

(27) $P + Q = 1$ und $PQ = O$, $QP = O$.

Wir behaupten, daß für $f \in H$ die durch $\mathcal{F}(u) := \|f - u\|^2$ definierte Funktion $\mathcal{F} : U \to \mathbb{R}$ für $u_0 := Pf$ minimiert wird. Ist nämlich $u = u_0 + w$ mit $w \in U$ ein beliebiges Element von U, so gilt $w = Pg$ für ein $g \in H$ und daher

$$\mathcal{F}(u) = \|f - u_0 - w\|^2 = \|f - Pf - w\|^2 = \|Qf - Pg\|^2$$
$$= \|Qf\|^2 + \|Pg\|^2 - 2\mathrm{Re}\,\langle Qf, Pg \rangle ,$$

sowie

$$\langle Qf, Pg \rangle = \langle f, Q^*Pg \rangle = \langle f, QPg \rangle = 0 ,$$

folglich

$$\mathcal{F}(u) = \mathcal{F}(u_0) + \|w\|^2 > \mathcal{F}(u_0) , \qquad \text{falls } w = u - u_0 \neq 0 \text{ ist} .$$

Also ist $u_0 = Pf$ der nach Satz 1 eindeutig bestimmte Minimierer von $\mathcal{F} : U \to \mathbb{R}$, und somit ist P die Orthogonalprojektion von H auf U im dort angegebenen Sinne und, analog, Q die Orthogonalprojektion von H auf $V := QH$, und es gilt $V = U^\perp$.

$\square$

Wir können die Projektion $P : H \to H$ von H auf einen endlichdimensionalen Unterraum U von H explizit bestimmen, wenn wir eine Orthonormalbasis $e_1, \dots, e_n$ von U kennen,

$$\langle e_j, e_k \rangle = \delta_{jk} , \qquad 1 \leq j, k \leq n .$$

Ein solches System läßt sich aus einer beliebigen Basis $\{u_j\}_{1 \leq j \leq n}$ von U mit dem Schmidtschen Orthogonalisierungsverfahren herstellen, indem man $e_1 := u_1/\|u_1\|$ setzt und dann sukzessive e_j bildet als

$$e_j := v_j/\|v_j\| \text{ mit } v_j := u_j - \sum_{k=1}^{j-1} \langle u_j, e_k \rangle\, e_k .$$

Sei f ein beliebiger Vektor aus H und $u = Pf$ seine Orthogonalprojektion auf U. Dann gilt

$$u = \sum_{j=1}^{n} \alpha_j e_j .$$

Multiplizieren wir beide Seiten mit e_k, so folgt

$$\langle u, e_k \rangle = \sum_{j=1}^{n} \alpha_j \langle e_j, e_k \rangle = \alpha_k$$

und daher

$$u = \sum_{j=1}^{n} \langle u, e_j \rangle\, e_j\,.$$

Wegen

$$\langle u, e_j \rangle = \langle Pf, e_j \rangle = \langle f, Pe_j \rangle = \langle f, e_j \rangle$$

ergibt sich die gewünschte Formel

$$(28) \qquad\qquad Pf = \sum_{j=1}^{n} \langle f, e_j \rangle\, e_j\,.$$

Wir bemerken ferner, daß jeder endlichdimensionale Unterraum U von H abgeschlossen ist.

Nun wollen wir uns mit Orthonormalsystemen in unendlichdimensionalen Skalarprodukträumen befassen.

Wie in 4.7 nennen wir ein System $\{e_\alpha\}_{\alpha \in A}$ von Vektoren $e_\alpha \in E$, indiziert durch Elemente α einer Indexmenge A, ein **Orthonormalsystem** des Raumes E, wenn $\langle e_\alpha, e_\beta \rangle = \delta_{\alpha\beta}$ für alle $\alpha, \beta \in A$ gilt, wobei $\delta_{\alpha\beta}$ das Kroneckersymbol bezeichnet. Ferner heißt $\{e_\alpha\}$ **vollständiges Orthonormalsystem** von E, wenn es nicht durch Hinzufügen eines weiteren Vektors $e \in E$ mit $\|e\| = 1$ zu einem „größeren" Orthonormalsystem erweitert werden kann.

Eine besonders einfache und wichtige Klasse bilden die separablen Hilberträume, die wir nun definieren werden. Zuvor erklären wir die Begriffe *dicht liegen* und *totale Menge*.

Definition 9. *(i) Eine Teilmenge M eines Skalarproduktraumes E heißt* **dicht** *in E, wenn es zu jedem $f \in E$ eine Folge $\{f_n\}_{n \in \mathbb{N}}$ von Elementen $f_n \in M$ mit $\|f - f_n\| \to 0$ gibt.*

(ii) Eine Menge M in E heißt **total**, *wenn Span M in E dicht liegt, d.h. wenn jedes $f \in E$ beliebig genau in der Norm von E durch endliche Linearkombinationen von Elementen aus M approximiert werden kann. Ein System $\{f_\alpha\}_{\alpha \in A}$ von Elementen aus E heißt* total, *wenn die Menge M seiner Elemente total ist.*

Definition 10. *Ein Skalarproduktraum E heißt* **separabel**, *wenn es eine höchstens abzählbare Teilmenge M von E gibt, die in E dicht liegt.*

$\boxed{4}$ $\mathbb{R}$ ist separabel, denn in $\mathbb{R}$ liegt die abzählbare Menge $\mathbb{Q}$ dicht.

$\boxed{5}$ $\mathbb{R}^n$ ist separabel, denn in $\mathbb{R}^n$ liegt die abzählbare Menge $\mathbb{Q}^n$ dicht. Ähnlich sieht man, daß $\mathbb{C}^n$ separabel ist. Allgemeiner: Jeder endlichdimensionale Skalarproduktraum ist separabel.

[6] Der Raum l^2 ist separabel, denn in l^2 liegt die abzählbare Menge der Punkte $x = (x_1, x_2, \ldots, x_n, 0, 0, \ldots)$ mit $x_j \in \mathbb{C}$ und $\operatorname{Re} x_j$, $\operatorname{Im} x_j \in \mathbb{Q}$ dicht, n beliebig aus $\mathbb{N}$.

[7] $C^0(I, \mathbb{C})$ mit dem Skalarprodukt (5) und $I = [a, b]$ ist separabel, denn es enthält als abzählbare dichte Teilmenge die Menge der Polynome

$$a_n z^n + \ldots + a_1 z + a_0$$

mit $\operatorname{Re} a_j$, $\operatorname{Im} a_j \in \mathbb{Q}$, $j = 0, 1, \ldots, n$ beliebig aus $\mathbb{N}_0$.

Proposition 10. *Wenn es in einem Skalarproduktraum E ein höchstens abzählbares totales System $\{f_\alpha\}_{\alpha \in A}$ von Elementen aus E gibt, so ist E separabel.*

Beweis. Man verfährt wie in den Beispielen [4]–[7] und macht sich klar, daß endliche Linearkombinationen $c_1 f_{\alpha_1} + c_2 f_{\alpha_2} + \ldots + c_n f_{\alpha_n}$ mit $c_{\alpha_k} \in \mathbb{Q}$ bzw. $c_{\alpha_k} \in \mathbb{Q} + i\mathbb{Q}$ in E dicht liegen und eine abzählbare Menge bilden. $\qquad\square$

Proposition 11. *In jedem separablen Skalarproduktraum existiert ein höchstens abzählbares totales Orthonormalsystem von Vektoren.*

Beweis. (i) Ist E endlichdimensional, so verschafft man sich eine endliche Orthonormalbasis von E mit dem Schmidtschen Orthogonalisierungsverfahren.
(ii) Ist E unendlichdimensional, so konstruiert man sich zunächst induktiv eine totale Folge $\{f_j\}_{j \in \mathbb{N}}$ derart, daß je endlich viele der f_j linear unabhängig sind. Mit dem Schmidtschen Verfahren gewinnt man dann ein abzählbares totales Orthonormalsystem $\{e_j\}_{j \in \mathbb{N}}$. Ein solches wollen wir eine *totale Orthonormalfolge* nennen. $\qquad\square$

Ist $\{e_j\}_{j \in \mathbb{N}}$ eine Orthonormalfolge von Vektoren eines Skalarproduktraumes E, so ist E unendlichdimensional, und wir können jedem $u \in E$ die „formale" Fourierreihe

$$(29) \qquad \sum_{j=1}^{\infty} \langle u, e_j \rangle e_j$$

zuordnen, worunter wir wie üblich die Folge $\{u_n\}$ der Partialsummen

$$(30) \qquad u_n := \sum_{j=1}^{n} \langle u, e_j \rangle e_j, \qquad n \in \mathbb{N},$$

verstehen. Man rechnet nach (vgl. auch 4.7), daß

$$(31) \qquad \|u_n\|^2 = \sum_{j=1}^{n} |\langle u, e_j \rangle|^2 = \langle u_n, u \rangle = \langle u, u_n \rangle$$

und

(32) $$\|u - u_n\|^2 = \|u\|^2 - \|u_n\|^2$$

ist, woraus insbesondere die *Besselsche Ungleichung*

(33) $$\sum_{j=1}^{n} |\langle u, e_j \rangle|^2 \leq \|u\|^2$$

folgt. Im übrigen ist u_n ja nichts anderes als die Orthogonalprojektion $P_n u$ von u auf den Unterraum $U_n := $ Span $\{e_1, \ldots, e_n\}$ von E. Sie ist auch definiert, wenn E nicht vollständig ist (vgl. 4.7).

Aus (33) ersehen wir, daß die Reihe $\sum_{j=1}^{\infty} |\langle u, e_j \rangle|^2$ konvergent ist und daß

(34) $$\sum_{j=1}^{\infty} |\langle u, e_j \rangle|^2 \leq \|u\|^2 \,.$$

Wie wir schon wissen, approximiert u_n den Vektor u unter allen Elementen $v \in U_n$ am besten, d.h. es gilt

(35) $$\|u - u_n\| \leq \|u - v\| \quad \text{für alle} \quad v \in U_n$$

Satz 3. *Sei $\{e_n\}_{n \in \mathbb{N}}$ eine Orthonormalfolge in einem unendlichdimensionalen Skalarproduktraum E, und bezeichne $u_n = P_n u = \sum_{j=1}^{n} \langle u, e_j \rangle e_j$ die Orthogonalprojektion von E auf $U_n = $ Span $\{e_1, \ldots, e_n\}$.*

(i) Wenn $\|u - u_n\| \to 0$ für jedes $u \in E$ gilt, so ist $\{e_j\}_{j \in \mathbb{N}}$ total und E separabel.

(ii) Ist $\{e_j\}_{j \in \mathbb{N}}$ total, so gilt $\|u - u_n\| \to 0$ für jedes $u \in E$.

(iii) Für $u \in E$ gilt genau dann $\|u - u_n\| \to 0$, wenn die Parsevalsche Gleichung

(36) $$\|u\|^2 = \sum_{j=1}^{\infty} |\langle u, e_j \rangle|^2$$

erfüllt ist.

Beweis. (i) folgt aus Proposition 10 und der Definition von „total".
(ii) Ist $\{e_j\}$ total, so gibt es zu $u \in E$ und $\epsilon > 0$ ein $n \in \mathbb{N}$ und $v \in U_n$ mit $\|u - v\| < \epsilon$, und wegen (35) gilt $\|u - u_n\| < \epsilon$. Für $k \geq n$ gilt $\|u_n\| \leq \|u_k\|$ und damit

$$\|u - u_k\| \leq \|u - u_n\| < \epsilon \,.$$

Somit erhalten wir $\|u - u_k\| \to 0$ für $k \to \infty$.
(iii) folgt aus (32). $\qquad\qquad\square$

Korollar 1. *(i) Eine Orthonormalfolge $\{e_j\}_{j\in\mathbb{N}}$ in einem Skalarproduktraum E ist genau dann total, wenn für alle $u \in E$ die „Vollständigkeitsrelation" (36) gilt.*

(ii) Eine Orthonormalfolge $\{e_j\}_{j\in\mathbb{N}}$ ist genau dann vollständig in H, wenn sie dort total ist.

Beweis. (i) folgt sofort aus Satz 3.

(ii) Wenn $\{e_j\}_{j\in\mathbb{N}}$ total ist, so ist die Folge auch vollständig, was man wie in 4.7, Bemerkung 4 zeigt. Man sieht ohne Mühe, daß auch die Umkehrung richtig ist.

$\square$

Aus Satz 3, (31) und (32) folgt unmittelbar auch

Korollar 2. *Ein Orthonormalsystem $\{e_j\}_{j\in\mathbb{N}}$ in einem Hilbertraum H ist genau dann total (= vollständig), wenn aus $\langle u, e_j \rangle = 0$ für alle $j \in \mathbb{N}$ folgt, daß $u = 0$ ist.*

$\boxed{8}$ Der Hilbertraum l^2 besitzt das vollständige Orthonormalsystem $\{e_j\}_{j\in\mathbb{N}}$ mit

$$e_1 := \{1,0,0,0,\dots\}\,, \quad e_2 := \{0,1,0,0,\dots\}\,, \quad e_3 := \{0,0,1,0,\dots\}\,,\dots\,.$$

Proposition 12. *Sei $\{e_j\}_{j\in\mathbb{N}}$ eine Orthonormalfolge in einem komplexen (bzw. reellen) Hilbertraum H. Dann existiert für jede Folge $\alpha = (\alpha_j)_{j\in\mathbb{N}}$ aus dem komplexen (bzw. reellen) Folgenraum l^2 genau ein Element $f \in H$ mit den folgenden beiden Eigenschaften:*

$$(37) \qquad\qquad \alpha_j \;=\; \langle f, e_j \rangle \qquad \text{für alle } j \in \mathbb{N}\,;$$

$$(38) \qquad\qquad \lim_{n\to\infty} \|f - f_n\| \;=\; 0 \quad \text{mit} \quad f_n := \sum_{j=1}^{n} \alpha_j e_j\,.$$

Für (38) wollen wir schreiben:

$$(39) \qquad\qquad f \;=\; \sum_{j=1}^{\infty} \alpha_j e_j\,.$$

Beweis. Wegen

$$\|f_{n+p} - f_n\|^2 \;=\; \sum_{j=n+1}^{n+p} |\alpha_j|^2$$

und $\sum_{j=1}^{\infty} |\alpha_j|^2 < \infty$ ist $\{f_n\}$ eine Cauchyfolge und somit konvergent in H. Also gibt es ein $f \in H$ mit $\|f - f_n\| \to 0$, d.h. mit $f = \sum_{j=1}^{\infty} \alpha_j e_j$. Ferner ist

$$\langle f_n, e_k \rangle = \sum_{j=1}^{n} \alpha_j \langle e_j, e_k \rangle = \alpha_k .$$

Wegen

$$\langle f, e_k \rangle = \langle f_n, e_k \rangle + \langle f - f_n, e_k \rangle = \alpha_k + \langle f - f_n, e_k \rangle$$

und

$$|\langle f - f_n, e_k \rangle| \leq \|f - f_n\| \cdot \|e_k\| = \|f - f_n\|$$

folgt $\alpha_k = \langle f, e_k \rangle$ für alle $k \in \mathbb{N}$.
Die eindeutige Bestimmtheit von f ergibt sich aus (38).

$\square$

Aus der Besselschen Ungleichung

$$\sum_{j=1}^{\infty} |\langle u, e_j \rangle|^2 \leq \|u\|^2 \qquad \text{für } u \in H$$

folgt also, daß die Fourierreihe $\sum_{j=1}^{\infty} \langle u, e_j \rangle e_j$ für jedes $u \in H$ in H konvergiert und ein Element $f \in H$ als Summe hat, also

$$(40) \qquad\qquad f = \sum_{j=1}^{\infty} \langle u, e_j \rangle e_j$$

und

$$(41) \qquad\qquad \langle u, e_j \rangle = \langle f, e_j \rangle \quad \text{für alle } j \in \mathbb{N}$$

erfüllt. Nach Satz 3 gilt

$$f = u \quad \text{für alle} \quad u \in H$$

genau dann, wenn $\{e_j\}_{j \in \mathbb{N}}$ in H total (= vollständig) ist.

Nun betrachten wir einen beliebigen Hilbertraum H und den Folgenraum l^2. Zur Unterscheidung wollen wir für eine kleine Weile mit $\|u\|_H$ und $\langle u, v \rangle_H$ Norm und Skalarprodukt auf H und mit

$$\|\alpha\|_{l^2} = \left(\sum_{j=1}^{\infty} |\alpha_j|^2 \right)^{1/2} , \quad \langle \alpha, \beta \rangle_{l^2} = \sum_{j=1}^{\infty} \alpha_j \overline{\beta}_j$$

Norm und Skalarprodukt auf l^2 bezeichnen.

Satz 4. *Sei* $\{e_j\}_{j\in\mathbb{N}}$ *eine totale (= vollständige) Orthonormalfolge in einem komplexen (bzw. reellen) Hilbertraum* H. *Dann ist* H *separabel, und jedes* $u \in H$ *läßt sich als Summe seiner in* H *konvergenten Fourierreihe* $\sum_{j=1}^{\infty} \langle u, e_j\rangle e_j$ *darstellen. Ferner liefert die durch*

$$(42) \qquad\qquad Ju := \big\{\langle u, e_j\rangle\big\}_{j\in\mathbb{N}}$$

definierte lineare Abbildung $J : H \to l^2$ *eine Bijektion von* H *auf den komplexen (bzw. reellen) Folgenraum* l^2, *und es gilt für beliebige* $u, v \in H$:

$$(43) \qquad\qquad \|Ju\|_{l^2} \;=\; \|u\|_H\,, \qquad \langle Ju, Jv\rangle_{l^2} \;=\; \langle u, v\rangle_H\,.$$

Beweis. Die erste Behauptung folgt aus Satz 3. Die Linearität von $J : H \to l^2$ ist evident, und Korollar 2 zeigt, daß J injektiv ist. Wegen Proposition 12 und den daran anschließenden Bemerkungen ist J surjektiv. Schließlich gilt wegen $\|Ju\|_{l^2} = \|u\|_H$ die Gleichung

$$\|J(u + \lambda v)\|_{l^2}^2 \;=\; \|u + \lambda v\|_H^2\,,$$

woraus

$$\mathrm{Re}\,(\lambda\langle Ju, Jv\rangle_{l^2}) \;=\; \mathrm{Re}\,(\lambda\langle u, v\rangle_H)$$

für alle $\lambda \in \mathbb{C}$ und beliebige $u, v \in H$ folgt. Hieraus ergibt sich

$$\langle Ju, Jv\rangle_{l^2} \;=\; \langle u, v\rangle_H\,.$$

$\square$

Satz 5. *Sei* $\{e_j\}$ *eine totale Orthonormalfolge in einem komplexen (bzw. reellen) Skalarproduktraum* E. *Dann ist* E *separabel und jedes* $u \in E$ *ist die Summe seiner Fourierreihe* $\sum_{j=1}^{\infty}\langle u, e_j\rangle e_j$. *Ferner ist die durch* (42) *definierte lineare Abbildung* $J : E \to l^2$ *injektiv, erfüllt* (43), *und ihr Bild* JE *liegt dicht in* l^2.

Beweis. Wir müssen nur beweisen, daß JE in l^2 dicht liegt; das übrige folgt wie im Beweis von Satz 4. Die Menge m der Folgen $\alpha = (\alpha_1, \alpha_2, \dots, \alpha_n, 0, 0, \dots) \in l^2$, $n \in \mathbb{N}$, liegt dicht in l^2, und es gilt $m = JM$, wobei M die Menge der endlichdimensionalen Linearkombinationen $u = \sum_{j=1}^{n} \alpha_j e_j \in E$ ist. Somit liegt in der Tat JM dicht in l^2.

$\square$

Satz 4 in Verbindung mit Proposition 11 besagt, daß jeder unendlichdimensionale, separable Hilbertraum H *metrisch isomorph* zum „Modellraum" l^2 ist. Vom „operativen Standpunkt aus" sind also H und l^2 ununterscheidbar, gelten also im algebraischen Sinne als gleich. Dementsprechend besagt Satz 5, daß jeder unendlichdimensionale, separable Skalarproduktraum E metrisch isomorph zu einem Unterraum l_0^2 von l^2 ist, der in l^2 dicht liegt. Also können wir, ähnlich wie bei der Einbettung von $\mathbb{R}$ in $\mathbb{C}$ (vgl. 1.17), das *Münchhausen-Prinzip* anwenden: Wir werfen aus l^2 die Elemente $Ju \in l_0^2$ heraus und ersetzen sie durch ihre Urbilder $u \in E$, kurzum, u schlüpft in die Rolle von Ju hinsichtlich jeder Operation in l^2. Damit erhalten wir:

Satz 6. *Jeder unendlichdimensionale, separable Skalarproduktraum E läßt sich zu einem separablen Hilbertraum H erweitern derart, daß auf E Norm und Skalarprodukt von H mit den entsprechenden Größen von H übereinstimmen und daß E in H dicht liegt.*

Wir nennen H die **Vervollständigung** von E und schreiben auch $H = \hat{E}$. Der Hilbertraum $\hat{E}$ ist metrisch isomorph zu l^2, und das Gleiche gilt für jeden anderen Hilbertraum H mit den in Satz 6 genannten Eigenschaften. Die Vervollständigung von E ist daher „im wesentlichen" eindeutig bestimmt. In Band 2 werden wir beweisen, daß man jeden metrischen Raum vervollständigen kann.

Damit haben wir zum endlichdimensionalen Hilbertraum $\mathbb{R}^d$ bzw. $\mathbb{C}^d$ aus 1.14 bzw. 1.17 den separablen unendlichdimensionalen Hilbertraum l^2 über $\mathbb{R}$ bzw. $\mathbb{C}$ hinzugefügt. Wir könnten nun daran denken, die Analysis auf l^2 oder sogar auf beliebigen Hilberträumen zu entwickeln. Dies ist Gegenstand der *Funktionalanalysis*, eines Zweiges der Analysis, der im vorigen Jahrhundert entstanden ist.

Anhang: Bezeichnungen und Begriffe

Hier wollen wir einige Bezeichnungen und Begriffe zusammenstellen, die allgemein in der Mathematik verwendet werden, insbesondere solche aus der Mengenlehre. Weitere Begriffe aus der Mengenlehre, die im heutigen mathematischen Sprachgebrauch unentbehrlich sind, finden sich in 1.13.

(i)   *Gleichheit und Ungleichheit*

Wenn von zwei Objekten x und y feststeht, ob wir sie als *gleich* oder als *verschieden (ungleich)* betrachten wollen, schreiben wir $x = y$ im ersten Falle und $x \neq y$ im zweiten.

In der mathematischen Literatur hat eine *Gleichung* der Form

(1) $$f(x) = y$$

allerdings häufig verschiedenerlei Bedeutung. Erstens kann sie eine *Aussage* bedeuten, nämlich: Die Funktion f hat an der Stelle x den Wert y. Zum zweiten kann sie als *Aufforderung* zu verstehen sein, nämlich: Bestimme alle x, welche die Gleichung $f(x) = y$ zu vorgegebenem y lösen. Zum dritten mag (1) eine *Definitionsgleichung* sein, etwa

(2) $$e^x = \sum_{n=0}^{\infty} \frac{1}{n!} x^n \; ;$$

hier ist e^x durch die rechtsstehende Reihensumme definiert. In solchen Fällen ist es üblich geworden, ein bis dato noch nicht definiertes Objekt a durch das Zeichen

$$a := \ldots$$

festzulegen, wobei die drei Punkte ... für die „Eigenschaften" stehen, mit denen man a charakterisieren möchte. In diesem Sinne schreiben wir

$$e^x := \sum_{n=0}^{\infty} \frac{1}{n!} x^n \, ,$$

wenn wir (2) als *Definitionsgleichung* der Größe e^x auffassen, und allgemeiner

$$f(x) := y \, ,$$

wenn wir definieren wollen, daß f an der Stelle x den Wert y haben soll.

Die Bezeichnung

$$f(x) \neq g(x)$$

ist Kurzschrift für folgende Aussage: Die Werte $f(x)$ und $g(x)$ zweier gegebener Funktionen f und g im Punkte x sind voneinander verschieden. Dies ist wohl zu unterscheiden von der Aussage

(3) $$f \neq g$$

für zwei Abbildungen f und g. Diese ist die *Negation* der Aussage

(4) $$f = g \,,$$

womit wir meinen, daß die beiden gegebenen Abbildungen f, g den gleichen Definitionsbereich M und den gleichen Zielraum N haben, also von der Gestalt $f : M \to N$ und $g : M \to N$ sind, und daß

(5) $$f(x) = g(x) \qquad \text{für alle Elemente } x \text{ aus } M$$

gilt. Statt (5) schreiben wir auch

(6) $$f(x) \equiv g(x) \quad \text{(lies: } f(x) \text{ ist identisch gleich } g(x)\text{)} \,,$$

und anstelle von (3) benutzen wir auch die Schreibweise

(7) $$f(x) \not\equiv g(x) \quad \text{(lies : } f(x) \text{ ist nicht identisch gleich } g(x)\text{)} \,.$$

(ii) *Mengen*

Wir benutzen die Symbole und Begriffe der naiven Mengenlehre, wie sie sich heute eingebürgert haben. Cantor formulierte den Mengenbegriff so: *Eine Menge ist eine Zusammenfassung bestimmter wohlunterschiedener Objekte unserer Anschauung oder unseres Denkens - welche die Elemente der Menge genannt werden - zu einem Ganzen.*

Mengen bildet man in der Mathematik gewöhnlich dadurch, daß man von einer Grundmenge G von Objekten x ausgeht und eine Eigenschaft E ins Auge faßt, die die Objekte x haben oder nicht haben können. Dann sagen wir, daß alle Objekte mit der Eigenschaft E eine Menge M bilden, und als Definitionsgleichung von M schreiben wir

(8) $$M := \{x \text{ aus } G : x \text{ hat die Eigenschaft } E\} \,.$$

Hierbei wollen wir zulassen, daß E mehrere Eigenschaften $E', E'', \ldots$ umfassen kann.

Die Objekte x aus der Grundmenge G mit der Eigenschaft E nennen wir die *Elemente* von M und schreiben

$x \in M$ für : x *ist Element von* M (oder : x *liegt in* M) ,

$x \notin M$ für : x *ist nicht Element von* M (oder : x *liegt nicht in* M) .

Statt (8) schreiben wir dann auch

$$M := \{x \in G : \ x \text{ mit } E\} \quad \text{oder} \quad M := \{x \in G : \ x \text{ mit } E_1, E_2, \dots\}\,,$$

wobei „x mit $E_1, E_2, \dots$" zu lesen ist als „x hat die Eigenschaften E_1 und E_2 und $\dots$". Statt „$x \in G$" schreiben wir bloß „x", wenn klar ist, aus welcher Grundmenge x zu nehmen ist.

Manchmal denken wir uns eine Menge auch dadurch gegeben, daß wir ihre Elemente $x, y, \dots$ einzeln aufführen. Dann schreiben wir $M := \{x, y, \dots\}$. Beispielsweise ist $M := \{x\}$ die Menge, die nur das eine Element x enthält. Zwei Mengen M_1 und M_2 werden als *gleich* betrachtet, wenn sie dieselben Elemente enthalten; Symbol: $M_1 = M_2$.

Wir nennen M' *Teilmenge* von M, Symbol: $M' \subset M$, wenn jedes Element von M' auch Element von M ist, und sagen: *M' ist in M enthalten.*

Wir denken uns, daß man zu zwei Mengen A, B die *Vereinigung* $A \cup B$ und den *Durchschnitt* $A \cap B$ bilden kann, die durch

$$A \cup B := \{x \in G : \ x \in A \text{ oder } x \in B\}\,,$$
$$A \cap B := \{x \in G : \ x \in A \text{ und } x \in B\}$$

definiert sind. Damit $A \cap B$ auch einen Sinn hat, wenn es kein $x \in G$ gibt, das sowohl die Eigenschaft A als auch die Eigenschaft B hat, so verlangen wir, daß es eine Menge gibt, die kein Element aus G enthält. Diese Menge wird *die leere Menge* genannt und mit dem Symbol $\emptyset$ bezeichnet.

Sind endlich viele Mengen $M_1, M_2, \dots, M_n$ gegeben, so bilden wir auch deren *Vereinigung*

$$\bigcup_{\nu=1}^{n} M_\nu := \{x \in G : \text{ Es gibt ein } \nu \text{ mit } 1 \le \nu \le n, \text{ so daß } x \in M_\nu\}$$

und deren *Durchschnitt*

$$\bigcap_{\nu=1}^{n} M_\nu := \{x \in G : x \in M_\nu \text{ für alle } \nu = 1, 2, \dots, n\}\,.$$

Gelegentlich benutzen wir die Bezeichnung *Familie von Mengen* oder *System von Mengen*, Symbol : $\{M_\alpha\}_{\alpha \in A}$. Darunter verstehen wir das folgende: Gegeben seien zwei Mengen A und G sowie eine eine Abbildung $\alpha \mapsto M_\alpha$, die jedem *Index* $\alpha \in A$ eine Teilmenge M_α von G zuordnet.

Liegt ein System $\{M_\alpha\}_{\alpha \in A}$ von Mengen M_α vor, die durch Indizes α aus einer Indexmenge A indiziert sind, so definieren wir

$$\bigcup_{\alpha \in A} M_\alpha := \{x \in G : \text{ Es gibt ein } \alpha \in A \text{ mit } x \in M_\alpha\}$$

und

$$\bigcap_{\alpha \in A} M_\alpha := \{x \in G : \text{ Für alle } \alpha \in A \text{ gilt } x \in M_\alpha\}\,.$$

Das kartesische Produkt $A \times B$ zweier Mengen A, B ist die Menge der *geordneten* Paare (a, b) mit $a \in A$ und $b \in B$. Zwei geordnete Paare (a, b) und (a', b') heißen genau dann *gleich*, wenn $a = a'$ *und* $b = b'$ gilt. Hierbei können die Elemente von A in einer Grundmenge G und die von B in einer möglicherweise anderen Grundmenge H liegen.

Es ist wünschenswert, auch Mengen von Mengen zu bilden und so zu immer komplizierteren Gebilden aufzusteigen. Wenn man in naiver Weise solche Mengen mit den ursprünglichen Mengen vermischt, stößt man auf logische Widersprüche, die als *Russellsche Antinomien* bekannt sind. Betrachten wir ein Beispiel: Eine Menge M heiße *normal*, wenn sie sich nicht selbst als Element enthält, sonst *anormal*. Sei N die Menge der normalen Mengen. Wäre sie normal, so folgte: $N \in N$, also wäre sie anormal, Widerspruch. Wäre aber N anormal, so gälte: $N \notin N$. Also wäre N normal, Widerspruch. Die Definition von N ist also nicht mit der üblichen zweiwertigen Logik von „wahr oder falsch" vereinbar. Der Ausweg aus dem Dilemma besteht darin, nicht ungehemmt Mengen zu bilden, sondern dies in durch Axiome kontrollierter Weise zu tun. Hier müssen wir den Leser auf die einschlägige Literatur verweisen.

(iii) *Logische Implikationen.*

Wir betrachten nur Aussagen, die entweder *wahr* oder *nicht wahr (= falsch)* sind (tertium non datur).

Seien A und B zwei Aussagen. Dann schreiben wir $A \Rightarrow B$ für: „aus A folgt B" oder „wenn A gilt, so gilt auch B". Gleichbedeutend sei das Symbol: $B \Leftarrow A$.

Ferner schreiben wir $A \Leftrightarrow B$ für „A ist äquivalent zu B" oder „A gilt genau dann, wenn B gilt.

(iv) *Die Symbole* $>> 1$, $<< 1$.

Sei $\{A_n\}_{n \in \mathbb{N}}$ eine Familie von Aussagen. Wir sagen, A_n sei richtig für *genügend großes* n (Symbol: A_n *gilt für* $n >> 1$), wenn es ein $n_0 \in \mathbb{N}$ gibt, so daß A_n für $n > n_0$ richtig ist.

Sei $\mathbb{R}^+ := \{x \in \mathbb{R} : x > 0\}$ und bezeichne $\{A_x\}_{x \in \mathbb{R}^+}$ eine Familie von Aussagen. Wir sagen, A_x sei richtig für *hinreichend kleines* x (Symbol: A_x *gilt für* $0 < x \ll 1$), wenn es ein $\delta > 0$ gibt, so daß A_x für alle $x \in \mathbb{R}$ mit $0 < x < \delta$ gilt.

Lehrbücher der Analysis

H. Amann und J. Escher, *Analysis* I, II, Birkhäuser, Basel 1998, 1999.

M. Barner und F. Flohr, *Analysis* I, II, W. de Gruyter, Berlin 1974, 1983. Mehrere Nachdrucke.

C. Blatter, *Analysis* 1, 2, Springer, Berlin 1974. Mehrere Nachdrucke.

T. Bröcker, *Analysis* I, II, Spektrum Akademischer Verlag, Heidelberg, 2. Auflage 1995.

R. Courant, *Vorlesungen über Differential- und Integralrechnung*, Band 1 und 2, Springer, Berlin, Erste Auflage 1927 und 1930. Viele Nachdrucke.

R. Courant and F. John, *Introduction to Calculus and Analysis*, vol. 1, 2, Wiley, New York 1965, 1973. Deutsche Übersetzung.

H. Fischer und H. Kaul, *Mathematik für Physiker* 1,2, Stuttgart, Teubner 1990, 1998.

J. Dieudonné, *Foundations of modern analysis*, Academic Press, New York, 1960. Deutsche Übersetzung: *Grundzüge der Analysis*, Vieweg, Braunschweig 1971.

W.H. Fleming, *Functions of several variables*, Addison-Wesley, Reading, Mass., 1965.

O. Forster, *Analysis* 1,2,3, Vieweg, Braunschweig 1976, 1977, 1981, zahlreiche Nachdrucke.

B.R. Gelbaum and J.M.H. Olmsted, *Counter examples in Analysis*, Holden-Day, San Francisco 1964.

H. Grauert und I. Lieb, *Differential- und Integralrechnung* I, III, Springer, Berlin 1967, 1968.

H. Grauert und W. Fischer, *Differential- und Integralrechnung* II, Springer, Berlin 1968.

E. Hairer and G. Wanner, *Analysis by its history*, Springer, New York 1996.

H. Heuser, Lehrbuch der Analysis 1,2, Teubner, Stuttgart 1980, 1981. Zahlreiche Nachdrucke.

J. Jost, *Postmodern Analysis*, Springer 1998.

K. Königsberger, *Analysis* 1,2, Springer 1990, 1993. Mehrere Nachdrucke.

S. Lang, *Analysis* I, II, Addison-Wesley, Reading, Mass. 1968, 1969.

J. Marsden and A. Tromba, *Vector calculus*, Freeman, San Francisco 1976, mehrere Nachdrucke.

G. Pólya und G. Szegö, *Aufgaben und Lehrsätze aus der Analysis* I, II, Springer, Berlin 1925. Mehrere Nachdrucke.

W. Rudin, *Principles of mathematical analysis*, McGraw-Hill, New York 1964. Deutsche Übersetzung: *Analysis*, Oldenburg, München 1998.

O. Toeplitz, *Die Entwicklung der Infinitesimalrechnung*, Springer, Berlin 1949. Nachdruck: Wiss. Buchges., Darmstadt 1972.

M. Spivak, *Calculus*, W. Benjamin, New York 1967.

M. Spivak, *Calculus on manifolds*, W. Benjamin, New York 1967.

W. Walter, *Analysis* I, II, Springer, Berlin 1985, 1990. Mehrere Nachdrucke.

Index

Die Abbildungen auf Seite 407 wurden den Abbildungen auf S. 100-106 in L.S. Pontrjagin, Gewöhnliche Differentialgleichungen (Berlin, 1965), nachgezeichnet.

Druck und Bindung: Strauss GmbH, Mörlenbach